土木工程施工工艺

房屋建筑工程

（第2版）

中铁二局股份有限公司　卿三惠 等　编著

中国铁道出版社

2013·北京

内 容 提 要

　　《土木工程施工工艺》是中铁二局股份有限公司依据国家及行业最新技术标准、规范、规程等,在广泛收集国内外资料的基础上,结合工程实践总结提炼而编制的,内容涵盖铁路、公路、市政、城市轨道交通、房屋建筑等土木工程领域共计有374项施工工艺,每项工艺均包括工艺特点、适用范围、工艺原理、工艺流程、操作要点、主要机具设备、劳动力组织、质量控制要点、安全及环保措施九个方面,大部分项附有工程应用案例,基本反映了当前国内外土木工程施工的新技术、新材料、新工艺、新方法,重点突出了施工工艺的先进性、适应性和可操作性。内容丰富,适用范围广泛,是一套土木工程施工的实用工具书,可满足企业制定投标方案、编制施工组织设计、现场技术交底、检查验收、施工技术培训等工作的需要。

　　本工艺共分为五册:包括《路基路面工程》、《桥梁工程》、《隧道及地铁工程》、《铺架与"四电"工程》、《房屋建筑工程》。本册为《房屋建筑工程》,收有56项施工工艺,可供房屋建筑工程施工技术人员及管理人员学习和参考使用。

图书在版编目(CIP)数据

房屋建筑工程/卿三惠等编著. —2 版. —北京:
中国铁道出版社,2013.10
　(土木工程施工工艺)
　ISBN 978-7-113-17507-8

Ⅰ.①房… Ⅱ.①卿… Ⅲ.①建筑工程 Ⅳ.①TU

中国版本图书馆 CIP 数据核字(2013)第 246799 号

书　　名:土木工程施工工艺　房屋建筑工程(第 2 版)
作　　者:中铁二局股份有限公司　卿三惠　等　编著

责任编辑:曹艳芳　　　电话:(010)51873065
封面设计:马　利
责任校对:龚长江
责任印制:郭向伟

出版发行:中国铁道出版社(100054,北京市西城区右安门西街 8 号)
印　　刷:中煤涿州制图印刷厂北京分厂
版　　次:2009 年 3 月第 1 版　2013 年 10 月第 2 版　2013 年 10 月第 1 次印刷
开　　本:787 mm×1 092 mm　1/16　印张:39.5　字数:998 千
书　　号:ISBN 978-7-113-17507-8
定　　价:155.00 元

版权所有　侵权必究

凡购买铁道版的图书,如有缺页、倒页、脱页者,请与本社读者服务部联系调换。
电　　话:市电(010)51873170,路电(021)73170(发行部)
打击盗版举报电话:市电(010)63549504,路电(021)73187

编辑委员会

主　　　任：唐志成

副　主　任：卿三惠　王广钟

委　　　员：钱纪民　任中田　刘世杰　刘仁智　韩兴旭

　　　　　　付　洵　张胜全　兰文峰　黄世红　于　力

　　　　　　何开伟　郜小群　唐光建　潘永光　李　林

　　　　　　陈　杰　代伯寿　苏雄念

编　　　辑：韦　慎

房屋建筑工程编审人员名单

主　　编：卿三惠

副 主 编：张胜全　付　洵　潘永光

编写人员：

建筑公司：潘永光　吴荣富　王达刚　周富良　黄　晖
　　　　　王庆然　姜少亭　陈　宇　张　萍

一 公 司：郑兰能　郑宗跃

四 公 司：李　刚　余建宏　杨云杰

深圳公司：刘春雨

装修公司：夏　锦　何明德　胡　霖　何　曲　古　麟
　　　　　李　庚

审查人员：卿三惠　张胜全　付　洵　潘永光　张　灵
　　　　　张　萍　周富良　吴荣富　苏雄念　魏登臣
　　　　　刘春雨　吴耀勇　徐　扬　李志坚　胡　霖
　　　　　蒲建明　程　伟　骆弟军　帅廉洁

前　言

　　改革开放以来,我国土木工程建设迅猛发展,给施工企业带来了良好的发展机遇。为规范土木工程施工工艺,预防工程项目实施过程中的安全质量隐患,中铁二局股份有限公司组织编制了《土木工程施工工艺》,对成熟的施工技术及工艺进行系统集成,构建一个具有指导性和可操作性的土木工程施工工艺体系。

　　为做好编制工作,公司成立了《土木工程施工工艺》编辑委员会,并下发了中铁二局股份有限公司《关于公布土木工程施工工艺编制规划的通知》,结合公司涉及的经营业务范围,确立了"统一规划、同步实施、整体推进"的总体部署,按照专业划分为路基路面工程、桥梁工程、隧道及地铁工程、辅轨架梁与"四电"(通信、信号、电力、电气化)工程、房屋建筑工程五个部分进行编制。编制过程中,在编委会确定编写大纲的指导下,各参编单位精心组织了262名专业技术人员和53名资深专家参加编制与审查工作。经过一年多的努力,终于完成了涵盖铁路、公路、市政、城市轨道交通、房屋建筑等土木工程领域的数百项施工工艺,每项工艺均包括工艺特点、适用范围、工艺原理、工艺流程、操作要点、主要机具设备、劳动力组织、质量控制要点、安全及环保措施九个方面,大部分项附有工程应用案例。

　　本工艺主要依据国家及行业最新技术标准、规范、规程等,在广泛收集国内外资料的基础上,结合工程实践总结提炼而编制了共374项施工工艺。本次分五册出版:包括《路基路面工程》79项,《桥梁工程》70项,《隧道及地铁工程》87项,《铺架与"四电"工程》82项,《房屋建筑工程》56项。全书贯彻了"以我为主、博采众长"的指导思想,力求反映当前国内外土木工程施工采用的新技术、新材料、新工艺、新方法,重点突出了施工工艺的先进性、适应性和可操作性。内容十分丰富,适用范围广泛,是一套土木工程施工的实用工具书,可满足企业制定的投标方案、编制施工组织设计、现场技术交底、检查验收、施工技术培训等工作的需要。

　　《土木工程施工工艺》编制是一项庞大的综合性系统工程,工作量巨大,全书篇幅达678万字,并附有表格1 640个、工程案例305个、图片1 994张。参加编写的作者大多为施工生产一线工作的技术人员,对各类土木工程施工具有较丰富的实践经验和体会。但由于时间仓促,加之土木工程施工工艺的不断发展和技术标准的更新,本书难免存在疏漏和不足之处,希望读者提出宝贵意见,以便进一步修订完善。

《土木工程施工工艺》编委会

目 录

地基与基础施工

排桩工程施工工艺

由于高层建筑地下空间发展很快,为保证相邻建(构)筑物、地下管线及道路的安全,防止土壁坍塌,以及保障基坑内土方工程和地下室施工的顺利进行,深基坑支护被广泛应用。排桩墙支护是运用较为广泛的一种深基坑支护方法。

1 工艺特点

排桩墙支护结构是将置于地层中各种形式、按一定方式排列的桩(钢筋混凝土预制桩、钢筋混凝土灌注桩、钢板桩、钢筋混凝土预制板桩等),组合后构成的地下墙。其排列形式有密式、疏式、锁扣式、双排式等,排桩墙可以根据工程情况做成悬臂式支护结构、拉锚式支护结构、内撑式和锚杆式支护结构。

2 工艺原理

通过排桩支护结构抵抗土壁产生的侧土压力,控制土壁的水平位移。

3 适用范围

排桩墙支护结构适用于基坑侧壁安全等级为一、二、三级的工程基坑支护。

钢筋混凝土预制桩(包括预制板桩)、钢板桩为工厂生产的成品,具有施工速度快、钢板桩可重复使用、经济效益好的优点,但在打设时噪声较大,深度也受到一定限制。适用于地下水位较低或涌水量较小的黏性土、砂土和软土中深度不大的基坑作支护结构。

钢筋混凝土灌注桩,施工无噪声、无振动、无挤土,刚度大、抗弯能力强、变形较小,适用于各种深度、各种土质条件下作支护结构。

采用悬臂式排桩墙支护结构,在软土场地中悬臂长度不宜大于 5 m。排桩墙支护的基坑,应支护后再予开挖。在含水层范围内的排桩墙支护基坑,应有切实可靠的止水措施,确保基坑施工及邻近建筑物的安全。

4 工艺流程及操作要点

4.1 工艺流程

4.1.1 作业条件

(1)作业面施工前应具备的基本条件。

(2)施工现场水电应满足施工要求。

(3)施工道路通畅。

(4)施工现场应具备临时设施搭设场地。

(5)施工现场应具备作业施工空间。

(6)施工现场应平整、具备泥浆排放条件。

(7)施工现场应具备满足施工要求的测量控制点。

4.1.2 工艺流程图

(1)钢板桩施工工艺流程如图 1 所示。

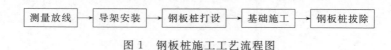

图 1　钢板桩施工工艺流程图

（2）灌注桩排桩墙基本工艺流程如图 2 所示。

图 2　灌注桩排桩墙基本工艺流程图

（3）预制桩（方桩、板桩）排桩墙基本工艺流程如图 3 所示。

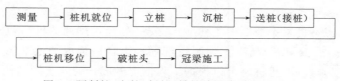

图 3　预制桩（方桩、板桩）排桩墙基本工艺流程图

4.2　操作要点

4.2.1　技术准备

（1）施工区域的岩土工程勘察报告。

（2）排桩墙桩的设计文件。

（3）施工区域内地下管线、设施、障碍等资料。

（4）相邻建筑基础资料。

（5）施工区域的测量资料。

（6）桩工艺性试验。

（7）施工组织设计。

4.2.2　材料要求

（1）水泥：宜使用硅酸盐、普通硅酸盐水泥。水泥重量允许偏差≤±2%。

（2）粗骨料：宜使用材质坚硬、级配良好、5～40 mm 的卵碎石。粗骨料重量允许偏差≤±3%。

（3）细骨料：宜使用含泥量≤3% 的中、粗砂。细骨料重量允许偏差≤±3%。

（4）外加剂：可使用速凝、早强、减水剂、塑化剂。外加剂溶液允许偏差≤±2%。

（5）外掺料：可酌情使用外掺料。

（6）水：混凝土拌和用水应符合《混凝土用水标准》（JGJ 63—2006）的有关规定。

（7）钢材：主筋宜使用 HRB335、HRB400 级热轧带肋钢筋。箍筋宜使用 $\phi6$～$\phi8$ 圆钢。型钢应满足有关标准要求。

（8）钢板桩、预制混凝土方桩、预制混凝土板桩的规格、型号按设计要求选用。

4.2.3　操作要点

（1）排桩墙施工组织。

1）施工顺序。

① 排桩墙一般应采用间隔法组织施工。当一根桩施工完成后，桩机移至隔一桩位进行施工。

② 疏式排桩墙宜采用由一侧向单一方向隔桩跳打的方式进行施工。

③ 密排式排桩墙宜采用由中间向两侧方向隔桩跳打的方式进行施工。

④ 双排式排桩墙采用先由前排桩位一侧向单一方向隔桩跳打,再由后排桩位中间向两侧方向隔桩跳打的方式进行施工。

⑤ 当施工区域周围有需保护的建筑物或地下设施时,施工顺序应自被保护对象一侧开始施工,逐步背离被保护对象。

2)冠梁施工。

① 破桩:桩施工时应按设计要求控制桩顶标高。待桩施工完成后,按设计要求位置破桩。破桩后桩中主筋长度应满足设计锚固要求。水泥土桩排桩墙一般不设钢筋。若设筋时,破桩后桩中主筋长度应满足设计要求。

② 冠梁施工:排桩墙冠梁一般在土方开挖时施工。采用在土层中开挖土模,铺设钢筋、浇注混凝土的方法进行。腰梁、围檩、内撑均应按设计要求与土方开挖配合施工。

3)锚杆施工。

锚拉桩的锚杆一般应与土方开挖配合施工。

(2)操作工艺。

1)测量放线。

排桩墙测量、应按照排桩墙设计图在施工现场,依据测量控制点进行。测量时应注意排桩墙形式(疏式、密排式、双排式)和所采用的施工方法及顺序。桩位放样误差 10 mm。参见表 1。

表 1　桩位允许偏差

序　号	项　　目		允许偏差(mm)
1	有冠梁的桩	垂直梁中心线	$100+0.01H$
2		沿梁中心线	$150+0.01H$

注:H——施工现场地面标高与桩顶设计标高之差。

2)钢板桩施工。

① 国产钢板桩一般为拉森式(U 形),日本、美国等生产的钢板桩有拉森式(Z 形)、直腹板式、H 形、组合式等多种型号。

② 钢板桩的设置位置应便于基础施工,即在基础结构边缘之外并留有支、拆模板的余地。如利用钢板桩作为箱基外侧模板,则必须衬以纤维板等其他隔离材料,以利钢板桩的拔除。钢板桩的平面布置,应尽量平直整齐,避免不规则的转角以便充分利用标准钢板桩和便于设置支撑。

③ 钢板桩的检验及矫正。

用于基坑支护的成品钢板桩如为新桩,可按出厂标准进行检验;重复使用的钢板桩使用前,应对外观质量进行检验,包括长度、宽度、厚度、高度等是否符合设计要求,有无表面缺陷,端头矩形比,垂直度和锁口形状等。其质量标准见表 6。

对桩上影响打设的焊接件应割除,如有割孔、断面缺损等应补强,若严重锈蚀,应量测断面实际厚度,计算时予以折减。

对各种缺陷进行矫正,如表面缺陷矫正、端部矩形比矫正、桩体挠曲矫正、桩体扭曲矫正、桩体截面局部变形矫正和锁口变形矫正等。

④ 导架安装。

为保证沉桩轴线位置的正确和桩的竖直,控制桩的打入精度,防止板桩的屈曲变形和提高桩的贯入能力,需设置一定刚度的坚固导架。

导架通常由导梁和围檩桩等组成,在平面上有单面和双面之分,在高度上有单层和双层之分。一般常用的是单层双面导梁,围檩桩的间距一般为 2.5~3.5 m,双面围檩之间的间距一般比板桩墙厚度大 8~15 mm。

打桩时导架的位置不应与钢板桩相碰,围檩桩不应随着钢板桩的打设而下沉或变形,导架的高度要适宜,应有利于控制钢板桩的施工高度和提高工效。需用经纬仪和水准仪控制导架的位置和标高。

⑤ 沉桩机械的选择。

打设钢板桩分为冲击打入法和振动打入法。冲击打入法采用落锤、汽锤和柴油锤。为使桩锤的冲击能均匀分布在板桩断面上,保护桩顶免受损坏,在桩锤和钢板桩间应设桩帽。振动打入法采用振动锤,它既可用来打设钢板桩,又可用于拔桩。目前多采用振动打入法。

⑥ 钢板桩焊接。

由于钢板桩的长度是定长的,因此在施工中常需焊接。为了保证钢板桩自身强度,接桩位置不可在同一平面上,必须采用相隔一根上下颠倒的接桩方法。

⑦ 钢板桩的打设。

Ⅰ 钢板桩的打设方式可根据板桩与板桩之间的锁扣方式,或选择大锁扣扣打施工法及小锁扣扣打施工法。大锁扣扣打施工法是从板桩墙的一角开始,逐块打设,每块之间的锁扣并没有扣死。大锁扣扣打施工法打设简便迅速,但板桩有一定的倾斜度、不止水、整体性较差、钢板桩用量较大,仅适用于强度较好、透水性差、对围护系统要求精度低的工程。小锁扣扣打施工法也是从板桩墙的一角开始,逐块打设,且每块之间的锁扣要求锁好。能保证施工质量,止水较好、支护效果较佳,钢板桩用量亦较少,但打设速度较缓慢。

Ⅱ 钢板桩的打设方法还可分为单独打入法和屏风式打入法两种。

单独打入法是从板桩墙的一角开始,逐块打设,直到工程结束。这种打入方法简便迅速不需辅助支架,但易使板桩向一侧倾斜,误差积累后不易纠正。适用于要求不高,板桩长度较小的情况。

屏风式打入法是将 10~20 根钢板桩成排插入导架内,呈屏风状,然后再分批施打。这种打入方法可减少误差积累和倾斜,易于实现封闭合龙,保证施工质量。但插桩的自立高度较大,必须注意插桩的稳定和施工安全,较单独打入法施工速度较慢。目前多采用这种打入方法。

Ⅲ 钢板桩打设。

选用吊车将钢板桩吊至插桩点处进行插桩,插桩时锁口要对准,每插一块即套上桩帽,并轻轻地加以锤击。在打桩过程中,为保证钢板桩的垂直度,用两台经纬仪在两个方向加以控制。为防止锁口中心线平面位移,同时在围檩上预先计算出每一块板桩的位置,以便随时检查校正。

钢板桩应分几次打入,如第一次由 20 m 高打至 15 m,第二次则打至 10 m,第三次打至导梁高度,待导架拆除后再打至设计标高。开始打设的第一、第二块钢板桩的打入位置和方向要确保精度,它可以起样板导向的作用,一般每打入 1 m 就应测量一次。

⑧ 钢板桩的转角和封闭。

钢板桩墙的设计水平总长度,有时并不是钢板桩的标准宽度的整数倍,或者板桩墙的轴线较复杂、钢板桩的制作和打设有误差等,均会给钢板桩墙的最终封闭合拢施工带来困难,这时候可采用:异型板桩法、连接件法、骑缝搭接法、轴线调整法等方法进行调整。

⑨ 钢板桩的拔除。

Ⅰ 在进行基坑回填时,要拔除钢板桩,以便修整后重复使用,拔除时要确定钢板桩拔除顺序、拔除时间及坑孔处理方法等。

Ⅱ 钢板桩多采用振动拔除方法,由于振动,拔桩时可能会发生带土过多,从而引起土体位移及地面沉降,给施工中地下结构带来危害,并影响邻近建筑物、道路及地下管线的正常使用,在拔桩时应充分重视,注意防止。可采用隔一根拔一根的跳拔方法。

Ⅲ 对于封闭式钢板桩墙,拔桩开始点宜离开角桩 5 m 以上,拔桩的顺序一般与打桩的顺序相反。

Ⅳ 拔除钢板桩宜采用振动锤或振动锤与起重机共同拔除的方法。后者只用于振动锤拔不出的钢板桩,需在钢板桩上设吊架,起重机在振动锤振拔的同时向上引拔。

Ⅴ 拔桩时,振动锤产生强迫振动,破坏板桩与周围土体间的黏结力,依靠附加的起吊克服拔桩阻力将桩拔出。可先用振动锤将锁口振活以减少与土的黏结,然后边振边拔,为及时回填桩孔,当将桩拔至比基础底板略高时,暂停引拔。用振动锤振动几分钟让土孔填实,对阻力大的钢板桩,还可采用间歇振动的方法。对拔桩产生的桩孔,需及时回填以减少对邻近建筑物等的影响,方法有振动挤实法和填入法,有时还需在振拔时回灌水,边振边拔并回填砂子。

3)灌注桩排桩墙施工。

① 干作业成孔排桩墙。

包括螺旋钻孔桩排桩墙、人工挖孔桩排桩墙、沉管桩排桩墙,下面以螺旋钻孔桩排桩墙施工工艺为例进行介绍。

Ⅰ 钻孔机就位:钻孔机就位时,必须保持平稳,不发生倾斜、位移,为准确控制钻孔深度,应在机架上作出控制标尺,以便在施工中进行观测、记录。

Ⅱ 钻孔:调直机架挺杆对好桩位(用对位圈),开动机器钻进、出土,达到控制深度后停钻、提钻。

Ⅲ 检查成孔质量。

A. 孔深测定。用测绳(锤)测量孔深及虚土厚度。虚土厚度等于钻孔深度与测量深度的差值。虚土厚度一般不应超过 100 mm。

B. 孔径控制。钻进含石块较多的土层,或含水量较大的软塑黏土层时,必须防止钻杆晃动引起孔径扩大,致使孔壁附着扰动土和孔底增加回落土。

Ⅳ 孔底清土。钻到预定的深度后,必须在孔底处进行空转清土,然后停止转动;提钻杆,不得回转钻杆。孔底的虚土厚度超过质量标准时,要分析原因,采取措施进行处理。进钻过程中散落在地面上的土,必须随时清除运走。

Ⅴ 移动钻机到下一桩位。经过成孔检查后,应填写好桩孔施工记录。然后盖好孔口盖板,并要防止在盖板上行车或走人。最后再移走钻机到下一桩位。

Ⅵ 浇注混凝土。

A. 移走钻孔盖板,再次复查孔深、孔径、孔壁、垂直度及孔底虚土厚度。有不符合质量标准要求时,应处理合格后,再进行下道工序。

B. 吊放钢筋笼:钢筋笼放入前应先绑好砂浆垫块(或塑料卡);吊放钢筋笼时,要对准孔位,吊直扶稳,缓慢下沉,避免碰撞孔壁。钢筋笼放到设计位置时,应立即固定。遇有两段钢筋笼连接时,应采取焊接,以确保钢筋的位置正确,保护层厚度符合要求。

C. 放串筒浇注混凝土。在放串筒前应再次检查和测量钻孔内虚土厚度。浇注混凝土时应连续进行,分层振捣密实,分层高度以捣固的工具而定,一般不得大于 0.5 m。

D. 混凝土浇注到桩顶时,应适当超过桩顶设计标高,以保证在凿除浮浆后,桩顶标高符合设计要求。

E. 撤串筒和桩顶插钢筋。混凝土浇到距桩顶 1.5 m 时,可拔出串筒,直接浇灌混凝土。桩顶上的插筋一定要保持垂直插入,有足够的保护层和锚固长度,防止插偏和插斜。

F. 混凝土的坍落度一般宜为 80~100 mm,为保证其和易性及坍落度,应注意调整砂率和掺入的减水剂、粉煤灰等。

Ⅶ　质量控制。

A. 钻孔完毕,应及时盖好孔口,并防止在盖板上过车和行走。操作中应及时清理虚土。必要时可二次投钻清土。

B. 注意土质变化,遇有砂卵石或流塑淤泥、上层滞水层渗漏等情况,应会同有关单位研究处理,防止塌孔缩孔。

C. 要严格按操作工艺边浇注混凝土边振捣的规定执行。严禁把土和杂物混入混凝土中一起浇注。

D. 钢筋笼在堆放、运输、起吊、入孔等过程中,应严格按操作规定执行。必须加强对操作工人的技术交底,严格执行钢筋笼加固的技术措施,防止钢筋笼变形。

E. 当出现钻杆跳动、机架晃摇、钻不进尺等异常现象,应立即停车检查。

F. 混凝土浇注到接近桩顶时,应随时测量顶部标高,以免过多截桩和补桩。

② 湿作业排桩墙。

包括泥浆护壁钻孔桩排桩墙、冲击钻孔排桩墙,下面以泥浆护壁钻孔桩排桩墙施工工艺为例进行介绍。

Ⅰ　施工平台。

A. 场地内无水时,可稍作平整、碾压以便能满足机械行走移位的要求。

B. 场地为浅水且水流较平缓时,采用筑岛法施工。桩位处的筑岛材料优先使用黏土或砂性土,不宜回填卵石、砾石土,禁止采用大粒径石块回填。筑岛高度应高于最高水位 1.5 m,筑岛面积应按采用的钻孔机械、混凝土运输浇注等的要求决定。

C. 场地为深水时,可采用钢管桩施工平台、双壁钢围堰平台等固定式平台,也可采用浮式施工平台。平台须牢靠稳定,能承受工作时所有静、动荷载,并能满足机械施工、人员操作的空间要求。

Ⅱ　护筒。

A. 护筒一般由钢板卷制而成,钢板厚度视孔径大小采用 4~8 mm,护筒内径宜比设计桩径大 100~150 mm,其上部宜开设 1~2 个溢流孔。

B. 护筒埋置深度一般情况下,在黏性土中不宜小于 1 m,砂土中不宜小于 1.5 m,其高度尚应满足孔内泥浆面高度的要求。淤泥等软弱土层应增加护筒埋深,护筒顶面宜高出地面 300 mm。

C. 旱地、筑岛处护筒可采用挖坑埋设法,护筒底部和四周回填黏性土并分层夯实;水域护筒设置应严格注意平面位置、竖向倾斜,护筒沉入可采用压重、振动、锤击并辅以护筒内取土的方法。

D. 护筒埋设完毕后,护筒中心竖直线应与桩中心重合,除设计另有规定外,平面允许误差为 50 mm,竖直线倾斜不大于 1 %。

E. 护筒连接处要求筒内无突出物,应耐拉、压、不漏水。应根据地下水位涨落影响,适当调整护筒的高度和深度,必要时应打入不透水层。

Ⅲ 护壁泥浆的调制和使用。

A. 护壁泥浆一般由水、黏土(或膨润土)和添加剂按一定比例配制而成,可通过机械在泥浆池、钻孔中搅拌均匀。

B. 泥浆的配置应根据钻孔的工程地质情况、孔位、钻机性能、循环方式等确定,调制好的泥浆应满足表2的要求。

表 2 泥 浆 性 能 指 标

钻孔方法	地层情况	泥浆性能指标							
		相对密度	黏度 (Pa·s)	含砂率 (%)	胶体率 (%)	失水率 (mL/30 min)	泥皮厚度 (mm/30 min)	静切力 (Pa)	酸碱度 (pH)
正循环	一般地层	1.05~1.20	16~22	<8~4	>96	<25	<2	1.0~2.5	8~10
	易塌地层	1.20~1.45	19~28	<8~4	>96	<15	<2	3~5	8~10
反循环	一般地层	1.02~1.06	16~20	<4	>95	<20	<3	1.0~2.5	8~10
	易塌地层	1.06~1.15	18~24	<4	>95	<20	<3	1.0~2.5	8~10
	卵石层	1.10~1.15	20~35	<4	>95	<20	<3	1.0~2.5	8~10
冲击	一般地层	1.10~1.20	18~24	<4	>95	<20	<3	1.0~2.5	8~11
	易塌地层	1.20~1.40	22~30	<4	>95	<20	<3	3~5	8~11
测定方法		泥浆相对密度计	漏斗黏度计	含砂率计	量杯法率	失水量仪	游标卡尺	静切力计	pH试纸

注:1 地下水位高或其流速大时,指标取高限,反之取低限;
  2 地质状态较好,孔径或孔深较小的取低限,反之取高限。

C. 泥浆原料和外加剂的性能要求及需要量计算方法。

a. 泥浆原料黏性土的性能要求。

一般可选用塑性指数大于25,粒径小于0.074 mm的黏粒含量大于50%的黏性土制浆。当缺少上述性能的黏性土时,可用性能略差的黏性土,并掺入30%的塑性指数大于25的黏性土。

当采用性能较差的黏性土调制的泥浆其性能指标不符合要求时,可在泥浆中掺入 Na_2CO_3(俗称碱粉或纯碱)、氢氧化钠(NaOH)或膨润土粉末,以提高泥浆性能指标。掺入量与原泥浆性能有关,宜经过试验决定。一般碳酸钠的掺入量约为孔中泥浆土量的 0.1%~0.4%。

b. 泥浆原料膨润土的性能和用量。

膨润土分为钠质膨润土和钙质膨润土两种。前者质量较好,大量用于炼钢、铸造中,钻孔泥浆中用量也很大。膨润土泥浆具有相对密度低、黏度低、含砂量少、失水量少、泥皮薄、稳定性强、固壁能力高、钻具回转阻力小、钻进率高、造浆能力大等优点。一般用量为水的8%,即8kg的膨润土可掺100L的水。对于黏性土地层,用量可降低到3%~6%。较差的膨润土用量为水的12%左右。

c. 泥浆外加剂及其掺量。

a)CMC(Carboxy Methyl CellLlose)全名羧甲基纤维素,可增加泥浆黏性,使土层表面形成薄膜而防护孔壁剥落并有降低失水量的作用。掺入量为膨润土的0.05%~0.01%。

b)FCI,又称铁木质素磺酸钠盐,为分散剂,可改善因混杂有土、砂粒、碎、卵石及盐分等而变质的泥浆性能,可使上述钻渣等颗粒聚集而加速沉淀,改善护壁泥浆的性能指标,使其继续循环使用。掺量为膨润土的 0.1%～0.3%。

c)硝基腐殖碳酸钠(简称煤碱剂)分散剂,其作用与 FCI 相似。它具有很强的吸附能力,在黏性土表面形成结构性溶剂水化膜,防止自由水渗透,能使失水量降低,使黏度增加,若掺入量少,可使黏度不上升,具有部分稀释作用,掺入量与 FCI 相同。两种分散剂可任选一种。

d)碳酸钠(Na_2CO_3)又称碱粉或纯碱。它的作用可使 pH 值增大到 10。泥浆中 pH 值过小时,黏土颗粒难于分解,黏度降低,失水量增加,流动性降低,小于 7 时,还会使钻具受到腐蚀;若 pH 值过大,则泥浆将渗透到孔壁的黏土中,使孔壁表面软化,黏土颗粒之间凝聚力减弱,造成裂解而使孔壁坍塌。pH 值以 8～10 为宜,这时可增加水化膜厚度,提高泥浆的胶体率和稳定性,降低失水量。掺入量为膨润土的 0.3%～0.5%。

e)PHP,即聚丙烯酰胺絮凝剂。它的作用为,在泥浆循环中能清除劣质钻屑,保存造浆的膨润土粒。它具有低固相、低相对密度、低失水、低矿化、泥浆触变性能强等特点。掺入量为孔内泥浆的 0.003%。

f)重晶石细粉($BaSO_4$),可将泥浆的相对密度增加到 2.0～2.2,提高泥浆护壁作用。为提高掺入重晶粉后泥浆的稳定性,降低其失水性,可同时掺入 0.1%～0.3% 的氢氧化钠(NaOH)和 0.2%～0.3% 的橡胶粉。掺入上述两种外加剂后,最适用于膨胀的黏质塑性土层和泥质页岩土层。重晶石粉掺量根据原泥浆相对密度和土质情况检验决定。

g)纸浆、干锯末、石棉等纤维质物质,其掺量为水量的 1%～2%,其作用是防止渗水并提高泥浆循环效果。

以上各种外加剂掺入量,宜先做试配,试验其掺入外加剂后的泥浆性能指标是否有所改善,并符合要求。

各种外加剂宜先制成小剂量溶剂,按循环周期均匀加入,并及时测定泥浆性能指标,防止掺入外加剂过量。每循环周期相对密度差不宜超过 0.01。

d. 调制泥浆的原料用量计算。

在黏性土层中钻孔,钻孔前只需调制不多的泥浆。以后可在钻进过程中,利用地层黏性土造浆、补浆。

在砂类土、砾石土和卵石土中钻孔时,钻孔前应备足造浆原料,其数量可按下面公式计算:

$$m = V\rho_1 = (\rho_2 - \rho_3) \times \rho_1 \times V_1 \div (\rho_1 - \rho_3)$$

式中　m——造泥浆所需原料的总质量(t);

　　　V——造泥浆所需原料的总体积(m^3);

　　　V_1——泥浆的总体积(m^3);

　　　ρ_1——原料的密度(t/m^3);

　　　ρ_2——要求的泥浆密度(t/m^3);

　　　ρ_3——水的密度,取 $\rho_3 = 1\ t/m^3$。

若造成的泥浆的黏度为 20～22 s 时,则各种原料造浆能力为:黄土胶泥 1～3 m^3/t,白土、陶土、高岭土 3.5～8 m^3/t,次膨润土为 9 m^3/t,膨润土为 15 m^3/t。

e. 泥浆各种性能指标的测定方法。

a)相对密度 ρ_x:可用泥浆相对密度计测定。将要量测的泥浆装满泥浆杯,加盖并洗净从小孔溢出的泥浆,然后置于支架上,移动游码,使杠杆呈水平状态(即气泡处于中央),读出游码左侧所示刻度,即为泥浆的相对密度。

若无以上仪器时,可用一口杯,先称其质量设为 m_1,再装清水称其质量为 m_2,再倒去清水,装满泥浆并擦去杯周溢出的泥浆,称其质量为 m_3,则 $\rho_x = (m_3 - m_1) \div (m_2 - m_1)$。

b)黏度 $\eta(s)$:用标准漏斗黏度计测定,黏度计如图 4 所示。

用两端开口量杯分别量取 200 mL 和 500 mL 泥浆,通过滤网滤去大砂粒后,将 700 mL 泥浆注入漏斗,然后使泥浆从漏斗流出,流满 500 mL 量杯所需时间(s),即为所测泥浆的黏度。

校正方法:漏斗中注入 700 mL 清水,流出 500 mL,所需时间应是 15 s,如偏差超过 ±1 s,则量测泥浆黏度时应校正。

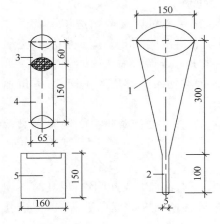

图 4 黏度计(mm)

1—漏斗;2—管子;3—量杯 200 mL 部分;
4—量杯 500 mL 部分;5—筛网及杯。

c)含砂率(%):工地用图 5 所示含砂率计测定。

量测时,把调制好的泥浆 50 mL 倒进含砂率计,然后再倒 450 mL 清水,将仪器口塞紧,摇动 1 min,使泥浆与水混合均匀,再将仪器竖直静放 3 min,仪器下端沉淀物的体积(由仪器上刻度读出)乘 2 就是含砂率(%)。(有一种大型的含砂率计,容积 1 000 mL,从刻度读出的数不乘 2 即为含砂率)。

d)胶体率(%):亦称稳定率,它是泥浆中土粒保持悬浮状态的性能。测定方法:可将 100 mL 的泥浆放入干净量杯中,用玻璃板盖上,静置 24 h 后,量杯上部的泥浆可能澄清为透明的水,量杯底部可能有沉淀物。以 100－(水＋沉淀物)体积即等于胶体率。

e)失水量(mL/30 min)和泥皮厚(mm):用一张 120 mm×120 mm 的滤纸,置于水平玻璃板上,中央画一直径 30 mm 的圆圈,将 2 mL 的泥浆滴于圆圈中心,30 min 后,量算湿润圆圈的平均半径减去泥浆坍平成为泥饼的平均半径(mm)即失水量,算出的结果(mm)值代表失水量,单位:mL/min。在滤纸上量出泥饼厚度(mm)即为泥皮厚。泥皮愈平坦、愈薄,则泥浆质量愈高,一般不宜厚于 2～3 mm。

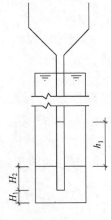

图 5 含砂率计(mm)

f. 泥浆池一般分循环池、沉淀池、废浆池三种,从钻孔中排出的泥浆首先经过沉淀池沉淀,再通过循环池进入钻孔,沉淀池中的超标废泥浆通过泥浆泵排至废浆池后集中排放。

g. 泥浆池的容量宜不小于桩体积的 3 倍。

h. 混凝土灌注过程中,孔内泥浆应直接排入废浆池,防止沉淀池和循环池中的泥浆被污染破坏。

Ⅳ 钻孔施工。

A. 一般要求。

a. 钻孔前,应根据工程地质资料和设计资料,使用适当的钻机种类、型号,并配备适当的钻头,调配合适的泥浆。

b. 钻机就位前,应调整好施工机械,对钻孔各项准备工作进行检查。

c. 钻机就位时,应采取措施保证钻具中心和护筒中心重合,其偏差不应大于 20 mm。钻机就位后应平整稳固,并采取措施固定,保证在钻进过程中不产生位移和摇晃,否则应及时处理。

d. 钻孔作业应分班连续进行,认真填写钻孔施工记录,交接班时应交待钻进情况及下一班注意事项。应经常对钻孔泥浆进行检测和试验,不合要求时应随时纠正。应经常注意土层变化,在土层变化处均应捞取渣样,判明后记入记录表中并与地质剖面图核对。

e. 开钻时,在护筒下一定范围内应慢速钻进,待导向部位或钻头全部进入土层后,方可加速钻进。

f. 在钻孔、排渣或因故障停钻时,应始终保持孔内具有规定的水位和要求的泥浆相对密度和黏度。

B. 潜水钻机成孔。

潜水钻机适用于小直径桩、较软弱土层,在卵石、砾石及硬质岩层中成孔困难,成孔时应注意控制钻进速度,采用减压钻进,并在钻头上设置不小于 3 倍直径长度的导向装置,保证成孔的垂直度,并根据土层变化调整泥浆的相对密度和黏度。

C. 回转钻机成孔。

a. 回转钻机适用于各种直径、各种土层的钻孔桩,成孔时应注意控制钻进速度,采用减压钻进,保证成孔的垂直度,根据土层变化调整泥浆的相对密度和黏度。

b. 在黏土、砂性土中成孔时采用疏齿钻头,翼板的角度根据土层的软硬在 30°～60°之间,刀头的数量根据土层的软硬布置,注意要互相错开,以保护刀架。在卵石及砾石层中成孔时,宜选用平底楔齿滚刀钻头;在较硬岩石中成孔时,宜选用平底球齿滚刀钻头。

c. 桩深在 30 m 以内的桩可采用正循环成孔,深度在 30～50 m 的桩宜采用砂石泵反循环成孔,深度在 50 m 以上的桩宜采用气举反循环成孔。

d. 对于土层倾斜角度较大,孔深大于 50 m 的桩,在钻头、钻杆上应增加导向装置,保证成孔垂直度。

e. 在淤泥、砂性土中钻进时宜适当增加泥浆的相对密度;在卵石、砾石中钻进时应加大泥浆的相对密度,提高携渣能力;在密实的黏土中钻进时可采用清水钻进。

f. 在卵石、砾石及岩层中成孔时,应增加钻具的重量即增加配重。

D. 冲击钻机成孔。

a. 开孔时应低锤密击,表土为淤泥、细砂等软弱土层时,可加黏土块夹小石片反复冲击造壁。

b. 在护筒刃脚以下 2 m 以内成孔时,采用小冲程 1 m 左右,提高泥浆相对密度,软弱层可加黏土块夹小石片。

c. 在砂性土、砂层中成孔时,采用中冲程 2～3 m,泥浆相对密度 1.2～1.4,可向孔中投入黏土。

d. 在密实的黏土层中成孔时,采用小冲程 1～2 m,泵入清水和稀泥浆,防粘钻可投入碎石、砖。

e. 在砂卵石层中成孔时,采用中高冲程 2～4 m,泥浆相对密度 1.2～1.3,可向孔中投入黏土。

f. 软弱土层或坍孔回填重钻时,采用小冲程 1 m 左右、加黏土块夹小石片反复冲击,泥浆相对密度 1.3～1.5。

g. 遇到孤石时,可采用预爆或高低冲程交替冲击,将孤石击碎挤入孔壁。

E. 冲抓锥成孔与冲击钻成孔方法基本相同,只是起落冲抓锥高度随土质而不同,对一般松软散土层为 1.0~1.5 m;对坚实的砂卵石层为 2~3 m。

F. 钻进过程中的注意事项。

a. 钻进时应时刻注意钻具和钻头连接的牢固性、钢丝绳的磨损等如有异常应及时处理。

b. 大直径桩孔成孔可分级成孔,一般情况下第一级成孔直径为设计桩径的 0.6~0.8 倍。

c. 在钻进过程中出现钻杆跳动、机架晃动、钻不进尺等异常情况,应立即停车检查,排除故障。如钻杆或钻头不符合要求时,应及时更换,试钻达到正常后,方可施钻。

d. 钻孔完毕,应及时将混凝土浇注完毕,或及时盖好孔口,并防止在盖板上过车、行人;钻进过程中应及时清理虚土,提钻时应事先把孔口积土清理干净。

e. 钻进成孔过程中应时刻注意土层变化,调整泥浆性能、采用合理的进尺方法,确保不坍孔、不缩颈。

Ⅴ 清孔。

A. 清孔分两次进行,钻孔深度达到设计要求,对孔深、孔径、孔的垂直度等进行检查,符合要求后进行第一次清孔;钢筋骨架、导管安放完毕,混凝土浇注之前,进行第二次清孔。

B. 第一次清孔根据设计要求,施工机械采用换浆、抽浆、掏渣等方法进行,第二次清孔根据孔径、孔深、设计要求采用正循环、泵吸反循环、气举反循环等方法进行。

C. 第二次清孔后的沉渣厚度和泥浆性能指标应满足设计要求,一般应满足下列要求:沉渣厚度摩擦桩≤200 mm,端承桩≤50 mm;泥浆性能指标在浇注混凝土前,孔底 500 mm 以内的相对密度≤1.25,黏度≤28 s,含砂率≤8%。

D. 不论采用何种清孔方法,在清孔排渣时,必须注意保持孔内水头,防止坍孔。

E. 不应采取加深钻孔深度的方法代替清孔。

Ⅵ 钢筋骨架制作、安放。

A. 钢筋骨架的制作应符合设计与规范要求。

B. 长桩骨架宜分段制作,分段长度应根据吊装条件和总长度计算确定,应确保钢筋骨架在移动、起吊时不变形,相邻两段钢筋骨架的接头需按有关规范要求错开。

C. 应在钢筋骨架外侧设置控制保护层厚度的垫块,可采用与桩身混凝土等强度的混凝土垫块或用钢筋焊在竖向主筋上,其间距竖向为 2 m,横向圆周不得少于 4 处,并均匀布置。骨架顶端应设置吊环。

D. 大直径钢筋骨架制作完成后,应在内部加强箍上设置十字撑或三角撑,确保钢筋骨架在存放、移动、吊装过程中不变形。

E. 骨架入孔一般用吊车,对于小直径桩无吊车时可采用钻机钻架、灌注塔架等。起吊应按骨架长度的编号入孔,起吊过程中应采取措施确保骨架不变形。

F. 钢筋骨架的制作和吊放的允许偏差为:主筋间距±10 mm;箍筋间距±20 mm;骨架外径±10 mm;骨架长度±50 mm;骨架倾斜度±0.5%;骨架保护层厚度水下灌注±20 mm,非水下灌注±10 mm;骨架中心平面位置 20 mm;骨架顶端高程±20 mm,骨架底面高程±50 mm。钢筋笼除符合设计要求外,尚应符合下列规定。

a. 分段制作的钢筋笼,其接头宜采用焊接或机械连接并应遵守《混凝土结构工程施工质量验收规范》(GB 50204—2002)的规定。

b. 主筋净距必须大于混凝土粗骨料粒径 3 倍以上。

c. 加劲箍宜设在主筋外侧,主筋一般不设弯钩,根据施工工艺要求所设弯钩不得向内圆伸露,以免妨碍导管工作。

d. 钢筋笼的内径比导管接头处外径大 100 mm 以上。

G. 搬运和吊装时,应防止变形,安放要对准孔位,避免碰撞孔壁,就位后应立即固定。钢筋骨架吊放入孔时应居中,防止碰撞孔壁,钢筋骨架吊放入孔后,采用钢丝绳或钢筋固定,使其位置符合设计及规范要求,并保证在安放导管、清孔及灌注混凝土过程中不发生位移。

Ⅶ 灌注水下混凝土。

A. 灌注水下混凝土时的混凝土拌和物供应能力,应满足桩孔在规定时间内灌注完毕;混凝土灌注时间不得长于首批混凝土初凝时间。

B. 混凝土运输宜选用混凝土泵或混凝土搅拌运输车;在运距小于 200 m 时,可采用机动翻斗车或其他严密坚实、不漏浆、不吸水、便于装卸的工具运输,需保证混凝土不离析,具有良好的和易性和流动性。

C. 灌注水下混凝土一般采用钢制导管回顶法施工,导管内径为 200～250 mm,视桩径大小而定,壁厚不小于 3 mm;直径制作偏差不应超过 2 mm;导管接口之间采用丝扣或法兰连接,连接时必须加垫密封圈或橡胶垫,并上紧丝扣或螺栓。导管使用前应进行水密承压和接头抗拉试验(试水压力一般为 0.6～1.0 MPa),确保导管口密封性。导管安放前应计算孔深和导管的总长度,第一节导管的长度一般为 4～6 m,标准节一般为 2～3 m,在上部可放置 2～3 根0.5～1.0 m 的短节,用于调节导管的总长度。导管安放时应保证导管在孔中的位置居中,防止碰撞钢筋骨架。

D. 水下混凝土配制。

a. 水下混凝土必须具备良好的和易性,在运输和灌注过程中应无显著离析、泌水现象,灌注时应保持足够的流动性。配合比应通过试验,坍落度宜为 180～220 mm。

b. 混凝土配合比的含砂率宜采用 0.4～0.5,并宜采用中砂;粗骨料的最大粒径应＜40 mm;水灰比宜采用 0.5～0.6。

c. 水泥用量不少于 360kg/m,当掺有适宜数量的减少缓凝剂或粉煤灰时,可不小于300kg。

d. 混凝土中应加入适宜数量的缓凝剂,使混凝土的初凝时间长于整根桩的灌注时间。

E. 首批灌注混凝土数量的要求。

首批灌注混凝土数量应能满足导管埋入混凝土中 0.8 m 以上,如图 6 所示。

所需混凝土数量可参考下面公式计算:
$$V > \pi R^2 (H_1 + H_2) + \pi r^2 h_1$$

式中　V——灌注首批混凝土所需数量(m^3);

　　R——桩孔半径(m);

　H_1——桩孔底至导管底端间距,一般为 0.3～0.5 m;

　H_2——导管初次埋置深度,不小于 0.8 m;

　　r——导管半径(m);

　h_1——桩孔内混凝土达到埋置深度 H_2 时,导管内混凝土柱平衡导管外泥浆压力所需的高度(m)。

混凝土灌注时,可在导管顶部放置混凝土漏斗,其容积大于首批

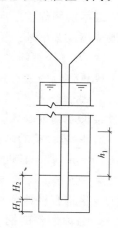

图 6　首批混凝土
数量计算

灌注混凝土数量,确保导管埋入混凝土中的深度。

F. 灌注水下混凝土的技术要求。

a. 混凝土开始灌注时,漏斗下的封水塞可采用预制混凝土塞、木塞或充气球胆。

b. 混凝土运至灌注地点时,应检查其均匀性和坍落度,如不符合要求应进行第二次拌和,二次拌和后仍不符合要求时不得使用。

c. 第二次清孔完毕,检查合格后应立即进行水下混凝土灌注,其时间间隔不宜大于 30 min。

d. 首批混凝土灌注后,混凝土应连续灌注,严禁中途停止。

e. 在灌注过程中,应经常测探井孔内混凝土面的位置,及时地调整导管埋深,导管埋深宜控制在 2~6 m。严禁导管提出混凝土面,就要有专人测量导管埋深及管内外混凝土面的高差,填写水下混凝土灌注记录。

f. 在灌注过程中,应时刻注意观测孔内泥浆返出情况,倾听导管内混凝土下落声音,如有异常必须采取相应处理措施。

g. 在灌注过程中宜使导管在一定范围内上下窜动,防止混凝土凝固,增加灌注速度。

h. 为防止钢筋骨架上浮,当灌注的混凝土顶面距钢筋骨架底部 1 m 左右时,应降低混凝土的灌注速度,当混凝土拌和物上升到骨架底口 4 m 以上时,提升导管,使其底口高于骨架底部 2 m 以上,即可恢复正常灌注速度。

i. 灌注的桩顶标高应比设计高出一定高度,一般为 0.5~1.0 m,以保证桩头混凝土强度,多余部分接桩前必须凿除,桩头应无松散层。

j. 在灌注将近结束时,应核对混凝土的灌入数量,以确保所测混凝土的灌注高度是否正确。

k. 开始灌注时,应先搅拌 0.5~1.0 m³ 同混凝土强度的水泥砂浆放在料斗的底部。

4)预制桩排桩墙施工。

包括预应力管桩排桩墙、静力压桩排桩墙、钢管桩排桩墙,下面以预应力管桩排桩墙施工工艺为例进行介绍。

① 测量定位。

根据设计图纸编制工程桩测量定位图,并保证轴线控制点不受打桩时振动和挤土的影响,保证控制点的准确性。

根据实际打桩线路图,按施工区域划分测量定位控制网,一般一个区域内根据每天施工进度放样 10~20 根桩位,在桩位中心点地面上打入一支 ϕ6.5 长约 30~40 cm 的钢筋,并用红油漆标示。

桩机移位后,应进行第二次核样,核样根据轴线控制网点所标示工程桩位坐标点(X、Y 值),采用极坐标法进行核样,保证工程桩位偏差值小于 10 mm,并以工程桩位点中心,用白灰按桩径大小画一个圆圈,以方便插桩和对中。

工程桩在施工前,应根据施工桩长在匹配的工程桩身上划出以米为单位的长度标记,并按从下至上的顺序标明桩的长度,以便观察桩入土深度及记录每米沉桩锤击数。

② 桩机就位。

为保证打桩机下地表土受力均匀,防止不均匀沉降,保证打桩机施工安全,采用厚度约 2~3 cm 厚的钢板铺设在桩机履带板下,钢板宽度比桩机宽 2 m 左右,保证桩机行走和打桩的稳定性。

桩机行走时,应将桩锤放置于桩架中下部以桩锤导向脚不伸出导杆末端为准。

根据打桩机桩架下端的角度计初调桩架的垂直度,并用线坠由桩帽中心点吊下与地上桩位点初对中。

③ 管桩起吊,对中和调直。

Ⅰ　管桩应由吊车将桩转运至打桩机导轨前,管桩单节长≤20 m 转运采用专用吊钩钩住两端内壁直接进行水平起吊,两点钩吊法如图 7 所示。

管桩单节长>20 m 应采用四点吊法转运,吊点位置如图 8 所示。

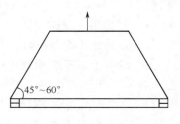

图 7　管桩两点钩吊法

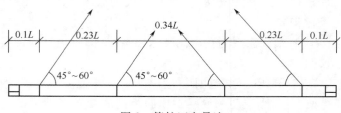

图 8　管桩四点吊法

管桩摆放宜采用两点支法如图 9 所示。

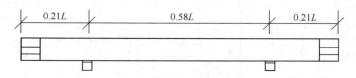

图 9　管桩摆放两点支法

Ⅱ　管桩摆放平稳后,在距管桩端头 $0.21L$ 处,将捆桩钢丝绳套牢,一端拴在打桩机的卷扬机主钩上,另一端钢丝绳挂在吊车主钩,打桩机主卷扬向上先提桩,吊车在后端辅助用力,使管桩与地面基本成 $45°\sim60°$ 角向上提升,将管桩上口喂入桩帽内,将吊车一端钢丝绳松开取下,将管桩移至桩位中心。

Ⅲ　对中:管桩插入桩位中心后,先用桩锤自重将桩插入地下 30~50 cm,桩身稳定后,调正桩身、桩锤、桩帽的中心线重合,使之与打入方向成一直线。

Ⅳ　调直:用经纬仪(用于直桩)和角度计(用于斜桩)测定管桩垂直度和角度。经纬仪应设置在不受打桩机移动和打桩作业影响的位置,保证两台经纬仪与导轨成正交方向进行测定,使插入地面时桩身的垂直度偏差不得大于 0.5%。

④ 打桩。

Ⅰ　打第一节桩时必须采用桩锤自重或冷锤(不挂挡位)将桩徐徐打入,直至管桩沉到某一深度不动为止,同时用仪器观察管桩的中心位置和角度,确认无误后,再转为正常施打,必要时,宜拔出重插,直至满足设计要求。

Ⅱ　正常打桩宜采用重锤低击,锤重根据设计图纸及地质钻探资料参见表 3 选择。

Ⅲ　打桩顺序应根据桩的密集程度及周围建(构)筑物的关系。

A. 若桩较密集且距周围建(构)筑物较远,施工场地开阔时宜从中间向四周进行。

B. 若桩较密集且场地狭长,两端距建(构)筑物较远时,宜从中间向两端进行。

C. 若桩较密集且一侧靠近建(构)筑物时,宜从毗邻建(构)筑物的一侧开始,由近及远地

表3 筒式柴油打桩锤参考表

柴油锤型号	25号	32号~36号	40号~50号	60号~62号	72号	80号
冲击总质量(t)	2.5	3.2 3.5 3.6	4.0 4.5 4.6 5.0	6.0 6.2	7.2	8.0
锤体总质量(t)	5.6~6.2	7.2~8.2	9.2~11.0	12.5~15.0	18.4	17.4~20.5
常用冲程(m)	1.5~2.2	1.6~3.2	1.8~3.2	1.9~3.6	1.8~2.5	2.0~3.4
适用管桩规格	$\phi300$	$\phi300$ $\phi400$	$\phi400$ $\phi500$	$\phi500$ $\phi550$ $\phi600$	$\phi550$ $\phi600$	$\phi600$ $\phi800$
单桩竖向承载力设计值适用范围(kN)	600~1 200	800~1 600	1 300~2 400	1 800~3 300	2 200~3 800	2 600~4 500
桩尖可进入的岩土层	密实砂层 坚硬土层 全风化岩	密实砂层 坚硬土层 强风化岩	强风化岩	强风化岩	强风化岩	强风化岩
常用控制贯入度(mm/10击)	20~40	20~50	20~50	20~50	30~70	30~80

进行。

D. 根据桩入土深度,宜先长后短。

E. 根据管桩规格,宜先大后小。

F. 根据高层建筑塔楼(高层)与裙房(低层)的关系,宜先高后低。

⑤ 接桩。

Ⅰ 当管桩需接长时,接头个数不宜超过3个且尽量避免桩尖落在厚黏性土层中接桩。

Ⅱ 管桩接桩,采用焊接接桩,其入土部分桩段的桩头宜高出地面0.5~1.0 m。

Ⅲ 下节桩的桩头处宜设导向箍以方便上节桩就位,接桩时上下节桩应保持顺直,中心线偏差不宜大于2 mm,节点弯曲矢高不得大于1‰桩长。

Ⅳ 管桩对接前,上下端板表面应用钢丝刷清理干净,坡口处露出金属光泽,对接后,若上下桩接触面不密实,存有缝隙,可用厚度不超过5 mm的钢片嵌填,达到饱满为止,并点焊牢固。

Ⅴ 焊接时宜由三个电焊工在成120°角的方向同时施焊,先在坡口圆周上对称点焊4~6点,待上下桩节固定后拆除导向箍再分层施焊,每层焊接厚度应均匀。

Ⅵ 焊接层数不得少于三层,采用普通交流焊机的手工焊接时第一层必须用$\phi3.2$ mm电焊条打底,确保根部焊透,第二层方可用粗电焊条($\phi4$ mm或$\phi5$ mm)施焊;采用自动及半自动保护焊机的应按相应规程分层连续完成。

Ⅶ 焊接时必须将内层焊渣清理干净后再焊外一层,坡口槽的电焊必须满焊,电焊厚度宜高出坡口1 mm,焊缝必须每层检查,焊缝应饱满连续,不宜有夹渣、气孔等缺陷,满足《钢结构工程施工质量验收规范》(GB 50205—2001)中二级焊缝的要求。

Ⅷ 焊接完成后,需自然冷却不少于1 min后才可继续锤击,夏天施工时温度较高,可采用鼓风机送风,加速冷却,严禁用水冷却或焊好即打。

Ⅸ 对于抗拔及高承台桩,其接头焊缝外露部分应做防锈处理。

⑥ 送桩。

Ⅰ 根据设计桩长接桩完成并正常施打后,应根据设计及试打桩时确定的各项指标来控制是否采取送桩。

Ⅱ 送桩前应保证桩锤的导向脚不伸出导杆末端,管桩露出地面高度宜控制在 0.3～0.5 m。

Ⅲ 送桩前在送桩器上以米为单位,并按从下至上的顺序标明长度,由打桩机主卷扬吊钩采用单点吊法将送桩器喂入桩帽。

Ⅳ 在管桩顶部放置桩垫,厚薄均匀,将送桩器下口套在桩顶上,采用仪器调正桩锤、送桩器和桩三者的轴线在同一直线上。

Ⅴ 送桩完成后,应及时将空孔回填密实。

⑦ 检查验收。

Ⅰ 在桩帽侧壁用笔标示尺寸,以厘米为单位,高度宜为试桩标准制定最后每阵贯入度的 4～5 倍。将经纬仪架设在不受打桩振动影响的位置上对管桩贯入度进行测量。最后,用收锤回弹曲线测绘纸绘出管桩的回弹曲线,再从回弹曲线上量出最后三阵贯入度。

Ⅱ 当采用送桩时测试的贯入度应参考同一条件的桩不送桩时的最后贯入度予以修正。

Ⅲ 根据设计及试打桩标准确定的标高和最后三阵贯入度来确定可否成桩,满足要求后,做好记录,会同有关部门做好中间验收工作。

Ⅳ 实际控制成桩标准中的标高和最后三阵贯入度与设计及试桩标准出入较大时,应会同有关部门采取相应措施,研究解决后移至下一桩位。

Ⅴ 打桩过程中,遇下列情况之一应暂停打桩,及时会同有关部门解决。

A. 贯入度突变。

B. 桩头混凝土剥落、破碎、桩身出现裂缝。

C. 桩身突然倾斜、跑位。

D. 地面明显隆起,邻桩上浮或位移过大。

E. PC 桩总锤击数超过 2 000,PHC 桩总锤击数超过 2 500。

F. 桩身回弹曲线不规则。

⑧ 管桩基础工程验收程序。

Ⅰ 当桩顶设计标高与施工现场标高基本一致时,可待全部管桩施打完毕后一次性验收。

Ⅱ 当桩顶设计标高低于施工现场标高需要送桩时,在送桩前应进行质量评定,待全部管桩施工完毕并开挖到设计标高后,再进行竣工验收,绘制打桩工程竣工图。

5 劳动力组织

劳动力组织参照表 4、表 5 组织。

表 4 排桩施工台班人数(人)

桩机类型	台班成员				附　注
	打桩工	司机	测量工	合计	
导杆式柴油打桩机走管式	7	2	1	10	1. 接桩增配所需电焊工;
筒式柴油打桩机履带式	6	2	1	9	2. 硫磺胶泥接桩另配熬胶工 1 人
履带式自由落锤打桩机	6	2	1	9	
灌注混凝土桩混凝土搅拌及运输	/	/	/	12	

表 5 排桩施工台班产量

排 桩 类 型	台 班 产 量	备 注
柴油打桩机 打钢筋混凝土方桩	110～260（m/台班）	以桩断面 400 mm×400 mm 为例
履带式自由落锤打桩机 打钢筋混凝土方桩	80～140（m/台班）	以桩断面 400 mm×400 mm 为例
冲击沉管灌注混凝土桩	10～28（m³/台班）	
履带式自由落锤灌注桩	10～20（m³/台班）	

6 机具设备配置

（1）钢筋混凝土灌注桩可根据设计要求的桩型选用冲击式钻机、冲抓锥成孔机、长螺旋钻机、回转式钻机、潜水钻机、振动沉管打桩机等打桩机械及其配套的其他机具设备。

（2）预制钢筋混凝土桩（方桩、板桩）、钢板桩可根据设计的桩型及地质条件选用柴油打桩机、蒸汽打桩机、振动打拔桩机、静力压桩机等打桩机械及其配套的其他机具设备。

7 质量控制要点

7.1 质量控制要求

7.1.1 材料的控制

各种桩原材料质量应满足设计和规范要求；外加剂应与水泥相适应。

7.1.2 技术的控制

（1）桩位偏差、轴线和垂直轴线方向均不宜超过表 1 的规定。垂直度偏差不宜大于 1.0%。

（2）桩顶标高应满足设计标高的要求。悬臂桩其嵌固长度必须满足设计要求。

（3）锚拉桩锚杆位置、长度、抗拔力应满足设计要求。

（4）内支撑支撑点位置应符合设计要求。

（5）等效矩形配筋、按弯矩大小配筋桩其钢筋布置方向、位置必须满足设计要求。

（6）冠梁施工前，应将支护桩桩头凿除清理干净，桩顶露出的钢筋长度应达到设计锚固长度要求；腰梁施工时其位置及梁与桩连接应符合设计要求。

（7）排桩墙正式施工前必须进行试桩工作。检验施工工艺的适宜性，确定施工技术参数。

（8）施工现场应平整、夯实，施工期间不产生危及施工安全的沉降变形。

（9）施工现场应具备满足施工要求的测量控制点。

7.1.3 质量的控制

（1）灌注桩排桩墙。

1）成孔，必须保证设计桩长。

2）水下混凝土应满足下列要求。

① 桩身混凝土施工强度应满足设计要求。

② 水泥应与外加剂做相容性试验。

3）钢筋笼。

钢筋笼安装应满足设计规定的方向要求。弯矩配筋位置应准确。

4）成桩。

成桩不应有断桩现象。且嵌固桩长应保证设计要求。

(2)预制桩排桩墙桩。

1)桩长度应满足设计要求。一般不应采用接桩的方法达到其长度要求。必须接桩时,应采用焊接法,不宜采用浆锚法。且在排桩同一标高位置接头数量不应大于总桩数的50%,并应交错布置。

2)当桩下沉困难时,不应随意截桩。

3)预制桩排桩墙内支撑点位置应准确,支撑应及时。

4)预制桩排桩墙应与冠梁、腰梁连接紧密牢固。

7.2　质量检验标准

(1)钢板桩均为工厂成品,新桩可按出厂标准检验,重复使用的钢板桩应符合表6的规定;混凝土板桩应符合表7的规定。

表6　重复使用的钢板桩检验标准

序号	检查项目	允许偏差或允许值		检查方法
		单位	数值	
1	桩垂直度	%	<1	用钢尺量
2	桩身弯曲度		<2%L	用钢尺量,L 为桩长
3	齿槽平直光滑度	无电焊渣或毛刺		用 1 m 长的桩段做通过试验
4	桩长度	不小于设计长度		用钢尺量

表7　混凝土板桩制作标准

项目	序号	检查项目	允许偏差或允许值		检查方法
			单位	数值	
主控项目	1	桩长度	mm	+10 0	用钢尺量
	2	桩身弯曲度		<0.1%L	用钢尺量,L 为桩长
一般项目	1	保护层厚度	mm	±5	用钢尺量
	2	横截面相对两面之差	mm	5	用钢尺量
	3	桩尖对桩轴线的位移	mm	10	用钢尺量
	4	桩厚度	mm	+10 0	用钢尺量
	5	凹凸槽尺寸	mm	±3	用钢尺量

(2)灌注桩排桩墙的质量标准。

1)泥浆护壁钻孔灌注桩的质量标准见表8、表9。

表8　钢筋笼质量检验标准(mm)

项目	序号	检查项目	允许偏差或允许值	检查方法
主控项目	1	主筋间距	±10	用钢尺量
	2	钢筋骨架长度	±100	用钢尺量
一般项目	1	钢筋材质检验	设计要求	抽样送检
	2	箍筋间距	±20	用钢尺量
	3	直径	±10	用钢尺量

表 9　混凝土灌注桩质量检验标准

项目	序号	检查项目	允许偏差或允许值		检查方法
			单位	数值	
主控项目	1	桩位	符合设计及标准要求		基坑开挖前量护筒,开挖后量桩中心
	2	孔深	mm	+300	只深不浅,用重锤测,或测钻杆、套管长度,嵌岩桩应确保进入设计要求的嵌岩深度
	3	桩体质量检验	按基桩检测技术规范,如钻芯取样,大直径嵌岩桩应钻至桩尖下 50 cm		按基桩检测技术规范
	4	混凝土强度	设计要求		试件报告或钻芯取样送检
	5	承载力	按《建筑基桩检测技术规范》		按基桩检测技术规范
一般项目	1	垂直度	符合设计及标准要求		测套管及钻杆,或用超声波探测
	2	桩径	符合设计及标准要求		井径仪或超声波检测
	3	泥浆相对密度(黏土或砂性土中)	1.15~1.2		用比重计测,清孔后在距孔底 50 cm 处取样
	4	泥浆面标高(高于地下水位)	m	0.5~1.0	目测
	5	沉渣厚度: 端承桩 摩擦桩	mm	≤50 ≤150	用沉渣仪或重锤测量
	6	混凝土坍落度 水下灌注 干施工	mm	160~220 70~100	坍落度仪
	7	钢筋笼安装深度	mm	±100	用钢尺量
	8	混凝土充盈系数	>1		检查每根桩的实际灌注量
	9	桩顶标高	mm	$^{+30}_{-50}$	水准仪,需扣除桩顶浮浆层及劣质桩体

2)螺旋钻成孔灌注桩的质量标准见表10。

表 10　螺旋钻成孔灌注桩的质量标准

项目	序号	检查项目	允许偏差或允许值		检查方法
			单位	数值	
主控项目	1	桩位	符合设计及标准要求		基坑开挖前量护筒,开挖后量桩中心
	2	孔深	mm	+300	只深不浅,用重锤测,或测钻杆、套管长度,嵌岩桩应确保进入设计要求的嵌岩深度
	3	桩体质量检验	按基桩检测技术规范,如钻芯取样,大直径嵌岩桩应钻至桩尖下 50 cm		按基桩检测技术规范
	4	混凝土强度	设计要求		试件报告或钻芯取样送检
	5	承载力	按《建筑基桩检测技术规范》		按基桩检测技术规范
一般项目	1	垂直度	符合设计及标准要求		测套管或钻杆,或用超声波探测
	2	桩径	符合设计及标准要求		井径仪或超声波检测
	3	混凝土坍落度 水下灌注 干施工	mm	160~220 70~100	坍落度仪
	4	钢筋笼安装深度	mm	±100	用钢尺量
	5	混凝土充盈系数	>1		检查每根桩的实际灌注量
	6	桩顶标高	mm	$^{+30}_{-50}$	水准仪,需扣除桩顶浮浆层及劣质桩体

（3）预制桩排桩墙的质量标准。

预应力管桩质量检验标准见表 11。

表 11　预应力管桩质量检验标准

项目	序号	检查项目		允许偏差或允许值		检查方法
				单位	数值	
主控项目	1	桩体质量检验		按基桩检测技术规范		按基桩检测技术规范
	2	桩位偏差		符合设计及标准要求		用钢尺量
	3	承载力		按《建筑基桩检测技术规范》		按建筑基桩检测技术规程（JGJ106—2003）
一般项目	1	成品桩质量	外观	无蜂窝、露筋、裂缝、色感均匀、桩顶处无空隙		直观
			桩径	mm	±5	用钢尺量
			管壁厚度	mm	±5	用钢尺量
			桩尖中心线	mm	<2	用钢尺量
			顶面平整度	mm	<10	用水平尺量
			桩体弯曲		<1/1 000L	用钢尺量，L 为桩长
	2	接桩：焊缝质量 电焊结束后停歇时间 上下节平面偏差 节点弯曲矢高		min mm	>1.0 <10 <1/1 000L	秒表测定 用钢尺量 用钢尺量，L 为两节桩长
	3	停锤标准		设计要求		现场实测或查沉桩记录
	4	桩顶标高		mm	±50	水准仪

7.3　质量通病防治

7.3.1　悬臂式排桩嵌固深度不足

（1）现象。

基坑挖土分两步挖，当第二步挖到将近坑底时发现桩倾侧，桩后裂缝，坑上地面也产生裂缝，附近道路下沉，邻近房屋出现竖向裂缝，不久，排桩倒塌，连接圈梁折断，桩后土方滑移入基坑内，基坑支护破坏。

（2）原因分析。

悬臂桩的埋深嵌固只有悬臂长的 1/3～1/2，嵌固不足，嵌固深度未通过计算确定；其次是水管下水道、化粪池漏水，使土的物理参数改变，还有的工程，一场大雨造成排桩倒塌，使土的 γ、ψ 及 c 值发生变化，促使基坑工程坍塌。

（3）防治措施。

悬臂桩的嵌固深度必须通过计算确定，计算应考虑土的物理参数因素。不按土的物理参数具体情况计算确定的嵌固深度，或按经验确定的嵌固深度必将产生重大事故。

7.3.2　锤击式悬臂桩（预制桩、锤击沉管桩）位移太大，有的桩上部折断

（1）现象。

在软土淤泥质土地区工程桩采用 450 mm×450 mm 锤击预制桩或采用 ϕ500 锤击沉管桩（配筋 8ϕ18），为施工方便，将支护桩采用与工程桩相同的配筋与桩径，用锤击桩位挡土桩。基

坑开挖土方时将土方堆积在坑旁边,基坑开挖后发现桩位移,最大位移达 1.15 m,有的桩在地面下 3～5 m 处折断。

(2)原因分析。

1)悬臂式挡土桩的直径按规范规定不得小于 $\phi600$(配筋不得小于 $\phi20$)。与工程桩不同,悬臂式挡土桩主要承受水平力,同时在坑边堆土,促使增大侧壁水平压力,因而有的桩在抗弯不足情况下折断。

2)在软土淤泥质土中已经锤击密布工程桩(3～4 d),锤击数又多,地基土中静孔隙水压力急剧上升,且无法很快消散,地基中产生强烈挤土作用,工程桩也会产生大的位移,支护挡土桩又系外排桩,因而位移很大。

(3)防治措施。

1)支护挡土桩应用 $\phi600$ 或大于 $\phi600$ 的灌注桩,不用锤击 450 mm×450 mm 的预制桩,或 $\phi500$ 的锤击沉管桩,因其抗弯性能不足。

2)基坑挖土应随挖随运,不得堆在坑旁,以免增加支护桩的水平压力。

7.3.3 钢板桩渗漏

钢板桩是由带锁口或钳口的热轧型钢制成,将单块钢板桩互相连接就形成钢板桩墙,在基坑工程中用以挡水和挡土。

我国常用的拉森式钢板桩,如图 10 所示。

在软土地区基坑深在 5 m 以上时,必须采用拉结方式,悬臂式桩只能用于 5 m 以下(按规范规定)。

钢板桩施工,先安装围檩,分片将钢板桩打入土中,筑成封闭式围圈,然后在圈内挖土。围檩及钢板桩施工立面如图 11 所示。

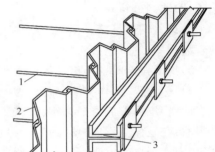

图 10 钢板桩与腰梁拉杆示意图
1—拉杆;2—钢板桩;3—腰梁。

(1)现象。

基坑挖土过半时,发现钢板桩渗漏,主要在接缝处和转角处,有的地方还涌砂。

(2)原因分析。

1)钢板桩旧桩较多,使用前未进行矫正修理或检修不彻底,锁口处咬合不好,以致接缝处易漏水。转角处为实现封闭合龙,应有特殊形式的转角桩,这种转角桩要经过切断焊接工序,可能会产生变形。

2)打设钢板桩时,两块板桩的锁口可能插对不严密,不符合要求。

3)桩的垂直度不符合要求,导致锁口漏水。

(3)预防措施。

1)旧钢板桩在打设前需进行整修矫正。矫正要在平台上进行,对弯曲变形的钢板桩可用油压千斤顶顶压或火烘等方法矫正。

2)做好围檩支架,以保证钢板桩垂直打入和打入后的钢板桩墙面平直。

3)防止钢板桩锁口中心线位移,可在打

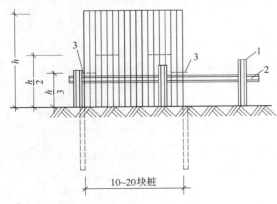

图 11 钢板桩打设示意图
1—围檩桩;2—围檩;3—两端打入定位桩。

桩进行方向的钢板桩锁口处设卡板,阻止板桩位移。

4)为保证钢板桩垂直,用 2 台经纬仪从两个方向控制锤击入土。

5)由于钢板桩打入时倾斜,且锁口接合部有空隙,封闭合龙比较困难。解决的办法一是用异形板桩(此法较困难);二是采用轴线封闭法,此法较为方便。

(4)治理方法。

采用水玻璃水泥浆以阀管双液灌浆系统施工堵漏。

7.3.4　钢板桩倾侧,基坑底土隆起,地面裂缝

(1)现象。

采用拉森钢板桩,开挖土方的挖土机及运土车设在地面钢板桩侧,开挖不久即发现钢板桩顶侧倾,坑底土隆起,地面裂缝并下沉。其中有 1 例整排桩呈弧形推向坑内方向,中间最大偏移 3 m,地面呈弧形,裂缝宽 20 cm,地面下沉约 1 m。

(2)原因分析。

1)这些钢板桩施工都在软土地区,设计的嵌固深度不够,因而桩后地面下沉,坑底土隆起是管涌现象。

2)挖土作业时挖土机及运土车在钢板桩侧,增加土的地面荷载,导致桩顶侧移。

3)从上述 1 例作实测分析认为:土体已形成两个圆弧滑裂面,一个是深约 5~6 m 的圆弧滑裂面,使地面形成直径为 18 m 的弧形滑裂圈;另一个是圆心向坑外移,深约 10 m 的圆弧形滑裂面,在地面上形成直径为 30 m 的弧形滑裂圈,随着两次圆弧滑动,使钢板桩同时位移和倾斜,当钢板桩拔出观察时,桩未弯曲,桩尖最大推移量约 52.5 cm。实测说明钢板桩没有满足以圆弧形滑动的嵌固深度,而且整体稳定性不合格。

(3)防治措施。

1)钢板桩嵌固深度必须由计算确定。

2)挖土机、运土车不得在基坑边作业,如必须施工,则应将该项荷载增加计算入设计中,以增加桩的嵌固深度。

3)钢板桩设计时尚须考虑地基整体稳定。

7.4　成品保护

(1)排桩墙施工过程中应注意保护周围道路、建筑物和地下管线的安全。

(2)基坑开挖施工过程对排桩墙及周围土体的变形、周围道路、建筑物以及地下水位情况进行监测。

(3)基坑、地下工程在施工过程中不得伤及排桩墙墙体。

7.5　季节性施工措施

7.5.1　雨期施工措施

雨期严格执行随钻随浇注混凝土的规定,以防遇雨成孔后灌水造成坍孔。雨天不应进行钻孔施工。现场必须有排水措施,防止地面水流入孔内。

7.5.2　冬期施工措施

冬期当温度低于 0 ℃以下浇注混凝土时,应采取加热保温措施。浇注时,混凝土的温度按冬施方案规定执行。在桩顶未达到设计强度 50% 以前不得受冻。

7.6 质量记录

(1)排桩墙施工质量记录。

(2)钢筋混凝土预制桩排桩墙打桩施工记录。

(3)钢筋混凝土灌注桩排桩墙施工记录。

(4)振动冲击沉管灌注桩排桩墙施工记录。

(5)干作业成孔灌注桩排桩墙施工记录。

(6)湿作业成孔灌注桩排桩墙施工记录。

(7)钢筋混凝土预制桩排桩墙压桩施工记录。

(8)钢板桩排桩墙打桩施工记录。

8 安全、环保及职业健康措施

8.1 职业健康安全关键要求

(1)施工场地坡度<0.01。地基承载力>85 kPa。

(2)桩机周围 5 m 范围内应无高压线路。

(3)桩机起吊时,吊物上必须栓溜绳。人员不得处于桩机作业范围内。

(4)桩机吊有吊物情况下,操作人员不得离机。

(5)桩机不得超负荷进行作业。

(6)钢丝绳的使用及报废标准应按有关规定执行。

(7)遇恶劣天气时应停止作业。必要时应将桩机卧放地面。

(8)施工现场电器设备必须保护接零,安装漏电开关。

(9)有高血压、恐高症、矽肺病者禁止进行排桩墙施工作业。

8.2 环境保护要求

(1)排桩墙施工噪声、隆起、污染、不得危及周边建筑物安全,影响居民生活。

(2)当排桩墙施工所造成的地层挤密、污染对周边建筑物有不利影响时,应制定可行、有效的施工措施后,才可进行施工。

(3)施工现场应采取防尘措施,指定专人负责及时清运泥浆及其他渣土。

(4)对废水、废油、废渣要按要求指定排放,不得对环境构成污染。

(5)对钻孔用泥浆要净化循环再使用。

9 工程实例

9.1 所属工程实例项目简介

中铁锦华·曦城工程位于成都市金牛区,规划用地为 16 996.08 m²。承建的范围包含有 7 栋高层住宅(公寓)和一个综合农贸市场组成的一个建筑群,其总建筑面积为 131 191.67 m²。整个工程地下结构共 2 层;1#、2#楼地上结构为 33 层;3#~7#楼地上结构为 34 层;综合农贸市场地上结构为 5 层。该工程的主要施工特点是基本无施工场地,场地四周均为已有建筑。基坑大部分采用喷锚护壁,在基坑南面由于离原有建筑太近采用人工挖孔排桩护壁。

9.2　施工组织及实施

在基坑南面采用人工挖孔桩做排桩护壁,桩径 1 200 mm,桩长 13 m,其中桩头锚入基础底板以下 4 m。桩间净距 2.0 m,该部分间隙采用锚杆喷锚,在桩顶设置一道 800×1 000 钢筋混凝土连梁。现场设置挖孔桩绞车 8 台,混凝土搅拌机一台,转运斗车 8 辆。其中投入劳动力52 人,其中挖方土工 16 人,钢筋工 20 人,木工 8 人,混凝土工 8 人。

9.3　工期(单元)

人工挖孔桩排桩护壁施工工期为 27 d,具体如下:

人工挖孔及浇筑桩孔护壁(15 d)→绑扎钢筋笼(2 d)→浇筑桩芯混凝土(2 d)→破桩头及浇筑连梁(8 d)。

9.4　建设效果及经验教训

根据施工方案及技术交底,排桩顺利施工完毕,在基坑开挖完毕至今未发现任何异常,保证了地下室部分的正常施工。

9.5　关键工序图片(照片)资料

防护排桩施工图如图 12～图 15 所示。

图 12　基坑排桩支护概貌

图 13　防护排桩立面一

图 14　防护排桩立面二

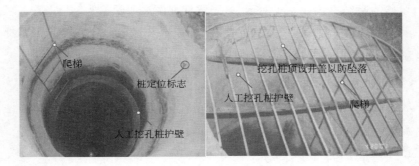

图 15　人工挖孔桩成孔

锚杆工程施工工艺

目前各类边坡治理的方法较多,对工程技术的进步产生了积极影响,锚杆较锚索具有施工方便、效率高、成本低的特点。本章节对在边坡治理中常用的锚杆施工工艺进行介绍。

1 工艺特点

锚杆由锚固段、自由段、锚头组成的,一端与支护挡土结构相连,一端与土层相锚固的细长杆件。依靠其锚固段与土体的摩阻力,加固或锚固现场土体。一般采取先在土层中钻孔,后置入钢筋、在锚固段注浆、锚头紧固的方法制成,也可采用置入钢管、角钢、钢绞线,在锚固段注浆的方法制成。

锚杆与桩、墙的联结支护如图1所示,多层锚杆如图2所示。

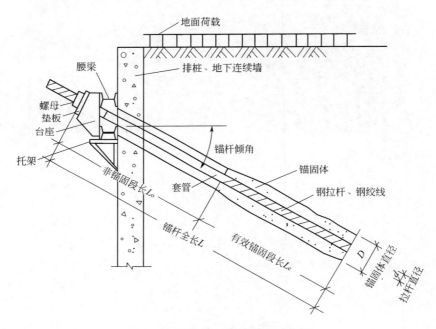

图 1 锚杆与桩、墙连接构造示意图

2 工艺原理

锚杆所以能锚固在土层中作为一种新型受拉杆件,主要是由于锚杆在土层中具有一定的抗拔力。首先通过锚索(粗钢筋或钢绞线)与周边水泥砂浆握裹,将力传到砂浆中,然后通过砂浆再传到周围土体。随着荷载增加,锚索与水泥砂浆粘结力(握裹力)逐渐发展到锚杆下端,待锚固段内发挥最大粘结力时,就发生与土体的相对位移,随即发生土与锚杆的摩阻力,直至极限摩阻力。

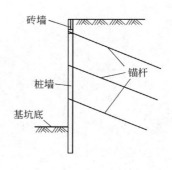

图 2 多层锚杆示意图

3 适用范围

锚杆支护结构是挡土结构与外拉系统相结合的一种深基坑组合式支护结构。其挡土结构与悬臂式或内撑式支护结构相同，诸如：钻孔灌注桩、钢板桩、预制混凝土桩、地下连续墙等。适用于较密实的砂土、粉土、硬塑到坚硬的黏性土层或岩层中的大型、较深、邻近既有建(构)筑物而不允许有较大变形的基坑和不允许设内支撑的基坑。存在有地下埋设物而不允许损坏的场地不宜采用。

4 工艺流程及操作要点

4.1 工艺流程

4.1.1 作业条件

(1)有齐全的技术文件和完整的施工组织设计或方案，并已进行技术交底。

(2)进行场地平整，拆迁施工区域内的报废建(构)筑物和挖除工程部位地面以下 3 m 内的障碍物，施工现场应有可使用的水源和电源。在施工区域内已设置临时设施，修建施工便道及排水沟，各种施工机具已运到现场，并安装维修试运转正常。

(3)已进行施工放线，锚杆孔位置、倾角已确定；各种备料和配合比及焊接强度经试验可满足设计要求。

(4)当设计要求必须事先做锚杆施工工艺试验时，试验工作已完成并已证明各项技术指标符合设计要求。

4.1.2 工艺流程图

(1)土层锚杆施工工艺流程如图 3 所示。

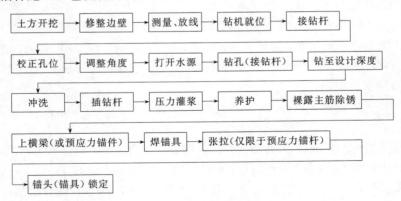

图 3 土层锚杆施工工艺流程图

土层锚杆干作业施工程序与水作业钻进法基本相同，只是钻孔时不用水冲泥渣成孔，而是将土体顺钻杆排出孔外而成孔。

(2)喷射混凝土面层施工工艺流程如图 4 所示。

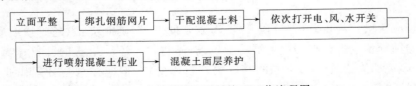

图 4 喷射混凝土面层施工工艺流程图

4.2 操作要点

（1）锚杆支护工程的设计、施工与监测宜统一由支护工程的施工单位负责，以便于及时根据现场测试与监控结果进行反馈设计；当设计、施工与监测不为一个单位时，三者应相互配合，密切合作，确保安全施工。

（2）锚杆支护的设计计算按《建筑基坑支护技术规程》（JGJ 120—1999）中有关规定执行。施工中应特别重视地表水和地下水对支护工作的影响，应设置良好的排水系统并在施工前进行降低地下水位。一般情况下，应遵循分段开挖、分段支护的原则，不宜按一次挖就再行支护的方式施工。同时，应考虑施工作业周期和降雨、振动等环境因素对开挖面土体稳定性的影响做到随开挖随支护，以减少边坡变形。

（3）施工中应对锚杆位置，钻孔直径、深度及角度，锚杆插入长度，注浆配合比、压力及注浆量，喷锚墙面厚度及强度、锚杆应力等进行检查。

（4）每段支护体施工完成后，应检查坡顶及坡面位移，坡顶沉降及周围环境变化，如有异常情况应采取措施，恢复正常后方可继续施工。

（5）锚杆的有效锚固长度先由计算得出，然后在工程场地作实地试验得出极限摩阻力后最后确定。

（6）多层锚杆的施工程序为：挖土至第一层锚杆位置下 0.5 m，制作第一层锚杆并预应力，然后再挖土到第二层锚杆位置下 0.5 m，作第二层锚杆，如此类推。所有用多层锚杆或多层支撑的基坑支护工程都不能一次挖土到基坑底面。

4.2.1 技术准备

锚杆施工前必须具备下列文件：

（1）工程周边环境调查及工程地质勘察报告。

（2）支护施工图纸齐全，包括支护平、剖面图及总体尺寸；挡土结构的类型、详细设计图纸及设计说明，如已施工完毕应有施工的详细记录；标明锚杆位置、尺寸（直径、孔径、长度）、倾角和间距；喷射混凝土面层厚度及钢筋网尺寸，喷射混凝土面层的连接构造方法和混凝土强度等级。

（3）排水及降水方案设计。

（4）施工方案或施工组织设计，规定基坑分层、分段开挖的深度及长度，边坡开挖面的裸露时间限制等。

（5）现场测试监控方案，以及为防止危及周围建筑物、道路、地下设施安全而采取的措施及应急方案；了解支护坡顶的允许最大变形量，对邻近建筑物、道路、地下设施等环境影响的允许程度。

（6）确定基坑开挖线、轴线定位点、水准基点、变形观测点等，并在设置后加以妥善保护。

4.2.2 材料要求

各种材料应按计划逐步进场，钢材、水泥及化学添加剂必须有相关产品合格证，锚杆所用的钢材需要焊接连接时，其接头必须经过试验，合格后方可使用。

4.2.3 操作要点

（1）基坑开挖。

锚杆支护应按设计规定分层、分段开挖，做到随时开挖、随时支护、随时喷混凝土，在完成上层作业面的锚杆预应力张拉与喷射混凝土以前，不得进行下一层土的开挖。当基坑面积较大时，允许在距离四周边坡 8～10 m 的基坑中部自由开挖，但应注意与分层作业区的开挖相协调；当用机械进行土方开挖时，严禁边壁出现超挖或造成边壁土体松动或挡土结构的破坏。

为防止基坑边坡土体发生坍陷,对于易坍的土体可采用以下措施:

1)对修整后的边壁立即喷上一层薄的砂浆或混凝土,待凝结后再进行钻孔。

2)在作业面上先安装钢筋网片喷射混凝土面层后,再进行钻孔并设置土钉。

3)在水平方向分小段间隔开挖。

4)先将开挖的边壁做成斜坡,待钻孔并设置土钉后再清坡。

5)开挖时沿开挖面垂直击入钢筋或钢管并注浆加固土体。

(2)排水。

1)锚杆支护宜在排除地下水的条件下进行施工,应采取适当的降、排水措施排除地下水(包括地表、支护内部、基坑排水),以避免土体处于饱和状态并减轻作用于面层上的静水压力。

2)基坑四周支护范围内应预修整,构筑排水沟和水泥砂浆或混凝土地面,防止地表水向地下渗透。靠近基坑坡顶2~4 m的地面应适当垫高,并且里高外低,便于径流远离边坡。

3)在支护面层背部应插入长度为400~600 mm、直径不小于40 mm的水平排水管,其外端伸出支护面层,间距可为1.5~2 m,以便将喷射混凝土面层后的积水排出。

4)为了排除积聚在基坑内的渗水和雨水,应在坑底设置排水沟和集水坑,坑内积水应及时抽出。排水沟应离开边壁0.5~1 m,排水沟和积水坑宜用砖砌并用砂浆抹面以防止渗漏。

(3)钻孔与锚杆制作。

1)钻孔时要保证位置正确(上下左右及角度),防止高低参差不齐和相互交错。

2)钻进时要比设计深度多钻进100~200 mm,以防止孔深不够。

3)锚杆应由专人制作,接头应采用对焊或帮条焊。为使锚杆置于钻孔的中心,应在锚杆上每隔1 500 mm设置定位器一个;钻孔完毕后应立即安插锚杆以防坍孔。为保证非锚固段锚杆可以自由伸长,可在锚固段和非锚固段之间设置堵浆器或在非锚固段涂以润滑油脂,以保证在该段自由变形。当使用钢绞线作锚杆时,使用前应检查有无油污、锈蚀、缺股断丝等情况,端部要用钢丝绑扎牢,不得参差不齐或散架。

(4)注浆。

1)注浆管在使用前应检查有无破裂和堵塞,接口处要牢固,防止注浆压力加大时开裂跑浆;注浆管应随锚杆同时插入,干成孔时在灌浆前封闭孔口,湿成孔时在灌浆过程中看见孔口出浆时再封闭孔口。

2)注浆前要用水引路、润湿输浆管道;灌浆后要及时清洗输浆管道、灌浆设备;灌浆后自然养护不少于7 d,待强度达到设计强度的70%时方可进行张拉;在灌浆体硬化之前,不能承受外力或由外力引起的锚杆移动。

(5)锚杆试验。

1)应在锚杆锚固段浆体强度达到15 MPa或达到设计强度的75%时方可进行。

2)锚杆试验应按中华人民共和国现行行业标准《建筑基坑支护技术规程》(JGJ 120—1999)附录E的规定,在试验前做试验方案,并经批准后执行。

(6)喷射混凝土。

1)在喷射混凝土前,面层内的钢筋网片牢固固定在边坡壁上并符合规定的保护层厚度的要求。钢筋网片可用插入土中的钢筋固定,在混凝土喷射时应不出现移动。

2)钢筋网片可用焊接或绑扎而成,网格允许偏差为10 mm;钢筋网铺设时每边的搭接长度不小于一个网格的边长或200 mm,如为焊接则焊接长度不小于网筋直径的10倍。

3)喷射混凝土的配合比应按设计要求通过试验确定,粗骨料最大粒径不宜大于12 mm;

喷射混凝土作业,应事先对操作手进行培训,以保证喷射混凝土的水灰比和质量能达到要求;喷射混凝土前,应对机械设备、风、水和电路进行全面检查及试运转;喷射混凝土的喷射顺序应自下而上,喷头与受喷面距离宜控制在 0.8～1.5 m 范围内;射流方向垂直指向喷射面,但在钢筋部位应先喷填钢筋一方后再侧向喷填钢筋的另一方,防止钢筋背面出现空隙;为保证喷射混凝土厚度达到规定值,可在边壁上垂直插入短的钢筋段作为标志。

4)为加强支护效果,在喷射混凝土时可加入 3%～5% 的早强剂;在喷射混凝土初凝 2 h 后方可进行下一道工序,此后应连续喷水养护 5～7 d。

5)喷射混凝土强度可用边长 100 mm 立方试块进行测定,制作试块时应将试模底面紧贴边壁,从侧向喷射混凝土,每批至少留取 3 组(每组 3 块)试件。

(7)施工监测。

1)锚杆支护的施工监测应包括下列内容。

支护位移、沉降的测量;地表开裂状态(位置、裂宽)的观察;附近建筑物和重要管线等设施的变形测量和裂缝观察;基坑渗、漏水和基坑内外的地下水位变化。

在支护施工阶段,每天监测不少于 3 次;在支护施工完成后、变形趋于稳定的情况下每天1 次。监测过程应持续至整个基坑回填结束为止。

2)观测点的设置:观测点的总数不宜少于 3 个,间距不宜大于 30 m。其位置应选在变形量最大或局部条件最为不利的地段。观测仪器宜用精密水准仪和精密经纬仪。

3)应特别加强雨天和雨后的监测,以及对各种可能危及支护安全的水害来源(如场地周围生产、生活排水,上下水管,贮水池罐、化粪池漏水,人工井点降水的排水,因开挖后土体变形造成管道漏水等)进行仔细观察。

4)在施工开挖过程中,基坑顶部的侧向位移与当时的开挖深度之比超过 3‰(砂土中)和3‰～5‰(一般黏土中)时应密切加强观察、分析原因并及时对支护采取加固措施,必要时增用其他支护方法。

5　劳动力组织

劳动力组织见表1。

表 1　锚杆施工劳动力组织

工作内容	单　位	工　日	备　注
喷射混凝土	100 m²	23～30	以 50 mm 厚为例,分为素喷、网喷
锚杆钻孔、灌浆	100 m	27～52	分为土壤层、卵石层和岩石层
锚杆制作、安装、张拉、锚固	t	14～35	分为粗钢筋、钢绞线和钢管

注:1　锚杆钻孔、布筋、安装、灌浆、张拉、混凝土喷射等搭设的脚手架工日另计;
　　2　面层钢筋网所需工日另计。

6　机具设备配置

6.1　机　　械

(1)成孔机具设备。

根据现场土质特点和环境条件选择成孔设备,如:冲击钻机、螺旋钻机、回转钻机、洛阳铲等;在易坍孔的土体钻孔时宜采用套管成孔或挤压成孔设备。

(2)灌浆机具设备。

灌浆机具设备有注浆泵和灰浆搅拌机等；注浆泵的规格、压力和输浆量应满足施工要求。

（3）混凝土喷射机具。

混凝土喷射机具有 Z—5 混凝土喷射机和空压机等；空压机应满足喷射机所需的工作风压和风量要求；可选用风量 9 m³/min 以上、压力大于 0.5 MPa 的空压机。

（4）张拉设备。

张拉设备用 YC—60 型穿心式千斤顶，配 YC—60 型油泵、油压表等，YC—60 型穿心式千斤顶在使用前必须送当地技术监督部门或有资质的检测机构进行校验标定。

6.2　工　　具

百分表（精度不小于 0.02 mm，量程小于 50 mm）。

7　质量控制要点

7.1　质量控制要求

7.1.1　材料的控制

（1）锚杆。

用做锚杆的钢筋（HRB335 级或 HRB400 级热轧螺纹钢筋）、钢管、角钢、钢丝束、钢绞线必须符合设计要求，并有出厂合格证和现场复试的试验报告。

（2）钢材。

用于喷射混凝土面层内的钢筋网片及连接结构的钢材必须符合设计要求，并有出厂合格证和现场复试的试验报告。

（3）水泥浆锚固体。

水泥用强度等级为 32.5、42.5 的普通硅酸盐水泥，并有出厂合格证；砂用粒径小于 2 mm 的中细砂；所用的化学添加剂、速凝剂必须有出厂合格证。

7.1.2　技术的控制

（1）灌浆是土层锚杆施工中的一道关键工艺，必须认真进行，并做好记录。灌浆材料宜采用水泥浆或水泥砂浆，其强度等级不宜低于 M10；当灌浆材料用水泥浆时，水灰比为 0.4～0.5 左右，为防止泌水、干缩，可掺加 0.3% 的木质素黄酸钙。

当灌浆材料用水泥砂浆时灰砂比为 1∶1 或 1∶2（重量比），水灰比为 0.38～0.45，砂用中砂并过筛。如需早强，可掺加水泥用量 3%～5% 的混凝土早强剂；水泥浆液试块的抗压强度应大于 25 MPa，塑性流动时间应在 22 s 以下，可用时间应为 30～60 min；整个灌浆过程应在 5 min 内结束。

（2）灌浆压力一般不得低于 0.4 MPa，亦不宜大于 2 MPa；宜采用封闭式压力灌浆和二次压力灌浆，可有效提高锚杆抗拔力（20% 左右）。

（3）锚杆设计及构造应符合下列规定。

1）锚杆的锚固体应设置在地层的稳定区域内，且上覆土层厚度不宜小于 4.0 m。

2）锚杆的自由段长度不宜小于 5 m 并应超过潜在滑裂面 1.5 m。

3）土层锚杆锚固段长度不宜小于 4 m。

4）锚杆上下排垂直间距不宜小于 2.0 m，水平间距不宜小于 1.5 m。

5）锚杆倾角宜为 15°～25°，且不应大于 45°。

6)沿锚杆轴线方向每隔 1.5～2.0 m 宜设置一个定位支架。

7)锚杆锚固体宜采用水泥浆或水泥砂浆,其强度等级不宜低于 M10。

7.1.3　质量的控制

(1)根据设计要求、水文地质情况和施工机具条件,认真编制施工组织设计,选择适当的钻孔机具和方法,精心操作,确保顺利成孔和安装锚杆并顺利灌注。

(2)在钻进过程中,应认真控制钻进参数,合理掌握钻进速度,防止埋钻、卡钻、坍孔、掉块、涌砂和缩颈等各种通病的出现,一旦发生孔内事故,应尽快进行处理,并配备必要的事故处理工具。

(3)钻机拔出钻杆后要及时安置锚杆,并随即进行注浆作业。

(4)锚杆安装应按设计要求,正确组装,认真安插,确保锚杆安装质量。

(5)锚杆灌浆应按设计要求,严格控制水泥浆、水泥砂浆配合比,做到搅拌均匀,并使灌浆设备和管路处于良好的工作状态。

(6)施加预应力应根据锚杆类型正确选用锚具,并正确安装台座和张拉设备,保证数据准确可靠。

7.2　质量检验标准

锚杆支护工程质量检验应符合表 2 的规定。

表 2　锚杆支护工程质量检验

项目	序号	检查项目	允许偏差或允许值		检验方法
			单位	数值	
主控项目	1	锚杆长度	mm	±30	用钢尺量
	2	锚杆的锁定力	设计要求		现场实测
一般项目	1	锚杆位置	mm	±100	用钢尺量
	2	钻孔倾斜度	°	±1	测钻机倾角
	3	浆体强度	设计要求		试样送检
	4	注浆量	大于理论计算量		检查计量数据
	5	墙面厚度	mm	±10	用钢尺量
	6	墙体强度	设计要求		试样送检

7.3　质量通病防治

7.3.1　锚杆被拔出,桩折断,排桩倒坍

(1)现象。

当挖土到基坑底,发现桩顶部挡土墙倾,顶部地面裂缝并延伸至围墙,旋即排桩倒坍,上部土体滑动,下水道塌陷,水涌入基坑,有的坍至街道,第一层锚杆从土中完全拔出,护坡桩折成三段,折点分别在二、三层锚杆处、折点处混凝土破碎,钢筋弯曲,第二、三层锚杆锚头拉脱,腰梁扭断开裂。

(2)原因分析。

1)从事故现象看:第一层锚杆被拔出足以说明锚固长度显然不够,开始产生桩顶的大量位移和裂缝并延伸,足以说明其前兆。当第一层锚杆的有效锚固长度不能胜任桩所受的水平推力时,锚杆被拔出,此时桩受的水平推力集中到第二层锚杆支点,桩受到过大的不能胜任的弯矩而折

断,而锚头拉脱、腰梁扭断、裂开是受到复杂的扭矩拉力所致,直至整排桩被巨大力所推倒。

2)从事故发生后核算中发现,原计算错误在于第一层锚杆间距为 2 m 一根,第二层锚杆间距为 1.5 m 一根,但计算桩受水平力系按单位长度(1 m)计算,因此出现第一层锚固长度差 1 倍的误差。

(3)防治措施。

1)锚固长度的计算应反复核算,避免错误。

2)在工程现场必须做测试,以便发现计算上可能出现的错误。

3)从事故发生的情况看,第一层锚杆的锚固长度非常关键。因此认为多层锚杆支护体系的第一层锚杆锚固力特别重要,设计施工者应特别重视。

7.3.2 锚杆不起作用,桩折断,支护结构倒坍

(1)现象。

基坑较深,采用 ϕ1.0 m 灌注桩、两层锚杆支护。基坑挖到设计标高后不久,发现局部破坏,先是锚杆端部脱落,横梁掉下,桩间土开裂,继而裂缝增大,桩顶地面较远处发生裂缝,最后,桩断、支护结构倒坍,邻近自来水管断裂,基坑受泡,再次坍方,基坑内被水浸泡。

(2)原因分析。

锚杆端部脱落,说明预应力张拉后锚头没有锚固住,横梁掉下说明这一排锚杆在桩端没有受力,也就是锚杆不起拉结作用,使 1 m 的大直径桩变成悬臂桩,受力后侧倾,桩间土开裂,位移大时桩顶地面开裂并发展较远,最后桩因受弯矩太大而折断。

(3)防治措施。

1)预应力施工应由有经验技工操作,如无经验,应经过培训并由有经验工人予以指导。当锚头锚住后还应检查横梁(一般为工字钢)是否受力。当发现横梁脱落,应立即停止挖土,研究原因,采取措施,如工地未能采取措施,则倒坍不可避免。

2)基坑开挖时应作排桩的位移监测,随时可以发现桩有无大的位移,发现后应研究原因,采取措施。

7.3.3 锚杆倾角小,锚固力差

(1)现象。

锚杆设计要求极限承载力为 500 kN,工程现场试验,倾角 15°(与水平面的夹角)极限承载力仅为 400 kN,同样长度改变倾角为 25°后,极限承载力为 600 kN,满足设计要求。

(2)原因分析。

锚杆的承载力与土体的极限摩阻力有关,一般情况下,上层土质较下层土质差,在同样锚固长度情况下,倾角小时锚固体深入较好土体长度少,如上述试验,锚杆锚固长 30 m,倾角 15°时,在淤泥质黏土中约为 15 m,在粉质黏土中约为 15 m;而改为 25°时,锚固段在淤泥质黏土中约为 3 m,粉质黏土中约为 14 m,在粉砂中约为 13 m,不同土质的极限摩阻力差别很大。

(3)预防措施。

1)正式施工锚杆前必须作锚杆基本试验,得出倾角、锚固长度关系,提供设计研究决定。

2)倾角必须适宜,按规范规定:倾角为 15°～25°,不大于 45°。选择合适角度及合适极限承载力是必要的。

7.3.4 锚具夹片滑脱,失去锚固作用

(1)现象。

锚具在张拉锚固后不久,失起作用,即钢绞线在锚杆桩测试时不起拉结作用。

（2）原因分析。

1）经锚具、夹片等检验发现夹片硬度不足 HRC＝40，不符合规范规定。

2）当锚杆受力时，夹片对钢绞线因硬度不足而滑脱，预应力锚固后经不起受力而滑脱。

（3）防治措施。

1）夹片应采用表面渗碳工艺，提高硬度，使硬度 HRC＝50～55。

2）锚杆施工完后应重新检查锚头有无松动、脱落，必要时重新将锚头张拉一下。

3）工厂交付锚具、夹片时应作详细检查验收，施工单位对锚具质量严格控制。

7.3.5　锚杆与地下连续墙预留孔漏水涌砂

（1）现象。

基坑工程在做第二层锚杆施工时，墙外水压力较大，水及砂从预留孔与锚杆钻杆外套管间流入基坑内，施工人员经验不足时，会将钻杆拔出造成坑内大量涌水涌砂，造成附近房屋开裂等事故。

（2）原因分析。

1）采用地下连续墙及锚杆支护的工程，一般在地下连续墙施工时，应在墙内一定位置预留孔洞，以便锚杆施工时穿过，如图 5 所示。锚杆外套管与地下墙预埋管之间的空隙造成水流通道，粉砂在水压力作用下涌入坑内。

2）拔出钻杆导致大量流砂从 ϕ203 孔中流入坑内，造成地面坍陷、房屋开裂。

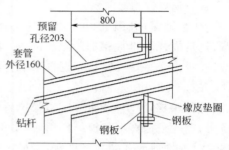

图 5　止水垫圈示意图（mm）

（3）防治措施。

1）在孔口设橡皮垫圈，以阻止砂与水涌入坑内，见图 5。

2）在钻杆钻进时，保持钻头与外套管有一定距离，停钻时缩回外套管内，避免水套管内进入基坑。

3）灌注砂浆时保持砂浆压力（0.4～0.6 MPa）。

4）拔管时留下最后两节外套管，待水泥初凝后拔出。

7.4　成品保护

（1）锚杆的非锚固段及锚头部分应及时做防腐处理。

（2）成孔后立即及时安插锚杆，立即注浆，防止坍孔。

（3）锚杆施工应合理安排施工顺序，夜间作业应有足够的照明设施，防止砂浆配合比不准确。

（4）施工过程中，应注意保护定位控制桩、水准基点桩，防止碰撞产生位移。

7.5　季节性施工措施

7.5.1　雨期施工措施

（1）制定好切实可行的雨季施工技术措施，抓紧锚杆钻孔，安装工作。雨季特别注意对岩体的观测，一有不良现场及时制订方案进行处理，保证施工顺利进行。

（2）做好基础施工的场地排水方案，基坑护壁观测，混凝土浇注的防雨措施，现场施工安全用电，高空作业防雨、防滑、防雷措施等方面的安排和准备，提前做好安全交底和安全防护工作，并做好经常性的巡视检查。

(3)雨季施工过程中,做好深基坑护壁监控。

1)护壁压顶必须实施硬化,封闭压顶与护壁的接口,排水坡向明确,防止地表水渗入边坡而胀裂护壁喷浆层;检查护壁喷浆层上的泄水孔设置数量是否满足要求。护壁硬化采用 C10 混凝土,在压顶边缘设置 300 mm(宽)×400 mm(深)的排水明沟,要保证压顶表面无积水。

2)护壁脚部有条件应设置通畅的排水明沟,保证护壁脚部无积水,防止压顶护壁脚部因水浸泡而变形失稳,引起边坡破坏。

3)护壁监控在基坑回填前的施工阶段,应该派专人监控护壁的安全情况,主要是监测以下方面。

① 护壁压顶的混凝土是否有裂缝或凹陷情况。

② 护壁喷浆体是否有变形或裂缝和位移现象。

③ 护壁脚部是否有积水和位移。观测应每天定时巡视,并做好记录,有险情应立即报告,并停止护壁下的施工作业,直到危险排除后再继续作业,若压顶外的排水沟破坏或堵塞,应立即修复和疏通,护壁脚部的积水应即时疏浚。

(4)混凝土雨季浇注措施:在混凝土浇注前认真收集天气预报资料,尽量避开在有大雨、暴雨的时间里作业,同时根据天气预报提前做好施工防雨准备。

(5)雨季施工作业安全用电防护措施。

1)认真做好临时用电施工组织设计,做好施工用电线路的架设,用电设备的安装,导线敷设严格采用三相五线制,严格区分工作接零和保护接零,不同零线应分色。

2)施工用电严格执行"一机一闸一保护"制度,投入使用前必须做好保护电流的测试,严格控制在允许范围内。

3)加强用电安全巡视,检查每台机器的接地接零是否正常,检查线路是否完好,若不符合要求,及时整改。

4)施工现场的移动配电箱及施工机具全部使用绝缘防水线。

5)做好各种机具的安装验收,认真做好接地电阻测试。

6)雨天作业,机械操作人员应戴绝缘手套、穿雨靴操作。

(6)高空作业防雨、防滑措施。

1)雨天尽量避免搭设脚手架等作业,若因工作需要作业,操作人员应穿防滑鞋、戴布手套。

2)雨天作业应作好班前安全交底,注意防滑、防跌、防坠落。

7.5.2 冬期施工措施

(1)现场内的水泵房、库房等设施要做好保温,进入冬期施工前,完成对消火栓、水龙头、管道的保温防冻工作。布设或调整现场的施工用水、消防用水管线时,优先采取埋设入地的方式;埋置深度以管线深于冰冻线为宜,同时做好保温。

(2)配备足够的保温材料,保温用品的选择以当地建委批准的产品为准。同时,对此类材料的正确使用和防火注意事项等,要进行充分地检查并制定措施。

(3)现场降水系统的降(排)水管道,除注意保证一定的流水坡度外,进入冬期施工前,还要做好管道的保温防冻工作,并经常进行防冻检查,及时疏通管道。

(4)进入冬期施工后,混凝土试件应比常温时增加不小于两组,与结构同条件养护的试块,分别用于检查受冻前的混凝土强度和转入常温养护 28 d 后的混凝土强度。

(5)环境温度达到−5 ℃时即为"低温焊接",严格执行低温焊接工艺。严禁焊接过程直接接触到冰雪,风雪天气时,必须对操作部位进行封闭围挡,使焊接部位缓慢冷却。

7.6　质量记录

（1）各种原材料出厂合格证和试验报告。

（2）锚杆施工记录。

（3）锚杆试验记录。

（4）支护结构监测记录。

8　安全、环保及职业健康措施

8.1　职业健康安全关键要求

（1）施工人员进入现场，必须正确佩戴安全帽。

（2）电工和机械操作工必须经过安全培训并持证上岗。

（3）基坑四周必须设置不低于 1.5 m 的围护设施，沿道路侧夜间必须有红色灯光示警。

（4）施工人员进入现场应戴安全帽，高空作业应挂安全带，操作人员应注意力集中，遵守有关安全规程。

（5）各种设备应处于完好状态，机械设备的运转部位应有安全防护装置。

（6）锚杆钻机应安设安全可靠的反力装置，在有地下承压水地层中钻进时，孔口应安设可靠的防喷装置，以便突然发生漏水涌砂时能及时封住孔口。

（7）锚杆外端部的连接应牢靠，以防在张拉时发生脱扣现象。

（8）张拉设备应经检验可靠，并有防范措施，防止夹具飞出伤人。

（9）注浆管路应畅通，防止塞管、堵泵，造成爆管。

（10）电气设备应可靠接地、接零，并由持证人员安全操作，电缆、电线应架空设置。

8.2　环境关键要求

应加强混凝土喷射机械的维护保养，在作业过程中，不得出现漏风、漏气现象，最大限度的控制粉尘污染。

9　工程实例

9.1　所属工程实例项目简介

南充广电大厦建筑面积约 22 000 m²，建筑高度 77.7 m，地下二层，为地下车库，地上二十层。室外地面至主楼屋面总高度 $H=78.3$ m，裙房 1～3 层层高 4.8 m，标准层层高为 3.6 m，15 层广播机房及 16 层电视机房层高为 3.9 m。该工程为全现浇钢筋混凝土框架—剪力墙结构。基础采用人工挖孔扩底灌注桩，该工程基坑最大挖土深度为 6 m，人工挖孔桩桩底标高为 −19.000 m 左右。基坑支护采用喷锚支护方案。

9.2　施工组织及实施

结合工期、场地条件等因素，本工程基坑采用喷锚护壁进行支护。在基坑开挖和支护过程中，喷锚护壁施工与土石方开挖相互之间交叉进行，分层施工，每层开挖深度为 1.7～2.0 m 左右。每层开挖完成后，立即进行护壁施工，护壁施工完成后，再进行下一层开挖。土方开挖至 2.0 m 左右深度，修壁面（平整度不大于 20 mm）→挂网同时搭焊钢筋（对于不稳定土层应先喷一层混凝土后挂网，对基本稳定土层可先挂网后喷第一层混凝土，对稳定土层可先施工锚杆后喷混凝土)→打入锚杆→喷射混凝土(厚 80～90 mm)→打入锚杆→封闭管周壁、锚杆压力注浆→下一级土方开挖。

现场配置机具主要有空压机 5～7 台,锚管钻机 5～7 台,注浆机 4～5 台,搅拌机 2 台,投入劳动力 40～50 人。

9.3　工期(单元)

根据基坑开挖深度及土方开挖情况,本工程基坑喷锚基本分四层进行,第一层为开挖至地下 2.0 m 左右,施工时间为 7 d 左右,第二层为开挖至地下 4.0 m 左右,施工时间为 6 d 左右,第三层为开挖至地下 6.0 m 左右,施工时间为 6 d 左右,第四层为开挖至地下 8.0 m 左右,施工时间为 6 d 左右,总工期为 25 d。

9.4　建设效果及经验教训

施工前制定了详细的技术方案并层层交底,技术方案策划全面、详细,能具体指导施工。同时在施工过程中严格管理,喷锚护壁按计划顺利施工完毕,施工质量受到了各方好评。

9.5　关键工序图片(照片)资料

采用锚杆支护的基坑壁如图 6～图 8 所示。

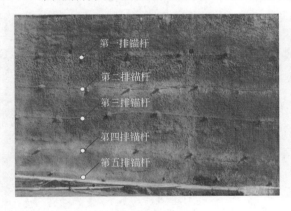

图 6　锚杆立面图

图 7　采用锚杆支护的基坑壁

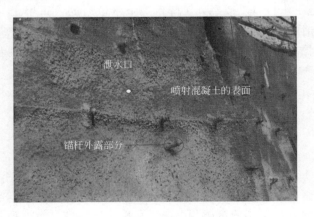

图 8　锚杆支护的基坑壁细部构造

土钉墙工程施工工艺

土钉墙支护是用于土体开挖和边坡稳定的一种新技术。具有设备简单、工艺简便、经济效益好的优点。本章节对土钉墙施工工艺进行介绍。

1　工艺特点

基坑逐层开挖,在坡面用机械或洛阳铲施工成孔(上下左右),孔内放钢筋并注浆,坡面设钢筋网,喷射 C20 厚 80～200 mm 细石混凝土,使土体、钢筋与喷射混凝土结合成为土钉墙,如图 1 所示。

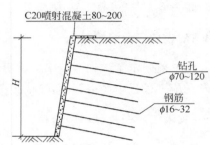

图 1　土钉墙剖面图(mm)

(1)将抗拉强度很低的土体与注浆钢筋结合组成复合体,通过土体变形使接触面产生粘结力或摩擦力,促使钢筋受拉,共同发挥作用,提高稳定性和承载能力。

(2)土体复合墙体变形较小。

(3)设备简单,土钉长度小,钻孔、注浆工艺简便,喷射设备简单。

(4)经济效益好,易于推广。

(5)与开挖土方配合较好,实行流水作业,可节约工期。

2　工艺原理

土体的抗剪强度较低,几乎没有抗拉强度,但土体具有一定的结构整体性。在土体内放置一定长度和分布密集的土钉,与土共同作用,形成复合体,提高了土体的整体刚度,弥补土体抗拉、抗剪的不足。注浆土钉与土体接触面有粘结力,当土体产生微小的位移时,接触界面的摩擦力使土钉产生拉力,就能使两者起共同作用。

3　适用范围

土钉墙适用于地下水位以上或经人工降低地下水位后的人工填土、黏性土和弱胶结砂土的基坑支护或边坡加固。土钉墙宜用于深度不大于 12 m 的基坑支护或边坡加固,当土钉墙与有限放坡、预应力锚杆联合使用时,深度可增加;不宜用于含水丰富的粉细砂层、砂砾卵石层和淤泥质土;不得用于没有自稳能力的淤泥和饱和软弱土层。

4　工艺流程及操作要点

4.1　工艺流程

4.1.1　作业条件

(1)有齐全的技术文件和完整的施工组织设计或方案,并已进行技术交底。

(2)进行场地平整,拆迁施工区域内的报废建(构)筑物和挖除工程部位地面以下 3 m 内的障碍物,施工现场应有可使用的水源和电源。在施工区域内已设置临时设施,修建施工便道及排水沟,各种施工机具已运到现场,并安装维修试运转正常。

（3）已进行施工放线，孔位置、倾角已确定；各种备料和配合比及焊接强度经试验可满足设计要求。

（4）当设计要求必须事先做工艺试验时，试验工作已完成并已证明各项技术指标符合设计要求。

4.1.2　工艺流程图

（1）土钉施工工艺流程如图 2 所示。

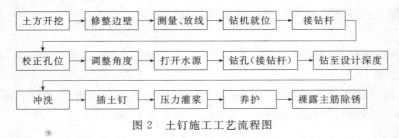

图 2　土钉施工工艺流程图

土钉干作业施工程序与水作业钻进法基本相同，只是钻孔时不用水冲泥渣成孔，而是将土体顺钻杆排出孔外而成孔。

（2）喷射混凝土面层施工工艺流程如图 3 所示。

图 3　喷射混凝土面层施工工艺流程图

4.2　操作要点

（1）土钉墙支护工程的设计、施工与监测宜统一由支护工程的施工单位负责，以便于及时根据现场测试与监控结果进行反馈设计；当设计、施工与监测不为一个单位时，三者应相互配合，密切合作，确保安全施工。

（2）土钉墙支护的设计计算按《建筑基坑支护技术规程》（JGJ 120—1999）中有关规定执行。施工中应特别重视地表水和地下水对支护工作的影响，应设置良好的排水系统并在施工前进行降低地下水位。一般情况下，应遵循分段开挖、分段支护的原则，不宜按一次挖就再行支护的方式施工。同时，应考虑施工作业周期和降雨、振动等环境因素对开挖面土体稳定性的影响做到随开挖随支护，以减少边坡变形。

（3）施工中应对土钉位置，钻孔直径、深度及角度，土钉插入长度，注浆配合比、压力及注浆量，喷锚墙面厚度及强度、土钉应力等进行检查。

（4）每段支护体施工完成后，应检查坡顶及坡面位移，坡顶沉降及周围环境变化，如有异常情况应采取措施，恢复正常后方可继续施工。

4.2.1　技术准备

土钉支护施工前必须具备下列文件：

（1）工程周边环境调查及工程地质勘察报告。

（2）支护施工图纸齐全，包括支护平、剖面图及总体尺寸；挡土结构的类型、详细设计图纸及设计说明，如已施工完毕应有施工的详细记录；标明土钉位置、尺寸（直径、孔径、长度）、倾角和间距；喷射混凝土面层厚度及钢筋网尺寸，土钉及喷射混凝土面层的连接构造方法和混凝土强度等级。

(3)排水及降水方案设计。

(4)施工方案或施工组织设计,规定基坑分层、分段开挖的深度及长度,边坡开挖面的裸露时间限制等。

(5)现场测试监控方案,以及为防止危及周围建筑物、道路、地下设施安全而采取的措施及应急方案;了解支护坡顶的允许最大变形量,对邻近建筑物、道路、地下设施等环境影响的允许程度。

(6)确定基坑开挖线、轴线定位点、水准基点、变形观测点等,并在设置后加以妥善保护。

4.2.2　材料要求

各种材料应按计划逐步进场,钢材、水泥及化学添加剂必须有相关产品合格证,土钉所用的钢材需要焊接连接时,其接头必须经过试验,合格后方可使用。

4.2.3　操作要点

(1)基坑开挖。

土钉支护应按设计规定分层、分段开挖,做到随时开挖、随时支护、随时喷混凝土,在完成上层作业面的土钉与喷射混凝土以前,不得进行下一层土的开挖。当基坑面积较大时,允许在距离四周边坡 8～10 m 的基坑中部自由开挖,但应注意与分层作业区的开挖相协调;当用机械进行土方开挖时,严禁边壁出现超挖或造成边壁土体松动或挡土结构的破坏。为防止基坑边坡土体发生坍陷,对于易坍的土体可采用以下措施:

1)对修整后的边壁立即喷上一层薄的砂浆或混凝土,待凝结后再进行钻孔。

2)在作业面上先安装钢筋网片喷射混凝土面层后,再进行钻孔并设置土钉。

3)在水平方向分小段间隔开挖。

4)先将开挖的边壁做成斜坡,待钻孔并设置土钉后再清坡。

5)开挖时沿开挖面垂直击入钢筋或钢管并注浆加固土体。

(2)排水。

1)土钉支护宜在排除地下水的条件下进行施工,应采取恰当的降、排水措施排除地下水(包括地表、支护内部、基坑排水),以避免土体处于饱和状态并减轻作用于面层上的静水压力。

2)基坑四周支护范围内应预修整,构筑排水沟和水泥砂浆或混凝土地面,防止地表水向地下渗透。靠近基坑坡顶 2～4 m 的地面应适当垫高,并且里高外低,便于径流远离边坡。

3)在支护面层背部应插入长度为 400～600 mm、直径不小于 40 mm 的水平排水管,其外端伸出支护面层,间距可为 1.5～2 m,以便将喷射混凝土面层后的积水排出。

4)为了排除积聚在基坑内的渗水和雨水,应在坑底设置排水沟和集水坑,坑内积水应及时抽出。排水沟应离开边壁 0.5～1 m,排水沟和积水坑宜用砖砌并用砂浆抹面以防止渗漏。

(3)钻孔。

1)钻孔时要保证位置正确(上下左右及角度),防止高低参差不齐和相互交错。

2)钻进时要比设计深度多钻进 100～200 mm,以防止孔深不够。

(4)注浆。

1)注浆管在使用前应检查有无破裂和堵塞,接口处要牢固,防止注浆压力加大时开裂跑浆;注浆管应随土钉同时插入,干成孔时在灌浆前封闭孔口,湿成孔时在灌浆过程中看见孔口出浆时再封闭孔口。

2)注浆前要用水引路、润湿输浆管道;灌浆后要及时清洗输浆管道、灌浆设备;灌浆后自然养护不少于 7 d,待强度达到设计强度的 70% 时方可进行张拉;在灌浆体硬化之前,不能承受外力或由外力引起的土钉移动。

3)土钉与面层的连接如图 4 所示。

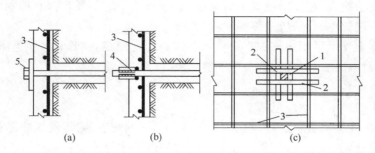

图 4 土钉与面层的连接
(a)螺栓连接;(b)、(c)钢筋连接
1—土钉;2—井字短钢筋;3—喷射钢筋混凝土;4—螺栓连接;5—焊接钢筋。

(5)土钉试验。

1)土钉支护施工必须进行现场抗拔试验,应在专门设置的非工作土钉上进行抗拔试验直至破坏,用来确定极限荷载,并据此估计土钉的界面极限黏结强度。

2)每一典型土层中至少应有 3 个专门用于测试的非工作钉。

测试钉的总长度、黏结长度和施工方法原则上应与工作钉一致。

3)土钉的现场抗拔试验时,土钉、千斤顶、测力杆三者应在同一轴线上,千斤顶的反力架应置于混凝土面层或土钉上、下部,安设两道工字钢或槽钢做横梁,并与护坡墙紧贴。当张拉到设计荷载时,拧紧锁定螺母完成锚定工作。张拉时宜采用跳拉法或往复式拉法,以保证土钉和钢梁受力均匀,张拉力的设定应根据实际所需的有效张拉力和张拉力的可能松弛程度而定,一般按设计张拉力的 75%～85% 进行控制。

4)测试钉进行抗拔试验时的注浆抗压强度不应低于 6 MPa。试验应采用连续分级加载,首先施加少量初始荷载(不大于土钉设计荷载的 20%)使加载装置保持稳定,以后的每级荷载增量不超过设计荷载的 20%。每级荷载施加完毕后应立即记下位移读数并保持荷载稳定不变,继续记录以后 1 min、6 min、10 min 的位移读数。若同级荷载下 10 min 与 1 min 的位移增量小于 1 mm 即可施加下级荷载,否则应保持荷载不变继续测读 15 min、30 min、60 min 时的位移。此时若 60 min 与 6 min 的位移增量小于 2 mm 可进行下级加载,否则即认为达到极限荷载。根据试验得出的极限荷载必须大于设计荷载的 1.25 倍,否则应反馈修改设计。

(6)喷射混凝土。

1)在喷射混凝土前,面层内的钢筋网片牢固固定在边坡壁上并符合规定的保护层厚度的要求。钢筋网片可用插入土中的钢筋固定,在混凝土喷射时应不出现移动。

2)钢筋网片可用焊接或绑扎而成,网格允许偏差为 10 mm。钢筋网铺设时每边的搭接长度不小于一个网格的边长或 200 mm,如为焊接则焊接长度不小于网筋直径的 10 倍。

3)喷射混凝土的配合比应按设计要求通过试验确定,粗骨料最大粒径不宜大于 12 mm。喷射混凝土作业,应事先对操作手进行培训,以保证喷射混凝土的水灰比和质量能达到要求。喷射混凝土前,应对机械设备、风、水和电路进行全面检查及试运转。喷射混凝土的喷射顺序应自下而上,喷头与受喷面距离宜控制在 0.8～1.5 m 范围内,射流方向垂直指向喷射面,但在钢筋部位应先喷填钢筋一方后再侧向喷填钢筋的另一方,防止钢筋背面出现空隙。为保证喷射混凝土厚度达到规定值,可在边壁上垂直插入短的钢筋段作为标志。

4)为加强支护效果,在喷射混凝土时可加入 3%～5% 的早强剂。在喷射混凝土初凝 2 h 后方可进行下一道工序,此后应连续喷水养护 5～7 d。

5)喷射混凝土强度可用边长 100 mm 立方试块进行测定,制作试块时应将试模底面紧贴边壁,从侧向喷射混凝土,每批至少留取 3 组(每组 3 块)试件。

(7)施工监测。

1)土钉支护的施工监测应包括下列内容。

支护位移、沉降的测量;地表开裂状态(位置、裂宽)的观察;附近建筑物和重要管线等设施的变形测量和裂缝观察;基坑渗、漏水和基坑内外的地下水位变化。

在支护施工阶段,每天监测不少于 3 次;在支护施工完成后,变形趋于稳定的情况下每天 1 次。监测过程应持续至整个基坑回填结束为止。

2)观测点的设置:观测点的总数不宜少于 3 个,间距不宜大于 30 m。其位置应选在变形量最大或局部条件最为不利的地段。观测仪器宜用精密水准仪和精密经纬仪。

3)应特别加强雨天和雨后的监测,以及对各种可能危及支护安全的水害来源(如场地周围生产、生活排水,上下水管、贮水池罐、化粪池漏水、人工井点降水的排水,因开挖后土体变形造成管道漏水等)进行仔细观察。

4)在施工开挖过程中,基坑顶部的侧向位移与当时的开挖深度之比超过 3‰(砂土中)和 3‰～5‰(一般黏土中)时应密切加强观察、分析原因并及时对支护采取加固措施,必要时增用其他支护方法。

5　劳动力组织

土钉施工劳动力组织参见表 1。

表 1　土钉施工劳动力组织

工作内容	单位	工日	备　注
喷射混凝土	100 m²	23～30	以 50 mm 厚为例,分为素喷、网喷
土钉钻孔、灌浆	100 m	24～47	分为土壤层、卵石层和岩石层
土钉制作、安装	t	14～27	分为粗钢筋、钢绞线和钢管

注:1　土钉钻孔、布筋、安装、灌浆、混凝土喷射等搭设的脚手架工日另计;
　　2　面层钢筋网所需工日另计。

6　机具设备配置

(1)成孔机具设备。

根据现场土质特点和环境条件选择成孔设备,如:冲击钻机、螺旋钻机、回转钻机、洛阳铲等;在易坍孔的土体钻孔时宜采用套管成孔或挤压成孔设备。

(2)灌浆机具设备。

灌浆机具设备有注浆泵和灰浆搅拌机等;注浆泵的规格、压力和输浆量应满足施工要求。

(3)混凝土喷射机具。

混凝土喷射机具有 Z—5 混凝土喷射机和空压机等;空压机应满足喷射机所需的工作风

压和风量要求;可选用风量 9 m³/min 以上、压力大于 0.5 MPa 的空压机。

7 质量控制要点

7.1 质量控制要求

7.1.1 材料的控制

(1)土钉。

用作土钉的钢筋(HRB335 级或 HRB400 级热轧螺纹钢筋)、钢管、角钢、钢丝束、钢绞线必须符合设计要求,并有出厂合格证和现场复试的试验报告。

(2)钢材。

用于喷射混凝土面层内的钢筋网片及连接结构的钢材必须符合设计要求,并有出厂合格证和现场复试的试验报告。

(3)水泥浆锚固体。

水泥用强度等级为 32.5R、42.5R 的普通硅酸盐水泥,并有出厂合格证;砂用粒径小于 2 mm 的中细砂;所用的化学添加剂、速凝剂必须有出厂合格证。

7.1.2 技术的控制

(1)灌浆是土钉施工中的一道关键工艺,必须认真进行,并做好记录。灌浆材料宜采用水泥浆或水泥砂浆,其强度等级不宜低于 M10;当灌浆材料用水泥浆时,水灰比为 0.4～0.5 左右,为防止泌水、干缩,可掺加 0.3% 的木质素黄酸钙。

当灌浆材料用水泥砂浆时,灰砂比为 1：1 或 1：2(重量比),水灰比为 0.38～0.45,砂用中砂并过筛。如需早强,可掺加水泥用量 3%～5% 的混凝土早强剂;水泥浆液试块的抗压强度应大于 25 MPa,塑性流动时间应在 22 s 以下,可用时间应为 30～60 min;整个灌浆过程应在 5 min 内结束。

(2)灌浆压力一般不得低于 0.4 MPa,亦不宜大于 2 MPa;宜采用封闭式压力灌浆和二次压力灌浆,可有效提高抗拔力(20% 左右)。

(3)土钉墙设计及构造应符合下列规定。

土钉墙墙面坡度不宜大于 1：0.1;土钉的长度为开挖深度的 0.5～1.2 倍,间距宜为 1～2 m,与水平面夹角宜为 5°～20°。土钉钢筋宜采用 HRB335、HRB400 级钢筋,钢筋直径宜为 16～32 mm,钻孔直径宜为 70～120 mm。土钉必须和面层有效连接,应设置承压板或加强钢筋等构造措施,承压板或加强钢筋应与土钉螺栓连接或钢筋焊接。喷射混凝土面层宜配置钢筋网,钢筋直径宜为 6～10 mm,间距宜为 150～300 mm,混凝土强度等级不宜低于 C20,面层厚度不宜小于 80 mm,钢筋网片搭接长度应大于 300 mm。当地下水位高于基坑底面时,应采取降水措施或截水措施,坡顶应采用砂浆或混凝土护面,其宽度应不小于 800 mm,并高于地面,以防止地表水灌入基坑,坡脚应设排水沟和集水坑,坡面可根据具体情况设置泄水管。

7.1.3 质量的控制

(1)根据设计要求、水文地质情况和施工机具条件,认真编制施工组织设计,选择合适的钻孔机具和方法,精心操作,确保顺利成孔和安装土钉并顺利灌注。

(2)在钻进过程中,应认真控制钻进参数,合理掌握钻进速度,防止埋钻、卡钻、坍孔、掉块、涌砂和缩颈等各种通病的出现,一旦发生孔内事故,应尽快进行处理,并配备必要的事故处理工具。

(3)钻机拔出钻杆后要及时安置土钉,并随即进行注浆作业。

(4)土钉安装应按设计要求,正确组装,认真安插,确保土钉安装质量。

（5）土钉灌浆应按设计要求，严格控制水泥浆、水泥砂浆配合比，做到搅拌均匀，并使灌浆设备和管路处于良好的工作状态。

7.2　质量检验标准

土钉墙支护工程质量检验应符合表 2 的规定。

表 2　土钉墙支护工程质量检验

项目	序号	检查项目	允许偏差或允许值		检验方法
			单位	数值	
主控项目	1	土钉长度	mm	±30	用钢尺量
	2	土钉的锁定力	设计要求		现场实测
一般项目	1	土钉位置	mm	±100	用钢尺量
	2	钻孔倾斜度	度	±1	测钻机倾角
	3	浆体强度	设计要求		试样送检
	4	注浆量	大于理论计算量		检查计量数据
	5	土钉墙面厚度	mm	±10	用钢尺量
	6	墙体强度	设计要求		试样送检

7.3　质量通病防治

7.3.1　边坡位移

（1）现象。

某工程基坑深 11.5 m，土钉 8 层，用 ϕ25 mm 钢筋，长 7～13 m，上下层间距 1.3 m，面层喷射 100 mm 厚细石混凝土，ϕ8—150 mm×150 mm 钢筋网。上部两排土钉施工顺利，当挖到 −5 m 以下时发现腐蚀软土层，监测发现边坡变形过大。经研究补加两道 ϕ28、长 16 m 预应力锚杆，在此同时市政地下水管道爆裂，水量较大，溢出地表，并发现边壁排水管水量大增，水质污浊，靠近坡脚处的基坑壁出现 2 cm 裂缝。后该区段水流成河，马路下沉，横穿马路自来水管断裂。

（2）原因分析。

1）−5～−8 m 段勘察报告为粉质黏土，实际为饱和状的软土，系勘察错误。

2）下水管爆裂与上水管断裂虽为意外事故，但与市政工程质量有一定关系。

（3）防治措施。

地质勘察范围要扩大，尤其在有基坑设计施工的情况下，应比原有范围扩大而需要土的各种物理指标作为基坑工程设计与施工的依据。

7.3.2　相邻建筑坍塌

（1）现象。

某工程基坑深 8 m，用 ϕ25 长 6 m 土钉，南侧 5 排北侧 4 排，面层 ϕ6—200 mm×200 mm 钢筋网片细石混凝土，厚 150 mm。南面距基坑 5 m 有一幢三层旅行社。地质为：第一层为填土，厚 2.2 m；第二层为黏土，厚 5.3 m；第三层为淤泥质土，大于 3 m。土钉墙完工正清理坑底作基础施工时，旅行社楼体发出断裂响声，随即楼房向基坑方向不断倾斜，24h 后，终于倒坍入基坑。

（2）原因分析。

1)设计错误之一是方案选择不当。该场地土质较差,如第三层土,在地面下 8 m 左右为淤泥质土,因此选用单独土钉墙方案不妥,应以土层预应力锚杆与土钉墙结合作支护方案为妥。

2)设计错误之二是土钉长度严重不足。按《建筑基坑支护技术规程》(JGJ 120—1999)的规定计算,设计土钉长度大于 6 m。由于土钉长度不足,促使内部及外部整体稳定都产生问题。

3)设计错误之三是土钉墙整体欠稳定。

按《基坑土钉支护技术规程》(CECS96:97)土钉内部整体安全的规定核算显示,安全系数严重不足。从土钉外部整体稳定性分析,可产生整个支护绕基坑底倾角倾覆。

(3)防治措施。

1)根据环境和地质条件,采取土层预应力锚杆和土钉墙结合的支护方案。

2)在地面下第一根土钉处采用预应力土层锚杆,通过测试后设计一根强有力的锚杆,锚杆长度应通过建筑物宽度,达到较好的土层。

3)其每根土钉长度应按规范规定计算,一般上部较长而下部较短,并考虑邻近建筑的荷载。

4)监测边坡情况及监测相邻建筑物倾斜数据,及时发现倾侧情况,立即作出处理。

7.3.3 土钉墙滑坡

(1)现象。

某工程基坑深 11.4 m,设土钉 7 层,竖向间距 1.5 m,水平间距 2 m,其剖面如图 5 所示。

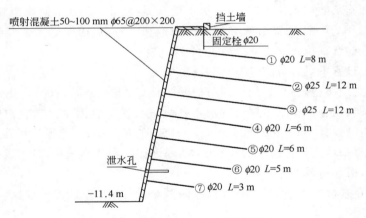

图 5 东、西、南边坡支护设计剖面

降水原可降至 -12.7 m,后改为降至 -8 m,加明沟排水。当挖到深 5~6 m 时,发现一段下水管渗水,当挖到深 8~9 m 时,见地下水,基坑壁下部坍塌,无法施工。同时在坑外 3 m 处出现了平行于基坑、宽约 1~2 cm 的裂缝,南段发生大滑坡,东南角的小锅炉房滑入基坑内,邻近的宿舍(南约 6 m)及办公楼(东约 6 m)均出现平行于基坑的裂缝。

(2)原因分析。

1)主要原因是由于变更降水方案,水降不下去所引起的。因土的物理指标都按地下水降到 -12.7 m 以下考虑,但实际仅降到 -8 m。

2)设计安全系数偏低,施工单位未作变形监控及土钉抗拔试验,未能及时采取措施。

3)下水管道漏水也是造成滑坡坍塌的一个原因。

（3）防治措施。

1）对勘察报告应详加研究，特别是 ϕ、c 及渗透系数 K 等，据此制定降水方案。如对邻近建筑产生沉降影响，则应制定回灌井点方案即回灌系数的设计，如深度数量、位置及施工方法等。

2）根据规程计算土钉长度，并按支护内部整体稳定安全系数计算稳定安全系数，应符合规程要求。

3）施工前应作土钉与土体的极限摩阻力试验，如与规程标准不符时，要调整设计。施工时要作监控。

7.4　成品保护

（1）施工过程中，应注意保护定位控制桩、水准基点桩，防止碰撞产生位移。

（2）成孔后立即及时安插土钉，立即注浆，防止坍孔。

（3）土钉施工应合理安排施工顺序，夜间作业应有足够的照明设施，防止砂浆配合比不准确。

7.5　季节性施工措施

7.5.1　雨期施工措施

（1）制定好切实可行的雨季施工技术措施，抓紧钻孔，安装工作。雨季特别注意对岩体的观测，一有不良现场及时制订方案进行处理。保证施工顺利进行。

（2）做好基础施工的场地排水方案，基坑护壁观测，混凝土浇注的防雨措施，现场施工安全用电，高空作业防雨、防滑、防雷措施等方面的安排和准备，提前做好安全交底和安全防护工作，并做好经常性的巡视检查。

（3）雨季施工过程中，做好深基坑护壁监控。

1）护壁压顶必须实施硬化，封闭压顶与护壁的接口，排水坡向明确，防止地表水渗入边坡而胀裂护壁喷浆层；检查护壁喷浆层上的泄水孔设置数量是否满足要求。护壁硬化采用 C10 混凝土，在压顶边缘设置 300 mm（宽）×400 mm（深）的排水明沟，要保证压顶表面无积水。

2）护壁脚部有条件应设置通畅的排水明沟，保证护壁脚部无积水，防止压顶护壁脚部因水浸泡而变形失稳，引起边坡破坏。

3）护壁监控在基坑回填前的施工阶段，应该派专人监控护壁的安全情况，主要是监测以下方面。

① 护壁压顶的混凝土是否有裂缝或凹陷情况。

② 护壁喷浆体是否有变形或裂缝和位移现象。

③ 护壁脚部是否有积水和位移。观测应每天定时巡视，并做好记录，有险情应立即报告，并停止护壁下的施工作业，直到危险排除后再继续作业，若压顶外的排水沟破坏或堵塞，应立即修复和疏通，护壁脚部的积水应即时疏浚。

4）混凝土雨季浇注措施：在混凝土浇注前认真收集天气预报资料，尽量避开在有大雨、暴雨的天气里作业，同时根据天气预报提前做好施工防雨准备。

（4）雨季施工作业安全用电防护措施。

1）认真做好临时用电施工组织设计，做好施工用电线路的架设，用电设备的安装，导线敷设严格采用三相五线制，严格区分工作接零和保护接零，不同零线应分色。

2)施工用电严格执行"一机一闸一保护"制度,投入使用前必须做好保护电流的测试,严格控制在允许范围内。

3)加强用电安全巡视,检查每台机器的接地接零是否正常,检查线路是否完好,若不符合要求,及时整改。

4)施工现场的移动配电箱及施工机具全部使用绝缘防水线。

5)做好各种机具的安装验收,认真做好接地电阻测试。

6)雨天作业,机械操作人员应戴绝缘手套、穿雨靴操作。

(5)高空作业防雨、防滑措施。

1)雨天尽量避免搭设脚手架等作业,若因工作需要作业,操作人员应穿防滑鞋、戴布手套。

2)雨天作业应作好班前安全交底,注意防滑、防跌、防坠落。

7.5.2 冬期施工措施

(1)现场内的水泵房、库房等设施要做好保温,进入冬期施工前,完成对消火栓、水龙头、管道的保温防冻工作。布设或调整现场的施工用水、消防用水管线时,优先采取埋设入地的方式;埋置深度以管线深于冰冻线为宜,同时做好保温。

(2)配备足够的保温材料,保温用品的选择以当地建委批准的产品为准。同时,对此类材料的正确使用和防火注意事项等,要进行充分地检查并制定措施。

(3)现场降水系统的降(排)水管道,除注意保证一定的流水坡度外,进入冬期施工前,还要做好管道的保温防冻工作,并经常进行防冻检查,及时疏通管道。

(4)进入冬期施工后,混凝土试件应比常温时增加不小于两组,与结构同条件养护的试块,分别用于检查受冻前的混凝土强度和转入常温养护 28 d 后的混凝土强度。

(5)环境温度达到 -5 ℃时即为"低温焊接",严格执行低温焊接工艺。严禁焊接过程直接接触到冰雪,风雪天气时,必须对操作部位进行封闭围挡,使焊接部位缓慢冷却。

7.6 质量记录

(1)各种原材料出厂合格证和试验报告。

(2)土钉施工记录。

(3)土钉试验记录。

(4)支护结构监测记录。

8 安全、环保及职业健康措施

8.1 职业健康安全关键要求

(1)施工人员进入现场,必须正确佩带安全帽。

(2)电工和机械操作工必须经过安全培训并持证上岗。

(3)基坑四周必须设置不低于 1.5 m 的围护设施,沿道路侧夜间必须有红色灯光示警。

(4)施工人员进入现场应戴安全帽,高空作业应挂安全带,操作人员应注意力集中,遵守有关安全规程。

(5)各种设备应处于完好状态,机械设备的运转部位应有安全防护装置。

(6)钻机应安设安全可靠的反力装置,在有地下承压水地层中钻进时,孔口应安设可靠的防喷装置,以便突然发生漏水涌砂时能及时封住孔口。

(7)注浆管路应畅通,防止塞管、堵泵,造成爆管。

（8）电气设备应可靠接地、接零，并由持证人员安全操作。电缆、电线应架空设置。

8.2　环境保护要求

（1）应加强混凝土喷射机械的维护保养，在作业过程中，不得出现漏风、漏气现象，最大限度的控制粉尘污染。

（2）土方工程施工时，应注意保护临近的文物古迹、重要建筑及设施等。

（3）弃土时应防止对临近设施及自然环境的破坏。

CFG 桩工程施工工艺

随着地基处理技术的不断发展,越来越多的材料可以做为复合地基的桩体材料。粉煤灰是我国数量最大、分布范围最广的工业废料之一,为桩体材料开辟了新的途径。目前 CFG 桩在建筑工程地基处理中较多选用。

1 工艺特点

CFG 桩又称水泥粉煤灰碎石桩。水泥粉煤灰碎石桩法是由水泥、粉煤灰、碎石、石屑或砂等混合料加水拌和形成高黏结强度桩,并由桩、桩间土和褥垫一起组成复合地基的地基处理方法。该工艺能利用工业废料,节约资源,具有良好的经济效益。且与传统的沉管灌注桩相比,除配合比、拔管速度、坍落度外,CFG 桩的施工机械、工艺完全类似,可借鉴成熟的施工经验。

2 工艺原理

水泥粉煤灰碎石桩是采用碎石、石屑、粉煤灰、少量水泥加水进行拌和后,利用施工机械,振动灌入地基中,制成一种具有粘结强度的非柔性、非刚性的亚类桩,它与桩间土形成复合地基,共同承受荷载,从而达到加固地基的目的。

3 适用范围

CFG 桩适用于处理黏性土、粉土、砂土和以自重固结的素填土等地基。对淤泥质土应按地区经验或通过现场试验确定其适用性。

4 工艺流程及操作要点

4.1 工艺流程

(1)作业条件。

1)施工现场具备三通一平。

2)施工人员到位,机械设备已进场完毕。

3)测量基准已交底、复测、验收完毕。

4)CFG 桩施工所需材料已进场并验收合格。

5)临建工程搭设完毕。

(2)工艺流程图。

1)CFG 桩复合地基技术采用的施工方法有:长螺旋钻孔灌注成桩,长螺旋钻孔、管内泵压混合料灌注成桩,振动沉管灌注成桩等。

2)长螺旋钻孔灌注成桩适用于地下水位以上的黏性土、粉土、素填土、中等密实以上的砂土;长螺旋钻孔、管内泵压混合料灌注成桩,适用于黏性土、粉土、砂土,以及对噪声或泥浆污染要求严格的场地。长螺旋钻孔灌注成桩及长螺旋钻孔、管内泵压混合料灌注成桩工艺流程如图 1 所示。

3)振动沉管灌注成桩,适用于粉土、黏性土及素填土地基。桩尖采用钢筋混凝土预制桩尖

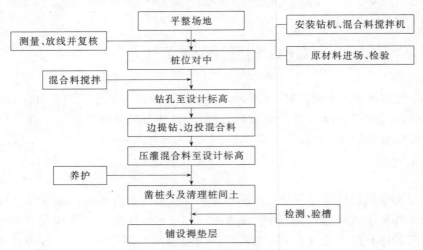

图 1　长螺旋钻孔压灌成桩施工流程图

或钢制活瓣桩尖。

沉管灌注成桩工艺流程如图 2 所示。

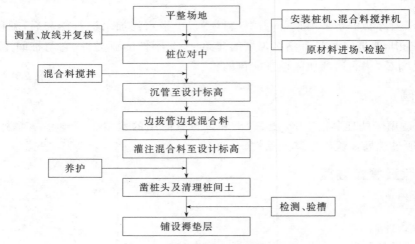

图 2　沉管灌注成桩工艺流程图

4.2　操作要点

(1)CFG 桩应选择承载力相对较高的土层作为桩端持力层。

(2)CFG 桩复合地基设计时应进行地基变形验算。

(3)技术人员应掌握所承担工程的地基处理目的、加固原理、技术要求和质量标准等。施工中应有专人负责质量控制和监测,并做好施工记录。当出现异常情况时,必须及时会同有关部门妥善解决。

(4)施工过程中应有专人或专门机构负责质量监理。施工结束后应按国家有关规定进行工程质量检验和验收。

4.3　技术准备

(1)施工前应具备下列资料和条件。

1)建筑物场地工程地质报告和必要的水文资料。

2)CFG桩布桩图,并应注明桩位编号,以及设计说明和施工说明。

3)建筑场地邻近的高压电缆、电话线、地下管线、地下构筑物及障碍物等调查资料。

4)建筑物场地的水准控制点和建筑物位置控制坐标等资料。

5)具备"三通一平"条件。

(2)施工技术措施。

1)确定施工机具和配套设施。

2)编制材料供应计划,标明所用材料的规格、质量要求和数量。

3)试成孔应不小于2个,以复核地质资料以及设备、工艺是否适宜,核定选用的技术参数。

4)按施工平面图放好桩位。

5)确定施打顺序及桩机行走路线。

6)施工前,施工单位放好桩位,CFG桩的轴线定位点及测量基线,并由监理、业主复核。

7)在施工机具上做好进尺标志。

4.4 材料要求

(1)水泥。

1)根据工程特点、所处环境以及设计、施工的要求,选用强度等级为32.5R以上的水泥。

2)施工前,对所用水泥应检验其初终凝时间、安定性和强度,作为生产控制和进行配合比设计的依据。必要时,应检验水泥的其他性能。

3)水泥应按规定堆放在防雨、防潮的水泥库内。如因储存不当引起质量明显下降或水泥出厂超过三个月时,应在使用前对其质量进行复验,并按复验结果使用。

(2)褥垫层材料。

褥垫层材料宜用中砂、粗砂、碎石或级配砂石等。最大粒径不宜大于30 mm。不宜选用卵石,卵石咬合力差,施工扰动容易使褥垫层厚度不均匀。

(3)碎石。

碎石粒径20~50 mm,松散密度1.39 t/m³,杂质含量小于5%。

(4)石屑。

粒径2.5~10 mm,松散密度1.47 t/m³,杂质含量小于5%。

(5)粉煤灰。

粉煤灰应选用Ⅲ级或Ⅲ级以上等级粉煤灰。

4.5 操作要点

(1)施工前应按设计要求由试验室进行配合比试验,施工时按配合比配制混合料。长螺旋钻孔、管内泵压混合料成桩施工的坍落度宜为160~200 mm,振动沉管灌注成桩施工的坍落度宜为30~50 mm,振动沉管灌注成桩后桩顶浮浆厚度小于200 mm。

(2)桩机就位,调整沉管与地面垂直,确保垂直度偏差不大于1%;对满堂布桩基础,桩位偏差不应大于0.4倍桩径;对条形基础,桩位偏差不应大于0.25倍桩径,对单排布桩桩位偏差不应大于60 mm。

(3)控制钻孔或沉管入土深度,确保桩长偏差在+100 mm范围内。

(4)长螺旋钻孔、管内泵压混合料成桩施工在钻至设计深度后,应准确掌握提拔钻杆时间,混合料泵送量应与拔管速度相配合,遇到饱和砂土或饱和粉土层,不得停泵待料;沉管灌注成桩施工拔管速度应按匀速控制,拔管速度应控制在 1.2～1.5 m/min 左右,如遇淤泥土或淤泥质土,拔管速度可适当放慢。

(5)施工时,桩顶标高应高出设计标高,高出长度应根据桩距、布桩形式、现场地质条件和施打顺序等综合确定,一般不应小于 0.5 m。

(6)成桩过程中,抽样做混合料试块,每台机械一天应做一组(3 块)试块(边长 150 mm 立方体),标准养护,测定其立方体 28 d 抗压强度。

(7)冬期施工时混合料入孔温度不得低于 5 ℃,对桩头和桩间土应采取保温措施。

(8)清土和截桩时,不得造成桩顶标高以下桩身断裂和扰动桩间土。

(9)褥垫层厚度宜为 150～300 mm,由设计确定。施工时每层虚铺厚度 $= h/\lambda$(其中:h 为每层夯实后的厚度;λ 为夯填度,一般取 0.87～0.90)。虚铺完成后宜采用静力压实法至设计厚度;当基础底面下桩间土的含水量较小时,也可采用动力夯实法。对较干的砂石材料,虚铺后可适当洒水再进行碾压或夯实。

5　劳动力组织

劳动力配置见表1。

表 1　CFG 桩劳动力组织

成 孔 工 艺	每施工 100 m 所需工日		备　注
	一级土	二级土	
冲击成孔灌注 CFG 桩	72	80	以 450 mm 直径为例
取土成孔灌注 CFG 桩	30	36	
沉管灌注 CFG 桩	24	30	

6　机具设备配置

(1)长螺旋钻机性能见表2。

表 2　常用长螺旋钻孔机的主要技术参数

型号	电机功率(kW)	钻孔直径(mm)	钻杆扭矩(kN·m)	钻杆深度(m)	钻进速度(m/min)	钻杆转速(r/min)	桩架形式
BQZ400	22	300～400	1.47	8～10.5	1.5～2	140	步履式
KLB600	40	300～600	3.30	12.0	1.0～1.5	88	步履式
ZKL400B	30	300～400	2.67	12.0		98	步履式
LZ600	30	300～600	3.60	13.0	1.0	70～110	履带吊 W1001
ZKL650Q	40	350～600	6.71	10.0		39、64、99	汽车式
ZKL400	30	400	3.7、4.85	12～18	1.0	63、81、116	履带吊 W1001
ZKL600	55	600	12.07	12～18	1.0	39、54、71	履带吊 W1001
ZKL800	55	800	14.55	12～18	1.0	21、27、39	履带吊 W1001
KW—40	40	350～450	1.53	7～18	1.0～1.2	81	
LKZ400	22	400	1.47	8～10.5	1.0	140	轨道式
GZL400	15	400	1.47	12.0	1.0	88	

（2）振动沉拔桩锤规格与技术性能见表3。

表 3　振动沉拔桩锤规格与技术性能

型号	电机功率 （kW）	偏心力矩 （N·m）	偏心轴速 （r/min）	激振力 （kN）	空载振幅 ＞（mm）	容许拔桩力 ＜（kN）	锤全高 ≤（mm）	桩锤振动质量 ≤（kN）	导向中心距 （mm）
DZ—11	11	36～122	600～1 500	49～92	3	0.60	1 400	18.00	330
DZ—15	15	50～166	600～1 500	67～125	3	0.60	1 600	22.00	330
DZ—22	22	73～275	500～1 500	76～184	3	0.80	1 800	26.00	330
DZ—30	30	100～375	500～1 500	104～251	3	0.80	2 000	30.00	330
DZ—37	37	123～462	500～1 500	129～310	4	1.00	2 200	34.00	330
DZ—40	40	133～500	500～1 500	139～335	4	1.00	2 300	36.00	330
DZ—45	45	150～562	500～1 500	157～378	4	1.20	2 400	30.00	330
DZ—56	56	183～687	500～1 500	192～461	4	1.60	2 600	44.00	330
DZ—60	60	200～750	500～1 500	209～503	4	1.60	2 700	50.00	330
DZ—75	75	250～937	500～1 500	262～553	5	2.40	3 000	60.00	330
DZ—90	90	500～2 400	400～1 500	429～675	5	2.40	3 400	70.00	330
DZ—120	120	700～2 800	400～1 100	501～828	8	3.00	3 800	90.00	600
DZ—150	150	1 000～3 600	400～1 100	644～947	8	3.00	4 200	110.00	600
DZF40Y	40	0～3 180		14.5/25.6	13.5	1.00	3 100	34.0	
DZF30Y	30	0～2 398		12.9/23	11.3/8.5	1.20	1 812	34.0	
DZC26	26	频率:11.77		冲击力 53				29.4	
DZC60	60	频率:11.77		冲击力 119				43.8	
DZC74	74	频率:11.77		冲击力 119				46.8	

7　质量检验标准

7.1　质量检验标准

（1）水泥、粉煤灰、砂及碎石等原材料应符合设计要求。

（2）施工中应检查桩身混合料的配合比、坍落度和提拔钻杆速度（或提拔套管速度）、成孔深度、混合料的灌入量等。

（3）施工结束后，应对桩顶标高、桩位、桩体质量、地基承载力以及褥垫层的质量做检查。

（4）CFG桩复合地基的质量检验标准应符合表4的规定。

表 4　CFG 桩复合地基质量检验标准

项目	序号	检查项目	允许偏差或允许值		检查方法
			单位	数值	
主控项目	1	原材料	设计要求		查产品合格证书或抽样送检
	2	桩径	mm	－20	用钢尺量或计算填料量
	3	桩身强度	设计要求		查 28 d 试块强度
	4	地基承载力	设计要求		按规定的办法
一般项目	1	桩身完整性	按桩基检测技术规范		按桩基检测技术规范
	2	桩位偏差	满堂布桩≤0.40D 条基布桩≤0.25D		用钢尺量，D 为桩径
	3	桩垂直度	％	≤1.5	用经纬仪测桩管
	4	桩长	mm	＋100	测桩管长度或垂球测孔深
	5	褥垫层夯填度	≤0.9		用钢尺量

7.2　质量通病防治

7.2.1　缩颈、断桩

(1)现象。

成桩困难时,从工艺试桩中,发现缩颈或断桩。

(2)原因分析。

1)由于土层变化,在高水位的黏性土中,振动作用下会产生缩颈。

2)灌桩填料没有严格按配合比进行配料、搅拌以及搅拌时间不够。

3)在冬期施工中,对粉煤灰碎石桩的混合料保温措施不当,灌注温度不符合要求,浇灌又不及时,使之受冻或达到初凝。雨季施工,防雨措施不利,材料中混入较多水分,坍落度过大,从而使强度降低。

4)拔管速度控制不严。

5)冬期施工冻层与非冻层结合部易产生缩颈或断桩。

6)开槽及桩顶处理不好。

(3)防治措施。

1)要严格按不同土层进行配料,搅拌时间要充分,每盘至少 3 min。

2)控制拔管速度,一般 1~1.2 m/min。用浮标观测(测每米混凝土灌量是否满足设计灌量)以找出缩颈部位,每拔管 1.5~2.0 m,留振 20 s 左右(根据地质情况掌握留振次数与时间或者不留振)。

3)出现缩颈或断桩,可采取扩颈方法(如复打法、翻插法或局部翻插法),或者加桩处理。

4)混合料的供应有两种方法:现场搅拌和商品混凝土。但都应注意做好季节施工。雨期防雨,冬期保温,都要覆盖,并保证灌入温度 5 ℃以上(符合冬期施工规范要求)。

5)每个工程开工前,都要做工艺试桩,以确定合理的工艺,并保证设计参数,必要时要做荷载试验桩。

6)混合料的配合比在工艺试桩时进行试配,以便最后确定配合比(荷载试桩最好同时参考相同工程的配合比)。

7)在桩顶处,必须每 1.0~1.5 m 翻插一次,以保证设计桩径。

8)冬期施工,在冻层与非冻层结合部(超过结合部搭接 1.0 m 为好),要进行局部复打或局部翻插,克服缩颈或断桩。

9)施工中要详细、认真地做好施工记录及施工监测。如出现问题,应立即停止施工,找有关单位研究解决后方可施工。

10)开槽与桩顶处理要合理选择施工方案,否则应采取补救措施,桩体施工完毕待桩达到一定强度(一般 7 d 左右),方可进行开槽。

7.2.2　灌量不足

(1)现象。

施工中局部实际灌量小于设计灌量。

(2)原因分析。

1)原状土(如黏性土、淤泥质土等)在饱和水或地下水中,由于在振动沉管过程中呈流塑状,而形成高孔隙水压力,使局部产生缩颈。

2)地下水位与其土层结合处,易产生缩颈。

3)桩间距过小或群桩布置,互相挤压产生缩颈。

4)混凝土达到初凝后才灌入,或冬期施工受冻,和易性较差。

5)开始拔管时有一段距离,桩尖活瓣被黏性土抱着张不开或张开很小,材料不能顺利流出。

6)在桩管沉入过程中,地下水或泥土进入桩管。

(3)防治措施。

1)根据地质报告,预先确定出合理的施工工艺,开工前要先进行工艺试桩。

2)控制拔管速度,一般 1~1.2 m/min。用浮标观测(测每米混凝土灌量是否满足设计灌量)以找出缩颈部位,每拔管 1.5~2.0 m,留振 20 s 左右(根据地质情况掌握留振次数与时间或者不留振)。

3)出现缩颈或断桩,可采取扩颈方法(如复打法、翻插法或局部翻插法),或者加桩处理。

4)季节施工要有防水和保温措施,特别是未浇灌完的材料,在地面堆放或在混凝土罐车中时间过长,达到了初凝,应重新搅拌或罐车加速回转再用。

5)克服桩管沉入时进入泥水,应在沉管前灌入一定量的粉煤灰碎石混合材料,起到封底作用。

6)确定实际灌量的充盈系数(按规范规定的 1.1~1.3 选用)。

7)用浮标观测检查控制填充材料的灌量,否则应采取补救措施,并做详细记录。

8)根据地质具体情况,合理选择桩间距,一般以 4 倍桩径为宜,若土的挤密性好,桩距可以取得小一些。

7.2.3 成桩偏斜达不到设计深度

(1)现象。

成桩未达到设计深度,桩体偏斜过大。

(2)原因分析。

1)遇到了地下物(如孤石、大混凝土块、老房基及各种管道等)。

2)遇到干硬黏土或硬夹层(如砂、卵石层)。

3)遇到了倾斜的软硬土结合处,使桩尖滑移向软弱土方向。

4)地面不平坦、不实,致使桩机倾斜,桩机垂直度又未调整好。

5)桩管本身弯曲过大,又未及时更换或调直。

(3)防治措施。

1)施工前场地要平整压实(一般要求地面承载力为 $100\sim150\ kN/m^2$),若雨期施工,地面较软,地面可铺垫一定厚度的砂卵石、碎石、灰土或选用路基箱。

2)施工前要选好合格的桩管,稳桩管要双向校正(用锤球吊线或选用经纬仪成 90°角校正),规范控制垂直度 0.5%~1.0%。

3)放桩位点最好用钎探查找地下物(钎长 1.0~1.5 m),过深的地下物用补桩或移桩位的方法处理。

4)桩位偏差应在规范允许范围之内(10~20 mm)。

5)遇到硬夹层造成沉桩困难或穿不过时,可选用射水沉管或用"植桩法"(先钻孔的桩径应小于或等于设计桩径)。

6)沉管至干硬黏土层深度时,可采用注水浸泡 24h 以上,再沉管的办法。

7)遇到软硬土层交接处,沉降不均,或滑移时,应与设计研究采用缩短桩长或加密桩的办法等。

8)选择合理的打桩顺序,如连续施打,间隔跳打,视土性和桩距全面考虑。满堂红补桩不得从四周向内推进施工,而应采取从中心向外推进或从一边向另一边推进的方案。

7.3　成品保护

(1)CFG 桩施工时,应调整好打桩顺序,以免桩机碾压已施工完成的桩头。

(2)CFG 桩施工完毕后,待桩体达到一定强度后(一般为 3~7 d),方可进行开挖。开挖时,宜采用人工开挖,如基坑较深、开挖面积较大,可采用小型机械和人工联合开挖,应有专人指挥,保证铲斗离桩边应有一定的安全距离,同时应避免扰动桩间土和对设计桩顶标高以下的桩体产生损害。

(3)挖至设计标高后,应剔除多余的桩头,剔除桩头时应采取如下措施。

1)找出桩顶标高位置,在同一水平面按同一角度对称放置 2 个或 4 个钢钎,用大锤同时击打,将桩头截断。桩头截断后,再用钢钎、手锤等工具沿桩周向桩心逐渐剔除多余的桩头,直至设计桩顶标高,并在桩顶上找平。

2)不可用重锤或重物横向击打桩体。

3)桩头剔至设计标高,桩顶表面应凿至平整。

4)桩头剔至设计标高以下时,必须采取补救措施。如断裂面距桩顶标高不深,可接桩至设计标高,方法如图 3 所示。同时保护好桩间土不受扰动。

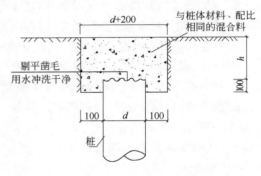

图 3　桩头示意图(mm)

(4)保护土层和桩头清除至设计标高后,应尽快进行褥垫层的施工,以防桩间土被扰动。

7.4　季节性施工措施

7.4.1　雨期施工措施

雨季施工,混合料要做好防雨措施,以免材料中混入较多水分,坍落度过大,从而使强度降低。

7.4.2　冬期施工措施

(1)冬期施工时,保护土层和桩头清除至设计标高后,立即对桩间土和 CFG 桩采用草帘、草袋等保温材料进行覆盖,防止桩间土冻涨而造成桩体拉断,同时防止桩间土受冻后复合地基承载力降低。

(2)冬期施工,在冻层与非冻层结合部(超过结合部搭接 1.0 m 为好),要进局部复打或局部翻插,克服缩颈或断桩。

(3)季节施工要有防水和保温措施,特别是未浇灌完的材料,在地面堆放或在混凝土罐车中时间过长,达到了初凝,应重新搅拌或罐车加速回转再用。

7.5　质量记录

(1)工程定位测量记录。

(2)设计交底记录。

(3)设计变更、洽商记录。

(4)技术交底记录。

(5)CFG 桩施工记录表。

（6）施工日志。

（7）施工组织设计。

（8）混合料配合比申报表。

（9）原材出厂合格证。

（10）原材试验报告。

（11）混合料抗压强度试验报告。

8 安全、环保及职业健康措施

8.1 职业健康安全关键要求

（1）食堂保持清洁，腐烂变质的食物及时处理，食堂工作人员定期体检。

（2）易于引起粉尘的细料或松散料运输时用帆布、盖套等遮盖物覆盖。

（3）运转时有粉尘发生的施工场地，如水泥混凝土拌和机站等投料器应有防尘设备。在这些场地作业的工作人员配备必要的劳保防护用品。

（4）机械设备操作人员（或驾驶员）必须经过专门训练，熟悉机械操作性能，经专业管理部门考核取得操作证或驾驶证后上机（车）操作。

（5）机械设备操作人员和指挥人员严格遵守安全操作技术规程，工作时集中精力，谨慎工作，不擅离职守，严禁酒后驾驶。

（6）机械设备发生故障后及时检修，决不带故障运行，不违规操作，杜绝机械和车辆事故。

（7）专业电工持证上岗。电工有权拒绝执行违反电器安全规程的工作指令，安全员有权制止违反用电安全的行为，严禁违章指挥和违章作业。

（8）所有现场施工人员佩戴安全帽，特种作业人员佩戴专门的防护用具。

（9）所有现场作业人员和机械操作手严禁酒后上岗。

（10）施工现场所有设备、设施、安全装置、工具配件以及个人劳保用品必须经常检查，确保完好和使用安全。

（11）施工现场的一切电源、电路的安装和拆除必须由持证电工操作；电器必须严格接地、接零和使用漏电保护器。各孔用电必须分闸，严禁一闸多用。孔上电缆必须架空 2.0 m 以上，严禁拖地和埋压土中，电缆、电线必须有防磨损、防潮、防断等保护措施。照明应采用安全矿灯或 12 V 以下的安全灯。并遵守《施工现场临时用电安全技术规范》(JGJ 46—2005)的规定。

8.2 环境关键要求

（1）施工废水、生活污水不直接排入农田、耕地、灌溉渠和水库，不排入饮用水源。

（2）受工程影响的一切公用设施与结构物，在施工期间应采取适当措施加以保护。

（3）使用机械设备时，要尽量减少噪声、废气等的污染；施工场地的噪声应符合《建筑施工场界噪声限值》(GB 12523—90)的规定。

（4）驶出施工现场的车辆应进行清理，避免携带泥土。

9 工程实例

9.1 所属工程实例项目简介

成都理工大学食堂位于理工大学校园内，建筑面积 15 264 m²，由主楼及南、北楼组成，为多层框架结构，基础未独立柱基，基底采用 CFG 复合地基，CFG 桩长为 10 m。

9.2　施工组织及实施

CFG 桩复合地基是在碎石桩加固地基法的基础上发展起来的一种地基处理技术。由于 CFG 桩改善了碎石桩的刚性,使其不仅能很好地发挥全桩的侧阻作用,同时也能很好地发挥其端阻作用。

桩的施工顺序为:桩机就位→沉管至设计深度→停振下料→振动捣实后拔管→留振 10 s→振动拔管、复打。应考虑隔排隔桩跳打,新打桩与已打桩间隔时间不应少于 7 d。

现场设置 2 台打桩机,一台混凝土搅拌机,手推车 10 辆等,投入劳动力 20 人。

9.3　工期(单元)

CFG 桩施工工期为 20 d,每根桩主工要工序如下:

桩机就位(1 d)→沉管至设计深度(5 d)→停振下料(1 d)→养护(7 d)

由于打桩时各桩为流水施工,且应隔排、隔桩跳打,因此总体施工完毕时间为 20 d。

9.4　建设效果及经验教训

该工程施工过程及交验至今,建筑物的沉降量在规范允许范围内,未发现不均匀沉降。

沉井与沉箱工程施工工艺

沉井是修建深基础、地下室和地下构筑物中广泛应用的施工方法之一。适用于在场地狭窄、软弱土层和不稳定含水土层中施工。在施工前要制订科学的施工技术方案,施工中要精心操作,防止发生各类安全质量等问题,以确保沉井工程的顺利进行。

1　工艺特点

沉井的特点是:可在场地狭窄情况下施工较深的地下工程,且对周围环境影响较小;可在地质、水文条件复杂地区施工;与大开挖相比,可减少挖、运和回填的土方量。其缺点是施工工序较多;技术要求高、质量控制难度较大。

沉箱的最大优点是:工作室内的水是由高压压缩空气自刃脚处排挤出,因此其下沉过程中能处理任何障碍物,并能直接鉴定和处理基底,基础质量可靠。但早期的沉箱是完全靠人在工作室内工作,工作室内始终保持高压对施工人员身体有影响,且工效低。因为在水中每加深10 m,工作室内应需增加一个大气压力,才能将水排出。而人体一般仅能承受 3.5 个大气压力,也就是一般只能在深度不超过 35 m 的水下进行工作。而在这样的工作条件下,工作时间将缩短到每天仅能工作 2~4 h 左右,且工作人员进出闸后均需缓慢增压或减压,若增、减压不当极易得沉箱病。另外,沉箱施工作业需较多的复杂设备如气闸、压缩空气站等,造价亦偏高,故近几十年来在国内已很少采用。但在国外,尤其是日本改用水力机械挖土、加强自动化控制和监测并尽量减少人工进入沉箱,因此仍在使用。

2　工艺原理

沉井(箱)是在地面或地坑上,先制作开口钢筋混凝土筒身,待筒身达到一定强度后,在井内挖土使土面逐渐降低,沉井(箱)筒身自重克服与土壁之间的摩阻力,不断下沉、就位的一种深基础或地下工程施工工艺。

3　适用范围

沉井和沉箱适用于作建(构)筑物的深基坑、地下室、水泵房、设备深基础、墩台等工程的施工围护结构或建(构)筑物地下挡水、防渗和承重结构。适用的土层条件为:比较均匀平整、无影响下沉的大块石、漂石及障碍物;土层的透水性较小,如软黏土层,采用一般的排水措施可进行开挖。若在砂土中下沉,则要采取降水措施或在水中下沉。

4　工艺流程及操作要点

4.1　工艺流程

4.1.1　作业条件

(1)有齐全的技术文件和完整的施工组织设计方案,并已进行技术交底。

(2)进行场地平整至要求标高,按施工要求拆迁区域内的障碍物,如房屋、电线杆、树木及其他设施,清除地面下的埋设物,如地下水管道、电缆线及基础、设备基础、人防设施等。

(3)施工现场有可使用的水源和电源,已设置临时设施,修建临时便道及排水沟,同时敷设输浆管、排泥管、挖好水沟，筑好围堤，搭设临时水泵房等，选定适当的弃土地段，设置沉淀池。

（4）已进行施工放线，在原建筑物附近下沉的沉井（箱）应在原建筑物上设置沉降观测点，定期进行沉降观测。

（5）各种施工机具已运到现场并安装维修试运转正常，现场电源及供气系统应设双回路或备用设备，防止突然性停电、停气造成沉箱事故。

（6）对进入沉箱内工作人员进行体格检查，并在现场配备医务人员。

4.1.2　工艺流程

（1）制作工艺流程如图 1 所示。

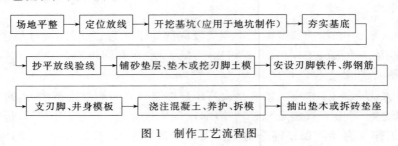

图 1　制作工艺流程图

（2）下沉工艺流程如图 2 所示。

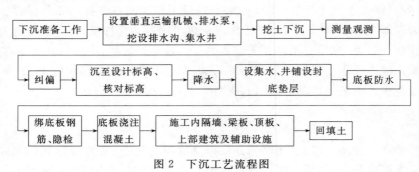

图 2　下沉工艺流程图

4.2　操作要点

（1）沉井是下沉结构，必须掌握确凿的地质资料，钻孔可按下述要求进行。

1）面积在 200 m² 以下（包括 200 m²）的沉井（箱），应有一个钻孔（可布置在中心位置）。

2）面积在 200 m² 以上的沉井（箱），在四角（圆形为相互垂直的两直径端点）应各布置一个钻孔。

3）特大沉井（箱）可根据具体情况增加钻孔。

4）钻孔底标高应深于沉井的终沉标高。

5）每座沉井（箱）应有一个钻孔提供土的各项物理力学指标、地下水位和地下水含量资料。

（2）沉井（箱）的施工应由具有专业施工经验的单位承建。

（3）沉井（箱）制作时，承垫木或砂垫层的采用，与沉井（箱）的结构情况、地质条件、制作高度等有关。无论采用何种形式，均应有沉井（箱）制作时的稳定计算及措施。

（4）多次制作和下沉的沉井（箱），在每次制作接高时，应对下卧层作稳定复核计算，并确定确保沉井接高的稳定措施。

（5）沉井采用排水封底，应确保终沉时，井内不发生管涌、涌土及沉井止沉稳定。如不能保证时,应采用水下封底。

(6)沉井施工除应符合本节规定外,尚应符合现行国家标准《混凝土结构工程施工质量验收规范》(GB 50204—2002)及《地下防水工程施工质量验收规范》(GB 50208—2002)的规定。

(7)沉井(箱)在施工前应对钢筋、电焊条及焊接成形的钢筋半成品进行检验。如不用商品混凝土,则应对现场的水泥、骨料做检验。

(8)混凝土浇注前,应对钢筋、模板尺寸、预埋件位置、模板的密封性进行检验。拆模后应检查浇注质量(外观及强度),符合要求后方可下沉。浮运沉井尚需做起浮可能性检查。下沉过程中应对下沉偏差做过程控制检查。下沉后的接高应对地基强度、沉井的稳定做检查。封底结束后,应对底板的结构(有无裂缝)及渗漏做检查。有关渗漏验收标准应符合现行国家标准《地下防水工程施工质量验收规范》(GB 50208—2002)的规定。

(9)沉井(箱)竣工后的验收应包括沉井(箱)的平面位置、终端标高、结构完整性、渗水等进行综合检查。

(10)沉箱工程施工除应符合本节的规定外,尚应符合气压沉箱安全技术的有关规定。

(11)气闸、升降筒、贮气罐等承压设备应按有关规定检验合格后,方可使用。

(12)沉箱上部箱壁的模板和支撑系统,不得支撑在升降筒和气闸上。

(13)沉放到水下基床的沉箱,应校核中心线,其平面位置和压载经核算符合要求后,方可排出作业室内的水。

(14)沉箱施工应有备用电源。压缩空气站应有不少于工作台数 1/3 的备用空气压缩机,其供气量不小于使用中最大一台的供气量。

4.2.1 技术准备

(1)施工区域的岩土勘察报告。

(2)沉井(箱)的技术文件。

(3)施工区域内地下管线、设施、障碍资料。

(4)相邻建筑基础资料。

(5)施工区域的测量资料。

(6)施工组织设计。

4.2.2 材料要求

(1)水泥品种应按设计要求选用,其强度等级不应低于 32.5 级,不得使用过期或受潮结块水泥。

(2)碎石或卵石的粒径宜为 5~40 mm,含泥量不得大于 1.0%,泥块含量不得大于 0.5%。

(3)砂宜用中砂,含泥量不得大于 3.0%,泥块含量不得大于 1.0%。

(4)拌制混凝土所用的水,应采用不含有害物质的洁净水。

(5)外加剂的技术性能,应符合国家或行业标准一等品及以上的质量要求。

(6)粉煤灰的级别不应低于二级,掺量不宜大于 20%;硅粉掺量不应大于 3%,其他掺合料的掺量应通过试验确定。

(7)钢筋及钢材按设计选用,钢筋进场时,应按现行国家标准《钢筋混凝土用热轧带肋钢筋》(GB 1499.2—2007)等的规定抽取试件,做力学性能检验,其质量必须符合有关标准的规定。

4.2.3 操作要点

(1)沉井(箱)的制作。

沉井(箱)的制作有一次制作和多节制作,地面制作及地坑制作等方案,如沉井(箱)高度不大时宜采用一次制作,可减少接高作业,加快施工进度;高度较大时可分节制作,但尽量减少分节节数。

1)分节高度的确定。

当沉井(箱)高度不大时,应尽量采取一次制作下沉,以简化施工程序,缩短作业时间。如高度和重量都大,重心高,如果地基处理不好,操作控制不严,在下沉前很容易产生倾斜,这时应采取分节制作,每节制作高度的确定,应保证地基及其自身稳定性,并有适当重量使其顺利地下沉,一般每节高度以 6~8 m 为宜。每节下沉时应计算下沉系数,保证顺利下沉。

2)基坑开挖。

① 沉井(箱)一般采用地坑制作,采用地坑制作法可减少沉井下沉的高度,同时也减小了沉井的施工高度,给施工带来便利。

② 地坑开挖的深度根据地质报告、地下水位、开挖的土方量综合考虑,确定施工方便、经济合理的开挖深度。

③ 根据基坑的大小来确定机械开挖或人工开挖,机械开挖时一般预留 200 mm 厚土方,用人工清除,以免扰动地基土体。外围应留出 2 000~2 500 mm 工作面,以便搭设脚手架及混凝土灌注施工,也便于沉井(箱)接节施工。如地下水位较高则还应设置排水沟及集水井,基坑上口设置挡水坝。

④ 基坑开挖放坡系数,根据土质类别而定,对黏土、粉质黏土放坡系数宜取 0.33~0.75;对砂卵石类土放坡系数宜取 0.5~0.75;对软质岩石放坡系数宜为 0.1~0.35。

3)地基处理及刃脚的支设。

① 根据地基土的承载力验算是否能承受沉井重量或分节的重量。如不能,应对地基进行处理,处理方法一般采用砂、砂砾、碎石、灰土垫层,用打夯机夯实或机械碾压等措施使其能够承受沉井重量或分节的重量。

② 刃脚的支设。

Ⅰ 刃脚的支设,可视沉井(箱)重量、施工荷载和地基承载力情况,采用垫架法、半垫架法、砖胎模或土底模等。

Ⅱ 较大较重的沉井,在较软弱地基上制作,常采用垫架或半垫架法,此法先在刃脚处整平地基夯实,或再铺设砂垫层,然后在其上铺承垫木或垫架,垫木常用 16 cm×20 cm(或 15 cm×15 cm)枕木,根数由沉井或每节的重量和地基(或砂垫层)的承载力计算得出。枕木应对称铺设。

Ⅲ 对重量较轻,土质较好,地基承载力能够满足要求,可采用砖胎模和土底模,砖胎模采用 MU7.5 砖(或 MU30 毛石)、M10 的水泥砂浆,沿周长分成 6~8 段,中间留 20 mm 空隙,以便拆除。土底模按刃脚的形状成型后,土底模及砖胎模内壁用 1:3 水泥砂浆抹平并压光,在浇注混凝土前涂刷隔离剂,保证刃脚光滑,以减少摩擦便于下沉。

4)井(箱)壁施工。

① 模板支设。

Ⅰ 井(箱)壁模板采用钢组合式定型模板或木定型模组装而成,为便于后序工程钢筋绑扎先支内模,待钢筋验收完毕后再封外模。

Ⅱ 模板采用对拉螺栓紧固,由于一次浇注混凝土较高,在支模前应对模板进行计算,避免胀模、暴模的现象出现。当有防渗要求或地下水位较高时,在对拉螺栓中间设 100 mm×

100 mm×3 mm 钢板止水片,止水片与对拉螺栓必须满焊。为防止在浇捣混凝土时模板发生位移,保证模板整体稳定,应与内部的脚手架及外部脚手架、基坑边坡连接牢固。模板拼缝要严密,避免漏浆形成蜂窝麻面,模板应涂刷脱模剂,使混凝土表面光滑,减小阻力便于下沉。

Ⅲ 模板及其支架安装和拆除的顺序及安全措施应按施工技术方案执行。

② 钢筋绑扎。

Ⅰ 在支好沉井一面模板后即可进行钢筋绑扎,每节竖筋可一次绑到顶部,在顶部用几道环向钢筋固定,水平筋可分段绑扎。竖筋与上一节井壁连接处伸出的插筋采用焊接或搭接连接,接头错开,在 35 d 且不小于 500 mm 区域内或 1.3 倍搭接长度区域内,接头面积的百分比不应超过 50%。为确保钢筋位置和保护层厚度正确,内外钢筋之间加设 ϕ14 支撑钢筋,每 1.0 m 不少于 1 个,梅花形布置。在钢筋外侧垫置水泥砂浆保护层垫块或塑料卡。钢筋用挂线控制垂直度,用水平仪测量并控制水平度。

Ⅱ 钢筋安装时受力钢筋的品种、级别、规格和数量必须符合设计要求。

③ 混凝土浇注和养护。

Ⅰ 根据沉井(箱)的大小选择混凝土拌和物输送机械,可采用塔吊或汽车吊吊运,最好选用臂长能完全覆盖整个浇注面的混凝土泵车进行浇注。浇注前应在沉井四周搭设操作平台,便于混凝土浇注作业。

Ⅱ 混凝土浇注应分层进行,每层厚度 300～500 mm(振动棒作用部分长度的 1.25 倍)。为防止模板变形或地基不均匀下沉,浇注时应从沉井(箱)两侧对称进行、匀衡下料,外壁和隔墙同时上升。每节沉井(箱)的混凝土应一次连续完成,不留施工缝。待下一节混凝土强度达到 70% 时方可浇注上一节混凝土。当井壁有抗渗要求时,上下节井壁的水平施工缝应留成凸形或加止水带。支设下一节模板前,应将施工缝处剔除水泥薄膜和松动的石子以及软弱混凝土层,并冲洗干净,但不得积水。继续浇注下节混凝土前,宜先在施工缝处铺一层与混凝土内成分相同的水泥砂浆。

Ⅲ 混凝土养护:混凝土浇注完毕后 12 h 内对混凝土表面覆盖和浇水养护,井壁侧模拆除后应悬挂草袋并浇水养护,每天浇水次数应能保持混凝土处于湿润状态。浇水养护时间,当混凝土采用硅酸盐水泥、普通硅酸盐水泥或矿渣硅酸盐水泥时不得少于 7 d,当混凝土内掺用缓凝型外加剂或有抗渗要求时不得少手 14 d。

(2)沉井(箱)下沉。

1)下沉施工方法选择。

根据地下水和土质情况及施工条件,沉井下沉常用方法有排水下沉和不排水下沉两种。当沉井、沉箱所穿过的土层透水性较低,地下涌水量不大,不会因排水而产生流砂,或因排水造成井周地面过大沉降时,可采用排水挖土下沉法施工。排水下沉可以在干燥的条件下施工,挖土方便,容易控制均衡下沉,土层中的孤石等障碍物易于发现和清除,下沉时一旦发生倾斜也容易纠正;当土层不稳定、涌水量很大时,在井内排水挖土很容易产生流砂,此时可采用水下挖土不排水下沉。采用不排水下沉,井内水位应始终保持高出井外水位 1～2 m,井内出土可视土质情况采用机械抓斗水下挖土或用高压水泵破土,再用吸泥机排出泥浆。但此方法需一定的冲土吸泥设备。

2)下沉施工。

① 大型沉井(箱)混凝土应达到设计强度 100%,小型沉井达到 70% 以上,便可拆除垫木,

进行下沉施工。抽除刃脚下的垫木应分区、分组、依次、对称、同步进行。

② 排水下沉。

Ⅰ　排水方法的选择。

设明沟、集水井排水：在沉井（箱）内离刃脚 2～3 m 挖一圈排水明沟，设 3～4 个集水井，深度比地下水位深 1～1.5 m，沟和井底深度随沉井挖土而不断加深，在井内或井壁上设水泵，将地下水排出井外。为不影响井内挖土操作和避免经常搬动水泵，一般采取在井壁上预埋铁件，焊钢操作平台安设水泵，或设木吊架安放水泵，水泵下加草垫或橡皮垫，避免振动。水泵抽吸高度控制不大于 5 m。如果井内渗水量很少，则可直接在井内设高扬程潜水电泵将地下水排出井外。本法简单易行，费用很低，适于地质条件较好时使用。

井点降水、井点与明排水相结合的方法：在沉井外部周围设置轻型井点、喷射井点或深井井点以降低地下水位，使井内保持干燥挖土。适于地质条件较差，有流砂发生的情况下使用。如采用此方法应编制详细的降水施工方案。

Ⅱ　挖土方法。

常用人工或风动工具，或在井内用小型反铲挖土机，在地面用抓斗挖土机分层开挖，挖土必须对称，均匀进行，使沉井均匀下沉，挖土方法随土层情况而定。

普通土层：从沉井中间开始逐渐向四周挖，每层挖土厚度为 0.4～0.5 m，在刃脚处留 1～1.5 m 宽台阶，然后沿沉井壁每 2～3 m 一段，向刃脚方向逐层全面、对称、均匀的开挖土层，每次挖去 5～10 cm，当土层经不住刃脚的挤压而破裂，沉井便在自重作用下均匀破土下沉，当沉井下沉很少或不下沉时，可再从中间向下挖 0.4～0.5 m，并继续向四周均匀掏挖，使沉井平稳下沉。

砂夹卵石或硬土层：从沉井中间开始逐渐向四周挖土，当挖到刃脚，沉井仍不下沉或下沉不平稳，则须按平面布置分段的次序逐段对称地将刃脚下挖空，并超出刃脚外壁约 10 cm，每段挖完用小卵石填塞夯实，待全部挖填后，再分层挖掉回填的小卵石，可使沉井均匀减少承压面而平衡下沉。

岩层、风化或软质岩层：可用风镐或风铲等从中间向四周开挖，在刃脚口打炮孔，进行松动爆破，炮孔深 1.3 m，以 1 m 的间距梅花形交错排列，使炮孔伸出刃脚口外 15～30 cm，以便开挖宽度可超出刃脚口 5～10 cm，下沉时，按刃脚分段顺序，每次 1 m 宽用小卵石进行回填，如此逐段进行，至全部回填后，再去除小卵石，使沉井平稳下沉。

Ⅲ　排水下沉注意事项。

沉井下沉开始 5 m 以内，要特别注意保持水平与垂直度，以免继续下沉时，不易调整。为减少下沉的摩擦力和以后的清淤工作，最好在沉井的外壁采用随下沉随填砂的方法，以减轻下沉困难。

挖土应分层进行，防止中部锅底挖得太深，或刃脚挖土太快，突沉伤人。在挖土时，刃脚处，隔墙下不准有人操作或穿行，以避免刃脚处切土过多或突沉伤人。

在沉井开始下沉和将沉至设计标高时，周边每层开挖深度应小于 30 cm 或更薄些，避免发生倾斜，在离设计标高 20 cm 左右应停止取土，待其在自重下沉到设计标高。

③ 不排水下沉。

一般采用抓斗、水力吸泥机或水力冲射空气吸泥等方法在水下挖土。

Ⅰ　抓斗挖土。

用吊车或卷扬机吊抓斗挖掘井底中央部分的土，使形成锅底，在砂或砾石类土中，一般当锅底比刃脚低 1～1.5 m 时,沉井即可靠自重下沉,而将刃脚下土挤向中央锅底,再从井孔中继续抓土,沉井即可继续下沉。在黏性土或密实土中,刃脚下不易向中央坍落,则应配以射水管冲土。

Ⅱ 水力机械冲土。

用高压水泵将高压水流通过进水管分别送进沉井内的高压水枪和水力吸泥机处,利用高压水枪射出的高压水冲刷土层,使其形成一定稠度的泥浆汇流至集泥坑,然后用水力吸泥机(或空气吸泥机)将泥浆吸出,通过排泥管排出井外。

水力吸泥机冲土,适用于粉质黏土、粉土、粉细砂土,在淤泥或粉砂层中使用水力吸泥时,为防止涌泥、流砂现象,应保持井内水位高出井外水位 1～2 m。

A. 机械选择及布置。

水力挖土机械设备包括:高压水泵、水力冲泥机(又称水枪)、水力吸泥机以及进水和输泥管线等,根据沉井(箱)的面积选择机械设备的型号。

整个水力机械装置的进水管、排泥管及工作室内的连接管线,都采用橡胶垫座、法兰接头。安装和固定在沉箱顶板上或沉井上口的进水及排泥管宜采用直径 150 mm 无缝钢管,并装设直径 150 mm 阀门;排泥总管直径宜为 250 mm;工作室内进水管与水力冲泥机及吸泥机相连接的管线宜为直径 100 mm,箱外管线与水泵站及排泥总管相连通。

B. 水力机械系统的布置:一般干线管路铺设于场外,冲泥机一般布置在所分担挖土区段的中部,吸泥机布设在其附近。冲泥机应尽可能地采用两个工作面交替进行,每台冲泥机的移动距离,宜恰等于一节水管长度。

C. 水力机械冲土施工。

水力冲土从中间开始,先在水力吸泥机水龙头下方冲 1 个直径 2～5 m 的集泥坑,其深度应使吸泥管吸口下方有足够的容积,以便泥浆来源暂时中断时,其存量仍足以维持 2～3 min,同时吸泥龙头又可伸至浆面下 0.5～0.75 m,避免带入空气。然后用水枪呈辐射形开拓通向集泥坑的土沟 4～6 条,沟坡度为 8%～10%,最后向四周用"顺向挖土方法"拓宽开挖井(箱)底土体使其成锅底形,用高压水柱切割箱底土层与土体混合成为相应稠度的泥浆,顺土沟流向集泥坑内,经水力机械排出沉井(箱)外,泥浆含量一般在 10%～30% 之间,浓度愈大则效率愈高。为不使集泥坑和排泥沟内的泥砂沉淀,应经常用水枪轮流冲射搅动,如此循环作业分层冲土使锅底达到一定深度。为了便于控制沉降偏斜,减少附近土体扰动破坏,必要时在刃脚部位可辅以适当人工作业,为了防止沉井(箱)突然下沉引起过大的偏斜和发生安全事故,减少井(箱)外土体扰动,在靠近工作室四周刃脚 1.0～1.5 m 应保留一土堤。

D. 注意事项。

挖土时应注意创造自由面以提高效率;几台冲泥机在同一地点工作时,应密切配合协同动作;水力必须集中使用不要分散特别应防止水锋交织,抵消力量;泥浆流运送时,要注意经常清除和冲洗沟槽底部淤泥,避免堵塞和泥浆外溢;沉井(箱)底面以上应保留 0.3～0.5m 厚土层,采用其他机械或人工方法挖除。以保持土体的天然结构和承载力;每次下沉以后的高度应能保持工作室内的自由高度不小于 1.6 m。

④ 沉箱人工挖土下沉方法。

在开始进行时,气压沉箱和开口沉井完全相同,直到水压力增加到必须施加压缩空气时,才在气压下挖土。人工挖土下沉方法,也采用开口沉井挖土相类似的方法,采取分段、分层开挖,碗形挖土,自重破土方式,从中间开始向四周,在刃脚部位则沿刃脚方向全面、均匀、对称地进行,使均衡平稳下沉,刃脚下部土方边挖边清理,对各种土层具体挖土方法按沉井排水下沉法施工。

沉箱挖出的土体放在吊桶内吊出,在下沉时,宜每次将气压适当降低,促进沉箱下沉,但不得将气压降低到施工时气压的一半以上。初次下沉每次不得超过 30 cm,以后每次不超过 50 cm。

如果挖的是砂,则可用"吹出法",利用工作室中和外界压力之差除去泥砂,只需在沉箱内装一根柔性蛇管到箱外即可。

如遇到基岩,刃脚周边的沟道被挖至设计标高,并使空气压力始终等于或略大于沟槽底面处的静水压力,同时在四角及中部沿沉箱保留地段的全宽度设枕木支柱,使沉箱支在枕木支柱上。待刃脚下面等于沟槽深度的岩石全部挖掉后,遂将支柱取去,并且稍稍降低工作室内的空气压力,使沉箱分 3～4 次下沉,使降落到设计标高处。

人工挖土下沉方法需用工具设备简单,操作方便,费用较低,但需较多的劳动力,施工速度较慢,再者工人在高气压条件下作业,条件差,如注意不够,则影响健康。

3)测量控制与观测。

沉井(箱)位置标高的控制,是在沉井(箱)外部地面及井壁顶部四面,设置纵横十字中心控制线和固定的观测点及水准点与沉降观测点,以控制位置和标高。沉井(箱)垂直度的控制,是在井筒内壁按 4 或 8 等分标出垂直轴线,各吊线逐个对准下部标板来控制,并定时用两台经纬仪进行垂直偏差观测,挖土时,随时观测垂直度,当线坠离墨线达 50 mm,或四面标高不一致时,即应纠正。沉井(箱)下沉的控制,系在井(箱)筒外壁周围弹水平线,或在井(箱)外壁上四侧用红铅油画出标尺,每 10 mm 一格,用水准仪观测沉降。沉井(箱)下沉中应加强位置、垂直度和标高(沉降值)的观测,每班至少测量两次(于班中及每次下沉后检查一次),同时每层不小于一次,接近设计标高时,应加强观测,每 2 h 一次,预防超沉,由专人负责并做好下沉施工记录,发现有倾斜、位移扭转,应及时通知值班技术人员,指挥操作人员随沉随纠正,使偏差控制在允许范围以内。

(3)沉井(箱)封底。

1)沉井封底。

分为湿封底和干封底两种,干封底施工设备和操作简单,质量易于控制,混凝土用量较少。沉井下沉至设计标高,经过观测在 8 h 内累计下沉不大于 10 mm,沉井下沉已经稳定时,即可进行沉井封底。

① 干封底。

当沉井下沉到设计标高后,井内继续降水保持较低的地下水位,使地下水涌入井中流速小于 6 mm/min 时采用干封底;平整基土使基土面由沉井内壁四周向集水井倾斜,在中部设 2～3 小集水井,深 1～2 m,插入 $\phi600$ mm～$\phi800$ mm 的带孔眼钢管或混凝土管,或钢筋笼外缠绕 12 号钢丝,间隙 3～5 mm,外包两层尼龙窗纱。上口低于底板混凝土表面 100 mm,四周填以卵石。由集水井向井壁四周辐射 300 mm×200 mm 排水沟,沟底铺 100 mm 细碎石,然后在沟内放 $\phi80$ 带孔 PVC 管外裹两层纱滤网,最后用细碎石填满形成排水盲沟,使与集水井相互连通。井底的水通过排水盲沟汇集到集水井,用泵排出,保持地下水位低于基底面 0.5 m 以下,然后浇注封底混凝土。封底一般铺一层 150～500 mm 厚碎石或卵石层,再在其上浇注一层厚约 0.5～1.5 m 的混凝土垫层,在刃脚下填严,振捣密实,以保证沉井的最后稳定。垫层混凝土达到 50%设计强度后,在垫层上绑扎钢筋,两端伸入刃脚或凹槽内,浇注上层底板混凝土。封底混凝土与老混凝土接触面应冲刷干净;封底混凝土浇注时应在整个沉井面积上分层、同时、不间断地进行,由四周向中央推进,每层厚度 300～500 mm,并用振捣器捣实;当井内有隔墙时,应前后左右对称地逐孔浇注。混凝土采用自然养护,养护期间应继续抽水。待底板混凝土强度达到 70% 的设计强度后,集水井逐个停止抽水、逐个封堵。封堵方法是将集水井中水抽干,在套管内迅速用干硬性高强混凝土或快硬水泥配制的混凝土进行封堵并捣实,然后上法兰盘用螺栓拧紧或四周焊接封闭,上部用混凝土垫实抹平。

② 湿封底。

井底向井中较大规模的涌水、涌砂、涌泥不可用干封底时,采用不排水封底(即在水下进行封底)。要求将井底浮泥清除干净,新老混凝土接触面用水冲刷干净,并铺碎石垫层,封底混凝土用导管法灌注,待水下封底混凝土达到所需的强度后,即一般养护为 7～14 d,方可从沉井中抽水,检查封底情况,进行检漏补修,按干封底法施工上部钢筋混凝土底板。

2)沉箱封底。

沉箱下沉至设计深度,经 2～3 d 稳定后,即可进行封底。封底前应将基底浮泥用人工挖除,送至吸泥机旁加以稀释成泥浆排往箱外,部分无法清除的软土,可掺加块石或砂砾夯实,使其稳定,然后再在整个沉箱底面铺设一层厚 200 mm 的碎石并振实。刃脚内壁、墙内面及顶板底,均应事先用水冲洗干净,以保证与封底混凝土良好的结合。

在浇注时应分层浇注,混凝土振捣密实。对于工作室大体积混凝土浇注,要求不出现温度收缩裂缝,应采取降低混凝土内部温度的措施,如采用水化热较低的水泥、混凝土搅拌时用碎冰屑代替部分搅拌用水等措施。

在浇注混凝土时箱内气压须继续维持至混凝土达到足以抵抗静水上托浮力的强度后,方可停止供气。

5 劳动力组织

劳动力配置见表1。

表 1　沉井与沉箱劳动力组织

工作内容	单位	工日	备　注
混凝土垫层以下工作内容	10 m³	40	
沉井壁及隔墙混凝土	10 m³	25～28	
沉井下沉	10 m³	7～10	人工挖土
		5～7	机械挖土
沉井封底	10 m³	18	
沉井内(顶)部混凝土结构	10 m³	18～32	

6 机具设备配置

沉井、沉箱施工主要机具设备及水力机械挖土需用机械设备见表2和表3。

表 2　沉井、沉箱施工主要机具设备表

机具名称	规格、性能	单位	数量	用　途
挖掘机	WY40 型	台	1	基坑、沉井挖土
翻斗汽车	3.5 t	台	6	运输土方、混凝土、工具、材料
混凝土搅拌机	j_1—400 型	台	2	搅拌混凝土

机具名称	规格、性能	单位	数量	用　　途
灰浆搅拌机	HJ—200 型	台	1	拌制砂浆、灰浆
推土机	T_1—100 型	台	1	平整场地、集中土方、推送砂石
机动翻斗车	JS—1B 型	台	6	运送混凝土及小型工具材料
振动器	HZ_6X—50 型,插入式	台	10	振捣混凝土
振动器	HZ_2—5 型,平板式	台	2	振捣混凝土
混凝土吊斗	1.2 m³	台	4	吊运混凝土
履带式起重机	W_1—100 型	台	2	吊运土方、混凝土、吊装构件
混凝土搅拌运输车	JC6Q 型	台	6	搅拌运输混凝土
混凝土运输泵车	IPF—185B 型	台	2	输送浇注混凝土
水泵	4BA—6A 型,105 m³/h	台	4	基坑、沉井排水
水泵	3BA—9 型,45 m³/h	台	1	临时供水
潜水泵	QS32×25—4 型,25 m³/h	台	4	基坑、沉井排水
钢筋调直机	GJ_4—14/4 型	台	1	钢筋调直
钢筋切断机	GJ_5—40—1 型	台	1	钢筋切断
钢筋弯曲机	QJ_7—40 型	台	1	钢筋成形
钢筋对焊机	UN_1—75 型	台	1	钢筋对接
轮锯机	MJ104 型,ϕ400 mm	台	1	木材加工
平刨机	MB503A,300 mm	台	1	模板加工
电焊机	BX1—330 型	台	5	现场焊接
卷扬机	JJM—5 型	台	1	吊运土方、辅助起重
卷扬机	JJM—3 型	台	1	吊运土方、辅助起重
变压器	320 kVA	台	1	变压
蛙式打夯机	H—201 型	台	1	回填土夯实

表 3　沉井、沉箱施工水力机械挖土需用机械设备

名　称	规格、型号	单位	数量	备注
水泵	8BA—12 型,流量 280 m³/h,扬程 29.1 m,压力 1.2 MPa 以上	台	1	
水泵	8BA—18 型,流量 285 m³/h,扬程 18 m,压力 1.25 MPa 以上	台	1	
水力冲泥机		台	6	2 台备用
水力吸泥机		台	3	1 台备用
进水管	ϕ150(硬管或软管)	m	16	
排泥管	ϕ150(硬管或软管)	m	280	
	ϕ250	m	280	
泥浆管	3PN 型,流量 108 m³/h,扬程 21 m,带空气抽除器	台	3	1 台备用

7　质量检验标准

7.1　质量检验标准

　　沉井(箱)的质量检验度应符合表 4 的要求。

表 4 沉井（箱）的质量检验标准

项目	序号	检查项目	允许偏差或允许值		检查方法
			单位	数值	
主控项目	1	混凝土强度	满足设计要求（下沉前必须达到70%设计强度）		查试件记录或抽样送检
	2	封底前，沉井（箱）的下沉稳定	mm/8 h	<10	水准仪
	3	封底结束后的位置： (1)刃脚平均标高（与设计标高比） (2)刃脚平面中心线位移 (3)四角中任何两角的底面高差	mm	<100 <1%H <1%L	水准仪 经纬仪，H 为下沉总深度，H<10 m 时，控制在 100 mm 之内 水准仪，L 为两角的距离，但不超过 300 mm，L<10 m 时，控制在 100 mm 之内
一般项目	1	钢材、对接钢筋、水泥、骨料等原材料检查	符合设计要求		查出厂质保书或抽样送检
	2	结构体外观	无裂缝、无蜂窝、无孔洞、不露筋		直观
	3	平面尺寸：长与宽 曲线部分半径 两对角线差 预埋件	% % % mm	±0.5 ±0.5 1.0 20	用钢尺量，最大控制在 100 mm 之内 用钢尺量，最大控制在 50 mm 之内 用钢尺量 用钢尺量
	4	下沉过程中的偏差 高差	%	1.5~2.0	水准仪，但最大不超过 1 m
		平面轴线		<1.5%H	经纬仪，H 为下沉深度，最大应控制在 300 mm 之内，此数值不包括高差引起的中线位移
	5	封底混凝土坍落度	cm	18~22	坍落度测定器

7.2 质量通病防治

7.2.1 外壁粗糙、鼓胀

（1）现象。

沉井浇注混凝土脱模后，外壁表面粗糙、不光滑，尺寸不准，出现鼓胀，增大与土的摩阻力，影响顺利下沉。

（2）原因分析。

1）模板不平整，表面粗糙或粘有水泥砂浆等杂物未清理干净，脱模时，混凝土表面被粘脱落。

2）采用木模板，浇注混凝土前未浇水湿润或湿润不够，混凝土水分被吸去，致使混凝土失水过多，疏松脱落形成粗糙面。

3）采用钢模板支模，未刷或局部漏刷隔离剂，拆模时，表皮被钢模板粘结脱落。

4）模板接缝、拼缝不严密，使混凝土中水泥浆流失，而使表面粗糙；或混混凝土振捣不密实，部分气泡留在模板表面，混凝土成形粗糙。

5）筒壁模板局部支撑不牢，或支撑刚度差，或支撑在松软土地基上；浇注混凝土时模板受振，或地基浸水下沉，造成局部模板松开外壁鼓胀。

6）混凝土未分层浇注、振捣不实、漏振或下料过厚、振捣过度，而造成模板变形，筒壁表面出现蜂窝、麻面或鼓胀。

（3）预防方法。

1）模板应经平整，板面应清理干净，不得粘有干硬水泥砂浆等杂物。

2)木模板在浇注混凝土前,应充分浇水湿润,清洗干净;钢模脱模剂要涂刷均匀,不少于两遍,不得漏刷。

3)模板接缝、拼缝要严密,如有缝隙,应用油毡条、塑料条、纤维板或刮腻子堵严,防止漏浆。

4)模板必须支撑牢固,支撑应有足够的刚度;如支撑在软土地基上应经加固,并有排水措施,防止浸泡。

5)混凝土应分层均匀浇注,严防下料过厚及漏振、过振,每层混凝土均应振捣至气泡排除为止。

(4)治理方法。

井筒外壁粗糙、鼓胀主要是增大了下沉摩阻力,影响下沉,应加以修整。即将粗糙部位用清水刷洗,充分湿润后,用素水泥浆或1∶3水泥砂浆抹光。鼓胀部分应将凸出部分凿去、洗净,湿润后亦用素水泥浆或1∶3水泥砂浆抹光处理。

7.2.2　下沉过快

(1)现象。

沉井下沉速度超过挖土速度,出现异常情况,施工难以控制。

(2)原因分析。

1)遇软弱土层,土的承载力很低,使下沉速度超过挖土速度。

2)长期抽水或因砂的流动,使井壁与土的摩阻力下降。

3)沉井外部土体出现液化。

(3)预防措施。

1)发现下沉过快,可重新调整挖土,在刃脚下不挖或部分不挖土。

2)将排水法改为不排水法下沉,增加浮力。

3)在沉井外壁间填粗糙材料,或将井筒外的土夯实,增大摩阻力。

(4)治理方法。

1)可用木垛在定位垫架处给以支承,以减缓下沉速度。

2)如沉井外部土液化出现虚坑时,可填碎石处理。

7.2.3　瞬间突沉

(1)现象。

沉井在瞬时间内失去控制,下沉量很大,或很快,出现突沉或急剧下沉,严重时往往使沉井产生较大的倾斜或使周围地面坍陷。

(2)原因分析。

1)在软黏土层中,沉井侧面摩阻力很小,当沉井内挖土较深,或刃脚下土层掏空过多,使沉井失去支撑,常导致突然大量下沉,或急剧下沉。

2)当黏土层中挖土超过刃脚太深,形成较深锅底,或黏土层只局部挖除,其下部存在的砂层被水力吸泥机吸空时,刃脚下的黏土一旦被水浸泡而造成失稳,会引起突然坍陷,使沉井突沉。当采用不排水下沉,施工中途采取排水迫沉时,突沉情况尤为严重。

3)沉井下遇有粉砂层,由于动水压力的作用,向井筒内大量涌砂,产生流砂现象,而造成急剧下沉。

(3)预防措施。

1)在软土地层下沉的沉井可增大刃脚踏面宽度,或增设底梁以提高正面支承力,挖土时,在刃脚部位宜保留约 50 cm 宽的土堤,控制均匀削土,使沉井挤土缓慢下沉。

2)在黏土层中严格控制挖土深度(一般为 40 cm)不能太多,不使挖土超过刃脚,可避免出现深的锅底将刃脚掏空。黏土层下有砂层时,防止把砂层吸空。

3)控制排水高差和深度,减小动水压力,使其不能产生流砂或隆起现象;或采取不排水下沉的方法施工。

(4)治理方法。

1)加强操作控制,严格按次序均匀挖土,避免在刃脚部位过多掏空,或挖土过深,或排水过深水头差过大。

2)在沉井外壁空隙填粗糙材料增加摩阻力;或用枕木在定位垫架处给以支撑,重新调整挖土。

3)发现沉井有涌砂或软黏土因土压不平衡产生流塑情况时,为防止突然急剧下沉和意外事故发生,可向井内灌水,把排水下沉改为不排水下沉。

7.2.4　超沉或欠沉

(1)现象。

沉井下沉完毕后,刃脚平均标高大大超过或低于设计要求深度,相应沉井壁上的预埋件及预留孔洞位置的标高,也大大超过规范允许的偏差范围。

(2)原因分析。

1)沉井下沉至最后阶段,未进行标高控制和测量观测。

2)下沉接近设计深度,未放慢挖土和下沉速度。

3)遇软土层或流砂,下沉失去控制。

4)在软弱土层预留自沉深度太小,或未及时封底;或沉井下沉尚未稳定就封底,常造成超沉;在砂土层或坚硬土层预留自沉深度太大,或沉井下沉尚未稳定就封底,常发生欠沉。

5)沉井测量基准点碰动,标高测量错误。

(3)预防措施。

1)沉至接近设计标高,应加强测量观测和校核分析工作。

2)在井壁底梁交接处,设砖砌承台,在其上面铺方木,使梁底压在方木上,以防过大下沉。

3)沉井下沉至距设计标高 0.1 m 时,停止挖土和井内抽水,使其完全靠自重下沉至设计或接近设计标高。

4)采取减小或平衡动水压力和使动水压力向下的措施,以避免流砂现象发生。

5)沉井下沉趋于稳定(8 h 的累计下沉量不大于 10 mm 时),方可进行封底。

6)采取措施保护测量基准点,加强复测,防止出现测量错误。

(4)治理方法。

如超沉过多,可将沉井上部接高处理;欠沉一般作抬高设计标高处理。

7.2.5　封底渗漏水

(1)现象。

封底后,沉井底板接缝及底板本身产生渗透水现象。

(2)原因分析。

1)封底混凝土与沉井井壁刃脚接触面未经凿毛处理,并且未清理干净就浇注混凝土,新旧混凝土间接缝不严,存在夹层。

2)底板分格或分圈浇注,特别是不排水浇注混凝土,接缝未搭接处理好,混振未振捣密实。

（3）预防措施。

1）对有抗渗要求的沉井，在抽承垫木前，对底板与井壁刃脚、底梁、隔墙接触面进行凿毛处理，清除净浆、污泥，封底前再次冲洗接缝部位，保持良好接合。

2）底板浇注应做好排水；分格、分圈浇注混凝土要分层进行，处理好搭接缝并振捣密实。采取不排水浇注混凝土，应用导管法分层浇注、均匀上升，混凝土中宜掺加适量外加剂，使混凝土不分散并结合紧密。

（4）治理方法。

1）井底板及接缝渗漏水，可采用水泥或化学注浆补漏处理。

2）如大面积渗漏水，可将渗漏部位凿毛，洗净、湿润，抹压 1～2 mm 厚素水泥浆层，再用防水砂浆或膨胀水泥砂浆抹面，或用刚性防水多层抹面补漏。在内部净空允许的情况下，亦可在内部加设 60～80 mm 厚细石防水混凝土套紧贴底板及刃脚部位，以阻止渗漏水。

7.3　成品保护

（1）沉井（箱）下沉前第一节应达到 100％的设计强度，其上各节必须达到 70％设计强度。

（2）施工过程中妥善保护好场地轴线桩、水准点，加强复测，防止出现测量错误。

（3）加强沉井过程中的观测和资料分析，分区、依次、对称、同步地抽除垫架、垫木，发现倾斜及时纠正。

（4）沉至接近设计标高应加强测量观测、校核分析工作，下沉至距设计标高 0.1 m 时，停止挖土和井内抽水，使其完全靠自重下沉至设计标高或接近设计标高。

（5）沉至设计标高经 2～3 d 下沉已稳定，即可进行封底。

7.4　季节性施工措施

7.4.1　雨期施工措施

（1）制订好切实可行的雨季施工技术措施，抓紧钻孔，安装工作。雨季特别注意对岩体的观测，一有不良现场及时制订方案进行处理。保证施工顺利进行。

（2）混凝土雨季浇注措施：在混凝土浇注前认真收集天气预报资料，尽量避开在有大雨、暴雨的天气里作业，同时根据天气预报提前做好施工防雨准备。

7.4.2　冬期施工措施

（1）配备足够的保温材料，保温用品的选择以当地建委批准的产品为准。同时，对此类材料的正确使用和防火注意事项等，要进行充分地检查并制订措施。

（2）现场降水系统的降（排）水管道，除注意保证一定的流水坡度外，进入冬期施工前，还要做好管道的保温防冻工作，并经常进行防冻检查，及时疏通管道。

（3）进入冬期施工后，混凝土试件应比常温时增加不小于两组，与结构同条件养护的试块，分别用于检查受冻前的混凝土强度和转入常温养护 28 d 后的混凝土强度。

（4）环境温度达到 －5 ℃时即为"低温焊接"，严格执行低温焊接工艺。严禁焊接过程直接接触到冰雪，风雪天气时，必须对操作部位进行封闭围挡，使焊接部位缓慢冷却。

7.5　质量记录

（1）水泥、钢材的出厂合格证以及见证取样复验报告。

（2）砂、石检验报告。

（3）钢筋焊接检验报告。

（4）混凝土配合比通知单。

（5）钢筋隐蔽工程验收记录。

（6）混凝土试块强度等级、抗渗等级测试报告。

（7）测量放线记录。

（8）沉井（箱）施工记录等。

8　安全、环保及职业健康措施

8.1　职业健康安全关键要求

（1）严格执行国家颁布的有关安全生产制度和安全技术操作规程。认真进行安全技术教育和安全技术交底，对安全关键部位进行经常性的检查，及时排除不安全因素，以确保全过程安全施工。

（2）做好地质详勘，查清沉井范围内的地质、水位，采取有效措施，防止沉井（箱）下沉施工中出现异常情况，以保证顺利和安全下沉。

（3）做好沉井（箱）垫架拆除和土方开挖程序，控制均匀挖土和刃脚处破土速度，防止沉井发生突然下沉和严重倾斜现象，导致人身伤亡事故。

（4）做好沉井下沉排降水工作，并设置可靠电源，以保证沉井挖土过程中不出现大量涌水、涌泥或流砂现象，造成淹井事故。

（5）沉井（箱）口周围设安全杆，井下作业应戴安全帽，穿胶皮鞋，半水下作业穿防水衣裤。

（6）采用不排水下沉，井（箱）内操作人员应穿防水服、下井应设安全爬梯，并应有可靠应急措施。

（7）认真遵守用电安全操作规程，防止超负荷作业，电动工具、潜水泵等应装设漏电保护器，夜班作业，沉井（箱）内外应有足够照明，井（箱）内应采用 36 V 低压电。

（8）沉箱内气压不应超过 0.35 MPa（约合水深 35 m），在特殊情况不得超过 0.4 MPa，超过此值，则应改用开口沉井施工。

（9）沉箱内的工作人员应先经医生体格检查，凡患心脏病、肺结核、有酗酒嗜好以及其他经医生认为有妨碍沉箱作业的疾病患者，均不得在沉箱内工作。

（10）为保证工作人员的健康，应根据工作室内气压，控制在沉箱内工作时间。

（11）沉箱工作人员离开工作室，经过升降管进入空气闸之后，先把从空气闸通到升降管的门关好，然后开放阀门，使气压慢慢降低，减压时必须充分，经相当长的时间，减压的速率不得大于 0.007 MPa/min，可防止得"沉箱病"，以保障人身健康。一旦得此病应将工人即送入另备的空气闸，加到工作室气压或接近沉箱的气压，然后慢慢减压即可。

（12）高压水系统在施工前应进行试压，试压压力应为计算压力的 1.5 倍，吸泥系统施工前应试运转。施工时应经常检查、维修、妥当保养。

（13）沉箱内与水泵间应安设讯号装置，以便及时联系供水或停水。当发生紧急情况时，应迅速停泵。当停止输送高压水时，应立即关闭操纵水力冲泥机的阀门。水力冲泥机停止使用时应对着安全方向。

（14）水力冲泥机工作时，应禁止站在水柱射程范围内，或用手接触喷嘴附近射出的水柱，或将水柱射向沉箱或岩层造成射水伤人；或急剧地转动水力冲泥机，或使用中的水力冲泥机无人看管，或未关闭阀门而更换喷嘴，以免高压水柱射向人体，造成严重人身伤害。

(15)冲挖土层的上面及附近，不论在冲挖时或冲挖后，均不得站人，防止土方坍塌伤人。冲土作业工人应备有适当的劳动保护用品。

(16)输电线路应架设在安全地点，并绝缘可靠，操作人员应有良好的防护，因水有导电性，电压可能通过水柱至水力冲泥机再传至人体，造成触电事故。

8.2　环境关键要求

(1)运输易于引起粉尘的细料或松散料时用帆布等遮盖严实。

(2)施工废水、生活废水不得直接排入市政污水管网、耕地、灌溉渠和水库。

(3)食堂保持清洁，腐烂变质的食物及时处理，食堂工作人员应有健康证。

(4)对驶出施工现场的车辆进行清理，设置汽车冲洗台及污水沉淀池。

(5)安排工人每天进行现场卫生清洁。

管井降水工程施工工艺

管井井点降水系沿基坑每隔一定距离设置一个管井,每个管井单独用一台水泵不断抽水降低地下水位。在地下水位较高的透水土层中进行基坑开挖施工时,由于基坑内外的水位差较大,较易产生流砂、管涌等渗透破坏现象,有时还会影响到边坡或坑壁的稳定。因此,往往需要在开挖之前,采用人工降水方法,将基坑内或基坑内外的水位降低至开挖面以下。

1 工艺特点

管井井点每个管井单独使用一台水泵持续抽水,对比轻型井点降水法其设备较为简单,降水效果好。

2 工艺原理

采用人工降低地下水位的方法将基坑内或基坑内外的水位降低至开挖面以下。

3 适用范围

(1)周围环境容许地面有一定的沉降。

(2)止水帷幕密闭,坑内降水时坑外水位下降不大。

(3)采取有效措施,足以使邻近地面沉降控制在容许值以内。

(4)具有地区性的成熟经验,已证明降水对周围环境不产生大的影响。

(5)管井井点适用于土的渗透系数 $K=20\sim200$ m/d,降水深达 $6\sim10$ m。

4 工艺流程及操作要点

4.1 工艺流程

4.1.1 作业条件

(1)建筑物的控制轴线、灰线尺寸和标高控制点已经复测。

(2)井点位置的地下障碍物已清除。

(3)基坑周围受影响的建筑物和构筑物的位移监测已准备就绪。

(4)防止基坑周围受影响的建筑物和构筑物的措施已准备就绪。

(5)水源电源已准备。

(6)排出的地下水应经沉淀处理后方可排放到市政地下管道或河道。

(7)所采用的设备已维修和保养,确保能正常使用。

4.1.2 工艺流程

管井井点工艺流程如图 1 所示。

图 1 管井井点工艺流程图

4.2　操作要点

（1）降水施工前应有降水设计，当在基坑外降水时，应有降水范围估算，对重要建筑物或公共设施在降水过程中应监测。

（2）施工完后，应试运转，如发现井管失效，应采取措施使其恢复正常，如无可能恢复则应报废，另行设置新的井管。

（3）降水系统运转过程中应随时检查观测孔中的水位。

4.2.1　技术准备

（1）降水方案编制。

在降水工程施工前，应根据基坑开挖深度、基坑周围环境、地下管线分布、工程地质勘察报告和基坑壁、边坡支护设计等进行降水方案设计，并经审核和批准。

（2）技术交底。

降水施工作业前，应进行技术、质量和安全交底，交底要有记录，并有交底人和接受交底人签字。

4.2.2　材料要求

主要包括井点管、砂滤层（黄砂和小砾石）、滤网、黏土（用于井点管上口密封）和绝缘沥青（用于电渗井点）等。

4.2.3　操作要点

（1）管井井点降水。

1）管井布置。

① 基坑总涌水量确定后，再验算单根井点极限涌水量，然后确定井的数量，采取沿基坑边每隔一定距离均匀设置管井，管井之间用集水总管连接。

② 井管中心距地下构筑物边缘距离，应依据所用钻机的钻孔方法而定，当采用泥浆护壁套管法时，应不小于 3 m，当用泥浆护壁冲击式钻机成孔时，为 0.5～1.5 m。

③ 井管埋设深度和距离，应根据降水面积和深度及含水层的渗透系数而定，最大埋深可达 10 m，间距 10～50 m。

2）管井埋设。

管井埋设可用泥浆护壁套管的钻孔方法成孔，也可用泥浆护壁冲击钻成孔，钻孔直径一般为 500～600 mm，当孔深到达预定深度后，应将孔内泥浆掏净，然后下入 300～400 mm 由实管和花管组成的铸铁管或水泥砾石管，滤水井管置于孔中心，用圆木堵塞管口，为保证井的出水量，且防止粉细砂涌入井内，在井管周围应回填粒料作过滤层，其厚度不得小于 100 mm，井管上口地面下 500 mm 内，应用黏土填充密实。

管井回填料后，如使用铸铁井管时，应在管内用活塞拉孔进行洗井或采用空压机洗井，如用其他材料的井管时，应用空压机洗井至水清为止。

3）水泵设置。

水泵的设置标高应根据降水深度和估计水泵最大真空吸水高度而定，一般为 5～7 m，高度不够时，可设在基坑内。

4）管井井点系统的运行。

管井井点系统在运行过程中，应经常对电动机、传动机械、电流、电压等进行检查，并对管井内水位和流量进行观测和记录。

5)井管拔除。

井管使用完毕合,滤水井管可拔除,拔除的方法是在井口周围挖深 300 mm,用钢丝绳将管口套紧,然后用人工拔杆借助倒链或绞磨将井管徐徐拔除,孔洞用砂粒填实,上部 500 mm 用黏土填实。

6)质量控制要点。

① 管井井点成孔直径应比井管直径大 200 mm。

② 井管孔与壁间用 5～15 mm 的砾石填充作过滤层,地面下 500 mm 内用黏土填充密实。

③ 井管管井直径应大于 200 mm,吸水管底部应装逆止阀。

④ 应定时观测水位和流量。

(2)基坑降水回灌。

1)回灌井点埋设。

① 回灌井点应埋设在降水区和邻近受影响的建(构)筑物之间的土层中,其埋设方法与降水井点相同。

② 回灌井点滤管部位应从地下水位以上 500 mm 处开始直到井管底部,也可采用与降水井点管相同的构造,但必须保证成孔与灌砂的质量。

③ 回灌井点与降水井点之间应保持一定距离,其埋设深度应根据滤水层的深度来决定,以确保基坑施工安全和回灌效果。

④ 在降灌水区域附近应设置一定数量的沉降观测点和水位观测井。

2)回灌井点使用。

① 回灌水宜采用清水,其水量应根据地下水位变化及时调节保持抽降平衡。

② 在降灌过程中,应根据所设置井进行沉降和水位观测,并做好记录。

3)回灌井点拆除。

当降水井点拆除后,方可进行回灌井点拆除,其拆除方法与其他降水井点相同。

5　劳动力组织

劳动力配置见表1。

表 1　管井降水劳动力组织

序　号	工　种	人　数	备　注	序　号	工　种	人　数	备　注
1	电工	1		3	机械工	4	
2	电焊工	2		4	普工	5	

6　机具设备配置

(1)管井井点降水系统主要设备:由滤水井管、吸水管和水泵等组成。

(2)井点成孔设备:主要包括起重设备、冲管和冲击或钻机等。

7　质量控制要点

7.1　质量控制要求

(1)砂滤层。

用于井点降水的黄砂和小砾石砂滤层,应洁净,其黄砂含泥量应小于 2%,小砾石含泥量应小于 1%,其填砂粒径应符合 $5d_{50} \leqslant D_{50} \leqslant 10d_{50}$ 要求,同时应尽量采用同一种类的砂粒,其不

均匀系数应符合 $C_u = D_{60}/D_{10} \leqslant 5$ 要求。

式中　　d_{50}——为天然土体颗粒 50% 的直径；

　　　　D_{50}——为填砂颗粒 50% 的直径；

　　　　D_{60}——为颗粒小于土体总重 60% 的直径；

　　　　D_{10}——为颗粒小于土体总重 10% 的直径。

对于用于管井井点的砂滤层，其填砂粒径以含水层土颗粒 $d_{50} \sim d_{60}$（系筛分后留置在筛上的重量为 50%～60% 时筛孔直径）的 8～10 倍为最佳。

（2）滤网。

1）常用滤网类型有方织网、斜织网和平织网，其类型选择按表 2。

表 2　常用滤网类型

滤网类型	最适合的网眼孔径（mm）		说　明
	在均一砂中	在非均一砂中	
方织网	$2.5 \sim 3.0 d_{cp}$	$3.0 \sim 4.0 d_{50}$	d_{cp}——平均粒径
斜织网	$1.25 \sim 1.5 d_{cp}$	$1.5 \sim 2.0 d_{50}$	d_{50}——相当于过筛量 50% 的粒径
平织网	$1.5 \sim 2.0 d_{cp}$	$2.0 \sim 2.5 d_{50}$	

2）在细砂中适宜于采用平织网，中砂中宜用斜织网，粗砂、砾石中则用方格网。

3）各种滤网均应采用耐水锈材料制成，如铜网、青铜网和尼龙丝布网等。

（3）黏土。

用于井点管上口密封的黏土应呈可塑状，且黏性要好。

（4）绝缘沥青。

用于电渗井点阳极上的绝缘沥青应呈液体状，也可用固体沥青将其熬成液体。

（5）各种原材料进场应有产品合格证，对于砂滤层还应进行原材料复试，合格后方可采用。

7.2　质量检验标准

降水施工的质量检验标准应符合表 3 的规定。

表 3　降水施工质量检验标准

序号	检　查　项　目	允许偏差或允许值		检　查　方　法
		单位	数值	
1	排水沟坡度	‰	1～2	目测：坑内不积水，沟内排水畅通
2	井管（点）垂直度	%	1	插管时目测
3	井管（点）间距（与设计相比）	%	≤150	用钢尺量
4	井管（点）插入深度（与设计相比）	mm	≤200	水准仪
5	过滤砂砾料填灌（与计算值相比）	mm	≤5	检查回填料用量
6	井点真空度：轻型井点 　　　　　　喷射井点	kPa kPa	＞60 ＞93	真空度表 真空度表
7	电渗井点阴阳极距离： 轻型井点 喷射井点	 mm mm	 80～100 120～150	 用钢尺量 用钢尺量

7.3 质量通病防治

7.3.1 基坑地下水降不下去

（1）现象。

水泵的排水能力有余，但井的实际出水量很小，因而地下水位降不下去。

（2）原因分析。

1）井深、井径和垂直度不符合要求，井内沉淀物过多，井孔淤塞。

2）洗井质量不良，砂滤层含泥量过高，孔壁泥皮在洗井过程中尚未破坏掉，孔壁附近土层在钻孔时遗留下来的泥浆没有除净，结果使地下水向井内渗透的通道不畅，严重影响单井集水能力。

3）滤管的位置、标高以及滤网和砂滤料规格未按照土层实际情况选用，故渗透能力差。

4）水文地质资料与实际情况不符，井管滤管实际埋设位置不在透水性能较好的含水层中。

（3）预防措施。

1）井管宜按下列程序施工。

井管测量定位→挖井口、安护筒→钻孔→回填井底砂垫层→吊放井管→回垫井管与孔壁间的砂砾过滤层→洗井→安装水泵→安装抽水控制电路→试抽水→降水井正常工作。

2）钻孔孔井应大于井管直径 300～500 mm，井深应比所需降水深度深 6～8 m；井管应垂直放在井孔当中，四周均匀填砾砂，砾砂应用铁锹下料，不允许用机械直接下料，防止砾砂分层不均匀和冲击井管。砾砂填至井口下 1 m，然后用不含砂的黏土封口至井口面。

3）在井管四周灌砂滤料后应立即洗井。一般在抽筒清理孔内泥浆后，用活塞洗井，或用泥浆泵冲清水与拉活塞相结合洗井，借以破坏管井孔壁泥皮，并把附近土层内遗留下来的泥浆吸出。然后立即单井试抽，使附近土层内未吸净的泥浆依靠地下水不断向井内流动而清洗出来，达到地下水渗流畅通。抽出的地下水应排放到管井抽水影响范围以外。

4）需要疏干的含水层均应设置滤管，滤网和砂滤料规格应根据含水层土质颗粒分析选定。

5）在土层复杂或缺乏确切水文地质资料时，应按照降水要求进行专门钻探，对重大复杂工程应做现场抽水试验。在钻孔过程中，应对每一个井孔取样，核对原有水文地质资料。在下井管前，应复测井孔实际深度。结合设计要求和实际水文地质情况配井管和滤管，并按照沉放先后顺序把各段井管、滤管和沉淀管依次编号，堆放在井口附近，避免错放或漏放滤管。

6）在井孔内安装或调换水泵前，应测量井孔的实际深度和井底沉淀物的厚度。如果井深不足或沉淀物过厚，需对井孔进行冲洗，排除沉渣。

（4）治理方法。

1）重新洗井，要求达到水清砂净，出水量正常。

2）在适当的位置补打管井。

7.3.2 基坑地下水位降深不足或降水速度慢

（1）现象。

1）观测孔水位未降低到设计要求。

2）在预定时间内达不到预定降水深度。

3）基坑内涌水、冒砂，施工困难。

（2）原因分析。

1）基坑局部地段的管井量不足。

2)水泵型号选用不当,管井排水能力低。

3)因土质等原因,管井排水能力未充分发挥。

4)水文地质资料不确切,基坑实际涌水量超过计算涌水量。

(3)预防措施。

1)先按照实际水文地质资料计算降水范围总涌水量、管井单位进水能力、抽水时所需过滤部分总长度、点井根数、间距及单井出水量。复核管井过滤部分长度、管进出水量及特定点降深要求,以达到满足要求为止。管布置应考虑基坑深度和形状,可沿基坑四周环形布置,也可在基坑内点式布置。管的井距一般 15~20 m,渗透系数小,间距宜小些;渗透系数大的,间距可大些。在基坑转角处、地下水流的上游、临近江河等的地下水源补给一侧的涌水量较大,应加密管间距。

2)选择水泵时应考虑到满足不同降水阶段的涌水量和降深要求。一般在降水初期因地下水位高,泵的出水量大;但在降水后期因地下降深增大,泵的出水量就会相应变小。

3)改善和提高单井排水能力,可根据含水层条件设置必要长度的滤水管,增大滤层厚度。对渗透系数小的土层,单靠水泵抽水难以达到预期的降水目标,可采用另加真空泵进行降水;真空泵不断抽气,使井孔周围的土体形成一定的真空度,地下水则能较快的进入井管内,从而加快了降水速度。

4)基坑降水深度大于 8 m 时,可根据分层挖土的情况采用二道以上滤管分层取水。一般滤水管设在底部,抽水先抽滤管部位的下层水,上层水由水的重力作用通过土体的空隙往下慢慢渗透,从而降低地下水位,减少土体的含水率;这样土层越厚,降水需要的时间越长。采用多道滤管则可缩短降水时间,但要注意每道滤管挖土暴露后要立即用毛毡或其他材料将其封闭,防止影响抽水效果。

(4)治理方法。

1)在降水深度不够的部位,增设管井。

2)在单井最大集水能力的许可范围内,可更换排水能力较大的水泵。

3)洗井不合格时应重新洗,以提高单井滤管的集水能力。

7.4　成品保护

(1)井点管口应有保护措施,防止杂物掉入井管内。

(2)为防止滤网损坏,在井管放入前,应认真检查,以保证滤网完好。

7.5　季节性施工措施

7.5.1　雨期施工措施

(1)做好基础施工的场地排水方案,疏通排水沟,保障排水通畅。

(2)雨季施工过程中,做好深基坑护壁监控。

7.5.2　冬期施工措施

(1)现场内的水泵房、库房等设施要做好保温,进入冬期施工前,完成对消火栓、水龙头、管道的保温防冻工作。

(2)现场降水系统的降(排)水管道,除注意保证一定的流水坡度外,进入冬期施工前,还要做好管道的保温防冻工作,并经常进行防冻检查,及时疏通管道。

7.6　质量记录

在降水过程中,应定人、定时做好以下内容的降水记录。

(1)排水流量记录。

(2)地下水位记录。

(3)回灌井点的地下水位记录。

注:当降水基坑周围有受影响的建(构)筑物时,应对其进行位移监测和记录。

8　安全、环保及职业健康措施

8.1　职业健康安全关键要求

(1)施工场地内一切电源、电路的安装和拆除,应由持证电工专管,电器必须严格接地接零和设置漏电保护器,现场电线、电缆必须按规定架空,严禁拖地和乱拉、乱搭。

(2)所有机器操作人员必须持证上岗。

(3)施工机械、电气设备、仪器仪表等在确认完好后方准使用,并由专人负责使用。

8.2　环境关键要求

(1)做好降排水含砂率的监控。

(2)做好基坑变形观测和周围既有建筑物的沉降观测。

(3)排出的地下水应经沉淀处理后方可排放到市政地下管道或河道。

(4)施工场地必须做到场地平整、无积水,挖好排浆沟。

9　工程实例

9.1　所属工程实例项目简介

中铁锦华·曦城工程位于成都市金牛区,规划用地为 16 996.08 m²。承建的范围包含有 7 栋高层住宅(公寓)和一个综合农贸市场组成的一个建筑群,其总建筑面积为 131 191.67 m。整个工程地下结构共 2 层;1#、2#楼地上结构为 33 层;3#～7#楼地上结构为 34 层;综合农贸市场地上结构为 5 层。

9.2　施工组织及实施

本工程地下水位稳定在地下 5～6 m 处,因此在土方开挖前需进行降水处理,根据施工场地实际情况及对周边建筑的影响实际采用 13 口降水井进行管井降水,每口井深 17 m,沿基坑周边布设。进行降水井施工的主要机具有 CZ—22 型钻机 3 台,电焊机 4 台,电缆 400 m,洗井设备 3 套,施工人员 12 人。

9.3　工期(单元)

根据本工程的具体情况和施工工艺特点及总工作量,凿降水井、铺设输水管道等 15 d,从正式开始降水至地下室施工及回填完毕停止降水 55 d,总共管井施工至降水完毕时间为 70 d。

9.4　建设效果及经验教训

管井在降水过程中未发生任何问题,顺利保证了地下室部分的正常施工,受到了建设各方一致好评。

9.5　关键工序图片(照片)资料

　　图 2　管井布置一　　　　　　　　　图 3　管井布置二

图 4　沉砂池设置

深井降水工程施工工艺

深井井点降水是在深基坑的周围埋置深于基底的井管,使地下水通过设置在井管内潜水电泵将地下水抽出,使地下水位低于基坑底。在地下水位较高的透水土层中进行基坑开挖施工时,由于基坑内外的水位差较大,较易产生流砂、管涌等渗透破坏现象,有时还会影响到边坡或坑壁的稳定。因此,往往需要在开挖之前,采用人工降水方法,将基坑内或基坑内外的水位降低至开挖面以下。

1 工艺特点

深井井管的主要设备包括深井、深井泵(或深井潜水泵)和排水管路等。地下水依靠深井泵(或深井潜水泵)叶轮的机械力量直接从深井内扬升到地面排出。

深井泵的电动机安装在地面上,它通过长轴传动使深井内的水泵叶轮旋转。而深井潜水泵的电动机和水泵均淹没在深井内工作。

2 工艺原理

采用人工降低地下水位的方法将基坑内或基坑内外的水位降低至开挖面以下。

3 适用范围

(1)地下水位较高的砂石类或粉土类土层。对于弱透水性的黏性土层,可采取电渗井点、深井井点或降排结合的措施降低地下水位。

(2)周围环境容许地面有一定的沉降。

(3)止水帷幕密闭,坑内降水时坑外水位下降不大。

(4)采取有效措施,足以使邻近地面沉降控制在容许值以内。

(5)具有地区性的成熟经验,已证明降水对周围环境不产生大的影响。

深井井点适用于土的渗透系数 $K=10\sim250$ m/d,基坑深达 15 m 以上,采用轻型井点、管井井点都达不到要求,基坑面积大、降水时间长的工程。

4 工艺流程及操作要点

4.1 工艺流程

4.1.1 作业条件

(1)建筑物的控制轴线、灰线尺寸和标高控制点已经复测。

(2)井点位置的地下障碍物已清除。

(3)基坑周围受影响的建筑物和构筑物的位移监测已准备就绪。

(4)防止基坑周围受影响的建筑物和构筑物的措施已准备就绪。

(5)水源电源已准备。

(6)排出的地下水应经沉淀处理后方可排放到市政地下管道或河道。

(7)所采用的设备已维修和保养,确保能正常使用。

4.1.2　工艺流程

深井井点工艺流程如图 1 所示。

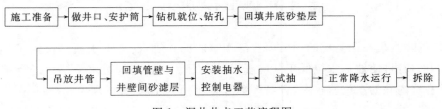

图 1　深井井点工艺流程图

4.2 操作要点

(1)降水施工前应有降水设计,当在基坑外降水时,应有降水范围估算,对重要建筑物或公共设施在降水过程中应监测。

(2)施工完后,应试运转,如发现井管失效,应采取措施使其恢复正常,如无可能恢复则应报废,另行设置新的井管。

(3)降水系统运转过程中应随时检查观测孔中的水位。

4.2.1　技术准备

(1)降水方案编制。

在降水工程施工前,应根据基坑开挖深度、基坑周围环境、地下管线分布、工程地质勘察报告和基坑壁、边坡支护设计等进行降水方案设计,并经审核和批准。

(2)技术交底。

降水施工作业前,应进行技术、质量和安全交底,交底要有记录,并有交底人和接受交底人签字。

4.2.2　材料要求

主要包括井点管、砂滤层(黄砂和小砾石)、滤网、黏土(用于井点管上口密封)和绝缘沥青(用于电渗井点)等。

4.2.3　操作要点

(1)深井井点降水。

1)深井管布置。

深井井点总涌水量计算后,一般沿基坑周围每隔 15~30 m 设置一个深井井点。

2)深井管埋设。

深井成孔方法可根据土质条件和孔深要求,采用冲击钻孔、回转钻孔、潜水电钻钻孔或水冲法成孔,用泥浆或自成泥浆护壁,孔口设置护筒,一侧设排泥浆和泥浆坑,孔径应比井管直径大 300 mm 以上,钻孔深度根据抽水期内可能沉积的高度适当加深。

深井井管沉放前,应进行清孔,一般用压缩空气或用吊桶反复上下取出洗孔,井管安放力求垂直,井管过滤部分应放置在含水层适当范围内,井管与孔壁间填充砂滤料,粒径应大于滤孔的孔径,砂滤层填灌后,在水泵安放前,应按规定先清洗滤井,冲除沉渣。

深井内安放潜水电源,可用绳吊入滤水层部位,潜水电机、电缆及接头应有可靠绝缘,并配备保护开关控制,设置深井泵时,应安放平稳牢固,转向严禁逆转,防止转动轴解体,安放完毕后应进行试抽,满足要求后再进入正常工作。

3)深井井点系统的运行。

与管井井点的运行要求相同。

4）深井井点拔除。

与管井井点的拔除方法相同。

5）质量控制要点。

①深井井管直径一般为 300 mm，其内径一般宜大于水泵外径 50 mm。

②深井井点成孔直径应比深井管直径大 300 mm 以上。

③深井孔口应设置护套。

④孔位附近不得大量抽水。

⑤设置泥浆坑，防止泥浆水漫流。

⑥孔位应取土，核定含水层的范围和土的颗粒组成设置。

⑦各管段及抽水设备的连接，必须紧密、牢固，严禁漏水。

⑧排水管的连接、埋深、坡度、排水口均应符合施工组织设计的规定。

⑨排水过程中，应定时观测水位下降情况和排水流量。

（2）基坑降水回灌。

1）回灌井点埋设。

①回灌井点应埋设在降水区和邻近受影响的建（构）筑物之间的土层中，其埋设方法与降水井点相同。

②回灌井点滤管部位应从地下水位以上 500 mm 处开始直到井管底部，也可采用与降水井点管相同的构造，但必须保证成孔与灌砂的质量。

③回灌井点与降水井点之间应保持一定距离，其埋设深度应根据滤水层的深度来决定，以确保基坑施工安全和回灌效果。

④在降灌水区域附近应设置一定数量的沉降观测点和水位观测井。

2）回灌井点使用。

①回灌水宜采用清水，其水量应根据地下水位变化及时调节保持抽降平衡。

②在降灌过程中，应根据所设置井进行沉降和水位观测，并做好记录。

3）回灌井点拆除。

当降水井点拆除后，方可进行回灌井点拆除，其拆除方法与其他降水井点相同。

5　劳动力组织

劳动力配置见表1。

表 1　深井降水劳动力组织

序号	工种	人数	备注	序号	工种	人数	备注
1	电工	1		3	机械工	4	
2	电焊工	2		4	普工	5	

6　机具设备配置

（1）深井井点降水系统主要设备：由井管、水泵等组成。

（2）井点成孔设备：主要包括起重设备、冲管和冲击或钻机等。

7　质量控制要点

7.1　质量控制要求

（1）砂滤层。

用于井点降水的黄砂和小砾石砂滤层，应洁净，其黄砂含泥量应小于 2%，小砾石含泥量应小于 1%，其填砂粒径应符合 $5d_{50} \leqslant D_{50} \leqslant 10d_{50}$ 要求，同时应尽量采用同一种类的砂粒，其不均匀系数应符合 $C_u = D_{60}/D_{10} \leqslant 5$ 要求。

式中　d_{50}——为天然土体颗粒 50% 的直径；

　　　　D_{50}——为填砂颗粒 50% 的直径；

　　　　D_{60}——为颗粒小于土体总重 60% 的直径；

　　　　D_{10}——为颗粒小于土体总重 10% 的直径。

对于用于管井井点的砂滤层，其填砂粒径以含水层土颗粒 $d_{50} \sim d_{60}$（系筛分后留置在筛上的重量为 50% ~ 60% 时筛孔直径）的 8 ~ 10 倍为最佳。

（2）滤网。

1）常用滤网类型有方织网、斜织网和平织网，其类型选择按表 2。

表 2　常用滤网类型

滤网类型	最适合的网眼孔径（mm）		说明
	在均一砂中	在非均一砂中	
方织网	$2.5 \sim 3.0d_{cp}$	$3.0 \sim 4.0d_{50}$	d_{cp}——平均粒径
斜织网	$1.25 \sim 1.5d_{cp}$	$1.5 \sim 2.0d_{50}$	d_{50}——相当于过筛量50%
平织网	$1.5 \sim 2.0d_{cp}$	$2.0 \sim 2.5d_{50}$	的粒径

2）在细砂中适宜于采用平织网，中砂中宜用斜织网，粗砂、砾石中则用方格网。

3）各种滤网均应采用耐水锈材料制成，如铜网、青铜网和尼龙丝布网等。

（3）黏土。

用于井点管上口密封的黏土应呈可塑状，且黏性要好。

（4）绝缘沥青。

用于电渗井点阳极上的绝缘沥青应呈液体状，也可用固体沥青将其熬成液体。

（5）各种原材料进场应有产品合格证，对于砂滤层还应进行原材料复试，合格后方可采用。

7.2　质量检验标准

降水施工的质量检验标准应符合表 3 的规定。

表 3　降水施工质量检验标准

序号	检查项目	允许偏差或允许值		检查方法
		单位	数值	
1	排水沟坡度	‰	1~2	目测：坑内不积水，沟内排水畅通
2	井管（点）垂直度	%	1	插管时目测
3	井管（点）间距（与设计相比）	%	≤150	用钢尺量

续上表

序号	检查项目	允许偏差或允许值		检 查 方 法
		单位	数值	
4	井管(点)插入深度(与设计相比)	mm	≤200	水准仪
5	过滤砂砾料填灌(与计算值相比)	mm	≤5	检查回填料用量
6	井点真空度:轻型井点 喷射井点	kPa kPa	>60 >93	真空度表 真空度表
7	电渗井点阴阳极距离: 轻型井点 喷射井点	mm mm	80～100 120～150	用钢尺量 用钢尺量

7.3 质量通病防治

7.3.1 基坑地下水降不下去

(1)现象。

深井泵(或深井潜水泵)的排水能力有余,但井的实际出水量很小,因而地下水位降不下去。

(2)原因分析。

1)井深、井径和垂直度不符合要求,井内沉淀物过多,井孔淤塞。

2)洗井质量不良,砂滤层含泥量过高,孔壁泥皮在洗井过程中尚未破坏掉,孔壁附近土层在钻孔时遗留下来的泥浆没有除净,结果使地下水向井内渗透的通道不畅,严重影响单井集水能力。

3)滤管的位置、标高以及滤网和砂滤料规格未按照土层实际情况选用,故渗透能力差。

4)水文地质资料与实际情况不符,井管滤管实际埋设位置不在透水性较好的含水层中。

(3)预防措施。

1)深井井管宜按下列程序施工。

井管测量定位→挖井口、安护筒→钻孔→回填井底砂垫层→吊放井管→回垫井管与孔壁间的砂砾过滤层→洗井→安装深井泵(潜水泵)→安装抽水控制电路→试抽水→降水井正常工作。

2)钻孔孔井应大于井管直径300～500 mm,井深应比所需降水深度深6～8 m;井管应垂直放在井孔当中,四周均匀填砾砂,砾砂应用铁锹下料,不允许用机械直接下料,防止砾砂分层不均匀和冲击井管。砾砂填至井口下1 m,然后用不含砂的黏土封口至井口面。

3)在井管四周灌砂滤料后应立即洗井。一般在抽筒清理孔内泥浆后,用活塞洗井,或用泥浆泵冲清水与拉活塞相结合洗井,借以破坏深井孔壁泥皮,并把附近土层内遗留下来的泥浆吸出。然后立即单井试抽,使附近土层内未吸净的泥浆依靠地下水不断向井内流动而清洗出来,达到地下水渗流畅通。抽出的地下水应排放到深井抽水影响范围以外。

4)需要疏干的含水层均应设置滤管,滤网和砂滤料规格应根据含水层土质颗粒分析选定。

5)在土层复杂或缺乏确切水文地质资料时,应按照降水要求进行专门钻探,对重大复杂工程应做现场抽水试验。在钻孔过程中,应对每一个井孔取样,核对原有水文地质资料。在下井管前,应复测井孔实际深度。结合设计要求和实际水文地质情况配井管和滤管,并按照沉放先后顺序把各段井管、滤管和沉淀管依次编号,堆放在井口附近,避免错放或漏放滤管。

6)在井孔内安装或调换水泵前,应测量井孔的实际深度和井底沉淀物的厚度。如果井深不足或沉淀物过厚,需对井孔进行冲洗,排除沉渣。

(4)治理方法。

1)重新洗井,要求达到水清砂净,出水量正常。

2)在适当的位置补打深井。

7.3.2　基坑地下水位降深不足或降水速度慢

(1)现象。

1)观测孔水位未降低到设计要求。

2)在预定时间内达不到预定降水深度。

3)基坑内涌水、冒砂,施工困难。

(2)原因分析。

1)基坑局部地段的深井量不足。

2)深井泵(或深井潜水泵)型号选用不当,深井排水能力低。

3)因土质等原因,深井排水能力未充分发挥。

4)水文地质资料不确切,基坑实际涌水量超过计算涌水量。

(3)预防措施。

1)先按照实际水文地质资料计算降水范围总涌水量、深井单位进水能力、抽水时所需过滤部分总长度、点井根数、间距及单井出水量。复核深井过滤部分长度、深井进出水量及特定点降深要求,以达到满足要求为止。深井布置应考虑基坑深度和形状,可沿基坑四周环形布置,也可在基坑内点式布置。深井的井距一般 $15\sim20$ m,渗透系数小,间距宜小些;渗透系数大的,间距可大些。在基坑转角处、地下水流的上游、临近江河等的地下水源补给一侧的涌水量较大,应加密深井间距。

2)选择深井泵(或深井潜水泵)时应考虑到满足不同降水阶段的涌水量和降深要求。一般在降水初期因地下水位高,泵的出水量大;但在降水后期因地下降深增大,泵的出水量就会相应变小。

3)改善和提高单井排水能力,可根据含水层条件设置必要长度的滤水管,增大滤层厚度。

对渗透系数小的土层,单靠深井泵抽水难以达到预期的降水目标,可采用另加真空泵组成真空深井进行降水;真空泵不断抽气,使井孔周围的土体形成一定的真空度,地下水则能较快的进入井管内,从而加快了降水速度。

4)基坑降水深度大于 8 m 时,可根据分层挖土的情况采用二道以上滤管分层取水。一般深井滤水管设在底部,抽水先抽滤管部位的下层水,上层水由水的重力作用通过土体的空隙往下慢慢渗透,从而降低地下水位,减少土体的含水率;这样土层越厚,降水需要的时间越长。采用多道滤管则可缩短降水时间,但要注意每道滤管挖土暴露后要立即用毛毡或其他材料将其封闭,防止影响抽水效果。

(4)治理方法。

1)在降水深度不够的部位,增设深井。

2)在单井最大集水能力的许可范围内,可更换排水能力较大的深井泵(或深井潜水泵)。

3)洗井不合格时应重新洗,以提高单井滤管的集水能力。

7.4　成品保护

(1)井点管口应有保护措施,防止杂物掉入井管内。

（2）为防止滤网损坏，在井管放入前，应认真检查，以保证滤网完好。

7.5　季节性施工措施

7.5.1　雨期施工措施

（1）做好基础施工的场地排水方案，疏通排水沟，保障排水通畅。

（2）雨季施工过程中，做好深基坑护壁监控。

7.5.2　冬期施工措施

（1）现场内的水泵房、库房等设施要做好保温，进入冬期施工前，完成对消火栓、水龙头、管道的保温防冻工作。

（2）现场降水系统的降（排）水管道，除注意保证一定的流水坡度外，进入冬期施工前，还要做好管道的保温防冻工作，并经常进行防冻检查，及时疏通管道。

7.6　质量记录

在降水过程中，应定人、定时做好降水记录：

（1）排水流量记录。

（2）地下水位记录。

（3）回灌井点的地下水位记录。

注：当降水基坑周围有受影响的建（构）筑物时，应对其进行位移监测和记录。

8　安全、环保及职业健康措施

8.1　职业健康安全关键要求

（1）施工场地内一切电源、电路的安装和拆除，应由持证电工专管，电器必须严格接地接零和设置漏电保护器，现场电线、电缆必须按规定架空，严禁拖地和乱拉、乱搭。

（2）所有机器操作人员必须持证上岗。

（3）施工机械、电气设备、仪器仪表等在确认完好后方准使用，并由专人负责使用。

8.2　环境关键要求

（1）做好降排水含砂率的监控。

（2）做好基坑变形观测和周围既有建筑物的沉降观测。

（3）排出的地下水应经沉淀处理后方可排放到市政地下管道或河道。

（4）施工场地必须做到场地平整、无积水，挖好排浆沟。

混凝土筏基工程施工工艺

混凝土筏板基础广泛运用于工业与民用建筑工程的高层结构的基础应用中。

1　工艺特点

(1)整体性好,抗弯强度大。

(2)混凝土浇注量大,钢筋含量高。

(3)施工中需要根据混凝土的浇注量、初凝时间、浇注速度来组织解决混凝土的供应问题。

2　工艺原理

筏板基础由整块钢筋混凝土平板或与梁等组成。这类基础整体性好,抗弯刚度大,可调整和避免结构物局部发生显著的不均匀沉降。

3　适用范围

本工艺标准适用于民用建筑各类筏板基础工程。工程施工应以设计图纸和施工规范为依据。

4　工艺流程及操作要点

4.1　工艺流程

4.1.1　作业条件

(1)已编制经批准的施工组织设计或施工方案,包括土方开挖、地基处理、深基坑降水、深基坑支护、模板支设、混凝土浇注顺序/方法以及对邻近建筑物的监视保护等。

(2)基底土质情况和标高、基础轴线尺寸,已经过鉴定和检查,并办理隐蔽检查手续。

(3)模板已经过检查,符合设计要求,并办完预检手续。

(4)在槽帮、墙面或模板上划或弹好混凝土浇注高度标志,每隔3 m左右钉上水平桩。

(5)埋设在基础中的钢筋、螺栓、预埋件、暖卫、电气等各种管线均已安装完毕,各专业已经会签,并经质检部门验收,办完隐检手续。

(6)混凝土配合比已由试验室确定,并根据现场材料调整复核;后台磅秤已经检查;并进行开盘交底,准备好试模。

(7)施工临时供水、供电线路已设置。施工机具设备已进行安装就位,并试运转正常。

(8)混凝土的浇注顺序、方法、质量要求已进行详细的层层技术交底。

4.1.2　工艺流程图

混凝土筏板基础工艺流程如图1所示。

图1　混凝土筏板基础工艺流程图

4.2　操作要点

4.2.1　技术准备

（1）施工前，应认真熟悉图纸，熟悉相关构造及材料要求。

（2）使用经过校验合格的监视和测量工具。

（3）施工前，工程技术人员应结合设计图纸及实际情况，编制出专项施工技术交底和作业指导书等技术性文件。

（4）制定该分项工程的质量目标、检查验收制度等保证工程质量的措施。

（5）由具有相应资质的商品混凝土站提供商品混凝土，同时要确保混凝土的供应能满足工程要求。

4.2.2　材料要求

（1）水泥。

用32.5级或42.5级硅酸盐水泥、普通硅酸盐水泥或矿渣硅酸盐水泥，要求新鲜无结块。

（2）砂子。

用中砂或粗砂，混凝土低于C30时，含泥量不大于5%；高于C30时含泥量不大于3%。

（3）石子。

卵石或碎石，粒径5～40 mm，混凝土低于C30时，含泥量不大于2%；高于C30时，不大于1%。

（4）掺和料。

采用Ⅱ级粉煤灰，其掺量应通过试验确定。

（5）减水剂、早强剂、膨胀剂。

应符合有关标准的规定，其品种和掺量应根据施工需要通过试验确定。

（6）钢筋。

品种和规格应符合设计要求，有出厂质量证明书及试验报告，并应取样作机械性能试验，合格后方可使用。

（7）火烧丝、垫块。

火烧丝规格18～22号，垫块用1∶3水泥砂浆埋22号火烧丝预制成。

4.2.3　操作要点

基坑开挖，如有地下水，应采用人工降低地下水位至坑底30 cm以下部位，保持在无水的情况下进行土方开挖和基础结构施工。

基坑土方开挖应注意保持基坑底土的原状结构，如采用机械开挖时，基坑底面以上30 cm厚的土层，应采用人工清除，避免超挖或破坏基土。如局部有软弱土或超挖，应进行换填，并夯实。基坑开挖应连续进行，如基坑挖好后不能立即进行下一道工序，应在基底以上留置30 cm一层不挖，待下一道工序施工时再挖至设计基坑底标高，以免基土被扰动。

筏板基础施工，一般均采取板底和梁钢筋、模板一次同时支好，混凝土一次连续浇注完成。当梁为倒置式时，梁两侧用砖砌侧模施工。

当筏板基础长度超长时，应按设计图纸要求，设置后浇带；设计图上未设置后浇带时，应向设计提出，并征得设计同意。后浇带间距一般不超过30 m；后浇带的浇注时间与浇注要求，按设计要求进行。对厚度大于1 m的筏板基础，应按大体积混凝土施工的要求考虑采取降低水泥水化热和浇注入模温度以及混凝土表面采取保温养护等措施，以避免出现过大温度收缩应力,导致基础底板裂缝。

混凝土浇注,应先清除地基或垫层上淤泥和垃圾,基坑内不得有积水;木模应浇水湿润,板缝和孔洞应予堵严。

浇注高度超过 2 m 时,应使用串筒、溜槽,以防离析,混凝土应分层连续进行,每层浇注厚度为 250~300 mm。

浇注混凝土时,应经常注意观察模板、钢筋、预埋铁件、预留孔洞和管道有无走动情况,发现变形或位移时,应停止浇注,在混凝土初凝前处理完后,再继续浇注。

混凝土浇注振捣密实后,应用木抹子搓平或用铁抹子压光。

基础浇注完毕,表面应覆盖和洒水养护,时间不少于 7 d;对大体积混凝土及有防水有求的混凝土,应采取保温养护措施,时间不少于 14 d。

在基础底板上按设计要求埋设好沉降观测点,定期进行观测、分析做好记录。

5　劳动力组织

对管理人员和技术工人的组织形式的要求:制度基本健全,并能执行。施工队伍有专业技术管理人员并持证上岗;高、中级技工不应少于工人总数的 70%。

劳动力配置见表 1。

表 1　劳动力配置表

序号	工　种	人　数	备　注
1	砖工	按工程量确定	技工
2	钢筋工	按工程量确定	技工
3	木工	按工程量确定	技工
4	混凝土工	按工程量确定	技工

6　机具设备配置

6.1　机　械

塔式起重机、钢筋调直机、切割机、混凝土泵车、混凝土输送车、布料机等。

6.2　工　具

小推车、混凝土振捣棒、平板振捣器、串筒、吊斗、抹子等。

7　质量控制要点

7.1　质量控制要求

7.1.1　材料的控制

(1)水泥进场使用前,应分批对强度、安定性进行检验。当在使用中对水泥质量有怀疑或水泥出厂超过 3 个月时,应进行复查试验,并按其结果使用。

(2)粗、细骨料进场使用前应先取样测试,保证含泥量等各项指标满足规范要求。

混凝土中使用的外加剂应符合有关规范要求,应有相关的测试报告。

(3)钢筋进场前应有质量证明书及试验报告,进场后应随机取样进行复检。

7.1.2　技术的控制

(1)施工前组织相关人员认真熟悉图纸,看图纸中是否有未明确之处以及找出对图纸中某些地方理解不准确之处,及时与设计联系解决。

(2)施工前做好切实可行、并有实际指导作用的施工方案。方案中应包含施工流水段的划分,确定混凝土入模温度以及对材料加热或降温的措施,混凝土搅拌、运输、浇注的方案,混凝土的保温方案,混凝土的测温方案,以及保证工程质量、安全、消防等措施的制定。

(3)施工前做好技术交底,让现场操作工人都能做到心中有数,都能按照方案进行施工、操作。

7.2　质量检验标准

7.2.1　主控项目

(1)混凝土所用的水泥、水、骨料、外加剂及混凝土的配合比、原材料计量、搅拌、养护和施工缝处理,必须符合《建筑地基基础工程施工质量验收规范》(GB 50202－2002)和有关的规定。

(2)评定混凝土强度的试块,必须按《混凝土质量控制标准》(GB 50164－92)的规定取样、制作、养护和试验,其强度必须符合设计要求和质量标准的规定。

(3)基础中钢筋的规格、形状、尺寸、数量、锚固长度、接头设置,必须符合设计要求和施工规范的规定。

(4)混凝土应振捣密实,无蜂窝、孔洞,无缝隙夹渣。

7.2.2　一般项目

基础的允许偏差及检验方法见相关检验批质量验收记录表。

7.2.3　资料核查项目

(1)钢筋出厂合格证、检测报告及复试报告。

(2)水泥出厂合格证及复试报告。

(3)砂、石检测报告。

(4)混凝土试块强度检验报告。

(5)隐蔽工程验收记录。

(6)钢筋、模板、混凝土分项工程施工检验批质量验收记录。

(7)混凝土测温记录。

(8)各种外加剂出厂合格证及检验报告。

7.2.4　观感检查项目

(1)钢筋绑扎完毕后观感检查。

(2)混凝土浇注完毕后表面平整度及表面裂缝检查。

7.3　质量通病防治

7.3.1　现　　象

混凝土基础表面产生较多裂缝。

7.3.2　原因分析

水泥在水化过程中要产生大量热量,而混凝土的导热性较差,浇注初期,混凝土对水化热急剧升温引起的变形约束不大,温度应力较小,随着龄期增长,混凝土弹性模量和强度相应提高,对温度变形的约束愈来愈强,即产生很大的温度应力,当混凝土抗拉强度不足抵抗温度应力时,便开始产生温度裂缝。

大体积混凝土结构施工期间,外界气温的变化情况对防止大体积混凝土开裂有重大影响。混凝土内部温度是浇注温度、水化热的绝热温升和结构散热降温等各种温度的叠加之和。外界气温愈高,混凝土的浇注温度也愈高;如外界温度下降,会增加混凝土的降温幅度,特别在外界气温骤降时,会增加外层混凝土与内部混凝土的温度梯度,这对筏板基础混凝土极为不利。

混凝土的拌和水中,只有约 20% 的水分是水泥水化所必需的,其余 80% 都要被蒸发。混凝土在水化过程中要产生体积变形,其中多数是收缩变形,而多余水分的蒸发是引起混凝土体积收缩的主要原因。

7.3.3　预防措施

采用中低水化热的水泥品种。混凝土升温的热源是水泥水化热,因此采用中低热的水泥品种可以有效减少水化热,减少混凝土升温。

利用混凝土后期强度作为设计强度。试验数据证明,每立方米的混凝土水泥用量,每增减 10 kg,水泥水化热将使混凝土温度相应升降 1 ℃。因此,为控制混凝土温度升高,降低温度应力,可根据结构实际承受荷载情况,对结构刚度、强度进行复算并取得设计和质量检查部门的认可后,采用 45、60 或 90 d 强度替代 28 d 强度作为混凝土设计强度,这样可使每立方米混凝土水泥用量减少 40～70 kg/m³,混凝土水化热温度相应减少 4℃～7 ℃。

掺加粉煤灰外掺料。试验表明,在混凝土内掺入一定数量的粉煤灰,由于粉煤灰具有一定活性,不但可代替部分水泥,而且粉煤灰颗粒呈球形,能改善混凝土的黏塑性,改善混凝土的可泵性,降低混凝土的水化热。

混凝土浇注后采取一定的保温、保湿措施。一定的保温、保湿措施可以使混凝土水化热降温速率延缓,防止产生过大的温度应力和产生温度裂缝。

7.4　成品保护

(1)混凝土浇注后,待其强度达到 1.2 MPa 以上,方可在其上进行下一道工序的施工。

(2)预留的暖卫、电气暗管,地脚螺栓及插筋,在浇注混凝土过程中,不得碰撞,或使之产生位移。

(3)按设计要求预留孔洞或埋设螺栓和预埋铁件,不得事后凿洞埋设。

7.5　季节性施工措施

7.5.1　雨期施工措施

雨期施工时,混凝土浇注应有防雨措施,基坑内有排水措施。

7.5.2　冬期施工措施

(1)室外平均气温连续 5 d 稳定低于 5 ℃时,应采取冬期施工措施;当日最低气温低于 0 ℃时,按冬期施工措施执行。

(2)冬期施工应注意以下几方面。

1)施工现场冬期负温条件下焊接钢筋,其环境温度不得低于 −20 ℃。同时,当施焊处于风力大于 4 级时,应用编织布围护拦风,当遇雨、雪恶劣天气时,应搭设防护棚,防止雨、雪接触焊点,如无法防护时,应停止焊接工作。

2)外加剂的掺量在施工前均由试验室提前做出预配,搅拌时专人配制,严格掌握掺量。冬施混凝土进场前将防冻剂资料上报监理,监理同意后方可使用。

3)混凝土的搅拌一律由指定的搅拌站进行,控制混凝土入模最低温度≥5 ℃,优先采用加热水的方法,水温控制在 50℃～60 ℃。粗骨料、砂不加热,但采用覆盖措施,同时在料仓口设加温装置,对骨料简单加热,保证出机温度大于 10 ℃,以保证最终入模温度符合要求。

4)混凝土搅拌必须符合下列要求。

①骨料必须清洁,含有冰、雪等冻结物的需用蒸汽化开。

②严格控制水灰比,由骨料及外加剂带入的水分应从拌和水中扣除。

③搅拌前,应用蒸汽预热搅拌机,搅拌时间比常温搅拌时间延长 50％。

④当气温低于－15 ℃时,停止搅拌混凝土。

5)当气温低于 0 ℃时,骨料需用岩棉被等保温材料覆盖。

6)混凝土浇注。

①混凝土在浇注前应清除模板和钢筋上的冰雪和污垢。

②冬期施工混凝土的浇注方法与常温相同,但泵管和混凝土泵应采取保温措施,泵管采用阻燃草帘被进行包裹覆盖,混凝土泵应搭设保温棚,以减少热量损失。

③混凝土采用覆盖保温养护。

7.6 质量记录

(1)隐蔽工程验收记录。

(2)钢筋、模板、混凝土分项工程施工检验批质量验收记录。

(3)混凝土测温记录。

8 安全、环保及职业健康措施

8.1 职业健康安全关键要求

(1)"安全三宝"(安全帽、安全带、安全网)必须配备齐全。工人进入工地必须佩戴经安检合格的安全帽;工人高空作业之前须例行体检,防止高血压病人或有恐高症者进行高空作业,高空作业时必须佩带安全带;工人作业前,须检查临时脚手架的稳定性、可靠性。电工和机械操作工必须经过安全培训,并持证上岗。

(2)现场施工机械等应根据《建筑机械使用安全技术规程》(JGJ 33—2001)检查各部件工作是否正常,确认运转合格后方能投入使用。

(3)现场施工临时用电必须按照施工方案布置完成并根据《施工现场临时用电安装技术规范》(JGJ 46—2005)检查合格后才可以投入使用。

(4)施工现场应经常洒水,防止扬尘。

(5)砂浆搅拌机污水应经过沉淀池沉淀后排入指定地点。

(6)所有临边洞口均应做好防护。

8.2 环境关键要求

(1)遵守当地有关环卫、市容管理的有关规定,现场出口应设洗车台,机动车辆进出场时对其轮胎进行冲洗,防止汽车轮胎带土,污染市容。

(2)现场施工时,必须做到工完场清。

(3)施工作业面应不间断地洒水湿润,最大限度地减少粉尘污染。

(4)及时清理的垃圾应堆放在施工平面规划位置,并进行封闭,防止粉尘扩散、污染环境。

9 工程实例

9.1 所属工程实例项目简介

中铁锦华·曦城工程位于成都市金牛区,规划用地为 16 996.08 m²。承建的范围包含有 7 栋高层住宅(公寓)和一个综合农贸市场组成的一个建筑群,其总建筑面积为 131 191.67 m²。整个工程地下结构共 2 层;1#、2# 楼地上结构为 33 层;3# ～7# 楼地上结构为 34 层;综合农贸市场地上结构为 5 层。本工程基础采用平板式筏板基础,主楼部分筏板厚 1.5 m,纯地下室部分筏板厚 0.5 m,基底置于中密卵石层上。

9.2 施工组织及实施

由于基坑开挖后施工现场非常狭窄,故在筏板施工中分段进行施工。该筏板约 10 000 m²,混凝土总量约 8 000 m³,浇注时采用一台地泵配一台布料机联合浇注,现场设置塔吊 3 台,地泵 2 台,布料机 2 台。投入劳动力 160 人,其中钢筋工 80 人,木工 20 人,砖工 30 人,混凝土工 30 人。

9.3 工期(单元)

筏板基础施工从砌筑砖胎边模开始,制作、绑扎钢筋、后浇带模板安装,再到混凝土浇注,具体如下:

一个施工段:共计 16 d。

砌筑砖胎边模(5 d)→钢筋绑扎(7 d)→后浇带模板安装(2 d)→混凝土浇注(2 d)

考虑到几个施工段流水施工,整个筏板基础施工完毕共计 20 d。

9.4 建设效果及经验教训

施工前制定了详细的技术方案并层层交底,技术方案策划全面、详细,能具体指导施工。并在施工过程中严格管理使得整个筏板基础施工保质保量的顺利完成。

9.5 关键工序图片(照片)资料

筏板基础底部混凝土垫层、砖模施工如图 2 所示,筏板基础底部混凝土垫层、砖模上防水层施工如图 3 所示,筏板基础钢筋绑扎如图 4 所示,筏板基础混凝土浇注如图 5 所示。

图 2 筏板基础底部混凝土垫层、砖模施工

图 3 筏板基础底部混凝土垫层、砖模上防水层施工

图 4　筏板基础钢筋绑扎

图 5　筏板基础混凝土浇注

静力压桩工程施工工艺

机械静力压桩是采用静力压桩机将预制钢筋混凝土桩分节压入地基土层中成桩。静力压桩包括机械静力压桩、锚杆静力压桩及其他各种非冲击力沉桩。

1　工艺特点

本法采用液压操作,自动化程度高,行走方便,运转灵活,桩位定点精确,可提高桩基工程质量;施工无噪声、无振动、无污染;沉桩采用全液压夹持桩身向下施加压力,可避免打碎桩头,混凝土强度等级可降低 1～2 级,配筋比锤击法省钢筋 40% 左右;施工速度快,压桩速度每分钟可达 2 m,比锤击法可缩短工期 1/3。

2　工艺原理

用静力压桩机或锚杆将预制钢筋混凝土桩分节压入地基土的过程中,以桩机本身的重量(包括配重)作为反作用力,以克服压桩过程中的桩侧摩阻力和桩端阻力。当预制桩在竖向静力力作用下沉入土中时,桩周土体发生急速而激烈的挤压,土中孔隙水压力急剧上升,土中的抗剪强度大大降低,从而使桩身很快下沉。

3　适用范围

静力压桩适用于软土、填土及一般黏性土层中,特别适合于居民稠密及危房附近环境要求严格的地区沉桩,但不宜用于地下有较多孤石、障碍物或有厚度大于 2 m 的中密以上砂夹层的情况,以及单桩承载力超过 1 600 kN 的情况。

4　工艺流程及操作要点

4.1　工艺流程

4.1.1　作业条件

(1)施工现场具备三通一平。

(2)施工人员到位,机械设备已进场完毕。

(3)测量基准已交底、复测、验收完毕。

(4)混凝土预制桩已从具备资质的预制构件厂定购,部分进场并验收合格。

(5)临建工程搭设完毕。

4.1.2　工艺流程图

静力压桩工艺流程如图 1 所示。

4.2　操作要点

(1)静力压桩包括锚杆静压桩及其他各种非冲击力沉桩。施工前应对成品桩做外观及强度检验,接桩用焊条或半成品硫磺胶泥应有产

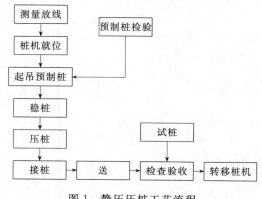

图 1　静压压桩工艺流程

品合格证书,或送有关部门检验,压桩用压力表、锚杆规格及质量也应进行检查。硫磺胶泥半成品应每 100 kg 做一组试件(3 件)。

(2)压桩过程中应检查压力、桩垂直度、接桩间歇时间、桩的连接质量及压入深度。重要工程应对电焊接桩的接头做 10% 的探伤检查。对承受反力的结构应加强观测。

(3)施工结束时,应做桩的承载力及桩体质量检验。

(4)压桩时压力不应超过桩身所能承受的强度。同一根桩的压桩过程应连续进行。压桩时操作员应时刻注意压力表上压力值。并在压桩前排出合理的压桩顺序。

4.2.1 技术准备

(1)认真熟悉图纸,理解设计意图,做好图纸会审及设计交底工作。

(2)编制施工组织设计或施工方案,确定施工工艺标准。

(3)针对工程基本情况,收集工程所需的相关规定、标准、图集及技术资料。收集工程相关的水文地质资料及场区地下障碍物、管网等其他资料。

(4)对现场施工人员进行图纸和施工方案交底,专业工种应进行短期专业技术培训。

(5)组织现场管理人员和施工人员学习有关安全、文明施工和环保的有关文件和规定。

(6)进行测量基准交底、复测及验收工作。

(7)其他技术准备工作。

4.2.2 材料要求

(1)预制桩材料要求。

①钢筋:静压法沉桩时最小配筋率不宜小于 0.6%,主筋直径不宜小于 $\phi14$。

②混凝土:混凝土强度等级不应低于 C30。

(2)静压预制桩施工材料要求

①钢板:应符合设计要求,一般宜用低碳钢。

②电焊条:电焊条应符合设计及施工规范要求,一般宜采用 E43。

③硫磺胶泥:配合比应通过试验确定。

④法兰的钢板和螺栓宜用低碳钢。

4.2.3 操作要点

(1)测量放线:在打桩施工区域附近设置控制桩与水准点,不少于 2 个,其位置以不受打桩影响为原则(距操作地点 40 m 以外),轴线控制桩应设置在距外墙桩 5~10 m 处,以控制桩基轴线和标高。

(2)桩机就位:按照打桩顺序将静压桩机移至桩位上面,并对准桩位。

(3)起吊预制桩:将预制桩吊至静压桩机夹具中,并对准桩位,夹紧并放入土中,移动静压桩机调节桩垂直度,符合要求后将静压桩机调至水平并稳定。

(4)压桩:压桩时注意压力表变化并记录。

(5)接桩:待桩顶压至距地面 1 m 左右时接桩,接桩采用焊接、法兰、硫磺胶泥等方法。

(6)送桩:如设计要求送桩时,应将桩送至设计标高。

(7)移动至下一根桩位处,重复以上操作。

(8)为防止桩身断裂、桩顶碎裂、桩顶位移、桩身倾斜等问题。在桩的堆放、运输、起吊时严格检查桩身的外观质量,防止使用断桩。在开始压桩前,应调好桩身垂直度,使其垂直度轴线与桩顶平面垂直度的轴线一致。同时静压桩机应水平、稳定、桩尖与桩身保持在同一轴线上。

(9)下压过程中,如桩尖遇到硬物,应及时处理后方可再压。

5 劳动力组织

参考排桩施工工艺的劳动力组织。

6 机具设备配置

6.1 机械

(1)全液压静力压桩机主要技术参数见表1。

表1 全液压静力压桩机主要技术参数

技术参数	型号	YZY80	YZY120	YZY160	YZY280	YZY300—Z
最大压入力(kN)		800	1 200	1 600	2 800	3 000
压桩截面(m²)		0.3～0.4	0.35～0.45	0.35～0.50	0.35～0.50	0.35～0.50
行走速度	伸程	0.039	0.087 5	0.032 5	0.033	0.033
	回程	0.067	0.127	0.061 5	0.058	0.058
压桩速度(m/s)		0.032	0.028 2	0.03	0.03	0.025
每次回转角度(°)		13	13	15	15	15
工作吊机起重力矩(kN·m)		180	360	460		
总功率(kW)		43	70.5	92	105	110
拖运尺寸(m)	宽度	3.32	3.32	3.38	3.5	3.5
	高度	4.2	4.2	4.2	4.5	4.5

(2)吊车。

6.2 工 具

经纬仪、水准仪、钢卷尺、电焊机。

7 质量控制要点

7.1 质量控制要求

7.1.1 材料的控制

(1)混凝土强度等级评定应符合《混凝土强度检验评定标准》(GB 107—1987)和《普通混凝土力学性能试验方法标准》(GB/T 50081—2002)的要求。

(2)硫磺胶泥的主要物理力学性能指标见表2。

7.1.2 技术的控制

(1)桩机就位:静压桩机就位时,应对准桩位,将静压桩机调至水平、稳定,确保在施工中不发生倾斜和移动。

(2)预制桩起吊和运输时,必须满足以下条件。

1)混凝土预制桩的混凝土强度达到强度设计值的70%方可起吊。

2)混凝土预制桩的混凝土强度达到强度设计值的100%才能运输和压桩施工。

表 2　硫磺胶泥的主要物理力学性能指标

项目	物理力学性能
物理性能	1. 热变性:60 ℃以内强度无变化,120 ℃变液态,140℃～145 ℃密度最大和易性最好,170 ℃开始沸腾,超过180 ℃开始焦化,且遇明火即燃烧; 2. 重度:2.28～2.32 8g/cm³; 3. 吸水率:0.12%～0.24%; 4. 弹性模量:5×10⁵ kPa; 5. 耐酸性:常温下能耐盐酸、硫酸、磷酸、40%以下的硝酸、25%以下的铬酸、中等浓度乳酸和醋酸
力学性能	1. 抗拉强度:4×10³ kPa; 2. 抗压强度:4×10⁴ kPa; 3. 握裹能力:与螺纹钢为1.1×10⁴ kPa,与螺纹孔混凝土为4×10³ kPa; 4. 疲劳强度:对照混凝土的实验方法,当疲劳应力比值 P 为0.38时,疲劳修正系数 $r>0.8$

3)起吊就位时,将桩机吊至静压桩机夹具中夹紧并对准桩位,将桩尖放入土中,位置要准确,然后除去吊具。

(3)稳桩:桩尖插入桩位后,移动静压桩机时桩的垂直度偏差不得超过0.5%,并使静压桩机处于稳定状态。

(4)沉桩记录:桩在沉入时,应在桩的侧面设置标尺,根据静压桩机每一次的行程,记录压力变化情况。

(5)压桩:压桩顺序应根据地质条件、基础的设计标高等进行,一般采取先深后浅、先大后小、先长后短的顺序。密集群桩,可自中间向两个方向或四周对称进行,当毗邻建筑物时,在毗邻建筑物向另一方向进行施工。

压桩施工应符合下列要求。

1)静压桩机应根据设计和土质情况配足额定重量。

2)桩帽、桩身和送桩的中心线应重合。

3)压同一根桩应缩短停歇时间。

4)为减小静压桩的挤土效应,可采取下列技术措施。

①对于预钻孔沉桩,孔径约比桩径(或方桩对角线)小50～100 mm;深度视桩距和土的密实度、渗透性而定,一般宜为桩长的1/3～1/2,应随钻随压桩。

②限制压桩速度等。

(6)接桩。

1)桩的一般连接方法有焊接、法兰接和硫磺胶泥锚接三种,焊接和法兰接桩适用于各类土层桩的连接,硫磺胶泥锚接适用于软土层,但对一级建筑桩基或承受拔力的桩宜慎重选用。

2)应避免桩尖接近硬持力层或桩尖处于硬持力层中接桩。

3)采用焊接接桩时,应先将四周点焊固定,然后对称焊接,并确保焊缝质量和设计尺寸。焊接的材质(钢板、焊条)均应符合设计要求,焊接件应做好防腐处理。焊接接桩,其预埋件表面应清洁,上下节之间的间隙应用铁片垫实焊牢。接桩时,一般在距地面1 m左右进行,上下节桩的中心线偏差不得大于10 mm,节点弯曲矢高不得大于1‰桩长。

4)硫磺胶泥锚接桩应按下列要求作业。

①锚筋应调直并清除污垢、油迹和氧化铁层。

②锚筋孔内应有完好螺纹,无积水、杂物和油污。

③接点的平面和锚筋孔内应灌满胶泥。

④硫磺胶泥溶剂灌注及停歇时间应符合表 3 的规定。

⑤胶泥试块每工作班不得少于 1 组。

⑥法兰连接桩上下节桩之间宜用石棉或纸衬垫,拧紧螺帽,经过压桩机施加压力时再拧紧一次并焊死螺帽。

(7)送桩。

设计要求送桩时,送桩的中心线与桩身吻合一致方能进行送桩。若桩顶不平可用麻袋或厚纸垫平。送桩留下的孔应立即回填。

7.1.3　质量的控制

(1)施工前应对成品桩做外观及强度检验。

(2)压桩过程中应检查压力、桩垂直度、接桩间歇时间、桩的连接质量及压入深度。

(3)施工结束后,应做桩的承载力及桩体质量检测。

(4)压桩时压力不得超过桩身强度,质量检验应符合静压力桩质量检验标准。

7.2　质量检验标准

静力压桩质量检验标准应符合表 3 的规定。

表 3　静力压桩质量检验标准

项目	序号	检查项目	允许偏差或允许值		检查方法
			单位	数值	
主控项目	1	桩体质量检测	按桩基检测技术规范		按桩基检测技术规范
	2	桩位偏差	按《建筑地基基础工程施工质量验收规范》表 5.1.3		用钢尺量
	3	承载力	按桩基检测技术规范		按桩基检测技术规范
一般项目	1	成品桩质量: (1)外观 (2)外形尺寸 (3)强度	(1)表面平整,颜色均匀,掉角深度＜10 mm,蜂窝面积小于总面积的 0.5％; (2)见《建筑地基基础工程施工质量验收规范》表 5.4.5; (3)满足设计要求		(1)直观; (2)见《建筑地基基础工程施工质量验收规范》表 5.4.5; (3)查产品合格证书或钻芯试压
	2	硫磺胶泥质量(半成品)	设计要求		查产品合格证书或抽样送检
	3	接桩 电焊接桩:焊缝质量	见《建筑地基基础工程施工质量验收规范》表 5.4.5-2		见《建筑地基基础工程施工质量验收规范》表 5.4.5-2
		电焊结束后停歇时间	min	＞1.0	秒表测定
		硫磺胶泥接桩: 胶泥浇注时间 浇注后停歇时间	min min	＜2 ＞7	秒表测定 秒表测定
	4	电焊条质量	设计要求		查产品合格证书
	5	压桩压力(设计有要求时)	％	±5	查压力表读数
	6	接桩时上下节平面偏差 接桩时节点弯曲矢高	mm mm	＜10 ＜1/100 0l	用钢尺量 用钢尺量,l 为两节桩长
	7	桩顶标高	mm	±50	水准仪

7.3 质量通病防治

7.3.1 沉桩达不到设计要求

（1）现象。

桩设计时是以贯入度和最终标高作为施工的最终控制。一般情况下，以一种控制标准为主，以另一种控制标准为参考。有时沉桩达不到设计的最终控制要求。个别工程设计人员要求双控，更增加了困难。

（2）原因分析。

1）勘探点不够或勘探资料粗略，对工程地质情况不明，尤其是持力层的起伏标高不明，致使设计考虑持力层或选择桩尖标高有误，也有时因为设计要求过严，超过施工机械能力或桩身混凝土强度。

2）勘探工作是以点带面，对局部硬夹层或软夹层的透镜体不可能全部了解清楚，尤其在复杂的工程地质条件下，还有地下障碍物，如大块石头、混凝土块等。打桩施工遇到这种情况，就很难达到设计要求的施工控制标准。

3）以新近代砂层为持力层时，由于新近代砂层结构不稳定，同一层土的强度差异很大，桩打入该层时，进入持力层较深才能求出贯入度。但群桩施工时，砂层越挤越密，最后就有沉不下去的现象。

4）沉桩压力选择太小或太大，使桩沉不到或沉过设计要求的控制标高。

5）特别是柱基群桩，布桩过密互相挤实，则施打顺序又不合理。

（3）预防措施。

1）详细探明工程地质情况，必要时应作补勘；正确选择持力层或标高，根据工程地质条件、桩断面及自重，合理选择施工机械、施工方法及行车路线。

2）防止桩顶压碎或桩身断裂。

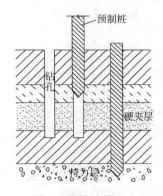

图 2　植桩法施工

（4）治理方法。

1）遇有硬夹层时，可采用植桩法、射水法或气吹法施工。植桩法施工如图 2 所示，即先钻孔，把硬夹层钻透，然后把桩插进孔内，再打至设计标高。钻孔的直径要求，以方桩为内切圆，空心圆管桩为圆管的内径为宜。无论采用桩法、射水法或气吹法施工，桩尖至少进入未扰动土 6 倍桩植径。

2）选择合理的打桩顺序，特别是柱基群桩，如若先打中间桩，后打四周桩，则桩会被抬起；相反，若先打四周桩，后打中间桩，则很难打入。为此应选用"之"字形打桩顺序，或从中间分开往两侧对称施打的顺序如图 3 所示。

3）适当选择桩压力，便于贯入，也减少桩的损坏率。

4）桩基础工程正式施打前，应做工艺试桩，以校核勘探与设计的合理性，重大工程还应做荷载试验桩，确定能否满足设计要求。

7.3.2 桩顶位移

（1）现象。

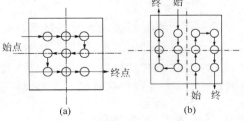

图 3　打桩顺序示意图

（a）"之"字形顺序；（b）中间往两侧顺序

在沉桩过程中,相邻的桩产生横向位移或桩身上下升降。

(2)原因分析。

1)桩入土后,遇到大块坚硬障碍物,把桩尖挤向一侧。

2)采用"植桩法"时,钻孔垂直偏差过大,桩虽然是垂直立稳放入孔中,但在沉桩过程中,桩又慢慢顺钻孔倾斜沉下而产生弯曲。

3)两节桩或多节桩施工时,相接的两节桩不在同一轴线上,产生了曲折,或接桩方法不当。

4)桩数较多,土层饱和密实,桩间距较小,在沉桩时土被挤到极限密实度而向上隆起,相邻的桩一起被涌起。

5)在软土地基施工较密集的群桩时,由于沉桩引起的空隙压力把相邻的桩推向一侧或涌起。

6)桩位放得不准,偏差过大;施工中桩位标志丢失或挤压偏离,施工人员随意定位;桩位标志与墙、柱轴线标志混淆搞错等,造成桩位错位较大。

7)选择的行车路线不合理。

(3)防治措施。

1)施工前,应将地下障碍物,如旧墙基、条石、大块混凝土清理干净,尤其是桩位下的障碍物,必要时可对每个桩位用钎探了解。对桩身质量要进行检查,发生桩身弯曲超过规定,或桩尖不在桩纵轴线上时,不宜使用。一节桩的细长比不宜过大,一般不超过30。

2)在初沉桩过程中,如发现桩不垂直应及时纠正,如有可能,应把桩拔出,清理完障碍物并回填素土后重新沉桩。桩沉入一定深度发生严重倾斜时,不宜采用移动桩架来校正。接桩时要保证上下两节桩在同一轴线上,接头处必须严格按照设计及操作要求执行。

3)采用"植桩法"施工时,钻孔的垂直偏差要严格控制在桩入土深度的1%以内。植桩时,桩应顺孔植入,出现偏斜也不宜用移动桩架来校正,以免造成桩身弯曲。

4)桩在堆放、起吊、运输过程中,应严格按照有关规定或操作规程执行,发现桩开裂超过有关规定时,不得使用。普通预制桩经蒸压达到要求强度后,宜在自然条件下再养护一个半月,以提高桩的后期强度。施打前桩的强度必须达到设计强度100%(指多为穿过硬夹层的端承桩)的老桩方可施打。而对纯摩擦桩,强度达到70%便可施打。

5)遇有地质比较复杂的工程(如有老的洞穴、古河道等),应适当加密地质探孔,详细描述,以便采取相应措施。

6)采用点井降水、砂井或盲沟等降水或排水措施。

7)沉桩期间不得同时开挖基坑,需待沉桩完毕后相隔适当时间方可开挖,相隔时间应视具体地质条件、基坑开挖深度、面积、桩的密集程度及孔隙压力消散情况来确定,一般宜两周左右。

8)采用"植桩法"可减少土的挤密及孔隙水压力的上升。

9)认真按设计图纸放好桩位,做好明显标志,并做好复查工作。施工时要按图核对桩位,发现丢失桩位或桩位标志,以及轴线桩标志不清时,应由有关人员查清补上。轴线桩标志应按规范要求设置,并选择合理的行车路线。

7.4　成品保护

(1)现场测量预制桩、控制网的保护工作。

（2）已进场的预制桩堆放整齐，注意防止施工机械碰撞。

（3）送桩后的孔洞应及时回填，以免发生意外伤人事件。

7.5 质量记录

（1）桩的结构图及设计变更通知单。

（2）材料的出场合格证和检验报告。

（3）焊件和焊接记录及焊件试验报告。

（4）桩体质量检验记录。

（5）混凝土试件强度试验报告。

（6）压桩施工记录。

（7）桩位平面图。

8 安全、环保及职业健康措施

8.1 职业健康安全关键要求

（1）施工人员必须持证上岗。

（2）施工属于露天作业，必须做好作业人员夏季防暑、冬季防冻工作。

（3）遵守《劳动保障法》规定的相关职业健康及安全要求。

（4）施工应按顺序有系统的进行，保持现场文明施工、安全施工。

（5）施工垃圾、生活垃圾应定期清理，以免污染环境。

（6）制定安全生产措施，定期对施工人员进行安全知识培训，提高安全意识，确保安全生产。

8.2 环境关键要求

（1）现场生活区、施工区、办公区等应分区布置，降低影响或干扰。

（2）施工垃圾、生活垃圾等分类收集，定期定场所处理，减少垃圾对周围环境的影响。

（3）施工中因施工而修建的临时设施完工后应及时清除。

（4）防止或减少扰民。

（5）现场按照要求施工，做到现场清洁整齐、工完场清。

9 工程实例

9.1 所属工程实例项目简介

项目位于南京江宁区禄口镇群力村，主要为汽车用品和汽车配件的研发中心，同时为汽车国际零部件的仓储配送建立一个服务基地。共有单体建筑 30 幢，汽车用品研发中心单体 20 栋、汽车配件研发中心单体 10 栋，建筑物 H1～H4 基础采用静压桩基础。

9.2 施工组织及实施

本工程需施工的单根桩长约 10 m，总工程量约 7 200 m。施工工艺流程：测放轴线、桩位→静压机就位→吊桩入桩机内→对中并调整桩身垂直度→压桩→送桩→送桩至设计标高→桩机移位。采取合理的压桩顺序，先压试桩，再压工程桩，严格控制压桩速率，压桩总体顺序从中间到两边，对桩位比较密的部位实行跳打，以防止桩身的上浮和受挤偏位。

现场投入的机具有 2 台静力压桩机,电焊机 6 台,全站仪及水准仪各 2 台。需投入的劳动力 38 人,其中机长 2 人,副机长 2 人,电焊工 12 人,起重工 4 人,机电工 4 人,普通操作工 12 人,电工 2 人。

9.3　工期(单元)

计划施工时间为 15 d。

9.4　建设效果及经验教训

该工程竣工至今,观测建筑物的沉降量在均规范允许范围内,未发现不均匀沉降。

9.5　关键工序图片(照片)资料

压桩施工过程示意图如图 4 所示,其他工序图片如图 5～图 7 所示。

图 4　压桩施工过程示意图

图 5　预应力管桩堆放

图 6　已施工完毕的预应力管桩孔位

图 7　管桩采用一点起吊的方法,并已就位

防水混凝土工程施工工艺

地下防水工程指对工业与民用建筑地下工程、防护工程、隧道及地下铁道等建(构)筑物，进行防水设计、防水施工和维护管理等各项技术工作的工程实体。为达到不发生渗漏水的目的，根据工程的防水等级，设计上采用防水混凝土、刚性防水层、柔性防水层等防水作法。本章节对防水混凝土施工工艺进行介绍。

1　工艺特点

防水混凝土施工工序简便，造价低廉，防水持久，节省投资。

2　工艺原理

防水混凝土即结构自防水，是一种在工程结构本身采用防水混凝土，使结构承重和防水合为一体的施工方法，可作为工程防水的一道重要防线。

3　适用范围

本工艺标准适用于防水等级为1~4级的地下整体混凝土结构。不适用于允许裂缝宽度大于0.2 mm的结构、环境温度高于80 ℃或处于耐侵蚀系数小于0.8的侵蚀性介质中使用的地下工程。

4　工艺流程及操作要点

4.1　工艺流程

4.1.1　作业条件

(1)钢筋、模板工序已完成，办理隐蔽工程验收、预检手续。检查穿墙杆件是否已做好防水处理，板内杂物清理干净并提前浇水湿润。

(2)对施工班组做好技术交底。

(3)材料需经检验，试验室试配提出混凝土配合比，并换算出施工配合比。

(4)运输路线、浇注顺序均已确定。

4.1.2　工艺流程图

地下防水工程工艺流程如图1所示。

图1　地下防水工程工艺流程图

4.2　操作要点

4.2.1　技术准备

(1)按设计文件和施工方案，进行施工技术交底和工人上岗操作培训。

(2)按设计文件计算工程量，制定材料需用计划(含技术质量要求)。

（3）确定混凝土配合比和施工方法。

（4）根据设计要求及工程实际情况制定特殊部位施工技术措施。

4.2.2 材料要求

（1）水泥：水泥品种应按设计要求选用，在设计文件中未明确规定时以及在不受侵蚀性介质和冻融作用时，宜优先采用硅酸盐水泥、普通硅酸盐水泥，也可采用矿渣硅酸盐水泥、复合硅酸盐水泥、火山灰质硅酸盐水泥、粉煤灰硅酸盐水泥。在有较轻微侵蚀性介质作用时，宜优先采用矿渣硅酸盐水泥、复合硅酸盐水泥，但在选用矿渣硅酸盐水泥时，必须掺用高效减水剂。无论采用何种水泥，均应采用外加剂和掺和料配制混凝土，水泥强度等级不应低于 32.5 MPa。

（2）粗骨料：碎石或卵石的粒径宜为 5～40 mm，含泥量不得大于 1.0%，泥块含量不得大于 0.5%。泵送时其最大粒径应为输送管径的 1/4，吸水率不应大于 1.5%，不得使用碱活性骨料。

（3）细骨料：宜用中砂，含泥量不得大于 3.0%，泥块含量不得大于 1.0%。

（4）水：应采用不含有害物质的洁净水。

（5）外加剂：其技术性能，应符合国家或行业标准一等品及以上的质量要求。

（6）掺和料：粉煤灰的级别不应低于 Ⅱ 级，掺量不宜大于 20%，硅粉掺量不应大于 3%，其他掺和料的掺量应通过试验确定。

4.2.3 操作要点

（1）一般规定。

1）防水混凝土所用水泥强度等级不应低于 32.5 MPa，水泥用量不得少于 300 kg/m³，掺和活性掺和料时，水泥用量不得少于 280 kg/m³。

2）防水混凝土所用材料的品种、规格、性能等应符合现行国家产品标准和设计要求。

3）防水混凝土施工过程中，应建立各道工序的自检、交接检和专职质检员检查的"三检"制度，并有完整的检查记录，未经建设（监理）单位对上道工序的检查确认，不得进行下道工序的施工。

（2）操作工艺。

1）模板支设。

要求表面平整，拼缝严密，吸湿性小，支撑牢固，墙模板采用对拉螺栓固定时，应在螺栓中间加焊止水片如图 2 所示的固定模板用螺栓的防水做法，管道、套管等穿墙时，应加焊止水环如图 3 所示的固定式穿墙管防水构造做法，并满焊。

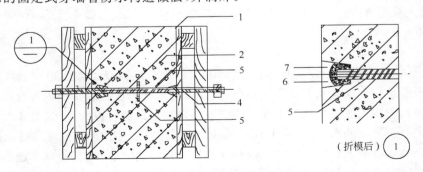

图 2　固定模板用螺栓的防水做法

1—模板；2—结构混凝土；3—止水环；4—工具式螺栓；
5—固定模板用螺栓；6—嵌缝材料；7—聚合物水泥砂浆。

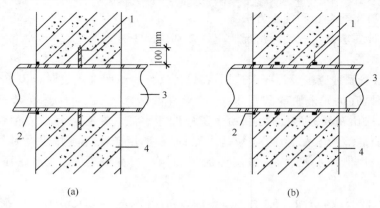

图 3　固定式穿墙管防水构造

(a)1—止水环；2—嵌缝材料；3—主管；4—混凝土结构。

(b)1—遇水膨胀橡胶圈；2—嵌缝材料；3—主管；4—混凝土结构。

2)混凝土配制。

选购商品混凝土应遵照《预拌混凝土》(GB/T 14902—2003)标准的相关规定。混凝土应按照设计配合比，根据当天测定骨料含水率，计算出施工配合比配制，各种材料用量应逐一计量，且每盘混凝土各组成材料计量结果的偏差应符合表 1 规定。现场搅拌投料顺序为：粗骨料→细骨料→水泥→掺和料→水→外加剂。投料先干拌 0.5～1 min 再加水，水分三次加入，加水后搅拌 1～2 min(比普通混凝土搅拌时间延长 0.5 min)。普通防水混凝土坍落度不宜大于 50 mm，混凝土坍落度允许偏差符合表 2 要求。

表 1　混凝土组成材料计量结果允许偏差(％)

混凝土组成材料	每盘计量	累计计量	混凝土组成材料	每盘计量	累计计量
水泥、掺和料	±2	±1	水、外加剂	±2	±1
粗、细骨料	±3	±2			

表 2　混凝土坍落度允许偏差

要求坍落度(mm)	允许偏差	要求坍落度(mm)	允许偏差
≤40	±10	≥100	±20
50～90	±15		

泵送时入泵坍落度宜为 100～140 mm，水灰比不得大于 0.5，砂率宜为 40％～45％，灰砂比宜为 1∶2～1∶2.5。

3)运输。

混凝土运输供应保持连续均衡，间隔时间不应超过 1.5 h，夏季或运距较远可适当掺入缓凝剂，防水混凝土拌和物运输后如出现离析，浇注前应进行二次拌和。当坍落度损失后不能满足施工要求时，应加入原水灰比的水泥浆或二次掺加减水剂进行搅拌，严禁直接加水。使用泵送时，应预先泵送适量的水，使混凝土料斗、活塞及输送管的内壁等直接与混凝土接触的部位湿润，并检查确认混凝土泵和输送管中没有异物后，再应用 2～3 m² 与将要泵送的混凝土内除粗骨料外的其他成分相同配合比的水泥砂浆输送到管内壁润滑，并在间歇时保持一定余量以免空气进入输送管造成重新泵送时堵管。

4)混凝土浇灌。

　　防水混凝土应采用机械振捣，插入式振动器插点间距不应大于 50 cm，振捣时间宜为10～30 s，振捣到表面泛浆无气泡为止，避免漏振、欠振、过振，表面再用铁锹拍平拍实，待混凝土初凝后用铁抹子抹压，以增加表面致密性。

　　5）施工缝位置及接缝形式。

　　①施工缝是防水薄弱部位之一，应尽量不留或少留施工缝。底板的混凝土应连续浇灌，墙体上不得留设垂直施工缝，一般只允许留水平施工缝，其位置留在底板表面不小于 300 mm 的墙体上，拱（板）墙结合的水平施工缝，宜留在拱（板）墙接缝线以下 150～300 mm 处。距穿墙孔洞不得少于 300 mm。垂直施工缝应避开地下水和裂隙较多的地段，并应与变形缝相结合。

　　②施工缝的断面可做成不同形状，如埋设膨胀止水条、外贴防水层、中埋止水带等，水平施工缝构造按图 4 处理，变形缝的防水构造如图 5 所示，后浇带的防水构造如图 6 所示。

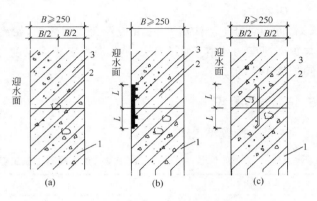

图 4　水平施工缝防水构造（mm）

（a）1—先浇混凝土；2—遇水膨胀止水条；3—后浇混凝土。
（b）1—先浇混凝土；2—外贴防水层；3—后浇混凝土。
（c）1—先浇混凝土；2—中埋止水带；3—后浇混凝土。

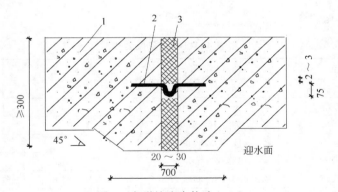

图 5　变形缝防水构造（mm）

1—混凝土结构；2—金属止水带；3—填缝材料。

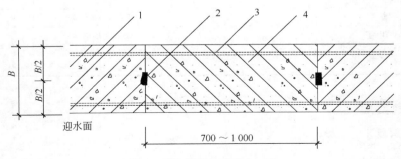

图 6　后浇带防水构造（mm）

1—先浇混凝土；2—遇水膨胀止水条；3—结构主筋；4—后浇补偿收缩混凝土。

③水平施工缝浇混凝土前,应将混凝土表面浮浆和杂物清除,先铺水泥净浆,再铺 30～50 mm 厚 1∶1 水泥砂浆或刷混凝土界面处理剂,并及时浇灌混凝土。

④垂直施工缝浇灌混凝土前,应将其表面清理干净,并刷索水泥浆或混凝土界面处理剂,并及时浇灌混凝土。

6)养护。

防水混凝土浇注后 4～6 h 应覆盖浇水养护,始终保持混凝土表面湿润。混凝土中心温度与表面温度的差值不应大于 25 ℃,混凝土表面温度与大气温度的差值不应大于 25 ℃,养护时间不少于 14 d。

5　劳动力组织

劳动力配置见表 3。

表 3　防水混凝土施工劳动力组织

工作内容	单位	工日	备　注
满堂基础	10 m³	14	
独立基础	10 m³	14	商品混凝土
墙	10 m³	15	

6　机具设备配置

机械设备配置见表 4。

表 4　机械设备配置表

序号	机具名称	规格型号	数　量	说　明
1	预拌混凝土搅拌站			采用预拌混凝土泵送
2	搅拌运输车	6 m³、7 m³、9 m³		
3	车泵	伸臂 16～47m		
4	拖式泵	HTB60、80、90		
5	布料机	拖式泵配套		
6	搅拌机	强制式 350 L、500 L、750 L	根据工程确定	
7	机动翻斗车		根据工程确定	
8	磅秤			
9	胶轮手推车			
10	漏斗		根据现场确定	
11	串筒		根据现场确定	
12	试模		普通试模、抗渗试模根据工程量确定	

7　质量控制要点

7.1　质量控制要求

7.1.1　材料的控制

(1)水泥强度等级不宜小于 32.5 MPa,水泥必须有出厂合格证和复检报告。不得使用过期或受潮结块的水泥,禁止将不同品种或强度等级的水泥混合使用,并不得将相同品种、强度等级但不同批次水泥混合使用。

(2)石子最大粒径不宜大于 40 mm,所含泥土不得呈块状或包裹石子表面,石子的吸水率不大于 1.5%。

(3)应采用不含有害物质的洁净水。pH 值小于 4 的酸性水和 pH 值大于 9 的碱性水、硫酸盐含量超过水重量 1% 的水,以及海水、污水、工业废水等均不得使用。

(4)熟悉外加剂厂提供的技术资料以及产品说明书,必要时进行复检和试验。

7.1.2　技术的控制

(1)严格控制混凝土内部裂缝的宽度,对处于与土体直接接触的混凝土构件,规定最大裂缝宽度允许值为 0.2 mm,对特殊重要工程、薄壁构件或处于侵蚀性水中的结构,其裂缝宽度允许值应控制在 0.1~0.5 mm。

(2)防水混凝土结构常采用普通防水混凝土和外加剂防水混凝土,且其抗渗等级不应低于 P6。提高普通防水混凝土的抗渗性,应采取控制混凝土配合比各项技术参数的措施。水灰比值不宜大于 0.55。砂率以 35%~45% 为宜,灰砂比以控制在 1:2~1:2.5 的范围为宜。

(3)做好防水混凝土的试配工作是保证防水混凝土施工的关键,抗渗等级应比设计要求提高一级(即:0.2 MPa)。

(4)掺加引气剂或引气型减水剂时,混凝土的含气量应控制在 3%~5%。

(5)普通混凝土的坍落度不宜大于 50 mm,泵送混凝土入泵坍落度宜为 100~140 mm。

7.1.3　质量的控制

(1)所用外加剂应有出厂合格证和使用说明书,现场复验其各项性能指标应合格。

(2)检查混凝土拌和物配料的称量是否准确,如拌和用水量、水泥用量、外加剂掺量等。

(3)检查混凝土拌和物的坍落度,每工作班至少两次。掺引气型外加剂的防水混凝土,还应测定其含气量。

(4)检查模板尺寸、坚固性、有无缝隙、杂物,对欠缺处应及时纠正。

(5)检查配筋、钢筋保护层、预埋件、穿墙管等细部构造是否符合设计要求,合格后填写隐蔽验收单。

(6)检查混凝土拌和物在运输、浇注过程中有否离析现象,观察浇捣施工质量,发现问题及时纠正。

(7)检查混凝土结构的养护情况。

(8)墙、柱模板固定应避免采用穿钢丝拉结,固定结构内部设置的紧固钢筋及绑扎钢丝不得接触模板,以免造成渗漏路线,引起局部渗漏。

(9)如地下水位较高,应采取措施将地下水位降低至底板以下 0.5 m,直至地下结构浇注完成,回填土完毕,以防止地基浸泡造成不均匀下沉,引起结构裂缝。

7.2　质量检验标准

7.2.1　一般规定

(1)防水混凝土结构表面应坚实、平整,不得有露筋、蜂窝等缺陷;埋设件位置应正确。

检验方法:观察和尺量检查。

(2)防水混凝土结构表面的裂缝宽度不应大于 0.2 mm,并不得贯通。

检验方法:用刻度放大镜检查。

（3）防水混凝土结构厚度不应小于 250 mm，其允许偏差为＋15 mm，－10 mm；迎水面钢筋保护层厚度不应小于 50 mm，其允许偏差为±10 mm。

检验方法：尺量检查和检查隐蔽工程验收记录。

7.2.2　主控项目

（1）防水混凝土的原材料、配合比及坍落度必须符合设计要求。

检验方法：检查出厂合格证、质量检验报告、计量措施和现场抽样试验报告。

（2）防水混凝土的抗压强度和抗渗压力必须符合设计要求。

检验方法：检查混凝土抗压、抗渗试验报告。

（3）防水混凝土的变形缝、施工缝、后浇带、穿墙管道、埋设件等设置和构造，均须符合设计要求，严禁有渗漏。

检验方法：观察检查和检查隐蔽工程验收记录。

7.3　质量通病防治

7.3.1　混凝土裂缝渗漏水

（1）现象。

混凝土表面出现不规则的收缩裂缝或环形裂缝。当裂缝贯穿于混凝土结构本体时，即产生渗漏水。

（2）原因分析。

1）设计对结构抵抗外荷载及温度、材料干缩、不均匀沉降等变形荷载作用下的强度、刚度、稳定性、耐久性和抗渗性及细部构造处理的合理性，考虑欠周。

2）部分桩基、筏板没有设置在可靠的持力层上，基础产生不均匀沉降。

3）大体积混凝土结构浇注后水泥的水化热很大，由于混凝土体积大，聚集在内部的水泥水化热不易散发，因此，混凝土的内部温度显著升高，但混凝土表面散热快，这样就形成较大的温差，表面拉应力超过混凝土的极限抗拉强度，混凝土就会在表面产生裂缝。这种裂缝，多发生在混凝土浇注后的升温阶段。混凝土浇注后，逐渐散热收缩，加上混凝土硬化过程中内部拌和水逐渐水化和蒸发，以及胶质体胶凝作用，使混凝土硬化时（即降温时）产生收缩。当混凝土收缩时，受到基底或结构本身的约束，就会产生很大的收缩应力（即拉应力）。此时，当收缩应力超过混凝土极限抗拉强度，就会在混凝土中产生收缩裂缝。此种收缩裂缝，有时会贯穿全截面而成为有害的结构性裂缝。混凝土收缩时，由于表面裂缝处截面削弱，且易应力集中，助长了收缩裂缝的开展如图 7 所示。因此，地下压力水从裂缝中渗漏出来。

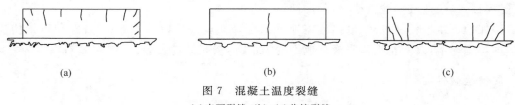

（a）　　　　　　　　　　（b）　　　　　　　　　　（c）

图 7　混凝土温度裂缝

（a）表面裂缝；（b）、（c）收缩裂缝

4）大体积防水混凝土施工中，没有采取积极有效的防裂措施，把防水混凝土等同于一般混凝土，造成开裂。

5）产生裂缝的原因是多方面的，但混凝土质量优劣，却是关键所在。由于一些混凝土生产企业片面追求经济效益，目前商品混凝土供应存在如下质量问题。

①厂家为保证混凝土的强度等级,偏向于加大水泥用量。如 C40、C45 混凝土采用 52.5 级硅酸盐水泥用量都在 400kg 以上。这样,因水泥浆过剩,为收缩裂缝提供了可能。

②为防止泵送堵管过分强调大坍落度混凝土。事实证明,和易性良好的混凝土,现场泵送前测定 15～16 cm 坍落度不仅可泵性良好,且不堵管,更有良好的可振捣性,使混凝土构件能获得高密实度。可是,一般现场实测坍落度为 21～22 cm 的 C40、C45 混凝土和易性差,由于水分大,振捣时浆水飞溅,楼板不能下棒,只能摊平,这样的混凝土不但达不到高密实度,而且还会影响其耐久性。

③混凝土的最短搅拌时间不按规范规定,甚至物料入机(强制搅拌机)边进料边出料,砂、石、水分离,无和易性和稠度可言。所掺的外加剂,也因搅拌不透不均匀而失去应有的作用。这样的混凝土既易堵管,且混凝土的强度和微膨胀不能均匀产生,无力抵抗早期和中、后期混凝土的收缩应力而导致穿透性裂缝的产生。

④不按现场操作环境实际需要的坍落度及时调整加水量,晴、阴、雨和冰雪天,加水量几乎一个样。有些工地管理人员视而不见,增加了混凝土开裂的可能性。

(3)预防措施。

1)设计方面。

①设计中应充分考虑地下水作用的最不利情况,即地下水、地表水和毛细管水对结构的作用以及由于人为因素而引起的周围水文地质变化的影响。桩基、筏基必须支撑在可靠的持力层上,使结构具有足够的强度、刚度,以抑制地基基础局部下沉。

②结构设计中,应根据地下工程确定的几何尺寸,地基土和桩基情况,验算混凝土由于温差、混凝土收缩所产生的总温度应力是否超过当时基础混凝土极限抗拉强度,并采取相应的混凝土强度和抗渗等级,合理配置钢筋,提高混凝土的瞬时极限拉伸值,使大体积混凝土具有足够的抗裂能力而不出现裂缝。

③根据结构断面形状、荷载、埋深,基础的强度,采用结构自防水混凝土,如补偿收缩混凝土。一般在混凝土中内掺 WG-HEA 或 UEA 膨胀剂,补偿混凝土的限制收缩,抵消混凝土结构在收缩中产生的拉应力,控制温差,使结构不裂。HEA、UEA 混凝土参考配合比见表 5。

表 5　泵送 HEA、UEA 混凝土参考配合比

| 混凝土强度等级、抗渗等级 | 材料用量(kg/m³) | | | | | | | 坍落度(mm) | 配 合 比 |
	水泥	HEA	UEA	砂	石子	水	粉煤灰	减水剂	
C25,P8	304	—	42	735	1 200	170	—	—	60～80	1：0.138：2.42：3.95：0.56
C30,P8	358	—	49	655	1 165	187	—	—	60～80	1：0.137：1.83：3.25：0.52
C35,P8	378	—	52	669	1 091	208	—	—	60～80	1：0.138：1.77：2.89：0.55
C30,P8	317	—	43	693	1 237	167	—	—	60～80	1：0.136：2.19：3.90：0.53
C35,P8	352	—	42	660	1 239	171	—	—	60～80	1：0.119：1.88：3.52：0.48
C25,P8	348	—	48	700	1 141	181	—	—	120～160	1：0.14：2.01：3.28：0.52
C30,P8	368	—	50	655	1 155	187	—	—	120～160	1：0.14：1.78：3.14：0.51
C30,P8	310	—	—	752	1 083	175	80	6.40	160～180	1：2.43：3.49：0.56：0.26：0.02
C35,P8	350	—	—	730	1 095	175	80	7.00	160～180	1：2.09：3.13：0.50：0.23：0.02
C40,P8	397	—	50	680	1 064	175	54	11.73	160～180	1：0.126：1.71：2.68：0.44：0.136：0.029
C40,P8	400	—	—	730	1 061	175	80	10.30	160～180	1：1.83：2.65：0.44：0.2：0.026
C40,P8	380	45	—	695	1 090	170	40	11.50	160～180	1：0.118：1.83：2.87：0.447：0.105：0.03

续上表

混凝土强度等级、抗渗等级	材料用量（kg/m³）								坍落度（mm）	配 合 比
	水泥	HEA	UEA	砂	石子	水	粉煤灰	减水剂		
C45,P8	412	—	—	730	1 061	175	80	10.30	160～180	1：1.77：2.58：0.425：0.194：0.025
C45,P8	400	—	40	680	1 075	180	50	11.20	160～180	1：0.1：1.7：2.69：0.45：0.125：0.028
C45,P8	410	50	—	655	1 080	160	40	12.50	160～180	1：0.122：1.6：3.63：0.39：0.098：0.03
C45,P8	440	—	—	669	1 096	171	50	13.64	160～180	1：1.52：2.49：0.389：0.114：0.031
C45,P8	430	45	—	677	1 104	184	—	—	160～180	1：0.105：1.57：2.57：0.428
C45,P8	430	43	—	677	1 105	190	—	—	160～180	1：0.1：1.57：2.57：0.442

注：1. 水泥：强度等级为42.5级的矿渣硅酸盐水泥或普通硅酸盐水泥；砂：中粗，细度模数2.7；石：5～31.5 mm；水：自来水；粉煤灰：Ⅱ级磨细粉煤灰；减水剂：FDN-5R；

2. 机械搅拌振捣。

④以膨胀加强带取代后浇缝如图 8 所示处理，即在结构收缩应力最大的地方多掺入 HEA 或 UEA，产生相应较大的膨胀来补偿结构的收缩。加强带的位置一般设在结构后浇带上，宽为 2 m。带之间适当增加温度钢筋 10%～15%，能实现连续超长防水结构，其后浇带设置可延长至 100 m 以上。对于温度影响大，墙薄、面大，养护困难的地下室边墙、柱墙变截面部位，只需适当增加水平构造钢筋和加强钢筋。特别重要的防水建筑，增加外防水层，即构造自防水与建筑防水相结合，双防双保险。地下工程底板采用现代高效预应力混凝土，对消除结构混凝土裂缝，有其独特的效果。

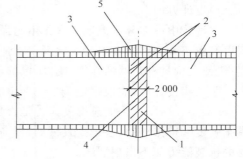

图 8 HEA 加强带替代后浇带示意图
1—加强带；2—竖立密孔钢丝网；3—掺 HEA6%～10%的微膨胀混凝土；4—掺 HEA14%～15%的大膨胀混凝土；5—膨胀应力曲线。

⑤根据结构设计，合理设置后浇带和变形缝。

⑥设计图中，应着重绘制加强带、后浇带、变形缝和施工缝等构造详图，便于施工。

2）施工方面。

①计算基础底板浇注混凝土 3 d 后，内部混凝土的实际最高温升，混凝土入模温度，两者之和，即为基础底板内部混凝土的最高温度。根据天气预报 3 d 的自然平均温度并测量混凝土表面的温度，得出内部最高温度与混凝土表面温度之差。当混凝土内外最大温差小于 25 ℃ 时，混凝土就不会产生表面裂缝。施工前为测得混凝土体内外温差，在承台底板内设置一定数量的 PN 结，作温度传感器，使用 PN128 型遥感温度巡测仪进行测温。当条件不具备时，也可在测点处埋设钢管，在管内上下位置用温度计进行施测，作好测温记录，以掌握实际温度场的变化。测温一般从混凝土浇注 12 h 开始，温升阶段 1～3 d，每 2 h 测温一次；降温阶段 4～6 d，每 1 h 测温一次。7 d 以后，每天测温一次，测温至少要 14 d。通过测温掌握各个混凝土区段的温差。当混凝土升至持续高温，再逐渐降温，直到内外温差达到控制温度值以下时，可撤除保温措施。测温证明：混凝土浇注 24 h，其内部温度急剧攀升，3 d 达到峰值，7 d 以后开始下降。

②为减少混凝土内部的水化热,防水混凝土用的水泥,宜优先选用强度等级为 42.5 级的矿渣硅酸盐水泥,内掺适量超细粉煤灰和高效减水剂,可减少水泥用量,提高混凝土的可泵性,但应注意延长搅拌时间。

③严格控制砂石含泥量,并通过精心级配,提高混凝土的抗拉强度。

④基础底板和围护墙可采用 240～370 mm 厚的砖模,混凝土浇注后,砖模不拆即回填土。采用钢模或木模时,在模外挂草帘或麻袋浇水,并于 28 d 后拆模,有条件的建筑,拆模后立即回填土。混凝土表面覆盖双层草袋或麻袋浇水养护;或在混凝土表面用砖做浅水池,池内放30 cm 深的水等,可减少混凝土内外温差,混凝土能得到充分养护。

⑤基础底板采用预应力混凝土,利用预应力筋张拉后的弹性回缩,消除结构裂缝。

⑥防水混凝土必须使用同一品种水泥。当有若干个商品供应站供应同一施工区段时,应由主包供应站运送同一配合比所使用之原材料,按同一配合比用料拌制混凝土。泵送混凝土配合比,砂率 38%～45%,输送高度 60～100 m 时,坍落度 160～180 mm,100 m 以上时 180～230 mm。

⑦混凝土采用分层浇注,泵送混凝土每层厚度 300～500 mm,插入式振动器分层捣固,板面应用平板振动器振捣,排除泌水,进行二次收浆。

⑧供应商品混凝土采取招标,其质量指标,以合同条款固定下来,施工时应加强现场监控力度,专人检测混凝土的坍落度和搅拌时间。

⑨防水混凝土及补偿收缩混凝土的养护,严重影响结构的抗渗性,特别是早期养护更为敏感。因此应及时纠正"不覆盖养护"的错误倾向。一般养护要注意。

A. 防水混凝土和 HEA 补偿收缩混凝土终凝后(浇注后 4～6 h),应立即覆盖双层草帘或麻袋养护,3 d 内每 3 h 浇水一次,3 d 以后,每天 4 h 浇水一次,浇水湿润时间不少于 14 昼夜。

B. 不宜采用电热养护,因电热养护属"干热养护",混凝土易产生干缩裂缝,也难以控制混凝土内外温差,容易产生温度裂缝,降低混凝土的抗渗性。

C. 不宜采用蒸汽养护,蒸汽养护会使混凝土内部毛细管在蒸汽压力作用下扩张,导致混凝土结构抗渗性下降。

D. 防水混凝土不应过早拆模,一般达到 70% 强度等级时,才能拆除,避免混凝土表面裂缝。

E. 冬期施工,防水混凝土的原材料可采用预热法,水和骨料的入机温度,应分别控制在60 ℃和 40 ℃,混凝土的出机温度不宜大于 35 ℃。

F. 防水混凝土冬期宜采用蓄热法养护。当采用暖棚养护法时,棚内应保持一定湿度,防止混凝土早期脱水。

(4)治理方法。

1)根据裂缝渗漏水量和水压大小,采取促凝胶浆或氰凝、丙凝灌浆堵漏;

2)对不渗漏的裂缝,可直接用灰浆处理;

3)对于结构出现的环形裂缝,应按变形缝的方法处理。

7.3.2　变形缝渗漏水

(1)现象。

地下工程变形缝(包括沉降缝、伸缩缝),一般设置在结构变形和位移等部位,如地下室与车道联结处。不少变形缝有不同程度的渗漏水。

(2)原因分析。

1)设计未能满足密封防水、适应变形、施工方便、检查容易等基本要求。变形缝构造形式和材料未根据工程特点、地基或结构变形情况以及水压、水质和防水等级等条件来确定。

2)施工无构造详图。

3)原材料未能抽样复检。

4)金属止水带焊缝不饱满,橡胶或塑料止水带接头没有锉成斜坡并粘结搭接。

5)变形缝处混凝土振捣不密实。

(3)预防措施。

1)地下工程的变形缝宜设置在结构截面的突变处、地面荷载的悬殊段和地质明显不同的地方,不得设置在结构的转角处。

2)地下工程宜尽量减少变形缝。当必须设置时,应根据该工程地下水压、水质、防水级、地基和结构变形情况,选择合适的构造形式和材料。当地下水压大于 0.03 MPa,环境温度在 50 ℃以下,且不受强氧化剂作用,变形量较大时,可采用埋入式橡胶止水带和表面附贴式橡胶止水带相结合的防水做法。变形缝内还可嵌 BW 止水条止水。当环境温度高于 50 ℃处的变形缝,应采用 1～2 mm 厚,中间呈半圆形的金属止水带,并在金属止水带两边缘上下铺贴石棉水泥布,再压扁铁扭紧螺母。有油类侵蚀的地方,可选用相应的耐油橡胶止水带或塑料止水带。无水压的地下工程,则常用卷材防水层防水。变形缝的宽度宜为 24～40 mm。

3)防水混凝土变形缝的做法参照图 9～图 17。

4)地下防水工程在施工过程中,应保持地下水位低于防水混凝土以下 500 mm 以上,并应排除地下水。变形缝施工应注意以下各点。

①用木丝板和麻丝或聚氯乙烯泡沫塑料板作填缝材料时,木丝板和麻丝应经沥青浸湿,填缝前,先于缝内涂热沥青一道。

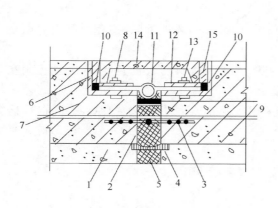

图 9　可卸式止水带底板变形缝处理(1)

1—底板迎水面垫层;2—变形缝;3—埋入式橡胶止水带(或塑料止水带);4—浸沥青纤维板填缝;5—嵌缝油膏;6—预埋角铁;7—铁脚;8—螺栓;9—BW 止水条;10—油膏;11—表面式橡胶止水带(塑料止水带);12—扁铁;13—螺母;14—预制钢筋混凝土板;15—硬橡皮片。

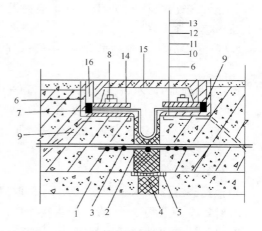

图 10　可卸式止水带底板变形缝处理(2)

1～8 同图 9 注;9—油膏;10—橡胶垫条(或石棉水泥垫);11—金属止水带;12—橡胶垫条(或石棉水泥垫);13—扁铁;14—螺母;15—预制钢筋混凝土盖板;16—硬橡皮片。

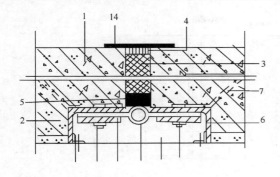

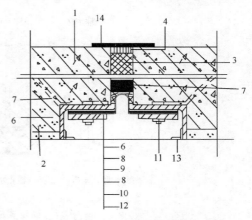

图 11　可卸式止水带立墙、顶板变形缝处理(1)

1—立墙、顶板迎水面；2—立墙、顶板背水面；3—填缝材料；4—嵌缝油膏；5—BW 止水条；6—角铁；7—铁脚；8—表面式橡胶止水带；9—螺栓；10—扁铁；11—螺母；12—可伸缩铝板；13—角铁、锚钉；14—水泥砂浆保护层。

图 12　可卸式止水带立墙、顶板变形缝处理(2)

1~7 同图 11 注；8—橡胶垫条；9—金属止水带；10—扁铁；11—螺母；12—可伸缩铝板；13—角铁锚钉；14—水泥砂浆保护层。

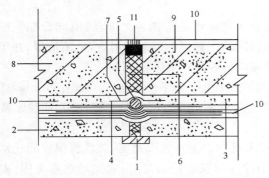

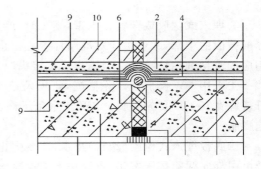

图 13　不受水压止水带底板变形缝处理

1—砖砌保护层；2—混凝土垫层；3—防水卷材；4—附加卷材防水层；5—ϕ40~ϕ50 油毡卷；6—填沥青麻丝；7—镀锌铁皮；8—钢筋混凝土底板；9—BW 止水条；10—水泥砂浆层；11—嵌缝油膏。

图 14　不受水压止水带立墙、顶板变形缝处理

1—立墙、顶板混凝土；2—镀锌铁皮；3—卷材防水层；4—附加卷材防水层；5—ϕ40~ϕ50 油毡卷；6—沥青麻丝；7—BW 防水条；8—嵌缝油膏；9—水泥砂浆层；10—砖砌防护层。

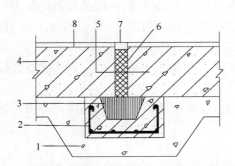

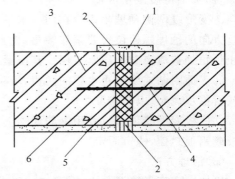

图 15　固定式柔性止水带底板变形缝处理

1—迎水面混凝土垫层；2—钢筋混凝土保护层；3—热沥青；4—钢筋混凝土底板；5—埋入式橡胶(塑料)止水带；6—填沥青麻丝；7—嵌缝油膏；8—水泥砂浆层。

图 16　固定式柔性止水带立墙、顶板变形缝处理

1—水泥砂浆保护层；2—嵌缝油膏；3—钢筋混凝土立墙、顶板；4—埋入式橡胶(塑料)止水带；5—沥青麻丝填缝；6—水泥砂浆层。

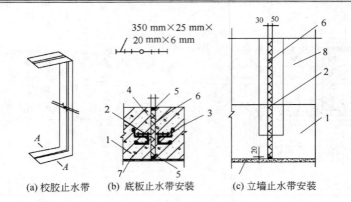

图 17　固定式橡胶止水带安装示意图

1—钢筋混凝土底板；2—橡胶止水带；3—固定橡胶止水带的钢筋夹；4—变形缝
30～50 mm；5—聚氯乙烯胶泥；6—30～50 mm 窒息性聚苯乙烯泡沫塑料板；
7—混凝土垫层；8—钢筋混凝土立墙（迎水面）。

②橡胶或塑料止水带，应经严格检查，如有破损，须经修补。金属止水带，焊缝应满焊严密。

③埋入式橡胶或塑料止水带，施工时，严禁在止水带的中心圆圆环处穿孔，应埋设在变形缝横截面的中部，木丝板应对准圆环中心。止水带接长时，其接头应锉成斜坡，毛面搭接，并用相应的胶粘剂粘结牢固。金属止水带接头应采用相应的焊条仔细满焊。

④采用 BW 膨胀止水条嵌缝，止水条必须具有缓胀性能，规格一般为 20 mm×30 mm，亦可按缝宽在工厂预先订货。BW 止水条运输、贮存不得受潮、沾水，使用时，应防止先期受水浸泡膨胀。

⑤底板埋入式橡胶（塑料）止水带，要把止水带下部的混凝土振捣密实，然后将铺设的止水带由中部向两侧挤压按实，再浇注上部混凝土。墙体内的橡胶止水带，用成型的钢筋夹固，夹固的钢筋应与结构钢筋绑扎或焊固，防止位移（如图 18 所示）产生渗漏水。浇注混凝土时，采用和易性较好的混凝土，避免止水带周围骨料集中。

⑥墙体变形缝两侧混凝土，应分层浇注，并用小棒头插入式振动器分层振捣，切勿漏振或过振，棒头不得碰撞止水带。

⑦变形缝两侧预埋角钢应在同一水平面上，不得高低不平，底板和侧墙的转角处其水平和垂直方向的预埋螺栓位置要紧靠转角，止水带应按实际螺栓间隔打孔，压铁应按实打成直角，防止拐角处造成空隙和压紧空档。其压紧螺母应多次拧紧，以防变形后松动。

⑧表面附贴式橡胶止水带的两边，填防水油膏密封。金属止水带压铁上下应铺垫橡胶垫条或石棉水泥布，以防渗漏。

⑨底板变形缝顶部空腔用钢筋混凝土预制板覆盖；立墙和顶板的背水面，用可伸缩的镀锌钢板或铝板封盖，锚钉固定。

（3）治理方法。

1）如发现变形缝渗漏水，对可卸式止水带，可揭开盖板，扭开螺母，将压铁及表面式止水带拆卸，清除缝内填塞物。

2）在变形缝渗漏水部位缝内嵌入 BW 止水条，每隔 1～2 m 处预埋注浆管，用速凝防水胶泥封缝如图 19 所示。

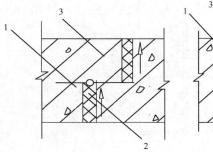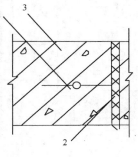

图 18　止水带位移渗漏水示意图

1—埋入式橡胶止水带；2—填缝材料；3—钢筋混凝土。

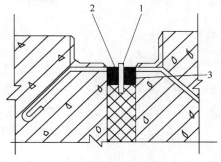

图 19　预埋注浆管

1—注浆管；2—速凝防水胶泥；

3—BW 止水条。

3)采用颜色水试水的方法,确定注浆方量。然后采用丙凝注浆。注浆顺序先底板,次侧墙,后顶板。

4)注浆后 2~3 d,应认真检查,对不密实处,可做第二次丙凝注浆,直到不渗漏水为止。注浆管可用微膨胀水泥砂浆填实。

7.3.3　混凝土施工缝渗漏水

(1)现象。

施工缝处混凝土骨料集中,混凝土酥松,接槎明显,沿缝隙处渗漏水。

(2)原因分析。

1)施工缝留的位置不当,如把施工缝留在混凝土底板上或在墙上留垂直施工缝。

2)施工缝混凝土面没有凿毛,残渣没有冲洗干净,新旧混凝土结合不牢。

3)在支模和绑扎钢筋过程中,锯末、铁钉等杂物掉入缝内没有及时清除,浇注上层混凝土后,在新旧混凝土之间形成夹层。

4)浇注上层混凝土时,没有先在施工缝处铺一层水泥砂浆,上下层混凝土不能牢固粘结。

5)施工缝未做企口或没有安装止水带。

6)下料方法不当,骨料集中于施工缝处。

7)混凝土墙体单薄,钢筋过密,振捣困难,混凝土不密实。

8)没有采用补偿收缩混凝土,造成接槎部位产生收缩裂缝。

(3)预防措施。

1)防水混凝土结构设计,其钢筋布置和墙体厚度,应考虑方便施工,易于保证施工质量。

2)防水混凝土应连续浇注,少留置施工缝。当需留置施工缝时,应遵守下列规定。

①底板、顶板不宜留施工缝,底拱、顶拱不宜留纵向施工缝。

②墙体不应留垂直施工缝。水平施工缝不应留在剪力与弯矩最大处或底板与侧墙交接处,应留在高出底板表面不小于 300 mm 的墙体上。当墙体有孔洞时,施工缝距孔洞边缘不应小于 300 mm。拱墙结合的水平施工缝,宜留在拱(板)墙接缝线以下 150~300 mm 处,先拱后墙的施工缝可留在起拱线处,但必须加强防水措施。

③承受动力作用的设备基础,不应留置施工缝。

④施工缝留设的形式,可选用图 20 所示的几种方式。墙体不宜留凹口缝,因其难于清理,此外在平口缝的迎水面外贴防水止水带,外涂抹防水涂料和砂浆等做法,亦甚可取。

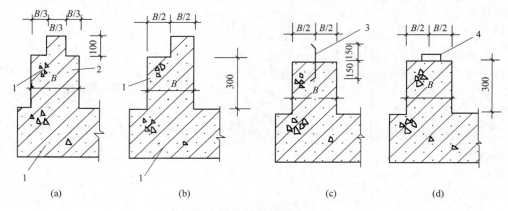

图 20　施工缝留置形式（mm）

(a)凸形缝；(b)阶梯缝；(c)平口缝埋金属止水带；(d)平口缝贴 BW 止水条

1—底板；2—墙体；3—金属止水带；4—BW 止水条。

3)金属止水带一般用 2～2.5 mm 薄钢板制成,接头应满焊,不得有缝隙。固定后墙体暗柱处,常在止水带上割洞扎箍筋,封模前应补焊。BW 止水条为 5000 mm×30 mm×20 mm 的长条柔软固体,7 d 的膨胀率应不大于最终膨胀率的 60%,浸入水中,最大膨胀倍率为 150%～300%。试验证明可堵塞 1.5 MPa 压力水的渗漏。应用 BW 止水条时,须将混凝土粘贴面凿平,清扫干净后,抹一层水泥浆找平压光带,利用材料本身的黏性,直接粘贴于混凝土表面,接头部位钉钢钉固定。冬季每隔 1 m 钉钉一颗。

4)认真清理施工缝,凿掉表面浮粒,用钢丝刷或剁斧将老混凝土面打毛,并用压力水冲洗干净,但不得有积水。冬季为避免余水结冰,应用压缩空气清扫。

5)混凝土应采用补偿收缩混凝土,即在混凝土中按水泥重量掺入 UEA 或 WG-HEA 微膨胀剂。其掺量一般为水泥重量的 10%。

6)浇注上层混凝土前,木模润湿后,先在施工缝处浇一层与混凝土灰砂比相同的水泥砂浆,增强新旧混凝土粘结。

7)高于 2 m 的墙体,宜用串筒或振动溜管下料。

8)施工缝处混凝土要仔细振捣,保证混凝土的密实度。

(4)治理方法。

1)根据施工缝渗漏水情况和水压大小,采用促凝胶浆或氰凝(丙凝)灌浆堵漏。

2)对于不渗漏水的施工缝出现缺陷,可沿缝剔成 V 形槽,遇有松散部位,须将松散石子剔出,刷洗干净后,用高强度等级水泥素浆打底,抹 1:2 水泥砂浆找平压实。

7.4　成品保护

(1)浇注混凝土时严禁踩踏钢筋,要确保证钢筋、模板、预埋件的位置准确。

(2)在拆模或吊运其他物件时,不得碰坏施工缝处企口、止水带及外露钢筋。

(3)穿墙管、电线管、门窗及预埋件等应事先预埋准确、牢固、严禁事后凿打。

(4)混凝土强度未达到 1.2 N/mm²。时严禁堆载施工。

7.5　季节性施工措施

7.5.1　雨期施工措施

(1)混凝土雨季浇注措施:在混凝土浇注前认真收集天气预报资料,尽量避开在有大雨、暴雨的天气里作业,同时根据天气预报提前做好施工防雨准备。

（2）雨季施工作业安全用电防护措施

1）认真做好临时用电施工组织设计,做好施工用电线路的架设,用电设备的安装,导线敷设严格采用三相五线制,严格区分工作接零和保护接零,不同零线应分色。

2）施工用电严格执行"一机一闸一保护"制度,投入使用前必须做好保护电流的测试,严格控制在允许范围内。

3）加强用电安全巡视,检查每台机器的接地接零是否正常,检查线路是否完好,若不符合要求,及时整改。

4）施工现场的移动配电箱及施工机具全部使用绝缘防水线。

5）做好各种机具的安装验收,认真做好接地电阻测试。

6）雨天作业,机械操作人员应戴绝缘手套、穿雨靴操作。

7.5.2 冬期施工措施

应根据工程所在地气候条件,确定冬期施工方案。对于一般寒冷地区,进入冬期施工阶段时,应对砂石表面覆盖,下料时防止冰、雪、冻结块进入搅拌机,必要时可对水适当加热（加热温度不大于 60 ℃）,适当延长搅拌时间,保证混凝土入模温度不低于 5 ℃,采用综合蓄热法保温养护,冬期施工掺入的防冻剂应选用合格环保产品,拆模时混凝土表面温度与环境温度差不大于 15 ℃。

在寒冷地区应掺入防冻剂,防冻剂品种的选择要注意其碱含量,并经试验确定。浇注后应用保温材料加塑料薄膜覆盖,做好蓄热保温养护。

严寒地区应按有关严寒地区冬期施工的规定制定专门的技术措施进行施工。

7.6 质量记录

（1）材料（水泥、砂、石、外加剂、掺和料等）的出厂合格证、试验报告。

（2）混凝土试块试验报告（包括抗压及抗渗试验）。

（3）隐蔽工程验收记录。

（4）设计变更及技术核定。

（5）分项工程质量检验评定。

（6）其他技术文件。

8 安全、环保及职业健康措施

8.1 职业健康安全关键要求

（1）混凝土搅拌机及配套机械作业前,应进行无负荷试运转,运转正常后再开机工作。

（2）搅拌机、卷扬机等应有专用开关箱,并装有漏电保护器,停机时应拉断电闸,下班时应上锁。

（3）混凝土振动器操作人员应穿胶鞋,戴绝缘手套,振动器应有防漏电装置,不得挂在钢筋上操作。

（4）使用钢模,应有导电措施,并设接地线,防止机电设备漏电,造成触电事故。

（5）现场施工负责人和施工员必须十分重视安全生产,牢固树立安全促进生产、生产必须安全的思想,切实做好预防工作。所有施工人员必须经安全培训,考核合格方可上岗。

（6）施工员在下达施工计划的同时,应下达具体的安全措施,每天出工前,施工员要针对当天的施工情况,布置施工安全工作,并强调安全注意事项。

(7)落实安全施工责任制度,安全施工教育制度、安全施工交底制度、施工机具设备安全管理制度等。并落实到岗位,责任到人。

(8)防水混凝土施工期间应以漏电保护、防机械事故和保护为安全工作重点,切实做好防护措施。

(9)遵章守纪,杜绝违章指挥和违章作业,现场设立安全措施及有针对性的安全宣传牌、标语和安全警示标志。

(10)进入施工现场必须佩戴安全帽,作业人员衣着灵活紧身,禁止穿硬底鞋、高跟鞋作业,高空作业人员应系好安全带,禁止酒后操作、吸烟和打架斗殴。

8.2　环境关键要求

(1)施工场地应平整,夜间施工照明应有保证。

(2)冬期施工混凝土的入模温度不应低于5 ℃。夏期施工时,大体积混凝土应采取降低原材料温度、减少混凝土运输时吸收外界热量等降温措施。

(3)采用掺化学外加剂方法施工时,应采取保温保湿措施。

(4)严格按施工组织设计要求合理布置工地现场的临时设施,做到材料堆放整齐,标识清楚,办公环境文明,施工现场每日清扫,严禁在施工现场及其周围随地大小便,确保工地文明卫生。

(5)做好安全防火工作,严禁工地现场吸烟或其他不文明行为。

(6)注意施工废水排放,防止造成下水管道堵塞。

(7)定期会同监理、建设单位对工地卫生、材料堆放、作业环境进行检查。

9　工程实例

9.1　所属工程实例项目简介

西南建筑设计院2、3号高层住宅楼,地下为两层地下车库及设备用房,地面以上为两幢30层住宅楼,建筑总高度84.95 m,总建筑面积58 472 m²,其中地上建筑面积39 892 m²,一期地下建筑面积10 940 m²;塔楼建筑占地面积1 467 m²。地下一层3区部分为人防战备物资库,按6级人防设计,抗震设防烈度为7度,建筑主体为剪力墙结构,地下车库为框架结构。基础采用平板式筏板基础,基底置于中密卵石层上。结构类型为全剪力墙到地下二层(2号楼为框架—剪力墙)。工程所处位置地下水丰富,地下室采用双防水做法。

9.2　施工组织及实施

地下室结构以后浇带为界分为6个流水施工段。由于基坑开挖后施工现场狭窄,故地下室分阶段施工。先施工一段筏板基础,其底板混凝土达到一定强度后,作为其余段的钢筋加工场地,再流水施工其余施工段的筏板及地下两层,最后将钢筋加工场地位置的施工段施工至±0.00。

劳动力投入:钢筋工70人、模板工100人、混凝土工25人、架工10人、防水工15人、普工20人。

机械投入:本工程采用商品混凝土,投入混凝土输送泵2台、平板振动器4台、插入式振动器20台等。

9.3 工期（单元）

本工程地下室的施工工期为：地下室垫层 4 d，地下室底板防水 16 d；地下室阀板基础钢筋模板混凝土 36；负二层地下室钢筋模板混凝土 24 d；负一层地下室钢筋模板混凝土 24 d；进入地上主体施工阶段再穿插进行地下室外墙防水施工，土方回填安排在主体进行到 6 层时开始。

9.4 建设效果及经验教训

该项目在编制专项方案时，就将地下室防水鉴定为特殊过程。按照特殊过程控制的程序进行全过程、全方位的管理控制，经地下室施工完毕后以及竣工后的长时间观察，地下室未出现上述的质量通病、无渗漏现象。

渗排水工程施工工艺

渗排水是采用疏导的方法,将地下水有组织地经过排水系统排走,以削弱水对地下结构的压力,减小对结构的渗透作用,从而辅助地下工程达到防水目的。

1　工艺特点

本法特点是不用防水材料,可利用生产设施自流排水;由于排除了附近水源,地下结构一般没有渗漏水问题,同时材料简单易得,施工方便、快速,造价较低等。

2　工艺原理

渗排水防水层是地下结构的底部和四周设置砂石排水构造,将外部地下水通过渗排水内设置的排水沟或依靠渗水层本身坡度,流入工程附近较深的地下设施排走,或集中流入结构内部的积水坑内用泵排走,从而达到防水的目的。

3　适用范围

渗排水适用于无自流排水条件,防水要求较高且有抗浮要求的地下工程。

4　工艺流程及操作要点

4.1　工艺流程

4.1.1　作业条件

(1)当有地下水时,应采取排降水措施,将地下水位降至基坑底标高 300 mm 以下。

(2)当无混凝土底板者,地下结构应施工完成,经检查合格并办理交接验收手续;对有混凝土底板者,混凝土底板应施工完成,经检查合格并办理隐检手续。

(3)砂、石、砖、渗水管道材料已备齐,运到现场,质量符合要求。

(4)施工机具设备维修、试运转,处于良好状态。

4.1.2　工艺流程图

渗排水工程工艺流程如图 1 所示。

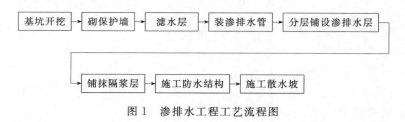

图 1　渗排水工程工艺流程图

4.2　操作要点

4.2.1　技术准备

(1)熟悉、审查施工图纸及有关设计文件,明确质量标准及规范要求。

(2)施工前必须有施工方案,要有文字及口头技术交底。

（3）根据设计要求编写施工方案，制定施工排水措施。

4.2.2 材料要求

（1）石子。

粒径 5～20 mm 或 20～40 mm 卵石，要求洁净、坚硬，不易风化，不溶解于水，含泥量小于 1%。

（2）砂子。

中砂或粗砂，要求洁净，无杂质，含泥量不大于 2%。

（3）渗水管。

有铸铁管、钢筋混凝土管、混凝土管或陶土管等，管上有设孔眼和不设孔眼两种，管直径一般为 150～250 mm。

4.2.3 操作要点

（1）防水层构造。

渗排水防水层做法种类较多，常用的较典型的有两种。图 2（a）是将整个渗水层作成 0.5%～1.0% 的坡度，在是渗水层与土体之间设混凝土底板和滤水墙，内部设渗水管，采用无组织排水。图 2（b）是在渗水层与土体之间不设混凝土底板，内部设渗水管，当地下水进入渗水层后，依靠渗水层本身坡度或渗水管，流入附近较深的下水暗井内，或排入构筑物内部的水泵坑内，利用生产系统（或专门）设置的排水设备，将地下水排离结构物。渗水管有带孔和不带孔两种做法，前者在管子上布置孔眼，在横截面上成 45°，以减少孔眼被堵塞，并使管底部分起流槽作用；后者在安装时，相邻管端之间留出 10～15 mm 空隙，使水向管内汇集后排走。

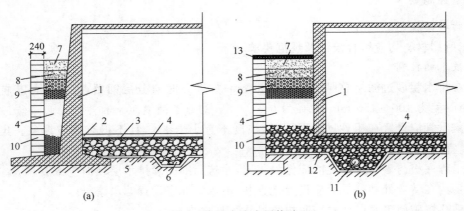

图 2 渗排水防水层构造

（a）渗排水防水层（无排水管）做法；（b）渗排水防水层（有排水管）做法；1—钢筋混凝土墙壁；2—混凝土地坪或钢筋混凝土底板；3—油毡或 1：3 水泥砂浆找平层；4—400 mm 厚卵石渗水层；5—混凝土垫层；6—排水沟；7—300 mm 厚细砂层；8—300 mm 厚粗砂层；9—400 mm 厚粒径 5～20 卵石渗水层；10—保护砖墙；11—渗水管；12—砂滤水层；13—混凝土保护层。

（2）施工方法。

1）渗排水层的施工程序：对有钢筋混凝土底版的结构，应先做底部渗水层，再施工上部结构和立壁渗水层；无钢筋混凝土底板者，则在结构施工完后，再做底部和立壁渗排水层。

2）渗排水层的石子应分层铺填，每层厚度不大于 30 cm，用平板振动器自己捣实，不得用碾压的方法，一避免将石子压碎，填塞渗水空隙，影响渗排水功能；渗排水层厚度不得超过 ±50 mm。

3）渗水管在铺垫石子时放入，其周围应填比渗水孔眼略大的石子，使其起过滤作用。排水沟和渗水管均应有 0.5%～1.0% 的坡度，不得有倒坡和积水现象。

4)在铺好渗排水层后,应在其上抹 30～50 mm 厚的水泥砂浆层或加一层油毡作隔浆层,以防浇注上部底板混凝土时漏浆堵塞排水层。

5)施工渗水墙时,砌砖应与填卵石、填土配合,依次进行,每砌 1 m 高砖墙,紧接着在两侧填卵石和土,使两侧压力平衡。填土应用蛙式打夯机分层夯实,并防止泥土灌入砂石层内。每砌一段,填一段,直至设计要求的高度,避免单侧回填,将墙推倒。

6)施工好的渗排水层,应立即作好上部保护层,并保持排水系统畅通。

5　劳动力组织

劳动力组织应根据工程实际配备。

6　机具设备配置

6.1　机　　械

机动翻斗车、平板式振动器、蛙式打夯机、水泵等。

6.2　工　　具

铁锹、平锹、铁耙、铁筛、手推胶轮车等。

7　质量控制要点

7.1　质量控制要求

7.1.1　材料的控制

施工所用材料均应符合设计及规范要求。

7.1.2　技术的控制

(1)渗排水粗砂过滤层总厚度宜为 300 mm,如较厚时应分层铺填,过滤层与基坑土层接触处应用厚度为 100～150 mm,粒径为 5～10 mm 的石子铺填。

(2)集水管应设置在粗砂过滤层下部,坡度不宜小于 1%,且不得有倒坡现象。集水管之间的距离宜为 5～10 m,并与集水井相通。

(3)工程底板与渗排水层之间应做隔浆层,建筑周围的渗排水层顶面应做散水坡。

(4)盲沟在转弯处和最低处应设置检查井,出水口处应设置滤水箅子。

(5)钻孔爆破施工时应注意控制边线尺寸及高程。

7.1.3　质量的控制

(1)渗排水、盲沟排水的施工质量检验数量应按 10% 抽查,其中两轴线间或 10 延米为 1 处,且不得少于 3 处。

(2)反滤层的砂、石粒径和含泥量必须符合设计及规范要求。

(3)集水管的埋设深度及坡度必须符合设计及规范要求。

(4)渗排水层的构造及盲沟的构造应符合设计及规范要求。

(5)渗排水层的铺设应分层、铺平、拍实。

7.2　质量检验标准

7.2.1　主控项目

(1)反滤层的砂、石粒径和含泥量及土工布、排水管质量必须符合设计和规范要求。

检验方法：检查砂、石试验报告。

（2）集（排）水管的埋设深度及坡度必须符合设计和规范要求。

检验方法：观察和尺量检查。

7.2.2 一般项目

（1）渗排水层的构造应符合设计要求。

检验方法：检查隐蔽工程验收记录。

（2）渗排水层的铺设应分层铺平、拍实。

检验方法：检查隐蔽工程验收记录。

（3）盲沟的构造应符合设计要求。

检验方法：检查隐蔽工程验收记录。

7.3 成品保护

（1）已施工完的渗排水层应尽快检查验收，以便进入下一道施工工序，避免长期暴露，杂质、泥土混入，造成渗排水层堵塞。

（2）施工期做好排降水措施，防止被泥水浸泡。

（3）坚持按施工程序施工，精心操作；材料分规格堆放和使用，防止石子级配混杂。

（4）施工期间做好排降水措施，防止被泥水淹泡。

（5）坚持按施工程序施工，精心操作、材料分规格堆放和使用，防止各类材料混杂。

7.4 质量记录

（1）做好技术交底记录及安全交底记录。

（2）做好测量放线及复测记录。

（3）收集各类原材料出厂合格证及做好检验报告、复检报告。

（4）做好验槽记录及隐蔽工程检查验收记录。

8 安全、环保及职业健康措施

8.1 职业健康安全关键要求

（1）深基坑施工中，操作人员施工通道、材料运输，应设斜坡道，并采取防滑措施。

（2）基坑较深，晾槽时间较长时，为防止边坡塌方及地表水冲刷影响边坡稳定，应采取边坡防护措施。

（3）砂、石子及土方等回填，采用蛙式打夯机夯实，操作人员必须带胶皮手套、安全帽，并设防触电保安器，以防触电。

（4）在工程施工前进行安全培训，建立安全培训制度。

（5）在工程施工期间进行定期安全生产检查和安全文明工地的评审。

（6）在进行生产技术交底的同时进行安全技术交底，并做好交底记录。

（7）基槽及其他需要爆破的部位，应制订详细的爆破方案，严禁雾天、夜间放炮，杜绝飞石伤人。

（8）夜间施工时施工面及道路要有充足的照明。

（9）吊运土方时，应检查起吊机具，绳索是否牢靠。吊钩下不得站人，卸土堆放应离坑边一定距离，以防造成边坡塌方。

（10）用手推车运土时，应先平整好道路，卸土回填，不得放手让车自动翻转，用翻斗汽车运土，运输道路的坡度、转变半径应符合有关安全规定。

（11）深基坑作业人员上下、材料运输、应设斜坡道，并采取防滑措施。

（12）落实安全责任，实施责任管理，做好安全教育及检查。

（13）制定各种特种作业的安全及防护措施（如电焊作业、爆破作业）。

8.2　环境关键要求

（1）在进行施工渗排水及盲沟施工时，随时注意观测周围环境的变化，并根据实际情况制定相应的预防措施，以避免造成周围土层移动、水土的流失及临近建筑物、道路和地下管线的变形或损坏。

（2）现场施工管理应遵守国家及地方政府的环保政策及规定。接受各级政府及职能部门的监督检查。

（3）遵守国家和地方政府的环保政策，对施工附近的农田，农作物给予保护，施工废水经沉淀后排入自然排水沟。

混凝土独立基础工程施工工艺

混凝土独立基础是工业与民用建筑中常见的一种浅基础形式,为柔性基础。

1 工艺特点

由于钢筋混凝土的抗弯性能好,可充分放大基础底面尺寸,减少地基应力的效果,同时可有效地减小埋深,节省材料和土方开挖量,使工程进度加快。

2 工艺原理

混凝土独立基础用于柱下,其形状根据设计要求,可做成斜面或台阶状。

3 适用范围

适用于6层和6层以下的一般民用建筑和整体式结构厂房柱基施工。

4 工艺流程及操作要点

4.1 工艺流程

4.1.1 作业条件

(1)基础轴线尺寸、基底标高和地质情况均经过检查验收,并应办完隐检手续。

(2)安装的模板已经过检查,几何尺寸及标高均符合设计要求,办完预检。

(3)在槽帮、墙面或模板上做好混凝土要浇捣面的标志。

(4)埋在基础中的水电各种管线均已安装完毕,并经过有关方面验收。

(5)校核混凝土配合比,检查后台磅秤,进行技术交底。准备好混凝土试模。

(6)应将槽底虚土、杂物等垃圾清除干净。

4.1.2 工艺流程图

(1)钢筋绑扎工艺流程如图1所示。

图1 钢筋绑扎工艺流程图

(2)模板安装工艺流程如图2所示。

图2 模板安装工艺流程图

(3)混凝土浇注工艺流程如图3所示。

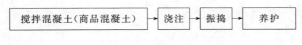

图3 混凝土浇注工艺流程图

4.2　操作要点

4.2.1　技术准备

(1)施工前必须有施工方案,要有文字及口头技术交底。

(2)施工应仔细查看图纸的要求,明确质量标准及规范要求。

4.2.2　材料要求

(1)水泥:宜用32.5～42.5级矿渣硅酸盐水泥或普通硅酸盐水泥。

(2)砂:中砂或粗砂,含泥量不大于5%。水:应用自来水或不含有害物质的洁净水。

(3)石子:卵石或碎石,粒径5～32 mm,含泥量不大于2%。

(4)钢筋:钢筋的级别、直径必须符合设计要求,有出厂证明书及复试报告,表面无老锈和油污。

(5)垫块:用1∶3水泥砂浆埋22号铁丝提前预制成或用塑料卡垫。

(6)绑扎丝。

(7)外加剂、掺和料,根据施工需要通过试验确定。

4.2.3　操作要点

(1)钢筋绑扎。

1)核对钢筋半成品:应先按设计图纸核对加工的半成品钢筋,对其规格、形状、型号、品种经过检验,然后挂牌堆放好。

2)钢筋绑扎:钢筋应按顺序绑扎,一般情况下,先长轴后短轴,由一端向另一端依次进行。操作时按图纸要求划线、钢筋布置、穿箍、绑扎,最后成型。

3)预埋管线及铁件:预留孔洞位置应正确,独立基础上的柱子、墙插筋,均应按图纸绑扎牢固或焊牢,其标高、位置、搭接锚固长度等尺寸应准确,不得遗漏或偏移。

4)受力钢筋搭接接头位置应正确。其接头相互错开,上铁在跨中,下铁应搭接在支座处;每个搭接接头的长度范围内,搭接钢筋面积不应超过该长度范围内钢筋总面积的1/4。所有受力钢筋和箍筋交接处全绑扎,不得跳扣。

5)绑砂浆垫块:底部钢筋下的砂浆垫块,一般厚度不小于50 mm,间隔1m,侧面的垫块应与钢筋绑牢,不应遗漏。

(2)安装模板。

1)确定组装钢模板方案:应先制定出独立基础组装钢模板的方案,并经计算确定对拉螺栓的直径、长度、位置和纵横龙骨、连杆点的间距及尺寸,遇有钢模板不符合模数时,可另加木模板补缝。

2)安装钢模板:安装组合钢模板,组合钢模板由平面模板、阴、阳角模板拼成。其纵横肋拼接用的U形卡、插销等零件,要求齐全牢固,不松动、不遗漏。

3)模板预检:模板安装后,应对断面尺寸、标高、对拉螺栓、连杆支撑等进行预检,均应符合设计图纸和质量标准的要求。

(3)混凝土浇注。

1)搅拌:按配合比称出每盘水泥、砂子、石子的重量以及外加剂的用量。操作时要每车过磅,先倒石子接着倒水泥,后倒砂子和加水搅拌。外加剂一般随水加入。第一盘搅拌要执行开盘批准的规定。

2)浇注:槽底及帮模(木模时)应先浇水润湿。浇注混凝土时,应按顺序直接将混凝土倒入模中；若用塔机吊斗直接卸料入模时，其吊斗出料口距操作面高度以 30～40 cm 为宜。

3）振捣：采用斜向振捣法，振捣棒与水平面倾角约 30°左右。棒头朝前进方向，插棒间距 以 50 cm 为宜，防止漏振。振捣时间以混凝土表面翻浆出气泡为准。混凝土表面应随振随按 标高线，用木抹子搓平。

4）养护：混凝土浇注后，在常温条件下 12 h 内应覆盖浇水养护，浇水次数以保持混凝土湿 润为宜，养护时间不少于七昼夜。

5　劳动力组织

劳动力配置见表 1。

表 1　混凝土独立基础施工劳动力组织

工作内容		单位	工日	备　注
独立基础混凝土		10 m³	14	
钢筋制作安装	圆钢 φ10 以内	t	16	
	圆钢 φ10 以上		8	
	螺纹钢		8	
	冷轧扭带肋钢筋		10	

6　机具设备配置

（1）浇注混凝土：磅秤、混凝土搅拌机、插入式振捣器、平尖头铁锹、胶皮管、手推车、木抹子 和铁盘等。

（2）绑扎钢筋：应备有钢筋钩子、扳手、小撬棍、铡刀（切断火烧丝用）、弯钩机、木折尺以及 组合钢模板等。

7　质量控制要点

7.1　质量控制要求

7.1.1　材料的控制

施工所用的混凝土材料的主要技术指标是：强度和耐久性，施工时必须保证。施工时严格 控制原材料的质量，通过有资质的试验室控制混凝土配合比来保证混凝土的强度，混凝土拌和 物的基本性能可以用混凝土的和易性与稠度来测定。

7.1.2　技术的控制

（1）混凝土的搅拌质量控制和浇注质量控制是本工艺的技术控制重点。

（2）混凝土现场搅拌应注意混凝土的原材料的计量、上料顺序、混凝土的拌和时间以及混 凝土水灰比和坍落度的控制。

（3）混凝土浇注应注意施工缝、后浇带的留设。浇注混凝土应按要求留置试件，并应采取 技术措施保证混凝土结构的垂直度和轴线符合设计、规范要求。

7.1.3　质量的控制

（1）混凝土原材料的质量控制。

（2）混凝土浇注方式的选择和控制以及混凝土的振捣质量要求是本工艺质量的关键要

求。

7.2　质量检验标准

7.2.1　主控项目

（1）水泥进场时应对其品种、级别、包装或散装仓号、出厂日期等进行检查，并应对其强度、安定性及其他必要的性能指标进行复验，其质量必须符合本标准的规定。

当在使用中对水泥质量有怀疑或水泥出厂超过三个月（快硬硅酸盐水泥超过一个月）时，应进行复验，合格后方能使用。

钢筋混凝土结构、预应力混凝土结构中，严禁使用含氯化物的水泥。

检查数量：按同一生产厂家、同一等级、同一品种、同一批号且连续进场的水泥，袋装不超过 200 t 为一批，散装不超过 500 t 为一批，每批抽样不少于一次。

检验方法：检查产品合格证、出厂检验报告和进场复验报告。

（2）结构混凝土的强度等级必须符合设计要求。用于检查结构构件混凝土强度的试件，应在混凝土的浇注地点随机抽取。取样与试件留置应符合下列规定。

1）每拌制 100 盘且不超过 100 m³ 的同配合比的混凝土，取样不得少于一次。

2）每工作班拌制的同一配合比的混凝土不足 100 盘时，取样不得少于一次。

3）当一次连续浇注超过 1000 m³ 时，同一配合比的混凝土每 200 m³ 取样不得少于一次。

4）每一楼层、同一配合比的混凝土，取样不得少于一次。

5）每次取样应至少留置一组标准养护试件，同条件养护试件的留置组数应根据实际需要确定。

检验方法：检查施工记录及试件强度试验报告。

（3）对有抗渗要求的混凝土结构，其混凝土试件应在浇注地点随机取样。同一工程、同一配合比的混凝土，取样不应少于一次，留置组数可根据实际需要确定。

（4）现浇结构的外观质量不应有严重缺陷。对已经出现的严重缺陷，应由施工单位提出技术处理方案，并经监理（建设）单位认可后进行处理。对经处理的部位，应重新检查验收。

检查数量：全数检查。

检验方法：观察，检查技术处理方案。

（5）现浇结构不应有影响结构性能和使用功能的尺寸偏差。

对超过尺寸允许偏差且影响结构性能和安装、使用功能的部位，应由施工单位提出技术处理方案，并经监理（建设）单位认可后进行处理。对经处理的部位，应重新检查验收。

检查数量：全数检查。

检验方法：量测，检查技术处理方案。

7.2.2　一般项目

（1）混凝土的强度应按现行国家标准《混凝土强度检验评定标准》（GBJ 107—87）的规定分批检验评定。

当混凝土中掺用矿物掺和料时，确定混凝土强度时的龄期可按现行国家标准《粉煤灰混凝土应用技术规范》（GBJ 146—90）等的规定取值。

（2）检验评定混凝土强度用的混凝土试件的尺寸强度的尺寸换算系数应按表 2 取用；其标准成型方法、标准养护条件及强度实验方法应符合普通混凝土力学性能试验方法标准的规定。

表 2　混凝土试件尺寸及强度的尺寸换算系数

骨料最大粒径(m)	试件尺寸(mm)	强度的尺寸换算系数
≤31.5	100×100×100	0.95
≤40	150×150×150	1.00
≤63	200×200×200	1.05

注：对强度等级为 C60 以上的混凝土试件，其强度的尺寸换算系数可通过实验确定。

(3)结构拆模后,应由监理(建设)单位、施工单位对外观质量和尺寸偏差进行检查,做出记录,并应及时按施工技术方案对缺陷进行处理。

(4)当混凝土试件强度评定不合格时,可采用非破损的检测方法,按国家现行有关标准的规定对结构构件中的混凝土强度进行推定,并作为处理的依据。

(5)混凝土的冬期施工应符合国家现行标准《建筑工程冬期施工规程》(JGJ 104—97)和施工技术方案的规定。

(6)现浇结构的外观质量缺陷,应由监理(建设)单位、施工单位等各方根据其对结构性能和使用功能影响的严重程度,按表 3 确定。

(7)现浇结构的外观质量不宜有一般缺陷。对已经出现的一般缺陷,应由施工单位按技术处理方案进行处理,并重新检查验收。

检查数量:全数检查。

检验方法:观察,检查技术处理方案。

表 3　现浇结构外观质量缺陷

名称	现　象	严重缺陷	一般缺陷
露筋	构件内钢筋未被混凝土包裹而外露	纵向受力钢筋有露筋	其他钢筋有少量露筋
蜂窝	混凝土表面缺少水泥砂浆而形成石子外露	构件主要受力部位有蜂窝	其他部位有少量蜂窝
孔洞	混凝土中孔穴深度和长度均超过保护层厚度	构件主要受力部位有孔洞	其他部位有少量孔洞
夹渣	混凝土中夹有杂物且深度超过保护层厚度	构件主要受力部位有夹渣	其他部位有少量夹渣
疏松	混凝土中局部不密实	构件主要受力部位有疏松	其他部位有少量疏松
裂缝	缝隙从混凝土表面延伸至混凝土内部	构件主要受力部位有影响结构性能或使用功能的裂缝	其他部位有少量不影响结构性能或使用功能的裂缝
连接部位缺陷	构件连接处混凝土缺陷及连接钢筋、连接件松动	连接主要受力部位有影响结构性能或使用功能的裂缝	其他部位有少量不影响结构性能或使用功能的裂缝
外形缺陷	缺棱掉角、棱角不直、翘曲不平、飞边凸肋等	清水混凝土构件有影响使用功能或装饰效果的外形缺陷	其他混凝土构件有不影响使用功能的外形缺陷
外表缺陷	构件表面麻面、掉皮、起砂、污染等	具有重要装饰效果的清水混凝土构件有外表缺陷	其他混凝土构件有不影响使用功能的外表缺陷

(8)允许偏差应符合表 4、表 5 和表 6 的规定。

表 4　独立基础钢筋安装及预埋件位置允许偏差

项次	项　目	允许偏差（mm）	检查方法
1	骨架的宽度、高度	±5	尺量检查
2	骨架的长度	±10	尺量检查
3	焊接	±10	尺量连续三档
4	绑扎	±20	取其最大值
5	间距	±10	尺量两端，中间各一号取其最大值
6	排距	±5	
7	钢筋弯起点位移	20	
8	中心线位移	5	尺量检查
9	水平高差	$^{+3}_{0}$	
10	受力钢筋保护层	±10	尺量检查

表 5　独立基础模板安装和预埋件允许偏差

项次	项目	允许偏差（mm）	检验方法
1	轴线位移	5	尺量检查
2	标高	±5	用水准仪或拉线检查
3	截面尺寸	±10	尺量检查
4	相邻两板表面高低差	2	用直尺和尺量检查
5	表面平整度	5	用 2m 靠尺和塞尺检查
6	预埋钢板中心线位移	3	拉线和尺量检查
7	预埋管预留孔中心线位移	3	拉线和尺量检查
8	预埋螺栓中心线位移	2	拉线和尺量检查
9	预埋螺栓外露长度	$^{+10}_{0}$	拉线和尺量检查
10	预留孔洞中心线位移	10	拉线和尺量检查
11	预留孔洞截面内部尺寸	$^{+10}_{0}$	拉线和尺量检查

表 6　独立基础混凝土允许偏差

项次	项　目	允许偏差（mm）	检验方法
1	标高	±10	用水准仪或拉线尺量检查
2	表面平整度	8	用 2m 靠尺和楔形塞尺检查
3	基础轴线位移	15	用经纬仪或拉线尺量检查
4	基础截面尺寸	$^{+15}_{-10}$	尺量检查
5	预留洞中心线位移	5	尺量检查

7.3　质量通病防治

7.3.1　基础位置、尺寸偏差大

（1）现象。

1）基础轴线或中心线偏离设计位置。

2）混凝土基础等平面尺寸误差过大。

（2）原因分析。

1）测量放线错误，常见的是看错图或读错尺，这类原因造成的基础位置的偏差往往较大。

2）控制基础尺寸和标高的标志板出现移动变形。

3)横墙基础的轴线不是由标志板或控制桩测定,而是由山墙一端排尺控制。

4)混凝土基础模板尺寸偏差过大等原因,均可造成基础轴线或平面尺寸偏差过大。

(3)预防措施。

1)在建筑物定位放线时,外墙角处必须设置标志板如图4所示,并有相应的保护措施,防止槽边堆土和进行其他作业时碰撞而发生移动。标志板下设永久性中心桩(打入地面一平,四周用混凝土封固),标志板拉通线时,应先与中心桩核对。为便于机械开挖基槽,标志板也可在基槽开挖后钉设。

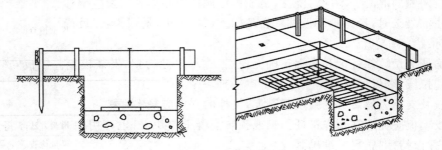

图4 外墙角设置标志板

2)横墙轴线不宜采用基槽内排尺方法控制,应设置中心桩。横墙中心桩应打入与地面一平,为便于排尺和拉中线,中心桩之间不宜堆土和放料,挖槽时应用砖覆盖,以便于清土寻找。在横墙基础拉中线时,可复核相邻轴线距离,以验证中心桩是否有移位情况。

3)按施工流水分段浇注的基础,应在分段处设置标志板。

4)基础施工前,应先用钢尺校核放线尺寸,允许偏差应符合表7的规定。

表7 放线尺寸的允许偏差

长度 L、宽度 b 的尺寸(m)	L(或 b)≤30	30<L(b)≤60	60<L(b)≤90	L(或 b)>90
允许偏差(mm)	±5	±10	±15	±20

5)混凝土基础应在检查模板尺寸、位置无误后,方可浇注。

(4)治理方法。

1)轴线偏差过大,可能导致地基或桩基偏心受力,留下隐患。因此发现基础位置偏差太大时,必须请设计等有关方面协商处理。

2)基础尺寸减小后,造成地基应力提高,地基变形加大,由此造成上部建筑开裂等问题屡见不鲜。当基础尺寸严重偏小时,应约请有关方面研究采取加固补强措施。

7.3.2 混凝土基础外观缺陷

(1)现象。

1)基础中心线错位。

2)基础平面尺寸、台阶形基础台阶宽和高的尺寸偏差过大。

3)带形基础上口宽度不准,基础顶面的边线不直;下口陷入混凝土内;拆模后上段混凝土有缺损,侧面有蜂窝、麻面;底部支模不牢。

4)杯形基础的杯口模板位移;芯模上浮,或芯模不易拆除。

(2)原因分析。

1)测量放线错误。安装模板时,挂线或拉线不准,造成垂直度偏差大,或模板上口不在一条直线上。

2)模板上口仅用铁丝拉紧,且松紧不一致,上口不钉木带或不加顶撑,浇混凝土时的侧压力使模板下口向外推移(上口内倾),造成上口宽度大小不一。

3)模板未撑牢;基础上部浇注的混凝土从模板下口挤出后,未及时清除,均可造成侧模下部陷入混凝土内。

4)模板支撑直接撑在基坑土面上,土体松动变形,导致模板尺寸、形状偏差。

5)杯形基础上段模板支撑方法不当,杯芯模底部密闭,浇注混凝土时,杯芯模上浮。

6)模板两侧的混凝土不同时浇注,造成模板侧压力差太大而发生偏移。

7)浇注混凝土时,操作脚手板搁置在基础上部模板上,造成模板下沉。

(3)防治措施。

1)在确认测量放线标记和数据正确无误后,方可以此为据,安装模板。模板安装中,要准确地挂线和拉线,以保证模板垂直度和上口平直。

2)模板及支撑应有足够的强度和刚度,支撑的支点应坚实可靠。

3)上段模板应支承在预先横插圆钢或预制混凝土垫块上;也可用临时木支撑将上部侧模支撑牢靠,并保持标高、尺寸准确。

4)发现混凝土由上段模板下翻上来时,应及时铲除、抹平,防止模板下口被卡住。

5)模板支撑支承在土上时,下面应垫木板,以扩大支承面。模板长向接头处应加拼条,使板面平整,连接牢固。

6)杯基芯模板应刨光直拼,表面涂隔离剂,底部钻几个小孔,以利排气(水)。

7)浇注混凝土时,两侧或四周应均匀下料并振捣。脚手板不得搁在模板上。

7.4 成品保护

(1)安装模板和浇注混凝土时,应注意保护钢筋,不得攀踩钢筋。

(2)钢筋的混凝土保护层厚度一般不小于 50 mm。其钢筋垫块不得遗漏。

(3)冬期施工应覆盖保温材料,防止混凝土受冻。

(4)拆模时应避免重撬、硬砸,以免损伤混凝土和钢模板。

7.5 季节性施工措施

7.5.1 雨期施工措施

(1)雨季之前应做好场地的排水措施,以便在独立基础施工时场地遇雨不积水、不泥泞。

(2)提前做好运输道路的维护,方便雨季期间的施工。

(3)提前安排好原材料、半成品的堆放场所以及加工场所,确保雨季来临时原材料的防护、材料的加工等。

(4)预备好充足的防雨材料以应对突降暴雨。

7.5.2 冬期施工措施

(1)钢筋焊接宜在室内进行。在室外焊接时,最低气温不宜低于−20 ℃,且应有防雪挡风措施。焊接后的接头严禁立即碰到冰雪。

(2)拌制混凝土时,骨料中不得带有冰雪及冰团,拌和时间应比常温规定时间延长 50%。

(3)基土应进行保温,不得受冻。

(4)混凝土的养护应按冬季施工方案执行。混凝土的试块应增加两组,与结构同条件养护。

(5)混凝土的冬期施工应符合国家现行标准《建筑工程冬期施工规程》(JGJ 104—97)和施工技术方案的规定。

(6)冬期施工应覆盖保温材料,防止混凝土受冻。

7.6 质量记录

(1)水泥的出厂证明及复验证明。

(2)钢筋的出厂证明或合格证,以及钢筋验收单抄件。

(3)钢筋隐蔽验收记录。

(4)模板标高、尺寸的预检记录。

(5)钢筋焊接接头拉伸试验报告。

(6)结构用混凝土应有试配申请单和试验室签发的配合比通知单。

(7)混凝土试块 28 d 标养抗压强度试验报告。商品混凝土应有出厂合格证。

(8)预埋件、螺栓、锚板等的产品合格证。

8 安全、环保及职业健康措施

8.1 职业健康安全关键要求

(1)模板的(支设)安装过程中应遵守安全操作规程。

(2)模板(支设)安装、拆除过程中要严格按照设计要求的步骤进行,全面检查支撑体系的稳定性。

(3)模板所用的脱模剂在施工现场不得乱扔,以防止(影响)环境污染(质量)。

(4)进行钢筋绑扎施工时,要正确佩戴和使用个人防护用品。

(5)混凝土搅拌开始前,应对搅拌机及配套机械进行试运转,检查运转正常,运输道路畅通,方可开机工作。

(6)搅拌机运转时,严禁将铁锹、耙等工具伸入罐内,必须进罐扒混凝土时必须停机。工作完成后应将拌筒清洗干净。搅拌机应有专用开关箱,并应有漏电保护装置。

(7)混凝土浇注前,应对振动器进行试运转,振动器操作人员应穿绝缘鞋、戴绝缘手套;振动器不得挂在钢筋上,湿手不得接触电源开关。

(8)混凝土浇注时应严格检查模板及其支撑的稳固情况。

(9)混凝土施工的全过程应保证机械设备的使用安全。

(10)注意检查施工用电的安全。

8.2 环境关键要求

(1)混凝土施工中应在现场搅拌设备的场地内设置沉淀池,污水的排放应符合环保要求。

(2)混凝土施工中应按文明工地要求覆盖现场砂、石等材料,防止粉尘对大气的污染。

(3)混凝土施工作业层四周应设密目网防护,振捣混凝土应采取措施降低振捣工具产生的噪声污染,以减少噪声对周围环境的影响。

9 工程实例

9.1 所属工程实例项目简介

四川雅砻江两河口水电站业主白马营地房屋建筑安装一期工程,工程概况见表8。

表 8 工 程 概 况 表

单体建筑物名称	建筑面积（m²）	层数	建筑高度（m）
业主宿舍楼	4×2 605	3	10.65
设计监理物业宿舍楼	5×2 510	3	12.38
业主食堂	2 783	2/局部-1	10.2

注：基础形式均采用柱下独立基础。

9.2 施工组织及实施

根据合同承诺的工期，结合该建筑结构特征和各单体建筑的实际情况及总平面布置，本群体工程划分为两个流水段进行施工，其中业主宿舍楼 1#、2#、设计、监理和后勤宿舍楼 7#、8#和业主餐厅 10# 为第一个流水段，业主宿舍楼 3#、4#、设计、监理和后勤宿舍楼 5#、6#、9# 为第二个流水段。

基础阶段施工顺序安排：土方开挖→垫层→基础→（地梁）→土方回填的顺序进行施工。施工原则按照先深后浅，先地下后地上。

劳动力投入：模板工 80 人、钢筋工 70 人、混凝土工 50 人、砖工 40 人、焊工 6 人、防水工 5 人、抹灰工/装饰工 4 人、架工 10 人、机操工 2 人、水工 2 人、电工 3 人、普工 20 人。

机具投入：搅拌机 2 台、对焊机 1 台、电渣压力焊机 2 台、钢筋切断机 2 台、钢筋弯曲机 2 台、钢筋调直机 2 台、交流焊机 3 台、木工多用机具 1 台、平板式振捣器 4 台、插入式振捣器 15 台、蛙式打夯机 4 台、压路机 1 台、装载机 1 台、挖掘机 1 台。

9.3 工期（单元）

基础工期约 1 个月。包括：测量放线、土方开挖、垫层施工、独立基础结构施工、土方回填等。

9.4 建设效果及经验教训

由于施工前技术措施得当，施工交底到位，各方面准备充分，过程控制得力，独立基础施工质量得到保证。

9.5 关键工序图片（照片）资料

图 5 已施工完毕的钢筋混凝土独立基础

砖、石基础工程施工工艺

砖、石基础工程是以条石或实心砖为材料进行砌筑的基础工程。

1 工艺特点

施工方便、施工速度快、成本较低。

2 工艺原理

利用条石或实心砖强度高的特性,通过砌筑砂浆将其砌筑形成整体。

3 适用范围

本工艺标准适用于一般工业与民用建筑砖混和外砖内模结构的基础砌筑工程。

4 工艺流程及操作要点

4.1 工艺流程

4.1.1 作业条件

(1)基槽:混凝土或灰土地基均已完成,并办完隐检手续。

(2)已放好基础轴线及边线;立好皮数杆(一般间距 15～20 m,转角处均应设立),并办完预检手续。

(3)根据皮数杆最下面一层砖的底标高,拉线检查基础垫层表面标高,如第一层砖的水平灰缝大于 20 mm 时,应先用细石混凝土找平,严禁在砌筑砂浆中掺细石代替或用砂浆垫平,更不允许砍砖合子找平。

(4)常温施工时,黏土砖必须在砌筑前一天浇水湿润;一般以水浸入砖四边 1.5 cm 左右为宜。

(5)砂浆配合比已经试验确定。现场准备好砂浆试模。

4.1.2 工艺流程图

砖、石基础工程工艺流程如图 1 所示。

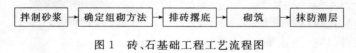

图 1 砖、石基础工程工艺流程图

4.2 操作要点

4.2.1 技术准备

(1)施工前必须有施工方案,要有文字及口头技术交底。

(2)施工应仔细查看图纸的要求,明确质量标准及规范要求。

4.2.2 材料要求

(1)砖:砖的品种,强度等级须符合设计要求,并应规格一致。有出厂证明、试验单。

(2)水泥:一般采用 32.5 级矿渣硅酸盐水泥和普通硅酸盐水泥。

(3)砂：中砂，应过 5 mm 孔径的筛。配制 M5 以下的砂浆，砂的含泥量不超过 10％；M5 及其以上的砂浆，砂的含泥量不超过 5％，并不得含有草根等杂物。

4.2.3　操作要点

(1)拌制砂浆。

1)砂浆的配合比应采用重量比，并经试验确定。水泥称量的精确度控制在±2％以内；砂和掺和料等精确度控制在±5％以内。

2)砂浆应采用机械拌和。先倒砂子、水泥、掺和料，最后倒水。拌和时间，不得少于 1.5 min。

3)砂浆应随拌随用。水泥砂浆和水泥混合砂浆必须在拌成后 3 h 和 4 h 内使用完。

4)每一楼层、基础均按一个楼层或每 250 m³ 砌体中各种砂浆，每台搅拌机至少应作一组试块(每组六块)，如砂浆强度等级或配合比变更时，还应制作试块。

(2)确定组砌方法。

1)组砌方法应确定正确，一般采用满丁满条排砖法。

2)砌筑时，必须里外咬槎或留踏步槎，上下层错缝。宜采用"三一砌砖法(即一铲灰、一块砖、一挤揉)。严禁用水冲灌入缝的方法。

(3)排砖摞底。

1)基础大放脚的摞底尺寸及收退方法，必须符合设计图纸规定。如果是一层一退，里外均应砌丁砖；如是两层一退，第一层为条砖，第二层砌丁砖。

2)大放脚的转角处，应按规定放七分头，其数量为一砖半厚墙放三块、二砖墙放四块，以此类推。

(4)砌筑。

1)砖基础砌筑前，基底垫层表面应清扫干净，洒水湿润。再盘墙角；每次盘角高度不应超过五层砖。

2)基础大放脚砌到基础墙时，要拉线检查轴线及边线，保证基础墙身位置正确。同时要对照皮数杆的砖层及标高；如有高低差时，应在水平灰缝中逐渐调整。使墙的层数与皮数杆相一致。

3)基础墙角每次砌筑高度不应超过五层砖，随砌随靠平吊直，以保证基础墙横平竖直。砌基础墙应挂线，24 墙外手挂线，37 墙以上应双面挂线。

4)基础标高不一致或有局部加深部位，应从最低处往上砌筑。同时应经常拉线检查，以保持砌体平直通顺，防止出现螺丝墙。

5)基础墙上，承托暖气沟盖板的挑檐砖及上一层压砖，均应用丁砖砌筑。立缝碰头灰要打严实。挑檐砖层的标高必须正确。

6)基础墙上的各种预留洞口及埋件，以及接槎的拉结筋，应按设计标高、位置或交底要求留置。避免后凿墙打洞，影响墙体质量。

7)沉降缝两边的墙角应按直角要求砌筑。先砌的墙要把舌头灰刮尽；后砌的墙可采用缩口灰的方法。掉入沉降缝内的砂浆、碎砖和杂物，随时清除干净。

8)安装管沟和预留洞的过梁，其标高、型号位置必须准确，底灰饱满，如坐灰超过 20 mm 厚时，要用细石混凝土铺垫，过梁两端的搭墙长度应一致。

(5)抹防潮层：抹灰前应将墙顶活动砖修好，墙面要清扫干净，浇水润湿。随即抹防水砂浆。设计无规定时一般厚度为 20 mm，防水粉掺量为水泥重量的 3％～5％。

5　劳动力组织

对管理人员和技术工人的组织形式的要求：制度基本健全，并能执行。施工方有专业技术管理人员并持证上岗；高、中级技工不应少于砌筑工人的 70％。

6　机具设备配置

6.1　机　　械

应备有砂浆搅拌机、石材切割机及打磨机。

6.2　工　　具

主要机具：应备有大铲、刨锛、托统板、线坠、钢卷尺、灰槽、小水桶、砖夹子、小线、筛子、扫帚、八字靠尺板、钢筋卡子、铁抹子等。

7　质量控制要点

7.1　质量控制要求

7.1.1　材料的控制

（1）条石、实心砖等进场前必须有出厂检验报告，进场后要进行复检。

（2）砌筑砂浆用水必须符合国家现行标准《混凝土用水标准》（JGJ 63—2006）的规定。

（3）水泥进场使用前，应分批对强度、安定性进行检验。当在使用中对水泥质量有怀疑或水泥出厂超过 3 个月时，应进行复查试验，并按其结果使用。

7.1.2　技术的控制

（1）砖、石基础应采用分段流水施工。合理安排机具及劳动力，搞好综合平衡。

（2）测定砂子含水率，计算砌筑砂浆配合比，并严格材料计量，以确保砌筑砂浆强度。

（3）认真做好基础的测量放线技术复核工作，将误差严格控制在允许偏差范围内。

（4）皮数杆制作应精确、规范、标示清楚。砖、石基础组砌正确，灰缝厚度符合要求。

（5）砖、石基础的转角处和交接处应同时砌筑，如不能同时砌筑应留斜槎。

7.1.3　质量的控制

（1）砌体的灰缝砂浆饱满度应符合施工规范≥80％的要求。

（2）砌筑时，应向砌筑面适量浇水湿润，砌筑砂浆有良好的保水性，并且砌筑砂浆铺设长度不应大于 2 m，避免因砂浆失水过快引起灰缝开裂。

（3）砌筑过程中，应经常检查墙体的垂直平整度，并应在砂浆初凝前用小木锤或撬杠轻轻进行修正，防止因砂浆初凝造成灰缝开裂。

（4）砌体施工应严格按施工规范的要求进行错缝搭砌，避免因墙体形成通缝削弱其稳定性。

7.2　质量检验标准

7.2.1　一般规定

（1）选用的砖、石材必须符合设计要求，其中料石材质必须质地坚硬，无分化剥落和裂纹。

（2）砖、石表面的泥垢、水锈等杂质，砌筑前应清理干净。

（3）砖、石基础砌体灰缝厚度不宜大于 20 mm。

(4)砂浆初凝后,如移动已砌筑的砌块,应将原砂浆清理干净重新砌筑。

7.2.2　主控项目

(1)砖的品种、强度等级必须符合设计要求。

(2)砂浆品种符合设计要求,强度必须符合下列规定。

1)同品种、同强度砂浆各组试块的平均强度不小于设计强度等级所对应的立方体抗压强度。

2)任意一组试块的强度不小于 0.75 倍设计强度等级所对应的立方体抗压强度。

(3)砌体砂浆必须饱满密实,实心砖砌体水平灰缝的砂浆饱满度不小于80%。

(4)外墙的转角处严禁留直槎,其他临时间断处,留槎的做法必须符合施工规范的规定。

7.2.3　一般项目

基础砌砖允许偏差项目见表1。

表 1　基础砌砖允许偏差

项次	项目	允许偏差(mm)	检验方法
1	轴线位置偏移	15	用经纬仪或拉线和尺量检查
2	基础顶面标高	±15	用水准仪和尺量检查

注:基础墙高超过 2 m 时,实测项目可按混水墙检查。

7.2.4　资料核查项目

(1)水泥出厂合格证。

(2)水泥复试报告。

(3)砂浆检测报告。

(4)砂浆配合比检测报告。

(5)砂浆抗压强度检测报告。

(6)砖、石质量证明书。

(7)料石试验报告。

(8)料石砌体检验批质量验收记录。

(9)料石砌体分项工程质量验收记录。

(10)料石基础测量放线及验收记录。

(11)技术交底或作业指导书。

(12)设计变更或技术核定单。

7.2.5　观感检查项目

(1)组砌方法应正确,灰缝均匀,不得有通缝、瞎缝。

(2)灰缝砂浆应饱满,横平竖直,不得有空隙、亮缝。

7.3　质量通病防治

(1)现象。

竖缝过宽或过窄,竖缝出现通缝、瞎缝、爬缝。基础顶面标高不在同一水平面,其偏差明显超过施工规范的规定。

(2)原因分析。

料石组砌形式不当。基层标高偏差大,砌基础不设皮数杆,基础大放脚宽大,皮数杆不能贴近,不易观察砌筑与皮数杆的标高差,料石的上下面未经必要的打凿、找平。

（3）预防措施。

根据基础类型、断面形状及尺寸,确定正确的砌筑形式,砌筑前,先按照组砌图试排料石,将竖缝排匀。根据上下皮的错缝要求,转角处及交接处需要进行二次加工的料石必须控制好加工尺寸。

准确控制基础垫层的顶面标高,宜在允许的负偏差范围内;砌筑基础时,应普查基层标高,局部低洼处,可用细石混凝土找平;基础砌筑必须设置皮数杆,并根据设计要求、块材规格及灰缝厚度的皮数杆上标明皮数及竖向构造的变化部位;砌筑基础大放脚石,应双面挂线保持横向水平,每砌一皮,应用水准尺校对水平;对上下偏差大的料石,进行二次加工。

7.4　成品保护

（1）基础墙砌完后,未经有关人员复查之前对轴线桩、水平桩龙门板应注意保护,不得碰撞。

（2）对外露或预埋在基础内的暖卫、电气套管及其他预埋件应注意保护,不得损坏。

（3）应加强对抗震构造柱钢筋和拉结筋的保护,不得踩倒弯折。

（4）基础墙两侧的回填土,应同时进行,否则未填土的一侧应加支撑。暖气沟墙内应加垫板支撑牢固,防止回填土挤歪挤裂。回填土严禁不分层夯实和向槽内灌水的所谓"水夯法"。

7.5　季节性施工措施

7.5.1　雨期施工措施

（1）雨期施工基槽排水应畅通,防止雨水浸泡基础砌体。

（2）雨期施工应防止雨水冲刷墙体。下雨之前,砌体顶面应覆盖。

（3）雨后进行料石砌筑,砂浆稠度可适当减小。

（4）雨期施工时,应防止基槽灌水和雨水冲刷砂浆;砂浆的稠度应适当减小。每日砌筑高度不宜超过 1.2 m。收工时应覆盖砌体表面。

7.5.2　冬期施工措施

（1）当室外平均气温连续 5 d 稳定低于 0 ℃时,料石墙体砌体工程应采取冬期施工措施。气温根据当地气象资料确定。

（2）冬期施工期限以外,当日最低气温低于 0 ℃时,也应按本标准的有关规定执行。

（3）砌体工程冬期施工应有完整的冬期施工方案。

（4）冬期施工所有材料应符合下列规定。

1）石灰膏、电石膏应防止受冻,如遭冻结,应经融化后方可使用。

2）拌制砂浆所用的砂,不得含有冰块和直径大于 10 mm 的冻结块。

3）料石砌块不得遭水浸冻。

4）砂浆宜用普通硅酸盐水泥拌制,不得使用无水泥拌制的砂浆。

5）拌和砂浆宜采用两步投料法。水的温度不得超过 80 ℃,砂的温度不得超过 40 ℃。

6）砌体表面的霜雪应清扫干净后,才能继续砌筑。砖可以不浇水,但应增大砂浆的稠度。

7）砂浆应随拌随用,普通砂浆和掺盐砂浆的储存时间分别不宜超过 15 min 和 20 min。

8）砂浆使用温度不宜低于 5 ℃,已遭冻结的砂浆严禁使用。

9)砌筑好的料石砌体顶面应及时用草袋等保温材料加以覆盖,防止砌体受冻。

10)如基土为冻胀性土时,应在未冻的基土上砌筑基础。且在施工期间和回填土时前,均应防止基土受冻。已冻结的地基需开冻后方可砌筑。

(5)冬期擅长砂浆试块的留置,除应按常温规定要求外,尚应增留不少于1组与砌体同条件养护的试块,测试检验28 d强度。

(6)当采用掺盐砂浆法施工时,宜将砂浆强度等级按常温施工的强度等级提高一级。

7.6　质量记录

(1)材料(砖、水泥、砂、钢筋等)应具备出厂合格证及报告。

(2)砂浆试块实验报告。

(3)分项工程质量检验评定。

(4)隐检、预检记录。

(5)冬期施工记录。

(6)设计变更及洽商记录。

(7)其他技术文件。

8　安全、环保及职业健康措施

8.1　职业健康安全关键要求

(1)"安全三宝"(安全帽、安全带、安全网)必须配备齐全。工人进入工地必须佩戴经安检合格的安全帽;工人高空作业之前须例行体检,防止高血压病人或有恐高症者进行高空作业,高空作业时必须佩带安全带;工人作业前,须检查临时脚手架的稳定性、可靠性。电工和机械操作工必须经过安全培训,并持证上岗。

(2)砌筑基础时,应经常观察基槽边坡土体变化情况,防止基槽边坡土方滑移、坍塌。

(3)距离基槽边缘1 m范围内,不得堆放料石。

(4)不准向基槽内直接抛石,也不准在基槽边缘修改料石,防止飞石伤人。

(5)基槽较深时,操作人员上下应设梯子,转递料石应搭架子。

8.2　环境关键要求

(1)搅拌机清洗水应经过沉淀池沉淀后,再通过排污管道排入市政管网中。

(2)切割或打磨料石时应浇水,消除粉尘污染。

(3)石屑、石块及其他施工垃圾应在场内集中堆放,不准随地乱倒。

9　工程实例

9.1　所属工程实例项目简介

成都理工大学学生宿舍工程位于成都理工大学校园内,建筑面积17 000 m²,砖混结构,建筑层数为7层,基础形式为条形基础。

9.2　施工组织及实施

由于该工程工期较紧,在结构施工过程中钢筋工数量基本保持在90人左右、砖工150人、木工60人,整个工程分为3个流水段组织施工,机械设备主要有1台塔吊、3台龙门吊、1台钢筋调直机、2 台弯曲机、1 台切割机、1 台钢筋对焊机、2 台搅拌机。

9.3　工　　期

该工程基础施工时间约为 1 个月。

9.4　建设效果及经验教训

施工前制定了详细的技术方案并层层交底,技术方案策划全面、详细,能具体指导施工。并在施工过程中严格管理,使得工程施工质量受到了各方好评。

主体结构施工

砌体工程施工工艺

砌体工程广泛运用于工业与民用建筑工程中。砌体工程包括砌石、砌砖、砌块等工程施工,本章节选取施工中常用且具有代表性的蒸压加气混凝土砌块砌体工程进行阐述。

1　工艺特点

(1)建筑体系适应性强,砌筑方便、组砌灵活,对建筑物的平面和空间变化无严格要求,能满足建筑设计变化的需要。

(2)生产砌块的成本低廉,制作工艺简单。可因地制宜充分利用本地区的地方材料,可以变废为宝,化害为利,利用工业废渣做原料,可节约有限的资源。

(3)施工机具设备简单,施工简便。

(4)具有较好的耐久、保温、防潮、隔热和耐火等性能。

2　工艺原理

砌体工程是由砖、石、水泥、石灰、砂子等砌筑的砌体结构,能耐久地承受上部结构的荷载,并具有一定的抗冻、保温、防潮、隔热和耐火等性能。本工艺适用于工业与民用建筑工程采用蒸压加气混凝土砌块和轻质混凝土小砌块等砌筑填充墙砌体工程。蒸压加气混凝土砌块和轻质混凝土小砌块因其重量轻,用作填充墙可以减轻建筑物的自重,降低工程投资,因此在框架结构、剪力墙等结构中得到广泛的应用。

3　适用范围

(1)适用于低层和多层建筑的承重墙、多层和高层建筑的间隔墙、框架填充墙,以及一般工业建筑的围护墙体。

(2)采用加气混凝土砌块砌体承重的房屋,宜采用横墙承重的结构方案,横墙的间距不宜超过 4.2 m,尽可能使横墙对正贯通,每层应设置现浇混凝土圈梁,以房屋有较好的空间整体刚度。质量密度为 500 kg/ m³、强度等级为 MU3 的加气混凝土砌块,用于横墙承重的建筑时,其层数不得超过三层,总高度不超过 10 m;质量密度为 600 kg/ m³、强度等级为 MU4 的加气混凝土砌块,用于横墙承重的建筑时,其层数不得超过四层,总高度不超过 13 m;质量密度为 700 kg/ m³、强度等级为 MU5 的加气混凝土砌块,用于横墙承重的建筑时,其层数不得超过五层,总高度不超过 16 m。

(3)作为填充材料或保温隔热材料。

(4)用于冷库、恒温恒湿车间等特殊的建筑物,可取代一部分保温材料;也可作为保温隔热材料用于建筑物的复合墙体。

4　工艺流程及操作要点

4.1　工艺流程

4.1.1　作业条件

(1)砌筑前,将楼、地面基层水泥浮浆及施工垃圾清理干净。

（2）弹出楼层轴线及墙身边线,经复核,办理相关手续。

（3）根据标高控制线及窗台、窗顶标高,预排出砖砌块的皮数线,皮数线可划在框架柱上,并标明拉结筋、圈梁、过梁、墙梁的尺寸、标高,皮数线经技术质检部门复核,办理相关手续。

（4）根据最下面第一匹砖的标高,拉通线检查,如水平灰缝厚度超过 20 mm,先用 C15 以上细石混凝土找平。严禁用砂浆或砂浆包碎砖找平,更不允许采用两侧砌砖,中间填芯找平。

（5）构造柱钢筋绑扎,隐蔽检查验收完毕。

（6）砌筑砂浆配合比经有资质的试验部门试配确定,有书面配合比试配单。在施工现场根据砌体方量准备好取样砂浆试模。

（7）做好水电管线的预留预埋工作。

4.1.2　工艺流程图

加气混凝土砌块填充墙砌体施工工艺流程如图 1 所示。

4.2　操作要点

4.2.1　技术准备

（1）砌筑前,应认真熟悉图纸,核实门窗洞口位置及洞口尺寸,明确预埋、预留位置,算出窗台及过梁顶部标高,熟悉相关构造及材料要求。

（2）已审核完建筑施工图纸,并确保填充墙、门窗洞口的位置、轴线尺寸准确无误,确保圈梁、过梁的标高正确。

（3）使用经过校验合格的监测和测量工具。

（4）施工前,工程技术人员应结合设计图纸及实际情况,编制出专项施工技术交底和作业指导书等技术性文件。

（5）制定该分项工程的质量目标、检查验收制度等保证工程质量的措施。

（6）由具有相应资质的试验室出具完整的砌筑砂浆配合比试验报告。

4.2.2　材料要求

（1）蒸压加气混凝土砌块一般规格的公称尺寸有两个系列,单位为 mm。

1）长度:600。高度:200,250,300。宽度:75,100,125,150,175,200,250……（以 25 递增）。

2）长度:600。高度:240,300。宽度:60,120,180,240……（以 60 递增）。

（2）其他规格可由购货单位与生产厂协商确定。其规格尺寸比较灵活,根据设计要求,可根据需要选用或加工。

（3）蒸压加气混凝土砌块干密度等级见表 1。

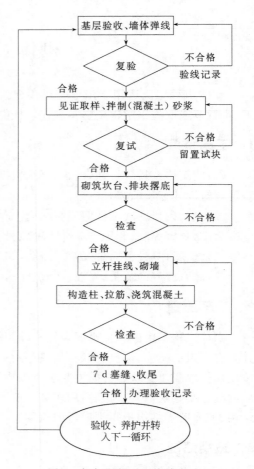

图 1　加气混凝土砌块填充墙
砌体施工工艺流程图

表 1　蒸压加气混凝土砌块干密度等级

体积密度级别		B03	B04	B05	B06	B07	B08
体积密度	优等品≤	300	400	500	600	700	800
	一等品≤	330	430	530	630	730	830
	合格品≤	350	450	550	650	750	850

（4）蒸压加气混凝土砌块的外观质量可分为优等品、一等品、合格品，其外观质量要求见表 2。

表 2　蒸压加气混凝土砌块的外观质量

项　目			指　标		
			优等品	一等品	合格品
尺寸允许偏差不大于（mm）	长度	$L1$	±3	±4	±5
	厚度	$B1$	±2	±3	+3−4
	高度	$H1$	±2	±3	+3−4
缺楞掉角	个数，不多于（个）		0	1	2
	最大尺寸不得大于（mm）		0	70	70
	最小尺寸不得大于（mm）		0	30	30
	平面弯曲不得大于（mm）		0	3	5
裂纹	条数，不多于（条）		0	1	2
	在任何一面上的裂纹长度不得大于裂纹方向尺寸的		0	1/3	1/2
	贯穿一面两棱的裂纹长度不得大于裂纹所在面的裂纹方向尺寸总和的		0	1/3	1/3
爆裂、黏模和损坏深度不得大于（mm）			10	20	30
表面疏松、层裂			不允许		
表面油污			不允许		

（5）蒸压加气混凝土砌块干密度为 300～800 kg/m³，选择砌块时必须具有出场合格证，其强度等级及干表观密度必须符合设计要求及施工规范的规定。

（6）蒸压加气混凝土砌块应符合《建筑材料放射性核素限量》（GB 6566—2001）的规定。

（7）施工用水泥采用强度等级为 22.5 级或 32.5 级的普通硅酸盐水泥或矿渣硅酸盐水泥，需新鲜、无结块。

（8）施工用砂宜采用中砂，砂中泥土含量不应超过 5％，并过 5 mm 的密目网筛。

4.2.3　操作要点

（1）结构经验收合格后，把砌筑基层楼地面的浮浆残渣清理干净并进行弹线，填充墙的边线、门窗洞口位置线要准确，偏差控制在规范允许的范围内。皮数杆尽可能立在填充墙的两端或转角处，并拉通线。

（2）蒸压加气混凝土砌块砌筑时，墙底部应砌 200 mm 高的烧结普通砖、多孔砖或混凝土空心砌块，或浇注 200 mm 高等墙厚混凝土坎台，混凝土强度等级宜为 C20。

（3）砌筑时应预先试排砌块，并优先使用整体砌块。不得已须断开砌块时，应使用手锯、切割机等工具锯裁整齐，并保护好砌块的棱角，锯裁砌块的长度不应小于砌块总长度的 1/3。长度小于等于 150 mm 的砌块不得上墙。砌筑最底层砌块时,当灰缝厚度大于 20 mm 时应使用细石混凝土铺密实,上下皮灰缝应错开搭砌,搭砌长度不应小于砌块总长的 1/3。当搭砌长度小于 150 mm 时,即形成通缝,竖向通缝不应大于 2 皮砌块,否则应配 $\phi 4$ 钢筋网片或 $2\phi 6$ 钢筋,长度宜为 700 mm,如图 2 所示。

(4)砌块墙的转角处,应隔皮纵、横墙砌块相互搭砌。砌块墙的 T 字交接处,应使横墙砌块隔皮断面露头。如图 3、图 4 所示。

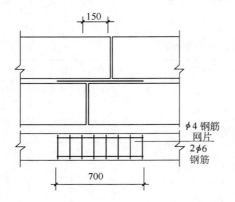

图 2　蒸压加气混凝土砌块砌筑搭砌
长度小于 150 mm 时处理方法(mm)

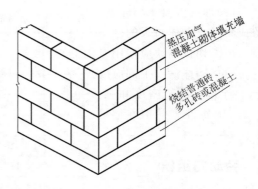

图 3　加气混凝土砌块转角砌法

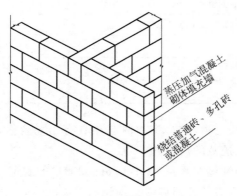

图 4　加气混凝土砌块 T 形砌法

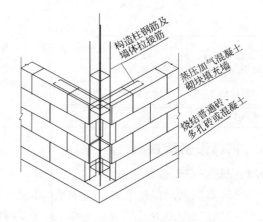

图 5　蒸压加气混凝土砌块填充墙构造柱

(5)蒸压加气混凝土砌体的竖向灰缝宽度和水平灰缝厚度宜分别为 20 mm 和 15 mm。灰缝应横平竖直、砂浆饱满,正、反手墙面均宜进行勾缝。砂浆的饱满度不得小于 80%。横向灰缝的一次铺灰长度不应大于 2 m,竖向灰缝应采用临时内外夹板夹紧后灌缝。

(6)蒸压加气混凝土砌体填充墙与结构或构造柱连接的部位,应预埋 $2\phi 6$ 的拉结筋,拉结筋的竖向间距应为 500~1 000 mm,当有抗震要求时,拉结筋的末端应做 40 mm 长 90°弯钩。

(7)有抗震要求的砌体填充墙按设计要求应设置构造柱、圈梁,构造柱的宽度由设计确定,厚度一般与墙等厚,圈梁宽度与墙等宽,高度不应小于 120 mm。圈梁、构造柱的插筋宜优先预埋在结构混凝土构件中或后植筋,预留长度符合设计要求。构造柱施工时按要求应留设马牙槎,马牙槎宜先退后进,进退尺寸不小于 60 mm,高度为 300 mm 左右。当设计无要求时,构造柱应设置在填充墙的转角处、T 形交接处或端部;当墙长大于 5 m 时,应间隔设置。圈梁宜设在填充墙高度中部。如图 5 所示。

(8)蒸压加气混凝土砌块填充墙砌体与后塞口门窗的连接:后塞口门窗与砌体间通过木砖与门窗框连接,具体可用 100 mm 长的铁钉把门框与木砖钉牢。木砖可以预埋,也可以后打。预埋木砖时,木砖应经过炭化,埋到预制混凝土块中,随加气混凝土块一起砌筑,预制混凝土块大小应符合砌体模数,或用普通烧结砖在需放木砖部位砌长度 240 mm、宽度与加气块等厚的砖礅,木砖放置中间。

(9)加气混凝土填充墙砌体在转角处及纵横墙交接处,应同时砌筑,当不能同时施工时,应留成斜槎。砌体每天的砌筑高度不应超过 1.8 m。

(10)切锯砌块应使用专用工具,不允许用斧或瓦刀任意砍劈。

(11)墙体洞口上部应放置 2ϕ6 的拉结筋,伸过洞口两边长度每边不少于 500 mm。

(12)不同干密度和强度等级的加气混凝土不应混砌。加气混凝土砌块也不得与其他砖、砌块混砌。但在墙底、墙顶及门窗洞口处局部采用烧结普通砖和多孔砖砌筑不视为混砌。

5 劳动力组织

对管理人员和技术工人的组织形式的要求:制度基本健全,并能执行。施工方有专业技术管理人员并持证上岗;高、中级技工不应少于砌筑工人的 70%。劳动力配置见表 3。

表 3 劳动力配置表

序号	工 种	人 数	备 注
1	砖工	按工程量计算确定	技工
2	普工	按工程量计算确定	

注:加气混凝土填充墙施工劳动生产率参考:0.83 m³/工日。

6 机具设备配置

6.1 机 械

塔式起重机、卷扬机、井架、切割机、砂浆搅拌机等。

6.2 工 具

瓦刀、夹具、手锯、小推车、灰斗、灰铁锹、小撬棍、小木锤、线锤、匹数杆等。机具设备配置见表 4。

表 4 机具设备配置表

序号	名 称	说 明
1	塔式起重机、卷扬机、井架	提升设备,根据工程具体情况选择
2	砂浆搅拌机	拌制砌筑砂浆
3	切割机、手锯	用于局部砌块切锯及切割管线预留槽用
4	瓦刀	铺灰用

续上表

序号	名　称	说　明
5	小推车	运输砌块、砂浆等材料
6	灰斗、灰铁锹	铲运及承放砂浆用
7	小撬棍、小木锤	调整砌块位置用
8	夹具	固定砌块用
9	线锤、皮数杆	砌筑找水平及垂直用

7　质量控制要点

7.1　质量控制要求

7.1.1　材料的控制

(1)蒸压加气混凝土砌块砌筑时的产品龄期应超过 28 d。

(2)砌筑砂浆用水必须符合国家现行标准《混凝土用水标准》(JGJ 63—2006)的规定。

(3)水泥进场使用前,应分批对强度、安定性进行检验。当在使用中对水泥质量有怀疑或水泥出厂超过 3 个月时,应进行复查试验,并按其结果使用。

(4)钢筋材质应有出厂合格证和质量证明单及复试报告。

7.1.2　技术的控制

(1)砌筑前,墙底部应砌烧结普通砖或多孔砖,或现浇混凝土坎台,其高度不宜小于 200 mm。

加气混凝土填充墙顶部及底部按图 6 所示处理。

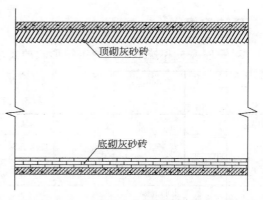

图 6　加气混凝土填充墙顶部及底部的处理

(2)框架柱、剪力墙侧面等结构部位应预埋 ϕ6 的拉墙筋和构造柱、圈梁的插筋,或者结构施工后植上钢筋。

圈梁遇洞口不能贯通时按图 7 所示处理。

门、窗过梁洞口按图 8、图 9 所示处理。

(3)蒸压加气混凝土砌块填充墙砌体施工过程中,严格按设计要求留设构造柱,当设计无要求时,应按墙长度每 5 m 设构造柱。构造柱应置于墙的端部、墙角和 T 形交叉处。构造柱马牙槎应先退后进,进退尺寸大于 60 mm,进退高度宜为砌块 1～2 层高度,且在 300 mm 左右。

构造柱设置如图 10 所示。

构造柱配筋如图 11 所示。

(4)加气混凝土砌块填充墙与构造柱之间以 ϕ6 拉结筋连接,拉结筋按墙厚每 120 mm 放置一根,120 mm 厚墙放置两根拉结筋。拉结筋埋于砌体的水平灰缝中,埋入每边墙的长度不应小于 500 mm。对抗震设防烈度 6 度、7 度的地区,不应小于 1 000 mm,末端应作 90°弯钩。

构造柱处拉接筋设置如图 12 所示。

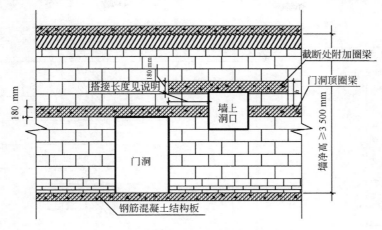

图 7　圈梁遇洞口不能贯通时处理大样

注:1　附加圈梁与圈梁的搭接应≥2 h(h 为附加圈梁与圈梁的垂直距离),并应不小于 1 m;

　　2　附加圈梁的高度可根据砌块排列的实际情况进行适当调整。

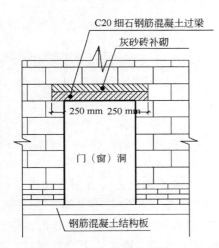

图 8　门、窗过梁大样

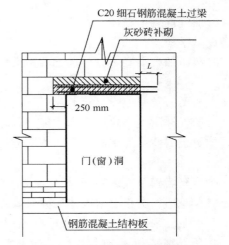

图 9　过梁靠结构墙(柱)大样

L 为植筋长度,其尺寸按规定。

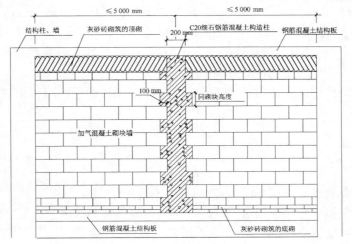

图 10　构造柱设置大样

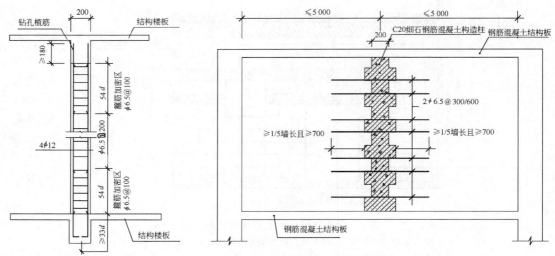

图 11　构造柱配筋大样(mm)　　　　　图 12　构造柱处拉接筋设置大样(mm)

(5)加气混凝土砌体填充墙每天的砌筑高度不宜超过 1.8 m,并且填充墙上不得留设脚手眼、搭设脚手架。

(6)蒸压加气混凝土砌体填充墙砌筑前应进行排砖、截砖,达到节约材料、减少建筑垃圾的目的。

7.1.3　质量的控制

(1)加气混凝土砌块填充墙砌体的灰缝砂浆饱满度应符合施工规范≥80%的要求,尤其是外墙,须防止因砂浆不饱满、假缝、透明缝等引起墙体渗漏,防止内墙的抗剪切强度不足引起质量通病。

(2)填充墙砌至接近梁底、板底时,应留一定的空隙,待填充墙砌筑完并至少间隔 7 d 后,再将其补砌挤紧,防止上部砌体因砂浆收缩而开裂。方法为:当上部空隙小于等于 20 mm 时,用 1∶2 水泥砂浆嵌填密实;稍大的空隙用细石混凝土镶填密实;大空隙用烧结标准砖或多孔砖呈 60°角斜砌挤紧,但砌筑砂浆必须密实,不允许出现平砌、生摆(填充墙上部斜砖砌筑时出现的干摆或砌筑砂浆不密实形成孔洞等)等现象。

(3)砌筑时,应向砌筑面适量浇水湿润,砌筑砂浆有良好的保水性,并且砌筑砂浆铺设长度不应大于 2 m,避免因砂浆失水过快引起灰缝开裂。

(4)砌筑过程中,应经常检查墙体的垂直平整度,并应在砂浆初凝前用小木锤或撬杠轻轻进行修正,防止因砂浆初凝造成灰缝开裂。

(5)砌体施工应严格按施工规范的要求进行错缝搭砌,避免因墙体形成通缝削弱其稳定性。

7.2　质量检验标准

7.2.1　一般规定

(1)蒸压加气混凝土砌块施工前,其产品龄期不应少于 28 d。

(2)蒸压加气混凝土砌块在运输、装卸过程中,严禁抛掷和倾倒。进场后应按品种、规格分别堆放整齐,堆置高度不应超过 2 m,并应采取措施,防止雨淋。

(3)蒸压加气混凝土砌块砌筑时,应向砌筑面适量浇水。

（4）蒸压加气混凝土砌块砌筑墙体时,墙底部应砌普通烧结砖或多孔砖,或普通小型混凝土空心砌块,或现浇混凝土坎台等,其高度不宜小于 200 mm。

7.2.2　主控项目

（1）蒸压加气混凝土砌块和砌筑砂浆的强度等级应符合设计要求。

（2）检验方法:检查砌块的产品合格证书、产品性能检测报告和砂浆试验报告。

7.2.3　一般项目

（1）填充墙砌体一般尺寸的允许偏差宜符合表 5 的规定。

表 5　填充墙砌体一般尺寸的允许偏差表

项次	项　目		允许偏差（mm）	检验方法
1	轴线位移		10	尺量检查
	垂直度	小于等于 3 m	5	用 2 m 托线板或吊线尺量检查
		小于 3 m	10	
2	表面平整度		8	用 2 m 靠尺、楔形塞尺检查
3	门窗洞口高、宽(后塞口)		±5	尺量检查
4	外墙上、下窗口偏移		20	用经纬仪或吊线检查

（2）加气混凝土砌体填充墙横向和竖向灰缝砂浆饱满度应大于等于 80%,用百格网检查。

（3）圈梁、构造柱及墙体拉结筋的位置、锚固及搭接长度应符合设计及施工规范的要求,并进行隐蔽验收,填写隐蔽验收单。

7.2.4　资料核查项目

（1）砌块出厂合格证及检测报告。

（2）水泥出厂合格证及复试报告。

（3）砂检测报告。

（4）砂浆配合比试验报告及砂浆试块强度检验报告。

（5）隐蔽工程验收记录。

（6）砌体工程检验批质量验收记录。

7.2.5　观感检查项目

（1）砌体墙面应整洁,砌体灰缝横平竖直,厚薄均匀。

（2）砌体组砌方法正确,上下错缝,转角、丁字接头部位搭砌正确。

（3）砌体顶面与梁板接触面组砌紧密无裂缝。

7.3　质量通病防治

7.3.1　填充墙与混凝土柱、梁、墙连接不良

（1）现象。

填充墙与柱、梁、墙连接处出现裂缝,严重的受冲撞时倒塌。

（2）原因分析。

1）混凝土柱、墙、梁未按规定预埋拉接筋,或偏位、规格不符。

2）砌填充墙时未将拉接筋调直或未放在灰缝中,影响钢筋的拉接能力。

3）钢筋混凝土梁、板与填充墙之间未楔紧,或没有用砂浆嵌填嵌密实。

（3）预防措施。

1）轻质小型砌块填充墙应沿墙高每隔 600 mm 与柱或承重墙内预埋的 2φ6 钢筋拉接,钢筋伸入填充墙内长度不应小于 600 mm。加气砌块填充墙与柱和承重墙交接处应沿墙高每隔 1 m 设置 2φ6 拉接筋,伸入填充墙内不得小于 500 mm。

2）填充墙砌至拉接筋部位时,将拉接筋调直,平铺在墙身上,然后铺灰砌墙;严禁把拉接筋折断或未进入墙体灰缝中。

3）填充墙砌完后,砌体还将有一定的变形,因此要求填充墙砌到梁、板底留一定的空隙,在抹灰前再用侧砖、立砖或预制混凝土块斜砌挤紧,其倾斜度为 60°左右砌筑砂浆要饱满。另外,在填充墙与柱、梁、板结合处须用砂浆嵌缝,这样使填充墙与梁、板、柱结合紧密,不易开裂。

（4）治理方法。

1）柱、梁、板或承重墙内漏放拉结筋时,可在拉接筋部位将混凝土保护层凿除,将拉接筋按规范要求的搭接倍数焊接在柱、梁、板或承重墙钢筋上。

2）柱、梁、板或承重墙与填充墙之间出现裂缝,可凿除原有嵌缝砂浆,重新嵌缝。

7.3.2　墙片整体性差

（1）现象。

墙体沿灰缝产生裂缝或在外力作用下造成墙片损坏,影响墙片的整体性。

（2）原因分析。

1）砌块含水率过大,砌上墙后,砌块逐渐干燥而收缩,因此体积不稳定,容易在灰缝中产生裂缝。

2）砌块施工未预先绘制砌块排列图,使砌块排列混乱,造成砌块搭接长度不符合要求,灰缝过厚等现象,引起沿灰缝产生裂缝。

3）因轻质小砌块和加气砌块的强度低,承受剧烈碰撞能力差,往往墙底部容易损坏,影响墙片的整体性。

4）在抗震设防区,未按抗震要求对墙体采取加强措施,遇地震,墙片整体性差,出现裂缝,甚至倒塌。

5）加气砌块块体大,竖缝砂浆不易饱满,影响砌体的整体性。另外,因块体大,灰缝少,受剪能力差,在外界因素影响下（如温差、干缩等）,容易沿灰缝产生裂缝。

6）随意凿墙破坏墙片整体性。

7）过梁支承处轻质小砌块孔洞未用混凝土填实,造成砌块压碎。

（3）预防措施。

1）砌块砌筑前应绘制砌块排列图,并设计皮数杆,砌筑时应上下错缝搭接,轻质小砌块搭接长度不应小于 90 mm;如不能满足,应在灰缝中加 φ4 钢筋网片,网片长度不应小于 700 mm,加气砌块搭接长度不宜小于砌块长度的 1/3,并应不小于 150 mm;如不能满足时,应在水平灰缝中设置 2φ6 钢筋或 φ4 钢筋网片加强,加强筋长度不应小于 500 mm。

2）砌体砌筑前,块材应提前 2 d 浇水湿润,使块料与砌筑砂浆有较好的粘结;并根据不同材料性能控制含水率,轻质小砌块含水率控制在 5%～8%,加气混凝土砌块含水率小于 15%,粉煤灰加气块含水率小于 20%。

因砌块在龄期达到 28 d 之前,自身的收缩较大,为控制砌体收缩裂缝,要求砌块砌筑时龄期应超过 28 d。

3)加气砌块砌筑时,不应将不同干密度和强度的加气砌块混砌。

4)灰缝应横平竖直,不得有亮眼。加气砌块高度较大,竖缝砂浆不易饱满,影响砌体的整体性,因此,竖缝宜支临时夹板灌缝。

水平灰缝和垂直灰缝的厚度和宽度应均匀,轻质小砌块灰缝厚度和宽度为 8~12 mm,加气砌块灰缝厚度和宽度为 15~20 mm。

5)砌块墙底部应砌筑烧结普通砖、多孔砖、预制混凝土块或现浇混凝土,其高度不小于200 mm。

6)在抗震设防地区应采取相应的加强措施,砌筑砂浆的强度等级不应低于 M5。当填充墙长度大于 5 m 时,墙顶部与梁应有拉接措施,如在梁上预留短钢筋,以后砌入墙的垂直灰缝内。当墙高度超过 4 m 时,宜在墙高的中部设置与柱连接的通长钢筋混凝土水平墙梁。

7)过梁支承处的轻质小砌块孔洞,用 C15 混凝土灌实。

8)不可随意凿墙。

(4)治理方法。

粉刷前,发现灰缝中有细裂缝时,可将灰缝砂浆表面清理干净后,重新用水泥砂浆嵌缝。裂缝严重的要拆除重砌。

压碎和损坏的墙体,应拆除重砌。

7.3.3 墙面抹灰裂缝、起壳

(1)现象。

室内外抹面随砌体灰缝中裂缝和柱、梁、板、承重墙结合处裂缝而出现相应的裂缝;墙面抹灰出现干缩裂缝和起壳,严重的引起墙面渗漏。

(2)原因分析。

1)加气砌块块体大,墙面灰缝少,减少了砌体灰缝对抹灰层的嵌固作用,增加了起壳的可能性。

2)加气砌块的吸水率较大,干燥的砌块容易吸收抹灰砂浆中的水分,影响砂浆硬化和强度发展,使砂浆与墙面黏结力减小,结合不牢,施工操作困难。

3)抹灰砂浆材料不符合要求,如水泥安定性不合格、石灰膏消化不透、砂子偏细,以及砂浆配合比不准、和易性不好等原因,或砂浆拌制后停放时间过长。

4)由于墙面不平整、凹凸过大,或砌块缺损等原因,造成抹灰层过厚,或抹灰时底层、面层同时进行,影响了砂浆与墙面的粘接、砂浆层之间的黏结,并由此引起表、里收水快慢不同,造成收水裂缝,容易产生起鼓、开裂。

5)与柱、梁、板连接处未嵌密实或未采取加强措施,由于填充墙与钢筋混凝土柱、梁、板、墙的干收缩和温度收缩不一致,容易在连接处产生裂缝。

6)门窗框与填充墙连接不牢,或施工质量不好,使用一段时间后,由于门窗扇碰撞振动,使门窗框周围抹灰出现裂缝或起壳脱落。

7)抹面使用软底硬面,如水泥砂浆抹在石灰砂浆基层、混合砂浆或珍珠岩砂浆的抹灰层上,使粉刷起壳。

8)装饰、抹灰材料选用不合理。

9)砌块存在缺损,如砌块表面酥松、蜂窝、麻面和裂缝,或砌块收缩值过大,都会影响砌体的防水能力,从而引起墙面渗水。

10)填充墙的水平灰缝和垂直灰缝不密实或有空头缝。

11)墙体洞口下未采取加强措施,容易因温度应力引起洞口下部砌体和抹灰层裂缝。

12)因小砌块外形尺寸较精确,墙面平整度较好,有时抹灰层太薄,成为墙体防水的薄弱环节。

（3）预防措施。

1)砌块经就位、校正、灌筑垂直缝后,应随即进行水平灰缝和垂直灰缝的勒缝(原浆勾缝),勒缝深度轻质小砌块一般为 2 mm,加气砌块一般为 3~5 mm,可起到嵌固抹灰层的作用。抹灰前嵌补凹进墙面过大的灰缝。

2)抹灰前,对砌块墙面的污斑、油渍、尘土等污物,应用钢丝刷、竹扫帚或其他工具清理干净。加气砌块应在抹灰前提前 1~2 d 浇水使其湿润,抹灰时再浇水湿润一遍。轻质小砌块粉刷时适当浇水湿润即可。

3)抹灰前对雨水侵蚀较多的部位、砌筑砂浆密实度较差的部位或抹灰前出现裂缝的部位,应用水泥砂浆勾缝,并应检查墙面平整度,尤其是加气砌块,应把凸出墙面较大处铲平,修补脚手眼和其他孔洞,镶嵌密实;凹进墙面较大处、砌块缺损部位或深度过大的缝隙,应用水泥砂浆分层修补平整,以免局部抹灰过厚,造成干缩裂缝或局部起壳。

加气砌块抹灰前应对基层表面进行处理,刷一道 108 胶溶液(配合比为 108 胶水∶水＝1∶3~4)或其他界面剂。处理后应随即进行底层刮糙。

4)控制抹灰层厚度。底层刮糙不宜太厚,一般控制在 10 mrn 以内。中层厚度控制在 5 mm 左右,并尽量做到厚度均匀、表面平整。面层视面层材料而定,一般厚度控制在 2~5 mm 内。

5)抹灰砂浆及其原材料应符合要求,有适当的稠度和良好的保水性,机械喷涂抹灰砂浆的稠度一般为 140~150 mm;手工抹灰砂浆稠度为 80~100 mm。

6)加气砌块墙宜用强度不高的 1∶3 石灰砂浆或 1∶1∶6 混合砂浆抹灰。除护角线、踢脚板、勒脚、局部墙裙外,不宜做大面积水泥砂浆抹灰。

7)砌块墙面不宜贴挂重量较大的饰面材料。

8)墙面用混合砂浆、石灰砂浆或珍珠岩砂浆抹灰时,应留出踢脚板、墙裙、勒脚或其他水泥砂浆抹灰层的位置,以防水泥砂浆因基层粘有白灰砂浆而起壳。

9)在砌块砌筑时,轻质小砌块应在门窗洞口内侧适当位置(一般应在安装铰链、脚头和门锁处),砌筑 190 mm×190 mm×190 mm 单孔砌块,孔洞朝向门窗框一侧,然后用水泥砂浆或混凝土固定木砖或窗脚头。加气砌块可在门窗洞口适当位置直接镶砌木砖、标准砖,以便固定门窗框,不允许用薄木板代替木砖,更不能用铁钉等物直接打入灰缝。

10)填充墙与梁、柱、板和承重墙连接处要用砂浆嵌缝,并且骑缝加钉 200~300 mm 宽的钢丝网片。

11)为防止洞口下八字裂缝,在墙体洞口下部放置 2φ6 钢筋,伸进洞口两边长度,每边不得小于 500 mm。

12)在加气砌块砌体内墙同一墙身两面,不得同时满做不透气饰面。在严寒地区,加气砌块外装修不得满做不透气饰面。

（4）治理方法。

1)对于因结构问题引起墙面抹灰起壳、裂缝和渗水的,应先对结构采取措施后,再对抹灰层进行处理。处理时,一般应铲除起壳部分,清理、湿润后重新分层抹灰。对于抹灰层裂缝一般应沿裂缝凿成 V 形槽,清洗后用水泥砂浆分层嵌补或用油膏嵌缝,然后分层修补抹灰层。

2)因砌块本身材料问题而引起的渗漏,应铲除该部位抹灰层,然后将砌块酥松或裂缝部分凿除,用水泥砂浆修补,达到一定强度后重新抹灰。

3)因抹灰层太薄而造成渗水的墙面,可在表面凿毛,认真清理、湿润以后,加做一层抹灰,有条件时,可在抹灰层外涂防水层,如憎水剂等。

7.4 成品保护

(1)加气混凝土砌块运输、装卸过程中,严禁抛掷和倾倒,防止损坏棱角边。

(2)搭、拆脚手架时,不得碰撞已砌墙体和门窗边角。

(3)在加气混凝土墙上开洞、开槽时,应弹线切割,并保持块体完整;如有活动或损坏,应进行补强处理。

7.5 季节性施工措施

7.5.1 雨期施工措施

(1))雨期施工时,加气混凝土砌块应有防雨措施,砌块严禁被雨淋。

(2)雨天施工时,加气混凝土砌块砌体顶面应防止被雨水直接冲刷,雨后应检查墙体灰缝砂浆和墙面垂直度等,整修合格后方可继续施工。

7.5.2 冬期施工措施

(1)室外平均气温连续 5 d 稳定低于 5 ℃时,砌体工程应采取冬期施工措施;当日最低气温低于 0 ℃时,也应按冬期施工措施执行。

(2)冬期施工所用的材料应符合下列规定。

(3)砌筑前应清除砌块表面的污物、冰霜、雪等,遭水浸泡受冻的砌块不得使用。

(4)砂浆采用普通硅酸盐水泥拌制。

(5)石灰膏、电石灰应有防冻措施,如遭冻结融化后方可使用。

(6)冬期施工不得使用无水泥拌制的砂浆,所用砂不得有冰块或直径大于 10 mm 的冰结块。

(7)拌和砂浆宜采用两步投料法,水的温度不得超过 80 ℃,砂的温度不得超过 40 ℃。

(8)加气混凝土砌块在气温低于 0 ℃下条件下砌筑时,可不浇水,但必须增大砂浆的稠度,抗震设防烈度为 9 度的建筑物,无特殊措施不得砌筑。

(9)冬期施工每日砌筑后应及时在砌筑表面覆盖保温材料,砌筑表面不得留有砂浆,在继续砌筑前,应扫净砌筑表面,然后再施工。

(10)冬期施工砂浆砌块的留置除应按常温规定要求外,尚应增留不少于 2 组与砌体同条件养护的试块,测试检验各龄期强度和转入常温 28 d 强度。

(11)冬期施工砂浆使用时的温度不应低于+5 ℃。

(12)采用掺盐砂浆法施工时,宜将砂浆强度等级按常温施工的等级提高一级。

(13)配筋砌体不得采用掺盐砂浆法施工。

7.6 质量记录

(1)砂浆配合比设计检验报告单。

（2）砂浆抗压强度检验报告单。

（3）水泥检验报告单。

（4）加气混凝土砌块检验报告单。

（5）砂检验报告单。

（6）加气混凝土砌块砌体工程检验批质量验收记录。

8　安全、环保及职业健康措施

8.1　职业健康安全关键要求

"安全三宝"（安全帽、安全带、安全网）必须配备齐全。工人进入工地必须佩戴经安检合格的安全帽；工人高空作业之前须例行体检，防止高血压病人或有恐高症者进行高空作业，高空作业时必须佩带安全带；工人作业前，须检查临时脚手架的稳定性、可靠性。电工和机械操作工必须经过安全培训，并持证上岗。

8.2　环境关键要求

（1）遵守当地有关环卫、市容管理的有关规定，现场出口应设洗车台，机动车辆进出场时对其轮胎进行冲洗，防止汽车轮胎带土，污染市容。

（2）"四口"（通道口、预留口、电梯井口、楼梯口）和临边做好防护。

（3）框架外墙施工时，外防护脚手架应随着楼层搭设完毕，墙体距外架间的间隙应水平防护，防止高空坠物。内墙已准备好工具式脚手架。

（4）砌体施工时，必须做到工完场清。

（5）施工作业面应不间断地洒水湿润，最大限度地减少粉尘污染。

（6）砌筑后，及时清理的垃圾应堆放在施工平面规划位置，并进行封闭，防止粉尘扩散、污染环境。

（7）机械切割蒸压加气混凝土砌块时应向砌筑面适量浇水，并采取防风措施，切割锯粉应及时清理。

（8）宜定制非标准砌块，以减少切割，防治环境污染。

8.3　安全环保措施

（1）砌体施工脚手架要搭设牢固。

（2）外墙施工时，必须有外墙防护及施工脚手架，墙与脚手架间的间隙应封闭防高空坠物伤人。

（3）严禁站在墙上做划线、吊线、清扫墙面、支设模板等施工作业。

（4）现场施工机械等应根据《建筑机械使用安全技术规程》（JGJ 33—2001）检查各部件工作是否正常，确认运转合格后方能投入使用。

（5）现场施工临时用电必须按照施工方案布置完成并根据《施工现场临时用电安装技术规范》（JGJ 46—2005）检查合格后才可以投入使用。

（6）施工现场应经常洒水，防止扬尘。

（7）砂浆搅拌机污水应经过沉淀池沉淀后排入指定地点。

9 工程实例

9.1 所属工程实例项目简介

武汉赛洛城项目一期工程位于武汉赛洛城项目南半部分,总占地面积 17 万 m²,建筑面积约 20.7 万 m²,共包括二至十二共 11 个组团,53 栋建筑。

多层住宅(3～6+1 层)为异型柱框架结构体系,小高层住宅(10+1 层)为剪力墙结构体系,公建(2 层)为框架结构体系。本工程±0.00 以上外围护墙及分户墙为 200 厚加气混凝土砌块,内隔墙为 100 厚加气混凝土砌块,厨房卫生间隔墙为 125 厚加气混凝土砌块,砌块强度级别为 A3.5,体积密度级别为 B06,砌筑砂浆强度等级为 M5 的混合砂浆。

9.2 施工组织及实施

以 44# 小高层住宅砌体施工为例:该工程建筑面积为 8 041.92 m²,加气混凝土砌块工程量为 1 270 m³。现场配置提升井架两台、砂浆搅拌机 1 台、转运材料斗车 6 台、灰槽、大铲、瓦刀、线坠、小白线、卷尺、小水桶、扫帚等辅助工具。投入劳动力 28 人,其中技工 18 人,普工 10 人。

9.3 工期(单元)

44# 小高层住宅砌体施工工期为 46 d。砌体施工从主体 6 层施工完毕后插入,配合结构主体施工的进度,采取先外部围护墙施工,后内隔墙施工的顺序,具体工期实施情况如下:

2 层围护墙砌筑(4 d)→3～11 层围护墙砌筑(3 d/层)→11～7 层内隔墙砌筑(3 d/层)
6～2 层内隔墙砌筑(3 d/层)→首层砌筑(7 d) }→砌体施工完毕

9.4 建设效果及经验教训

施工前制定了详细的技术方案并层层交底,技术方案策划全面、详细,能具体指导施工。在组织加气混凝土砌块施工时实行样板先行的措施,并在施工过程中严格管理,使加气混凝土砌块施工质量受到了各方好评。

9.5 关键工序图片(照片)资料

(1)砌筑立面效果照片。如图 13、图 14、图 15 所示。

图 13 砌筑立面效果一

图 14 砌筑立面效果二

（2）砌筑施工照片如图16所示。

图15　砌筑立面效果三

图16　砌筑施工

钢结构加工制作施工工艺

钢结构工程广泛运用于工业与民用建筑工程中。它的加工制作包括钢柱、钢梁、钢屋架、钢吊车梁、钢平台、钢梯、钢栏杆及其连接构件等。

1 工艺特点

屋架制作的特点：杆件较多，截面较小，平面尺寸大，刚度差，制作尺寸和孔距要求准确，节点焊缝多，制作质量和变形控制要求严，操作工艺复杂。

2 工艺原理

钢屋架形式多用三角形和梯形，一般由上弦、下弦、腹杆和连接板组成，在屋架之间设水平支撑和纵向支撑，以保持屋架的空间稳定。

3 适用范围

本施工工艺标准适合于一般在常温下使用的建筑物和构筑物的钢结构加工制作。

4 工艺流程及操作要点

4.1 工艺流程

4.1.1 作业条件

（1）钢结构的制作、安装必须根据施工图进行，并应符合《钢结构工程施工质量验收规范》（GB 50205—2001）。施工图应按设计单位提供的设计图及技术要求编制。如需修改设计图时，必须取得原设计单位同意，并签署设计更改文件。

（2）钢结构制作和安装单位在施工前，应按设计文件和施工图的要求编制工艺规程和安装施工组织设计，并认真贯彻执行。

（3）在制作和安装过程中，应严格按工序检验，合格后下道工序方能施工。制作和质量检查所用的钢尺均应相同精度，并定期送检。

（4）普通碳素钢工作地点温度低于－25 ℃、低合金结构钢工作地点温度低于－15 ℃时，不得剪切和钻孔。

（5）主要材料已进场。

（6）各种工艺评定试验及工艺性能试验完成。

（7）各种机械设备调试验收合格。

（8）所有生产工人都进行了施工前培训，取得相应资格的上岗证书，电焊工经考试，取得合格证书后方可施焊。

图 1　钢结构加工制作工艺流程图

4.1.2　工艺流程图

钢结构加工制作工艺流程见图1。

4.2　操作要点

4.2.1　操作要点

(1)放样。

1)放样工作包括如下内容:核对图纸的安装尺寸和孔距,以1:1的大样放出节点,核对各部分尺寸,制作样板和样杆作为下料、弯制等加工依据。

2)放样号料用的工具及设备有:划针、冲子、手锤、粉线、弯尺、直尺、卷尺、折弯机。

3)放样时,以1:1比例在样板台上弹出大样。当大样尺寸过大时,可分段弹出。对一些三角形构件,如果只对其节点有要求,则可以缩小比例弹出样子,但应注意精度。放样弹出的十字基准线,两线必须垂直,然后据此十字线逐一划出其他各个点及线,并在节点旁注上尺寸,以备复查及检查。用作计量依据的钢卷尺必须经过校验合格方能使用。

(2)切割。

1)下料划线以后的钢材,必须按其所需的形状和尺寸进行下料切割,常用方法有。

机械切割:使用剪切机、锯割机、砂轮切割机等机械设备。

气割:利用氧气-乙炔、液化石油气等热源进行。

等离子切割:利用等离子弧焰流实现。

2)剪切时应注意以下工艺。

剪刀口必需锋利,剪刀材料应为碳素工具钢和合金工具钢,发现损坏或迟钝,需及时检修、磨砺或调换。上下刀刃的间隙必需根据板厚调节适当。当一张钢板上排列许多个零件并有几条相交的剪切线时,应预先安排合理的剪切程序后再进行剪切。剪切时,将剪切线对准下刀口,剪切的长度不能超过下刀刃长度。

(3)矫正和成型。

1)碳素结构钢在环境温度低于-16 ℃、低合金结构钢在环境温度低于-12 ℃时,不应进行冷矫正和冷弯曲。碳素结构钢和低合金结构钢在加热矫正时,加热温度不应超过900 ℃。低合金结构钢在加热矫正后应自然冷却。

2)当零件采用热加工成型时,加热温度应控制在900 ℃;碳素结构钢和低合金结构钢分别下降到700 ℃~800 ℃以前,应结束加工。低合金应自然冷却。矫正后的钢材表面,不应有明显的凹面或损伤,划痕深度不得大于0.5 mm,且不应大于该钢材厚度负允许偏差的1/2。

(4)边缘加工。

1)气割或机械剪切的零件,需要进行边缘加工时,其刨削量不应小于2.0 mm。

2)焊接坡口加工宜采用自动切割、半自动切割、坡口机、刨边等方法进行。

3)边缘加工一般采用铣、刨等方式加工。边缘加工时,应注意控制加工面的垂直度和表面粗糙度。

(5)制孔。

1)制孔通常有钻孔和冲孔两种方法。钻孔是钢结构制造中普遍采用的方法,能用于几乎任何规格的钢板、型钢的孔加工。钻孔的原理是切削,孔的精度高,对孔壁损伤小。冲孔一般只用于较薄钢板和非圆孔的加工,而且要求孔径一般不小于钢板的厚度。冲孔产生效率高,但由于孔的周围产生冷作硬化,孔壁质量差等原因,在钢结构制造中已较少采用。

2)制孔采用钻模制孔和划线制孔两种。较多频率的孔组要设计钻模,以保证制孔过程中的质量。制孔前,考虑焊接收缩余量及焊接变形的因素,将焊接变形均匀地分布在结构上。

（6）摩擦面加工

1)采用高强度螺栓连接时,应对构件摩擦面进行加工处理。处理后的抗滑移系数应符合设计要求。

2)高强度螺栓连接摩擦面的加工,可采用喷砂、抛丸和砂轮机打磨等方法。

3)经处理的摩擦面应采取防油污和损伤保护措施。

4)制造厂和安装单位应分别以钢结构制造批进行抗滑移系数试验。制造批可按分部工程划分,每2 000 t为一批,不足2 000 t的可视为一批。选用两种及两种以上表面处理工艺时,每种处理工艺应单独检验。每批3组试件。

（7）型钢对接连接。

1)型钢直接对接连接。

钢结构工程常用角钢和槽钢,在一般受力不大的钢结构工程上,他们各自的接头方式采用直缝相连。

2)角钢加固连接。

角钢用覆盖板的连接大多数用于强度要求比较高的角钢结构连接。它的连接方式有从角钢的里面和外面进行单面或双面连接。无论从角钢里面或外面,采用角钢覆盖重叠加固,都必须将靠角钢里面的覆盖角尖部用气割或铲头去掉,否则角尖部高出与另一角钢内角相顶,会出现缝隙不严现象。在双层角钢的中间,放有一定规格的夹板,拼装时应用U形卡将缝隙压紧靠严,再进行焊接。

3)盖板连接。

在特殊钢结构工程的钢板连接时,在对接不能达到强度要求而搭接又不允许的情况下,常在同厚度两板对接处采用盖板连接,盖板连接形式有单面和双面,单面加固连接时,两板先加工成V形坡口进行焊接,焊肉不能超过钢板的上平面,焊后清理焊渣,焊上加固盖板。

4)小装配(小拼):屋架端部T形基座、天窗架支承板预先拼焊组成部件,经矫正后再拼装到屋架上。部件焊接时为防止变形,宜采用成对背靠背,用夹具夹紧再进行焊接。

5)总拼装。

① 将实样放在装配台上,按照施工图及工艺要求起拱并预留焊接收缩量。装配平台应具有一定的刚度,不得发生变形,影响装配精度。

② 按照实样将上弦、下弦、腹杆等定位角钢搭焊在装配台上。

③ 把上、下弦垫板及节点连接板放在实样上,对号入座,然后将上、下弦放在连接板上,使其紧靠定位角钢。半片屋架杆件全部摆好后,按照施工图核对无误,即可定位点焊。

④ 点焊好的半片屋架翻转180°,以这半片屋架作模胎复制装配屋架。

⑤ 在半片屋架模胎上放垫板、连接板及基座板。基座板及屋架天窗支座、中间竖杆应用带孔的定位板用螺栓固定,以保证构件尺寸的准确。

⑥ 将上、下弦及腹杆放在连接板及垫板上,用夹具夹紧,进行定位点焊。

⑦ 将模胎上已点焊好的半片屋架翻转180°,即可将另一面上、下弦和腹杆放在连接板和垫板上,使型钢背对齐用夹具夹紧,进行定位点焊,点焊完毕整榀屋架总装配即完成,其余屋架的装配均按上述顺序重复进行。

4.2.2　材料要求

（1）钢材。

制作钢结构的钢材应符合设计要求和下列规定。

1）承重结构的钢材宜采用 Q235 钢、Q345 钢、Q390 钢、Q420 钢，其质量应分别符合现行国家标准《碳素结构钢》（GB/T 700—2006）和《低合金高强度结构钢》（GB/T 1591—1994）规定。当采用其他牌号的钢材时，尚应符合相应有关规定和要求。

2）高层建筑钢结构的钢材，宜采用 Q235 等级 B、C、D 的碳素结构钢，以及 Q345 等级 B、C、D、E 的低合金高强度结构钢。当有可靠根据时，可采用其他牌号的钢材，但应符合相应有关规定的要求。

3）下列情况的承重结构和重要结构不应采用 Q235 沸腾钢。

焊接结构：

① 直接承受动力荷载或震动荷载且需要验算疲劳的结构。

② 工作温度低于－20 ℃时，直接承受动力荷载或震动荷载但不验算疲劳的结构以及承受静力荷载的受弯及受拉等重要承重结构。

③ 工作温度等于或低于－30 ℃的所有承重结构。

非焊接结构：工作温度等于或低于－20 ℃直接承受动力荷载且需要验算疲劳的结构。

4）承重结构的钢材应具有抗拉强度、伸长率、屈服强度和硫、磷含量的合格保证，对焊接结构尚应具有碳含量的合格保证。焊接承重结构以及重要的非焊接承重结构的钢材还应具有冷弯试验的合格证。

5）对于需要验算疲劳的焊接结构的钢材，应具有常温冲击韧性的合格保证。当结构工作温度等于或低于 0 ℃但高于－20 ℃时，Q235 和 Q345 钢应具有冲击韧性的合格保证；对 Q390 和 Q420 钢应具有－20 ℃冲击韧性的合格保证；当结构温度等于或低于－20 ℃时，对 Q235 和 Q345 钢应具有－20 ℃冲击韧性的合格保证；对 Q390 和 Q420 钢应具有－40 ℃冲击韧性的合格保证。

6）当焊接承重结构为防止钢材的层状撕裂而采用 Z 向钢时，其材质应符合现行国家标准《厚度方向性能钢板》（GB/T 5313）的规定。

7）对处于外露环境，且对大气腐蚀有特殊要求的或在腐蚀性气态和固态介质作用下的承重结构，宜采用耐候钢，其质量要求应符合现行国家标准《焊接结构用耐候钢》（GB/T 4172—2000）的规定。

8）钢结构工程所采用的钢材、焊接材料、紧固件、涂装材料等应附有产品的质量证明文件、中文标识及检验报告、各项指标应符合现行国家产品标准和设计要求。

9）进场的原材料，除有出厂质量证明书外，还应按合同要求和有关现行标准在建设单位、监理的见证下，进行现场见证取样、送样、检验和验收，做好记录，并向建设单位和监理提供检验报告。

（2）焊接材料。

1）焊条应符合现行国家标准《炭钢焊条》（GB/T 5117—1995）、《低合金焊条》（GB/T 5118—1995）。

2）焊条应符合现行国家标准《熔化焊用钢丝》（GB/T 14957—1994）、《气体保护电弧焊用炭钢、低合金钢焊丝》（GB/T 8110—1995）及《炭钢药芯焊丝》（GB/T 10045—2001）、《低合金钢药芯焊丝》（GB/T 17493—2001）的规定。

3)埋弧焊用焊丝和焊剂应符合现行国家标准《埋弧焊用炭钢焊丝和焊剂》(GB/T 5293—1999)、《低合金钢埋弧焊用焊剂》(GB/T 12470—2003)的规定。

4)气体保护焊用的氩气应符合现行国家标准《氩气》(GB/T 4872—1985)的规定,其纯度不应低于 99.95%。

5)气体保护焊使用的二氧化碳气体应符合现行国家标准《焊接用二氧化碳》(GB/T 2537—93)的规定。大型、重型及特殊钢结构工程中主要构件的重要焊接节点采用的二氧化碳气体质量应符合标准中优等品的要求,即其二氧化碳含量不得低于 99.9%,水蒸气与乙醇总含量不得高于 0.005%,并不得检出液态水。

6)严禁使用药皮脱落或焊芯生锈的焊条、受潮结块或已熔烧过的焊剂以及生锈的焊丝。焊钉表面不得有影响使用的裂纹、条痕、凹痕和毛刺等缺陷。

(3)紧固件。

1)钢结构工程所用的紧固件应有出厂质量证明书,其质量应符合设计要求和国家现行有关标准的规定。

2)普通螺栓可采用现行国家标准《碳素结构钢》(GB/T 700—2006)中规定的 Q235 钢制成。

3)刚强度大六角头螺栓连接包括一个螺栓、一个螺母和两个垫圈。对于性能等级为 8.8 级、10.9 级的高强度大六角头螺栓连接,应符合现行国家标准《钢结构用高强度大六角头螺栓》(GB/T 1228—2006)、《钢结构用高强度大六角头螺母》(GB/T 1229—2006)、《钢结构用高强度垫圈》(GB/T 1230)、《钢结构用高强度大六角头螺栓、大六角头螺母、垫圈技术条件》(GB/T 1231—2006)。

4)扭剪型高强度螺栓连接包括一个螺栓、一个螺母、一个垫圈。对于性能等级为 8.8 级、10.9 级的扭剪型高强度螺栓连接,应符合现行国家标准《钢结构用扭剪型高强度螺栓连接》(GB/T 3632—2008)、《钢结构用扭剪型高强度螺栓连接技术条件》(GB/T 3633—1995)。

5)焊钉应符合现行国家标准《圆柱头焊钉》(GB/T 10433—2002)。

5 劳动力组织

对管理人员和技术工人的组织形式的要求:制度基本健全,并能执行。施工方有专业技术管理人员并持证上岗;高、中级技工不应少于施工工人的 70%。

6 机具设备配置

桥式起重机、门式起重机、塔式起重机、汽车起重机、运输汽车、型钢代锯机、数控切割机、多头直条切割机、型钢切割机、车床、刨床、剪板机、焊机、电动空压机、喷漆机、超声波探伤仪、砂轮机、铁皮剪、游标卡尺、钢卷尺。

7 质量控制要点

7.1 质量控制要求

7.1.1 材料的控制

(1)使用的钢材、焊条、紧固件等具有质量证明书,必须符合设计要求和现行国家相关规范要求。

(2)进场所有材料都必须有相应出厂质量证明书,需进行见证取样,进行复检的要在监理、建设单位见证下进行现场见证取样、送样、检验和验收。

（3）钢结构工程的材料代用，一般是以高强度材料代替低强度材料，以厚代薄。钢结构工程使用的钢材，必须按要求进行力学性能试验，其检验项目应根据钢材材质进行确定，对 B、C、D 三级钢材应按要求进行冲击试验。

（4）高强度螺栓应按要求进行预拉力试验。

7.1.2　技术的控制

（1）用作计量的钢卷尺必须经过相关计量部门检验合格方可使用。

（2）放样、号料应根据加工要求增加加工余量。

（3）制孔应注意控制孔位和垂直度。

（4）装配工序应根据构件特点制定相应的装配工艺及工装胎具。

（5）焊接工序应严格控制焊接变形。

7.1.3　质量的控制

（1）样板、样杆应经质量员检验合格后，方可进行下料。

（2）大批量制孔时，应采用钻模制孔。钻模应经质量员检查合格后，方可使用。

（3）装配完成的构件应经质量检验员检验合格后，方可进行焊接。

（4）焊接过程中应严格按照焊接工艺要求控制相关焊接参数，并随时检查构件的变形情况；如出现问题，应及时调整焊接工艺。

7.2　质量检验标准

7.2.1　一般规定

（1）适用于多层与高层钢结构的主体结构、地下钢结构、檩条及墙架等次要构件、钢平台、钢梯、防护栏杆等加工制作的质量验收。

（2）钢结构进行验收前，先进行焊接及螺栓连接质量验收，符合标准规定后方可进行。

（3）钢材的品种、规格、型号和质量，必须符合设计要求及有关标准的规定。

（4）钢材切割面必须无裂纹、夹渣分层和大于 1 mm 的缺棱。

7.2.2　主控项目

（1）钢材。

1）钢材、钢铸件的品种、规格、性能等应符合现行国家产品标准和设计要求。进口钢材产品的质量应符合设计和合同规定标准的要求。

检查数量：全数检查。

检验方法：检查质量合格证明文件、中文标识及检验报告等。

2）对属于下列情况之一的钢材，应进行抽样复验，其复验结果应符合现行国家产品标准和设计要求。

① 国外进口钢材。

② 钢材混批。

③ 板材厚度等于或大于 400 mm，且设计有 Z 向性能要求的厚度。

④ 建筑结构安全等级为一级，大跨度钢结构中主要受力构件所采用的钢材。

⑤ 设计有复试要求的钢材。

⑥ 对质量有疑义的钢材。

检查数量：全数检查。

检验方法：检查复试报告。

（2）焊接材料和焊接工程。

1）焊接材料的品种、规格、性能等应符合现行国家产品标准和设计要求。

检查数量：全数检查。

检验方法：检查焊接材料的质量合格证明文件、中文标识及检验报告。

2）重要钢结构采用的焊接材料应进行抽样复试，复验结果应符合现行国家产品标准和设计要求。

检验数量：全数检查。

检验方法：检查复试报告。

3）焊条、焊丝、焊剂、电渣焊熔嘴等焊接材料与母材的匹配应符合设计要求和国家现行行业标准《建筑钢结构焊接技术规程》（JGJ 81—2002）的规定。

检验数量：全数检查。

检验方法：检查质量证明书和烘培记录。

4）焊工必须经考试合格并取得合格证书，持证焊工必须在其考试合格项目及其认可范围内施焊。

检验数量：全数检查。

检验方法：检查焊工合格证及其认可范围、有效期。

5）施工单位对其首次采用的钢材、焊接材料、焊接方法、焊后热处理等，应进行焊接工艺评定，应根据评定报告确定焊接工艺。

检验数量：全数检查。

检验方法：检查焊接工艺评定报告。

6）设计要求全焊透的一、二级焊缝应采用超声波探伤进行内部缺陷的检验，超声波探伤方法应符合现行国家标准《钢焊缝手工超声波探伤方法和探伤结果分级法》（JGJ/T 11345—1989）或《螺栓球节点钢网架焊缝超声波探伤方法及质量分级法》（JBJ/T 3034.2—1996）《建筑钢结构焊接技术规程》（JGJ 81—2002）的规定。

检验数量：全数检查。

检验方法：检查超声波或射线探伤报告。

7）焊缝表面不得有裂纹、焊瘤等缺陷。

检验数量：每批同类构件抽查 10％，且不应少于 3 件；被抽查构件中，每一类焊缝按条数抽查 5％，且不应少于 1 条；每条检查 1 处，总抽查数不应少于 10 处。

检验方法：观察检查或使用放大镜、焊缝量规和钢尺检查；当存在疑义时，采用渗透或磁粉探伤检查。

（3）切割。

钢材切割面或剪切面应无裂纹、夹渣、分层和大于 1 mm 的缺棱。

检验数量：全数检查。

检验方法：观察检查或使用放大镜及百分尺检查，有疑义时，作渗透、磁粉或超声波探伤检查。

（4）矫正和成型。

1）碳素结构钢在环境温度低于 −16 ℃、低合金结构钢在环境温度低于 −12 ℃时，不应进行冷矫正和冷弯曲。碳素结构钢和低合金结构在加热矫正时，加热温度不应超过 900 ℃。低合金结构钢在加热矫正后自然冷却。

检验数量：全数检查。

检验方法：检查制作工艺报告和施工记录。

2)当零件采用热加工成型时，温度应控制在 900 ℃；碳素结构钢和低合金结构钢在温度分别下降 700 ℃和 800 ℃以前，应结束加工；低合金结构应自然冷却。

检验数量：全数检查。

检验方法：检查制作工艺报告和施工记录。

(5)边缘加工。

气割或机械剪切的零件，需要进行边缘加工时，其刨削量不应小于 2.0 mm。

检验数量：全数检查。

检验方法：检查工艺报告和施工记录。

(6)制孔。

A、B 型螺栓孔应具有 H12 的精度，孔壁表面粗糙度不应大于 12.5 μm，C 级螺栓孔孔壁表面粗糙度不应大于 25 μm。

(7)组装。

吊车梁和吊车桁架不应下挠。

检验数量：全数检查。

检验方法：构件直立，在两端支承后，用水准仪和钢尺检查。

(8)端部铣平及安装焊缝坡口。

端部铣平的允许偏差应符合表 1 的规定。

检查数量：按坡口数量抽查 10%，且不应少于 3 条。

检查方法：用焊缝量规检查。

表 1　安装焊缝坡口允许偏差

项　　　目	允许偏差
坡口角度	±5 ℃
铣边	±1.0 mm

(9)钢构件外形尺寸。

钢构件外形尺寸的允许偏差应符合表 2 的规定。

检查数量：全数检查。

检查方法：用钢尺检查。

表 2　钢构件外形尺寸的允许偏差

项　　　目	允许偏差（mm）
单层柱、梁等受力支托表面至第一个安装孔距离	±1.0
多节柱铣平面至第一个安装孔距离	±1.0
实腹梁两端最外侧安装孔距离	±3.0
构件连接处的截面几何尺寸	±3.0
柱、梁连接处的腹板中心线偏移	2.0
受压构件弯曲矢高	$L/1\,000$，且不应大于 10.0

(10)预拼装。

高强度螺栓和普通螺栓连接的多层板叠，应采用试孔器进行检查，并应符合下列规定：

当采用比孔公称直径小 1.0 mm 的试孔器检查时，每组孔的通过率不应小于 85%。

当采用比螺栓公称直径大 0.3 mm 的试孔器检查时，通过率为 100%。

检查数量：按预拼装单元全数检查。

检查方法：采用试孔器检查。

(11)连接用紧固标准件。

1)钢结构连接用高强度大六角头螺栓连接副、扭剪型高强度螺栓连接副、钢网架用高强度螺栓、普通螺栓、铆钉、自攻钉、拉铆钉等标准配件,其品种、规格、性能等应符合现行国家产品标准和设计要求,高强度大六角头螺栓连接副和扭剪型高强度螺栓出厂时应分别随箱带有扭矩系数的紧固轴力的检验报告。

检查数量:全数检查。

检验方法:检查产品的质量合格证明文件、中文标志及检验的报告。

2)高强度大六角头螺栓连接副应按《钢结构工程施工质量验收规范》(GB 50205—2001)附录 B 的规定检验其扭矩系数,其检验结果应符合附录 B 的规定。

检查数量:见《钢结构工程施工质量验收规范》(GB 50205—2001)附录 B。

检验方法:检查复验报告。

7.2.3 一般项目

(1)钢材。

1)钢板厚度及允许偏差应符合其产品标准要求。

检查数量:每一品种、规格的钢板抽查 5 处。

检验方法:用游标卡尺量测。

2)型钢的规格尺寸及允许偏差符合其产品标准的要求。

检查数量:每一品种、规格的型钢抽查 5 处。

检验方法:用标尺和游标卡尺量测。

(2)焊接材料和焊接工程。

1)焊条外观不应有药皮脱落、焊芯生锈等缺陷,焊剂不应受潮结块。

检查数量:按量抽查 1%,且不少于 10 包。

检验方法:观察检查。

2)对于需要进行焊前预热或焊后热处理的焊缝,其预热温度或后热温度应符合国家现行有关标准的规定或通过工艺试验确定。预热区在焊道两侧,每侧宽度均应大于焊件厚度的1.5 倍以上,且不应小于 100 mm;后热处理应在焊后立即进行,保温时间应根据板厚按每 25毫米板厚 1h 确定。

检查数量:全数检查。

检验方法:检查预、后热施工记录和工艺试验报告。

3)二、三级焊缝外观质量标准应符合表 3 规定,三级对接焊缝应按二级焊缝标准进行外观质量检验。

表 3   二、三级焊缝外观质量标准

项　　目	允许偏差(mm)	
缺陷类型	二级	三级
未焊满(指不足设计要求)	≤0.2+0.02t,且≤1.0	≤0.2+0.04t,且≤2.0
	每 100.0 焊缝内缺陷总长≤25.0	
根部收缩	≤0.2+0.02t,且≤1.0	≤0.2+0.04t,且≤2.0
	长度不限	
咬边	≤0.05t,且≤0.5;连续长度≤100,且两侧咬边总长度≤总抽查长度的 10%	≤0.1t,且≤1.0,长度不限
弧坑裂纹		允许存在个别长度≤5.0 的弧坑裂纹

续上表

项　目	允许偏差(mm)	
电弧擦伤		允许存在个别电弧擦伤
接头不良	缺口深度 0.05t,且≤0.5	缺口深度 0.1t,且≤1.0
	每 1 000.0 焊缝不超过 1 处	
表面夹渣		深≤0.2t,长≤0.5t,且≤20.0
表面气孔		每 50.0 焊缝长度内允许直径≤0.4t,且≤3.0 的气孔 2 个,孔距≥6 倍孔径

检查数量:每批同类构件抽查 10%,但不应少于 3 件;被抽查构件中,每一类焊缝应按条数各抽 5%,但不应少于 1 条;每条检查 1 处,总抽查处不应少于 10 处。

检验方法:观察检查或使用放大镜、钢尺和焊缝量规检查。

4)焊缝尺寸允许偏差应符合表 4 的规定。

检查数量:每批同类的构件抽查 10%,且不少于 3 件;被抽查构件中,每一类焊缝应按条数各抽查 5%,但不少于 1 条,每条抽查 1 处,总抽查处不少于 10 处。

检验方法:用焊缝量规检查。

表 4　焊缝尺寸允许偏差

项　目	允许偏差(mm)	
	一、二级	三级
对接焊缝余高	B<20;0-3.0　B≥20;0-4.0	B<20;0-4.0　B≥20;0-5.0
对接焊缝错边	d<0.15t,且≤2.0	d<0.15t,且≤3.0
焊脚尺寸	h_f≤6;0-1.5　h_f>6;0-3.0	
角焊余高	h_f≤6;0-1.5　h_f>6;0-3.0	

5)焊成凹形的角焊缝,焊缝金属与母材间应平缓过渡;加工成凹形的角焊缝,不得在其表面留下切痕。

检查数量:每批同类构件抽查 10%,且不应少于 3 件。

检验方法:观察检查。

(3)切割。

1)气割的允许偏差应符合表 5 的规定。

检查数量:按切割面数抽查 10%,且不少于 3 个。

检验方法:观察检查或用钢尺、塞尺检查。

2)机械切割的允许偏差应符合表 6 的规定。

表 5　气割的允许偏差

项　目	允许偏差(mm)
零件宽度、长度	±3.0
切割面平整度	0.05t,且不大于 2.0
切纹深度	0.3
局部切口深度	1.0

表 6　机械切割的允许偏差

项　目	允许偏差(mm)
零件宽度、长度	±3.0
边缘缺棱	1.0
型钢端部垂直度	2.0

检查数量:按切割面数抽查 10%,且不少于 3 个。

检验方法:观察检查或用钢尺、塞尺检查。

(4)矫正和成型。

矫正后的钢材表面,不应有明显的凹痕或划伤,划痕深度不得大于 0.5 mm,且不应大于该钢材厚度负允许偏差的 1/2。

检查数量：全数检查。

检验方法：观察检查和实测检查。

（5）边缘加工。

边缘加工允许偏差应符合表 7 的规定。

检查数量：按加工面数抽查 10%，且不应少于 3 件。

检验方法：观察检查和实测检查。

（6）组装。

表 7　边缘加工允许偏差

项　目	允许偏差
零件宽度、长度	±1.0 mm
加工边直线度	$L/3\,000$，但不大于 2.0 mm
相邻两边夹角	±6′
加工面垂直度	0.025 t，且不大于 0.5 mm
加工面粗糙度	50

1）焊接 H 形钢的翼缘板拼接缝和腹板拼接缝的间距不应少于 200 mm。翼缘板拼接长度不宜小于 2 倍板宽；腹板拼接宽度不应小于 300 mm，长度不应小于 600 mm。

检查数量：全数检查。

检验方法：观察和用钢尺检查。

焊接 H 形钢的允许偏差应符合《钢结构工程施工质量验收规范》（GB 50205—2001）附录 C 中表 C.0.1 的规定。

检查数量：按钢构件数抽查 10%，且不少于 3 个。

检验方法：观察检查或用钢尺、塞尺检查。

焊接连接组装的允许偏差应符合《钢结构工程施工质量验收规范》（GB 50205—2001）附录 C 中表 C.0.2 的规定。

检查数量：按钢构件数抽查 10%，且不少于 3 个。

检验方法：用钢尺检查。

（7）钢结构外形尺寸。

钢结构外形尺寸一般项目允许偏差应符合《钢结构工程施工质量验收规范》（GB 50205—2001）附录 C 中表 C.0.3 的规定。

检查数量：按构件数量抽查 10%，且不少于 3 件。

检验方法：见《钢结构工程施工质量验收规范》（GB 50205—2001）附录 C 中表 C.0.3～表 C.0.9。

（8）预拼装。

预拼装的一般项目允许偏差应符合《钢结构工程施工质量验收规范》（GB 50205—2001）附录 D 中表 D 的规定。

检查数量：按预拼装单元全数检查。

检验方法：见《钢结构工程施工质量验收规范》（GB 50205—2001）附录 D 中表 D。

7.2.4　资料核查项目

（1）钢材、焊条等各种材料出厂材料检验报告及合格证。

（2）焊接质量检验报告。

（3）隐蔽工程验收记录。

（4）钢结构加工制作检验批质量验收记录。

7.2.5　观感检查项目

焊缝表面光滑、饱满、无夹渣。

7.3　质量通病防治

（1）现象：构件发生翘曲变形。

(2)原因分析:焊接顺序不对。

(3)预防措施:制定详细的施工方案、进行焊接工艺评定。

7.4　成品保护

(1)钢构件堆放应分类堆放整齐,下垫枕木,叠层堆放也要求垫枕木,并要求做到防止变形、牢固、防锈蚀。

(2)堆放场地应有良好排水措施。

(3)对于有预起拱的构件其堆放应使起拱方向朝下。

(4)对于有涂装的构件,在搬运、堆放时不得在构件上行走以免破坏涂装质量。

7.5　季节性施工措施

7.5.1　雨期施工措施

雨季施工时应有雨季施工措施,严禁在露天无措施情况下施工。

7.5.2　冬期施工措施

室外平均气温连续 5 d 稳定低于 5 ℃时,砌体工程应采取冬期施工措施;当日最低气温低于 0 ℃时,也应按冬期施工措施执行。

冬季施工使用电热器,需有工程技术部门提供的安全使用技术资料,并经施工现场防火负责人同意,冬季施工使用的保温材料不得采用可燃材料。

7.6　质量记录

(1)各类钢材质量合格证明文件、中文标志及检验报告。

(2)对进口钢材、混批钢材、重要受力构件等应有抽样复验报告。

(3)焊缝渗透、磁粉或超声波探伤资料。

(4)钢结构制作工艺报告和施工记录。

(5)各类型钢和板材尺寸偏差检查资料。

(6)外观检查记录和实测检查资料。

(7)分项工程质量检查验收记录。

8　安全、环保及职业健康措施

8.1　职业健康安全关键要求

(1)"安全三宝"(安全帽、安全带、安全网)必须配备齐全。工人进入工地必须佩戴经安检合格的安全帽;工人高空作业之前须例行体检,防止高血压病人或有恐高症者进行高空作业,高空作业时必须佩带安全带;工人作业前,须检查临时脚手架的稳定性、可靠性。电工和机械操作工必须经过安全培训,并持证上岗。

(2)高空作业中的设施、设备,必须在施工前进行检查,确认其完好,方能投入使用。攀登和悬空作业人员,必须持证上岗,定期进行专业知识考核和体格检查。作业过程应戴安全帽,系好安全带。

(3)施工作业场所有可能坠落的物件,应一律先进行撤除或加以固定。高空作业中所用的物料,应堆放平稳,不妨碍通行和装卸。随手用的工具应放在工具袋内。作业中,走道内余料应及时清理干净,不得任意抛掷或向下丢弃。传递物件禁止抛掷。

（4）雨天和雪天进行高空作业时，必须采取可靠的防滑、防寒和防冻措施。对于水、冰、霜、雪，均应及时清除。

（5）对高耸建筑物施工，应事先设置避雷设施，遇有 6 级及以上强风、浓雾等恶劣天气，不得进行露天攀登和悬空高处作业。施工前，到当地气象部门了解情况，做好防台风、防雨、防冻、防寒、防高温等措施。暴风雨及台风暴雨前后，应对高空作业安全设施逐一加以检查，发现问题，立即加以完善。

（6）柱、梁等构件吊装所需的直爬梯及其他登高用的拉攀件，应在构件施工图或说明内作出规定，攀登的用具在结构构造上必须牢固、可靠。

（7）施工材料的存放、保管，应符合防火安全要求，易燃材料必须专库储备；化学易燃品和压缩可燃性气体容器等，应按其性质设置专用库房分类堆放。

（8）在焊接节点处，用钢管搭设防护栏杆，在栏杆周围用彩条布围住，防止电弧光和焊接产生的烟雾外露。

8.2 环境关键要求

（1）遵守当地有关环卫、市容管理的有关规定，现场出口应设洗车台，机动车辆进出场时对其轮胎进行冲洗，防止汽车轮胎带土，污染市容。

（2）"四口"（通道口、预留口、电梯井口、楼梯口）和临边做好防护。

（3）每天施工完后，必须做到工完场清。

（4）施工作业面在气候干燥时应不间断地洒水湿润，最大限度地减少粉尘污染。

（5）砌筑后，及时清理的垃圾应堆放在施工平面规划位置，并进行封闭，防止粉尘扩散、污染环境。

（6）现场切割钢材时应有可靠保障措施，防止造成噪声污染。

9 工程实例

9.1 所属工程实例项目简介

由中铁二局股份有限公司承建西南石油学院新区第二实验楼工程，该屋顶钢架结构工程为全钢结构。该钢结构部分水平投影面积约 2200 m^2，最高 23.7 m，重 90 多吨。其中的钢柱为多节柱，由 3 节组成，高 19 m。

9.2 施工组织及实施

该部分钢结构加工制作大部分在厂区加工车间加工制作，部分零星小构件在施工现场加工完成。为保证工程正常施工，现场配备履带式起重机，另外还有千斤顶、卷扬机、焊机、经纬仪等工具。

9.3 工　　期

该部分工程从开始搭设满堂架至施工完毕共计 20 d。

9.4 建设效果及经验教训

施工前制定了详细的技术方案并层层交底，技术方案策划全面、详细，能具体指导施工。并在施工过程中严格管理，使该部分钢结构工程施工质量受到了各方好评。

钢结构安装工程施工工艺

钢屋架(盖)安装包括屋架、天窗架、垂直、水平支撑系统、檩条、压型板等的安装。

1 工艺特点

安装特点：构件种类、型号、数量多，连接构造复杂，高空作业，工序多，安装的精度及稳定性要求高。

2 工艺原理

利用钢结构构件良好的受力性能，拼装成整体受力良好的结构形式。

3 适用范围

本工艺标准适用于多层与高层钢结构安装工程。

4 工艺流程及操作要点

4.1 工艺流程

4.1.1 作业条件

(1)按构件明细表，核对进场构件的数量，查验出厂合格证及有关技术资料。

(2)检查构件在装卸、运输及堆放中有无损坏或变形。损坏和变形的构件应予矫正或重新加工。被碰损的防锈涂料应补涂，并再次检查办理验收手续。

(3)对构件的外形几何尺寸、制孔、组装、焊接、摩擦面等进行检查，做出记录。

(4)钢结构构件应按安装顺序成套供应，现场堆放场地能满足现场拼装及顺序安装的需要。屋架分片出厂，在现场组拼应准备拼装工作台。

(5)构件分类堆放，刚度较大的构件可以铺垫木水平堆放。多层叠放时垫木应在一条垂线上。屋架宜立放，紧靠立柱，绑扎牢固。

(6)编制钢结构安装施工组织设计，经审批后，并向施工队交底。

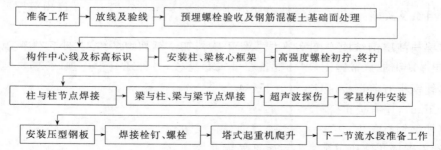

图 1　钢结构安装工程工艺流程图

(7)检查安装支座及预埋件，取得经总包确认合格的验收资料。

4.1.2 工艺流程图

钢结构安装工程工艺流程如图1所示。

4.2 操作要点

4.2.1 技术准备

(1)参加图纸会审,与业主、设计、监理充分沟通,确定钢结构各节点、构件分节细节及工厂制作图,分节加工的构件满足运输和吊装要求。

(2)编制施工组织设计,分项作业指导书并经审批。施工组织设计包括工程概况、工程量清单、现场平面布置、主要吊装方案、施工技术措施、专项施工方案、工程质量标准、安全与环境保护、主要资源标准,其中吊装主要机械选型及平面布置是吊装重点。分项作业指导书可以细化为作业卡,主要用于作业人员明确相应工序的操作步骤、质量标准、施工工具和检测内容、检测标准。

(3)根据承接工程的具体情况确定钢结构进场检验内容及适用标准,以及钢结构安装检验批划分、检验内容、检验标准、检验方法、检验工具,在遵循国家标准的基础上,参照部标或其他权威认可的标准,确定后在工程中使用。

(4)各专项工种施工工艺确定,编制具体的吊装方案、测量监控方案、焊接及无损检测方案、高强度螺栓施工方案、塔吊装拆方案、临时用水用电方案,质量安全环保方案。

(5)组织必要的工艺试验,如焊接工艺试验、压型钢板施工及栓钉焊接检测工艺试验。尤其要做好新工艺、新材料的工艺试验,作为指导生产依据。对于栓钉焊接工艺试验,根据栓钉的直径、长度及焊接类型,要做相应的电流大小、通电时间长短的调试。对于高强度螺栓,要做好高强度螺栓连接扭矩系数,做好预拉力和摩擦面抗滑移系数的检测。

(6)根据结构深化图纸,验算钢结构框架安装时构件受力情况,科学地预计其可能的变形情况,并采取相应合理的技术措施来保证钢结构安装的顺利进行。

(7)钢结构施工中计量管理包括按照标准进行的计量检测,按施工组织设计要求的精度配置的器具,检测中按标准进行的方法。测量管理包括控制网的建立和复核;检测方法、检测工具、检测精度均要符合国家标准要求。

4.2.2 材料要求

(1)多层与高层建筑钢结构的钢材,以设计为依据,一般主要采用 Q235 的碳素钢结构钢和 Q345 的低合金高强度结构钢,国外进口钢的强度等级大多相当于 Q345、Q390。其质量标准应分别符合我国现行国家标准《碳素结构钢》(GB 700—2006)和《低合金高强度结构钢》(GB/T 1591—1994)的规定。当设计文件采用其他牌号结构钢时,应符合相对应的现行国家标准。

(2)多层与高层钢结构连接材料主要采用 E43、E50 系列焊条或 H08 系列焊丝,高强度螺栓主要采用 45 号钢、40B 钢、20MnTiB 钢,栓钉主要采用 ML15、DL15 钢。

(3)热轧钢板有薄钢板(厚度为 0.35~4 mm)、中厚钢板(厚度为 4.5~60 mm)、超厚钢板(厚度>60 mm),还有扁钢(厚度为 4~60 mm、宽度为 30~200 mm,比钢板宽度小)。

(4)热轧型钢有角钢、工字钢、槽钢、钢管等以及其他新型型钢。角钢分为等边和不等边两种。工字钢有普通工字钢、轻型工字钢和宽翼缘工字钢,其中宽翼缘工字钢也称为 H 型钢。槽钢分为普通槽钢和轻型槽钢。钢管有无缝钢管和焊接钢管。这些钢材应分别符合现行国家标准所规定的截面尺寸,外形、质量及允许偏差并符合相应的物理力学和化学成分的要求。

4.2.3 操作要点

(1)吊装方案的选择。

1）起重机的选择。

多层与高层钢结构安装,起重机除满足吊装钢构件所需的起重量、起重高度、回转半径外,还必须考虑抗风性能、卷扬机滚筒的容绳量、吊钩的升降速度等因素。

起重机数量的选择应根据现场施工条件、建筑布局、单机吊装覆盖面积和吊装能力综合决定。多台塔吊共同使用时,防止出现吊装死角。

起重机械应根据工程特点合理选用,通常首选塔式起重机,自升式塔式起重机根据现场情况选择外附式或内爬式。行走式塔吊或履带式起重机、汽车吊一般在多层钢结构施工中使用。

2）吊装机具安装。

对于汽车式起重机直接进场即可进行吊装作业,对于履带式起重机,需要组装好后才能进行钢结构的吊装;塔式起重机(塔吊)的安装和爬升较为复杂,而且要设置固定基础或行走式轨道基础。当工程需要设置几台吊装机具时,要注意机具不要相互影响。

① 塔吊基础设置。

严格按照塔吊说明书提供的作用在基础上的荷载,结合工程地质条件与布置位置的实际情况,设计塔吊基础。

② 塔吊安装、爬升。

列出塔吊各主要部件的外形尺寸和重量,选择合理的机具,一般采用汽车式起重机来安装塔吊。

塔吊的安装顺序为:标准节→套架→驾驶节→塔帽→副臂→卷扬机→主臂→配重。

塔吊的拆除一般也采用汽车式起重机进行,但当塔吊是安装在楼层里面时,则采用拔杆及卷扬机等工具进行塔吊拆除。塔吊的拆除顺序为:配重→主臂→卷扬机→副臂→驾驶节→套架→标准节。

③ 塔吊附墙计划。

高层钢结构高度一般超过 100 m,因此,塔吊需要设置附墙杆件,以保证塔吊的刚度和稳定性。塔吊附墙杆件的设置按照塔吊的说明书进行。附墙杆对钢结构的水平荷载在设计交底和施工组织设计中明确。

（2）吊装程序。

多层与高层钢结构吊装,在分片分区的基础上,多采用综合吊装法,其吊装程序一般是:平面从中间或某一对称节间开始,以一个节间的柱网为一个吊装单元,按钢柱,钢梁,支撑顺序吊装,并向四周扩展,垂直方向由下至上组成稳定结构后,分层安装次要结构,一节间一节间钢构件、一层楼一层楼安装完,采取对称安装、对称固定的工艺,有利于消除安装误差积累和节点焊接变形,使误差降低到最小限度。

（3）钢构件配套供应。

现场钢结构吊装是根据方案的要求按吊装流水顺序进行,钢构件必须按照安装的需要供应。为充分利用施工现场地和吊装设备,应严密制定出构件进场及吊装周、日计划,保证进场的构件满足周、日吊装计划并配套。

1）钢构件进场验收检查。

构件现场检查包括数量、质量、运输保护三个方面内容。

钢构件进场后,按货运单检查所到构件的数量及编号是否相符,发现问题及时在回单上说明,反馈制作厂,以便及时处理。

按标准要求对构件的质量进行验收检查,做好检查记录。也可在构件出厂前直接进厂检查。主要检查构件外形尺寸、螺孔大小和间距等。

制作超过规范误差和运输中变形的构件必须在安装前在地面修复完毕,减少高空作业。

2)钢构件堆场安排、清理。

进场的钢构件,按现场平面布置要求堆放。为减少二次搬运,尽量将构件堆放在吊装设备的回转半径内。钢构件堆放应安全、牢固。构件吊装前,必须清理干净,特别在接触面、摩擦面上,必须用钢丝刷清除铁锈、污物等。

3)现场柱基检查。

安装在钢筋混凝土基础上的钢柱,安装质量与混凝土柱基和地脚螺栓的定位轴线、基础标高直接有关,必须会同设计、监理、总包、业主共同验收,合格后,才可进行钢柱的安装。

(4)钢结构吊装顺序。

1)多层与高层钢结构吊装程序进行,吊装顺序原则采用对称吊装、对称固定。一般按程序先划分吊装作业区域,按划分的区域、平行顺序同时进行。当一片区吊装完毕后,即进行测量、校正、高强螺栓初拧等工序,等几个片区安装完毕,再对整体结构进行测量、校正、高强螺栓终拧、焊接。接着进行下一节钢柱的吊装。组合楼盖则根据现场实际情况进行压型钢板吊放和铺设工作。

2)吊装前的注意事项。

① 吊装前,应对所有施工人员进行技术交底和安全交底。

② 严格按照交底的吊装步骤实施。

③ 严格遵守吊装、焊接等的操作规程,按工艺评定内容执行,出现问题按交底的内容执行。

④ 遵守操作规程,严禁在恶劣气候下作业或施工。

⑤ 吊装区域划分。

为便于识别和管理,原则上按照塔吊的作业范围或钢结构安装工程和特点划分吊装区域,便于钢构件平行顺序同时进行。

⑥ 螺栓预埋检查。

螺栓连接钢结构和钢筋混凝土基础,预埋应严格按施工方案执行。按国家标准预埋螺栓标高偏差控制在+5 mm 以内,定轴线的偏差控制在±2 mm。

(5)钢柱起吊安装与校正。

1)钢柱多采用实腹式,实腹钢柱截面多为工字形、箱形、十字形、圆形。钢柱多采用焊接对接接长,也有高强度螺栓连接接长。劲性柱与混凝土采用熔焊栓钉连接。

2)吊点设置。

吊点位置及吊点数根据钢柱形状、断面、长度、起重机性能等具体情况确定。吊点一般采用焊接吊耳、吊索绑扎、专用吊具等。

钢柱一般采用一点正吊。吊点设置在柱顶处,吊钩通过钢柱重心线,钢柱易于起吊、对线、校正。当受起重机臂杆长度、场地等条件限制,吊点可放在柱长 1/3 处斜吊。由于钢柱倾斜、起吊、对线、校正较难控制。

3)起吊方法。

钢柱一般采用单机起吊,也可采取双机抬吊,双机抬吊应注意的事项如下:

① 尽量选用同类型起重机。

② 对起吊点进行荷载分配,有条件时进行吊装模拟。

③ 各起重机和荷载不宜超过其相应起重能力的80%。

④ 在操作过程中，要互相配合、动作协调，如采用铁扁担起吊，尽量使铁扁担保持平衡，要防止一台起重机失重而使另一台起重机超载，造成安全事故。

⑤ 信号指挥：分指挥必须听从总指挥。

起吊时，钢柱必须垂直，尽量做到回转扶直。起吊回转过程中，应避免同其他已安装的构件相碰撞，吊索应预留有效高度。

钢柱扶直前，应将登高爬梯和挂篮等挂设在钢柱预定位置并绑扎牢固，起吊就位后，临时固定地脚螺栓、校正垂直度。钢柱接长时，钢柱两侧装有临时固定用的连接板，上节钢柱对准下节钢柱柱顶中心线后，即用螺栓固定连接临时固定。

钢柱安装到位，对准轴线、临时固定牢固后，才能松开吊索。

4) 钢柱校正。

钢柱校正要做三件工作：柱基标高调整，柱基轴线调整，柱身垂直度校正。

根据工程施工组织设计要求配备测量仪器配合钢柱校正。

① 柱基标高调整。

钢柱标高调整主要采用螺母调整和垫铁调整两种方法。螺母调整是根据钢柱的实际长度，在钢柱柱底板下的地脚螺栓上加一个调整螺母，螺母表面的标高调整到与柱底板底标高齐平。如第一节钢柱过重，可在柱底板下、基础钢筋混凝土面上放置钢板，作为标高调整块用。放上钢柱后，得用柱底板下的螺母或标高调整块控制钢柱的标高（因为有些钢柱过重，螺栓和螺母无法承受其重量，故柱底板下需加设标高调整块调整标高），精度可达±1mm以内。柱底板下预留的空隙，可以用高强度、微膨胀、无收缩砂浆以捻浆法填实。当使用螺母作为调整柱底板标高时，应对地脚螺栓的强度和刚度进行计算。

对于高层钢结构地下室部分劲性钢柱，钢柱的周围都布满了钢筋，调整标高和轴线时，与土建交叉协调好才能进行。

② 第一节柱底轴线调整。

钢柱制作时，在柱底板的四个侧面，用钢冲标出钢柱的中心线。

对线方法：在起重机不松钩的情况下，将柱底板上的中心线与柱基础的控制轴线对齐，缓慢降落至设计标高位置。如果钢柱与控制轴线有微小偏差，可借线调整。

预埋螺杆与柱底板螺孔有偏差，适当将螺孔放大，或在加工厂将底板预留孔位置调整，保证钢柱安装。

③ 第一节柱身垂直度校正。

柱身调整一般采用缆风绳或千斤顶，钢柱校正器等校正。用两台呈90°和径向放置经纬仪测量。

地脚螺栓上螺母一般用双螺母，在螺母拧紧后，将螺杆的螺帽设法破坏或焊实。

④ 柱顶标高调整和其他节框架钢柱标高控制。

柱顶标高调整和其他节框架钢柱标高控制可以用两种方法：一是按相对标高安装，另一种是按设计标高安装，通常是按相对标高安装。钢柱吊装就位后，用大六角高强螺栓临时固定连接，通过起重机和撬棍微调柱间间隙。量取上、下柱顶预先标定的标高值，符合要求后，打入钢楔，临时固定牢，考虑到焊缝及压缩变形，标高偏差调整至4mm以内。钢柱安装完后，在柱顶安置水准仪，测量柱顶标高，以设计标高为准。如标高高于设计值在5mm以内，则不需调整，因为柱与柱节点间有一定的间隙，如高于设计值5mm以上，则需用气割将钢柱顶部割去一部分,然后用角向磨光机将钢柱顶部磨平到设计标高。如标高低于设计值,则需增加上、下钢柱的焊缝宽度,但一次调整不得超过 5 mm,以免过大调整造成其他构件节点连接的复杂化和安装难度。

⑤ 第二节柱轴线调整。

上、下柱连接保证柱中心线重合。如有偏差,在柱与柱的连接耳板的不同侧面加入垫板(垫板厚度为 0.5~1.0 mm),拧紧大六角螺栓。钢柱子中心线偏差调整每次 3 mm 以内,如偏差过大,分 2~3 次调整。

注意:上一节钢柱的定位轴线不允许使用下一节钢柱的定位轴线,应从控制网轴线引至高空,保证每节钢柱的安装标准,避免过大的积累误差。

⑥ 第二节钢柱垂直度校正。

钢柱垂直度校正的重点是对钢柱有关尺寸预检。下层钢柱的柱顶垂直度偏差就是上节钢柱的底部轴线、位移量、焊接变形、日照影响、垂直度校正及弹性变形等的综合。可采用预留垂直度偏差消除部分误差。预留值大于下节柱积累偏差值时,只预留累计偏差值,反之则预留可预留值,其方向与偏差方向相反。

经验值测定:梁与柱一般焊缝收缩小于 2 mm;柱与柱焊缝收缩一般在 3.5 mm,厚钢板焊缝和横向值可按下列公式计算:

$$S = K \times A/T$$

式中　S——焊缝的横向收缩值(mm);

　　　A——焊缝横截面面积(mm²);

　　　T——焊缝厚度,包括熔深(mm);

　　　K——常数,一般取 0.1。

日照温度影响:其偏差变化与柱的长细比、温度差成正比,与钢柱截面形式、钢板厚度都有直接关系。较明显观测差发生在上午 9~10 时和下午 14~15 时,控制好观测时间,减少温度影响。

安装标准化框架的原则:在建筑物核心部分或对称中心,由框架柱、梁、支撑组成刚度较大的框架结构,作为安装基本单元,其他单元依次扩展。

标准柱的垂直度校正:采用径向放置的两台经纬仪对钢柱及钢梁观测。钢柱垂直度校正可分两步:

第一步:采用无缆风绳校正。在钢柱偏斜方向的一侧打入钢楔或顶升千斤顶。在保证单节柱垂度不超过规范的前提下,将柱顶偏移控制到零,最后拧紧临时连接耳板的大六角螺栓。注意:临时连接耳板的螺栓孔应比螺栓直径大 4 mm,利用螺栓孔扩大调节钢柱制作误差 -1~+5 mm。

第二步:安装标准框架体的梁。先安装上层梁,再安装中、下层梁,安装过程会对柱垂直度有影响,采用钢丝绳缆索(只适宜跨内柱)、千斤顶、钢楔和手拉葫芦进行调整,其他框架柱依标准框架体向四周展,其做法与上同。

(6)框架梁安装。

框架梁和柱连接通常为上、下翼板焊接、腹板栓接;或者全焊接、全栓接和连接方式。

1)钢梁吊装宜采用专用吊具,两点绑扎吊装。吊升中,必须保证使钢梁保持水平状态。一般吊多根钢梁时绑扎要牢固、安全,便于逐一安装。

2)一节柱一般有 2~4 层梁,原则上,横向构件由上向下逐层安装,由于上部和周边都处于自由状态,易于安装和控制质量。通常在钢结构安装操作中,同一列柱的钢梁从中间跨开始对称地向两端扩展安装,同一跨钢梁,先安上层梁,再装中下层梁。

3)在安装柱与柱之间的主梁时,测量必须跟踪校正柱与柱之间的距离,并预留安装余量,特别是节点焊接收缩量。达到控制变形、减小或消除附加应力的目的。

4)柱与柱节点和梁与柱节点的连接,原则上对称施工,互相协调。对于焊接连接,一般可以先焊一节柱的顶层梁,再从下向上焊接各层梁与柱的节点。柱与柱的节点可以先焊,也可以后焊。混合连接一般为先栓后焊的工艺,螺栓连接从中心轴开始,对称拧固。钢管混凝土柱焊接接长时,严格按工艺评定要求施工,确保焊缝质量。

5)次梁根据实际施工情况一层一层安装完成。

5 劳动力组织

对管理人员和技术工人的组织形式的要求:制度基本健全,并能执行。施工方有专业技术管理人员并持证上岗;高、中级技工不应少于施工工人的 70%。

6 机具设备配置

在多层或高层钢结构安装施工中,由于建筑较高,吊装机械多以塔式起重机、履带式起重机、汽车式起重机为主;另外还有千斤顶、卷扬机、焊机、经纬仪等工具。

7 质量控制要点

7.1 质量控制要求

7.1.1 材料的控制

(1)钢结构安装前应对钢结构构件进行检查,其项目包括钢结构的变形、钢结构构件的标记、构件的制作精度和孔眼位置。

(2)对进场的高强螺栓应检查其出厂合格证、扭矩系数或紧固轴力的检验报告是否齐全,并按规定作紧固轴力或扭矩系数复验。

(3)钢结构施焊前应对焊接材料的品种、规格、性能进行检查,各项指标应符合现行国家标准和设计要求,对重要钢结构采用的焊接材料进行抽样复验。

7.1.2 技术的控制

(1)根据施工组织设计要求,编制作业指导书,施工中认真落实操作工人是否按要求的技术标准、方案等施工。

(2)组织必要的工艺试验,特别是新工艺、新材料的工艺试验。

(3)要及时深化图纸,对预见可能出现的各种技术情况要及时采取合理的技术措施来保证正常施工。

(4)要认真落实施工中的计量管理。

7.1.3 质量的控制

在钢结构安装施工中,节点处理直接关系结构安全和工程质量,必须合理处理,严把质量关。对焊接节点处必须严格按无损检测方案进行检测,必须做好高强度螺栓连接副和刚高强度螺栓连接件抗滑移系数的试验报告。对钢结构安装的每一步做好测量监控。

7.2 质量检验标准

7.2.1 一般规定

(1)适用于多层与高层钢结构的主体结构、地下钢结构、檩条及墙架等次要构件、钢平台、钢梯、防护栏杆等安装工程的质量验收。

（2）多层与高层钢结构安装工程可按楼层或施工段等划分为一个或若干个检验批。地下钢结构可按不同地下层划分检验批。

（3）钢构件预拼装工程可按钢构件制作工程检验批的划分原则分为一个或若干个检验批。

（4）预拼装所用的支承凳或平台应测量找平，检查时，应拆除全部临时固定和拉紧装置。

（5）进行预拼装的钢构件，其质量应符合设计要求和本标准合格质量标准的规定。柱、梁、支撑等构件的长度尺寸应包括焊接收缩余量等变形值。

（6）安装柱时，每节柱定位轴线应从地面控制轴线直接引上，不得从下层柱的轴线引上。

（7）结构的楼层标高可按相对标高或设计标高进行控制。

（8）安装的测量校正、高强度螺栓安装、负温度下施工及焊接工艺等，应在安装前进行工艺试验或评定，并应在此基础上制定相应的施工工艺或方案。

（9）安装偏差的检测，应在结构形成空间刚度单元并连接固定后进行。

（10）安装时，必须控制屋面、楼面、平台等的施工荷载，施工荷载和冰雪荷载等严禁超过梁、桁架、楼面板、屋面板、平台铺板等的承载能力。

（11）在形成空间刚度单元后，应及时对柱底板和基础顶面的空隙进行细石混凝土、灌浆料等二次灌浆。

（12）吊车梁或直接承受动力荷载的梁其受拉翼缘、吊车桁架或直接承受动力荷载的桁架其受拉弦杆，不得焊接悬挂物和卡具等。

（13）钢结构安装检验批应在进场验收和焊接连接、紧固件连接、制作等分项工程验收合格的基础上进行验收。

7.2.2　主控项目

（1）基础和支承面主控项目。

1）建筑物的定位轴线、基础上柱的定位轴线和标高、地脚螺栓（锚栓）的规格和位置、地脚螺栓（锚栓）紧固应符合设计要求。当设计无要求时，应符合表 1 的规定。

检查数量：按柱数抽查 10％，且不应少于 3 个。

检验方法：采用全站仪、经纬仪、水准仪和钢尺实测。

2）多层建筑以基础顶面直接作为柱的支承面，或以基础顶面预埋钢板或支座作为柱的支承面时，其支承面、地脚螺栓（锚栓）位置的允许偏差应符合规定。

检查数量：按柱总数抽查 10％，且不应少于 3 个。

表 1　建筑物定位轴线、基础上柱的定位轴线和标高、地脚螺栓（锚栓）的允许偏差

项　　目	允许偏差（mm）
建筑物定位轴线	$L/20\,000$，且不应大于 3.0
基础上柱的定位轴线	1.0
基础上柱底标高	±2.0
地脚螺栓（锚栓）位移	2.0

检验方法：采用全站仪、经纬仪、水准仪和钢尺实测。

3）多层建筑采用坐浆垫板时，坐浆垫板的允许偏差应符合规定。

检查数量：资料全数检查。按柱数抽查 10％，且不应少于 3 个。

检验方法：采用全站仪、经纬仪、水准仪和钢尺实测。

4）当采用杯口基础时，杯口尺寸的允许偏差应符合规定。

检查数量：按基础数抽查 10％，且不应少于 4 处。

检验方法：观察及尺量检查。

(2)预拼装主控项目。

高强度螺栓和普通螺栓接的多层板叠,应采用试孔器进行检查,并应符合下列规定。

1)当采用比孔公称直径小 1.0 mm 的试孔器检查时,每组孔的通过率不应小于 85%。

2)当采用比螺栓公称直径大 0.3 mm 的试孔器检查时,通过率应为 100%。

检查数量:按预拼装单元全数检查。

检验方法:采用试孔器检查。

(3)安装和校正主控项目。

1)钢构件应符合设计要求、规范和本工艺标准的规定。运输、堆放和吊装等造成的构件变形及涂层脱落,应进行矫正和修补。

检查数量:按构件数抽查 10%,且不应少于 3 个。

检验方法:用拉线、钢尺现场实测或观察。

2)柱子安装的允许偏差应符合表 2 的规定。

检查数量:标准柱全部检查;非标准柱抽查 10%,且不应少于 3 根。

检验方法:采用全站仪、经纬仪、水准仪和钢尺实测。

3)钢主梁、次梁及受压杆件的垂直度和侧向弯曲矢高的允许偏差应符合规定。

表 2　柱子安装的允许偏差

项　目	允许偏差(mm)
底层柱柱底轴线对定位轴线偏移	3.0
柱子定位轴线	1.0
单节柱的垂直度	$h/1\,000$,且不应大于 10.0

4)设计要求顶紧的节点,接触面不应少于 70% 紧贴,且边缘最大间隙不应大于 0.8 mm。

检查数量:按节点数抽查 10%,且不应少于 3 个。

检验方法:用钢尺及 0.3 mm 和 0.8 mm 的塞尺现场实测。

5)多层与高层钢结构主体结构的整体垂直度和整体平面弯曲的允许偏差应符合表 3 的规定。

检查数量:对主要立面全部检查。对每个所检查的立面,除两列角柱外,还应至少选取一列中间柱。

检验方法:对于整体垂直度,可采用激光经纬仪、全站仪测量,也可根据各节柱的垂直度允许偏差累计(代数和)计算。对于整体平面弯曲,可按产生的允许偏差累积(代数和)计算。

表 3　整体垂直度和整体平面弯曲和允许偏差

项　目	允许偏差(mm)
主体结构和整体垂直度	$(H/2500+10.0)$,且不应大于 50.0
主体结构的整体平面弯曲	$L/1500$,且不应大于 25.0

表 4　地脚螺栓(锚栓)尺寸有允许偏差

项　目	允许偏差(mm)
螺栓露出长度	+30
螺栓长度	+30

7.2.3　一般项目

(1)基础和支承面一般项目。

地脚螺栓(锚栓)尺寸有允许偏差应符合表 4 的规定。

检查数量:按基础数抽查 10%,且不少于 3 处。

检验方法:用钢尺现场实测。

(2)预拼装一般项目。

预拼装的允许偏差应符合表 5 的规定。

检查数量:按预拼装单元全数检查。

检验方法：见表 5。

表 5　钢结构预拼装和允许偏差

构件类型	项目		允许偏差(mm)	检验方法
多节柱	预拼装单元总长		±5.0	用钢尺检查
	预拼装单元弯曲矢高		$L/1500$,且不应大于 10.0	用拉线和钢尺检查
	接口错边		2.0	用焊缝量规检查
	预拼装单元柱身扭曲		$H/200$,且不应大于 5.0	用拉线、吊线和钢尺检查
	顶紧面至任一牛腿距离		±2.0	用钢尺检查
梁、桁架	跨度最外两端安装孔或两支承面最外侧距离		$+5.0 \atop -10.0$	
	接口截面错位		2.0	用焊缝量规检查
	拱度	设计要求起拱	$±L/5000$	用拉线和钢尺检查
		设计未要求起拱	$L/2000$	
	节点处杆件线错位		4.0	划线后用钢尺检查
管构件	预拼装单元总长		±5.0	用钢尺检查
	预拼装单元弯曲矢高		$L/1500$,且不应大于 10.0	用拉线和钢尺检查
	对口错边		$t/10$,且不应大于 3.0	用焊缝量规检查
	坡口间隙		$+2.0 \atop -1.0$	
构件平面总体预装	各楼层柱距		±4.0	用钢尺检查
	相邻楼层梁与梁之间距离		±3.0	
	各层间框架两对角线之差		$H/2000$,且不应大于 5.0	
	任意对角线之差		$H/2000$,且不应大于 8.0	

(3)安装和校正一般项目。

1)钢结构表面应干净,结构主要表面不应有疤痕、泥沙等污垢。

检查数量:按同类构件数抽查 10%,且不应少于 3 件。

检验方法:观察检查。

2)钢柱等主要构件的中心线及标高其准点等标记应齐全。

检查数量:按同类构件数抽查 10%,且不应少于 3 件。

检验方法:观察检查。

3)钢构件安装的允许偏差应符合《钢结构工程施工质量验收规范》(GB 50205—2001)表E.0.5 的规定。

检查数量:按同类构件或节点数抽查 10%。其中柱和梁各不应少于 3 件,主梁与次梁连接节点不应少于 3 个,支承压型金属板的钢梁长度不应小于 5 m。

检验方法:采用水准仪、钢尺和直尺检查。

4)主体结构总高度的允许偏差应符合《钢结构工程施工质量验收规范》(GB 50205—2001)表 E.0.6 的规定。

检查数量:按标准柱列数抽查 10%,且不应少于 4 列。

检验方法:采用全站仪、水准仪、钢尺实测。

5)当钢构件安装在混凝土柱上时,其支座中心对定位轴线的偏差不应大于 10 mm;当采用大型混凝土屋面板时,钢梁(或桁架)间距的偏差不应大于 10 mm。

检查数量：按同类构件数抽查 10％，且不应少于 3 榀。

检验方法：用拉线和钢尺现场实测。

6）多层及高层钢结构中钢吊车梁或直接承受动力荷载的类似构件，其安装的允许偏差应符合《钢结构工程施工质量验收规范》（GB 50205—2001）附录中表 E.0.2。

检查数量：按钢吊车梁数抽查 10％，且不应少于 3 榀。

检验方法：见《钢结构工程施工质量验收规范》（GB 50205—2001）附录中表 E.0.2。

7）多层与高层钢结构中檩条、墙架等重要构件安装的允许偏差应符合《钢结构工程施工质量验收规范》（GB 50205—2001）表 E.0.3 的规定。

检查数量：按同类构件数抽查 10％，且不应少于 3 件。

检验方法：用经纬仪、吊线和钢尺现场检查。

8）多层与高层钢结构中钢平台、钢梯、栏杆安装应符合现场国家标准《固定式钢直梯》（GB 4053.1—2003）、《固定式钢斜梯》（GB 4053.2—2003）、《固定式防护栏杆》（GB 4053.3—1993）、《固定式钢平台》（GB 4053.4—1993）的规定。钢平台、钢梯和防护栏杆安装的允许偏差应符合规定。

检查数量：按钢平台总数抽查 10％，栏杆、钢梯按总长度各抽查 10％，但钢平台不应少于 1 个，栏杆不应少于 5 m，钢梯不应少于 1 跑。

检验方法：用经纬仪、水准仪、吊线和钢尺现场实测。

9）多层与高层钢结构中现场焊缝组对间隙的允许偏差应符合表 6 的规定。

表 6　现场焊缝组对间隙的允许偏差

项　　目	允许偏差（mm）
无垫板间隙	+3.0 / 0
有垫板间隙	+3.0 / −2.0

检查数量：按同类节点数抽查 10％，且不应少于 3 个。

检验方法：用钢尺现场实测。

7.2.4　资料核查项目

（1）钢材、焊条等各种材料出厂材料检验报告及合格证。

（2）焊接质量检验报告。

（3）隐蔽工程验收记录。

（4）钢结构安装检验批质量验收记录。

7.2.5　观感检查项目

焊缝表面光滑、饱满、无夹渣。

7.3　质量通病防治

（1）现象：钢结构表面夹渣。

（2）原因分析：焊接工艺落后。

（3）预防措施：以 CO_2 气体保护焊机代替手工电弧焊，用直流埋弧焊代替交流埋弧焊，使焊接质量得到大大改善。

7.4　成品保护

（1）防潮、防压措施。

重点是高强度螺栓、栓钉、焊条、焊丝等，要求以上成品堆放在库房的货架上，最多不超过 4 层。

（2）钢构件堆放措施。

要求场地平整、牢固、干净、干燥，钢构件分类堆放整齐，下垫枕木，叠层堆放也要求垫枕木，并要求做到防止变形、牢固、防锈蚀。

（3）施工过程中的控制措施。

不得对已完成构件任意焊割，对施工完毕并经检测合格的焊缝、节点板处马上进行清理，并按要求进行封闭。

（4）交工前的成品保护措施。

成品保护专职人员按区域或楼层范围进行值班保护工作，并按方案中的规定、职责、制度做好所有成品保护工作。

7.5 季节性施工措施

7.5.1 雨期施工措施

雨季施工时应有雨季施工措施，严禁在露天无措施情况下施工。

7.5.2 冬期施工措施

室外平均气温连续 5 d 稳定低于 5 ℃时，砌体工程应采取冬期施工措施；当日最低气温低于 0 ℃时，也应按冬期施工措施执行。

冬季施工使用电热器，需有工程技术部门提供的安全使用技术资料，并经施工现场防火负责人同意，冬季施工使用的保温材料不得采用可燃材料。

7.6 质量记录

本工艺标准应具备以下质量记录：

（1）钢结构工程竣工图、设计变更洽商记录。

（2）安装所用钢材、连接材料和涂料等材料质量证明书或试验、复验报告。

（3）安装过程中形成的工程技术有关的文件。

（4）焊接质量检验报告。

（5）结构安装检测记录及安装质量评定资料。

（6）钢结构安装后涂装检测资料。

8 安全、环保及职业健康措施

8.1 职业健康安全关键要求

（1）"安全三宝"（安全帽、安全带、安全网）必须配备齐全。工人进入工地必须佩戴经安检合格的安全帽；工人高空作业之前须例行体检，防止高血压病人或有恐高症者进行高空作业，高空作业时必须佩带安全带；工人作业前，须检查临时脚手架的稳定性、可靠性。电工和机械操作工必须经过安全培训，并持证上岗。

（2）高空作业中的设施、设备，必须在施工前进行检查，确认其完好，方能投入使用。攀登和悬空作业人员，必须持证上岗，定期进行专业知识考核和体格检查。作业过程应戴安全帽，系好安全带。

（3）施工作业场所有可能坠落的物件，应一律先进行撤除或加以固定。高空作业中所用的物料，应堆放平稳，不妨碍通行和装卸。随手用的工具应放在工具袋内。作业中，走道内余料应及时清理干净，不得任意抛掷或向下丢弃。传递物件禁止抛掷。

(4)雨天和雪天进行高空作业时,必须采取可靠的防滑、防寒和防冻措施。对于水、冰、霜、雪,均应及时清除。

(5)对高耸建筑物施工,应事先设置避雷设施,遇有 6 级及以上强风、浓雾等恶劣天气,不得进行露天攀登和悬空高处作业。施工前,到当地气象部门了解情况,做好防台风、防雨、防冻、防寒、防高温等措施。暴风雨及台风暴雨前后,应对高空作业安全设施逐一加以检查,发现问题,立即加以完善。

(6)钢结构吊装前,应进行安全防护设施的逐项检查和验收。验收合格后,方可进行高空作业。

(7)多层与高层及超高层钢结构楼梯,必须安装临时护栏。顶层楼梯口应随工程进度安装正式防护栏杆。桁架间安装支撑前,应加设安全网。

(8)柱、梁等构件吊装所需的直爬梯及其他登高用的拉攀件,应在构件施工图或说明内作出规定,攀登的用具在结构构造上必须牢固、可靠。

(9)钢柱安装登高时,应使用钢挂梯或设置在钢柱上爬梯。钢柱安装时,应使用梯子或操作台。登高安装钢梁时,应视钢梁高度,在两端设置挂梯或搭设钢管脚手架。在梁面行走时,其一侧的临时护栏横杆可采用钢索,当改为扶手绳时,绳的自由下垂度不应大于 $L/20$,并应控制在 100 mm 以内。

(10)在钢屋梁上下弦登高操作时,对于三角形屋架应在屋脊处,梯形屋架应在两端设置攀登时上下的梯架。

(11)钢屋架吊装前,应在上弦设置防护栏杆;并应预先在下弦挂设安全网,吊装完毕后,即将安全网铺设、固定。

(12)钢结构的吊装,构件应尽可能在地面组装,并搭设临时固定、电焊、高强度螺栓连接等操作工序的高空安全设施,随构件同时安装就位,并应考虑这些安全设施的拆卸工作。高空吊装大型构件前,也应搭设悬空作业中所需的安全设施。

(13)结构安装过程中,各工种进行上下立体交叉作业时,不得在同一垂直方向上操作。下层作业的位置,必须处于依上层高度确定的可能坠落范围半径之外;不符合以上条件时,应设置安全防护层。

(14)结构施工自二层起,凡人员进出的通道口(包括井架、施工用电梯的进出通道口等),均应搭设安全防护棚。高层超出 24 m 的层以上的交叉作业,应设双层防护。

由于上方施工可能坠落物件或处于起重机起重臂回转范围之内的通道,在其受影响的范围内,必须塔设顶部能防止穿透的双层防护棚。

(15)在高空气割或电焊切割施工时,应采取措施防止割下的金属或火花落下伤人或引起火灾。

(16)构件安装后,必须检查连接质量,无误后,才能摘钩或拆除临时固定工具,以防构件掉落伤人。各种起重机严禁在架空输电线路下面工作,在通过架空输电线路时,应将起重机臂落下,并确保与架空输电线的垂直距离符合表 7 的规定。

表 7　起重机与架空输电线的安全距离

输电线电压(kV)	与架空线的垂直距离(m)	水平安全距离(m)
1	1.3	1.5
1～20	1.5	2.0
35～110	2.5	4
154	2.5	5
220	2.5	6

(17)施工材料的存放、保管,应符合防火安全要求,易燃材料必须专库储备;化学易燃品和压缩可燃性气体容器等,应按其性质设置专用库房分类堆放。

(18)在焊接节点处,用钢管搭设防护栏杆,在栏杆周围用彩条布围住,防止电弧光和焊接产生的烟雾外露。

8.2 环境关键要求

(1)遵守当地有关环卫、市容管理的有关规定,现场出口应设洗车台,机动车辆进出场时对其轮胎进行冲洗,防止汽车轮胎带土,污染市容。

(2)"四口"(通道口、预留口、电梯井口、楼梯口)和临边做好防护。

(3)每天施工完后,必须做到工完场清。

(4)施工作业面应不间断地洒水湿润,最大限度地减少粉尘污染。

(5)砌筑后,及时清理的垃圾应堆放在施工平面规划位置,并进行封闭,防止粉尘扩散、污染环境。

(6)现场切割钢材时应有可靠保障措施,防治造成噪声污染。

9 工程实例

9.1 所属工程实例项目简介

中铁二局股份有限公司承建西南石油学院新区第二实验楼工程,该屋顶钢架结构工程为全钢结构。该钢结构部分水平投影面积约 2200 m^2,最高 23.7 m,重 90 多吨。其中的钢柱为多节柱,由 3 节组成,高 19 m。

9.2 施工组织及实施

由于该钢屋架高 23.7 m,施工时间长,因此在该部位单独搭设满堂架保证该结构的正常施工。为保证工程正常施工,现场配备履带式起重机,另外还有千斤顶、卷扬机、焊机、经纬仪等工具。

9.3 工 期

该部分工程从开始搭设满堂架至施工完毕共计 30 d。

9.4 建设效果及经验教训

施工前制定了详细的技术方案并层层交底,技术方案策划全面、详细,能具体指导施工。并在施工过程中严格管理,使该部分钢结构工程施工质量受到了各方好评。

钢筋制作工程施工工艺

钢筋广泛运用于建筑物混凝土工程中,是钢筋混凝土工程的重要组成部分之一。钢筋工程包括钢筋制作、钢筋绑扎与安装,本章节选取钢筋的制作工艺进行阐述。

1　工艺特点

(1)钢筋制作适用于机械化作业,可大大降低工程成本。

(2)大批量钢筋制作适合于加工厂(场)制作,可节约材料和降低劳动强度及制作费用。特别是施工场地狭小的工地,钢筋可在加工厂(场)制作好后,运至现场绑扎和安装。

2　工艺原理

(1)钢筋的制作包括钢筋的调直、除锈、下料切断、焊接、弯曲成型等。

(2)根据配料单进行断筋、弯筋。必须严格按照配料单进行制作,钢筋工长要做到过程监控,随时抽查。

3　适用范围

适用于钢筋加工厂(场)的钢筋制作。

4　工艺流程及操作要点

4.1　工艺流程

4.1.1　作业条件

(1)钢筋制作负责人员要熟悉图纸、图纸会审记录、设计变更及施工规范,按设计要求计算出各种规格、形状、尺寸的钢筋下料表。

(2)钢筋进场并按批号进行检验,各项指标符合现行国家标准要求。

(3)钢筋配料单审核签字完毕。

(4)按现场平面图设置钢筋加工场,场地平整,运输道路畅通。钢筋加工场按要求搭设防护棚。

(5)加工场电源满足加工机械施工要求,线路架设符合规定。

(6)加工机械检查完好,保证正常运转,并符合安全规定。

(7)对工人进行钢筋加工及安全技术交底。

4.1.2　工艺流程图

钢筋制作工程工艺流程图见图 1。

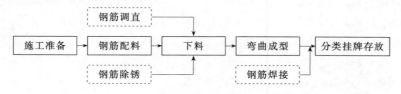

图 1　钢筋制作工程工艺流程图

4.2 操作要点

4.2.1 技术准备

(1)钢筋品种、级别或规格如有变更,需办理设计变更文件。

(2)了解混凝土保护层厚度、钢筋弯曲、弯钩等规定,计算钢筋下料长度和根数,填写钢筋配料单,标明钢筋尺寸,注明各弯曲的位置和尺寸。

(3)配料计算时,要考虑钢筋的形状和尺寸在满足设计要求的条件下有利于加工安装;同时配料还要考虑施工需要的附加钢筋。

4.2.2 材料要求

各种规格、级别的钢筋,必须有出厂合格证。进厂(场)后须经力学性能检定,对进口钢材增加化学检验,经检验合格后方能使用。

4.2.3 操作要点

(1)除锈:钢筋的表面应洁净。油渍、漆污和用锤敲击时能剥落的浮皮、铁锈等应在使用前清除干净。在焊接前,焊点处的水锈应清除干净。钢筋的除锈可采用机械除锈和手工除锈两种方法。

1)机械除锈可采用钢筋除锈机或在钢筋冷拉、调直的过程中除锈。

2)手工除锈可采用钢丝刷、砂盘、喷砂和酸洗除锈。在除锈过程中发现钢筋表面的氧化层脱落现象严重并已损伤钢筋截面,或在除锈后钢筋表面有严重的麻坑、斑点削弱钢筋截面时,不宜使用或经试验降级使用。

(2)调直:钢筋应平直,无局部曲折。对于盘条钢筋在使用前应调直,调直可采用调直机和卷扬机冷拉调直钢筋两种方法。

1)当采用钢筋调直机时,要根据钢筋的直径选用调直模和传送压辊,要正确掌握调直模的偏移量和压辊的压紧程度。调直模的偏移量根据其磨耗程度及钢筋品种通过试验确定;调直筒两端的调直模一定要在调直前后导孔的轴心线上。压辊的槽宽一般在钢筋穿入压辊之后,在上下压辊间宜有 3 mm 之内的空隙。

2)当采用冷拉方法调直钢筋时,可用控制冷拉率方法。

HPB235 级钢筋的冷拉率不宜大于 4%。

HRB335(Ⅱ)、HRB400 及 RRB400(Ⅲ)级钢筋冷拉率不宜大于 1%。

预制构件的吊环不得冷拉,只能用 HPB235(Ⅰ)级热轧钢筋制作。

钢筋伸长值 Δl 按下式计算:

$$\Delta l = r \times L$$

式中　r——钢筋的冷拉率(%);

　　　L——钢筋冷拉前的长度(mm)。

① 冷拉后钢筋的实际伸长值应扣除弹性回缩值,一般为 0.2%~0.5%。冷拉多根连接的钢筋,冷拉率可按总长计,但冷拉后每根钢筋的冷拉率应符合要求。

② 钢筋应先拉直,然后量其长度再行冷拉。

③ 钢筋冷拉速度不宜过快,一般直径 6~12 mm 盘圆钢筋控制在 6~8 m/min,待拉到规定的冷拉率后,须稍停 2~3 min,然后再放松,以免弹性回缩值过大。

④ 在负温下冷拉调直时,环境温度不应低于 -20 ℃。

(3)切断:在切断过程中,如发现钢筋有劈裂、缩头或严重的弯头等必须切除。

1)将同规格钢筋根据不同长度长短搭配,统筹排料;一般应先断长料,后断短料,减少短头,以减少损耗。

2)断料应避免用短尺量长料,以防止在量料中产生累计误差。宜在工作台上标出尺寸刻度并设置控制断料尺寸用的挡板。

(4)弯曲成型:钢筋成型形状要正确,平面上不应有翘曲不平现象;弯曲点处不能有裂缝。

1)钢筋弯钩。

钢筋弯钩形式有 3 种,分别为半圆弯钩、直弯钩和斜弯钩。钢筋弯曲后,弯曲处内皮收缩、外皮延伸、轴线长度不变,弯曲处形成圆弧,弯起后尺寸大于下料尺寸,弯曲调整值见表 1。

表 1　钢筋弯曲调整表

钢筋弯曲角度	30°	45°	60°	90°	135°
钢筋弯曲调整值	$0.35d$	$0.5d$	$0.85d$	$2d$	$2.5d$

钢筋弯芯直径为 $2.5d$,平直部分为 $3d$。钢筋弯钩增加长度的理论计算值:半圆弯钩为 $6.25d$,直弯钩为 $3.5d$,斜弯钩为 $4.9d$(如图 2 所示)。HRB335(Ⅱ)、HRB400(Ⅲ)级钢筋末端需作 90°或 135°弯折时,应按规范规定增大弯芯直径。由于弯芯直径理论计算与实际不一致,实际配料计算时,对半圆弯钩增加长度参考表 2。

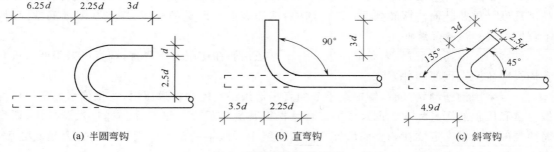

(a) 半圆弯钩　　　　　　(b) 直弯钩　　　　　　(c) 斜弯钩

图 2　钢筋弯钩计算简图

表 2　半圆弯钩增加长度参考表(用机械弯)

钢筋直径(mm)	<6	8~10	12~18	20~28	32~36
一个弯钩长度(mm)	$4d$	$6d$	$5.5d$	$5d$	$4.5d$

2)弯起钢筋。

中间部位弯折处的弯曲直径 D,不小于钢筋直径的 5 倍。弯起钢筋弯起直径及斜长计算简图如图 3 所示,系数见表 3。

表 3　弯起钢筋斜长系数表

弯起角度	$\alpha = 30°$	$\alpha = 45°$	$\alpha = 60°$
斜边长度 s	$2h_0$	$1.41h_0$	$1.15h_0$
底边长度 l	$1.732h_0$	h_0	$0.575h_0$
增加长度 sl	$0.268h_0$	$0.41h_0$	$0.575h_0$

注:h_0 为弯起高度。

3)箍筋。

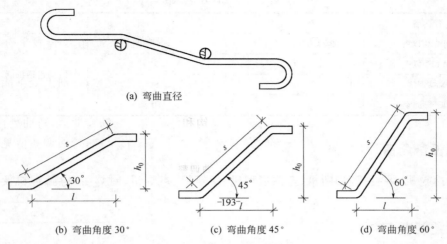

(a) 弯曲直径

(b) 弯曲角度 30°   (c) 弯曲角度 45°   (d) 弯曲角度 60°

图 3   弯起钢筋斜长计算简图

箍筋的末端应做弯钩,弯钩形式应符合设计要求。当设计无具体要求时,用 HPB235(Ⅰ)级钢筋制作的箍筋,其弯钩的弯曲直径应大于受力钢筋直径,且不小于箍筋直径的 2.5 倍;弯钩平直部分的长度对一般结构不宜小于箍筋直径的 5 倍,对有抗震要求的不应小于箍筋的 10 倍。箍筋的调整值见下表 4。

表 4   箍 筋 调 整 值

箍筋长度方法	箍筋直径(mm)			
	4~5	6	8	10~12
量外包尺寸	40	50	60	70
量内皮尺寸	80	100	120	150~170

箍筋调整值,即为弯钩增加长度和弯曲调整值两项之差或和,根据箍筋量外包尺寸或内皮尺寸而定如图 4 所示。

4)钢筋下料长度应根据构件尺寸、混凝土保护层厚度,钢筋弯曲调整值和弯钩增加长度等规定综合考虑。

① 直钢筋下料长度＝构件长度－保护层厚度＋弯钩增加长度。

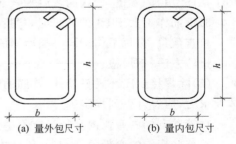

(a) 量外包尺寸   (b) 量内包尺寸

图 4   箍筋量度方法

② 弯起钢筋下料长度＝直段长度＋斜弯长度－弯曲调整值＋弯钩增加长度。

③ 箍筋下料长度＝箍筋内周长＋箍筋调整值＋弯钩增加长度。

5   劳动力组织

(1)对管理人员和技术人员的组织形式的要求:制度健全,并能执行。

(2)施工队伍有专业技术管理人员、操作人员并持证上岗。详见表 5。

表 5 劳 动 力 组 织

工作内容	单　位	工　日	备　注
圆钢 φ10 以内	t	15	工日:均包括机制、手绑等在内
圆钢 φ10 以上	t	8	
螺纹钢	t	8	
冷轧纽带肋钢筋	t	10	

6 机具设备配置

钢筋冷拉机、调直机、切断机、弯曲成型机、弯箍机、点焊机、对焊机、电弧焊机及相应吊装设备。

7 质量控制要点

7.1 质量控制要求

(1)检查钢筋有无出厂合格证或试验报告单,检查试验是否合格。

(2)钢筋制作前应检查有无锈蚀及油污、泥土等,若有,必须清除干净后再进行制作。

(3)熟悉图纸和现行施工规范,编制钢筋配料单。配料单的钢筋规格、形状、数量必须符合设计和规范要求。

7.2 质量检验标准

7.2.1 主控项目

(1)受力钢筋的弯钩和弯折应符合下列规定。

1)HPB235 级钢筋末端应作 180°弯钩,其弯弧内直径不应小于钢筋直径的 2.5 倍,弯钩的弯后平直部分长度不应小于钢筋直径的 3 倍。

2)当设计要求钢筋末端需作 135°弯钩时,HRB335 级、HRB400 级钢筋的弯弧内直径不应小于钢筋直径的 4 倍,弯钩的弯后平直部分长度应符合设计要求。

3)钢筋作不大于 90°的弯折时,弯折处的弯弧内直径不应小于钢筋直径的 5 倍。

检查数量:按每工作班同一类型钢筋、同一加工设备抽查不应少于 3 件。

检验方法:钢尺检查。

(2)除焊接封闭环式箍筋外,箍筋的末端应作弯钩,弯钩形式应符合设计要求;当设计无具体要求时,应符合下列规定。

1)箍筋弯钩的弯弧内直径尚应不小于受力钢筋直径。

2)箍筋弯钩的弯折角度:对一般结构,不应小于 90°;对有抗震等要求的结构,应为 135°。

3)箍筋弯后平直部分长度:对一般结构,不宜小于箍筋直径的 5 倍;对有抗震等要求的结构,不应小于箍筋直径的 10 倍。

检查数量:按每工作班同一类型钢筋、同一加工设备抽查不应少于 3 件。

检验方法:钢尺检查。

7.2.2 一般项目

(1)钢筋调直宜采用机械方法,也可采用冷拉方法。当采用冷拉方法调直钢筋时,HPB235 级钢筋的冷拉率不宜大于 4%,HRB335 级、HRB400 级和 RRB400 级钢筋的冷拉率不宜大于 1‰。

检查数量:按每工作班同一类型钢筋、同一加工设备抽查不应少于 3 件。

检验方法:观察、钢尺检查。

(2)钢筋加工的形状、尺寸应符合设计要求,其偏差应符合表 6 的规定。

检查数量:按每工作班同一类型钢筋、同一加工设备抽查不应少于 3 件。

检验方法:钢尺检查。

表 6　钢筋加工的允许偏差

项　　目	允许偏差(mm)
受力钢筋顺长度方向全长的净尺寸	±10
弯起钢筋的弯折位置	±20
箍筋内净尺寸	±5

7.3　质量通病防治

7.3.1　钢筋剪断尺寸不准

(1)现象。

剪断尺寸不准或被剪钢筋端头不平。

(2)原因分析。

1)定尺卡板活动。

2)刀片间隙过大。

(3)预防措施。

1)确定应剪断的尺寸后拧紧定尺卡板的紧固螺栓。

2)调整固定刀片与冲切刀片间的水平间隙,对冲切刀片作往复水平动作的剪断机,间隙以 0.5~1 mm 为合适。

(4)治理方法。

根据钢筋所在部位和剪断误差情况,确定是否可用或返工。

7.3.2　钢筋连切

(1)现象。

使用钢筋调直机切断钢筋,在切断过程中钢筋被连切。

(2)原因分析。

弹簧预压力不足;传送压辊压力过大;钢筋下落料槽的阻力过大。

(3)预防措施。

针对以上几种原因作相应调整,并事先作好调试。

(4)治理方法。

发现连切应立即断电,停止调直机工作,检查原因并及时解决。

7.3.3　箍筋不方正

(1)现象。

矩形箍筋成型后拐角不成 90°,或两对角线长度不相等。

(2)原因分析。

箍筋边长成型尺寸与图纸要求误差过大;没有严格控制弯曲角度;一次弯曲多个箍筋时没有逐根对齐。

(3)预防措施。

注意操作,使成型尺寸准确;当一次弯曲多个箍筋时.应在弯折处逐根对齐。

(4)治理方法。

当箍筋外形误差超过质量标准允许值时,对于Ⅰ级钢筋,可以重新将弯折处直开,再行弯曲调整(只可返工一次);对于其他品种钢筋,不得平直后再弯曲。

7.3.4　型尺寸不准

(1)现象。

已成形的钢筋长度和弯曲角度不符合图纸要求。

(2)原因分析。

下料不准确;画线方法不对或误差大;用手工弯曲时,扳距选择不当;角度控制没有采取保证措施。

(3)预防措施。

加强钢筋配料管理工作,根据本单位设备情况和传统操作经验,预先确定各种形状钢筋下料长度调整值,配料时事先考虑周到;为了画线简单和操作可靠,要根据实际成型条件(弯曲类型和相应的下料长度调整值、弯曲处的弯曲直径、扳距等),制定一套画线方法以及操作时搭扳子的位置规定备用。一般情况可采用以下画线方法:画弯曲钢筋分段尺寸时,将不同角度的下料长度调整值在弯曲操作方向相反一侧长度内扣除,画上分段尺寸线;形状对称的钢筋,画线要从钢筋的中心点开始,向两边分画。

扳距大小应根据钢筋弯制角度和钢筋直径确定,并结合本单位经验取值。表7数值可供参考(表中 d 为钢筋直径)。

表 7　扳 距 参 考 值

弯制角度	45°	90°	135°	180°
扳距	1.5~2 d	2.5~3 d	3~3.5 d	3.5~4 d

为了保证弯曲角度符合图纸要求,在设备和工具不能自行达到准确角度的情况下,可在成型案上画出角度准线或采取钉扒钉做标志的措施。

对于形状比较复杂的钢筋,如要进行大批成型,最好先放出实样,并根据具体条件预先选择合适的操作参数(画线过程、扳距取值等)以作为示范。

(4)治理方法。

当所成型钢筋某部分误差超过质量标准的允许值时,应根据钢筋受力和构造特征分别处理。如果存在超偏差部分对结构性能没有不良影响,应尽量用在工程上(例如弯起钢筋弯起点位置略有偏差或弯曲角度稍有不准,可经过技术鉴定确定是否可用);对结构性能有重大影响,或钢筋无法安装的(例如钢筋长度或高度超出模板尺寸),则必须返工;返工时如需重新将弯折处直开,仅限于Ⅰ级钢筋返工一次,并应在弯折处仔细检查表面状况(如是否变形过大或出现裂纹等)。

7.4　成品保护

(1)加工成型的钢筋或骨架应分别按结构部位、钢筋编号和规格等,挂牌标识、整齐堆放,并保持钢筋表面洁净,防止被油渍、泥土或其他杂物污染或压弯变形。

(2)预制成型的钢筋运到现场指定地点分构件规格垫平堆放,并避免淋雨。

7.5　季节性施工措施

7.5.1　雨期施工措施

(1)在施工场地平面布置的时候就考虑好钢筋堆场的防雨和排水措施,并作好钢筋加工棚的防雨措施。

（2）雨季施工期间,对楼层上后浇带处的钢筋进行防锈处理或防雨遮盖。

7.5.2　冬期施工措施

（1）钢筋冷拉设备仪表和液压工作系统油液应根据环境温度选用,并在使用温度条件下进行配套校验。

（2）当温度低于-20℃时,严禁对低合金Ⅱ、Ⅲ级钢筋进行冷弯操作,以避免在钢筋弯点处发生强化,造成钢筋脆断。

7.6　质量记录

（1）钢筋原材料质量记录表。

（2）钢筋冷拉调直记录。

（3）钢筋配料单。

（4）检验批质量验收记录按表8填写。

表8　钢筋加工检验批质量验收记录表

单位(子单位)工程名称						
分部(子分部)工程名称				验收部位		
施工单位		专业工长		项目经理		
分包单位		分包项目经理		施工班组长		
施工执行标准名称及编号						
施工质量验收规范的规定				施工单位检查评定记录		监理(建设)单位验收记录
主控项目	1	力学性能检验	第5.2.4.1			
	2	抗震用钢筋强度实测值	第5.2.4.2			
	3	化学成分等专项检验	第5.2.4.3			
	4	受力钢筋的弯钩和弯折	第5.3.5.1			
	5	箍筋的弯钩形式	第5.3.5.2			
一般项目	1	外观质量	第5.2.4.4			
	2	钢筋调直	第5.3.5.3			
	3 钢筋的加工形状和尺寸	受力钢筋顺长度方向全长的净尺寸(mm)	±10			
		弯起钢筋的弯折位置(mm)	±20			
		箍筋内净尺寸(mm)	±5			
施工单位检查评定结果		专业工长(施工员)		施工班组长		
		项目专业质量检查员:　　　　　　　　　　　年　月　日				
监理(建设)单位验收结论		专业监理工程师(建设单位项目专业技术负责人):　　　　　年　月　日				

8　安全、环保及职业健康措施

8.1　职业健康安全关键要求

（1）钢筋加工机械的操作人员,应经机械操作技术培训,掌握机械性能和操作规程后,才能上岗。

(2)钢筋加工机械的电气设备,应有良好的绝缘并接地,每台机械必须实行"一机一闸"制,并设漏电保护开关,开关箱应设在机械设备附近。机械转动的外露部分必须设有安全防护罩,停止工作时应断开电源。室外作业应设置机械加工棚。

(3)加工机械的安装应坚实稳固,保持水平位置。固定式机械应有可靠的基础,移动式机械作业时应楔紧行走轮。

(4)钢筋加工机械使用前,应先空转试车正常后,方能开始使用。

(5)使用钢筋弯曲机时,操作人员应站在钢筋活动端的反方向。弯曲长度小于 400 mm 的短钢筋时,注意防止钢筋弹出伤人。

(6)粗钢筋切断时,冲切力大,应在切断机口两侧机座上安装两个角钢挡杆,以防钢筋摆动。

(7)冷拉场地应在两端地锚外侧设置警戒区,并应安装防护栏及警告标志。无关人员不得在此停留。操作人员在作业时必须离开钢筋 2 m 以外。

(8)在现场施工的照明电线不准直接挂在钢筋上。夜间施工的照明设施,应装设在危险区外,灯泡应加防护罩,导线严禁采用裸线。

(9)钢筋加工作业后,应清理场地,切断电源,锁好开关箱,并做好机械润滑工作。

(10)操作人员应进行职业健康安全教育培训,了解健康状况,并培训合格后方可上岗操作。

(11)配备必要的安全防护装备(安全帽、防滑鞋、手套、工作服等),并正确使用。

(12)制定安全操作技术规程,作业人员应进行培训后持证上岗,熟悉机械性能和操作规程。

(13)所有机械设备应有可靠的安全防护装置,每台机械设备必须有一机一闸并设漏电保护开关。

8.2　环境关键要求

(1)钢筋加工机械应设防护罩,加工场地根据现场情况设置防护棚,防止噪声污染。

(2)夜间采用闪光对焊或电弧焊接钢筋时,应采取遮光措施,防止光污染。

定型组合钢模板安装施工工艺

定型组合钢模板安装工艺广泛运用于工业与民用建筑现浇钢筋混凝土框架、剪力墙结构以及钢筋混凝土结构的构筑物等工程施工中。本章节选取定型组合钢模板安装工艺在现浇钢筋混凝土框架、剪力墙等结构工程中的应用进行阐述。

1 工艺特点

(1)通用性强、组装灵活、装拆方便、节约用工、缩短工期。

(2)浇注的构件尺寸准确,棱角整齐,表面光滑。

(3)模板周转次数多,可节约大量的木材。

(4)一次性投资大。

2 工艺原理

定型组合钢模板安装工艺是将几种定型尺寸的钢模板,组拼成柱、梁、板、墙的大型模板,整体吊装就位或采用散装散拆方法就位,然后通过支撑连接系统将已就位的钢模板固定。

3 适用范围

(1)本工艺适用于工业与民用建筑现浇钢筋混凝土框架、剪力墙结构以及钢筋混凝土结构的构筑物。

(2)定型组合钢模板包括大钢模板和小钢模板。定型组合大钢模板适用于墙、柱结构,可以单独拼装使用,也可与大钢模板组合使用。

(3)定型组合小钢模板适用于基础结构或表面质量要求不严格的结构,不适用于高层混凝土结构。

4 工艺流程及操作要点

4.1 工艺流程

4.1.1 作业条件

(1)确定所建工程的施工流水段划分。

(2)根据工程的结构形式、特点和现场施工条件,合理确定模板施工的流水段划分,以减少模板投入,增加周转次数,均衡各工序工程(钢筋、模板、混凝土)的作业量。

(3)确定模板的配板原则并绘制模板平面施工总图,在总图中标志出各种构件的位置、型号、数量等,明确模板的流水方向、位置以及特殊部位的处理措施,以减少模板种类和数量。

(4)确定模板配板的平面布置及支撑布置,根据工程的结构形式设计模板支撑的布置,标志出支撑系统的间距、数量;模板排列组合尺寸;组装模板与其他模板的关系等。

(5)在对模板配板的平面布置及支撑布置的设计基础上,对其强度、刚度、稳定性进行验算,合格后绘制全套模板设计图,包括:模板平面布置配板图、分块图、组装图、节点大样图及非定型拼接件加工图。

（6）轴线、模板线放线，引测水平标高到预留插筋或其他过渡引测点，并办好预检手续。

（7）模板底部宜铺垫海绵条堵缝。外墙、外柱的外边根部，根据标高设置模板承垫木方和海绵条，以保证标高准确和不漏浆。

（8）设置模板定位基准，即在墙、柱主筋上距地面 50～80 mm，根据模板线按保护层厚度焊接水平支杆，防止模板水平位移。

（9）组合大钢模板施工前必须按模板组装平面图对大模板进行编号，进行墙板的试安装，经验证零部件安装符合要求，几何尺寸准确后，方可正式安装。

（10）钢筋绑扎完毕，预埋水电管线、预埋件等，绑好钢筋保护层垫块，办理隐蔽工程验收手续。

（11）斜支撑的支承点或钢筋锚环牢固可靠。

（12）按图纸要求和操作工艺标准向班组进行质量、安全、技术交底。

4.1.2 工艺流程图

（1）定型组合大钢模板施工工艺。

1）墙大钢模板施工工艺流程如图 1 所示。

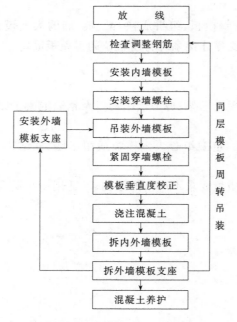

图 1 墙大钢模板施工工艺流程

图 2 柱子大钢模板施工工艺流程

2）柱子大钢模板施工工艺流程如图 2 所示。

（2）定型组合小钢模板施工工艺。

1）柱模板施工工艺流程如图 3 所示。

图 3 柱模板施工工艺流程图

2）墙体模板安装工艺流程如图 4 所示。

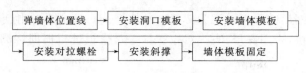

图 4 墙体模板安装工艺流程图

4.2 操作要点

4.2.1 技术准备

（1）详细阅读工程图纸，根据工程结构形式、荷载大小、地基土类别、施工设备和材料供应等条件编制模板施工方案，确定模板类别、配置数量、流水段划分以及特殊部位的处理措施等。

（2）确保模板、支架及其辅助配件具有足够的承载能力、刚度和稳定性，能可靠地承受浇注混凝土的重量、侧压力以及施工荷载。必要时对模板及其支撑体系进行力学计算。

（3）组合大钢模板设计时还应考虑运输、堆放和装拆过程中对模板变形的影响。

4.2.2 材料要求

（1）定型组合大钢模板。

定型组合大钢模板的主要部件有组合钢模板（面板、边框、横竖肋）、模板背楞、支撑架、浇注混凝土工作平台、对拉螺栓和柱箍等。

1）定型组合大钢模板面板采用 6 mm 热轧原平板，边框采用 80 mm 宽、6～8 mm 厚的扁钢或钢板，横竖肋采用 6～8 mm 扁钢，模板总厚度为 86 mm。

2）模板背楞采用 8 号或 10 号槽钢，支撑架采用钢管或槽钢焊接而成，操作平台可采用钢管焊接并搭设木板构成，穿墙螺栓采用 T16×6～20×6 的螺栓，长度根据结构具体尺寸而定，柱箍采用双 8 号或 10 号槽钢。

3）模板面板的配板应根据具体情况确定，一般采用横向或竖向排列，也可以采用横、竖向混合排列。

4）模板与模板之间采用 M16 的螺栓连接。

5）以定型组合大模板拼装而成的大模板必须安装 2 个吊钩，吊钩必须采用未经冷拉的 Ⅰ级热轧钢筋制作。

6）组装后的模板应配置支撑架和操作平台，以确保混凝土浇注过程中模板体系的稳定性。模板支撑架用角钢制成，浇注混凝土工作平台用角钢和钢模板制作。模板支撑架与大钢模板的骨架焊接。

7）脱模剂。

（2）定型组合小钢模板。

组合小钢模板材料由钢模板及配件组成。

1）平面模板规格。

长度：450 mm、600 mm、750 mm、900 mm、1 200 mm、1 500 mm、1 800 mm。

宽度：100 mm、150 mm、200 mm、250 mm、300 mm、350 mm、400 mm、450 mm、500 mm、550 mm、600 mm。

2）定型钢角模：阴阳角模、连接角模。

3）联结附件：U 形卡、L 形插销、钩头螺栓、对拉螺栓、紧固螺栓、Ⅲ型扣件、碟型扣件。

4）支撑系统：柱箍、钢花梁、木枋、墙箍、钢管门式脚手架、可调钢支撑、可调上托、钢桁架、木材。

5)拼装、固定:小钢模的面板厚度为 2.3 mm 或 2.5 mm,模板之间采用 U 形卡和 L 形插销进行横纵方向的拼接,采用碟形扣件、对拉螺栓等对模板进行加固,$\phi48\times3.5$ 钢管作为支撑架。

6)脱模剂。

4.2.3　操作要点

(1)定型组合大钢模板施工。

1)墙体组合大钢模板的安装。

① 在下层墙体混凝土强度不低于 7.5 MPa 时,开始安装上层模板,利用下一层外墙螺栓孔眼安装挂架。

② 在内墙模板的外端头安装活动堵头模板,可用木方或铁板根据墙厚制作,模板要严密,防止浇注时混凝土漏浆。

③ 先安装外墙内侧模板,按照楼板上的位置线将大模板就位找正,然后安装门窗洞口模板。

④ 合模前将钢筋、水电等预埋件进行隐检。

⑤ 安装外墙外侧模板,模板安装在挂架上,紧固穿墙螺栓,施工过程中要保证模板上下连接处严密,牢固可靠,防止出现错台和漏浆现象。

2)墙体组合大钢模板的拆除。

① 在常温下,模板应在混凝土强度能够保证结构不变形,棱角完整时方可拆除;冬季施工时要按照设计要求和冬季施工方案确定拆模时间。

② 模板拆除时首先拆下穿墙螺栓,再松开地脚螺栓,使模板向后倾斜与墙体脱开。如果模板与混凝土墙面吸附或粘结不能离开时,可用撬棍撬动模板下口,不得在墙上口撬模板或用大锤砸模板,应保证拆模时不晃动混凝土墙体,尤其是在拆门窗洞口模板时不得用大锤砸模板。

③ 模板拆除后,应清扫模板平台上的杂物,检查模板是否有钩挂兜绊的地方,然后将模板吊出。

④ 大模板吊至存放地点,必须一次放稳,按设计计算确定的自稳角要求存放,及时进行板面清理、涂刷隔离剂,防止粘连灰浆。

⑤ 大模板应定时进行检查和维修,保证使用质量。

3)柱子组合大钢模板的安装。

① 柱子位置弹线要准确,柱子模板的下口用砂浆找平,保证模板下口的平直。

② 柱箍要有足够的刚度,防止在浇注过程中模板变形;柱箍的间距布置合理,一般为 600 mm 或 900 mm。

③ 斜撑安装牢固,防止在浇注过程中柱身整体发生变形。

④ 柱角安装牢固、严密,防止漏浆。

4)柱子模板的拆除:先拆除斜撑,然后拆柱箍,用撬棍拆离每面柱模,然后用塔吊吊离,使用后的模板及时清理,按规格进行码放。

(2)组合小钢模板施工。

1)基础模板安装。

① 根据基础墨线钉好压脚板,用 U 形卡或联结销子把定型模板扣紧固定。

② 安装四周龙骨及支撑,并将钢筋位置固定好,复核无误。

2)柱模板安装。

① 按设计标高抹好水泥砂浆找平层,按位置线做好定位墩台,以保证柱轴线与标高的准确,在柱四边离地 50～80 mm 处的主筋上焊接支杆,从四面顶住模板,防止位移。

② 安装柱模板:通排柱,先安装两端柱,经校正、固定后拉通线校正中间的各柱。模板按柱子的大小,预拼成一面一片或两面一片,就位后用铅丝与主筋绑扎临时固定,用 U 形卡将两侧模板连接卡紧,安装完两面后再安装另外两面模板。

③ 安装柱箍:柱箍可用角钢、钢管、型钢等制成,柱箍应根据柱模尺寸、侧压力大小等因素在模板设计中确定柱箍尺寸间距,必要时可增加对拉螺栓。

④ 安装柱模的拉杆或斜撑:柱模每边的拉杆或顶杆,固定于事先预埋在楼板内的钢筋环上,用花篮螺栓或可调螺杆调节校正模板的垂直度,拉杆或顶杆的支承点要牢固可靠,与地面的夹角宜不大于 45°,预埋的钢筋环与柱距离宜为 3/4 柱高。

⑤ 将柱模内清理干净,封闭清扫口,办理柱模隐检。

3)剪力墙模安装。

① 按放线位置钉好压脚板,然后进行模板的拼装,边安装边插入对拉螺栓和套管。对拉螺栓的规格和间距在模板设计时应明确规定。

② 有门窗洞口的墙体,宜先安好一侧模板,待弹好门窗洞口位置线后再安另一侧模板,且在安另一侧模板之前,应清扫墙内杂物。

③ 根据模板设计要求安装墙模的拉杆或斜撑。一般内墙可在两侧加斜撑,如为外墙时,应在内侧同时安装拉杆和斜撑,且边安装边校正其平整度和垂直度。

④ 模板安装完毕,应检查一遍扣件、螺栓、拉顶撑是否牢固,模板拼缝以及底边是否严密,特别是门窗洞边的模板支撑是否牢固。

4)梁模板安装。

① 在柱子上弹出轴线,梁位置线和水平线。

② 梁支撑的排列、间距要符合模板设计和施工方案的规定。

③ 按设计标高调整支柱的标高.然后安装木枋或钢龙骨,铺上梁底板,并拉线找平。当梁底板跨度等于及大于 4 m 时,梁底应按设计要求起拱,如设计无要求时,起拱高度为梁跨的 1‰～3‰。

④ 支撑之间应设水平拉杆和剪刀撑,其垂直间距不大于 2 m,如采用门式架支撑,门式架之间应用交叉杆及 Φ8 钢管水平杆联结。如楼层高度超过 4.5 m 及以上时,要另行设计。

⑤ 支撑如支承在基土上时,应对基土平整夯实,并满足承载力要求,并加木垫板或混凝土垫块等有效措施,确保在浇注混凝土过程中不会发生支顶下沉。

⑥ 梁的两侧模板通过联结模用 U 形或插销与底板连接。

⑦ 当梁高超过 750 mm 时,侧模宜增加对拉螺栓。

⑧ 梁柱接头的模板构造应根据工程特点进行设计和加工。

5)楼板模板安装。

① 底层地面应夯实,并铺垫脚板。采用多层支架支模时,支撑垂直度容许偏差为 2 m 高 ±15 mm,上下层支撑应在同一竖向中心线上,而且要确保多层支撑间在竖向与水平向的稳定。

② 支撑与纵、横楞的排列和间距,应根据楼板的混凝土重量和施工荷载大小在模板设计中确定,支撑排列要考虑设置施工通道。

③ 通线调节支撑高度,将纵楞找平。

④ 铺模板时可从一侧开始铺,每两块板间的边肋上用 U 形卡连接,清理口板位置可用 L 形插销连接,U 形卡间距不宜大于 300 mm。卡紧方向应正反相间,不要同一方向。对拼缝不足 50 mm,可用木板代替。如采用 SP 模板系列,除沿梁周边铺设的模板边肋上用楔形插销连接外,中间铺设的模板不用插梢连接。与梁模板交接处可通过固定角模用插销连接. 收口拼缝处可用木模板或用特制尺寸的模板代替,但拼缝要严密。

⑤ 楼面模板铺完后,应检查支撑是否牢固,模板之间连接的 U 形卡或插销有否脱落、漏插,然后将楼面清扫干净。

6)模板拆除。

① 柱子模板拆除:先拆掉斜拉杆或斜支撑,然后拆掉柱箍及对拉螺栓,接着拆连接模板的 U 形卡或插销,然后用撬棍轻轻撬动模板,使模板与混凝土脱离。

② 墙模板拆除:先拆除斜拉杆或斜支撑,再拆除对拉螺栓及纵、横楞或钢管卡,接着将 U 形卡或插销等附件拆下,然后用撬棍轻轻撬动模板,使模板离开墙体,将模板逐块传下堆放。

③ 楼板、梁模板拆除的质量要求。

A. 主控项目。

a. 底模及其支撑拆除时的混凝土强度应符合设计要求;当设计无具体要求时应符合表 1 中底模拆除时的混凝土强度要求的规定。

检验方法:检查同条件养护试件强度试验报告。

表 1　底模拆除时的混凝土强度要求

构件类型	构件跨度(m)	达到设计的混凝土立方体抗压强度标准值的百分率(%)
板	≤2	≥50
	>2,≤8	≥75
	>8	≥100
梁、拱、壳	≤8	≥75
	>8	≥100
悬臂构件	—	≥100

b. 后张法预应力混凝土结构构件侧模宜在预应力张拉前拆除;底模支架的拆除应符合设计方案,不得在结构构件建立预应力前拆除。

c. 后浇带模板的拆除和支顶安装应按施工技术方案执行。对照技术方案观察检查。

B. 一般项目。

a. 侧模拆除时的混凝土强度应能保证其表面及棱角不受损伤。

b. 模板拆除时,不应对楼层形成冲击荷载。拆除的模板和支架宜分散堆放并及时清运。按拆模方案观察检查。

c. 先将支撑上的可调托座松下,使代龙与模板分离. 并让龙骨降至水平拉杆上,接着拆下全部 U 形卡或插销及连接模板的附件,再用钢钎撬动模板,使模板块降下由代龙支承,拿下模板和代龙,然后拆除水平拉杆及剪刀撑和支柱。

d. 拆除模板时,操作人员应站在安全的地方。

e. 拆除跨度较大的梁下支顶时,应先从跨中开始,分别向两端拆除。

f. 楼层较高,支模采用双层支撑时,先拆上层支撑,使龙骨和模板落在底层支撑上,待上层模板全部运出后再拆下层支撑。

g. 若采用早拆型模板支撑系统时,支撑应在混凝土强度等级达到规范要求时方可拆除。

h. 拆下的模板及时清理粘结物,涂刷脱模剂,并分类堆放整齐,拆下的扣件及时集中统一管理。

5 劳动力组织

(1)对管理人员和技术人员的组织形式的要求:制度健全,并能执行。

(2)施工队伍有专业技术管理人员,操作人员并持证上岗。

(3)中、高级操作技工不少于施工人员的 60%以上。

(4)定型组合钢模板安装劳动力组织见表 2。

表 2 定型组合钢模板安装劳动力组织

工作内容	单位	工日	备注
独立基础、带形基础	100 m²	11~15	
满堂基础	100 m²	10	
矩形柱	100 m²	18~24	定型组合小钢模板
矩形梁	100 m²	22~26	
直形墙	100 m²	14	
大钢模板(墙)	100 m²	4~5	定型组合大钢模板

6 机具设备配置

锤子、活动扳手、撬棍、电钻、水平尺、靠尺、线坠、爬梯、塔吊或吊车等。

7 质量控制要点

7.1 质量控制要求

(1)模板及其支架应根据工程结构形式、荷载大小、地基土类别、施工设备和材料供应等条件进行设计。模板及其支架应具有足够的承载能力、刚度和稳定性,能可靠地承受新浇注混凝土的自重、侧压力以及其他施工荷载。

(2)模板及其支架的安装、拆除均按施工技术方案执行。

(3)模板安装和浇注混凝土时,应对模板及其支架进行观察和维护,发生异常情况时,应按施工技术方案及时进行处理。

7.2 质量检验标准

7.2.1 主控项目

(1)模板及其支架必须有足够的强度、刚度和稳定性,其支架的支承部分必须有足够的支承面积。如安装在基土上,基土必须坚实并有排水措施;对湿陷性黄土,必须有防水措施;对冻胀土,必须有防冻融措施。

检查数量:全数检查。

检验方法:对照模板设计文件和施工技术方案观察。

(2)安装现浇结构的上层模板及支架时,下层楼板应具有承受上层荷载的承受能力,或加设支架;上、下层支架的立柱应对准,并铺设垫板。

检查数量:全数检查。

检验方法:对照模板设计文件和施工技术方案观察。

(3)在涂刷模板隔离剂时,不得玷污钢筋与混凝土接茬处。

检查数量:全数检查。

检验方法:观察检查。

7.2.2　一般项目

(1)模板安装应满足下列要求。

① 模板的接缝不应漏浆;在浇注混凝土前,模板应浇水湿润,但模板内不应有积水。

② 模板与混凝土的接触面应清理干净并涂刷隔离剂,但不得采用影响结构性能或妨碍装饰工程施工的隔离剂。

③ 浇注混凝土前,模板内的杂物应清理干净。

④ 对清水混凝土工程及装饰混凝土工程,应使用能达到设计效果的模板。

检查数量:全数检查。

检查方法:观察检查。

(2)用作模板的地坪、胎模等应平整光洁,不得产生影响构件质量的下沉、裂缝、起砂或起鼓。

检查数量:全数检查。

检查方法:观察检查。

(3)对跨度不小于 4 m 的现浇钢筋混凝土梁、板,其模板应按设计要求起拱;当设计无具体要求时,起拱高度宜为跨度的 1/1 000～3/1 000。

检查数量:在同一检验批内,对梁应抽查构件数量的 10%,且不少于 3 件;对板应按有代表性的自然间抽查 10%,且不少于 3 间;对大空间结构,板可按纵、横轴线划分检查面,抽查 10%,且不少于 3 面。

检验方法:水准仪或拉线、钢尺检查。

(4)固定在模板上的预埋件、预留孔和预留洞均不得遗漏,且应安装牢固,其偏差应符合表 3 的允许偏差的规定。

表 3　现浇结构钢模板安装及预埋件和预留孔洞允许偏差

项　　目			允许偏差
一般项目	模板安装允许偏差	轴线位置(mm)	5
		底模上表面标高(mm)	±5
		截面尺寸(mm)　基础	$^{+5}_{-10}$
		截面尺寸(mm)　柱、墙、梁	$^{+2}_{-5}$
		层高垂直度(mm)　不大于 5m	6
		层高垂直度(mm)　大于 5m	8
		相邻两板表面高低差(mm)	2
		表面平整度(mm)	5

续上表

项　目				允许偏差
一般项目	预埋件、预留孔洞允许偏差	预埋钢板中心线位置(mm)		3
		预埋管、预留孔中心线位置(mm)		3
		插筋	中心线位置(mm)	5
			外露长度(mm)	$^{+10}_{0}$
		预埋螺栓	中心线位置(mm)	2
			外露长度(mm)	$^{+10}_{0}$
		预留洞	中心线位置(mm)	10
			尺寸(mm)	$^{+10}_{0}$

注:检查中心线位置时,应沿纵、横两个方向量测,并取其中的较大值。

检查数量:在同一检验批内,对梁、柱和独立基础,应抽查构件数量的10%,且不少于3件;对墙和板,应按有代表性的自然间抽查10%,且不少于3间;对大空间结构,墙可按相邻轴线间高度5 m左右划分检查面,板可按纵横轴线划分检查面,抽查10%,且均不少于3面。

检验方法:钢尺检查。

(5)现浇结构钢模板安装的偏差应符合表3中现浇结构钢模板安装及预埋件和预留孔洞允许偏差的规定。

检查数量:在同一检验批内,对梁、柱和基础,应抽查构件数量的10%,且不少于3件;对墙和板,应按有代表性的自然间抽查10%,且不少于3间;对大空间结构,墙可按相邻轴线间高度5 m左右划分检查面,板可按纵、横轴线划分检查面,抽查10%,且均不少于3面。允许偏差及检验方法见表3。

检查方法:经纬仪、水准仪、2 m靠尺和塞尺、拉线和钢尺检查。

(6)现浇结构大钢模板安装的偏差应符合表4中大钢模板安装允许偏差及检验方法的规定。

表4　大钢模板安装允许偏差及检验方法

项　目		允许偏差(mm)	检查方法
轴线位置		4	钢尺检查
截面内部尺寸		±2	钢尺检查
层高垂直度	全高≤5 m	3	经纬仪或吊线、钢尺检查
	全高>5 m	5	经纬仪或吊线、钢尺检查
相邻模板板面高低差		2	2 m靠尺和塞尺或拉线和钢尺检查
表面平整度		<4	2 m靠尺和塞尺检查

检查方法:经纬仪、2 m靠尺和塞尺、拉线和钢尺检查。

(7)定型钢模板组装质量标准见表5的规定。

表5　钢模板施工组装质量标准

项　目	允许偏差(mm)
两块模板之间拼接缝隙	≤2.0
相邻模板面的高低差	≤2.0
组装模板板面平整度	≤(2.0用2长平尺检查)
组装模板板面的长宽尺寸	≤长度和宽度的1/1 000,最大±4.0
组装模板两对角线长度差值	≤对角线长度的1/1 000,最大≤7.0

7.3　质量通病防治

7.3.1　墙体烂根

（1）现象。

混凝土墙根与楼板接触部位出现蜂窝、麻面或露筋，有的墙根内夹有木片、水泥袋纸等杂物。

（2）原因分析。

1）第一层混凝土浇灌过厚，振捣棒插入深度不够，底部未振透。

2）混凝土铺设后没有及时振捣，混凝土内的水分被楼板吸收，振捣困难。

3）混凝土配合比控制不准，搅拌不匀，坍落度太大，材料离析；混凝土配合比设计砂率小，和易性不好，振捣困难或振捣时间过久造成漏浆。

4）钢模板与楼板表面接触不严密。当楼板厚度不等、高差较大以及安装不平时，这种情况更为严重。

5）钢模下部缝隙用木片堵塞时，木片进入墙体内。

（3）预防措施。

1）支模前，在模板下脚相应的楼板位置抹水泥砂浆找平层，但应注意勿使砂浆找平层进入墙体内。

2）模板下部的缝隙应用水泥砂浆等塞严，切忌使用木片伸入混凝土墙体位置内。

3）增设导墙，或在模板底面放置充气垫或海绵胶垫等。

4）浇注混凝土前先浇水湿润模板及楼板表面，然后浇一层 50 mm 厚的砂浆（其成分与混凝土内砂浆成分相同），砂浆不宜铺得太厚，并禁止用料斗直接浇注。

5）坚持分层浇注混凝土，第一层浇注厚度必须控制在 500 mm 以内。

（4）治理方法。

1）对于烂根较严重的部位，应先将表面蜂窝、麻面部分剔除，再用 1∶1 水泥砂浆分层抹平。此项工作必须在拆模后立即进行。

2）对于已夹入木片、纸或草绳等的烂根部位，在拆模后应立即将夹杂物彻底剔除，然后加入高强度干硬砂浆，必要时砂浆中可稍掺加细石。

3）对于轻微的麻面，可以在拆模后立即铲除显出黄褐色砂子的表面，然后刮一道 108 胶水泥腻子。如不是在拆模后立即进行，必须剔除表面松动层，用水湿润并冲洗干净，然后再刮一道 108 胶水泥腻子。

4）对于较大面积的蜂窝、麻面或露筋，应按其全部深度凿去薄弱的混凝土和裸露的骨料颗粒，然后用钢丝刷或加压水洗刷表面，再用比原混凝土强度等级提高一级的细石混凝土（或掺微膨胀剂的混凝土）填塞，并仔细捣实。

7.3.2　墙面粘连，缺棱掉角

（1）现象。

墙体拆模时，大模板上粘连了较大面积的混凝土表皮，现浇墙体上口及洞口拆模后缺棱掉角。

（2）原因分析。

1）脱模过早，混凝土强度低于 1.2 MPa。尤其是在初冬阶段（温度－1 ℃～10 ℃），由于缺乏可靠的保温措施，最易发生此类现象。

2)混凝土用水量控制不严,质量波动大,浇注时下料集中,又未均匀振捣。

3)模板清理不干净(特别是上、下端口部位及门框边),易积留混凝土残渣。

4)使用了失效的隔离剂,或隔离剂涂刷不均匀、漏刷,或隔离剂被雨水冲刷掉。

5)衔接施工缝时浇注的砂浆层过厚,强度偏低,洞口模板拆除过早,或拆模时碰撞,造成墙体缺棱掉角。

(3)预防措施。

1)坚持墙体混凝土强度达到 1.2 MPa 后才能拆模的规定。

2)清理大模板和涂刷隔离剂必须认真,要有专人检查验收,不合格的要重新清理刷涂。

3)严格控制混凝土质量,混凝土应有良好的和易性,浇注时均匀下料,禁止采用振捣棒赶送混凝土的振捣方法。

4)应留有周转备用的洞口模板,以适当延迟洞口模板拆除的时间。宜采用可伸缩的洞口模板。禁止用大锤敲击模板,以防损伤混凝土棱角。

5)衔接施工缝的水泥砂浆厚度宜为 50～100 mm,浇注底层混凝土必须认真振捣。采用掺粉煤灰的混凝土。在模板上口加入拌过水泥浆的石子再作振捣,确保此部分混凝土的强度达到设计要求。

(4)治理方法。

1)严重大面积粘连、麻面,必须在拆模后随即修补。修初方法:先将浮面松动的灰渣清理干净,然后用 1∶1 水泥砂浆分层抹平,并将表面认真压光,达到要求的平整度。

2)小面积的粘连、麻面,可在拆模后立即用 108 胶水泥腻子刮 1～2 道找平。

3)缺棱掉角亦宜在拆模后立即修补。先刷一道水泥素浆,然后用水泥砂浆分层补平。

4)模板上口如积有较多的粉煤灰浮浆层,拆模后应凿除,用高一级混凝土补浇到位。

7.3.3 避免组合小钢模板安装质量通病

(1)避免梁、板模板安装的质量通病。

质量通病:梁、板底不平、下挠,梁侧模不平直或上下口胀模,板底出现蜂窝麻面。

预防措施:750 mm 梁高以下模板之间的连接插销不少于两道,梁底与梁侧板宜用连接角模进行连接,大于 750 mm 梁高的侧板,宜加对拉螺栓。模板支撑的尺寸和间距的排列应通过设计计算决定,要确保支撑系统有足够的强度和刚度,施工过程中应认真执行设计要求,防止混凝土浇注时模板变形。模板支撑的底部应在垫有通长木板的坚实地面上,防止支柱下沉,使梁、板产生下挠。梁板跨度大于 4 m 者,梁、板模板应按设计要求起拱,如设计无要求则按规范要求起拱。

(2)避免柱子模板安装的质量通病。

1)质量通病:胀模、断面尺寸不准确。

预防措施:根据柱高和断面尺寸设计柱箍自身的截面尺寸和间距以及大断面柱子所使用的穿墙螺栓等,以保证柱模的强度、刚度足以抵抗混凝土的侧压力。施工过程中应按设计要求作业。

2)质量通病:柱身扭曲。

预防措施:支模前先校正主筋,使其首先不扭曲。安装斜撑(或拉筋)吊线找垂直时,相邻两片柱模从上端每面吊两点,使线坠到地面,线坠所示的两点到柱位置线的距离相等,即柱模不扭曲。

3)质量通病:轴线位移、一排柱不在同一直线上。

预防措施:成排的柱子,支模前要在地面上弹出柱轴线及轴边通线,然后分别弹出每柱的另一方向轴线,再确定柱的另两条边线。支模时,先立两端柱模,校正垂直与位置无误后,柱模顶拉通线,再支中间各柱模。柱距不大时,通排支设水平拉杆及剪刀撑,柱距较大时,每柱四面设立支撑,保证每柱垂直和位置正确。

(3)避免墙体模板安装的质量通病。

1)质量通病:墙体厚度不一、平整度差。

预防措施:模扳之间连接用的 U 形卡或插销不宜过疏,对拉螺栓的规格和间距应按设计确定,除地下室外壁之外均要设置对拉螺栓套管;内、外楞不宜采用钢花梁;对拉螺栓的直径、间距和垫块规格要符合设计要求;墙梁模板交接处和墙顶模板上口应设置拉结;外墙模板所设的斜撑要牢固可靠,其间距、位置宜由模板设计确定。

2)质量通病:墙体烂根,模板接缝处跑浆。

预防措施:模板安装前模板底边应先抹好水泥砂浆找平层,以防漏浆,模板间连接牢固可靠。

3)质量通病:门窗洞口混凝土变形。

预防措施:将门窗洞口模板与墙体模板或墙体钢筋连接牢固,加强门窗洞口内的支撑。

7.3.4 避免大钢模安装质量通病

(1)支承剪力墙、柱模板的混凝土面在浇注时特别注意找平。

(2)根据图纸要求放线后,及时校正预留钢筋后再进行钢筋安装。

(3)在安装大模板前,外墙模板、内墙楼梯位置和预留大孔洞位置,都要预先做好模板支座,保证安装位置正确。

(4)在吊装有窗洞的模板之前,要根据窗洞的具体位置预先调整好窗洞的洞口限位角钢的位置。

(5)吊装大钢模板时,先安装内墙大模板,然后再安装外墙大模板。

(6)在切割对拉螺栓用的套筒时,尺寸要准确,且裁口不得有爆口、裂缝等以免浇注混凝土时入浆而无法拆卸对拉螺栓。

(7)必须使对拉螺栓穿过外墙模板并拧紧螺栓,螺牙要凸出螺母外面 2~3 牙。

(8)浇混凝土要使用串筒时,并要遵守混凝土施工的有关规范的规定。

7.4 成品保护

(1)保持大模板本身的整洁及配套设备零件的齐全、不变形,吊运时防止碰撞墙体,操作和运输过程中不得抛掷模板。

(2)大模板吊运就位时要平稳、准确,不得碰撞楼板及其他已施工完毕的部位,不得兜挂钢筋。用撬棍调整大模板时,要注意保护模板下面的砂浆找平层。

(3)预组拼的模板要有存放场地,场地要平整夯实。模板平放要用木方垫架;立放时要搭设分类模板架,模板落地处要垫木方,保证模板不扭曲、不变形。不得乱堆乱放或在组拼的模板上堆放分散模板和配件。

(4)工作面已安装完毕的墙、柱模板,不准在吊运模板时碰撞,不准在预组拼模板就位前作为临时倚靠,防止模板变形或产生垂直偏差。工作面已完成的平面模板不得作为临时堆料和作业平台,以保证支架的稳定,防止平面模板标高和平整度产生偏差。

(5)拆除模板时要按程序进行,禁止用大锤敲击或用撬棍硬撬,防止混凝土墙面及门窗洞口等出现裂纹和损坏模板边框。

（6）模板与墙面粘结时，禁止用塔吊吊拉模板，防止将墙面拉裂。

模板每次拆除以后，必须进行清理、保养，涂刷脱模剂，分类堆放，保持板面不变形。

表 6　钢模板及配件修复后的主要质量标准

项　目		允许偏差（mm）
钢模板	板面平整度	≤2.0
	凸棱直线度	≤1.0
	边肋不直度	不得超过凸棱高度
配　件	U 形卡卡口残余变形	≤1.2
	钢楞及柱直线度	≤L/1 000

注：L 为钢楞及支柱的长度。

（7）拆下的模板及配件如发现有脱焊、变形等现象时，应及时修理，修理后的质量标准见表 6，拆下的零星配件应用箱或袋收集。

7.5　季节性施工措施

冬期施工措施

（1）冬期施工时，大模板背面的保温措施应保持完好。

（2）冬期施工防止混凝土受冻，当混凝土达到规范规定的拆模强度后方可拆模，否则会影响混凝土质量。

7.6　质量记录

（1）模板拆除检验批质量验收记录按表 7 填写。

（2）模板安装工程检验批质量验收记录按表 8 填写。

表 7　模板拆除工程检验批质量验收记录表

单位（子单位）工程名称					
分部（子分部）工程名称				验收部位	
施工单位		专业工长		项目经理	
分包单位		分包项目经理		施工班组长	
施工执行标准名称及编号					
施工质量验收规范的规定				施工单位检查评定记录	监理（建设）单位验收记录
主控项目	1	底模及其支架拆除时的混凝土强度	第4.3.1条		
	2	后张法预应力构件侧模和底模的拆除时间	第4.3.2条		
	3	后浇带拆模和支顶	第4.3.3条		
一般项目	1	避免拆模损伤	第4.3.4条		
	2	模板拆除、堆放和清运	第4.3.5条		
施工单位检查评定结果	专业工长（施工员）　　　　　　　　　　施工班组长 项目专业质量检查员：　　　　　　　年　月　日				
监理（建设）单位验收结论	专业监理工程师（建设单位项目专业技术负责人）：　　　年　月　日				

表8　模板安装工程检验批质量验收记录表

单位(子单位)工程名称							
分部(子分部)工程名称				验收部位			
施工单位		专业工长			项目经理		
分包单位		分包项目经理			施工班组长		
施工执行标准名称及编号							

施工质量验收规范的规定				施工单位检查评定记录	监理(建设)单位验收记录
主控项目	1	模板支撑、立柱位置和垫块	第4.2.1条		
	2	避免隔离剂污染	第4.2.2条		
一般项目	1	模板安装的一般要求	第4.2.3条		
	2	用作模板的地坪、胎模质量	第4.2.4条		
	3	模板起拱高度	第4.2.5条		
	4	预埋件、预留孔洞允许偏差	预埋钢板中心线位置　　3 mm		
			预埋管、预留孔中心线位置　　3 mm		
			插筋　中心线位置　　5 mm		
			插筋　外露长度　　$^{+10}_{0}$ mm		
			预埋螺栓　中心线位置　　2 mm		
			预埋螺栓　外露长度　　$^{+10}_{0}$ mm		
			预留洞　中心线位置　　10 mm		
			预留洞　尺寸　　$^{+10}_{0}$ mm		
	5	模板安装允许偏差	轴线位置　　5 mm		
			底模上表面标高　　±5 mm		
			截面内部尺寸　基础　　±10 mm		
			截面内部尺寸　柱、墙、梁　　$^{+2}_{-5}$ mm		
			层高垂直度　不大于5 m　　6 mm		
			层高垂直度　大于5 m　　8 mm		
			相邻两板表面高低差　　2 mm		
			表面平整度　　5 mm		

施工单位检查评定结果	专业工长(施工员)　　　　　　　　　　施工班组长	
	项目专业质量检查员:　　　　　　　　　　年　月　日	
监理(建设)单位验收结论	专业监理工程师(建设单位项目专业技术负责人):　　　　　　　　　　年　月　日	

8　安全、环保及职业健康措施

8.1　职业健康安全关键要求

(1)装拆模板,必须有稳固的登高工具或脚手架,高度超过3.5 m时,必须搭设脚手架。装拆过程中,除操作人员外,下面不得站人,高处作业时,操作人员应挂上安全带。

(2)登高作业时,连接件必须放在箱盒或工具袋中,严禁放在模板或脚手板上,扳手等各类工具必须系挂在身上或放置于工具袋内,不得掉落。

(3)高处作业人员严禁攀登组合钢模板或脚手架等上下,也不得在高处的墙顶、独立梁及其模板等上面行走。

(4)安装墙、柱模板时,钢模板应随时支撑固定,防止倾覆。

模板的预留孔洞、电梯井口等处,应加盖或设置防护栏及警示标志,必要时应在洞口处设置安全网。

(5)安装预组装成片钢模板时,应边就位,边校正和安设连接件,并加设临时支撑稳固。

(6)模板拆除必须待混凝土强度满足设计要求和规范规定,经试验部门通知后方可拆除。

(7)拆楼层外边模板时,应有防高空坠落及防止模板向外倒跌的措施。

(8)拆除承重模板时,为避免突然整块坍落,必要时应先设立临时支撑,然后进行拆卸。

(9)施工楼层上不得长时间存放模板,当模板临时在施工楼层存放时,必须有可靠的防倾倒措施,禁止沿外墙周边存放在外挂架上。

(10)模板起吊前,应检查吊装用绳索、卡具及每块模板上的吊钩是否完整有效,并应拆除一切临时支撑,检查无误后方可起吊。

(11)拆模起吊前,应检查对拉螺栓是否拆净,在确无遗漏并保证模板与墙体完全脱离后方准起吊。

(12)模板拆除后,在清扫和涂刷隔离剂时,模板要临时固定好,板面相对停放之间,应留出50～60 cm宽的人行通道,模板上方要用拉杆固定。

(13)预组装钢模板装拆时,上下应有人接应,钢模板应随装拆随转运,不得堆放在脚手板上,严禁抛掷踩撞,如中途停歇,必须把活动部件固定牢靠。

(14)预组装钢模板装拆时,垂直吊运应采取两个以上的吊点,水平吊运应采取4个吊点,吊点应合理布置并作受力计算。

(15)预组装钢模板拆除时,宜整体拆除,并应先挂好吊索,然后拆除支撑及拼接两片模板的配件,待模板离开结构表面后再起吊,吊钩不得脱钩。

(16)起吊大钢模板前应先检查模板与混凝土结构之间所有对拉螺栓、连接件是否全部拆除,必须在确认模板和混凝土结构之间无任何连接后方可起吊大钢模板,移动模板时不得碰撞墙体。

(17)大钢模板的堆放应符合下列要求。

1)大钢模板现场堆放区应在起重机的有效工作范围之内,堆放场地必须坚实平整,不得堆放在松土、冻土或凹凸不平的场地上。

2)大钢模板堆放时,有支撑架的大模板必须满足自稳角要求;当不能满足要求时,必须另外采取措施,确保模板堆放的稳定。没有支撑架的大模板应存放在专用的插放支架上,不得依靠在其他物体上,防止模板下脚滑移倾倒。

3)大钢模板在地面堆放时,应采取两块大模板板面对板面相对放置的方法,且应在模板中间留置不小于600 mm的操作间距;当长时期堆放时,应将模板连接成整体。

(18)操作人员应进行职业健康安全教育培训,了解健康状况,培训合格后方可上岗操作。

(19)配备必要的安全防护装备(安全帽、防滑鞋、手套、工作服、安全带等),正确使用;制定安全操作技术规程,作业人员应进行培训后持证上岗,并按操作规程进行作业;施工中,要有防止触电的保护措施,施工楼层上的漏电箱必须设漏电保护装置,防止漏电伤人;钢模板用于高层建筑施工时,应设防雷击设施。

8.2　环境关键要求

(1)模板所用的脱模剂在施工现场不得乱扔,以防止影响环境。

(2)在模板拆装区域周围,应设置围栏,并挂明显的标志牌,禁止非作业人员入内。

(3)模板堆放场地除保证模板安全可靠外,还应整齐、美观,并分类挂标志牌。

滑升模板工程施工工艺

滑升模板施工工艺广泛运用于大型钢筋混凝土结构工程施工中。本章节选取液压滑升模板工艺在民用建筑的现浇混凝土框架、墙板结构工程中的应用进行阐述。

1 工艺特点

(1)用滑升模板施工可以大量节约模板,节省劳动力,减轻劳动强度,降低工程成本,加快施工进度,提高施工机械化程度。

(2)缺点:液压滑升模板耗钢量大,一次投资费用较多。

2 工艺原理

滑动模板施工以液压千斤顶为提升机具,带动模板沿着混凝土表面滑动而成型的现浇混凝土结构的施工方法。

3 适用范围

(1)适用于一般工业、民用建筑的框架结构、墙板结构和筒仓结构现浇混凝土的液压滑升模板工程。

(2)不适用于高耸结构物及其他非房屋建筑。

4 工艺流程及操作要点

4.1 工艺流程

4.1.1 作业条件

(1)按总平面布置的临时设施、道路、场地达到滑模安装、施工要求。

(2)进行滑模安装、施工前的技术交底、安全交底、人员培训工作,组织各类人员循序进场。

(3)作业层楼地面抄平,模板、提升架安装底标高进行必要的水泥砂浆抹灰找平。

(4)投放结构轴线、截面边线、模板定位线、提升架中心线、门窗洞口线等。

(5)绑扎 900 mm 模板高度范围的钢筋。

(6)搭设必要的脚手架。

(7)组织滑模装置构件、安装紧固件、配套材料、机具进场验收。

(8)供水供电应满足滑模连续施工的要求。

(9)混凝土的搅拌、运输、垂直运输和布料设备应满足混凝土连续浇灌和滑升的要求。

4.1.2 工艺流程图

(1)滑模装置安装工艺流程如图 1 所示。

(2)滑模施工工艺流程如图 2 所示。

4.2 操作要点

4.2.1 技术准备

(1)滑模施工应根据工程结构特点及滑模工艺的要求提出对工程设计的局部修改意见,确

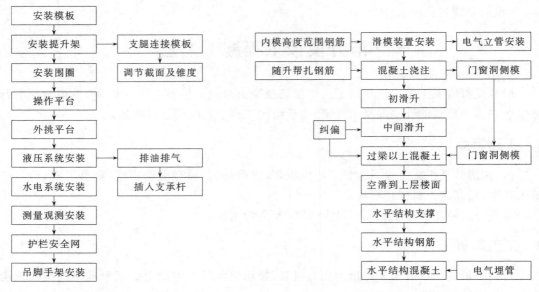

图 1　滑模装置安装工艺流程　　　　　图 2　滑模施工工艺流程

定不宜滑模施工部位的处理方法以及划分滑模作业的区段等。

（2）滑模施工必须根据工程结构的特点及现场的施工条件编制施工组织设计，并应包括下列主要内容。

1）施工总平面布置（含操作平台平面布置）。

2）滑模施工技术设计。

3）施工程序和施工进度安排。

4）施工安全技术质量保证体系及其检查措施。

5）现场施工管理机构、劳动组织及人员培训。

6）材料、半成品、预埋件、机具和设备供应计划等。

7）特殊部位滑模施工措施。

8）季节性滑模施工措施。

（3）施工总平面布置应符合下列要求。

1）施工总平面布置应满足施工工艺要求，减少施工用地和缩短地面水平运输距离。

2）在所施工建筑物的周围应设立危险警戒区，警戒线至建筑物边缘的距离不应小于其高度的 1/10，且不应小于 10 m，不能满足要求时，应采取安全防护措施。

3）临时建筑物及材料堆放场地等均应设在警戒区以外，当需要在警戒区内堆放材料时，必须采取安全防护措施。经过警戒区的人行道或运输通道均应搭设安全防护棚。

4）材料堆放场地应靠近垂直运输机械，堆放数量应满足施工速度的需要。

5）根据现场施工条件确定混凝土供应方式，当设置自备搅拌站时宜靠近施工工程，混凝土的供应量必须满足连续浇灌的需要。

6）供水、供电应满足滑模连续施工的要求。施工工期较长，且有断电可能时，应有双路供电系统及配置发电机供电设备。操作平台的供水系统，当水压不够时，应设加压水泵。

7）应设置测量施工工程垂直度和标高的观测站。

（4）滑模装置的组成应包括下列系统。

1)模板系统包括模板、围圈、提升架及截面和倾斜度调节装置等。

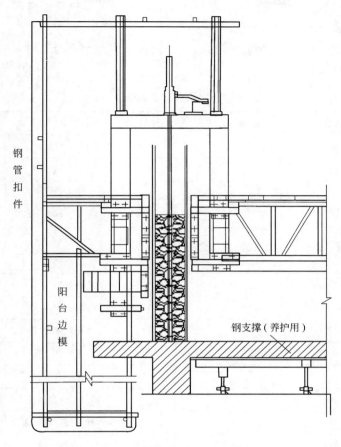

钢管扣件

阳台边模

钢支撑(养护用)

图 3　滑模装置剖面示意图

2)操作平台系统包括操作平台、料台、吊脚手架、滑升垂直运输设施的支承结构等。

3)液压提升系统包括液压控制台、油路、调平控制器、千斤顶、支承杆。

4)施工精度控制系统包括千斤顶同步、建筑物轴线和垂直度等的观测与控制设施等。

5)水电配套系统包括动力、照明、信号、广播、通信、电视监控以及水泵、管路设施等。

6)滑模装置剖面示意图详如图 3 所示(图中序号名称见表 1)。

(5)滑模装置设计应包括下列内容。

1)绘制滑模初滑结构平面图及中间结构变化平面图。

2)确定模板、围圈、提升架及操作平台的布置,进行各类部件和节点设计,提出规格和数量;

3)确定液压千斤顶、油路及液压控制台的布置,提出规格和数量。

4)确定施工精度控制措施,提出设备仪器的规格和数量。

5)进行特殊部位处理及特殊设施(包括与滑模装置相关的垂直和水平运输装置等)布置和设计。

6)绘制滑模装置的组装图,提出材料、设备、构件一览表见表 1。

(6)滑模装置设计荷载包括下列各项。

1)模板系统,操作平台系统自重。

2)操作平台的施工荷载,包括操作平台上的机械设备及特殊设施等的自重、操作平台上施工人员、工具和堆放材料等。

3)混凝土卸料时对操作平台的冲击力,以及向模板内倾倒混凝土时对模板的冲击力。

4)混凝土对模板的侧压力。

表1　滑模装置设备表

序号	构件名称	备　注	序号	构件名称	备　注
1	提升架		16	伸缩调节丝杠	
2	限位卡		17	槽钢夹板	
3	千斤顶		18	下围枋	仅用于有桁架处
4	针形阀		19	支架连接管	
5	支架		20	纠偏装置	
6	台梁		21	安全网	满挂、兜底
7	台梁连接板		22	外挑架	
8	Φ8油管		23	外挑平台	50 mm 厚木板
9	工具式支撑杆		24	吊杆连接管	
10	插板		25	吊杆	
11	外模板		26	吊平台	50 mm 厚木板
12	支腿		27	活动平台边框	钢管及18 mm厚竹胶板
13	内模板		28	桁架斜杆、立杆、对拉螺栓	
14	围枋		29	钢管水平桁架	
15	边框卡铁		30	围圈卡铁	

5)模板滑动时混凝土与模板之间的摩阻力。

6)对于高层建筑应考虑风荷载。

(7)液压提升系统的布置应使千斤顶受力均衡,所需千斤顶和支承杆的数量按下式确定:

$$D_{\min}=N/P$$

式中　N——总垂直荷载(kN);

　　　　P——单个千斤顶或支承杆的允许承载力(kN)。

支承杆的允许承载力应按规定确定。

千斤顶的允许承载力为千斤顶额定提升能力的1/2,两者取其较小者。

(8)技术关键要求。

1)模板在运动状态下,连续浇注混凝土,使成型的结构体符合设计要求。

2)混凝土应具有一定强度,不致坍陷。其强度能正常地继续增长。不仅能承受结构自重,且能稳固支承杆。

3)滑模装置设计必须满足滑模施工特点的操作要求。

4)滑模施工必须编制详细的施工组织设计。

4.2.2 材料要求

(1)模板:应具有通用性、耐磨性、拼缝紧密、装拆方便和足够的刚度。并符合下列规定。

1)平模板宜采用模板和围圈合一的组合大钢模板。模板高度:内墙模板 900 mm,外墙模板 1200 mm,标准模板宽度 900～2400 mm。

2)异型模板、弧形模板、调节模板等应根据结构截面形状和施工要求设计制作。

3)模板材料规格,见表 2。

表 2 模板材料规格

部 位	材料名称	规 格	备 注
面板	钢板	4～6 mm 厚	
边框	钢板或扁钢	6×80 或 8×80	
水平加强肋	槽钢	[8	同提升架连接
竖肋	扁钢或钢板	4×60 或 6×60	

4)模板制作必须板面平整、无卷边、翘曲、孔洞、毛刺等,阴阳角模的单面倾斜度应符合设计要求。

(2)提升架宜设计成适用于多种结构施工的类型。对于结构的特殊部位,可设计专用的提升架。提升架设计时,应按实际的垂直和水平荷载验算,必须有足够的刚度,其构造应符合下列规定。

1)提升架可采用单横梁"Ⅱ"形架、双横梁的"开"形架或单立柱的"Γ"形架,横梁与立柱必须刚性连接,两者的轴线应在同一平面内,在使用荷载作用下,立柱下端的侧向变形应不大于 2 mm。

2)模板上口至提升架横梁底部的净高度,对于 Φ25 支承杆宜为 400～500 mm,对于 Φ48×3.5 支承杆宜为 500～900 mm。

3)提升架立柱上应设有调整内外模板间距和倾斜度的可调支腿。

4)当采用工具式支承杆设在结构体外时,提升架横梁相应加长,支承杆中心线距模板距离应大于 50 mm。

(3)围圈将提升架连成整体,并同操作平台桁架相连。围圈的构造应符合下列规定。

1)围圈截面尺寸应根据计算确定,上、下围圈的间距一般为 450～750 mm,上围圈距模板上口的距离不宜大于 250 mm。

2)当提升架间距大于 2.5 m 或操作平台的承重骨架直接支承在围圈上时,围圈宜设计成架式。

3)围圈在转角处应设计成刚性节点。

4)固定式围圈接头应用等刚度型钢连接,连接螺栓每边不得少于 2 个。

(4)操作平台应按所施工工程的结构类型和受力确定,其构造应符合下列规定。

1)操作平台由桁架、三角架及铺板等主要构件组成,与提升架或围圈应连成整体。

2)外挑平台的外挑宽度不宜大于 900 mm,并应在其外侧设安全防护栏杆。

3)吊脚手板时,钢吊架宜采用 Φ48×3.5 钢管,吊杆下端的连接螺栓必须采用双螺帽。吊脚手架的双侧必须设安全防护栏杆,并应满挂安全网。

(5)支承杆的直径、规格应与所使用的千斤顶相适应,对支承杆的加工、接长、加固应作专项设计,确保支承体系的稳定。当采用钢管做支承杆时应符合下列规定。

1)支承杆宜为 $\varPhi48\times3.5$ 焊接钢管,管径允许偏差为 $-0.2\sim0.5$ mm。

2)采用焊接方法接长钢管支承杆时,钢管上端平头,下端倒角 $2\times45°$,接头处进入千斤顶前,先点焊三点以上并磨平焊点,通过千斤顶后进行围焊,接头处加焊衬管,衬管长度应大于 200 mm。

3)采用工具式支承杆时,钢管两端分别焊接螺母和螺栓,螺纹宜为 M35,螺纹长度不宜小于 40 mm,螺栓和螺母应与钢管同心。

4)工具式支承杆必须调直,其平直度偏差不应大于 1/1 000。

5)工具式支承杆长度宜为 3 m,第一次安装时可配合采用 6 m、4.5 m、1.5 m 长的支承杆,使接头错开。当建筑物每层净高小于 3 m 时,支承杆长度应小于净高尺寸。

6)当支承杆设置在结构体外时,一般采用工具式支承杆,支承杆的制备数量应能满足 5～6 个楼层高度的需要。必须在支承杆穿过楼板的位置用扣件卡紧,使支承杆的荷载通过传力钢板、传力槽钢传递到各层楼板上。

(6)滑模装置各种构件的制作应符合有关的钢结构制作规定,其允许偏差应符合表 3 的规定。

表 3　滑模装置构件制作允许偏差

名　称	内　容	允许偏差(mm)
钢模板	高度	±1
	宽度	−0.7～0
	表面平整度	±1
	侧面平整度	±1
	连接孔位置	±0.5
围圈	长度	−5
	弯曲长度≤3 m	±2
	>3 m	±4
	连接孔位置	±0.5
提升架	高度	±3
	宽度	±3
	围圈支托位置	±2
	连接孔位置	±0.5
支承杆	弯曲	小于(1/1 000)L
	直径 $\varPhi48\times3.5$	−0.2～+0.5
	圆度公差	−0.25～+0.25
	对接焊缝凸出母材	<+0.25

注:L 为支承杆加工长度。

(7)材料的关键要求。

1)模板能满足沿着结构混凝土表面滑动而成型现浇混凝土的要求。

2)模板和滑模装置依靠千斤顶,能满足不断向上同步整体滑升。

3)千斤顶的工作荷载必须小于额定起重能力的 1/2。

4)支承杆具有足够的支承能力,不得失稳。

5)模板和滑模装置所采用的钢材,其材质为 Q235。

4.2.3　操作要点

(1)滑模装置安装。

1)安装模板,宜由内向外扩展,逐间组装,逐间定位。

2)安装提升架,所有提升架的标高应满足操作平台水平度的要求。

3)安装提升架活动支腿并同模板连接,调节模板截面尺寸和单面倾斜度,模板应上口小,下口大,单面倾斜度宜为模板高度的 0.1％～0.3％。

4)安装内外围圈及围圈节点连接件。

5)安装操作平台的析架、支承和平台铺板。

6)安装外操作平台的挑架、铺板和安全栏杆等。

7)安装液压提升系统及水、电、通信、信号、精度控制和观测装置,并分别进行编号、检查和试验。

8)在液压系统排油、排气试验合格后,插入支承杆。

9)安装内外吊脚手架及安全网:当在地面或楼面上组装滑模装置时,应待模板滑至适当高度后,再安装内外吊脚手架,挂安全网。

(2)钢筋绑扎。

1)横向钢筋的长度一般不宜大于 7 m,当要求加长时,应适当增加操作平台宽度。

2)竖向钢筋的直径小于或等于 12 m 时,其长度不宜大于 8 m。

3)钢筋绑扎时,应保证钢筋位置准确,并应符合下列要求。

① 每一浇注层混凝土浇注完后,在混凝土表面以上至少应有一道绑扎好的横向钢筋。

② 竖向钢筋绑扎后,其上端应用限位支架等临时固定。

③ 双层钢筋的墙,其立筋应成对并立排列,钢筋网片间有拉结筋或用焊接钢筋骨架定位。

④ 门窗等洞口上下两侧横向钢筋端头应绑扎平直、整齐、有足够钢筋保护层,下口钢筋宜与竖钢筋焊接。

⑤ 钢筋弯钩均应背向模板面。

⑥ 必须有保证钢筋保护层厚度的措施。

⑦ 当滑模施工结构有预应力钢筋时,对预应力筋的留孔位置应有相应的成型固定措施。

⑧ 墙体顶部的钢筋如挂有砂浆,在滑升前应及时清除掉。

(3)混凝土浇注。

1)用于滑模施工的混凝土,应事先做好混凝土配合比的试配工作,其性能除满足设计规定的强度、抗渗性、耐久性以及施工季节等要求外,尚应满足下列规定。

① 混凝土早期强度的增长速度,必须满足模板滑升速度的要求。

② 混凝土坍落度宜符合表 4 的规定。

表 4　混凝土坍落度表

结构类型	坍落度(mm)	
	非泵送混凝土	泵送混凝土
墙板、梁、柱	50～70	100～160
配筋密集的结构	60～90	120～180
配筋特密结构	90～120	140～200

③ 在混凝土中掺入的外加剂或掺和料,其品种和掺量应通过试验确定。

④ 高强度等级混凝土(可用至 C60),尚应满足流动性、包裹性、可泵送性和可滑性等要求。并应使入模后的混凝土凝结速度与模板滑升速度相适应。

2)混凝土的浇注应满足下列规定。

① 必须分层均匀对称交圈浇注,每一浇注层的混凝土表面应在一个水平面上,并应有计划均匀的更换浇注方向。

② 模板高度范围内的混凝土浇注厚度不应大于 300 mm,正常滑升时混凝土的浇注高度不应大于 200 mm。

③ 各层混凝土浇注的间隔时间不得大于混凝土的凝结时间,当间隔时间超过规定,接茬处应按施工缝的要求处理。

④ 在气温高的季节,宜先浇注内墙,后浇注阳光直射的外墙;先浇注墙角、墙垛及门窗洞口两侧,后浇注直墙;先浇注较厚的墙,后浇注较薄的墙。

⑤ 预留孔洞、门窗口、烟道口、变形缝及通风管道等两侧的混凝土应对称均衡浇注。

3)混凝土的振捣应符合下列要求。

① 振捣混凝土时振捣器不得直接触及支承杆、钢筋或模板。

② 振捣器插入前一层混凝土内深度不应超过 50 mm。

4)混凝土的养护应符合下列规定。

① 混凝土出模后应及时进行修整,必须及时进行养护。

② 养护期间,应保持混凝土表面湿润,除冬施外,养护时间不少于 7 d。

③ 养护方法宜选用连续喷雾养护或喷涂养护液。

(4)液压滑升。

1)初滑时模板内浇注的混凝土至 500～700 mm 高度后,第一层混凝土强度达到 0.2 MPa,应进行 1～2 个千斤顶行程的提升,并对滑模装置和混凝土凝结状态进行检查,确定正常后,方可转为正常滑升。

2)正常滑升过程中,两次提升的时间间隔不宜超过 0.5 h。

3)提升过程中,应使所有的千斤顶充分的进油、排油。提升过程中,如出现油压增至正常滑升工作压力值的 1.2 倍,尚不能使全部千斤顶升起时,应停止提升操作,立即检查原因,及时进行处理。

4)在正常滑升过程中,操作平台应保持基本水平。每滑升 200～400 mm,应对各千斤顶进行一次调平(如采用限位调平卡等),特殊结构或特殊部位应按施工组织设计的相应要求实施。各千斤顶的相对高差不得大于 40 mm。相邻两个提升架上千斤顶升差不得超过 20 mm。

5)在滑升过程中,应检查和记录结构垂直度、水平度、扭转及结构截面尺寸等偏差数据,及时进行纠偏、纠扭工作。在纠正结构垂直度偏差时,应徐缓进行,避免出现硬弯。

6)在滑升过程中,应随时检查操作平台结构,支承杆的工作状态及混凝土的凝结状态,如发现异常,应及时分析原因并采取有效的处理措施。

7)因施工需要或其他原因不能连续滑升时,应有准备采取下列停滑措施。

① 混凝土应浇注至同一标高。

② 模板每隔一定时间提升 1～2 个千斤顶行程,直至模板与混凝土不再粘结为止。对滑空部位的支承杆,应采取适当的加固措施。

③ 继续施工时,应对模板与液压系统进行检查。

(5)水平结构施工。

1)滑模工程水平结构的施工,宜采取在竖向结构完成到一定高度后,采取逐层空滑支模施工现浇楼板。

2)按整体结构设计的横向结构,当采用后期施工时,应保证施工过程中的结构稳定和满足设计要求。

3）墙板结构采用逐层空滑现浇楼板工艺施工时应满足下列规定。

① 当墙板模板空滑时，其外周模板与墙体接触部分的高度不得小于 200 mm。

② 楼板混凝土强度达到 1.2 MPa 方能进行下道工序，支设楼板的模板时，不应损害下层楼板混凝土。

③ 楼板模板支柱的拆除时间，除应满足《混凝土结构工程施工质量验收规范》的要求外，还应保证楼板的结构强度满足承受上部施工荷载的要求。

5　劳动力组织

（1）对管理人员和技术人员的组织形式的要求：制度健全，并能执行。

（2）施工队伍有专业技术管理人员，操作人员持证上岗。

（3）主要工种人员配置表见表 5。

表 5　主要工种人员配置表

序　号	工　种	人　数	备　注
1	机械操作工	按工程量确定	技工
2	混凝土工	按工程量确定	技工
3	钢筋工	按工程量确定	技工
4	模型工	按工程量确定	技工
5	普工		

6　机具设备配置

主要机具名称及规格数量见表 6。

表 6　主要机具名称及规格数量表

主要机具名称	规　格　数　量
塔　吊	按臂杆长度、起重高度、垂直运输量选型
混凝土输送泵	按浇灌速度、滑升速度计算确定，滑升速度宜为 140～200 mm/h
混凝土罐车	按浇灌速度及往返时间确定台次/h
混凝土布料机	按回转半径选型
外用电梯	按建筑高度、垂直运输量选型
千斤顶	按计算确定
液压控制台	其流量按千斤顶数量、排油量及一次给油时间确定
激光经纬仪	1～2 台

7　质量控制要点

7.1　质量控制要求

（1）滑模装置的制作、安装质量必须符合允许偏差的要求。

（2）滑模施工时，混凝土必须分层浇注、分层振捣，浇注入模的混凝土不能与模板粘结，混凝土脱模强度必须满足 0.2～0.4 MPa 要求，以保证模板顺利的提升。

（3）在模板运行中，必须保证钢筋绑扎、预留洞口，水电管等其他工序紧密配合，同步施工，且保证其质量符合标准要求。

（4）滑模施工是"三分技术、七分管理"，必须有条不紊地做好各项管理工作。

（5）坚持"防偏为主，纠偏为辅"的方针，当出现偏差，首先要找出并消除偏差因素，并进行合理的纠偏。

7.2　质量检验标准

7.2.1　主控项目

（1）模板及滑模装置必须有足够的强度、刚度和稳定性，液压滑升系统有足够的承载能力和起重能力。

检查数量：全数检查。

检验方法：查看设计文件。

（2）模板安装必须形成上口小下口大的锥形，其单面倾斜度符合允许偏差要求。模板截面调节、倾斜度调节有灵活可靠的装置。

检查数量：全数检查。

检验方法：观察。

7.2.2　一般项目

（1）滑模装置安装允许偏差见表 7。

表 7　滑模装置组装允许偏差

内　　　　容		允许偏差（mm）
模板结构轴线与相应结构轴线位置		3
围圈位置偏差	水平方向	3
	垂直方向	3
提升架的垂直偏差	平面内	3
	平面外	2
安放千斤顶的提升架横梁相对高度偏差		5
考虑倾斜度后模板尺寸偏差	上　口	－1
	下　口	＋2
千斤顶位置安装的偏差	提升架平面内	5
	提升架平面外	5
圈模直径、方模边长的偏差		－2～＋3
相邻两块模板平面平整偏差		1.5
支承杆垂直偏差		2/1000

（2）滑模施工工程混凝土结构允许偏差见表 8。

表 8 滑模施工工程混凝土结构允许偏差

项 目			允许偏差（mm）
轴线间的相对位置			5
标 高	每 层	高 层	±5
		多 层	±10
	全 高		±30
垂直度	每 层	层高≤5 m	5
		层高>5 m	层高的 0.1%
	全 高	高度<10 m	10
		高度≥10 m	高度的 0.1%，不得>30
墙、柱、梁截面尺寸偏差			+8 −5
表面平整 （2 m 靠尺检查）	抹 灰		8
	不抹灰		4
门窗洞口及预留洞口位置偏差			15
预埋件位置偏差			20

7.3 质量通病防治

7.3.1 支承杆弯曲

（1）现象。

滑模施工中，布置在混凝土内部或外部的支承杆失稳弯曲。严重时可导致操作平台局部下沉。从脱模后混凝土表面裂缝、外凸等现象或根据支承杆突然出现较大幅度的下坠情况，可以发现混凝土内部支承杆弯曲。

（2）原因分析。

1）支承杆在制作时没有调直，或运输、存放及安装时造成弯曲。

2）施工过程中，支承杆脱空部位自由长度过大，或接头处丝扣没有拧紧，以及操作平台荷载不均和模板在滑升中遇有障碍造成局部超载等。

3）支承杆实际负荷偏大，安全储备偏小。

（3）预防措施。

1）支承杆的制作必须符合技术规范的要求。在运输、存放及安装时应避免造成弯曲。

2）施工中，支承杆的荷载应尽量均匀布置。当自由长度过大时，应及时进行加固处理，以防止支承杆失稳弯曲变形。在模板滑升过程中，应设专人及时检查和排除影响滑升的各种障碍，防止模板装置受阻。

3）支承杆设计时，负荷取值应合理，并应有足够的安全储备。

（4）治理方法。

1）支承杆在混凝土内部弯曲。

对于已弯曲的支承杆，其千斤顶必须立即卸荷，然后，将弯曲处的混凝土挖洞清除。当弯曲程度不大时，可在弯曲处加焊 1 根与支承杆同直径的绑条；当弯曲长度较大或弯曲程度较严重时，应将支承杆的弯曲部分切断，在切断处加焊两根总截面积大于该支承杆的绑条。加焊绑条时，应保证必要的焊条长度。

2）支承杆在混凝土外部弯曲。

支承杆在混凝土外部易发生弯曲的部位,大多在混凝土的表面至千斤顶卡头之间或门窗洞口及框架梁下部等支承杆的脱空部位。当发现专承杆弯曲时,首先必须停止千斤顶工作并立即卸荷。对于弯曲不大的支承杆;对于弯曲程度较大的支承杆,应将弯曲部分切断,采用一段钢套管在接头处将上下支承杆对头加套焊接;也可将弯曲的支承杆齐混凝土面切断,在混凝土表面原支承杆的位置上,加设一个由钢垫板及钢套管焊接的套靴,将上段支承杆插入套靴内顶紧即可。

3)当支承杆为 $\phi48\times3.5$ 钢管时,也可参照上述方法处理。

7.3.2　保护层厚度不匀

(1)现象。

墙体钢筋位移,保护层厚度不匀。

(2)原因分析。

1)滑模施工中,钢筋需随模板滑升随进行绑扎,如果滑模装置上没有设置钢筋定位装置或不采取加设垫块等措施,就容易使钢筋产生位移。

2)浇注混凝土时振捣器碰撞钢筋或强力振捣,也会使钢筋位移。

(3)预防措施。

1)绑扎竖向钢筋时,应在提升架的上部设置竖向钢筋定位架如图 4 所示。

2)在模板与钢筋之间按保护层厚度加设垫块或在模板的上口设置保证钢筋保护层的定位装置图如图 5 所示。

3)浇注混凝土时,防止振捣器碰撞钢筋和避免强力振捣。

(4)治理方法。

对造成保护层厚度不匀的位移钢筋,应按 1∶6 坡度自位移处向上弯折就位。

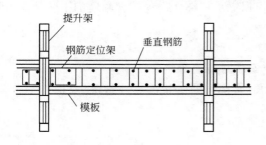

图 4　竖向钢筋定位架

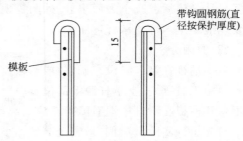

图 5　钢筋保护层定位装置

7.4　成品保护

(1)模板提升后,应对脱出模板下口的混凝土表面进行检查。

(2)情况正常时,混凝土表面有 25～30 mm 宽水平方向水印。

(3)若有表面拉裂、坍塌等缺陷时,应及时研究处理并作表面修整。

(4)若表面有流淌、穿裙子等现象时,应及时采取调整模板锥度等措施。

(5)混凝土出模后,必须及时进行养护。养护方法宜选用喷雾养护或喷涂养护液。冬期养护宜选用塑料薄膜保湿和阻燃棉毡保温。

7.5　季节性施工措施

冬期施工措施

混凝土出模后,必须及时进行养护。养护方法宜选用喷雾养护或喷涂养护液。冬期养护宜选用塑料薄膜保湿和阻燃棉毡保温。

7.6　质量记录

（1）按验收规范应做的各项施工记录。

（2）根据工程特点自行设计的适用记录图表等。

8　安全、环保及职业健康措施

8.1　职业健康安全关键要求

（1）严格执行国家、地方政府、上级主管部门和本公司有关安全生产的规定和文件。

（2）进入现场的所有人员必须戴好安全帽，高空作业人员必须系好安全带。

（3）建筑物外墙边线外 6 m 范围内划为危险区，危险区内不得站人或通行。必须的通道和必要作业点要搭设保护棚。

（4）滑模装置的安全关键部位：安全网、栏杆和滑模装置中的挑架、吊脚手架、跳板、螺栓等必须逐件检查，做好检查记录。

（5）防护栏杆的安全网必须采用符合安全要求标准的密目安全网，安全网的架设和绑扎必须符合安全要求，建筑物四周设水平安全网，网宽 6 m，分设在首层及其上每隔四层建筑物的四周。吊脚手架的安全网应包围在吊脚手跳板下，外挑平台栏杆上设立网，高度 2 m以上。

（6）洞口防护。

1）楼板洞口：利用楼板钢筋保护。

2）电梯洞口：在电梯门口搭设钢管护栏。

3）电梯口：随建筑物上升，紧接着用钢管搭临时栏杆。

4）操作平台洞口：可搭设临时栏杆或挂设安全网。

（7）为了确保千斤顶正常工作，应有计划地更换千斤顶，确保正常工作。要更换千斤顶时，不得同时更换相邻的两个，以防止千斤顶超载。千斤顶更换应在滑模停歇期间进行。

（8）滑模装置的电路、设备均应接零接地，手持电动工具设漏电保护器，平台下照明采用36V 低压照明，动力电源的配电箱按规定配置。主干线采用钢管穿线，跨越线路采用流体管穿线，平台上不允许乱拉电线。

（9）滑模平台上设置一定数量的灭火器，施工用水管可代用作消防用水管使用。操作平台上严禁吸烟。

（10）现场上有明显的防火标志和安全标语牌。

（11）各类机械操作人员应按机械操作技术规程操作、检查和维修，确保机械安全，吊装索具应按规定经常进行检查，防止吊物伤人，任何机械均不允许非机械操作人员操作。

（12）滑模装置拆除要严格按拆除方法和拆除顺序进行。在割除支承杆前，提升架必须加临时支护，防止倾倒伤人，支承杆割除后，及时在台上拔除，防止吊运过程中掉下伤人。

（13）滑模平台上的物料不得集中堆放，一次吊运钢筋数量不得超过平台上的允许承载能力，并应分布均匀。

（14）拆除的木料、钢管等要捆牢固，防止落体伤人，严禁任何物体从上往下扔。

（15）要保护好电线，防止轧断，确保台上临时照明和动力线的安全。拆除电气系统时，必须切断电源。

（16）经常检查滑模装置的各项安全设施，特别是安全网、栏杆、挑架、吊架、脚手板及安全关键部位的紧固螺栓等。检查施工的各种洞口防护，检查电器、机械设备、照明等安全用电的措施。

8.2　环境关键要求

混凝土施工时，采用低噪声环保型振捣器，降低城市噪声污染。

大体积混凝土工程施工工艺

大体积混凝土是截面尺寸较大、现场浇注的最小边尺寸大于 1 m 且必须采取措施以避免水化热引起的内外温差超过 25 ℃的混凝土。大体积混凝土广泛运用于工业与民用建筑工程中。本工艺选取民用高层建筑底板基础大体积混凝土和大体积防水混凝土的施工进行阐述。

1 工艺特点

(1)大体积混凝土结构的钢筋,具有用量多、直径大、分布密、上下层高差较大等特点。

(2)大体积混凝土具有结构厚,体形大,混凝土数量多,施工中最好采用集中搅拌站供应商品混凝土,搅拌运输车运送到施工现场,由混凝土泵(泵车)进行浇筑。

2 工艺原理

通过采取降低混凝土内外温差、改善混凝土的抗裂性能或减少边界的约束作用等技术措施,防止或减少由于温度应力引起的开裂。

3 适用范围

(1)适用于工业与民用建筑工程底板大体积混凝土和大体积防水混凝土的施工。

(2)不适用于环境温度高于 80 ℃;侵蚀性介质对混凝土构成危害以及建筑结构其他部位大体积混凝土的施工。

4 工艺流程及操作要点

4.1 工艺流程

4.1.1 作业条件

(1)施工方案所确定的施工工艺流程,流水作业段的划分,浇筑程序与方法,混凝土运输与布料方式、方法以及质量标准,施工安全等已交底。

(2)施工道路、施工场地满足施工要求,施工用水、用电、照明已布设。

(3)施工脚手架、安全防护搭设完毕。

(4)输送泵及泵管已布设。

(5)钢筋、模板、预埋件,伸缩缝、沉降缝,后浇带或加强带支挡,测温元件或测温埋管,标高线等均已检验合格。

(6)模内清理干净,前一天模板及垫层或防水保护层已喷水润湿并排除积水。

(7)保湿保温材料已备。

(8)工具备齐,振动器试运合格。

(9)现场检测坍落度的设备已备齐,设备经自检合格,专业人员到位。

(10)防水混凝土的抗压、抗渗试模备齐,试模自检合格。

(11)钢、木侧模已涂隔离剂。

(12)联络、指挥设备已准备就绪。

(13)需持证上岗人员已经培训,证件完备。

（14）与社区、城管、交通、环境监管部门已协调并已办理必要的手续。

4.1.2 工艺流程图

大体积混凝土工程施工工艺流程如图1所示。

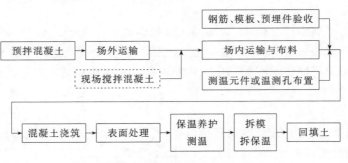

图1 大体积混凝土工程施工工艺流程

4.2 操作要点

4.2.1 技术准备

（1）准备工作。

1）熟悉图纸，与设计沟通。

① 了解混凝土的类型、强度、抗渗等级和允许利用后期强度的龄期。

② 了解底板的平面尺寸、各部位厚度、设计预留的结构缝和后浇带或加强带的位置、构造和技术要求。

③ 了解消除或减少混凝土变形外约束所采取的措施和超长结构一次施工或分块施工所采取的措施。

④ 了解使用条件对混凝土结构的特殊要求和采取的措施。

2）依据施工合同和施工条件与业主、监理沟通。

① 采用预拌混凝土施工时，要确保商品混凝土的连续供应，才能满足大方量连续浇注的要求。

② 采用现场搅拌混凝土时，业主应提供足够的施工场地以满足设置混凝土搅拌站和料场的需要，同时尚应提供足够的能源或配置发电设施。

③ 施工部门为保证工程质量建议采取的技术措施应报告监理，并通过监理取得设计单位和业主的同意。

（2）混凝土配合比的设计与试配。

1）委托设计需提供的条件包括混凝土的类型、指定龄期混凝土的强度、抗渗等级、混凝土场内外输送方式与耗时、混凝土的浇注坍落度、施工期平均气温、混凝土的入模温度及其他要求。委托单位尚应提供混凝土试配所需原材。

2）混凝土配合比设计除必须满足上述各条件的要求外应尽可能降低混凝土的干缩与温差收缩。

① 混凝土配合比试验报告需提供混凝土的初、终凝时间，附按预定程序施工的坍落度损失和坍落度现场调整方法，普通混凝土7 d、28 d的实测收缩率，所选用外加剂的种类和技术要求。

② 对补偿收缩混凝土尚应按《混凝土外加剂应用技术规范》（GB 50119—2003）的试验方

法提供本试验室的试块在水中养护 14 d 的限制膨胀率,该值应大于 0.015%(结构厚在 1 m 以下)或 0.02%(结构厚在 1 m 以上);一般底板混凝土的限制膨胀率以 0.02%~0.025%,加强带、后浇带以 0.035%~0.045%为宜;6 个月混凝土干缩率不大于 0.045%。

③ 混凝土的试配强度以依后期强度换算的 28 d 强度为准。对补偿收缩混凝土,若以 7 d 强度推算换算的 28 d 强度则应以限制膨胀试块的 7 d 强度为依据。

3)混凝土配合比设计的基本要求。

① 混凝土配合比按设计抗渗水压加 0.2 MPa 控制,储备不可过高。

② 在保证混凝土强度和抗渗性能的条件下应尽可能填加掺和料,粉煤灰应不低于二级,其掺量不宜大于 20%,硅粉掺量不应大于 3%。当有充分根据时掺和料的掺量可适当调高。

③ 送达现场混凝土的坍落度:泵送宜为 80~140 mm,其他方式输送宜为 60~12 mm,坍落度允许偏差±15 mm,到达现场前坍落度损失不应大于 30 mm/h,总损失不应大于 60 mm。

④ 混凝土最小水泥量不低于 300 kg/m³,掺活性粉料或用于补偿收缩混凝土的水泥用量不少于 280 kg/m³。

⑤ 水灰比宜控制在 0.45~0.5 之间,最高不超过 0.55;用水量宜在 170 kg/m³ 左右;用于补偿收缩混凝土用水量在 180 kg/m³ 左右。

⑥ 粗骨料适宜含量。

≤C30 时:1 150~1 200 kg/m³;>C35 时:1 050~1 150 kg/m³。

⑦ 砂率宜控制在 35%~45%,灰砂比宜为 1:2~1:2.5。

⑧ 混凝土中总含碱量,当使用碱活性骨料时限制在 3 kg/m³ 以下。混凝土中氯离子总含量不得大于水泥用量的 0.3%,当结构使用年限为 100 年时为 0.06%。

⑨ 混凝土的初凝应控制在 6~8 h 之间,混凝土终凝时间应在初凝后 2~3 h。

⑩ 根据水泥品种,施工条件和结构使用条件选择化学外加剂。缓凝剂用量不可过高,尤其是在补偿混凝土中应严格限量以防减少膨胀率。膨胀剂取代水泥量应按结构设计和施工设计所要求的限制膨胀率及产品说明书并经试验确定;其取代水泥量必须充足以满足膨胀率的要求。

4)混凝土配合比设计应遵循下列规程标准的技术规定。

《普通混凝土配合比设计规程》(JGJ 55—2000)。

《混凝土强度检验评定标准》(GBJ 107—87)。

《混凝土质量控制标准》(GB 50164—92)。

《用于水泥和混凝土中的粉煤灰》(GB/T 1596—2005)。

《混凝土外加剂应用技术规范》(GB 50119—2003)。

(3)施工方案编制要点。

1)施工方案的主要内容。

① 工程概况:建筑结构和大体积混凝土的特点,平面尺寸与划分、底板厚度、强度、抗渗等级等。

② 温度与应力计算:大体积混凝土施工必须进行混凝土绝热温升和外约束条件下的综合温差与应力的计算;对混凝土入模温度、原材料温度调整,保温隔热与养护、温度测量、温度控制、降温速率提出明确要求。

③ 原材选择:配合比设计与试配。

④ 混凝土的供应搅拌:运输与浇注。

⑤ 保证质量、安全、消防、环保、环卫的措施。

2）技术要点。

① 混凝土供应。

a. 大体积混凝土必须在设施完善严格管理的强制式搅拌站拌制。

b. 预拌混凝土搅拌站，必须具有相应资质，并应选择备用搅拌站。

c. 对预拌混凝土搅拌站所使用的膨胀剂，施工单位或工程监理应派驻专人监督其质量、数量和投料计量；最后复核掺入量。

d. 混凝土浇注温度宜控制在 25 ℃ 以内，依照运输情况计算混凝土的出厂温度和对原材料的温度要求。

e. 原材料温度调整方案的选择：当气温高于 30 ℃时采用冷却法降温，当气温低于 5 ℃时采用加热法升温。

f. 原材料降温应依次选用。

水：加冰屑降温或用制冷机提供低温水。

骨料：料场搭棚防烈日暴晒，或水淋或浸水降温。

水泥和掺和料：贮罐设隔热罩或淋水降温，袋装粉料提前存放于通风库房内降温。

g. 罐车：盛夏施工应淋水降温，低温施工应加保温罩。

h. 混凝土输送车辆计算公式：

$$n=(Q_\mathrm{m}/60V)[60L/S+T]$$

式中 n——混凝土罐车台数；

Q_m——罐车计划每小时输送量（$\mathrm{m^3/h}$）；

$$Q_\mathrm{m}=Q_\mathrm{ma18}\eta$$

Q_ma18——罐车额定输送量（$\mathrm{m^3/h}$）；

η——混凝土泵的效率系数，底板取 0.43；

V——罐车额定容量（$\mathrm{m^3}$）；

L——罐车往返一次行程（km）；

S——平均车速（一般为 30 km/h）；

T——一个运行周期总停歇时间（min），该值包括装卸料、停歇、冲洗等耗时。

② 底板混凝土施工的流水作业。

a. 底板分块施工时，每段工程量按可保证连续施工的混凝土供应能力和预期工期确定。

b. 流水段划分应体现均衡施工的原则。

c. 流水段的划分应与设计的结构缝和后浇带相一致，非必要时不再增加施工缝。

d. 施工流水段长度不宜超过 40 m。采用补偿收缩混凝土不宜超过 60 m，混凝土宜跳仓浇注。

e. 在征得设计部门同意时，宜以加强带取代后浇带，加强带间距 30～40 m，加强带的宽度宜为 2～3 m。

f. 超长、超宽一次浇注混凝土可分条划分区域，各区同向同时相互搭接连续施工。

g. 采用补偿收缩混凝土无缝施工的超长底板，每 60 m 应设加强带一道。

h. 加强带衔接面两侧先后浇注混凝土的间隔时间不应大于 2 h。

③ 混凝土的场内运输和布料。

a. 预拌混凝土的卸料点至浇注处以及现场搅拌站自搅拌机至浇注处均应使用混凝土地

泵输送混凝土和布料。

b. 混凝土泵的位置应邻近浇注地点且便于罐车行走、错车、喂料和退管施工。

c. 混凝土泵管配置应最短,且少设弯头,混凝土出口端应装布料软管。

d. 施工方案应绘制混凝土泵及混凝土泵管布置图和混凝土泵管支架构造图。

e. 混凝土泵的需要数量与选型应通过公式计算确定:

$$N = Q_h / Q_{ma18} \eta$$

式中　N——混凝土泵台数;

　　Q_h——每小时计划混凝土浇注量(m^3/h);

　　Q_{ma18}——所选泵的额定输送量(m^3/h);

　　η——混凝土泵的效率系数,底板取 0.43。

f. 沿基坑周边的底板浇注可辅以溜槽输送混凝土,溜槽需设受料台(斗),溜槽与边坡处垂线夹角不宜小于 45°。

g. 底板周边的混凝土也可使用汽车泵布料。

④ 混凝土的浇筑。

a. 底板混凝土的浇筑方法:

厚 1.0 m 以内宜采用平推浇注法:同一坡度,薄层循序推进依次浇筑到顶。

厚 1.0 m 以上宜分层浇筑。在每一浇筑层采用平推浇筑法。

厚度超过 2 m 时应考虑留置水平施工缝,间断施工。

b. 应尽量避开高温时间浇注混凝土。

⑤ 混凝土硬化期的温度控制。

a. 温控方案选择。

当气温高于 30 ℃以上可采用预埋冷水管降温法,或蓄水法施工。

当气温低于 30 ℃以下常温应优先采用保温法施工。

当气温低于 −15 ℃时应采取特殊温控法施工。

b. 蓄水养护应进行周边围挡与分隔,并设供排水和水温调节装备。

c. 必要时可采用混凝土内部埋管冷水降温与蓄热结合或与蓄水结合的养护法。

d. 大体积混凝土的保温养护方案应详细明确结构底板上表面和侧模的保温方式、材料、构造和厚度。

e. 烈日下施工时应采取防晒措施;深基坑空气流通不良环境宜采取送风措施。

f. 玻璃温度计测温:每个测温点位由不少于 3 根间距各为 100 mm 呈三角形布置。分别埋于距板底 200 mm,板中间距 500~1 000 mm 及距混凝土表面 100 mm 处的测温管构成。测温点位间距不大于 6 m,测温管可使用水管或铁皮卷焊管,下端封闭,上端开口,管口高于保温层 50~100 mm。

g. 电子测温仪测温:用途广、精度高、直观、操作简单、便于携带。

每一测温点位传感器由距离板底 200 mm,板中间距 500~1 000 mm,距板表面 50 mm 各测温点构成。各传感器分别附着于 Φ16 圆钢支架上。各测温点位间距不大于 6 m。

h. 不宜采用热电阻温度计测温,也不推荐热电偶测温。

4.2.2　材料要求

(1)水泥。

1)应优先选用铝酸三钙含量较低,水化游离氧化钙、氧化镁和二氧化硫尽可能低的低收缩水泥。

2)应优先选用低、中热水泥;尽可能不使用高强度高细度的水泥。利用后期强度的混凝土,不得使用低热微膨胀水泥。

3)对不同品种水泥用量及总的水化热应进行估算;当矿渣水泥或其他低热水泥与普通硅酸盐水泥掺入粉煤灰后的水化热总值差异较大时,应选用矿渣水泥;无大差异时,则应选用普通硅酸盐水泥而不采用干缩较大的矿渣水泥。

4)不准使用早强水泥和含有氯化物的水泥,非盛夏施工应优先选用普通硅酸盐水泥。

5)补偿收缩混凝土掺硫铝酸钙类(明矾石膨胀剂除外)膨胀剂时,应选用硅酸盐或普通硅酸盐水泥;其他类水泥应通过试验确定。明矾石膨胀剂可用于普通硅酸盐或矿渣水泥,其他类水泥也需试验。

6)水泥的含碱量(Na_2O+K^2O)应小于 0.6%,尽可能选用含碱量不大于 0.4%的水泥。混凝土受侵蚀性介质作用时应使用适应介质性质的水泥。

7)进场水泥和出厂时间超过 3 个月或怀疑变质的水泥应作复试检验。

8)用于大体积混凝土的水泥应进行水化热检验;其 7 d 水化热不宜大于 250 kJ/(kg·K),当混凝土中掺有活性粉料或膨胀剂时应按相应比例测定 7 d、28 d 的综合水化热值。

9)使用的水泥应符合现行国家标准。

《硅酸盐水泥、普通硅酸盐水泥》(GB 175—1999)。

《矿渣硅酸盐水泥、火山灰硅酸盐水泥及粉煤灰硅酸盐水泥》(GB 1344—1999);

其他水泥的性能指标必须符合有关标准。

10)水化热测定标准为。

《水化热试验方法(直接法)》(GB/T 2022—1980)。

(2)粗骨料。

1)应选用结构致密强度高不含活性二氧化硅的骨料;石子骨料不宜用砂岩,不得含有蛋白石凝灰岩等遇水明显降低强度的石子。其压碎指标应低于 16%。

2)粗骨料应尽可能选择大粒径,但最大不得超过钢筋净距的 3/4;当使用泵送混凝土时应符合表 1 要求。

表 1　混凝土泵允许骨料粒径

混凝土管直径(mm)	最大粒径(mm)		混凝土管直径(mm)	最大粒径(mm)	
	卵石	碎石		卵石	碎石
125	40	30	200	80	70
150	50	40	280	100	100
180	70	60			

3)石子粒径:C30 以下可选 5~40 mm 的卵石,尽可能选用碎石。

C30~C50 可选 5~31.5 mm 的碎石或碎卵石。

4)石子应连续级配,以 5~10 mm 含量稍低为佳,针、片状粒含量应≤15%。

5)含泥量不得大于 1%,泥块含量不得大于 0.25%。

6)粗骨料应符合相关规范的技术要求。

普通粗骨料:《普通混凝土用砂、石质量及检验方法标准》(JGJ 52—2006)。

高炉矿渣碎石:《用于水泥和混凝土中的粒化高炉渣粉》(GB/T 18046—2008)。含粉量

(粒径小于 0.08 mm)小于 1.5%。

（3）细骨料。

1）应优先选用中、粗砂，其粉粒含量通过筛孔 0.315 mm 不小于 15%；对泵送混凝土尚应通过 0.16 mm 筛孔量不小于 5% 为宜。

2）不宜使用细砂。

3）砂的 SO_3 含量应 $<1\%$。

4）砂的含泥量应不大于 3%，泥块含量不大于 0.5%。

5）使用海砂时，应测定氯含量。氯离子总量（以干砂重量的酸比计）不应大于 0.06%。

6）使用天然砂或岩石破碎筛分的产品均应符合《普通混凝土用砂、石质量及检验方法标准》（JGJ 52—2006）的规定。

（4）水。

1）使用混凝土设备洗刷水拌制混凝土时只可部分利用并应考虑该水中所含水泥和外加剂对拌和物的影响，其中氯化物含量不得大于 1 200 mg/L，硫酸盐含量不得大于 2 700 mg/L。

2）拌和用水应洁净，质量需符合《混凝土用水标准》（JGJ 63—2006）的要求。

（5）掺和料。

1）粉煤灰。

① 粉煤灰不应低于 Ⅱ 级，以球状颗粒为佳。

② 粉煤灰的 SO_3 含量不应大于 3%。

③ 粉煤灰应符合《用于水泥和混凝土中粉煤灰》（GB/T 1596—2005）。

2）使用其他种掺和料应遵照相应标准规定。

3）掺和料供应厂商应提供掺和料水化热曲线。

（6）膨胀剂。

1）地下工程允许使用硫铝酸钙类膨胀剂。不允许使用氧化钙类膨胀剂（氧化钙-硫铝酸钙）。

2）膨胀剂的含碱量不应大于 0.75%，使用明矾石膨胀剂尤应严格限制。

3）膨胀剂应选用一等品，膨胀剂供应商应提供不同龄期膨胀率变化曲线。使用膨胀剂的混凝土试件在水中 14 d 限制膨胀率不应小于 0.025%；28 d 膨胀率应大于 14 d 的膨胀率；于空气中 28 d 的变形以正值为佳。

4）膨胀剂应符合《混凝土膨胀剂》（JC/T 476—2001）的要求。

（7）外加剂。

1）大体积混凝土应选用低收缩率特别是早期收缩率低的外加剂，除膨胀剂、减缩剂外，外加剂厂家应提供使用该外加剂的混凝土 1 d、3 d、7 d 和 28 d 的收缩率试验报告，任何龄期混凝土的收缩率均不得大于基准混凝土的收缩率。

2）外加剂必须与水泥的性质相适应。

3）外加剂带入每立方米混凝土的碱量不得超过 1 kg。

4）非早强型减水剂应按标准严格控制硫酸钠含量；减水剂含固体量应 ≥30%；减水率应 ≥20%；坍落度损失应 ≤20 mm/h。

5）泵送剂、缓凝减水剂应具有良好的减水、增期、缓凝和保水性，引气量宜介于3%～5%之间。对补偿收缩混凝土，使用缓凝剂必须经试验证明可延缓初凝而无其他不良影响。

6）外加剂氨的释放量不得大于 0.1%。

7)外加剂应符合下列标准规定。

《混凝土外加剂》(GB 8076—1997)。

《混凝土泵送剂》(JC 473—2001)。

《混凝土外加剂中释放氨的限量》(JC/T 473—2001)。

4.2.3 操作要点

(1)混凝土搅拌。

1)根据施工方案的规定对原材料进行温度调节。

2)搅拌采用二次投料工艺,加料顺序为,先将水和水泥、掺和料、外加剂搅拌约 1 min 成水泥浆,然后投入粗、细骨料拌匀。

3)计量精度每班至少检查二次,计量控制在:外加剂±0.5%,水泥、掺和料、膨胀剂、水±1%,砂石±2%以内。

其中加水量应扣除骨料含水量及冰屑重量。

4)搅拌应符合所用机械说明中所规定的时间,一般不少于 90 s,加膨胀剂的混凝土搅拌时间延长 30 s,以搅拌均匀为准,时间不宜过长。

5)出罐混凝土应随时测定坍落度,与要求不符时应由专业技术人员及时调整。

(2)混凝土的场外运输。

1)预拌混凝土的远距离运输应使用滚筒式罐车。

2)运送混凝土的车辆应满足均匀、连续供应混凝土的需要。

3)必须有完善的调度系统和装备,根据施工情况指挥混凝土的搅拌与运送,减少停滞时间。

4)罐车在盛夏和冬季均应有隔热保温覆盖。

5)混凝土搅拌运输车,第一次装料时,应多加两袋水泥。运送过程中筒体应保持慢速转动;卸料前,筒体应加快运转 20～30 s 后方可卸料。

6)送到现场混凝土的坍落度应随时检验,需调整或分次加入减水剂均应由搅拌站派驻现场的专业技术人员执行。

(3)混凝土的场内运输与布料。

1)固定泵(地泵)场内运输与布料。

① 受料斗必须配备孔径为 50 mm×50 mm 加的振动筛防止个别大颗粒骨料流入泵管,料斗内混凝土上表面距离上口宜为 200 mm 左右以防止泵入空气。

② 泵送混凝土前,先将储料斗内清水从管道泵出,以湿润和清洁管道,然后压入纯水泥浆或 1∶1～1∶2 水泥砂浆滑润管道后,再泵送混凝土。

③ 开始压送混凝土时速度宜慢,待混凝土送出管子端部时,速度可逐渐加快,并转入用正常速度进行连续泵送。遇到运转不正常时,可放慢泵送速度。进行抽吸往复推动数次,以防堵管。

④ 泵送混凝土浇注入模时,端部软管均匀移动,使每层布料均匀,不应成堆浇注。

⑤ 泵管向下倾斜输送混凝土时,应在下斜管的下端设置相当于 5 倍落差长度的水平配管若与上水平线倾斜度大于 7°时应在斜管上端设置排气活塞。如因施工长度有限,下斜管无法按上述要求长度设置水平配管时,可用弯管或软管代替,但换算长度应满足 5 倍落差的要求。

⑥ 沿地面铺管,每节管两端应垫 50 mm×100 mm 方木,以便拆装;向下倾斜输送时,应搭设宽度不小于 1 m 的斜道,上铺脚手板,管两端垫方木支承,泵管不应直接铺设在模板、钢筋

上,而应搁置在马凳或临时搭设的架子上。只允许使用软管布料,不允许使用振动器推赶混凝土。在预留凹坛模板或预埋件处,应沿其四周均匀布料。

⑦ 泵送将结束时,计算混凝土需要量,并通知搅拌站,避免剩余混凝土过多。

⑧ 混凝土泵送完毕,混凝土泵及管道可采用压缩空气推动清洗球清洗,压力不超过0.7 MPa。方法是先安好专用清洗管,再启动空压机,渐渐加压。清洗过程中随时敲击输送管判断混凝土是否接近排空。管道拆卸后按不同规格分类堆放备用。

⑨ 泵送中途停歇时间不应多于 60 min,如超过 60 min 则应清管。

⑩ 泵管混凝土出口处,管端距模板应大于 500 mm。盛夏施工,泵管应覆盖隔热。加强对混凝土泵及管道巡回检查,发现声音异常或泵管跳动应及时停泵排除故障。

2)汽车泵布料。

① 汽车泵行走及作业应有足够的场地,汽车泵应靠近浇注区并应有两台罐车能同时就位卸混凝土的条件。

② 汽车泵就位后应按要求撑开支腿,加垫枕木,汽车泵稳固后方准开始工作。

③ 汽车泵就位与基坑上口的距离视基坑护坡情况而定,一般应取得现场技术主管的同意。

3)混凝土的自由落距不得大于 2 m。

4)混凝土在浇注地点的坍落度,每工作班至少检查 4 次。混凝土的坍落度试验应符合现行《普通混凝土拌和物性能试验方法标准》(GB/T 50080—2002)的有关规定。

混凝土实测的坍落度与要求坍落度之间的偏差应不大于±20 mm。

(4)混凝土浇注。

1)混凝土浇注可根据面积大小和混凝土供应能力采取全面分层、分段分层或斜面分层连续浇注。浇注方式如图 2 所示,分层厚度 300~500 mm 且不大于震动棒长 1.25 倍。分段分层多采取踏步式分层推进,一般踏步宽为 1.5~2.5 m。斜面分层浇灌每层厚 30~35 cm,坡度一般取 1∶6~1∶7。

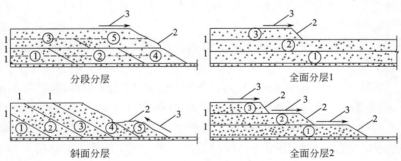

图 2 底板混凝土浇筑方式
1—分层线;2—新浇注的混凝土;3—浇注方向。

2)浇注混凝土时间应按表 2 控制。掺外加剂时由试验确定,但最长不得大于初凝时间减90 min。

表 2 混凝土搅拌至浇筑完的最大延续时间(min)

混凝土强度	气 温		混凝土强度	气 温	
	≤25 ℃	>25 ℃		≤25 ℃	>25 ℃
≤C30	120	90	>30	90	60

3）混凝土浇注宜从低处开始，沿长边方向自一端向另一端推进，逐层上升。亦可采取中间向两边推进，保持混凝土沿基础全高均匀上升。浇注时，要在下一层混凝土初凝之前浇注上一层混凝土，避免产生冷缝，并将表面泌水及时排走。

4）局部厚度较大时先浇深部混凝土，2～4 h 后再浇上部混凝土。

5）振捣混凝土应使用高频振动器，振动器的插点间距为 1.5 倍振动器的作用半径，防止漏振。斜面推进时振动棒应在坡脚与坡顶处插振。

6）振动混凝土时，振动器应均匀地插拔，插入下层混凝土 50 cm 左右，每点振动时间 10～15 s 以混凝土泛浆不再溢出气泡为准，不可过振。

7）混凝土浇注终了以后 3～4 h 在混凝土接近初凝之前进行二次振捣然后按标高线用刮尺刮平并轻轻抹压。

8）混凝土的浇注温度按施工方案控制，以低于 25 ℃为宜，最高不得超过 28 ℃。

9）间断施工超过混凝土的初凝时应待先浇混凝土具有 1.2 N/mm² 以上的强度时才允许后续浇注混凝土。

10）混凝土浇注前应对混凝土接触面先行湿润，对补偿收缩混凝土下的垫层或相邻其他已浇注的混凝土应在浇注前 24 h 即大量洒水浇湿。

（5）混凝土的表面处理。

1）处理程序。

初凝前一次抹压→临时覆盖塑料膜→混凝土终凝前 1～2 h 掀膜二次抹压→覆膜

2）混凝土表面泌水应及时引导集中排除。

3）混凝土表面浮浆较厚时，应在混凝土初凝前加粒径为 2～4 cm 的石子浆，均匀撒布在混凝土表面用抹子轻轻拍平。

4）4 级以上风天或烈日下施工应有遮阳挡风措施。

5）当施工面积较大时可分段进行表面处理。

6）混凝土硬化后的表面塑性收缩裂缝可灌注水泥素浆刮平。

（6）混凝土的养护与温控。

1）混凝土侧面钢木模板在任何季节施工均应设保温层。采用砖侧模时在混凝土浇注前宜回填完毕。

2）蓄水养护混凝土：混凝土表面在初凝后覆盖塑料薄膜，终凝后注水，蓄水深度不少于 80 mm。

当混凝土表面温度与养护水的温差超过 20 ℃时即应注入热水令温差降到 10 ℃左右。非高温雨季施工事先采取防暴雨降低养护水温的挡雨措施。

3）蓄热法养护混凝土：盛夏采用降温搅拌混凝土施工时，混凝土终凝后立即覆盖塑料膜和保温层。

常温施工时混凝土终凝后立即覆盖塑料膜和浇水养护，当混凝土实测内部温差或内外温差超过 20 ℃再覆盖保温层。

当气温低于混凝土成型温度时，混凝土终凝后应立即覆盖塑料膜和保温层，在有可能降雨雪时为保持保温层的干燥状态，保温层上表面应覆有不透水的遮盖。

4）混凝土养护期间需进行其他作业时，应掀开保温层尽快完成随即恢复保温层。

5）当设计无特殊要求时，混凝土硬化期的实测温度应符合下列规定。

① 混凝土内部温差（中心与表面下 100 或 50 mm 处）不大于 20 ℃。

② 混凝土表面温度（表面以下 100 或 50 mm）与混凝土表面外 50 mm 处的温度差不大于

25 ℃;对补偿收缩混凝土,允许介于 30 ℃～35 ℃之间。

③ 混凝土降温速度不大于 1.5 ℃/d。

④ 撤除保温层时混凝土表面与大气温差不大于 20 ℃。

当实测温度不符合上述规定时则应及时调整保温层或采取其他措施使其满足温度及温差的规定。

6)混凝土的养护期限:除满足上条规定外,混凝土的养护时间自混凝土浇注开始计算,使用普通硅酸盐水泥不少于 14 d,使用其他水泥不少于 21 d,炎热天气适当延长。

7)养护期内(含拆除保温层后)混凝土表面应始终保持温热潮湿状态(塑料膜内应有凝结水),对掺有膨胀剂的混凝土尤应富水养护;但气温低于 5 ℃时,不得浇水养护。

(7)测温。

1)测温延续时间自混凝土浇注始至拆保温后为止,同时应不少于 20 d。

2)测温时间间隔,混凝土浇注后 1～3 d 为 2 h,4～7 d 为 4 h,其后为 8 h。

3)测温点应在平面图上编号,并在现场挂编号标志,测温作详细记录并整理绘制温度曲线图,温度变化情况应及时反馈,当各种温差达到 18 ℃时应预警,22 ℃时应报警。

4)使用普通玻璃温度计测温:测温管端应用软木塞封堵,只允许在放置或取出温度计时打开。温度计应系线绳垂吊到管底,停留不少于 3 min 后取出迅速查看温度。

5)使用建筑电子测温仪测温:附着于钢筋上的半导体传感器应与钢筋隔离,保护测温探头的插头不受污染,不受水浸,插入测温仪前应擦拭干净,保持干燥以防短路:也可事先埋管,管内插入可周转使用的传感器测温。

6)当采用其他测温仪时应按产品说明书操作。

(8)拆模与回填。

底板侧模的拆除应符合温度条件,侧模拆除后宜尽快回填,否则应与底板面层在养护期内同样予以养护。

(9)施工缝、后浇带与加强带。

1)大体积混凝土施工除预留后浇带尽可能不再设施工缝,遇有特殊情况必须设施工缝时应按后浇带处理。

2)施工缝、后浇带与加强带均应用钢板网或钢丝网支挡。如支模时,在后浇混凝土之前应凿毛清洗。

3)后浇缝使用的遇水膨胀止水条必须具有缓胀性能,7 d 膨胀率不应大于最终膨胀率的 60％。

4)膨胀止水条应安放牢固,自粘型止水条也应使用间隔为 500 mm 的水泥钉固定。

5)后浇带和施工缝在混凝土浇注前应清除杂物、润湿,水平缝刷净浆再铺 10～20 mm 厚的 1∶1 水泥砂浆或涂刷界面剂并随即浇注混凝土。

6)后浇缝与加强带混凝土的膨胀率应高于底板混凝土的膨胀率 0.02％以上或按设计或产品说明书确定。

5 劳动力组织

(1)对管理人员和技术人员的组织形式的要求:制度健全,并能执行。

(2)施工队伍有专业技术管理人员,操作人员持证上岗。

(3)大体积混凝土浇注劳动力组织见表 3。

表 3　大体积混凝土浇筑劳动力组织

工作内容	单位	工日	备注
大体积混凝土	10 m³	14	工作内容:冲洗石子、混凝土搅拌、浇注、养护等全部操作过程

6　机具设备配置

6.1　机　械

现场搅拌站——成套强制式混凝土搅拌站,皮带机,装载机,水泵,水箱等。

现场输送混凝土——泵车、混凝土泵及钢、软泵管。

混凝土浇注——移动配电箱,插入式、平板式振动器,抹平机,小型水泵等。

专用——发电机、空压机、制冷机、电子测温仪和测温元件或温度计和测温埋管。

6.2　工　具

手推车、串筒、溜槽、吊斗、胶管、铁锹、钢钎、刮杠、抹子等。

7　质量控制要点

7.1　质量控制要求

(1)严格控制混凝土搅拌投料计量。

(2)监督膨胀剂加入量。

(3)控制混凝土的温度及降温速率。

7.2　质量检验标准

7.2.1　主控项目

(1)大体积防水混凝土的原材料、配合比及坍落度必须符合设计要求。

检验方法:检查出厂合格证、质量检验报告、计量措施和现场抽样试验报告。

(2)大体积防水混凝土的抗压强度和抗渗压力必须符合设计要求。

检验方法:检查混凝土抗压、抗渗试验报告。

(3)大体积防水混凝土的变形缝、施工缝、后浇带、加强带、埋设件等设置和构造,均须符合设计要求,严禁有渗漏。

检验方法:观察检查和检查隐蔽工程验收记录。

(4)补偿收缩混凝土的抗压强度,抗渗压力与混凝土的膨胀率必须符合设计要求。

检验方法:现场制作试块进行膨胀率测试。

(5)大体积混凝土的含碱量应符合规范要求。

检验方法:检查各种原材试验报告,配合比及总含碱量计算。

7.2.2　一般项目

(1)大体积防水混凝土结构表面应坚实、平整,不得有露筋、蜂窝等缺陷;埋设件位置应正确。

检验方法:观察和尺量检查。

(2)防水混凝土结构表面的裂缝宽度不应大于 0.2 mm,并不得贯通。

检验方法:用刻度放大镜检查。

（3）防水混凝土结构厚度，其允许偏差为＋15 mm、－10 mm；迎水面钢筋保护层厚度不应小于 50 mm，其允许偏差为±10 mm。

检查方法：尺量检查和检查隐蔽工程验收记录。

（4）底板结构允许偏差见表 4。

表 4　底板结构允许偏差

项　　次	检查内容	允许偏差（mm）	检查方法
1	轴线	15	尺量检查
2	标高	±10	
3	电梯井长宽对定位中心	$^{+25}_{0}$	
4	表面平整	8/2 m	
5	预埋件中心	10	
6	预埋螺栓	5	

7.2.3　检验数量

（1）防水混凝土抗渗性能，应采用标准条件下养护混凝土抗渗试件的试验结果评定。试件应在浇注地点制作。连续浇注混凝土每 500 m³ 应留置一组抗渗试件（一组为 6 个抗渗试件），且每项工程不得少于两组。采用预拌混凝土的抗渗试件，留置组数应视结构的规模和要求而定。抗渗性能试验应符合现行《普通混凝土长期性能和耐久性能试验方法》（GB J82—85）的有关规定。

（2）用于检查混凝土强度的试件，应在混凝土的浇注地点随机抽取。取样与试件留置应符合下列规定。

1）每拌制 100 盘且不超过 100 m³ 的同配合比的混凝土，取样不得少于一次。

2）每工作班拌制的同一配合比混凝土不足 100 盘时，取样不得少于一次。

3）当一次连续浇注超过 1 000 m³ 时，同一配合比的混凝土每 200 m³ 取样不得少于一次。

4）每次取样应至少留置一组标准养护试件，同条件养护试件的留置组数应根据实际需要确定。

5）底板混凝土外观质量检验数量，应按混凝土外露面积每 100 m² 抽查 1 处，每处 10 m²，且不得少于 3 处；细部构造应按全数检查。

7.3　质量通病防治

7.3.1　温度裂缝

（1）现象。

温度裂缝又称温差裂缝，表面温度裂缝走向无一定规律性，长度尺寸较大的基础、梁、墙、板类结构，裂缝多平行于短边；大体积混凝土结构的裂缝常纵横交错。深进的和贯穿的温度裂缝，一般与短边方向平行或接近于平行，裂缝沿全长分段出现，中间较密。裂缝宽度大小不一，一般在 0.5mm 以下，沿全长没有多大变化。表面温度裂缝多发生在施工期间，深进的或贯穿的多发生在浇注后 2～3 个月或更长时间，缝宽受温度变化影响较明显，冬季较宽，夏季较细。沿截面高度，裂缝大多呈上宽下窄状，但个别也有下宽上窄的情况，遇顶部或底板配筋较多的结构，有时也出现中间宽两端窄的梭形裂缝。

（2）原因分析。

1) 表面温度裂缝，多由于温差较大引起的。混凝土结构构件，特别是大体积混凝土基础浇注后，在硬化期间水泥放出大量水化热，内部温度不断上升，使混凝土表面和内部温差较大。当温度产生非均匀的降温差时（如施工中注意不够而过早拆除模板；冬期施工，过早除掉保温层，或受到寒潮袭击），将导致混凝土表面急剧的温度变化而产生较大的降温收缩，此时表面受到内部混凝土的约束，将产生很大的拉应力（内部降温慢，受自约束而产生压应力），而混凝土早期抗拉强度很低，因而出现裂缝。但这种温差仅在表面处较大，离开表面就很快减弱，因此，裂缝只在接近表面较浅的范围内出现，表面层以下的结构仍保持完整。

2) 深进的和贯穿的温度裂缝多由于结构降温差较大，受到外界的约束而引起的。当大体积混凝土基础、墙体浇注在坚硬地基（特别是岩石地基）或厚大的旧混凝土垫层上时，没有采取隔离层等放松约束的措施，如果混凝土浇注时温度很高，加上水泥水化热的温升很大，使混凝土的温度很高，当混凝土降温收缩，全部或部分地受到地基、混凝土垫层或其他外部结构的约束，将会在混凝土内部出现很大的拉应力，产生降温收缩裂缝。这类裂缝较深，有时是贯穿性的，将破坏结构的整体性。基础工程长期不回填，受风吹日晒或寒潮袭击作用；框架结构的梁、墙板、基础梁，由于与刚度较大的柱、基础约束，降温时也常出现这类裂缝。

3) 预防措施。

① 尽量选用低热或中热水泥（如矿渣水泥、粉煤灰水泥）配制混凝土；或混凝土中掺加适量粉煤灰或减水剂（木质磺酸钙、MF 等）；或利用混凝土的后期强度（90～180 d），以降低水泥用量，减少水化热量。选用良好级配的骨料，并严格控制砂、石子含泥量，降低水灰比（0.6 以下）；加强振捣，以提高混凝土的密实性和抗拉强度。

② 在混凝土中掺加缓凝剂，减缓浇注速度，以利于散热。在设计允许的情况下，可掺入不大于混凝土体积 25% 的块石，以吸收热量，并节省混凝土。

③ 避开炎热天气浇注大体积混凝土。如必须在炎热天气浇筑时，应采用冰水或搅拌水中掺加冰屑拌制混凝土；对骨料设简易遮阳装置或进行喷水预冷却；运输混凝土应加盖防日晒，以降低混凝土搅拌和浇注温度。

④ 浇注薄层混凝土，每层浇注厚度控制不大于 30 cm，以加快热量的散发，并使温度分布较均匀，同时便于振捣密实，以提高弹性模量。

⑤ 大型设备基础采取分块分层浇筑（每层间隔时间为 5～7d），分块厚度为 1.0～1.5 m，以利于水化热的散发并减少约束作用。对较长的基础和结构，采取每隔 20～30 m 留一条 0.5～1.0 m 宽的间断后浇缝，钢筋仍保持连续不断，30 d 后再用掺 UEA 微膨胀细石混凝土填灌密实，以削减温度收缩应力。

⑥ 混凝土浇注在岩石地基或厚大的混凝土垫层上时，在岩石地基或混凝土垫层上铺设防滑隔离层（浇二度沥青胶，撒铺 5 mm 厚砂子或铺二毡三油）；底板高低起伏和截面突变处，做成渐变化形式，以消除或减少约束作用。

⑦ 加强早期养护，提高抗拉强度。混凝土浇注后，表面及时用塑料薄膜、草垫等覆盖，并洒水养护；深坑基础可采取灌水养护。夏季适当延长养护时间。在寒冷季节，混凝土表面应采取保温措施，以防寒潮袭击。对薄壁结构要适当延长拆模时间，使之缓慢地降温。拆模时，块体中部和表面温差控制不大于 20 ℃，以防止急剧冷却，造成表面裂缝；基础混凝土拆模后应及时回填。

⑧ 加强温度管理。混凝土拌制时温度要低于 25 ℃；浇注时要低于 30 ℃。浇注后控制混凝土与大气温度差不大于 25 ℃，混凝土本身内外温差在 20 ℃ 以内；加强养护过程中的测温工

作,发现温差过大,及时覆盖保温,使混凝土缓慢地降温,缓慢地收缩,以有效地发挥混凝土的徐变特性,降低约束应力,提高结构抗拉能力。

4)治理方法。

① 温度裂缝对钢筋锈蚀,对混凝土抗碳化、抗冻融(有抗冻要求的结构)、抗疲劳(对受动荷载构件)等方面有影响,故应采取措施治理。

② 对表面裂缝,可以采用涂两遍环氧胶泥或贴环氧玻璃布,以及抹、喷水泥砂浆等方法进行表面封闭处理。

③ 对整体性防水、防渗要求的结构,缝宽大于 0.1 mm 的深进或贯穿性裂缝,应根据裂缝可灌程度,采用灌水泥浆或化学浆液(环氧、甲凝或丙凝浆液)方法进行裂缝修补,或者灌浆与表面封闭同时采用。

④ 宽度不大于 0.1 mm 的裂缝,由于后期水泥生成氢氧化钙、硫酸铝钙等类物质,碳化作用能使裂缝自行愈合,可不处理或只进行表面处理即可。

7.4 成品保护

(1)跨越模板及钢筋应搭设马道。

(2)泵管下应设置木枋,泵管不准直接摆放在钢筋上。

(3)混凝土浇注振动棒不准触及钢筋、埋件和测温元件。

(4)测温元件导线或测温管应妥为维护,防止损坏。

(5)混凝土强度达到 1.2 N/mm^2 之前不准踩踏。

(6)拆模后应立即回填土。

(7)凝土表面裂缝处理。

裂缝宽>0.2 mm 非贯穿裂缝可将表面凿开 30~50 mm 三角凹槽用掺有膨胀剂的水泥浆或水泥砂浆修补。贯穿性或深裂缝宜用化学浆修补。

7.5 季节性施工措施

7.5.1 雨期施工措施

(1)尽可能避免混凝土浇注过程中遇到阵雨,提前收集天气预报,做好充分的防雨措施。

(2)雨天施工时,需要调整混凝土的配合比。

7.5.2 冬期施工措施

(1)冬期施工的期限:室外日平均气温连续 5 d 稳定低于 5 ℃起至高于 5 ℃止。

(2)混凝土的受冻临界强度:使用硅酸盐或普通硅酸盐水泥的混凝土应为混凝土强度标准值的 30%,使用矿渣硅酸盐水泥应为混凝土强度标准值的 40%。掺用防冻剂的混凝土,当气温不低于−15 ℃时不得小于 4 N/mm^2;当气温不低于−30 ℃时不得小于 5 N/mm^2 时。

(3)冬施的大体积混凝土应优先使用硅酸盐水泥和普通硅酸盐水泥,水泥强度等级宜为42.5 MPa。

(4)大体积混凝土底板冬施当气温在−15 ℃以上时应优先选用蓄热法,当蓄热法不能满足要求时应采用综合蓄热法施工。

(5)蓄热法施工应进行混凝土的热工计算,决定原材料加热及搅拌温度和浇注温度,确定保温层的种类,厚度等。并且保温层外应覆盖防风材料封闭。

(6)综合蓄热法可在混凝土中加少量抗冻剂或掺少量早强剂。搅拌混凝土用粉剂防冻剂可与水泥同时投入。液体防冻剂应先配制成需要的浓度;各溶液分别置于有明显标志的容器内备用;并随时用比重计检验其浓度。

(7)混凝土浇注后应尽早覆盖塑料膜和保温层且应始终保持保温层的干燥。侧模及平面边角应加厚保温层。

(8)混凝土冬施所用外加剂应具有适应低温的施工性能,不准使用缓凝剂和缓凝型减水剂,不准使用可挥发氯气的防冻剂。不准使用含氯盐的早强剂和早强减水剂。

(9)混凝土的浇注温度应为10 ℃左右,分层浇注时已浇混凝土被上层混凝土覆盖时不应低于2 ℃。

(10)原材的加热,应优先采用水加热,当气温低于-8 ℃时再考虑加热骨料,依次为砂,再次为石子。加热温度限制示于表5。

表 5　拌和水及骨料加热最高温度(℃)

水　　泥	水	骨　料
<52.5级的普通硅酸盐水泥,矿渣硅酸盐水泥	80	60
>52.5级的硅酸盐水泥,普通硅酸盐水泥	60	40

当水及骨料加热到上表温度仍不能满足要求时水可加热到100 ℃,但水泥不得与80 ℃以上的水直接接触。

水宜使用蒸气加热或用热交换罐加热,在容器中调至要求温度后使用。

砂可利用火坑或加热料斗升温。

水泥、掺和料应提前运入暖棚或罐保温。

(11)混凝土的搅拌。

① 骨料中不得带有冰雪及冻团。

② 搅拌机应设置于保温棚内,棚温不低于5 ℃。

③ 使用热水搅拌应先投入骨料、加水,待水温降到40 ℃左右时再投入水泥和掺和料等。

(12)混凝土运送应尽量缩短耗时,罐车应有保温被罩。

(13)混凝土泵应设于挡风棚内,泵管应保温。

(14)测温项目与次数如下表6。

表 6　混凝土冬期施工测温项目和次数

测 温 项 目	测 温 次 数
室外气温及环境温度	每昼夜不少于4次,此外还需测最高、最低气温
拌和机棚温度	每一工作班不少于4次
水、水泥、砂、石及外加剂溶液温度	每一工作班不少于4次
混凝土出罐、浇注、入模温度	每一工作班不少于4次

(15)混凝土浇注后的测温同常温大体积混凝土的施工要求。

(16)混凝土拆模和保温层应在混凝土冷却到5 ℃以后,如拆模时混凝土与环境温差大于20 ℃则拆模后的混凝土表面仍应覆盖使其缓慢冷却。

7.6　质量记录

(1)测温记录见表7。

（2）施工质量验收记录。

混凝土配合比设计检验报告单。

混凝土抗压强度检验报告单。

表 7　测　温　记　录

日期：　　年　月　日

测点 　　时间												
I-1												
I-2												
I-3												

水泥检验报告单。

砂检验报告单。

石子检验报告单。

混凝土抗渗检验报告单。

混凝土质量验收记录。

混凝土温度测量曲线图如图 3 所示。

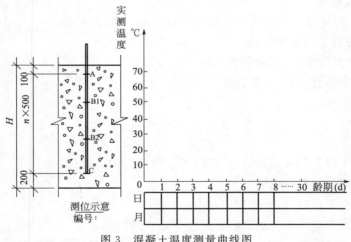

图 3　混凝土温度测量曲线图

8　安全、环保及职业健康措施

8.1　职业健康安全关键要求

（1）一般规定。

① 所有机械设备均需设漏电保护。

② 所有机电设备均需按规定进行试运转，正常后投入使用。

③ 基坑周围设围护拦杆。

④ 现场应有足够的照明，动力、照明线需埋地或设专用电杆架空敷设。

⑤ 马道应牢固，稳定具有足够承载力。

⑥ 振动器操作人员应着绝缘靴和手套。

（2）使用泵车浇注混凝土。

① 泵车外伸支腿底部应设木板或钢板支垫,泵车离未护壁基坑的安全距离应为基坑深再加 1 m;布料杆伸长时,其端头到高压电缆之间的最小安全距离应不小于 8 m。

② 泵车布料杆采取侧向伸出布料时,应进行稳定性验算,使倾覆力矩小于稳定力矩。严禁利用布料杆作起重使用。

③ 泵送混凝土作业过程中,软管末端出口与浇注面应保持 0.5～1 m,防止埋入混凝土内,造成管内瞬时压力增高爆管伤人。

④ 泵车应避免经常处于高压下工作,泵车停歇后再启动时,要注意表压是否正常,预防堵管和爆管。

(3)使用地泵浇注混凝土。

① 泵管应敷设在牢固的专用支架上,转弯处设有支撑的井式架固定。

② 泵受料斗的高度应保证混凝土压力,防止吸入空气发生气锤现象。

③ 发生堵管现象应将泵机反转使混凝土退回料斗后再正转小行程泵送。无效时需拆管排堵。

④ 检修设备时必须先行卸压。

⑤ 拆除管道接头应先行多次反抽卸除管内压力。

⑥ 清洗管道不准压力水与压缩空气同时使用,水洗中可改气洗,但气洗中途严禁改用水洗,在最后 10 m 应缓慢减压。

⑦ 清管时,管端应设安全挡板并严禁管端前方站人,以防射伤。

(4)动力、照明符合用电安全规定。

(5)马道、泵管支架牢固,安全防护达标。

(6)施工机械试运行合格,工况良好。

(7)劳动保护完备。

8.2　环境关键要求

(1)禁止混凝土罐车高速运行防止飞尘,停车待卸料时应熄火。

(2)混凝土泵应设于隔音棚内。

(3)使用低噪声振动器,防止扰民。

(4)夜间使用聚光灯照射施工点以防对环境造成光污染。

(5)防止污染市政道路,汽车出场必须冲洗,冲洗水沉淀处理再用或有组织排放。

9　工程实例

9.1　所属工程实例项目简介

本工程位于成都市西南设计院宿舍区西北位置,由两幢地面以上 30 层住宅楼组成,地下为 2 层地下车库,总建筑面积 58 472 m²,建筑主体为剪力墙结构,地下车库为框架结构。本工程基础采用平板式筏板基础,主楼部分筏板厚 1.2 m,为大体积混凝土。纯地下室部分筏板厚 0.4 m,基底置于中密卵石层上。

9.2　施工组织及实施

由于基坑开挖后施工现场非常狭窄,故在筏板施工中分段进行施工。为保证大体积混凝土的施工质量,从人、机、料、法、环等各方面提前做好了准备工作。该筏板约 7 000m²,混凝土总量约 5 600m³,浇注时采用一台地泵及一台布料机结合浇注,现场设置塔吊 2 台,地泵 2 台,布料机 2 台。投入劳动力 140 人,其中钢筋工 70 人,木工 20 人,砖工 25 人,混凝土工 25 人。

9.3　工期(单元)

筏板基础施工从砌筑砖胎边模开始,制作、绑扎钢筋、后浇带模板安装,再到混凝土浇注,具体如下:

一个施工段:共计 14 d。

砌筑砖胎边模(4 d)→钢筋绑扎(6 d)→后浇带模板安装(2 d)→混凝土浇注(2 d)。

考虑到几个施工段流水施工,整个筏板基础施工完毕共计 17 d。

9.4　建设效果

施工前制定了详细的技术方案并层层交底,技术方案策划全面、详细,能具体指导施工。并在施工过程中严格管理,使得大体积混凝土施工顺利进行,温差控制在限值范围内,经过后期的观察,大体积混凝土部位无裂缝、无渗漏,相关指标均符合要求。

自密实混凝土工程施工工艺

自密实混凝土已在工业与民用建筑等工程大体积混凝土的施工中大量应用。本章节选取高层建筑自密实混凝土的施工工艺进行阐述。

1　工艺特点

(1)具有水泥用量多、坍落度较大的大流动性混凝土的施工性能,便于泵送运输和浇注。

(2)能得到近似于坍落度5~10 cm的塑性混凝土的性能,既能满足施工要求,又能改善混凝土的质量。

2　工艺原理

自密实混凝土即在预拌的坍落度为8~12 cm的混凝土中,掺入适量的流化剂,经过1~5 min的搅拌,使混凝土的坍落度顿时增大至20~22 cm,能像水一样地流动,不经振捣而自动流平并充满模板每一个角落,达到充分密实和获得最佳的性能。

3　适用范围

本工艺适用于大体积混凝土和泵送混凝土工程的施工。

4　工艺流程及操作要点

4.1　工艺流程

4.1.1　作业条件

(1)所需的各种原材料已备足。

(2)自密实混凝土配合比已由试验室试配确定。

(3)其他条件按普通混凝土的施工条件做好准备。

4.1.2　工艺流程图

自密实混凝土工程施工工艺流程如图1所示。

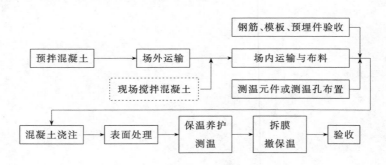

图1　自密实混凝土工程施工工艺流程图

4.2 操作要点

4.2.1 技术准备

(1)图纸会审已完成。

(2)根据设计混凝土强度等级、混凝土性能要求、施工条件、施工部位、施工气温、浇注方法、使用水泥、骨料、掺和料及外加剂,确定保证混凝土强度等级不变所需的坍落度和初、终凝时间,委托有资质的专业试验室完成混凝土配合比设计。

(3)编制混凝土施工方案,明确流水作业划分、浇注顺序、混凝土的运输与布料、作业进度计划、工程量等并分级进行交底。

(4)确定浇注混凝土所需的各种材料、机具、劳动力需用量。

(5)确定混凝土施工所需的水、电,以满足施工需要。

(6)确定混凝土的搅拌能力是否满足连续浇注的需求。

(7)确定混凝土试块制作组数,满足标准养护和同条件养护的需求。

4.2.2 材料要求

(1)水泥:各种水泥都可用于自流平混凝土,品种的选择决定于对混凝土强度、耐久性等的要求。一般水泥用量为 $350\sim450\ kg/m^3$。水泥用量超过 $450\ kg/m^3$ 会增大收缩;低于 $350\ kg/m^3$ 则必须同时使用其他掺和料,如微硅粉、粉煤灰、矿渣粉等。

(2)细骨料:普通混凝土用的砂均可使用,包括粉碎砂和河砂。砂中所含粒径小于 $0.125\ mm$ 细粉对自密实混凝土的性能非常重要,一般要求不低于 10%。

(3)粗骨料:各种类型粗骨料均可使用,最大粒径一般 $16\sim20\ mm$ 范围。一般说来,碎石有助于改善强度,卵石有利于改善流动性。对于自流平混凝土,间断级配粗骨料往往优于连续级配,因为前者的内摩擦低于后者,对改善流动性有利。此外,生产使用的粗骨料,颗粒级配保持稳定一致非常重要。

(4)化学外加剂:

①减水剂:宜采用减水率 20% 以下的高效减水剂(流化剂),聚羧酸系列高效减水剂最佳。

②增黏剂:二醇、酰胺、丙烯酸、多糖、纤维素等聚合物,用于增加混凝土黏度,提高抗离析能力。

(5)矿物掺和料。

①石粉:石灰石、白云石、花岗岩等的磨细粉,粒径小于 $0.125\ mm$ 或比表面积$(250\sim800)m^2/kg$,作为惰性填料,用于改善和保持自流平混凝土的工作性。

②粉煤灰:火山灰质掺和料,优质粉煤灰能够改善自流平混凝土的流动性,有利于硬化混凝土的耐久性,应优先选用。

③磨细矿渣:火山灰质掺和料,用于改善和保持自流平混凝土的流动性,有利于硬化混凝土的耐久性。

④微硅粉:高活性火山灰质掺和料,用于改善自流平混凝土的流动性能和抗离析能力,提高硬化混凝土的强度和耐久性,应优先选用。

4.2.3 操作要点

(1)自密实混凝土与普通混凝土使用的施工设备与施工方法完全相同,但前者需要的搅拌时间一般稍长。

(2)自密实混凝土浇注以前,必须对钢筋设置与模板进行严格检验,确认符合要求。模板安装状态良好,不会渗漏。

（3）浇注时，应对出料口的高度尽量降低，必要时加吊筒。一般地，垂直自由落下高度不宜超过 2 m；从下料点水平流动的距离不宜超过 10 m。

（4）浇注过程要连续进行，尽量能避免中断。

（5）自密实混凝土一般能够自己找水平，但表面并不平整，粗骨料会部分突起，故需要在凝结硬化前适当时间进行抹面。

（6）浇注抹面完成后，应尽早开始养护，防止混凝土水分损失。

5　劳动力组织

（1）对管理人员和技术人员的组织形式的要求：制度健全，并能执行。

（2）施工队伍有专业技术管理人员、操作人员并持证上岗。详见表1。

表 1　劳动力配置表

序　号	工　种	人　数	备　注
1	混凝土工	按工程量确定	技　工
2	机械操作工	按工程量确定	技　工
3	普　工	按工程量确定	

6　机具设备配置

6.1　机　械

现场搅拌站——成套强制式混凝土搅拌站，皮带机，装载机，水泵，水箱等。

现场输送混凝土——泵车、混凝土泵及钢、软泵管。

混凝土浇注——流动电箱、插入式振动器（备用）、抹平机、小型水泵等。

专用——发电机、空压机、制冷机、电子测温仪和测温元件或温度计和测温埋管。

6.2　工　具

手推车、串筒、溜槽、吊斗、胶管、铁锹、钢钎、刮杠、抹子等。

7　质量控制要点

7.1　质量检验标准

7.1.1　主控项目

（1）配合比的设计。

高流动性与高稳定性是自密实混凝土的基础。实现高流动性主要依赖于高效减水剂，与水泥之间必须有良好的相容性，减水效率越高越好，可以通过相对简单的砂浆流动度试验分析选择。净浆的稳定性由净浆的组成决定，通常采用微硅粉，或同时掺入少量石粉、粉煤灰或磨细矿渣，或同时掺入化学增黏剂。

（2）施工质量监控。

1）选用质量控制体系良好、人员素质较高的搅拌站生产。

2）骨料级配稳定，供应充足；良好地控制含水率波动，最好不露天堆放骨料；增加检测骨料级配和含水率次数。

3）计量精确，考虑骨料含水率，调整拌和用水量。

4)检验拌和物性能,并进行适当调整,直至性能稳定。

(3)自密实混凝土坍落度的标准组合见表2。

表 2　自密实混凝土坍落度的标准组合

混凝土种类	普通混凝土		轻骨料混凝土	
	基本混凝土	自密实混凝土	基本混凝土	自密实混凝土
坍落度(cm)	8	15	12	18
	8	18	12	21
	12	18	15	18
	12	21	15	21
	15	21	18	21

7.1.2　一般项目

(1)结构表面平整、顺直,不存在蜂窝麻面等一般缺陷。

检验方法:观察,检查施工记录。

(2)混凝土结构表面的裂缝宽度满足规范要求。

检验方法:观察。

(3)现浇结构尺寸允许偏差和检验方法见表3。

表 3　现浇结构尺寸允许偏差和检验方法

项　　目			允许偏差(mm)	检验方法
轴线位置	基础		15	钢尺检查
	墙、柱、梁		8	
	剪力墙		5	
垂直度	层高	≤5 m	8	经纬仪或吊线、钢尺检查
		>5 m	10	经纬仪或吊线、钢尺检查
	全高(H)		$H/1\,000$ 且≤30	经纬仪、钢尺检查
标高	层高		±10	水准仪或拉线、钢尺检查
	全高		±30	
截面尺寸			$^{+8}_{-5}$	钢尺检查
电梯井	井筒长、宽对定位中心线		$^{+25}_{0}$	钢尺检查
	井筒全高(H)垂直度		$H/1\,000$ 且≤30	经纬仪、钢尺检查
表面平整度			8	2 m靠尺和塞尺检查
预埋设施中心线位置	预埋件		10	钢尺检查
	预埋螺栓		5	
	预埋管		5	
预留洞中心线位置			15	钢尺检查

7.2　质量通病防治

(1)自密实混凝土的浇注受到高效减水剂(流化剂)作用时间的限制,坍落度损失较快,应尽量避免拖延施工或中断施工。

（2）自密实混凝土黏性较大，在断面狭窄、钢筋密集和边角部位应注意振捣。

（3）由于自密实混凝土用水量较少，水化反应迅速，浇注后必须注意早期的保湿养护。

（4）加强施工管理，使有关人员充分了解自密实混凝土的特性，防止出现差错。

7.3 成品保护

（1）施工中，不得用重物冲击模板，并保证模板牢固、不变形。

（2）混凝土浇注完后，待其强度达到 1.2 MPa 以上，方可在其上面进行下道工序施工。

（3）预留的水暖、电气暗管，地角螺栓及插筋，在浇注混凝土过程中，不得碰撞或使之产生位移。

（4）按设计要求预留孔洞或埋设螺栓和预埋铁件，不得以后凿洞埋设。

（5）要保证钢筋和垫块的位置正确，不得踩踏楼板、楼梯的弯起钢筋，不得碰动预埋件和插筋。

（6）拆模板：应在混凝土强度能保证其棱角和表面不受损伤时，方可拆除。

7.4 季节性施工措施

7.4.1 雨期施工措施

雨季施工措施同普通混凝土结构施工。

7.4.2 冬期施工措施

冬季施工措施同普通混凝土结构施工。

7.5 质量记录

（1）设计变更文件。

（2）混凝土原材料出厂合格证和进场复验报告。

（3）混凝土工程施工记录。

（4）混凝土试件的性能试验报告。

（5）混凝土隐蔽工程验收记录。

（6）混凝土分项工程验收记录。

（7）混凝土实体检验记录。

（8）工程的重大质量问题的处理方案和验收记录。

（9）其他必要的文件和记录。

8 安全、环保及职业健康措施

8.1 职业健康安全关键要求

（1）一般要求。

1）所有用电设备均应设置漏电保护开关。

2）所有机械设备按规定进行试运转，正常后投入使用。

3）现场应有足够的照明，动力、照明线需埋地或设专用电杆架空敷设。

4）混凝土操作人员应着绝缘靴和手套。

（2）使用泵车浇注混凝土。

1)泵车外伸支腿底部应设木板或钢板支垫,泵车离未护壁基坑的安全距离应为基坑深再加 1 m;布料杆伸长时,其端头到高压电缆之间的最小安全距离应不小于 8 m。

2)泵车布料杆采取侧向伸出布料时.应进行稳定性验算,使倾覆力矩小于稳定力矩。严禁利用布料杆作起重使用。

3)泵送混凝土作业过程中,软管末端出口与浇注面应保持 0.5～1 m,防止软管埋入混凝土内,造成管内瞬时压力增高爆管伤人。

4)泵车应避免经常处于高压下工作,泵车停歇后再启动时,要注意表压是否正常,预防堵管和爆管。

(3)使用地泵浇注混凝土。

1)泵管应敷设在牢固的专用支架上,转弯处设有支撑的井式架固定。

2)泵管料斗的高度应保证混凝土压力,防止吸入空气发生气锤现象。

3)发生堵管现象应将泵机反转使混凝土退回料斗后再正转小行程泵送。无效时需拆管排堵。

4)检修设备时必须先行卸压。

5)拆除管道接头应先行多次反抽卸除管内压力。

6)清洗管道不准压力水与压缩空气同时使用,水洗中可改气洗,但气洗中途严禁改用水洗,在最后 10 m 应缓慢减压。

7)清管时,管端应设安全挡板并严禁管端前方站人,以防射伤。

(4)动力、照明符合用电安全规定。

(5)混凝土泵管支架牢固,安全防护达标。

(6)施工机械试运行合格,工况良好。

(7)劳动保护完备。

8.2 环境关键要求

(1)禁止混凝土罐车高速运行防止飞尘,停车待卸料时应熄火。

(2)混凝土泵应设于隔音棚内。

(3)夜间使用聚光灯照射施工点以防对环境造成光污染。

(4)防止污染市政道路,汽车出场必须冲洗,冲洗水经沉淀后有组织排放。

劲钢混凝土工程施工工艺

劲钢混凝土结构是指由型钢、钢管柱、压型钢板等钢构构与混凝土结合在一起受力的一种结构形式。

1　工艺特点

钢构件及混凝土都能较好充分发挥各自性能,自重轻,同类比较节约成本,抗震性好。

2　工艺原理

充分利用钢结构受拉性能好,混凝土受压性能好的特性,将二者结合在一起的一种结构形式。

3　适用范围

适用于框架结构、框架-剪力墙结构、底部大空间剪力墙结构、框架-核心筒结构、筒中筒结构形式。

4　工艺流程及操作要点

4.1　工艺流程

4.1.1　作业条件

(1)按构件明细表,核对进场构件的数量,查验出厂合格证及有关技术资料。

(2)检查构件在装卸、运输及堆放中有无损坏或变形。损坏和变形的构件应予矫正或重新加工。被碰损的防锈涂料应补涂,并再次检查办理验收手续。

(3)对构件的外形几何尺寸、制孔、组装、焊接、摩擦面等进行检查,做好记录。

(4)钢结构构件应按安装顺序成套供应,现场堆放场地能满足现场拼装及顺序安装的需要。

(5)构件分类堆放,刚度较大的构件可以铺垫木水平堆放。多层叠放时垫木应在一条垂线上。屋架宜立放,紧靠立柱,绑扎牢固。

(6)编制劲钢结构安装施工组织设计,经审批后,并向队组交底。

4.1.2　工艺流程图

(1)钢管混凝土结构工艺流程如图1所示。

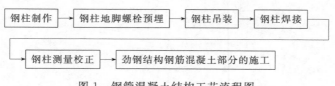

图1　钢管混凝土结构工艺流程图

(2)型钢混凝土结构工艺流程如图2所示。

图2　型钢混凝土结构工艺流程图

（3）钢-混凝土组合楼盖工艺流程如图3所示。

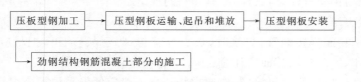

图3 钢-混凝土组合楼盖工艺流程图

4.2 操作要点

4.2.1 技术准备

（1）参加图纸会审，与业主、设计、监理充分沟通，确定钢结构各节点、构件分节细节及工厂制作图，分节加工的构件满足运输和吊装要求。

（2）编制施工组织设计，分项作业指导书并经审批。施工组织设计包括工程概况、工程量清单、现场平面布置、主要施工接卸和吊装方法、施工技术措施、专项施工方案、工程质量标准、安全与环境保护、主要资源标灯其中吊装主要机械选型及平面布置是吊装重点。分项作业指导书可以细化为作业卡，主要用于作业人员明确相应工序的操作步骤、质量标准、施工工具和检测内容、检测标准。

（3）根据承接工程的具体情况确定钢结构进场检验内容及适用标准，以及钢结构安装检验批划分、检验内容、检验标准、检验方法、检验工具，在遵循国家标准的基础上，参照部标或其他权威认可的标准，确定后在工程中使用。

4.2.2 材料要求

（1）压型钢板。

压型钢板基材应符合设计要求和现行国家标准的有关规定，钢材应符合国家《碳素钢结构》（GB/T 700—2006）中规定的 Q215 和 Q235 牌号的规定，或《低合金高强度结构钢》（GB/T 1591—1994）中规定的 Q345 或其他牌号的规定

热镀锌钢板或彩色镀锌钢板的力学性能、工艺性能、涂层性能应符合《建筑用压型钢板》（GB/T 12755—1991）中的有关规定。

板材表面不允许有裂纹、裂边、腐蚀等缺陷。

对原材料质量有疑义时应进行抽样复查。

（2）型刚混凝土结构。

型刚混凝土构件的型刚材料宜采用牌号 Q235-B.C.D 级的碳素结构钢以及牌号级 Q235-B.C.D.E 的低合金高强度结构钢。其质量标准应分别符合现行国家标准《碳素结构钢》（GB/T 700—2006）和《低合金高强度结构钢》（GB/T 1591—1994）的规定。

型钢可采用焊接型钢和轧制型钢，型钢钢材应根据结构特点，选择其牌号和材质，并应保证抗拉强度、伸长率、屈服点、冷弯试验、冲击韧性合格和硫磷碳含量符合使用要求。型钢焊缝和坡口尺寸应符合现行行业标准《建筑钢结构焊接技术规程》（JGJ 81—2002）的有关规定。组合梁中常用的钢梁截面形式。

型刚的焊接要求：

1）手工焊接用焊条就在符合现行国家标准《碳钢焊条》（GB 5117—1995）或《低合金钢焊条》（GB 5118—1995）的规定，选用的焊条型号应与主体金属强度相适应。

2)自动焊接或半自动焊接采用的焊丝和焊剂应与主体金属强度相适应,焊丝应符合现行国家标准《熔化焊用钢丝》(GB/T 14957—1994)的规定。

(3)钢管混凝土结构。

钢管可以采用卷制焊接钢管,焊接时,长直焊缝与螺旋焊缝均可,钢材应有出厂合格证。在钢管构件的制作、安装要求方面应注意:

1)钢管混凝土柱用的钢管焊接、制作要求较高。一般应优先采用螺旋焊管,无螺旋焊接管时,也可以用滚床自行卷制钢管,但卷管的方向应与钢板压延方向垂直且对管的内径有一定的要求。卷管内径对 Q235 钢不应小于钢板厚度的 35 倍;对 16Mn 钢不应小于钢板厚度的 40 倍。

2)卷制钢管前,应根据要求将板端开好坡口。坡口端应与管轴严格垂直。

3)焊接时,除一般钢结构的制作要求外,要严格保证管的平、直,不得有翘曲、表面锈蚀和冲击痕迹。特别是对钢管内壁的除锈要求,可能会增加钢管的制作周期。

4.2.3 操作要点

(1)钢管混凝土结构。

1)钢管混凝土结构的钢管,优先采用螺旋焊接管,也可使用滚床卷制符合要求的钢管。卷管时,卷管方向应与金属压延方向垂直;卷管内径,对含碳量不大于 0.22% 的碳素钢,不小于 35 倍板厚;对于低合金钢则不小于 40 倍板厚。制管前应根据板厚将板端仔细开好坡口。为适应钢管拼装后的轴线要求,钢管坡口端应与管轴严格垂直。在卷管过程中,应注意保证管端与管轴线形成垂直的平面。

2)当采用滚床卷管时,应特别注意直缝的焊接质量,尽可能采用自动焊缝。当采用手工焊缝时,宜采用直流焊机,这样可以得到较为稳定的焊弧,且焊缝的含氢量较低。这对具有双向受力的钢管是必要的。

3)在构件制造中,除按照一般钢结构构件的要求施工外,还应注意以下内容。

① 管肢对接时,应严格保持焊后管肢的平直,焊接下来时宜采用分段反向焊接顺序。由于焊缝从环向开始,将形成先期收缩量。为补偿收缩影响,管肢对接焊缝间隙可适当放大 0.5~1.0 mm 作为反变形量,具体数值可以根据试焊结果确定。

② 焊接前,对小直径钢管可以采用点焊定位,对大直径钢管可另用附加筋在钢管外壁做对口固定焊接。固定点的间距为 300 mm。

③ 重要的大直径肢管,为保证连接处的焊缝及质量,可在管内接缝处增加附加垫圈,宽度为 20 mm,厚度为 3 mm,并与管内壁保持 0.5 mm 的膨胀间隙,以确保焊缝根部质量。

④ 必须确保钢管构件中各杆件的对接间隙,焊接时根据间隙大小选用适当的焊条。

⑤ 当钢管混凝土结构凶点处的焊接道次较多,应选择合理的施焊顺序,以达到有效焊接应力与变形的目的。各加强环和牛腿等后施工的焊缝,应与管上的纵横焊缝错开一定距离。

⑥ 柱脚钢管的端头必须用封头板封固。钢管混凝土柱脚与基础连接,有插入式和端承式两种。插入式要求插入深度不宜小于 2 倍钢管直径。端承式柱脚的设计和构造与钢结构相同。

4)根据运输条件,柱段长度一般以 10 m 左右为宜,在现场组装的钢管柱的长度,根据施工要求和吊装条件确定。

5)钢管混凝土结构的混凝土强度等级不宜低于 C30。

6)管内混凝土浇注。

① 管内混凝土浇注的方法有：立式手工浇捣法、高位抛落无振捣法和泵送顶升浇注法。

② 立式手工浇捣法。

在浇注混凝土之前，应先浇注一层水泥砂浆，厚度不小于 100 mm，用以封闭管底并使自由下落的混凝土不致产生弹跳现象。混凝土由管口灌入，并用振捣密实。管径大于 350 mm 可用内部振动器，每次振捣时间不少于 30 s，一次浇注高度不宜大于 2 m。当管径小于 350 mm 可用附着式振动器。

当浇注至钢管顶端时，可使混凝土稍为溢出，再将留有排气孔的层间横隔板或封顶板紧压在管端，随即进行点焊。待混凝土达到 50％设计强度时，再将层间横隔板或封顶板按设计要求进行补焊。也可以在混凝土施工到钢管顶部时暂不加端板，待几天后混凝土表面收缩下凹，然后用和混凝土强度相同的水泥砂浆抹平，再盖上端板并焊好。

③ 高位抛落无振捣法。

高位抛落无振捣法适用于管径大于 350 mm，高度不小于 4 m 的钢管混凝土浇注。对于抛落高度不足 4 m 的区段，仍须用内部振捣器振实。

采用此法施工时，必须先进行配合比试验，确定合理的配合比和水灰比，适当加大水泥用量，并掺适量的外加剂，以改善混凝土的内聚性，增加黏着力和流动性，以满足高抛不离析的要求。

采用此法施工时，管柱内不应设有零部件，以免影响混凝土浇注质量。

④ 泵送顶升浇注法。

在钢管底部安装带闸门的进料支管，直接与泵的输送管相连，由泵车将混凝土连续不断地自下而上灌入钢管。根据泵的压力大小，一次压入高度可达 80～100 m。

钢管直径宜大于或等于泵径的两倍。

此法关键是混凝土配合比的选择。可选择半流态混凝土和微膨胀半流态混凝土。

待混凝土终凝后，将浇注口的短钢管用火焰割去，修整孔口混凝土，再喷水泥砂浆，加贴盖板焊补完整。

7)钢管混凝土的质量检查和验收包括钢管构件和管内混凝土两个方面。钢管构件的检查验收可按《钢结构工程施工质量验收规范》(GB 50205—2001)规范要求执行。管内混凝土浇注质量的检测方法主要有敲击法、回弹法、钻芯取样法、拔出法和超声法非破损检测法等，工地常用敲击钢管的方法进行初步检查，如有异常，可用超声脉冲技术检测。对不密实的部位，可用钻孔压浆法进行补焊封固。

8)钢管构件必须在所有焊缝检查后方能按设计要求进行防腐处理。

9)新型钢管混凝土结构有：薄壁钢管混凝土，高性能混凝土的钢管混凝土、中空夹层钢管混凝土。

在钢管混凝土中采用薄壁钢管，可以减少钢材用量，减轻焊接工作量，达到降低工程造价的目的。日本和澳大利亚已有不少采用薄壁钢管和高强钢材的钢管混凝土建筑的报道。

在钢管混凝土中灌自密实高性能混凝土，不仅可以更好地保证混凝土的密实度，且可简化混凝土振捣工序，降低混凝土施工强度和费用，还可减少城市噪声污染。1999 年建成的 76 层深赛格广场大厦顶层部分钢管混凝土柱采用了自密实混凝土，取得了较好的效果。

中空夹层钢管混凝土结构是将两层钢管同心放置，并在两层之间浇注混凝土。这种结构形式除了具备实心钢管混凝土的优点外，尚具有自重轻和刚度大的特点，由于其内钢管受到混凝土的保护，因此该类柱具有更好的耐火性能。

(2)型钢混凝土结构(钢骨混凝土结构)。

1)型钢混凝土梁:实腹式型钢一般为工字形,可用轧制工字钢和 H 形钢,也可用两槽钢做成实腹式截面,便于穿过管道或剪力墙的钢筋。空腹式型钢截面一般由角钢焊成桁架,腹杆可用小角钢或圆钢,圆钢直径不宜小于其长度的 1/40,当上下弦杆间的距离大于 600 mm 时,腹杆宜用角钢。型钢混凝土梁中的纵向钢筋直径不宜小于 12 mm,纵向钢筋最多两排,其上面一排只能在型钢两侧布置。框架梁的型钢,应与柱子的型钢形成刚性连接,梁的自由端要设置专门的锚固件,将钢筋焊在型钢上,或用角钢、钢板做成刚性支座。

2)型钢混凝土柱:实腹式有十、T、L、H、圆、方等形式,型钢多用钢板焊接而成。空腹式钢柱一般由角钢或 T 形钢作为纵向受力杆件,以圆钢或角钢作腹杆形成桁架型钢柱。型钢混凝土柱中的纵向钢筋直径不宜小于 12 mm,一般设于柱角,可以避免穿过型钢钢梁的翼缘。箍筋直径不宜小于 8 mm,采用封闭式。

3)梁柱节点截面形式有:水平加劲板式、水平三角加劲板式、垂直加劲板式、外隔板式、内隔板式、加劲环式、贯通隔板式。在节点部位,柱的箍筋穿过预留孔洞再用电弧焊焊接。

4)梁的主筋一般要穿过型钢的腹板,穿孔削弱型钢柱的强度,应采取补强措施。

5)柱脚有埋入式和非埋入两种。非埋入式利用地脚螺栓将钢底板锚固;埋入式直接伸入基础内部锚固,其柱脚部位柱筋、基础梁筋、箍筋以及钢骨等交错布置,施工较为复杂。但震害表明,非埋入式柱脚,特别是在地面以上的非埋入式柱脚易产生破坏,所以对有抗震设施要求的结构,应优先采用埋入式柱脚。

埋入式柱脚钢骨埋入部分的翼缘上以及非埋入式柱脚上部第一层柱中钢骨翼缘上应设置栓钉,栓钉的直径不小于 19 mm,水平及竖向中心距不大于 200 mm,且栓钉至钢骨板材边缘的距离不大于 100 mm。

6)加工型钢柱的骨架时,在型钢腹板上要预留穿钢筋的孔洞,而且要相互错开。在一定部位预留排气孔和混凝土浇筑孔。

7)型钢混凝土结构的混凝土浇筑应遵守有关混凝土施工的规范和规程要求,在梁柱节点处和翼缘下部应仔细振捣密实。

(3)钢-混凝土组合楼盖。

1)组合楼板施工阶段设计时应对作为浇筑混凝土底模的压型钢板进行强度和变形验算,应考虑的荷载有永久荷载包括压型钢板、钢筋和混凝土的自重;可变荷载包括施工荷载和附加荷载。当有过量冲击、混凝土堆放、管线的混凝土强度标准值的和泵的荷载时,应增加附加荷载。如果不满足要求,可加临界时支护以减少板跨,临时支撑可采用[50 槽钢固定在压型钢板底部的钢梁上,垂直于板跨方向布置,这些临时支撑要待楼板混凝土强度达到设计的混凝土强度标准值的 100% 强度后才能拆除。

2)压型钢板作为永久性模板,并部分起着钢筋混凝土楼板受拉钢筋的作用,也作为施工操作平台,可省去传统的超高支模施工,从而加快施工进度。

3)压型钢板通过焊钉与楼面结构板钢梁有效地共同受力工作,实现钢结构与钢筋混凝土翼板的剪力传递。

4)铺设压型钢板时,相邻跨压型钢板端头的波形槽口要贯通对齐,便于钢筋绑扎。

5)压型钢板通长铺过钢梁时,可直接将焊钉穿透压型钢板焊于钢梁上。

6)压型钢板铺设完毕并焊接固定后,方可再焊接堵头板及挡板。

7)栓钉焊接前,应对采用的焊接工艺参数进行测定,编出焊接工艺,并在施工中认真执行。

8)钢构件安装和钢筋混凝土楼板的施工,应相继进行,两项作业相距不宜超过5层。一个流水段一节柱的全部钢构件安装完毕并验收合格后,方可进行下一流水段的安装工作。

9)压型钢板作为承重楼板结构时,应喷涂防火涂料或粘贴切防火板材的保护措施。当管道穿过楼板时,其贯通孔应采用防火堵料堵塞。若压型钢板仅作为模板,则可不需作防火保护层。

(4)钢结构的防火防腐保护。

1)钢结构的防火构造与施工,在符合现行国家标准的前提下,应由设计单位、施工单位和防火保护材料生产厂家共同协商确定。

2)处于侵蚀介质环境或外露的钢结构,应进行涂层附着力测试,并采取相应防腐保护措施。

3)在一个流水段一节柱的所有构件安装完毕,并对结构验收合格后,结构的现场焊缝、高强度螺栓及其连接节点,以及在运输安装过程中构件涂层被磨损的部位,应补刷涂层,涂层应采用与构件制作时相同的涂料和涂刷工艺。

4)涂装时的环境温度和相对湿度应符合涂料产品说明书的要求,当产品说明书无具体要求时,环境温度宜在5℃~38℃之间,相对湿度不应大于85%。涂装后4 h内应保护免受雨淋。

5 劳动力组织

对管理人员和技术工人的组织形式的要求:制度基本健全,并能执行。施工方有专业技术管理人员并持证上岗;高、中级技工不应少于施工工人的70%。

6 机具设备配置

吊装机械多以塔式起重机、履带式起重机、汽车式起重机为主;另外还有千斤顶、卷扬机、焊机、经纬仪等工具。

7 质量控制要点

7.1 质量控制要求

7.1.1 材料的控制

(1)钢-混凝土组合结构的钢材应根据结构的重要性、荷载特征、连接方法、环境温度以及构件所处部位等不同特点,选择其牌号和材质,并应保证抗拉强度、伸长率、屈服点、冷弯试验、冲击韧性合格和硫、磷含量符合限值。对焊接结构沿应保证碳含量符合限值,钢材的物理性能应按现行国家标准《钢结构设计规范》(GB 50017—2003)的规定。

(2)在建筑钢结构的设计和钢材订货文件中,应注明所采用钢材的牌号、质量等级、供货条件等以及连接材料的型号(或钢材的牌号),必要时尚应注明对钢材所要求的机械性能和化学成分的附加保证项目。在技术经济合理的情况下,可在同一构件中采用不同牌号的钢材。

(3)焊接材料应符合下列要求。

1)手工焊接用的焊条,应符合现行国家标准《碳钢焊条》(GB/T 5117—1995)或《低合金钢焊条》(GB/T 5118—1995)的规定。选择的焊条型号应与主体金属相适应。

2)二氧化碳气体保护焊接用的焊丝,应符合现行国家标准《气体保护电弧焊用碳钢、低合金钢焊丝》(GB/T 8110—1995)的规定。

3)当 Q235 钢和 Q345 钢相焊接时,宜采用与 Q235 钢相适应的焊条或焊丝。

(4)连接件(连接材料)应符合下列要求。

1)普通螺栓应符合现行国家标准《六角头螺栓-C 级》(GB/T 5780—2000)的规定,其机械性能应符合现行国家标准《紧固件机械性能螺栓、螺钉和螺柱》(GB/T 3098.1—2000)的规定。

表 1　建筑物定位轴线、基础上柱的定位轴线和标高、地脚螺栓(锚栓)的允许偏差

项　　目	允许偏差(mm)
建筑物定位轴线	$L/20\ 000$,且不应大于 3.0
基础上柱的定位轴线	1.0
基础上柱底标高	±2.0
地脚螺栓(锚栓)位移	2.0

2)高强度螺栓应符合现行国家标准《钢结构用高强度大六角头螺栓、大六角螺母、垫圈技术条件》(GB/T 1228～1231—2006)或《钢结构用扭剪型高强度螺栓连接副技术条件》(GB/T 3632—2008)的规定。

3)连接薄钢板或其他金属板采用的自攻螺钉应符合现行国家标准《十字槽盘头自钻自攻螺钉》(GB/T 15856.1—2002)、《十字槽沉头自钻自攻螺钉》(GB/T 15856.2—2002)、《十字槽半沉头自钻自攻螺钉》(GB/T 15856.3—2002)、《六角法兰面自钻自攻螺钉》(GB/T 15856.4—2002)、《自攻螺钉》(GB/T 5280—2002 GB/T 5281～5285—1985)的规定。

7.1.2　技术的控制

劲钢混凝土结构的钢材应根据结构的重要性、荷载特性、连接方法、环境温度以及构件所处部位等不同特点,选择其牌号和材质,并应保证抗拉强度、伸长率、屈服点、冷弯试验、冲击韧性合格和硫、磷含量合格值。对焊接结构尚应保证碳含量符合限值。

根据施工组织设计要求,编制作业指导书,施工中认真落实操作工人是否按要求的技术标准、方案等施工。

组织必要的工艺试验,特别是新工艺、新材料的工艺试验。

要及时深化图纸,对预见可能出现的各种技术情况要及时采取合理的技术措施来保证正常施工。

要认真落实施工中的计量管理。

7.1.3　质量的控制

在钢结构安装施工中,节点处理直接关系结构安全和工程质量,必须合理处理,严把质量关。对焊接节点处必须严格按无损检测方案进行检测,必须做好高强度螺栓连接副和刚高强度螺栓连接件抗滑移系数的试验报告。对钢结构安装的每一步做好测量监控。

7.2　质量检验标准

7.2.1　一般规定

劲钢混凝土结构的质量检查和验收包括钢结构和钢筋混凝土结构两个方面。钢结构构件的检查验收可按《钢结构工程施工质量验收规范》(GB 50205—2001)规范要求执行。钢筋混凝土结构按钢筋混凝土结构施工质量验收规范执行。

7.2.2　主控项目

钢结构部分。

(1)基础和支承面主控项目。

1)建筑物的定位轴线、基础上柱的定位轴线和标高、地脚螺栓(锚栓)的规格和位置、地脚螺栓(锚栓)紧固应符合设计要求。当设计无要求时,应符合表 1 的规定。

检查数量:按柱其数抽查 10%,且不应少于 3 个。

检验方法:采用全站仪、经纬仪、水准仪和钢尺实测。

2)多层建筑以基础顶面直接作为柱的支承面,或以基础顶面预埋钢板或支座作为柱的支承面时,其支承面、地脚螺栓(锚栓)位置的允许偏差应符合规定。

检查数量:按柱其数抽查 10%,且不应少于 3 个。

检验方法:采用全站仪、经纬仪、水准仪和钢尺实测。

3)多层建筑采用坐浆垫板时,坐浆垫板的允许偏差应符合规定。

检查数量:资料全数检查。按柱其数抽查 10%,且不应少于 3 个。

检验方法:采用全站仪、经纬仪、水准仪和钢尺实测。

4)当采用杯口基础时,杯口尺寸的允许偏差应符合规定。

检查数量:按基础数抽查 10%,且不应少于 4 处。

检验方法:观察及尺量检查。

(2)预拼装主控项目。

高强度螺栓和普通螺栓接的多层板叠,应采用试孔器进行检查,并应符合下列规定。

1)当采用比孔公称直径小 1.0 mm 的试孔器检查时,每组孔的通过率不应小于 85%。

2)当采用比螺栓公称直径大 0.3 mm 的度孔器检查时,通过率应为 100%。

检查数量:按预拼装单元全数检查。

检验方法:采用试孔器检查。

(3)安装和校正主控项目。

1)钢构件应符合设计要求、规范和本工艺标准的规定。运输、堆放和吊装等造成的构件变形及涂层脱落,应进行矫正和修补。

检查数量:按构件数抽查 10%,且不应少于 3 个。

检验方法:用拉线、钢尺现场实测或观察。

2)柱子安装的允许偏差应符合表 2 的规定。

检查数量:标准柱全部检查;非标准柱抽查 10%,且不应少于 3 根。

检验方法:采用全站仪、经纬仪、水准仪和钢尺实测。

3)设计要求顶紧的节点,接触面不应少于 70%紧贴,且边缘最大间隙不应大于 0.8 mm。

检查数量:按节点数抽查 10%,且不应少于 3 个。

检验方法:用钢尺及 0.3 mm 和 0.8 mm 的塞尺现场实测。

表 2　柱子安装的允许偏差

项　目	允许偏差(mm)
底层柱柱底轴线对定位轴线偏移	3.0
柱子定位轴线	1.0
单节柱的垂直度	$h/1\,000$,且不应大于 10.0

4)多层与高层钢结构主体结构的整体垂直度和整体平面弯曲的允许偏差应符合表 3 的规定。

检查数量:对主要立面全部检查。对每个所检查的立面,除两列角柱外,还应至少选取一列中间柱。

检验方法:对于整体垂直度,可采用激光经纬仪、全站仪测量,也可根据各节柱的垂直度允许偏差累计(代数和)计算。对于整体平面弯曲,可按产生的允许偏差累积(代数和)计算。

<table>
<tr><td colspan="2">表 3 整体垂直度和整体平面弯曲和允许偏差</td></tr>
</table>

项　目	允许偏差(mm)
主体结构和整体垂直度	$(H/2\,500+10.0)$,且不应大于 50.0
主体结构的整体平面弯曲	$L/1\,500$,且不应大于 25.0

表 4 地脚螺栓(锚栓)尺寸有允许偏差

项　目	允许偏差(mm)
螺栓露出长度	+30
螺栓长度	+30

钢筋混凝土部分同钢筋混凝土质量验收标准。

7.2.3 一般项目

同钢结构部分。

(1)基础和支承面一般项目。

地脚螺栓(锚栓)尺寸有允许偏差应符合表 4 的规定。

检查数量:按基础数抽查 10%,且不少于 3 处。

检验方法:用钢尺现场实测。

(2)预拼装一般项目。

预拼装的允许偏差应符合表 5 的规定。

检查数量:按预拼装单元全数检查。

检验方法:见表 5。

表 5 钢结构预拼装和允许偏差

构件类型	项　目		允许偏差(mm)	检 验 方 法
多节柱	预拼装单元总长		±5.0	用钢尺检查
	预拉装单元弯曲矢高		$L/1\,500$,且不应大于 10.0	用拉线和钢尺检查
	接口错边		2.0	用焊缝量规检查
	预拼装单元柱身扭曲		$H/200$,且不应大于 5.0	用拉线、吊线和钢尺检查
	顶紧面至任一牛腿距离		±2.0	用钢尺检查
梁、桁架	跨度最外两端安装孔或两支承面最外侧距离		$^{+5.0}_{-10.0}$	
	接口截面错位		2.0	用焊缝量规检查
	拱度	设计要求起拱	$±L/5\,000$	用拉线和钢尺检查
		设计未要求起拱	$L/2000$	
	节点处杆件线错位		4.0	划线后用钢尺检查
管构件	预拼装单元总长		±5.0	用钢尺检查
	预拼装单元弯曲矢高		$L/1\,500$,且不应大于 10.0	用拉线和钢尺检查
	对口错边		$t/10$,且不应大于 3.0	用焊缝量规检查
	坡口间隙		$^{+2.0}_{-1.0}$	
构件平面总体预装	各楼层柱距		±4.0	用钢尺检查
	相邻楼层梁与梁之间距离		±3.0	
	各层间框架两对角线之差		$H/2\,000$,且不应大于 5.0	
	任意对角线之差		$H/2\,000$,且不应大于 8.0	

(3)安装和校正一般项目。

1)钢结构表面应干净,结构主要表面不应有疤痕、泥沙等污垢。

检查数量:按同尖构件数抽查 10%,且不应少于 3 件。

检验方法:观察检查。

2)钢柱等主要构件的中心线及标高其准点等标记应齐全。

检查数量:按同类构件数抽查10%,且不应少于3件。

检验方法:观察检查。

3)钢构件安装的允许偏差应符合《钢结构工程施工质量验收规范》表 E.0.5 的规定。

检查数量:按同类构件或节点数抽查10%。其中柱和梁各不应少于3件,主梁与次梁连接节点不应少于3个,支承压型金属板的钢梁长度不应小于5 m。

检验方法:采用水准仪、钢尺和直尺检查。

4)主体结构总高度的允许偏差应符合《钢结构工程施工质量验收规范》表 E.0.6 的规定。

检查数量:按标准柱列数抽查10%,且不应少于4列。

检验方法:采用全站仪、水准仪、钢尺实测。

5)当钢构件安装在混凝土柱上时,其支座中心对定位轴线的偏差不应大于10 mm;当采用大型混凝土屋面板时,钢梁(或桁架)间距的偏差不应大于10 mm。

检查数量:按同类构件数抽查10%,且不应少于3榀。

检验方法:用拉线和钢尺现场实测。

6)多层及高层钢结构中钢吊车梁或直接承受动力荷载的类似构件,其安装的允许偏差应符合《钢结构工程施工质量验收规范》(GB 50205—2001)附录中表 E.0.2。

检查数量:按钢吊车梁数抽查10%,且不应少于3榀。

检验方法:见《钢结构工程施工质量验收规范》附录中表 E.0.2。

7)多层与高层钢结构中檩条、墙架等锚要构件安装的允许偏差应符合《钢结构工程施工质量验收规范》(GB 50205—2001)表 E.0.3 的规定。

检查数量:按同类构件数抽查10%,且不应少于3件。

检验方法:用经纬仪、吊线和钢尺现场检查。

8)多层与高层钢结构中现场焊缝组对间隙的允许偏差应符合表6的规定。

表6 现场焊缝组对间隙的允许偏差

项 目	允许偏差(mm)
无垫板间隙	+3.0 0.0
有垫板间隙	+3.0 −2.0

检查数量:按同类节点数抽查10%,且不应少于3个。

检验方法:用钢尺现场实测。

7.2.4 资料核查项目

(1)钢材、焊条、水泥等各种材料出厂材料检验报告及合格证。

(2)焊接质量检验报告。

(3)隐蔽工程验收记录。

(4)钢结构安装检验批质量验收记录。

(5)钢筋加工、安装检验批质量验收记录。

(6)混凝土施工检验批质量验收记录。

(7)水泥等材料进场复试检验报告。

7.2.5 观感检查项目

(1)焊缝表面光滑、饱满、无夹渣。

(2)钢筋形状正确,平面上没有翘曲不平现象。

(3)钢筋的断口不得有马蹄形或起弯等现象。

(4)混凝土表面光滑、平整。

7.3　质量通病防治

(1)现象。

钢结构表面夹渣。

(2)原因分析。

焊接工艺落后。

(3)预防措施。

用新购一批 CO_2 气体保护焊机代替手工电弧焊,用直流埋弧焊代替交流埋弧焊,使焊接质量得到大大改善。

7.4　成品保护

(1)防潮、防压措施。

重点是高强度螺栓、栓钉、焊条、焊丝等,要求以上成品堆放在库房的货架上,最多不超过4层。

(2)堆放措施。

要求场地平整、牢固、干净、干燥,钢构件分类堆放整齐,下垫枕木,叠层堆放也要求垫枕木,并要求做到防止变形、牢固、防锈蚀。

(3)施工过程中的控制措施。

不得对已完成构件任意焊割,对施工完毕并经检测合格的焊缝、节点板处马上进行清理,并按要求进行封闭。

(4)交工前的成品保护措施。

成品保护专职人员按区域或楼层范围进行值班保护工作,并按方案中的规定、职责、制度做好所有成品保护工作。

7.5　季节性施工措施

7.5.1　雨期施工措施

(1)配备足够的、能够保证雨季施工顺利进行的材料及机具,现场设雨季施工专用供电线路、电闸箱,设专人随时维护专用供电系统的正常运转。

(2)雨季施工时应有雨季施工措施,严禁在露天无措施情况下施工。

(3)钢筋加工棚内的用电设备如弯曲机、切断机等,及时检查修理,防止漏电事故的发生,加工好的钢筋应按要求堆放,严禁随意摆放,更不能堆放在低洼地带,防止下雨后浸泡钢材。

7.5.2　冬期施工措施

(1)室外平均气温连续 5 d 稳定低于 5 ℃时,砌体工程应采取冬期施工措施;当日最低气温低于 0 ℃时,也应按冬期施工措施执行。

(2)冬季施工使用电热器,需有工程技术部门提供的安全使用技术资料,并经施工现场防火负责人同意,冬季施工使用的保温材料不得采用可燃材料。

(3)施工现场冬期负温条件下焊接钢筋,其环境温度不得低于 -20 ℃。同时,当施焊处于风力大于 4 级时,应用编织布围护拦风,当遇雨、雪恶劣天气时,应搭设防护棚,防止雨、雪接触焊点,如无法防护时,应停止焊接工作。

7.6　质量记录

（1）工程竣工图、设计变更洽商记录。

（2）安装所用钢材、连接材料和涂料等材料质量证明书或试验、复验报告。

（3）安装过程中形成的工程技术有关的文件。

（4）焊接质量检验报告。

（5）结构安装检测记录及安装质量评定资料。

（6）钢结构安装后涂装检测资料。

（7）技术交底记录。

8　安全、环保及职业健康措施

8.1　职业健康安全关键要求

（1）"安全三宝"（安全帽、安全带、安全网）必须配备齐全。工人进入工地必须佩戴经安检合格的安全帽；工人高空作业之前须例行体检，防止高血压病人或有恐高症者进行高空作业，高空作业时必须佩带安全带；工人作业前，须检查临时脚手架的稳定性、可靠性。电工和机械操作工必须经过安全培训，并持证上岗。

（2）高空作业中的设施、设备，必须在施工前进行检查，确认其完好，方能投入使用。攀登和悬空作业人员，必须持证上岗，定期进行专业知识考核和体格检查。作业过程应戴安全帽，系好安全带。施工作业场所有可能坠落的物件，应一律先进行撤除或加以固定。高空作业中所用的物料，应堆放平稳，不妨碍通行和装卸。随手用的工具应放在工具袋内。作业中，走道内余料应及时清理干净，不得任意抛掷或向下丢弃。传递物件禁止抛掷。

（3）雨天和雪天进行高空作业时，必须采取可靠的防滑、防寒和防冻措施。对于水、冰、霜、雪，均应及时清除。

（4）对高耸建筑物施工，应事先设置避雷设施，遇有 6 级及以上强风、浓雾等恶劣天气，不得进行露天攀登和悬空高处作业。施工前，到当地气象部门了解情况，做好防台风、防雨、防冻、防寒、防高温等措施。暴风雨及台风暴雨前后，应对高空作业安全设施逐一加以检查，发现问题，立即加以完善。

（5）钢结构吊装前，应进行安全防护设施的逐项检查和验收。验收合格后，方可进行高空作业。多层与高层及超高层钢结构楼梯，必须安装临时护栏。顶层楼梯口应随工程进度安装正式防护栏杆。桁架间安装支撑前，应加设安全网。

（6）柱、梁等构件吊装所需的直爬梯及其他登高用的拉攀件，应在构件施工图或说明内作出规定，攀登的用具在结构构造上必须牢固、可靠。

（7）钢柱安装登高时，应使用钢挂梯或设置在钢柱上爬梯。钢柱安装时，应使用梯子或操作台。登高安装钢梁时，应视钢梁高度，在两端设置挂梯或搭设钢管脚手架。在梁面行走时，其一侧的临时护栏横杆可采用钢索，当改为扶手绳时，绳的自由下垂度不应大于 $L/20$，并应控制在 100 mm 以内。

（8）在钢屋梁上下弦登高操作时，对于三角形屋架应在屋脊处，梯形屋架应在两端设置攀登时上下的梯架。钢屋架吊装前，应在上弦设置防护栏杆；并应预先在下弦挂设安全网，吊装完毕后，即将安全网铺设、固定。

（9）钢结构的吊装，构件应尽可能在地面组装，并搭设临时固定、电焊、高强度螺栓连接等操作工序的高空安全设施,随构件同时安装就位,并应考虑这些安全设施的拆卸工作。高空吊装大型构件前,也应搭设悬空作业中所需的安全设施。

(10)结构安装过程中,各工种进行上下立体交叉作业时,不得在同一垂直方向上操作。下层作业的位置,必须处于依上层高度确定的可能坠落范围半径之外;不符合以上条件时,应设置安全防护层。

(11)结构施工自二层起,凡人员进出的通道口(包括井架、施工用电梯的进出通道口等),均应搭设安全防护棚。高层超出 24 m 的层以上的交叉作业,应设双层防护。由于上方施工可能坠落物件或处于起重机起重臂回转范围之内的通道,在其受影响的范围内,必须搭设顶部能防止穿透的双层防护棚。

(12)在高空气割或电焊切割施工时,应采取措施防止割下的金属或火花落下伤人或引起火灾。构件安装后,必须检查连接质量,无误后,才能摘钩或拆除临时固定工具,以防构件掉落伤各种起重机严禁在架空输电线路下面工作,在通过架空输电线路时,应将起重机臂落下,并确保与架空输电线的垂直距离符合表 7 的规定。

(13)施工材料的存放、保管,应符合防火安全要求,易燃材料必须专库储备;化学易燃品和压缩可燃性气体容器等,应按其性质设置专用库房分类堆放。

(14)在焊接节点处,用钢管搭设防护栏杆,在栏杆周围用彩条布围住,防止电弧光和焊接产生的烟雾外露。

表 7　起重机与架空输电线的安全距离

输电线电压(kV)	与架空线的垂直距(m)	水平安全距离(m)
1	1.3	1.5
1～20	1.5	2.0
35～110	2.5	4
154	2.5	5
220	2.5	6

8.2　环境关键要求

(1)遵守当地有关环卫、市容管理的有关规定,现场出口应设洗车台,机动车辆进出场时对其轮胎进行冲洗,防止汽车轮胎带土,污染市容。

(2)"四口"(通道口、预留口、电梯井口、楼梯口)和临边做好防护。

(3)每天施工完后,必须做到工完场清。

(4)施工作业面应不间断地洒水湿润,最大限度地减少粉尘污染。

(5)砌筑后,及时清理的垃圾应堆放在施工平面规划位置,并进行封闭,防止粉尘扩散、污染环境。

(6)现场切割钢材时应有可靠保障措施,防治造成噪声污染。

大型结构转换层工程施工工艺

大型结构转换层施工工艺广泛运用于工业与民用建筑大体积钢筋混凝土转换层结构的施工。本章节选取高层建筑钢筋混凝土梁式转换层结构和厚板转换层结构的施工工艺进行阐述。

1 工艺特点

（1）构件截面尺寸大、钢筋用量大、钢筋排布密度大、混凝土数量多，施工中一般采用集中搅拌站供应商品混凝土，搅拌运输车运送到施工现场，由混凝土泵（泵车）进行浇注。

（2）钢筋混凝土梁式转换层结构可选择一次性或分层浇注，钢筋混凝土厚板转换层结构最好采用一次性浇注。

2 工艺原理

考虑到转换层结构构件截面尺寸高而大，钢筋排布密度大，通过采取合理分层浇注、预留下料口、设置进人口、机械振捣和人工振捣相结合、降低混凝土内外温差、改善混凝土的抗裂性能或减少边界的约束作用等技术措施，保证转换层结构混凝土浇注密实和整体性。

3 适用范围

本工艺适用于高层建筑钢筋混凝土梁式转换层结构和厚板转换层结构。这两种转换层结构一般为大体积混凝土结构。

4 工艺流程及操作要点

4.1 工艺流程

4.1.1 作业条件

（1）熟悉图纸的设计要求，编制详细的转换层混凝土结构专题施工方案，施工方案报经监理、设计、业主、质监等部门认可。所编制的专题施工方案要明确转换层结构施工模板支撑系统的设计方案及计算书，对截面较大的转换层构件应按大体积混凝土组织施工，明确大体积混凝土浇注的施工方法及温度控制措施。并对各工种作业人员作详细的技术交底。

（2）混凝土配合比已由有资质的试验室试配完成。

（3）采用预拌混凝土，在混凝土浇注前，与混凝土搅拌站确定必须保证的供应能力、混凝土运输路线。

（4）已配备足够数量（包括备用）且完好的混凝土泵机、泵管、振动器以及机械维修人员。

（5）配备满足施工需要的发电设备，以防混凝土浇注时电力中断。

（6）如有测温方案则准备混凝土测温装置。

（7）如需结构保温，经过保温材料厚度计算，准备足够保温材料（通常采用麻袋、塑料薄膜等）。

（8）转换层施工的模板及支撑、钢筋、预埋件、预埋管道等均按设计要求安装完毕，并经现场监理工程师验收，办理好隐蔽验收手续。

（9）所安排的施工管理人员和作业人员能满足混凝土连续施工。

4.1.2 工艺流程图

1)梁式转换层结构。

梁式转换层结构工艺流程图如图1所示。

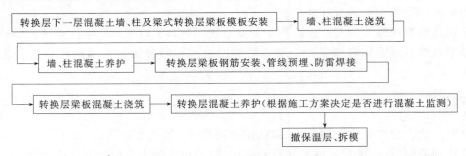

图1　梁式转换层结构工艺流程图

2)厚板转换层结构。

厚板转换层结构工艺流程图如图2所示。

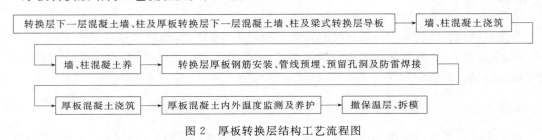

图2　厚板转换层结构工艺流程图

4.2　操作要点

4.2.1 技术准备

(1)图纸会审已完成。

(2)根据设计混凝土强度等级、混凝土性能要求、施工条件、施工部位、施工气温、浇注方法、使用水泥、骨料、掺和料及外加剂,确定各种类型混凝土强度等级的所需坍落度和初、终凝时间,委托有资质的专业实验室完成混凝土配合比设计。

(3)编制混凝土施工方案,明确流水作业划分、浇注顺序、混凝土的运输与布料、作业进度计划、工程量等并分级进行交底。

(4)确定浇注混凝土所需的各种材料、机具、劳动力需用量。

(5)确定混凝土施工所需的水、电,以满足施工需要。

(6)确定混凝土的搅拌能力是否满足连续浇注的需求。

(7)确定混凝土试块制作组数,满足标准养护和同条件养护的需求。

4.2.2 材料要求

(1)水泥。

1)应优先选用铝酸三钙含量较低,水化游离氧化钙、氧化镁和二氧化硫尽可能低的低收缩水泥。

2)应优先选用低、中热水泥;尽可能不使用高强度高细度的水泥。利用后期强度的混凝土,不得使用低热微膨胀水泥。

3)对不同品种水泥用量及总的水化热应进行估算;当矿渣水泥或其他低热水泥与普通硅酸盐水泥掺入粉煤灰后的水化热总值差异较大时,应选用矿渣水泥;无大差异时,则应选用普通硅酸盐水泥而不采用干缩较大的矿渣水泥。

4)不准使用早强水泥和含有氯化物的水泥。

5)非盛夏施工应优先选用普通硅酸盐水泥。

6)补偿收缩混凝土加硫铝酸钙类(明矾石膨胀剂除外)膨胀剂时,应选用硅酸盐或普通硅酸盐水泥;其他类水泥应通过试验确定。明矾石膨胀剂可用于普通硅酸盐或矿渣水泥,其他类水泥也需试验。

7)水泥的含碱量(Na_2O+K_2O)应小于 0.6%,尽可能选用含碱量不大于 0.4%的水泥。

8)混凝土受侵蚀性介质作用时应使用适应介质性质的水泥。

9)进场水泥和出厂时间超过三个月或怀疑变质的水泥应作复试检验并合格。

10)用于大体积混凝土的水泥应进行水化热检验;其 7 d 水化热不宜大于 250 kJ/(kg・K),当混凝土中掺有活性粉料或膨胀剂时应按相应比例测定 7 d、28 d 的综合水化热值。

11)使用的水泥应符合现行国家标准。

《硅酸盐水泥、普通硅酸盐水泥》(GB 175—2008)。

《矿渣硅酸盐水泥、火山灰质硅酸盐水泥和粉煤灰质硅酸盐水泥》(GB 1344—1999)。

其他水泥的性能指标必须符合有关标准。

12)水化热测定标准为。

《水泥水化热试验方法(直接法)》(GB 2022—1980)。

(2)粗骨料。

1)应选用结构致密强度高不含活性二氧化硅的骨料;石子骨料不宜用砂岩,不得含有蛋白石凝灰岩等遇水明显降低强度的石子。其压碎指标应低于 16%。

2)粗骨料应尽可能选择大粒径,但最大不得超过钢筋净距的 3/4;当使用泵送混凝土时应符合表 1 的要求。

表 1　混凝土泵允许骨料粒径

混凝土管直径(mm)	最大粒径(mm)		混凝土管直径(mm)	最大粒径(mm)	
	卵　石	碎　石		卵　石	碎　石
125	40	30	200	80	70
150	50	40	280	100	100
180	70	60			

3)石子粒径:C30 以下可选 5～40 mm 的卵石,尽可能选用碎石。

C30～C50 可选 5～31.5 mm 的碎石或碎卵石。

4)石子应连续级配,以 5～10 mm 含量稍低为佳,针、片状粒含量应≤15%。

5)含泥量不得大于 1%,泥块含量不得大于 0.25%。

6)粗骨料应符合相关规范的技术要求。

普通粗骨料:《建筑用卵石、碎石》(GB/T 14684—2001)。

高炉矿渣碎石:《用于水泥和混凝土中的粒化高炉渣粉》(GB/T 18046—2000)含粉量(粒径小于 0.08 mm)小于 1.5%。

(3)细骨料。

1)应优先选用中、粗砂,其粉粒含量通过筛孔 0.315 mm 不小于 15%;对泵送混凝土尚应通过 0.16 mm 筛孔量不小于 5% 为宜。

2)不宜使用细砂。

3)砂的 SO_3 含量应<1%。

4)砂的含泥量应不大于 3%,泥块含量不大于 0.5%。

5)使用海砂时,应测定氯含量。氯离子总量(以干砂重量的酸比计)不应大于 0.06%。

6)使用天然砂或岩石破碎筛分的产品均应符合《普通混凝土用砂、石质量及检验方法标准》(JGJ 52—2006)的规定。

（4）水。

1)使用混凝土设备洗刷水拌制混凝土时只可部分利用并应考虑该水中所含水泥和外加剂对拌和物的影响,其中氯化物含量不得大于 1 200 mg/L,硫酸盐含量不得大于 2 700 mg/L。

2)拌和用水应洁净,质量需符合《混凝土用水标准》(JGJ 63—2006)的要求。

（5）掺和料。

1)粉煤灰。

a. 粉煤灰不应低于 Ⅱ 级,以球状颗粒为佳。

b. 粉煤灰的义石含量不应大于 3%。

c. 粉煤灰应符合《用于水泥和混凝土中的粉煤灰》(GB/T 1596—2005)。

2)使用其他种掺和料应遵照相应标准规定。

3)掺和料供应厂商应提供掺和料水化热曲线。

（6）膨胀剂。

1)地下工程允许使用硫铝酸钙类膨胀剂。不允许使用氧化钙类膨胀剂(氧化钙-硫铝酸钙)。

2)膨胀剂的含碱量不应大于 0.75%,使用明矾石膨胀剂尤应严格限制。

3)膨胀剂应选用一等品,膨胀剂供应商应提供不同龄期膨胀率变化曲线。使用膨胀剂的混凝土试件在水中 14 d 限制膨胀率不应小于 0.025%;28 d 膨胀率应大于 14 d 的膨胀率;于空气中 28 d 的变形以正值为佳。

4)膨胀剂应符合《混凝土膨胀剂》(JC/T 476—2001)的要求。

（7）外加剂。

1)大体积混凝土应选用低收缩率特别是早期收缩率低的外加剂,除膨胀剂、减缩剂外,外加剂厂家应提供使用该外加剂的混凝土 1 d、3 d、7 d 和 28 d 的收缩率试验报告,任何龄期混凝土的收缩率均不得大于基准混凝土的收缩率。

2)外加剂必须与水泥的性质相适应。

3)外加剂带入每立方米混凝土的碱量不得超过 1 kg。

4)非早强型碱水剂应按标准严格控制硫酸钠含量;减水剂含固体量应≥30%;减水率应≥20%;坍落度损失应≤20 mm/h。

5)泵送剂、缓凝减水剂应具有良好的减水、增期、缓凝和保水性,引气量宜介于 3%～5% 之间。对补偿收缩混凝土,使用缓凝剂必须经试验证明可延缓初凝而无其他不良影响。

6)外加剂氨的释放量不得大于 0.1%。

7)外加剂应符合下列标准规定。

《混凝土外加剂》(GB 8076—2005);

《混凝土泵送剂》(JC/T 473—2001);

《混凝土外加剂中释放氨的限量》(GB 18588—2001)。

4.2.3 操作要点

(1)混凝土拌制。

采用预拌混凝土,要求混凝土生产单位控制好混凝土的出罐温度。石子在搅拌前充分淋水降温;根据混凝土试配情况可在混凝土搅拌用水中添加冰块,以降低水温;混凝土搅拌前应提前存放足够的水泥数量,以尽量降低所用水泥的温度。

(2)混凝土运输。

混凝土生产地点尽量靠近浇注地点,以缩短运输距离。控制混凝土的入模温度不高于设计入模温度。

(3)混凝土浇注。

通常采用混凝土输送泵进行混凝土浇注。不同的结构特点可有不同的混凝土浇注方法。

1)梁式转换层结构。

① 可根据施工方案选择一次性或分层浇注转换层结构混凝土,不同的浇注方式对应采用不同的支模方式,支模系统应经过设计计算。

② 混凝土浇注采用分层法,若分层浇注转换层结构梁混凝土,应征得设计人员同意留设水平或垂直施工缝,第二次浇注的混凝土要待第一次浇注的梁混凝土强度达到70%时才进行。第二次浇注混凝土时,先将第一次浇注的混凝土面上的碎石、浮浆等杂物清理干净,并铺上与混凝土相同成分的砂浆 10～15 mm,才进行混凝土浇注。其梁下支撑要待整体混凝土梁达到设计强度才能拆除。

2)厚板转换层结构。

① 为保证厚板式转换层结构质量和整体性,转换层厚板一般采用一次性浇注混凝土。

② 由于厚板转换层的钢筋量大、钢筋长,特别在梁柱节点处钢筋密度非常大。为方便施工,可将转换层下柱分两次浇注,一次浇到梁锚入柱钢筋底部,另一次浇到转换层梁底(或板底)。

③ 考虑到转换层结构构件截面尺寸高而大,钢筋排布密度大,为保证转换层结构混凝土一次浇注密实,可采取如下措施。

a. 预留下料口。

b. 设置进人口,让施工人员进入转换层梁板内浇注混凝土。

c. 采用机械振捣和人工振捣相结合的方法振捣混凝土。

④ 混凝土浇注采用斜面分层法,顺着浇注区域的长方向由远而近,向后退浇,每层浇注厚度 300～500 mm,浇注前后的接搓控制在 2 h 内。混凝土浇注后 3～8 h,用长刮尺按设计标高刮平,然后反复抹压表面,排去表面泌水。

(4)混凝土养护。

混凝土浇注后,转换层结构需在表面、侧面、底部均采取保温保湿措施,以避免混凝土产生温度裂缝。

1)梁式转换层结构。

根据转换层大梁截面尺寸的大小,可采用覆盖湿麻袋和塑料薄膜,以及在下层设置保温层的方法进行保温保湿。

2)厚板转换层结构。

厚板式转换层底部可采用 18 mm 厚过塑面夹板和塑料薄膜进行保温。转换层结构侧面可采用木模板加两层湿麻袋进行保温。混凝土初凝后，可在混凝土表面覆盖湿麻袋和塑料薄膜进行保温保湿，养护期不少于 14 d。

5　劳动力组织

(1)对管理人员和技术人员的组织形式的要求：制度健全，并能执行。

(2)施工队伍有专业技术管理人员，操作人员并持证上岗。

(3)中、高级操作技工不少于施工人员的 65% 以上。

主要工种人员配置见表 2。

表 2　主要工种人员配置表

序　号	工　种	人　数	备　注
1	混凝土工	按工程量确定	技　工
2	机械操作工	按工程量确定	技　工
3	普工	按工程量确定	

6　机具设备配置

6.1　机　械

现场搅拌站——成套强制式混凝土搅拌站，皮带机，装载机，水泵，水箱等。

现场输送混凝土——泵车、混凝土泵及钢、软泵管。

混凝土浇注——流动电箱、插入式、平板式振动器、抹平机、小型水泵等。

专用——发电机、空压机、制冷机、电子测温仪和测温元件或温度计和测温埋管。

6.2　工　具

手推车、串筒、溜槽、吊斗、胶管、铁锹、钢钎、刮杠、抹子等。

7　质量控制要点

7.1　控制项目

7.1.1　主控项目

(1)混凝土的原材料、配合比必须符合设计要求。

检验方法：检查产品合格证、出厂检验报告和进场复验报告。检查配合比设计资料。

(2)混凝土的强度等级必须符合设计要求。

检验方法：检查施工记录及试件强度试验报告。

(3)混凝土中氯化物和碱的总含量应符合有关现行国家标准的要求。

检验方法：检查试验报告。

(4)混凝土运输、浇注及间歇的全部时间不应超过混凝土的初凝时间。同一施工段的混凝土应连续浇注，并应在底层混凝土初凝之前将上一层混凝土浇注完毕。当底层混凝土初凝后浇注上一层混凝土时，应按施工技术方案中对施工缝的要求进行处理。

检查数量：全数检查。

检验方法：观察，检查施工记录。

7.1.2 一般项目

(1)结构表面平整、顺直,不存在蜂窝麻面等一般缺陷。

检验方法:观察,检查施工记录。

(2)混凝土结构表面的裂缝宽度满足规范要求。

检验方法:观察。

(3)转换层结构允许偏差和检验方法见表 3。

表 3 转换层结构允许偏差和检验方法

项 目		允许偏差(mm)	检 验 方 法
轴线位置	基 础	15	钢尺检查
	墙、柱、梁	8	
	剪力墙	5	
垂直度	层高 ≤5 m	8	经纬仪或吊线、钢尺检查
	层高 >5 m	10	经纬仪或吊线、钢尺检查
	全高(H)	$H/1\,000$ 且$\leqslant30$	经纬仪、钢尺检查
标高	层高	±10	水准仪或拉线、钢尺检查
	全高	±30	
截面尺寸		$^{+8}_{-5}$	钢尺检查
电梯井	井筒长、宽对定位中心线	$^{+25}_{0}$	钢尺检查
	井筒全高(H)垂直度	$H/1000$ 且$\leqslant30$	经纬仪、钢尺检查
表面平整度		8	2 m靠尺和塞尺检查
预埋设施中心线位置	预埋件	10	钢尺检查
	预埋螺栓	5	
	预埋管	5	
预留洞中心线位置		15	钢尺检查

7.2 质量通病防治

(1)降低混凝土水化热措施(混凝土原材料降温措施主要针对南方天气)。

1)优先选用水化热低的水泥。因刚出炉的水泥温度高,故所选用的水泥应事先贮存一段时间才使用。

2)掺用粉煤灰等掺和料代替部分水泥,减少水泥用量。

3)掺入外加剂,减少水泥用量,使混凝土缓凝,推迟水化热峰值的出现,使温升延长,降低水化热峰值,使混凝土的表面温度呈梯度减少。

4)采用的石子浇水降温,必要时搅拌用水加冰。

5)尽量选择离浇注现场较近的混凝土搅拌站,减少温度和坍落度损失。

6)浇注混凝土过程中,做好混凝土的出罐温度和入模温度的监控。

7)控制混凝土的初凝时间在 6~8 h,采用斜面分层法浇注混凝土,每层厚 300~500 mm,连续施工,并在前一层混凝土初凝前,将后一层混凝土浇注完成。

8)根据施工方案可采用预埋冷却水管进行冷却循环,以降低混凝土的中心温度,避免混凝土表面与中心温度温差过大。

9)为减少混凝土在泵送过程的升温,对泵管采取覆盖湿麻袋的措施进行保温。

(2)钢筋的安装。

由于梁式或厚板转换层结构一般截面较大,所用钢筋量大,主筋长度长、布置密集,特别是梁柱节点处钢筋尤为密集。应合理安排好钢筋就位次序,采用适当的水平钢筋连接形式。

(3)混凝土的浇注。

1)梁式转换层结构。

大体积转换梁除注意留设混凝土的下料通道外,还特别对斜交梁、梁柱交汇处等钢筋密集的地方,采取有效的措施以保证混凝土浇注通畅,振捣密实。混凝土浇注时,应根据施工方案实施一次性或分层浇注,其施工缝的设置在征得设计同意后才能设置。

2)厚板转换层。

为保证转换层结构混凝土的整体性,有效保证施工质量,混凝土浇注一般均采取一次连续浇注,不留设施工缝。相应地在浇注混凝土时应采取有效的技术措施,如预留下料口、设置进入口、与设计商讨调整钢筋排布等。此外,对于预留管孔应采用"固定钢套管"固定好。

7.3　成品保护

对截面较大的转换层构件应按大体积混凝土组织施工,落实好混凝土结构构件的保温保湿措施。

(1)在混凝土浇注前和浇注后,应计算预测混凝土中心实际温升,以调整适当的保温养护措施。

(2)混凝土初凝后即开始测温。测温可采用多种方法,如电热偶测温,电子测温仪测温,玻璃温度计测温等。采用玻璃温度计测温比较方便简单,方法是预先埋设 $\phi8$ 钢管,钢管底部用钢板封严防止混凝土灌入,钢管顶部用木塞塞住,混凝土浇注后直接用玻璃温度计进行测温。

(3)在转换层结构施工前应按施工方案在结构平面重要的结构部位设置测温点,每个测温点应测出结构上部(距结构顶 150 mm)、中部、底部(距结构底 200 mm)的温度,将测量结果记录在表格中,并同时测量环境温度进行对比。

(4)在大体积混凝土浇注完终凝后(约 10 h),必须进行温度监测。派专人监测混凝土表面与中心温度及大气温度,并做好记录,前 5 d 每 4 h 测温一次,5 d 以后每 8 h 测温一次。测温过程如发现内外温差大于 25 ℃时,要采取有效措施减小内外温差,当混凝土中心与环境温差小于 15 ℃时,可停止测温。

(5)混凝土进入降温阶段后,当板面温度与环境温度之差小于 10 ℃时可拆除覆盖的保温材料,以利于混凝土散热。

7.4　季节性施工措施

7.4.1　雨期施工措施

雨季施工措施同普通混凝土结构施工。

7.4.2　冬期施工措施

冬季施工措施同普通混凝土结构施工。

7.5　质量记录

(1)设计变更文件。

（2）混凝土原材料出厂合格证和进场复验报告。

（3）混凝土工程施工记录。

（4）混凝土试件的性能试验报告。

（5）混凝土隐蔽工程验收记录。

（6）混凝土分项工程验收记录。

（7）混凝土实体检验记录。

（8）工程的重大质量问题的处理方案和验收记录。

（9）其他必要的文件和记录。

8 安全、环保及职业健康措施

8.1 职业健康安全关键要求

（1）一般规定。

1）所有机械设备均需设漏电保护。

2）所有机电设备均需按规定进行试运转，正常后投入使用。

3）现场应有足够的照明，动力、照明线需埋地或设专用电杆架空敷设。

4）马道应牢固，稳定具有足够承载力。

5）振动器操作人员应着绝缘靴和手套。

（2）使用泵车浇注混凝土。

1）泵车外伸支腿底部应设木板或钢板支垫，泵车离未护壁基坑的安全距离应为基坑深再加 1 m；布料杆伸长时，其端头到高压电缆之间的最小安全距离应不小于 8 m。

2）泵车布料杆采取侧向伸出布料时，应进行稳定性验算，使倾覆力矩小于稳定力矩。严禁利用布料杆作起重使用。

3）泵送混凝土作业过程中，软管末端出口与浇注面应保持 0.5～1 m，防止埋入混凝土内，造成管内瞬时压力增高爆管伤人。

4）泵车应避免经常处于高压下工作，泵车停歇后再启动时，要注意表压是否正常，预防堵管和爆管。

（3）使用地泵浇注混凝土。

1）泵管应敷设在牢固的专用支架上，转弯处设有支撑的井式架固定。

2）泵受料斗的高度应保证混凝土压力，防止吸入空气发生气锤现象。

3）发生堵管现象应将泵机反转使混凝土退回料斗后再正转小行程泵送。无效时需拆管排堵。

4）检修设备时必须先行卸压。

5）拆除管道接头应先行多次反抽卸除管内压力。

6）清洗管道不准压力水与压缩空气同时使用，水洗中可改气洗，但气洗中途严禁改用水洗，在最后 10 m 应缓慢减压。

7）清管时，管端应设安全挡板并严禁管端前方站人，以防射伤。

（4）动力、照明符合用电安全规定。

（5）马道，泵管支架牢固，安全防护达标。

（6）施工机械试运行合格，工况良好。

（7）劳动保护完备。

8.2 环境关键要求

（1）禁止混凝土罐车高速运行防止飞尘，停车待卸料时应熄火。

（2）混凝土泵应设于隔音棚内。

（3）使用低噪音振动器，防止扰民。

（4）夜间使用聚光灯照射施工点以防对环境造成光污染。

（5）防止污染市政道路，汽车出场必须冲洗，冲洗水澄清再用或有组织排放。

9 工程实例

9.1 所属工程实例项目简介

中铁锦华·曦城工程总建筑面积为 13 万 m^2，地上由 7 栋 33～34 层的塔楼和 1 栋农贸市场组成，主楼为全现浇剪力墙结构，群楼及农贸市场为框架结构。根据施工图纸本工程转换层部分梁截面最大为 800 mm×2 100 mm，柱截面最大为 900 mm×900 mm，板厚最大为 200 mm，层高最大为 5.1 m。标准层梁截面最大为 300 mm×650 mm，柱截面最大为 650 mm×650 mm，板厚最大为 120 mm，层高最大为 2.9 m。

9.2 施工组织及实施

施工机械和劳动力的组织同普通混凝土结构楼层。

9.3 工期（单元）

结构施工工期同普通混凝土结构楼层。

9.4 建设效果及经验教训

该工程转换层属于梁式转换层结构，由于线荷载较大，集中线荷载远大于 15 kN/m，其模板支承架属于危险性较大的支承架，施工前对该部分作了详尽的方案，并组织了专家论证，在混凝土浇注前按照方案及规范要求对支承架体进行了严格的检查验收，并顺利完成该转换层施工。

双排钢管脚手架工程施工工艺

双排钢管脚手架有扣件式钢管脚手架和碗扣式钢管脚手架两种,在工业与民用建筑等工程施工中广泛运用。本章节选取这两种脚手架的施工工艺进行阐述。

1　工艺特点

(1)扣件式钢管脚手架。

1)双排扣件式钢管脚手架在脚手架里外侧均设立杆,稳定性好,搭设高度大,能适应建筑物平立面的变化。

2)一次投资较大,但周转次数多,摊销费低。

(2)碗扣式钢管脚手架。

1)双排碗扣式钢管脚手架在脚手架里外侧均设立杆,稳定性好,搭设高度大,能适应建筑物平立面的变化。

2)一次投资较大,但周转次数多,摊销费低。

3)搭拆碗扣件式钢管脚手架简单。

2　工艺原理

扣件式双排钢管脚手架由钢管和扣件组成,立杆与横杆、立杆与斜杆、大小横杆之间采用扣件连接成整体。该脚手架目前得到广泛的应用,虽然其一次投入较大,但其周转次数多,摊销费用低,装拆方便,搭设高,稳定性好,能满足不同结构形式的建筑物施工要求。

碗扣式双排钢管脚手架由钢管、扣件和可调支座组成,立杆与横杆、立杆与斜杆、大小横杆之间采用扣件连接,可调支座调节脚手架水平高度,使其保持平稳。该脚手架目前的应用也比较广泛,虽然其一次投入也很大,但其周转次数多,摊销费用低,装拆方便,搭设高,稳定性好,能满足不同结构形式和不平整地面的建筑物施工要求。

3　适用范围

本工艺适用于一般工业与民用建筑外脚手架。

4　工艺流程及操作要点

4.1　工艺流程

4.1.1　作业条件

(1)扣件式钢管脚手架。

1)根据工程特点和要求编制脚手架搭设方案。经检验合格的构配件应按品种、规格分类,堆放整齐、平稳,堆放场地不得有积水。

2)应清除搭设场地杂物,平整搭设场地,并使排水畅通。

3)对土质松软的地基已进行强化处理。

4)当脚手架基础下有设备基础、管沟时,在脚手架使用过程中不应开挖,否则必须采取加固措施。

　　(2)碗扣式钢管脚手架。

　　1)脚手架布架设计。

　　脚手架搭设前,要先编制脚手架施工技术方案。明确使用荷载,确定脚手架平面、立面布置,列出构件用量表,制订构件供应计划等。

　　2)构件检验。

　　所有构件,必须经检验合格后方能投入使用。

　　3)地基处理。

　　立杆基础应坚实无积水,应对地基进行压实或加固处理,清除组架范围内的杂物,平整场地,做好排水处理。

4.1.2　工艺流程图

　　(1)扣件式钢管脚手架施工工艺流程如图1所示。

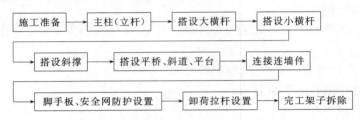

图 1　扣件式钢管脚手架施工工艺流程图

　　(2)碗扣式钢管脚手架施工工艺流程如图2所示。

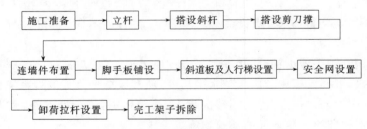

图 2　碗扣式钢管脚手架施工工艺流程

4.2　操作要点

4.2.1　技术准备

　　(1)操作工人必须是经过按现行国家标准考核合格的专业架子工。上岗人员应定期体检,合格者方可持证上岗。

　　(2)检查各种材料质量,不合格材料严禁使用。做好施工前的技术交底工作。

4.2.2　材料要求

　　(1)扣件式钢管脚手架。

　　1)钢管:直径为48或51 mm,壁厚为3～3.5 mm的热轧无缝或有缝钢管,用作主柱、大横杆、小横杆、斜撑等。钢管有产品质量合格证、质量检验报告,旧钢管每年进行锈蚀检查。

　　2)连接构件:回转扣、直角扣、对接扣、驳芯。脚手架采用的扣件,在螺栓拧紧扭力矩达65 N·m时,不得发生破坏。

扣件的验收应符合下列规定：

新扣件应有生产许可证、法定检测单位的测试报告和产品质量合格证。当对扣件质量有怀疑时,应按现行国家标准的规定抽样检测;

旧扣件使用前应进行质量检查,有裂缝、变形的严禁使用,出现滑丝的螺栓必须更换。

① 回转扣用于连接两根呈任意角度相交的杆件,如主柱和十字撑的连接。

② 直角扣用于连接两根垂直相交的杆件,如主柱与大、小横杆的连接。

③ 对接扣和驳芯用于两条钢管杆件的对接,如主柱、大横杆的接长。

3)底座:用 $\Phi40$ 钢管和 $4\sim5$ mm 厚钢板制成,用于主柱的垫脚。底座的底板面积不应少于 200 cm²。

4)脚手板:竹、木或钢脚手板。

① 脚手板可采用钢、木、竹材料制作,每块质量不宜大于 30 kg。

② 冲压钢脚手板的材质应符合现行国家标准中有关 Q235-A 级钢的规定,并应有防滑措施,钢脚手板可以用花纹钢板轧制而成,也可以用 $\Phi8\sim\Phi12$ 的钢筋短料间疏排列焊成。

③ 木脚手板应采用杉木或松木制作,其材质应符合现行国家标准Ⅱ级材质的规定。脚手板厚度不应小于 50 mm,两端应各设直径为 4 mm 的镀锌钢丝箍两道。木脚手板的宽度不宜小于 200 mm,厚度不应小于 50 mm;其质量应符合有关规范的规定;腐朽的脚手板不得使用。

④ 竹脚手板宜采用由毛竹或楠竹制作的竹串片板、竹笆板。

⑤ 栏杆、挡脚板:栏杆采用钢管搭设;挡脚板采用高度不小于 180 mm,板厚不小于 10 mm 的木板或厚度不小 2 mm 的钢板固定安装。

(2)碗扣式钢管脚手架。

1)主构件。

主构件是用以构成脚手架的杆部件,共有 6 类 23 种规格。

① 立杆是脚手架的主要受力扣件,由一定长度的 $\Phi48\times3.5$ mm Q235 钢管上每隔0.06 m 装一套碗扣接头,并在其顶端焊接立杆连接管制成。立杆有 3.0 m 和 1.8 m 长两种规格。

② 顶杆。

顶杆即顶部立杆,其顶端设有立杆连接管,便于在顶端插入托撑或可调托撑等,有 2.1 m、1.5 m、0.9 m 长三种规格。主要用于支撑架、支撑柱、物料提升架等。

③ 横杆。

组成框架的横向连接杆件,由一定长度的 $\Phi48\times3.5$ mm Q235 钢管两端焊接横杆接头制成,有 2.4 m、1.8 m、1.5 m、1.2 m、0.9 m、0.6 m、0.3 m 长 7 种规格。

④ 单排横杆。

主要用作单排脚手架的横向水平横杆,只在 $\Phi48\times3.5$ mm Q235 钢管一端焊接横杆接头,有 1.4 m、1.8 m 长两种规格。

⑤ 斜杆。

斜杆是为增强脚手架稳定强度而设计的系列构件,在 $\Phi48\times2.2$ mm Q235 钢管两端铆接斜杆接头制成,斜杆接头可转动,同横杆接头一样可装在下碗扣内,形成节点斜杆。有 1.69 m、2.163 m、2.343 m、2.546 m、3.00 m 长 5 种规格,分别适用于 1.20 m×1.20 m、1.20 m×1.80 m、1.50 m×1.80m、1.80 m×1.80 m、1.80 m×2.40 m 5 种框架平面。

⑥ 底座。

底座是安装在立杆根部,防止其下沉,并将上部荷载分散传递给地基基础的构件。有以下

3 种。

　　a. 垫座只有一种规格:由 150 mm×150 mm×8 mm 钢板和中心焊接杆制成,立杆可直接插在上面,高度不可调。

　　b. 立杆可调座由 150 mm×150 mm×8 mm 钢板和中心焊接螺旋杆并配手柄螺母制成,有 0.30 m 和 0.60 m 两种规格,可调范围分别为 0.30 m 和 0.60 m。

　　c. 立杆粗细调节座。基本上同立杆可调座,只是可调方式不同,由 150 mm×150 mm×8 mm 钢板、立杆管、螺管、手柄螺母等制成,有 0.60 m 1 种规格。

　　2)辅助构件。

　　辅助构件是用于作业面及附壁拉结等的杆部件,共有 13 类 24 种规格,按其用途又可分为 3 类。用于作业面的辅助构件。

　　① 间横杆。

　　为满足其他普通钢脚手板的需要而设计的构件,由 $\Phi48×3.5$ mm Q235 钢管两端焊接"∩"形钢板制成,可搭设于主架横杆之间的任意部位,用以减小支承间距和支撑挑头脚手板(相当于扣件式脚手架中的小横杆之间的小横杆)。有 1.2 m、1.5 m、1.8 m 3 种规格。

　　② 脚手板。

　　脚手板是用作施工的通道和作业层等的台板。为本脚手架配套设计的脚手板由 2 mm 厚钢板制成,宽度为 270 mm,其面板上冲有防滑孔,两端焊有挂钩可靠地挂在横杆上,不会滑动,使用安全可靠。有 1.2 m、1.5 m、1.8 m、2.4 m 长 4 种规格。

　　③ 斜道板。

　　用于搭设车辆及行人通道,坡度为 1∶3,由 2 mm 厚钢板制成,宽度为 540 mm,长度为 1 897 mm,上面焊有防滑条。

　　④ 挡脚板。

　　挡脚板是为保证安全而设计的构件,在作业层外侧边缘连于相邻两立杆间,以防止作业人员踏出脚手架。用 2 mm 厚钢板制成,高度>180 mm。有 1.2 m、1.5 m、1.8 m 长 3 种规格,分别适用于立杆间距 1.2 m、1.5 m 和 1.8 m。

　　⑤ 挑梁。

　　为扩展作业平台而设计的构件,有窄挑梁和宽挑梁两种规格。窄挑梁由一端焊有横杆接头的钢管制成,悬挑宽度为 0.3 m,可在需要位置与碗扣接头连接。宽挑梁由水平杆、斜杆、垂直杆组成,悬挑宽度为 0.6 m,也是用碗扣接头同脚手架连成一整体,其外侧垂直杆上可再接立杆。

　　⑥ 架梯。

　　用于作业人员上下脚手架通道,由钢踏步板焊在槽钢上制成,两端有挂钩,可牢固地挂在横杆上,其长度为 2 546 mm,宽度为 540 mm,可在 1 800 mm×1 800 mm 框架内架设。对于普通 1 200 mm 廊道宽的脚手架刚好装两组,可成折线上升,并可用斜杆、横杆作栏杆扶手,使用安全。

　　3)用于连接的辅助构件。

　　① 立杆连接销。

　　立杆连接销是立杆之间连接的销定构件,为弹簧钢销扣结构,由 $\Phi10$ mm 钢筋制成。

　　② 直角撑。

　　为连接两交叉的脚手架而设计的构件,由 $\Phi48×3.5$ mm Q235 钢管一端焊接横杆接头,另一端焊接"∩"形卡制成。

③ 连墙撑。

连墙撑是使脚手架与建筑物的墙体结构等牢固连接,加强脚手架抵御风荷载及其他水平荷载的能力,防止脚手架倒塌而增强稳定承载能力的构件。有碗扣式连墙件和扣件式连墙件两种形式。

④ 高层卸荷拉结杆。

高层卸荷拉结杆是高层脚手架卸荷专用构件,由预埋件、拉杆、索具螺旋扣、管卡等组成,其一端用预埋件固定在建筑物上,另一端用管卡同脚手架立杆连接,通过调节中间的索具螺旋扣,把脚手架吊在建筑物上,达到卸荷目的。

4.2.3 操作要点

(1)扣件式钢管脚手架。

1)主柱(立杆)。

① 主柱应选用无严重锈蚀、无弯曲变形的钢管。

② 主柱的纵向间距不应超过 2 m,按施工方案计算确定。双排架的内外排柱的间距为 0.8～2 m。内排柱离墙建筑物外边应≤30 cm,当大于 30 cm 时,平桥下必须加兜底安全网全封闭。如遇装饰线,也可以适当加长内柱的小横杆,铺平桥板。

③ 立主柱时先搭临时支架将柱固定,柱脚套上底座。当柱的荷载超过底座承载面积地基反力时,底座下应垫厚板或混凝土垫块。

④ 脚手架必须设置纵、横向扫地杆。纵向扫地杆应采用直角扣件固定在距底座上皮不大于 200 mm 处的立杆上。横向扫地杆亦应采用直角扣件固定在紧靠纵向扫地杆下方的立杆上。当立杆基础不在同一高度上时,必须将高处的纵向扫地杆向低处延长两跨与立杆固定,高低差不应大于 1 m。靠边坡上方的立杆轴线到边坡的距离不应小于 500 mm 如图 3 所示。

⑤ 脚手架底层步距不应大于 2 m。

⑥ 立杆接长除顶层顶步外,其余各层各步接头必须采用对接扣件连接。对接、搭接应符合下列规定。

立杆接长除顶层顶步外,其余各层各步接头必须采用对接扣件连接。

⑦ 立杆:顶端宜高出女儿墙上皮 1 m,高出檐口上皮 1.5 m。

2)大横杆(纵向水平杆)。

① 大横杆应选用无弯曲变形的钢管。

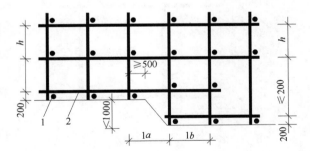

图 3 纵、横向扫地杆构造图(mm)
1—横向扫地杆;2—纵向扫地杆。

用直角扣将大横杆与纵向排列的主柱连接,扣接要稳固、平直,与主柱互成 90°。

② 大横杆的垂直间距不大于 2 m。

③ 纵向水平杆的构造应符合下列规定。

a. 纵向水平杆宜设置在立杆内侧,其长度不宜小于 3 跨。

b. 纵向水平杆接长宜采用对接扣件连接,也可采用搭接,对接、搭接应符合下列规定。

纵向水平杆的对接扣件应交错布置:两根相邻纵向水平杆的接头不宜设置在同步或同跨内;不同步或不同跨两相邻接头在水平方向错开的距离不应小于 500 mm;各接头中心至最近

主节点的距离不宜大于纵距的 1/3;如图 4 所示。

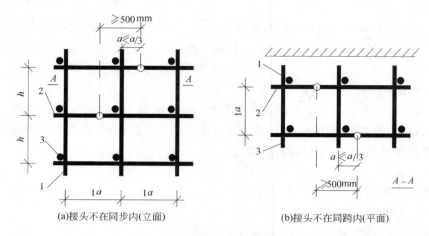

(a)接头不在同步内(立面)   (b)接头不在同跨内(平面)

图 4   纵向水平杆对接接头布置图
1—立杆;2—纵向水平杆;3—横向水平杆。

搭接长度不应小于 1 m,应等间距设置 3 个旋转扣件固定,端部扣件盖板边缘至搭接纵向水平杆杆端的距离不应小于 100 mm。

当使用冲压钢手板、木脚手板、竹串片脚手板时,纵向水平杆应作为横向水平杆的支座,用直角扣件固定在立杆上;当使用竹笆脚手板时,纵向水平杆应采用直角扣件固定在横向水平杆上,并应等间距设置,间距不应大于 40 mm 如图 5 所示。

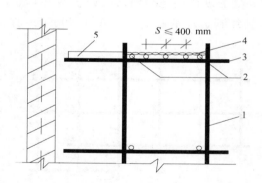

图 5   铺竹笆脚手板时纵向水平杆的构造
1—立杆;2—纵向水平杆;3—横向水平杆;
4—竹笆脚手板;5—其他脚手板。

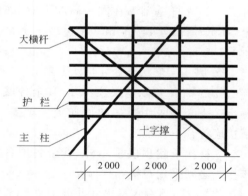

图 6   脚手架立面(mm)

3)小横杆(横向水平杆)。

① 小横杆应选用无严重锈蚀、无弯曲变形的短钢管。小横杆两端用直角扣分别与内、外排主柱连接,扣接要稳固,与主柱和大横杆互成 90°如图 6 所示。

② 小横杆的水平间距不大于 1 m,垂直间距不大于 2 m(一层平桥的高度)。

③ 小横杆的构成造应符合下列规定。

a. 主节点处必须设置一根横向水平杆,用直角扣件扣接且严禁拆除。

b. 作业层上非主节点处的横向水平杆,宜根据支承脚手板的需要等间距设置,最大间距不应大于纵距的 1/2。

c. 当使用冲压钢脚手板、木脚手板、竹串片脚手板时，双排脚手架的横向水平杆两端均应采用直角扣件固定在纵向水平杆上；单排脚手架的横向水平杆的一端，应用直角扣件固定在纵向水平杆上，另一端应插入墙内，插入长度不应小于 180 mm。

d. 使用竹笆脚手板时，双排脚手架的横向水平杆两端，应用直角扣件固定在立杆上；单排脚手架的横向水平杆的一端，应用直角扣件固定在立杆上，另一端应插入墙内，插入长度亦不应小于 180 mm。

4）斜撑。

① 设置斜撑应选用较直的钢管。不得采用有严重锈蚀、弯曲、屈折、表面明显凹陷的钢管。

② 斜撑应与脚手架的上柱和大、小横杆的交点连接，不得支撑在非受力点处。料撑与脚手架杆件的连接采用回转扣。

③ 高度在 24 m 以下的双排脚手架，均必须在外侧立面的两端各设置剪刀撑，并应由底至顶连续设置，中间各道剪刀撑之间的净距不应大于 15 m。

④ 高度在 24 m 以上的双排脚手架应在外侧立面整个长度和高度上连续设置剪刀撑。剪刀撑的接长宜采用搭接，搭接长度不应小于 1 m，应采用不少于 2 个旋转扣件固定，端部扣件盖板的边缘至杆端距离不应小于 100 mm。

⑤ 一字形、开口形双排脚手架的两端均必须设置横向斜撑。

⑥ 剪刀撑、横向斜撑搭设应随立杆、纵向和横向水平杆等同步搭设。

5）平桥。

脚手板的设置应符合下列规定：

① 平桥支承在小横杆上，当铺设钢制脚手板时，在小横杆上纵向排列钢管对龙，并用直角扣扣紧。对龙的间距（包括大横杆）不大于 40 cm。对龙上铺脚手板，用铅线与对龙扎紧，如图 7 所示。

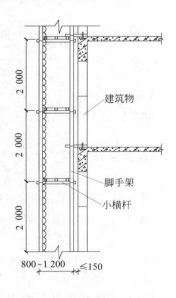

图 7　脚手架剖面（mm）

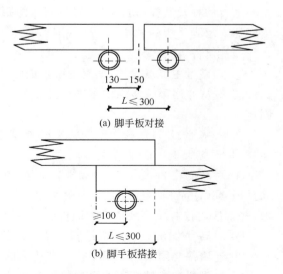

(a) 脚手板对接

(b) 脚手板搭接

图 8　脚手架对接、搭接构造图（mm）

② 作业层脚手板应铺满、铺稳，离开墙面 120～150 mm。

③ 冲压钢脚手板、木脚手板、竹串片脚手板等,应设置在三根横向水平杆上。当脚手板长度小于 2m 时,可采用两根横向水平杆支承,但应将脚手板两端与其可靠固定,严防倾翻。此三种脚手板的铺设可采用对接平铺亦可采用搭接铺设。脚手板对接平铺时,接头处必须设两根横向水平杆,脚手板外伸长应取 130～150 mm,两块脚手板外伸长度的和不应大于300 mm;脚手板搭接铺设时,接头必须支在横向水平杆上,搭接长度应大于 200 mm,其伸出横向水平杆的长度不应小于 100 mm 如图 8 所示。

④ 竹笆脚手板应按其主竹筋垂直于纵向水平杆方向铺设,且采用对接平铺,四个角应用直径 1.2 mm 的镀锌钢丝固定在纵向水平杆上。

⑤ 作业层端部脚手板探头长度应取 150 mm,其板长两端均应与支承杆可靠地固定。

⑥ 自顶层作业层的脚手板往下计,每隔≤10 m 及首层满铺一层脚手板。

6)斜道。

① 斜桥的柱、对龙、横杆、踏步杆等构件采用钢管。斜桥的面板可采用钢或竹、木脚手板。

② 运料斜道宽度不宜小于 1.5 m,坡度宜采用 1∶6,人行斜道宽度不宜小于 1 m,坡度宜采用 1∶3。

③ 拐弯处应设置平台,其宽度不应小于斜道宽度。

④ 斜道两侧及平台外围均应设置栏杆及挡脚板。栏杆高度应为 1.2 m,挡脚板高度不应小于 180 mm。

⑤ 斜道脚手板构造应符合下列规定。

a. 板横铺时,应在横向水平杆下增设纵向支托杆,纵向支托杆间距不应大于 500 mm。

b. 脚手板顺铺时,接头宜采用搭接;下面的板头应压住上面的板头,板头的凸棱处宜采用三角木填顺。

c. 人行斜道和运料斜道的脚手板上应每隔 250～300 mm 设置一根防滑木条,木条厚度宜为 20～30 mm。

7)平台。

平台的柱及底托(横杆)均采用钢管,间距一般为 2 m,柱与底托的交点用直角扣件扣紧。由底托支承脚手板的做法,与平板相同。

8)连墙件。

① 宜靠近主节点设置,偏离主节点的距离不应大于 300 mm。

② 应从底层第一步纵向水平杆处开始设置,当该处设置有困难时,应采用其他可靠措施固定。

③ 一字形、开口形脚手架的两端必须设置连墙件,连墙件的垂直间距不应大于建筑物的层高,并不应大于 4 m(两步)。

④ 对高度在 24 m 以下的双排脚手架,宜采用刚性连墙件与建筑物可靠连接,亦可采用拉筋预埋 Φ8 钢筋或双肢 8 号(Φ4)钢丝和顶撑配合使用的附墙连接方式。限制脚手架内外变形,严禁使用仅有拉筋的柔性连墙件。

⑤ 对高度 24m 以上的双排脚手架,必须采用刚性连墙件与建筑物可靠连接。

⑥ 连墙件必须采用可承受拉力和压力的构件。

⑦ 当脚手架下部暂不能设连墙件时可搭设抛撑。抛撑应采用通长杆件与脚手架可靠连接,与地面的倾角应在 45°～ 60°之间;连接点中心至主节点的距离不应大于 300 mm。抛撑应在连墙件搭设后方可拆除。

⑧ 架高超过 40 m 且有风涡流作用时,应采取抗上升翻流作用的连墙措施。

9)高层卸荷拉结杆设置。

高层卸荷拉结杆主要是为减轻脚手架荷载而设计的一种构件。高层卸荷拉结杆的设置要根据脚手架高度和作业荷载而定,一般每 30 m 高卸荷一次,总高度在 50 m 以下的脚手架经验算通过时可不用卸荷。

10)栏杆、挡脚板。

作业层、斜道的栏杆和挡脚板的搭设应符合下列规定如图 9 所示。

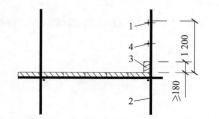

图 9 栏杆与挡脚板构造(mm)
1—上栏杆;2—外立杆;
3—挡脚板;4—中栏杆。

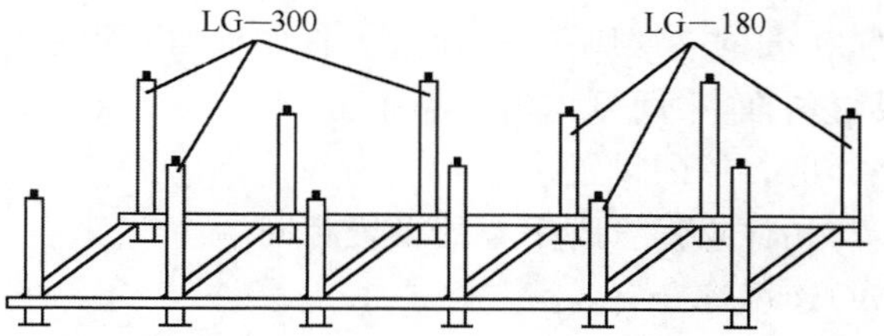

图 10 立杆平面布置图

① 栏杆和挡脚板均应搭设在外立杆的内侧。

② 上栏杆上皮高度应为 1.2 m。

③ 挡脚板高度不应小于 180 mm。

(2)碗扣式钢管脚手架。

1)立杆搭设。

① 根据布架设计,在已处理好的地基上安放立杆底座(立杆底座或立杆可调座),然后将立杆插在其上,采用 3.0 m 和 1.8 m 两种不同长度立杆相互交错、参差布置,如图 10 所示,上面各层均采用 0.3 m 长立杆接长,顶部再用 1.8 m 长立杆找齐,以避免立杆接头处于同一水平面上。架设在坚实平整的地基基础上的脚手架,其立杆底座可直接用立杆垫座;地势不平或高层及重载脚手架底部应用立杆可调托座;当相邻立杆地基高差小于 0.6 m,可接用立杆可调托座调整立杆高度,使立杆碗扣接头处于同一水平面内;当相邻立杆地基高差大于 0.6 m 时,则先调整立杆节间(即对于高差超过 0.6 m 的地基,立杆相应增长一个节间 0.6 m),使同一层碗扣接头高差小于 0.6 m,再用立杆可调座调整高度,使其处同一水平面内,如图 11 所示。

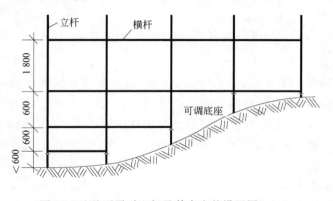

图 11 地基不平时立杆及其底座的设置图(mm)

② 在装立杆时应及时设置扫地横杆,将所装立杆连接成一整体,以保证立杆的整体稳定性。立杆同横杆的连接是靠碗扣接头锁定,连接时,先将上碗扣滑至限位销以上并旋转,使其搁在限位销上,将横杆接头插入下碗扣,待应装横杆接头全部装好后,落下上碗扣并销紧。

2)斜杆设置。

斜杆同立杆的连接与横杆同立杆的连接相同,对于不同尺寸的框架应配备相应长度斜杆。斜杆可装成节点斜杆(即斜杆接头同横杆接头装在同一碗扣接头内),或装成非节点斜杆(即斜杆接头同横杆接头不装在同一碗扣接头内)。斜杆应尽量布置在框架节点上,对于高度在30 m 以下的脚手架,可根据荷载情况,设置斜杆的面积为整架立面面积的1/2~1/5;对于高度超过 30 m 的高层脚手架,设置斜杆的框架面积不小于整架面积的1/2。在拐角边缘及端部必须设置斜杆,中间可均匀间隔布置。

3)剪刀撑的设置。

与扣件式钢管脚手架的设置相同。

4)连墙撑布置。

连墙撑是脚手架与建筑物之间的连接件,对提高脚手架的横向稳定性,承受偏心荷载和水平荷载等具有重要作用。

一般情况下,对于高度在 30 m 以下的脚手架,可四跨三步设置一个(约 40 m²);对于高层及重载脚手架,则要适当加密,50 m 以下的脚手架至少应三跨三步布置一个(约 25 m²);50 m 以上的脚手架至少应三跨二步布置一个(约 20 m²)。连墙撑设置应尽量采用梅花形布置方式。另外,当设置宽挑梁、安全网支架、高层卸荷拉结等构件时,应增设连墙撑,对于物料提升架也要相应地增设连墙撑数目。

连墙撑应尽量连接在横杆层碗扣接头内,同脚手架、墙体保持垂直,并随建筑物及架子的升高及时设置,设置时要注意调整间隔,使脚手架竖向平面保持垂直,构造如图 12 所示。

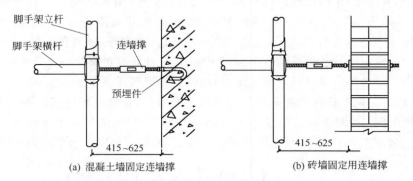

(a) 混凝土墙固定连墙撑　　　　　　　　(b) 砖墙固定用连墙撑

图 12　碗扣式连墙撑的设置构造图(mm)

5)脚手板设置。

脚手板可使用碗扣脚手架配套设计的钢制脚手板,也可使用其他普通钢脚手板、木脚手板、竹脚手板等。当使用配套设计的钢脚手板时,必须将其两端的挂钩牢固地挂在横杆上,不得有翘曲或浮动;当使用其他类型的脚手板时,应配合为其专门设计的间横杆一块使用,即当脚手板端头板端头下处于两横向横杆之间需要横杆支撑时,则在该处设间横杆作支撑。

6)斜道板及人行梯设置。

作为行人及车辆的栈道,一般限定在 1.8 m 跨距的脚手架上使用,升坡为 1∶3,在斜道板框架两侧应该设置横杆和斜杆作为扶手和护栏。构造如图 13 所示。

架梯设在 1.8×1.8 m 框架内,其上有挂钩,直接挂在横杆上。梯子宽为 540 mm,一般 1.2 m 宽脚手架正好布置两个,可在一个框架高度内折线布置。人行梯转角处的水平框架要铺设脚手板,在立面框架上安装斜杆和横杆作为扶手。构造如图 14 所示。

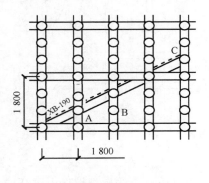

图 13　斜脚手板布置(mm)　　　　图 14　架梯设置(mm)

7)挑梁的设置。

当遇到某些建筑物有倾斜或凹进凸出时,窄挑梁上可铺设一块脚手板;宽挑梁上可铺设两块脚手板,其外侧立柱可用立杆接长,以便装防护杆。挑梁一般只作为作业人员的工作平台,不容许堆放重物。在设置挑梁的上、下两层框架的横杆层上要加设连墙撑,如图 15 所示。

把窄挑梁连续设置在一立杆内侧每个碗扣接头内,可组成爬梯,爬梯步距为 0.6 m,其构造如图 16 所示。设置时在立杆左右两跨内要增设护栏杆和安全网等安全设施,以确保人员上下安全。

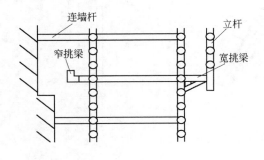

图 15　挑梁设置构造

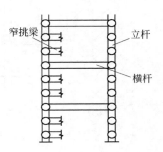

图 16　窄挑梁组成爬梯构造

8)安全网防护设置。

安全网的设置应遵守国家标准(安全网)(GB 5725)及国家标准《建筑施工安全网搭设安全技术规范》。一般沿脚手架外侧要满挂封闭式安全网,以防止人或物件掉落,脚手架底部和各层间设置水平安全网,使用安全网支架。安全网支架可直接用碗扣接头固定在脚手架上,其结构布置如图 17 所示。

9)高层卸荷拉结杆设置。

高层卸荷拉结杆上要是为减轻脚手架荷载而设计的一种构件。高层卸荷拉结杆的设置要根据脚手架高度和作业荷载而定,一般每 30 m 高卸荷一次,总高度在 50 m 以下的脚手架,经

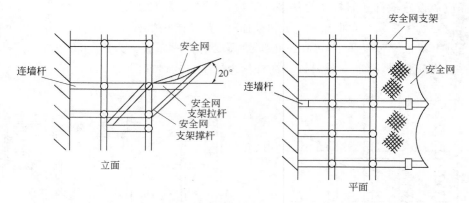

图 17　挑出安全网布置

验算通过时可不用卸荷。

　　卸荷层应将拉结杆同每一根立杆连接卸荷,设置时将拉结杆一端用预埋件固定在墙体上,另一端固定在脚手架横杆层下碗扣底下,中间用索具螺旋调节拉力,以达到悬吊卸荷目的,其构造形式如图 18 所示。卸荷层要设置水平廊道斜杆,以增强水平框架刚度。另外,要用横托撑同建筑物顶紧,以平衡水平力。上、下两层增设连墙撑。

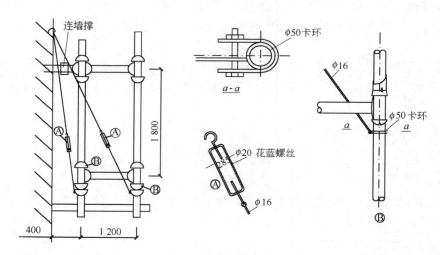

图 18　卸荷拉结杆布置图(mm)

5　劳动力组织

　　(1)对管理人员和技术人员的组织形式的要求:制度健全,并能执行。

　　(2)施工队伍有专业技术管理人员,操作人员并持证上岗。详见表 1。

表 1　劳动力配置表

序　号	工　种	人　数	备　注
1	架子工	按工程量确定	技工
2	普工	按工程量确定	

6 机具设备配置

6.1 机 械

塔吊(或井架)。

6.2 工 具

扣件式钢管脚手架:扳手、手钳、割刀。

碗扣式钢管脚手架:扳手、手钳、割刀、套筒、榔头。

7 质量控制要点

7.1 质量检验标准

7.1.1 主控项目

(1)扣件式钢管脚手架。

1)脚手架立柱要垂直,大、小横杆要平正。

2)各种连接扣件必须扣接牢固,防止杆件打滑。

3)相邻两柱的接头必须错开,不得在同一步距内。

4)里、外、上、下相邻的两根大横杆的接头必须错开,不得集中在一组主柱间距之间驳接。

5)搭设十字撑,应将一根斜杆扣在主柱上,另一根则扣在小横杆的伸出部分。

斜杆两端的扣件与立杆节点的距离不大于 150 mm,最下面的斜杆与主柱的连接点离地面不大于 50 cm。

(2)碗扣式钢管脚手架。

1)脚手架立杆要垂直,底层步距不大于 2 m,大小横杆要平正。

2)各碗扣连接件应锁紧.防止杆件打滑。

3)相邻两立杆接头必须错开,不得在同一步距内。

4)里、外和上、下相邻的两根大横杆的接头必须错开,不得集中在一组主柱间距之间驳接。

5)搭设十字撑,应将一根斜柱扣在主柱上,另一根则扣在小横杆的伸出部分。斜杆两端的扣件与立杆节点的距离不大于 20 cm,最下面的斜杆与主柱的连接点离地面不大于 50 cm。

6)连墙件设置在靠近主节点外的混凝土圈梁柱等结构部位,从底层第一步纵向水平杆处开始,步距不大于 4 m。

7.1.2 一般项目

扣件式钢管脚手架搭设的技术要求、允许偏差与检验方法应符合相关技术规范。

碗扣式钢管脚手架搭设的技术要求、允许偏差与检验方法应符合相关技术规范。

7.2 质量通病防治

(1)扣件式钢管脚手架。

1)脚手架整体倾斜:柱下的垫脚座出现不均匀下沉。立柱时应先夯实浮土并扩大垫脚座的面积。

2)脚手架局部横向弯曲:连墙杆松脱或刚性不足。应采用足够刚度的连墙杆件,并与墙体结构连接牢固。

(2)碗扣式钢管脚手架。

1）操作层上的施工荷载应符合设计要求,不得超载,不得将模板支撑、缆风绳及混凝土、砂浆的输送管等固定在脚手架上。

2）6 级及 6 级以上大风和雨雾天应停止脚手架作业,在 6 级大风和停用一个月后,应对脚手架进行检查,发现变形、下沉、构件锈蚀严重,要及时加固维修方可使用。

3）严禁在脚手架使用期间拆除主节点的纵横向水平杆、纵横向扫地杆、连墙杆、支撑、栏杆、挡脚板。

4）应在脚手架外围满挂密目安全网。

5）扣件拧紧要适宜,一般拉力在 40 N·m 左右。

6）脚手架搭设人员必须是经过现行国家标准考核合格的专业架子工。

7.3　成品保护

（1）脚手架搭拆时,应防止碰撞墙体。

（2）脚手架在运输、使用、堆放过程中,严防抛砸、重力磕碰,堆放时严防受潮和锈蚀。

7.4　季节性施工措施

雨期施工措施

（1）在大风雨或停工一段时间后必须对脚手架进行全面检查,如发现变形、下沉,钢构件锈蚀严重,连接扣松脱等,要及时加固维修后方可使用。

（2）6 级及 6 级以上大风和雨雾天应停止脚手架作业,在 6 级大风和停用一个月后,应对脚手架进行检查,发现变形、下沉、构件锈蚀严重,要及时加固维修方可使用。

7.5　质量记录

（1）各种材料质量证明文件。

（2）脚手架搭设安全技术交底。

（3）脚手架搭拆施工记录。

8　安全、环保及职业健康措施

8.1　职业健康安全关键要求

（1）脚手架搭设人员必须是经过按现行国家标准考核合格的专业架子工。上岗人员应定期体检,合格者方可持证上岗。

（2）搭设脚手架人员必须戴安全帽、系安全带、穿防滑鞋。

（3）脚手架高度在 7 m 以内时,每 6 条主柱设一条风撑。

（4）脚手架高于 7 m,无法设风撑时,必须设连墙杆。

（5）脚手架必须配合施工进度搭设,一次搭设高度不应超过相邻连墙件以上两步。

（6）严禁将外径 48 mm 与 51 mm 的钢管混合使用。钢管严禁打孔。

（7）各杆件相交伸出的端头部分均应大于 10 cm,以防杆件滑脱。

（8）用于连接大横杆的对接扣,应避免开口向上设置,防止雨水侵入。

（9）扣件的螺栓拧紧要适宜,一般扭力控制在 40~50 N·m 左右。

（10）在大风雨或停工一段时间后必须对脚手架进行全面检查,如发现变形、下沉,钢构件锈蚀严重,连接扣松脱等,要及时加固维修后方可使用。

(11)作业层上的施工荷载应符合设计要求,不得超载。不得将模板支架、缆风绳、泵送混凝土和砂浆的输送管等固定在脚手架上;严禁悬挂起重设备。

(12)在脚手架使用期间,严禁拆除下列杆件。

1)主节点处的纵、横向水平杆,纵、横向扫地杆。

2)连墙件。

(13)拆除作业必须由上而下逐层进行,严禁上下同时作业。

(14)连墙件必须随脚手架逐层拆除,严禁先将连墙件整层或数层拆除后再拆脚手架;分段拆除高差不应大于两步,如高差大于两步,应增设连墙件加固。

(15)各构配件严禁抛掷至地面。

(16)操作人员应进行职业健康安全教育培训,了解健康状况,培训合格后方可上岗操作。

(17)配备必要的安全防护用品(安全帽、防滑鞋、手套、工作服、安全带等),正确使用。

(18)制定安全操作技术规程,作业人员应进行培训后持证上岗,并按操作规程进行作业。

(19)施工中,要有防止触电的保护措施,配电箱必须设漏电保护装置,防止漏电伤人。

(20)高层建筑施工时,脚手架搭设应设防雷击设施。

8.2 环境关键要求

(1)钢管搭设平顺一致、牢固稳定,外挂安全网严密、色泽一致,架板铺设平顺牢固。

(2)脚手架上杂物及时清理,不得乱扔。

(3)架料堆放场地除保证安全外,还应整齐、美观,并分类挂标志牌。

整体外爬式脚手架工程施工工艺

　　整体外爬式脚手架施工工艺广泛运用于工业与民用建筑的主体及装饰工程的施工。本章节选取整体外爬式脚手架施工工艺在高层建筑施工中的应用进行阐述。

1　工艺特点

　　(1)使用钢材数量少,节约资源。
　　(2)爬升速度快,每跨架体爬升一层约需 20～30 min。
　　(3)拆装方便。
　　(4)安全可靠,设有防坠、防倾装置。
　　(5)经济效益显著。
　　(6)操作工人少。

2　工艺原理

　　整体外爬式脚手架是通过支撑体系(支座)附着在工程结构上依靠自身的升降设备实现升降的悬空脚手架,即沿建筑物外侧搭设一定高度的外脚手架,并将其附着在建筑物上,脚手架带有升降机构和升降动力设备,随着工程的进展脚手架沿建筑物升降。

3　适用范围

　　本工艺适用于剪力墙、框架、框剪、筒体等各种不同结构形式的高层、超高层建筑、构筑物的结构与外装修(包括悬挑大阳台、圆弧等)的施工。

4　工艺流程及操作要点

4.1　工艺流程

4.1.1　作业条件
　　(1)爬架的软件资料,如爬架出厂合格证、施工组织设计、安全技术规程、各种技术交底、升降前及升降后安全检查记录等应齐备。
　　(2)根据项目爬架需用量的多少,现场需提供相应的爬架堆放场地以及爬架零配件堆放仓库。
　　(3)爬架搭设层的结构混凝土强度等级应≥C10。
　　(4)根据爬架施工规范及施工组织设计要求,提供爬架搭设所需的操作平台。
　　(5)爬架施工所需电源到位。
　　(6)根据爬架平面布置图和立面预留孔图检查预留孔是否符合要求。

4.1.2　工艺流程图
　　整体外爬式脚手架工艺流程:分为两个流程。一是架体安装流程,二是架体爬升流程。
　　(1)爬架组装施工工艺流程如图 1 所示。
　　(2)爬架升降施工工艺流程如图 2 所示。

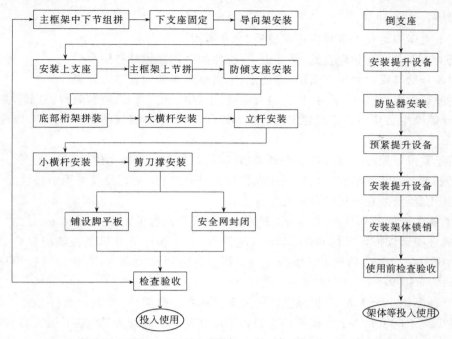

图 1　爬架安装施工工艺流程图　　图 2　爬架升降施工工艺流程图

4.2　操作要点

4.2.1　技术准备

（1）依据建筑结构施工图进行整体外爬式脚手架的二次设计，绘制爬架平面布置图、立面预留孔图以及需特殊处理部位的施工示意图。

（2）凡参与施工的操作工人、技术管理和质量管理人员，均必须参加技术培训，然后经考核合格后持证上岗。

（3）做好爬架搭设前的技术交底工作。

（4）技术要求：爬架平面布置合理，榀数少，异形少，无漏空、便于操作。

4.2.2　材料要求

（1）品种规格：根据爬架二次设计进行材料预算及设备统计，采购设备及爬架加工所需的各种规格材料等。

（2）质量要求：材料材质必须满足《碳素钢结构》（GB/T 700—2006）、《可锻铸分类及技术条件》（GB/T 9440—1988）的要求。

4.2.3　操作要点

整体外爬式脚手架的设计、组装、使用与拆除均需符合相关标准的规定。

整体外爬式脚手架的设计应满足使用方需求，并报监理审批。设计图纸、使用规程、施工细则应同时报使用方和监理批准后实施，且应贯彻定期维护、班前检查的管理制度。

（1）组装操作要点。

1）组装主框架：主框架分上、中、下三节。用垫木将三节垫平，穿好螺栓、垫圈并紧固所有螺栓，拼接时把每两节之间的导轨（主框架内肢）及方钢（主框架外肢）找正对齐。

2）把导向装置从主框架上的导轨滑进直至中节，导向架的辊轮及轴要加润滑油，辊轮轴要加平垫,弹垫,并紧固。

3)把下支座固定在下节相应连接位置上,并紧固。

4)把上支座固定在相应位置,保证上、下支座间距约为标准层层高。

5)用 8 号铅丝临时固定上支座,保证上、下支座间距约为标准层层高。

6)主框架对接、组装完毕后,检查是否合格,上、中、下三节各连接部位的主肢要对齐,不能错位;各处螺栓均必须达到厂家要求的扭紧力矩(M16 螺栓为 40~50 N·m;T8 螺栓为 700~800 N·m)。

7)用起重设备把拼装好的单榀主框架吊起,吊点放在上部 1/3 位置上。

8)把上支座安装固定在二层的预留孔位置上,用专用 T 形螺栓及专用平垫紧固。

9)把下支座安装在首层的预留孔位置上。

10)调整主框架的垂直度,要求上、下两层的预留孔左右偏差不大于 20 mm。

11)脚手架架体搭设采用 $\Phi48 \times 3.5$ mm 钢管,其化学成分及机械性能应符合《碳素钢结构》(GB/T 700—2006)的规定。不得使用变形及锈蚀严重的钢管,扣件应符合《可锻铸分类及技术条件》(GB 978—1967)的规定。

12)立杆纵距小于 1.5 m,相邻立杆接头不得在同一步架内;外侧大横杆步距 900 mm,内侧大横杆步距 1 800 mm,上下横杆接头布置不应在同一立杆纵距内;最下层大横杆搭设时应起拱 30~50 mm,小横杆贴近立杆布置,搭于大横杆之上,外侧伸出立杆 100 mm,内侧伸出立杆根据架体与建筑间距离而定,但不小于 100 mm。架体内侧应搭设一道剪刀撑,剪刀撑应与所有立杆进行连接。

13)脚手板最多可铺设三层、最下层脚手板距离外墙不超过 100 mm。或用上翻板封闭。

14)架体底部桁架下部与墙体之间在水平向设置翻板进行封闭;架体底部应有大眼网和密眼网兜底并封闭;架体外侧应有密眼网进行封闭式围护。

15)架体搭设完毕应立即组织有关部门进行验收,验收合格后方可投入使用。

(2)升降操作要点。

1)升降装置的操作步骤。

将泵站放置到与油缸同一标准层→安装油缸→接好高压软管→接通电源(380 V)→开动泵站(检查电机转向)→扳动控制手柄油缸空程试验(不加载)→安装活塞杆锁销→升降架体。

2)提升上支座:以主框架上部的挂点为吊点,使用 1~1.5 t 的手拉葫芦把上支座从第二层升到第三层,当上支座固定位置的混凝土强度达到 C15 以上时即可对架体进行提升。

3)爬架升降前应由安全、技术人员对操作人员进行技术交底,责任落实到位,并记录签字。

4)各操作人员按分工清除架体上的活荷载、杂物、与建筑的连接物、障碍物。安装液压升降装置,接通电源,空载试验,准备专用扳手、手锤、千斤顶、撬棍等。

5)安装顶块锁销,调整油缸活塞上下动作,用顶块锁销把升降顶块固定在导轨内侧相应的孔内。然后顶升液压缸使架体自重作用在油缸上,靠油缸的安全锁把油缸锁住。在导轨相应的孔内插上防坠销,然后拆除下支座的固定螺栓,将下支座旋转 90°附着在架体上,拔下架体插销即可顶升液压缸,每升降一个行程均将架体锁销插入相应的孔内将爬架架体固定。然后收缸,再升降直至升降完毕。

6)每次升降到位后,均必须严格检查螺栓是否按扭矩拧紧到位,是否漏装螺栓,安全网及各杆件是否恢复,每跨均要认真检查,并做好记录,合格后方可投入使用。

(3)爬架使用注意事项。

1)当爬架安装好后,必须经验收合格后方可使用。

2)对扣件拧紧质量,用扭力扳手按 50％比例抽检,合格率应达到 100％;对螺纹连接处要做全数检查。

3)爬架在使用状态下,如用于结构施工,施工荷载不得超过两层,每层荷载不大于 3 kN/m²;如用于装饰施工,施工荷载不得超过三层,每层荷载不大于 2 kN/m²。

4)爬架在升降状态下,施工荷载为 0.5 kN/m²。

5)爬架不得超载使用,不得加放体积小而重量大的集中荷载。

6)严禁在爬架上推车。

7)爬架只能作为操作架,不得作为外墙模板的支撑架。

8)严禁任意拆除脚手架部件和穿墙螺栓;起吊构件时严禁碰撞或扯动脚手架;不得在架体上拉结吊装缆绳;不得在脚手架上安装卸料平台等。

9)5 级以上大风、大雾和雷雨等气候恶劣情况下,严禁升降爬架。

10)爬架升降过程中,严禁站人及行走;严禁夜间进行升降作业。

(4)爬架的检查、维修与保养。

1)施工期间每次浇注混凝土后,必须将导向架表面的杂物、落入的混凝土及时清理干净,以便导轮自由上下。

2)施工期间,定期对架体及爬架螺栓进行检查,如发现螺栓脱扣及架体变形现象,应及时处理。

3)每次升降、使用前都必须对穿墙螺栓进行严格检查,如发现裂纹或其他损坏现象,要及时更换。

4)穿墙螺栓正常使用 100 次或严重损坏者,应立即进行更换。

5)每次升降结束后,液压升降装置应立即拆除并妥善保管。

(5)爬架拆除。

1)拆除前要对操作人员进行安全技术交底。

2)现场设总指挥,明确各岗位的分工,协调指挥。

3)清理架体上的杂物,垃圾、障碍物。

4)作业人员要戴好安全帽,系好安全带,并在拆除区域设立标志,划出警戒线,有安检员巡视,无关人员不得进入拆除区。

5)由上至下顺序拆除横杆、立杆及斜杆,严禁上、下交叉拆除。

6)拆除主框架前先用起重设备对主框架进行预紧,防止穿墙螺栓松开时主框架下坠。

7)用铁丝将上支座与主框架相对固定,防止穿墙螺栓松开时上支座下坠,然后拆除所有穿墙螺栓,将主框架吊至地面。

5　劳动力组织

按照工程量大小,每套爬架设备操作人员,设组长 1 名,操作工人 5 名。

(1)组长 1 人:负责升降过程的监控和指导工作,下达升降指令。

(2)液压缸操作 2 人:负责操作液压泵进行顶升,固定液压缸及顶块锁销。

(3)清理障碍 1 人:解开及恢复安全网。

(4)拆装支座 2 人:提升前松开穿墙螺栓,提升后紧固穿墙螺栓,检查螺栓是否有损坏。

另外,还需配置适当数量的架子工配合工程主体施工进度进行脚手架架体的搭设。

6　机具设备配置

(1)配备额定功率不小于 180 kW 的液压泵两台。

(2)液压缸 4 个。

(3)与液压泵配套的高压软管。

(4)专用配电箱。

(5)扳手和手拉葫芦。

7　质量控制要点

7.1　质量控制要求

(1)主框架加工组装满足规范要求。

(2)现场施工时预留孔位置准确。

(3)升降过程中的动态管理要满足规范、施工组织设计以及安全技术规程的要求。

7.2　质量检验标准

7.2.1　主控项目

整体外爬式脚手架的设计与施工必须符合《建筑施工附着升降脚手架管理暂行规定》(建建〔2000〕230 号)和《建筑施工安全检查标准》(JGJ 59—1999)的要求。

(1)脚手架立柱要垂直,大、小横杆要平整。

(2)各种连接扣件必须扣接牢固,防止杆件打滑。

(3)相邻两立柱的接头必须错开,不得在同一步距内。

(4)里、外、上、下相邻的两根大横杆的接头必须错开,不得集中在一组立柱之间。

(5)剪刀撑的搭设必须符合相应规范标准要求。

(6)爬架的主框架、底部桁架、支座等的刚度、垂直度、水平度必须符合建设部建建〔2000〕230 号文《建筑施工附着升降脚手架管理暂行规定》和《建筑施工安全检查标准》(JGJ 59—1999)的要求。

(7)爬架升降时不坠落,不倾斜。

7.2.2　一般项目

(1)所有主框架的焊缝均需做外观检查,合格后方可使用。

(2)穿墙螺栓要逐个检查,有裂纹、破损现象的不得使用。

(3)主框架与支座之间的连接螺栓要逐个检查,不得使用有缺陷的螺栓。

(4)所有进场材料均需有厂家的出厂合格证。

(5)组装架体时要严格按操作要求执行。

7.3　成品保护

整体外爬式脚手架的构、配件在运输、使用、堆放过程中,严禁抛砸、重力磕碰,堆放时严禁受潮锈蚀。

7.4　季节性施工措施

(1)爬架雨季施工应有防雷接地装置并按相关规定安装。

(2)在下雨、雪天及 6 级以上大风,视线不清,及没进行升降检查时不进行升降,分工责任不明确时不升降。

(3)5 级以上大风、大雾和雷雨等气候恶劣情况下,严禁升降爬架。

7.5 质量记录

(1)各种钢材原材料质量证明文件及复试报告。

(2)自检、互检、交接检记录。

(3)爬架出厂合格证、使用说明书。

(4)爬架的施工组织设计。

(5)爬架的安全技术过程。

(6)爬架的设计计算书。

(7)爬架在特殊部位(如悬挑大阳台、板、施工电梯及塔吊等)的设计计算书。

(8)爬架构、配件进场验收记录。

(9)爬架搭设完毕后(交付使用前)的验收记录。

(10)爬架施工操作人员的培训、考试记录。

(11)各个工种施工操作人员的上岗证。

(12)爬架搭设前的安全技术交底。

(13)爬架升降前(后)的检查记录。

8 安全、环保及职业健康措施

8.1 职业健康安全关键要求

(1)施工人员必须按要求进行培训,考试合格后持证上岗。

(2)有大于等于 5 级风时,必须及时对爬架进行加固。

(3)在大于等于 5 级风或停工一段时间后必须对爬架进行全面检查,如发现钢构件锈蚀严重、卡扣松脱等异常情况,要及时维修后方可使用。

(4)现场需储备充足的加固备品,以应急需。

(5)爬架雨季施工应有防雷接地装置并按相关规定安装。

(6)其他未尽之处,必须严格按《建筑施工附着升降脚手架管理暂行规定》(建建〔2000〕230 号)、《建筑施工安全检查标准》(JGJ 59—1999)、爬架出厂的安全技术规程和地方规范、标准的要求进行施工。

(7)爬架投入使用前,严格按《建筑施工安全检查标准》(JGJ 59—1999)经各方验收,合格后方可投入使用。

(8)液压升降机在油路中装有双向锁,可以保证液压缸在工作过程中,如遇任何意外情况发生,自锁能力可达 12 t 以上,完全可防止液压缸下滑,不会因突然断电、断油或其他情况而发生危险。

(9)液压升降机装有限载保护装置,可以根据架体自重设定液压缸的工作顶升重量,超载时,液压缸就会停止工作,可避免因强行提升而造成架体损坏和发生事故。

(10)在正常工作状态下,爬架使用两组(6 根)T8 的穿墙螺栓与建筑物固定,而起到防坠和防倾的作用。

(11)在下雨、雪天及 6 级以上大风,视线不清,及没进行升降检查时不进行升降,分工责任不明确时不升降。

(12)脚手架升降时不准有施工荷载。

(13)超负荷和严重不同步时不准升降。

(14)安全装置(液压控制柜及开闸)失灵时不准升降。

(15)爬架每升降一层,由专职安全员全面检查一次,提升系统每次提升前按要求检查一次。如有异常情况须及时处理。

(16)液压泵及液压缸应每层检查一次,按《爬架液压系统使用说明书》进行维修及保养。

8.2　环境关键要求

各榀爬架规格一致,外挂安全网严密,色泽一致。架上杂物及时清理,并采用袋装运至垃圾站,不准随意扬弃。

9　工程实例

9.1　所属工程实例项目简介

中铁锦华·曦城工程位于成都市金牛区,规划用地为 16 996.08 m²。承建的范围包含有 7 栋高层住宅(公寓)和一个综合农贸市场组成的一个建筑群,其总建筑面积为 131 191.67 m²。整个工程地下结构共 2 层;1#、2# 楼地上结构为 33 层;3# ~7# 楼地上结构为 34 层;综合农贸市场地上结构为 5 层。

9.2　施工组织及实施

根据本工程的情况,共设 7 套爬架。每套爬架设备操作人员,设组长 1 名,操作工人 5 名。另配架工 20 人配合各爬架组人员的施工。配齐所需的设备。

9.3　工期(单元)

爬架从 2 层起搭设,搭设的进度以不影响主体结构施工为准,搭设的总高度为 10 步架,最后随施工进度整体提升。

9.4　建设效果及经验教训

本工艺与未采用爬架的其他方式外墙脚手架比较:爬架的采用减少了部分周转材料的投

图 3　整体外爬式脚手架立面(1)

入,减少了大量的劳动力的投入,节约了时间,并保障了结构的正常施工。

9.5 关键工序图片(照片)资料

整体外爬式脚手架构件如图5～图7所示。

图4 整体外爬式脚手架立面(2)

图5 整体外爬式脚手架构件

图6 整体外爬式脚手架上的手拉葫芦

图 7　整体外爬式脚手架构件进行地面拼装

吊篮工程施工工艺

吊篮施工工艺广泛运用于工业与民用建筑外墙装修和维修施工作业。本章节选取吊篮施工工艺在民用建筑外墙装修施工作业的使用进行阐述。

1 工艺特点

(1)机具设备简单,操作方便。

(2)既能保证施工安全,加快施工进度,还能节约大量周转料,节省劳动力,减轻劳动强度,降低工程成本,节约资金,提高工程经济效益。

2 工艺原理

用悬挂装置通过钢丝绳将施工吊架系统(操作台、护栏、安全装置等)沿建筑物立面上下移动。吊篮脚手架构造图如图1所示。

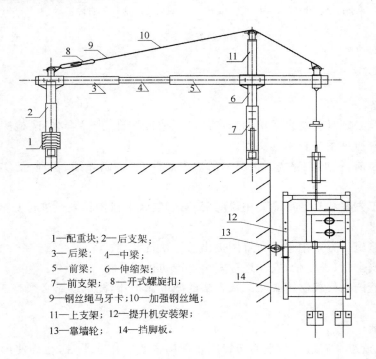

1—配重块;2—后支架;
3—后梁;   4—中梁;
5—前梁;   6—伸缩架;
7—前支架;8—开式螺旋扣;
9—钢丝绳马牙卡;10—加强钢丝绳;
11—上支架;12—提升机安装架;
13—靠墙轮; 14—挡脚板。

图 1 吊篮脚手架构造示意图

3 适用范围

(1)适用于多、高层建筑施工使用。

(2)适用于建筑外装修和维修施工作业。

(3)使用高度一般不宜超过 100 m。

4 工艺流程及操作要点

4.1 工艺流程

4.1.1 作业条件

(1)现场安装好一、二级配电线路,配电箱必须采用标准箱,配电线路为三相五线制,做到三级配电、两级保护和一机、一闸、一漏保的临时用电设施要求。

(2)吊篮安装前将屋面吊篮拟安装位置的杂物清理干净,如屋面防水已施工完毕,还必须采取成品保护措施。将建筑物四周地面5.0 m范围内所有的杂物清除,并进行初步平整。

4.1.2 工艺流程图

吊篮安装工艺流程图如图2所示。

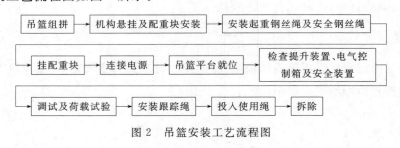

图 2 吊篮安装工艺流程图

4.2 操作要点

4.2.1 技术准备

(1)进场吊篮必须具备符合要求的生产许可证或准用证、产品合格证、检测报告以及安装使用说明书、电气原理图等技术性文件。

(2)吊篮安装前,根据工程实际情况和吊篮产品性能,编制详细、合理、切实可行的施工方案。

(3)根据施工方案和吊篮产品使用说明书,对安装及上篮操作人员进行安全技术培训。

4.2.2 材料要求

(1)根据吊篮施工方案中平面布置图提出吊篮租赁计划。

(2)准备好安全帽、安全带、安全绳等安全生产防护用品。

(3)电动吊篮的电气控制箱必须配置合格的漏电保护器,配电线路必须是三相五线制。

4.2.3 操作要点

(1)吊篮安装。

1)吊篮标准篮进场后按吊篮平面布置图在现场拼装成作业平台,在离使用部位最近的地点组拼,以减少人工倒运。作业平台拼装完毕,再安装电动提升机、安全锁、电气控制箱等设备。

2)悬挂机构安装时调节前支座的高度使前梁的高度略高于女儿墙,且使悬挑梁的前端比后端高出50～100 mm。对于伸缩式悬挑梁,尽可能调至最大伸出量。配重数量根据抵抗力矩大于3倍倾覆力矩的要求确定,配重块在悬挂机构后座两侧均匀放置。放置完毕,将配重块销轴顶端用铁线穿过拧死,以防止配重块被随意搬动。

3)吊篮组拼装完毕,将起重钢丝绳和安全钢丝绳挂在挑梁前端的悬挂点上,紧固钢丝绳的马牙卡不得少于 4 个。从屋面向下垂放钢丝绳时,先将钢丝绳自由盘放在楼面,然后将绳头仔细抽出后沿墙面缓慢滑下。

4)连接二级配电箱与提升机电气控制箱之间的电缆,电源和电缆应单设,电器控制箱应有防水措施,电气系统应有可靠接零,并配备灵敏可靠的漏电保护装置。接通电源,检查提升机,按动电钮使提升机空转,看转动是否正常,不得有杂音或卡阻现象。

5)将钢丝绳穿入提升机内,启动提升机,绳头应自动从出绳口内出现。再将安全钢丝绳穿入安全锁,并挂上配重锤。检查安全锁动作是否灵活,扳动滑轮时应轻快,不得有卡阻现象。

6)钢丝绳穿入后应调正起重钢丝绳与安全锁的距离,通过移动安全锁达到吊篮倾斜 $300 \sim 400$ mm,安全锁能锁住安全钢丝绳为止。安全锁为常开式,各种原因造成吊篮坠落或倾斜时,此时安全锁能在 100 mm 以内将吊篮锁在安全钢丝绳上。

(2)调试、试提升。

吊篮安装完毕,在使用前应进行荷载试验和试运行调试,确保操作系统、行程限位、提升机、安全锁、手动滑降等部件灵活可靠,运转正常,安全锁不得自动复位。

(3)使用。

1)吊篮使用前,应将吊篮从地面提升 200 mm 后,检查支承系统、升降系统是否正常,吊篮架焊接是否开裂,吊篮连接是否松动。

2)使用吊篮的操作工,必须经培训、考核合格后,方可操作。培训内容应该包括本标准的有关条款,并包括施工方案和升降机具等的操作及保养内容。

3)施工操作人员上下吊篮和运输材料,应通过各层窗口或阳台进行。

4)吊篮在升降时应设专人指挥,升降操作应同步,防止提升(降)差异。

5)在阳台、窗口等处,设专人负责推动吊篮,预防吊篮碰撞建筑物或吊篮倾斜。

6)升降吊篮时,严禁将两个或三个吊篮连在一起升降。

7)当吊篮提升到使用高度后,应将保险安全绳拉紧卡牢,并将吊篮与建筑物锚拉牢固。

8)吊篮下降时,应先拆除与建筑物拉接装置,再将保险安全绳放长到要求下降的高度后卡牢,再用机具将吊篮降落到预定高度(此时保险安全绳刚好拉紧),然后再将吊篮与建筑物拉接牢固,方可使用。

9)作业时吊篮内侧两端宜与建筑物用挂钩或保险绳作临时拉结,以确保作业时吊篮与建筑物外墙拉牢靠紧,不晃动。

10)使用吊篮进行外装饰和维修作业宜从上而下进行。

(4)拆除。

1)拆除吊篮架前,应先将吊篮降到地面或隔离层处。

2)拆除悬挑梁前,应先将两端杉杆、型钢或钢管拆除。

3)拆除钢丝绳、钢管、型钢、杉杆和悬挑梁严禁从屋面扔下,应用白棕绳和滑车轮组吊下或从楼梯内用人工送到地面。

(5)维护保养。

1)吊篮产权单位应做好日常保养和定期全面维护保养工作,并做好记录。日常保养的内容有:

① 提升机和安全锁的外壳清洁。

② 清除钢丝绳上的污物,尽可能除去锈迹。

③ 做好提升机和安全锁的防护工作,防止雨水和杂物进入内部。

④ 检查钢丝绳有无损伤,马牙卡有无松动,提升机运转是否正常,安全锁是否灵活。

⑤ 每天下班前将吊篮平台上的杂物清理干净。

2)定期全面维护保养应根据产品说明书对吊篮提升机和安全锁开盖进行保养,并对起重钢丝绳和安全钢丝绳的完好进行全面检查,对配电线路进行系统检查,对悬挂机构有无变形、开裂及锈蚀进行检查。

3)下列情况钢丝绳应报废。

① 断股或在一个节距(每股钢丝绳缠绕一周的轴向距离)内断丝达到 5 根。

② 松散、压扁、起膨(笼状畸变),直径大于 10 mm 以及弯折。

③ 磨损或锈蚀严重,钢丝绳直径小于 8.3 mm。

4)绝缘胶皮老化的电缆和电线应报废,漏电保护器动作失灵的开关必须更换。

5)提升机内部锈蚀或磨损过度,导致不能运转正常或提升无力,经专业维修后仍不能正常工作,必须报废。安全锁内部锈蚀或磨损过度,导致安全锁失灵或经常卡阻,经专业维修后仍不能正常工作,必须报废。

6)悬挂机构整体失稳,构件永久变形、开裂、壁厚小于原壁厚的 90% 以及焊缝开裂、脱开已无法修补加强,必须报废。严重锈蚀的作业平台必须报废。

5　劳动力组织

(1)对管理人员和技术人员的组织形式的要求:制度健全,并能执行。

(2)施工队伍有专业技术管理人员,操作人员持证上岗(表 1)。

表 1　主要工种人员配置表

序　号	工　种	人　数	备　注
1	机械操作工	按工程量确定	技工
2	装修工	按工程量确定	技工
3	普工		

6　机具设备配置

6.1　机　械

现场应设置施工电梯或井架等垂直运输设施,吊篮悬挂机构、配重、钢丝绳等零配件宜通过垂直运输设施运输到拟安装部位。

6.2　工　具

配备活动扳手、钢卷尺、水平尺、手动葫芦、卷扬机、倒链、索具等工具。

7　质量控制要点

7.1　质量控制要求

7.1.1　材料的控制

(1)吊篮配件进场后检查标准篮的规格型号是否符合设计要求,电动提升机型号、钢丝绳的规格型号是否与产品说明书相符,是否满足设计要求。安全锁的动作是否灵敏,悬挂机构的型号、配重的规格是否与产品说明书相符。经检查,产品的规格型号与设计相符、质量合格后,现场方可进行作业吊篮拼装。

(2)电气控制箱是否为三相五线制,开关是否设有漏电保护器,严禁使用绝缘橡皮老化的电缆和配电线路绝缘橡皮老化的电气设备。带接头的电缆不宜使用。

(3)钢丝绳和主要卡具应符合下列要求。

1)吊篮的升降钢丝绳直径不宜小于 12.5 mm,当吊篮和荷载较大时,应计算确定钢丝绳的直径。

2)吊篮的安全保险钢丝绳的直径应不小于升降钢丝绳的直径;滑轮、夹头、卡具等应与钢丝绳直径大小配套使用。

7.1.2　技术的控制

(1)一般规定。

1)吊篮脚手架宜采用专业生产厂的定型产品,应具备合格的出厂质量证明书、检测报告及安装说明等技术文件方可使用。

2)吊篮脚手架由吊架系统(包括:操作台、护栏、安全装置等)、支承系统(包括悬挑梁)和升降系统(包括机具、吊索)等组成,构造示意如图 1 所示。

3)吊篮应按相关规定由其产权单位编制施工方案,产权单位分管负责人审批签字,并与施工单位在使用前进行验收(必要时现场做荷载试验),经验收合格签字后,方可作业。

(2)设计、构造要求。

① 设计计算(验算)

Ⅰ　计算项目。

吊篮脚手架属机械类定型产品应满足产品性能各项要求。按行业标准《高处作业吊篮安全规则》GB 5972 的有关规定,使用前应进行下列验算。

A. 结构安全系数(K_1)。

B. 吊篮承重钢丝绳安全系数(K_2)。

C. 吊篮脚手架抗倾覆系数(K_3)。

注:当挑梁为施工单位自行制作时,尚需验算挑梁的抗弯承载力和锚固承载力。

Ⅱ　结构安全系数(K_1)按下式验算。

$$K_1 = \frac{\sigma}{[(\sigma_1 + \sigma_2)f_1 f_2]} \geqslant 2$$

式中　σ——材料屈服强度(或强度极限)(N/mm²);

σ_1——结构质量引起的应力(N/mm²);

σ_2——额定荷载(活荷载)引起的应力(N/mm²);

f_1——应力集中系数,取 $f_1 \geqslant 1.10$;

f_2——动载系数,取 $f_2 \geqslant 1.25$。

Ⅲ　吊篮承重钢丝绳安全系数(K_2)按下式确定。

$$K_2 = s \times a / W \geqslant 9$$

式中　s——单根钢丝绳的额定破断拉力(kN),可按下式计算:

$$s = \frac{k' \times d_2 \times R_0}{100}$$

k'——最小破断拉力系数，可取 $0.332\sim0.359$；

d——钢丝绳公称直径（mm）；

R_0——钢丝绳公称抗拉强度（N/mm²），可取 $R_0=1\,770$ N/mm²；

A——钢丝绳根数；

W——吊篮的全部荷载（含自重）（kN）。

Ⅳ　吊篮脚手架抗倾覆系数（K_3）按下式计算。

$$K_3=\frac{配重力矩}{前倾力矩}=\frac{G\times b}{W\times a}\geqslant 3$$

式中　G——配重（kN）；

W——吊篮总荷载（含自重）（kN）；

B——配重中心到支点的距离（m）；

A——承重钢丝绳中心到支点的距离（m）。

② 构造要求

Ⅰ　吊篮脚手架的主要参数应符合下列要求。

电动吊篮为定型产品，标准篮篮长一般有 1.0 m、1.5 m、2.5 m 三种规格。根据使用需要可拼装为不同长度的作业吊篮，最大组拼长度不得大于 7.5 m，宽度有 0.7 m、0.8 m 两种。若端部需挑出，挑出长度不得大于 1.0 m，吊篮与外墙之间的净距控制在 200~300 mm 内。

单层吊篮高度不宜超过 2 m；若采用双层吊篮，吊篮总高度以 3.8 m 为宜。

Ⅱ　吊篮结构应符合下列要求。

标准吊篮采用型钢制作，吊篮架的立柱间距不得大于 2.5 m；在高度方向设置不少于 3 根纵向水平杆。篮底平台必须有防滑措施，平台四周设有高度不小于 180 mm 的挡脚板，两端和外侧设有高度不小于 1 200 mm 的护栏，内侧护篮的高度不得小于 800 mm。起重钢丝绳和安全钢丝绳均为吊篮专用钢丝绳。电动提升机和安全锁设于作业吊篮平台两侧。吊篮顶部应设防护棚，以防日晒、雨淋和杂物坠落。

Ⅲ　悬挑机构应符合下列要求。

A. 应根据工程结构情况和吊篮用途，选定悬臂挑梁的固定位置（屋顶、屋架、柱、大梁等），或专门设计悬挑梁。

B. 悬挑结构的构件应选用适合的金属材料制造，其结构应具有足够的强度和刚度，必要时在房屋结构与悬挑梁之间设置斜撑或抱柱等加固措施。对悬挑支承点处应设 50 mm 厚 1 m 长以上的垫板。

C. 吊篮提升机构和电气系统均应符合产品的设计要求。

D. 吊篮设计平面布局从外墙大角的一端开始、沿建筑物外墙满挂排列，按最大组拼长度不大于 7.5 m 进行标准篮组拼，两作业吊篮之间的距离不得小于 300 mm。为施工方便，弧形外檐可以考虑优先使用弧形或折线形吊篮。

7.2　质量检验标准

7.2.1　一般规定

吊篮使用前，必须经现场技术人员会同有关人员检查验收合格后方可使用，检查验收内容如下：

（1）吊篮架布置。

（2）悬挑梁及其锚固部分。

（3）升降钢丝绳和安全钢丝绳。

（4）吊篮架焊接与连接。

（5）升降机具。

（6）防雷接地措施，照明电路和电压。

7.2.2　主控项目

（1）悬挂在悬挂机构上的钢丝绳扎头不得松动。

（2）在正常工作状态下，吊篮的悬挂机构应配置足够重量的配重，配重力矩与前倾力矩的比值不得小于 3。

（3）达到报废标准的钢丝绳不得使用。

（4）电气系统应有可靠的接零装置，接零电阻应不大于 0.1 Ω，在接零装置处应有接零标志。

（5）带电零件与机体间的绝缘电阻应不低于 2 MΩ。

（6）吊篮的制动器应可使带有 125% 额定荷载的平台停止运行，并在不大于 100 mm 滑移距离内停住。

（7）安全锁必须有效可靠，释放手柄与复位手柄必须灵活，当平台运行速度达到安全锁锁绳速度时，安全锁应迅速锁住钢丝绳，使平台可靠地停住。安全锁不可自动复位。

7.2.3　一般项目

（1）安装钢丝绳（提升机构、安全锁钢丝绳）或其他部位钢丝绳拉索上端与悬臂连接必须符合要求。绳夹一般不小于 3 只，并需把绳夹螺母旋紧。

（2）悬挂机构各部分接点螺栓应齐全，连接要可靠、牢固。

（3）工作平台各部分接点螺栓应齐全、连接应牢固可靠（平台拼装接点，栏杆与提升器、安全锁、电气箱各接点）。

（4）接触器、继电器、插头、插座、指示灯、电缆应完好并可靠。

（5）操作手柄要灵活可靠，报警系统应工作正常。

7.3　成品保护

（1）吊篮施工时必须将作业平台上的材料、工具妥善放置，避免物体落下损坏下方物件。

（2）吊篮升降时由专人在窗洞口配合，避免碰坏已完工的墙面及门窗。

7.4　季节性施工措施

雨期施工措施：

（1）6 级以上大风、暴雨、大雪的天气严禁使用吊篮（升降吊篮时遇 5 级大风，应停止升降）。

（2）做好提升机和安全锁的防护工作，防止雨水和杂物进入内部。

（3）吊篮使用应符合有关高空作业规定，一般在雷雨、暴雨、大雾或 6 级风以上等恶劣气候时不得使用。

(4)整机露天存放时,应做好防雨措施,特别是提升器、安全锁。

7.5　质量记录

(1)吊篮及其配件的出厂合格证及其他资料。

(2)钢丝绳、安全绳、卡具等合格证及相关资料。

(3)吊篮安装验收记录。

(4)吊篮施工安全技术交底资料。

(5)吊篮日常保养记录。

8　安全、环保及职业健康措施

8.1　职业健康安全关键要求

(1)总承包单位应组织在吊篮下方施工的各单位,签订安全生产协议或指派现场安全监督员对现场进行监督。

(2)吊篮使用过程中,必须严格控制荷载,吊篮架上的人员和材料堆积应对称均匀分布,严禁集中一端;吊篮内不得进行焊接作业,也不得堆放机械设备。

(3)如果吊篮架内设置照明,必须使用 36 V 的安全电压。

(4)吊篮架内严禁再支搭脚手架,也不许用其他物品垫高铺板操作。严禁在吊篮内悬挑起重设备,作垂直运输用。

(5)在吊篮内操作,施工人员应按规定佩带安全带,安全带应挂在单独设置的安全绳上,严禁安全绳与吊篮连接。操作人员必备工具袋,放置小型工具和零星材料,以免随意放在吊篮内。

(6)6 级以上大风、暴雨、大雪的天气严禁使用吊篮(升降吊篮时遇五级大风,应停止升降)。

(7)采用吊篮脚手架时,必须在首层外侧设一道双层 6 m 宽水平安全网,吊篮两端和外侧应设置立式安全网,吊篮底部应设置兜状安全网。

(8)每天下班前将吊篮下降到距地面 300 mm 高的位置停挂,关闭电源,并将吊篮内的垃圾和杂物清理干净。严禁在下班后,不做任何固定就将吊篮停挂在操作层上。

(9)吊篮安装、拆卸和使用过程中,地面应设安全警戒线和专人监护。

(10)若发生停电或电控系统失灵,可扳动电机释放手柄,使吊篮降降停停、逐渐落下。严禁从高处直接滑降到地面,造成事故。

(11)操作平台至少有两人操作,应在互相配合下进行安全操作,平台工作人员必须系扣安全带,戴安全帽。

(12)每次使用前必须按以下各项逐一检查,发现有异常情况不得投入使用。

1)检查电源各连接点,按下按钮接通电源,指示灯应亮,电缆线是否拉断或有绝缘破裂现象。

2)检查主要节点。

检查钢丝绳的各个扎头是否松动;各部位连接螺栓是否牢固,螺母是否旋紧;悬挂机构摆放是否平稳可靠,平衡配重是否足够。

3)检查钢丝绳是否达到报废标准。

4)检查提升器制动是否有效,操作平台在有荷载的情况下,切断电源后,操作平台应不向下滑移。

　　5)检查安全锁。

　　6)检查高度限止器。

　　(13)不允许在平台里使用梯子、凳子、垫脚物等进行作业。

　　(14)平台载重量不应超过额定荷载(包括操作人员重量);平台内荷载应大致均布,否则会发生倾斜现象。

　　(15)当发现平台倾斜时应及时调整,保持水平两边相差不超过 15 cm。

　　(16)平台在正常使用时,严禁使用电机制动器及安全锁手刹车,以免引起意外事故。

　　(17)平台悬挂在空中时,不能拆装;吊篮使用应符合有关高空作业规定,一般在雷雨、暴雨、大雾或 6 级风以上等恶劣气候时不得使用;整机露天存放时,应做好防雨措施,特别是提升器、安全锁。

　　(18)工作时断电,首先关闭电源,防止来电发生意外,如需平台下降到地面,则小心同时松开两个电磁制动器,使平台缓慢下降,直至地面。

　　(19)紧急措施。

　　1)作业时断电,应立即切断电源,防止突然来电时发生意外。

　　2)作业时发生断绳,作业人员应及时安全撤离现场并切断电源,并由专业人员处理。

　　(20)作业完成后,吊篮应平稳停放在最低层位置,并固定。

8.2　环境关键要求

　　(1)在架体底部铺设一层密目网防止尘土及小垃圾从架体上向下飘落。

　　(2)及时清理架体和安全网内的垃圾。

　　(3)搭设架体的钢管、扣件、连墙件等材料统一刷油漆。

　　(4)挡脚板按要求制作好后,统一刷油漆。

　　(5)选用统一颜色,统一尺寸的密目安全网。

　　(6)安全网重复进行使用前,必须进行清洗。

建筑装饰装修施工

整体地面工程施工工艺

整体地面施工工艺广泛运用于工业与民用建筑地面装饰工程。整体地面种类很多,工程中常用的有水泥砂浆整体地面、水泥混凝土整体地面和水磨石整体地面等。

1 工艺特点

(1)水泥砂浆整体地面。

1)构造简单,坚固耐磨,防潮防水,造价低廉,是一种使用最普遍的低档地面。

2)导热系数大,对不采暖的建筑,在严寒的冬季走在上面感到寒冷。

3)吸水性差,地面易返潮。

4)易起灰,不易清洁。

(2)水泥混凝土整体地面。

1)强度高,不起砂,干缩值小,地面的整体性好。

2)与水泥砂浆相比,耐久性好。

3)厚度较大(一般为 30~40 mm),楼地面荷载增大。

(3)水磨石整体地面。

1)表面平整光滑,整体性好,不起尘,不起砂,防水,易保持清洁。

2)施工工艺较水泥地面复杂、造价高,地面无弹性。

2 工艺原理

水泥砂浆整体地面是将拌和好的水泥砂浆铺设到表面干净、润湿的垫层上,经赶平、压实、抹光而成。水泥砂浆整体面层施工工艺简单,操作方便。

水泥混凝土整体地面是将拌和好的混凝土铺设到表面干净、润湿的垫层上,经赶平、压实、抹光而成。水泥混凝土面层施工工艺简单,操作方便。

水磨石整体地面是将水泥和白石子(或大理石屑等)拌和均匀后装入表面干净、润湿的分格内,经铺平、压实、打磨、抛光而成。水磨石面层施工工艺较水泥砂浆面层和水泥混凝土面层复杂。

3 适用范围

水泥砂浆整体地面:适用于工业与民用建筑水泥砂浆地面面层的施工。

水泥混凝土整体地面:适用于工业与民用建筑水泥混凝土(含细石混凝土)地面面层的施工。

水磨石整体地面:适用于工业与民用建筑房屋,以水磨石作地面面层的施工。

4 工艺流程及操作要点

4.1 工艺流程

4.1.1 作业条件

(1)水泥砂浆(水泥混凝土)整体地面。

1)地面或楼面的混凝土垫层(基层)已按设计要求施工完成,混凝土强度已达到 1.5 MPa以上,预制空心楼板已嵌缝完。

2)作业层四周墙身已弹出控制面层标高和排水坡度的水平墨线(一般为+50 cm),分格缝已按要求设置,地漏处已找好泛水及标高。

3)门框和楼地面预埋件、水电设备管线等均应施工完毕并经检查合格。对于有室内外高差的门口位置,如果是安装有下槛的铁门时,尚应考虑室内外各完成面在下槛两侧收口。

4)各种立管孔洞等缝隙应先用细石混凝土灌实堵严(细小缝隙可用水泥砂浆灌堵)。

5)办好作业层的结构隐蔽验收手续。

6)作业层的顶棚(天花)、墙柱抹灰施工完毕。

(2)水磨石整体地面。

1)混凝土垫层已浇注完毕,按标高留出水磨石底灰和面层厚度,并经养护达 5 MPa 以上强度。

2)施工前在作业层四周墙身弹出控制面层标高和排水坡度的水平墨线(一般弹+1 000 mm 或+500 mm 线),分格缝按要求设置,地漏处找好泛水及标高。四周墙壁弹出水准基准水平墨线。

3)门框和楼地面顶埋件、水电设备管线等均应施工完毕并经检查合格,对于有室内外高差的门口部位。如果是安装有下槛的铁门时,尚应顾及室内外各完成面在下槛两侧收口。

4)各种立管和套管孔洞等缝隙应先用细石混凝土灌实堵严(细小缝隙可用水泥砂浆灌堵)。

5)办好作业层的结构隐蔽验收手续。

6)作业层的天棚(天花)、墙柱抹灰施工完毕。

7)石子粒径及颜色须由设计人认定后才进货。

8)彩色水磨石如用白色水泥掺色粉拌制时应事先按不同的配比做样板,交设计人员或业主认可。一般彩色水磨石色粉掺量为水泥重量的 3%～5%,深色则不超过 12%。

9)水泥砂浆找平层施工完毕,养护 2～3 d 后施工面层。

10)石子(石米)应分别过筛,并尽可能用水洗净晾干使用。

11)配备的施工人员必须熟悉有关安全技术规程和该工种的操作规程。

4.1.2　工艺流程图

(1)水泥砂浆整体地面。

水泥砂浆整体地面工艺流程图如图 1 所示。

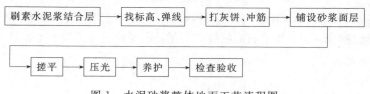

图 1　水泥砂浆整体地面工艺流程图

(2)水泥混凝土整体地面。

水泥混凝土整体地面工艺流程图如图 2 所示。

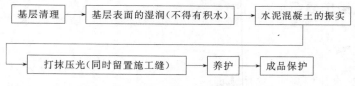

图 2　水泥混凝土整体地面工艺流程图

(3)水磨石整体地面。

水磨石整体地面工艺流程图如图 3 所示。

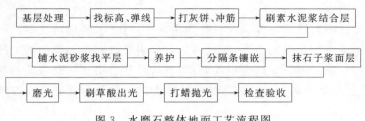

图 3 水磨石整体地面工艺流程图

4.2 操作要点

4.2.1 技术准备

(1)水泥砂浆(水泥混凝土)整体地面。

1)审查图纸,制定施工方案,了解水泥砂浆的强度等级。

2)组织熟练的专业班组进行面层工程的施工操作。

3)配置经验足够、资质具备的人员组成项目成员,并建立强有力的项目管理机构组织。

4)在施工前对操作人员进行技术交底。

5)抄平放线,统一标高。检查各房间的地坪标高,并将统一水平标高线弹在各房间四壁上,一般离设计的建筑地面标高 500 mm。

6)在穿过地面处的立管加上套管,再用水泥砂浆将四周稳牢堵严。

7)检查预埋地脚螺栓预留孔洞或预埋铁件的位置。

8)检查地漏标高,用细石混凝土将地漏四周稳牢堵严。

(2)水磨石整体地面。

1)审查图纸,了解图纸中水磨石的详细做法及要求。

2)编制详细的施工方案。

3)进行详细的技术、安全、质量交底。

4.2.2 材料要求

(1)水泥砂浆整体地面。

1)水泥采用强度等级 32.5 以上普通硅酸盐水泥或矿渣硅酸盐水泥,冬期施工时宜采用强度等级 42.5 普通硅酸盐水泥,严禁混用不同品种、不同强度等级的水泥。

2)砂子采用中、粗砂,含泥量不大于 3%。

3)根据设计图纸要求计算出水泥、砂等的用量,并确定材料进场日期。

4)按照现场施工平面布置的要求,对材料进行分类堆放和作必要的加工处理。

5)水泥的品种、强度必须符合现行技术标准和设计规范的要求,砂要有试验报告,合格后方可使用。

6)砂不得含有草根等杂物;砂的粒径级配应通过筛分试验进行控制。

7)水泥砂浆应均匀拌制,且达到设计要求的强度等级。

(2)水泥混凝土整体地面。

1)水泥采用普通硅酸盐水泥、矿渣硅酸盐水泥,其强度等级不得低于 32.5。

2)砂宜采用中砂或粗砂,含泥量不应大于 3%。

3)石采用碎石或卵石,级配要适宜。其最大粒径不应大于面层厚度的 2/3;当采用细石混凝土面层时,石子粒径不应大于 15 mm;含泥最不应大于 2%。

4)水宜采用饮用水。

5)根据施工设计要求计算水泥、砂、石等的用量,并确定材料进场日期。

6)按照现场施工平面布置的要求,对材料进行分类堆放和做必要的加工处理。

7)水泥的品种与强度等级应符合设计要求,且有出厂合格证明及检验报告方可使用。

8)砂、石不得含有草根等杂物;砂、石的粒径级配应通过筛分试验进行控制,含泥量应按规范严格控制。

9)水泥混凝土应均匀拌制,且达到设计要求的强度等级。

(3)水磨石整体地面。

1)水泥:所用的水泥强度等级不应小于 32.5 级;原色水磨石面层宜用 42.5 级普通硅酸盐水泥;白色或浅色的水磨石面层,应采用白水泥;深色的水磨石面层,宜采用硅酸盐水泥、普通硅酸盐水泥或矿渣硅酸盐水泥;同一单位工程地面,应使用同一品牌、同一批号的水泥。

2)石子(石米):应采用坚硬可磨的岩石(常用白云石、大理石等)。石粒应洗净无杂物、无风化颗粒,其粒径除特殊要求外,一般用 6～15 mm,或将大、小石料按一定比例混合使用。同一单位工程宜采用同批产地石子,石子大小、颜色均匀。颜色规格不同的石子应分类保管;石子使用前过筛,水洗净晒干备用。

3)玻璃条:用厚 3 mm 普通平板玻璃裁制而成,宽 10 mm 左右(视石子粒径定),长度由分块尺寸决定。

4)铜条:用 2～3 mm 厚铜板,合金铝条厚 1～2 mm,宽度 10 mm 左右(视石子粒径定),长度由分块尺寸决定,一般 1 000～1 200 mm。铜铝条须经调直才能使用,下部 1/3 处每米钻四个孔径 2 mm,穿铁丝备用。

5)颜料:采用耐光、耐碱的矿物颜料,不得使用酸性颜料,要求无结块,同一彩色面层应使用同厂、同批的颜料,其掺入量不大于水泥重量的 12%。如采用彩色水泥,可直接与石子拌和使用。宜用同一品牌、同一批号的颜料。如分两批采购,在使用前必须做试配,确认与施工好的面层颜色无色差才允许使用。

6)砂子:采用细度模数相同,颜色相近的中砂,通过 0.63 mm 孔径的筛,含泥量不得大于 3%。

7)其他:草酸为白色结晶,块状、粉状均可。白蜡用川蜡或地板蜡成品。铅丝直径 $\Phi 0.5$～1.0 mm。

4.2.3　操作要点

(1)水泥砂浆整体地面。

1)清理基层:将基层表面的积灰、浮浆、油污及杂物扫掉并洗干净,明显凹陷处应用水泥砂浆或细石混凝土垫平,表面光滑处应凿毛并清刷干净。

2)刷素水泥浆结合层:宜刷水灰比为 0.4～0.5 的素水泥浆,也可在基层上均匀洒水湿润后,再撒水泥粉,用竹扫帚均匀涂刷,随刷随做面层,应控制一次涂刷面积不宜过大。

3)地面与楼面的标高和找平,控制线应统一弹到房间四周墙上,高度一般比设计地面高 500 mm。有地漏等带有坡度的面层,坡度应满足排除液体要求。

4)打灰饼(打墩)、冲筋(打栏):根据墙身水平墨线标高,用 1:2 干硬性水泥砂浆在地面四周基层上做灰饼,然后拉线打中间灰饼(60 mm×60 mm,与面层完成面同高,用同种砂浆),再用干硬性水泥砂浆做软筋(推栏),高度与灰饼同高,纵横间距约 1.5 m 左右,形成控制标高的"田"字格。在有地漏和坡度要求的地面,应按设计要求做泛水和坡度。对于面积较大的地面,则应用水准仪测出面层平均厚度(厚度应符合设计要求,且不应小于 20 mm),然后边测标高边做灰饼。

5)水泥砂浆面层的施工。

① 基层为混凝土时,常用干硬性水泥砂浆,且以砂浆外表湿润松散、手握成团、不泌水分为准,而水泥焦渣基层可用一般水泥砂浆。使用机械搅拌,投料完毕后的搅拌时间不应少于 2 min,要求拌和均匀,颜色一致。水泥砂浆的配比为1:2(如用强度等级 32.5 的水泥则可用 1:2.5的配比)。

采用干混地面砂浆时,砂浆流动度应为 140～180 mm,保水性应≥90%;采用预拌地面砂浆时,砂浆流动度应为 160～230 mm,保水性应≥80%。

② 找平、第一遍压光:操作时先在两冲筋之间均匀地铺上砂浆,比冲筋面略高,然后用靠尺(压尺)以冲筋为准刮平、拍实,待表面水分稍干后(禁止用水泥粉吸水催干),用木抹子(磨板)打磨,要求把砂眼、凹坑、脚印打磨掉,并用靠尺检查平整度。操作人员在操作半径内打磨完后,即用纯水泥浆(水灰比为 0.6～0.8)均匀满涂面上(厚约 1～2 mm),再用铁抹子(灰匙)抹光。抹时应用力均匀,并向后退着操作,在水泥砂浆初凝前完成。

③ 第二遍压光:在水泥砂浆初凝前,即可用铁抹子压抹第二遍,要求不漏压,做到压实、压光;凹坑、砂眼和踩的脚印都要填补压平。

④ 第三遍压光:在水泥砂浆终凝前,此时人踩上去有细微脚印,当试抹无抹纹时,即可用灰匙(铁抹子)抹压第三遍,压时用劲稍大一些,把第二遍压光时留下的抹纹、细孔等抹平,达到压平、压实、压光。

⑤ 养护:水泥砂浆完工后,第二天要及时浇水养护,使用矿渣水泥时尤其应注意加强养护。必要时可蓄水养护,养护时间宜不少于 7 d。

(2)水泥混凝土整体地面。

1)基层清理:将基层表面的泥土、浮浆块等杂物清理冲洗干净,楼板表面有油污,应用5%～10%浓度的火碱溶液清洗干净。浇铺面层前 1 d 浇水湿润,表面积水应予扫除。

2)打灰饼(打墩)、冲筋(打栏)根据墙身水平墨线标高,在地面四周基层上用同强度等级的混凝土做灰饼,然后拉线打中间灰饼(60 mm×60 mm 见方,与面层完成面同高,用同种混凝土);面积较大的房间为保证房间地面平整度,还要用混凝土做冲筋,高度与灰饼同高,纵横间距约 1.5 m 左右,形成控制标高的"田"字格,用靠尺(压尺)刮平,作为混凝土面层厚度控制的标准。在有地漏和坡度要求的地面,应按设计要求做泛水和坡度。

3)水泥混凝土地面操作。

① 配制混凝土:水泥混凝土的强度等级不应小于 C20。要求拌和均匀,坍落度不宜小于 30 mm,混凝土随拌随用,并按规定留置试块。

② 铺混凝土:铺时预先用模板隔成宽不大于 3 m 的区段,先在已湿润的基层表面均匀扫一道1:0.4～0.5(水泥:水)的素水泥浆,随即分段顺序铺混凝土,随铺随用靠尺(压尺)刮平拍实,表面塌陷处应用细石混凝土补平,再用靠尺(压尺)刮一次,用木抹子搓平。紧接着用长带形平板振动器振捣密实。厚度超过 200 mm 时,应采用插入式振动器,其移动距离不大于作用半径的 1.5 倍,做到不漏振,确保混凝土密实。振捣以混凝土表面出现泌水现象为宜。或用

30 kg 重铁滚筒纵横交错来回滚压 3～5 遍,直至表面出浆为止,然后用木抹搓平。低洼处应用混凝土补平,并应保证面层与基层结合牢固。

③ 撒水泥砂子干面灰:木抹搓平后,在细石混凝土面层上均匀地撒 1∶1 干水泥砂,待灰面吸水后再用靠尺(压尺)刮平,用木抹子搓平。

④ 打抹压光:待 2～3 h 混凝土稍收水后,采用铁抹子压光。压光工序必须在混凝土终凝前完成。

a. 第一遍抹压:用铁抹轻压面层,将脚印压平。

b. 第二遍抹压:当面层开始凝结,地面上有脚印但不下陷时,用铁抹子进行第二遍抹压,尽量不留波纹。

c. 第三遍抹压:当面层上人稍有脚印,而抹压无抹纹时,应用钢皮抹子进行第三遍抹压,抹压时要用力稍大,将抹子纹痕抹平压光为止,压光时间应控制在终凝前完成。

⑤ 施工缝应留置在伸缩缝处,当撤除伸缩缝模板时,用捋角器将边捋压齐平,待混凝土养护完后再清除缝内杂物,按要求分别灌热沥青或填沥青砂浆。

4)分格缝压抹:有分格缝的面层,在撒 1∶1 干水泥砂后,用木杠刮平和木抹子搓平,然后应在地面上弹线,用铁抹子在弹线两侧各 20 cm 宽的范围内抹压一遍,再用溜缝抹子划缝;以后随大面压光时沿分格缝用溜缝抹子抹压两遍,然后交活。

5)施工缝处理:细石混凝土面层不应留置施工缝。当施工间歇超过允许时间规定,在继续浇注混凝土时,应对已凝结的混凝土接搓进行处理,打毛后刷一层素水泥浆,其水灰比为0.4～0.5再浇注混凝土,并应捣实压,不显接头搓。

6)垫层或楼面兼面层施工:应采用随捣随抹的方法。当面层表面出现泌水时,可加干拌的水泥和砂进行撒匀,其水泥与砂的体积比宜为 1∶2.0～1∶2.5,并应用以上同样的方法进行抹平和压光工作。

7)养护:压光 12 h 后即覆盖并洒水养护,养护应确保覆盖物湿润,每天应洒水 3～4 次,时间不少于 7 d(天热时增加洒水次数,约需延续 10～15 d 左右)。但当日平均气温低于 5℃ 时,不得浇水。

(3)水磨石整体地面。

1)找标高,弹水平线,打灰饼,冲筋。

打灰饼(打墩)、冲筋:根据水准基准线(如:+500 mm 水平线),在地面四周做灰饼,然后拉线打中间灰饼(打墩),再用干硬性水泥砂浆做软筋(推栏),软筋间距约 1.5 m 左右。在有地漏和坡度要求的地面,应按设计要求做泛水和坡度。对于面积较大的地面,则应用水准仪测出面层平均厚度,然后边测标高边做灰饼。

2)刷素水泥浆结合层:宜刷水灰比为 0.4～0.5 的素水泥浆,也可在基层上均匀洒水湿润后,再撒水泥粉,用竹扫(把)帚均匀涂刷,随刷随做面层,并控制一次涂刷面积不宜过大。

3)铺抹水泥砂浆找平层:找平层用 1∶3 干硬性水泥砂浆,先将砂浆摊平,再用靠尺(压尺)按冲筋刮平,随即用灰板(木抹子)抹平压实,要求表面平整、密实保持粗糙。找平层抹好后,第二天应浇水养护至少 1 d。

4)分格条镶嵌。

① 找平层养护 1 d 后,先在找平层上按设计要求弹出纵横两向直线或图案分格墨线,然后按墨线裁分格条。

② 用素水泥浆在分格条下部，抹成八字角（与找平层约成 30°角），将其固定牢固，铜条穿的铁丝要埋好。水泥浆的涂抹高度比分格条低 3～5 mm，如图 1 所示。分格条应镶嵌牢固，接头严密，顶面在同一水平面上，并拉通线检查其平整度及顺直。

③ 分格条镶嵌好后，隔 12 h 开始浇水养护，最少应养护 2 d。

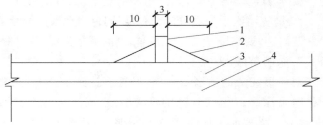

图 4　水磨石地面分格条安装示意图
1—分格条；2—素水泥浆；3—水泥砂浆找平层；4—垫层或楼板。

5）抹石子浆（石米）面层。

① 水泥石子浆必须严格按照配合比计量。若彩色水磨石应先按配合比将白水泥和颜料反复干拌均匀，拌完后密筛多次，使颜料均匀混合在白水泥中，并注意调足用量以备补浆之用，以免多次调和产生色差，最后按配合比与石米搅拌均匀，然后加水搅拌。

② 铺水泥石子浆前一天，洒水将基层充分湿润。在涂刷素水泥浆结合层前应将分格条内的积水和浮砂清除干净，接着刷水泥浆一遍，水泥品种与石子浆的水泥品种一致，随即将水泥石子浆先铺在分格条旁边，先将分格条边约 100 mm 内的水泥石子浆轻轻抹平压实，以保护分格条，然后再整格铺抹，用灰板（木抹子）或铁抹子（灰匙）抹平压实，（石子浆配合比一般为 1：1.25 或 1：1.5）但不应用靠尺（压尺）刮。面层应比分格条高 5 mm，如局部石子浆过厚，应用铁抹子（灰匙）挖去，再将周围的石子浆刮平压实，对局部水泥浆较厚处，应适当补撒一些石子，并压平压实，要达到表面平整，石子（石米）分布均匀。

③ 石子浆面至少要经两次用毛刷（横扫）粘拉开面浆（开面），检查石粒均匀（若过于稀疏应及时补上石子）后，再用铁抹子（灰匙）抹平压实，至泛浆为止。要求将波纹压平，分格条顶面上的石子应清除掉。

④ 在同一平面上如有几种颜色图案时，应先做深色，后做浅色。待前一种色浆凝固后，再抹后一种色浆。两种颜色的色浆不应同时铺抹，以免做成串色，界线不清，影响质量。但间隔时间不宜过长，一般可隔日铺抹。

⑤ 养护：石子浆铺抹完成后，次日起应进行浇水养护，并应设警戒线严防行人踩踏。

6）磨光。

① 大面积施工宜用机械磨石机研磨，小面积、边角处可使用小型手提式磨石机研磨。对局部无法使用机械研磨时，可用手工研磨。开磨前应试磨，若试磨后石粒不松动，即可开磨。一般开磨时间同气温、水泥强度等级品种有关，可参考表 1 的参数。

② 磨光作业应采用"两浆三磨"方法进行，即整个磨光过程分为磨光三遍，补浆两遍。

a. 用 60～80 号粗石磨第一遍，随磨随用清水冲洗，并将磨出的浆液及时扫除。对整个水磨面，要磨匀、磨平、磨透，使石粒面及全部分格条顶面外露。

表 1　水磨石开磨时间参数表

平均温度（℃）	开磨时间（d）	
	机　磨	人工磨
20～30	3～4	2～3
10～20	4～5	3～4
5～10	5～6	4～5

b. 磨完后要及时将泥浆冲洗干净，稍干后，涂刷一层同颜色水泥浆（即补浆），用以填补砂眼和凹痕，对个别脱石部位要填补好，不同颜色上浆时，要按先深后浅的顺序进行。

c. 补刷浆第二天后需养护 3~4 d,然后用 100~150 号磨石进行第二遍研磨,方法同第一遍。要求磨至表面平滑,无模糊不清之处为止。

d. 磨完清洗干净后,再涂刷一层同色水泥浆。继续养护 3~4 d,用 180~240 号细磨石进行第三遍研磨,要求磨至石子粒显露,表面平整光滑,无砂眼细孔为止,并用清水将其冲洗干净。

7)涂刷草酸出光。

对研磨完成的水磨石面层,经检查达到平整度、光滑度要求后,即可进行擦草酸打磨出光。操作时可涂刷 10%~15% 的草酸溶液,或直接在水磨石面层上浇适量水及撒草酸粉,随后用 280~320 号细油石细磨,磨至出白浆、表面光滑为止。然后用布擦去白浆,并用清水冲洗干净并晾干。

8)打蜡抛光。

按蜡:煤油=1:4 的比例加热熔化,掺入松香水适量,调成稀糊状,用布将蜡薄薄地均匀涂刷在水磨石面上。待蜡干后,用包有木块的麻布代替油石装在磨石机的磨盘上进行磨光,直到水磨石表面光滑沽亮为止。

9)高级水磨石研磨和抛光研磨可概括为"五浆五磨",即在普通水磨石面层"两浆三磨"后,增加三浆两磨,应分别使用 60~300 号油石,共计磨五遍。当第五遍研磨结束,补涂的水泥浆养护 2~3 d 后,方可进行抛光。高级水磨石的厚度和磨光遍数由设计确定。抛光应分七道工序完成,使用油石规格依次为:400 号、600 号、800 号、1000 号、1200 号、1600 号和 2500 号。

5 劳动力组织

(1)对管理人员和技术人员的组织形式的要求:制度健全,并能执行。

(2)施工队伍有专业技术管理人员,操作人员持证上岗。

(3)整体地面施工劳动力组织见表 2。

6 机具设备配置

(1)水泥砂浆整体地面。

砂浆搅拌机、拉线和靠尺、抹子和木杠、捋角器及地面抹光机(用于水泥砂浆面层的抹光)。

(2)水泥混凝土整体地面。

混凝土搅拌机、拉线和靠尺、抹子和木杠、捋角器及地辗(用于碾压混凝土面层,代替平板振动器的振实工作,且在碾压的同时,能提浆水,便于表面抹灰)。

(3)水磨石整体地面。

磨石机、手提磨石机、拉线和靠尺、抹子和木杠、捋角器及地辗(用于碾压混凝土面层,代替平板振动器的振实工作,且在碾压的同时,能提浆水,便于表面抹灰)。

表 2 整体地面施工劳动力组织

工 作 内 容	单 位	工 日
水泥砂浆整体地面	100 m²	22
水泥混凝土整体地面	100 m²	20~25
水磨石整体地面	100 m²	62~120

7 质量控制要点

7.1 质量控制要求

(1)水泥砂浆整体地面。

1)面层不得起砂、起皮、空鼓和裂缝。

2)面层不得有积水或倒流水现象。

(2)水泥混凝土整体地面。

1)面层不得起砂、起皮、空鼓和裂缝。

2)面层不得有积水或倒流水现象。

3)分格缝的间距≤6 m,最大块面积≤36 m²。

4)工业厂房及车库做水泥混凝土面层,其混凝土中粉煤灰掺量不宜大于5%。

(3)水磨石整体地面。

1)石粒显露均匀,镶条显样清晰、平顺,表面平整。

2)分格块内四角无空鼓现象。

7.2 质量检验标准

7.2.1 主控项目

(1)水泥砂浆整体地面。

1)水泥采用硅酸盐水泥、普通硅酸盐水泥,其强度等级不应小于32.5级,不同品种、不同强度的水泥严禁混用;砂应为中粗砂,当采用石屑时,其粒径应为1~5 mm,且含泥量不应大于3%。

检验方法:观察检查和检查材质合格证明文件及检测报告。

2)水泥砂浆面层的体积比(强度等级)必须符合设计要求;且体积比应为1:2,强度等级不应小于M15。

检验方法:检查配合比通知单和检测报告。

3)面层与下一层应结合牢固,无空鼓、裂纹。空鼓面积不应大于400 cm²,且每自然间(标准间)不多于2处可不计。

检验方法:用小锤轻击检查。

4)干混或预拌地面砂浆进入施工现场,必须提交检验报告,同时要对其抗压强度、流动度、保水性进行复验。

干混或预拌地面砂浆强度验收时,其合格标准必须符合以下规定:

① 同一验收批砂浆试块抗压强度平均值必须大于或等于设计强度等级所对应的立方体抗压强度。

② 同一验收批砂浆试块抗压强度的最小一组平均值必须大于或等于设计等级所对应的立方体抗压强度的0.75倍。

(2)水泥混凝土整体地面。

1)水泥混凝土采用的粗骨料,其最大粒径不应大于面层厚度的2/3,细石混凝土面层采用的石子粒径不应大于15 mm。

检验方法:观察检查和检查材质合格证明文件及检测报告。

2)面层的强度等级应符合设计要求,且水泥混凝土面层强度等级不应小于C20;水泥混凝土垫层兼面层的强度等级不应小于C15。

检验方法:检查配合比通知单及检测报告。

3)面层与下一层应结合牢固,无空鼓、裂纹。空鼓面积不应大于400 cm²,且每自然间(标准间)不多于2处可不计。

检验方法:用小锤轻击检查。

(3)水磨石整体地面。

1)水磨石面层的石粒,应采用坚硬可磨的岩石(如:白云石、大理石等),石粒应洁净无杂物,其粒径除特殊要求外应为 6～15 mm;水泥强度等级不应小于 32.5;颜料应采用耐光、耐碱的矿物原料,不得用酸性颜料。

检验方法:观察检查和检查材质合格证明文件。

2)水磨石面层拌和的体积比应符合设计要求,或通过试验确定。一般为水泥∶石粒＝1∶1.5～1∶2.5。

检验方法:检查配合比通知单和检测报告。

3)面层与下一层结合牢固,无空鼓、裂纹。空鼓面积不应大于 400 cm² ,且每自然间(标准间)不多于 2 处可不计。

检验方法:用小锤轻击检查。

7.2.2　一般项目

(1)水泥砂浆整体地面。

1)面层表面的坡度应符合设计要求,不得有倒泛水和积水现象。

检验方法:观察和采用泼水或坡度尺检查。

2)面层表面应沽净,无裂纹、脱皮、麻面、起砂等缺陷。

检验方法:观察检查。

3)踢脚线与墙面应紧密结合,高度一致,出墙厚度均匀。局部空鼓长度不应大于300 mm,且每自然间(标准间)不多于 2 处可不计。

检验方法:用小锤轻击、钢尺和观察检查。

4)楼梯踏步的宽度、高度应符合设计要求。楼层梯段相邻踏步高度差不应大于 10 mm,每踏步两端宽度差不应大于 10 mm;旋转楼梯梯段的每踏步两端宽度的允许偏差为 5 m,梯踏步的齿角应整齐,防滑条应顺直。

检验方法:观察和钢尺检。

5)水泥砂浆面层的允许偏差应符合表 3 的规定。

检验方法:应按表中的检验方法进行检验。

表 3　水泥砂浆整体面层的允许偏差和检验方法

项　　次	项　　目	允许偏差(mm)	检　验　方　法
1	表面平整度	3	用 2 m 靠尺和楔形塞尺检查
2	踢脚线上口平直	4	拉 5 m 线和用钢尺检查
3	缝格平直	3	—

(2)水泥混凝土整体地面。

1)面层表面不应有裂纹、脱皮、麻面、起砂等缺陷。

检验方法:观察检查。

2)面层表面的坡度应符合设计要求,不得有倒泛水和积水现象。

检验方法:观察和采用泼水或用坡度尺检查。

3)水泥砂浆踢脚线与墙面应紧密结合,高度一致,出墙厚度均匀。局部空鼓长度不应大于300 mm,且每自然间(标准间)不多于 2 处可不计。

检验方法:用小锤轻击、钢尺和观察检查。

4)楼梯踏步的宽度、高度应符合设计要求。楼层梯段相邻踏步高度差不应大于 10 mm,每踏步两端宽度差不应大于 10 mm;旋转楼梯梯段的每踏步两端宽度的允许偏差为 5 mm。

楼梯踏步的齿角应整齐,防滑条应顺直。

检验方法:观察和钢尺检查。

5)水泥混凝土面层的允许偏差应符合表 4 的规定。

检验方法:按表中的检验方法检查。

表 4　水泥混凝土整体面层的允许偏差和检验方法

项　次	项　目	允许偏差(mm)	检　验　方　法
1	表面平整度	4	用 2 m 靠尺和锲形塞尺检查
2	踢脚线上口平直	4	拉 5 m 线和用钢尺检查
3	缝格平直	3	

(3)水磨石整体地面。

1)面层表面应光滑;无明显裂纹、砂眼和磨纹;石粒密实,显露均匀;颜色图案一致,不混色;分格条牢固、顺直和清晰。

检验方法:观察检查。

2)踢脚线与墙面应紧密结合,高度一致,出墙厚度均匀。局部空鼓长度不应大于300 mm,且每自然间(标准间)不多于 2 处可不计。

检验方法:用小锤轻击、钢尺和观察检查。

3)楼梯踏步的宽度、高度应符合设计要求。楼层梯段相邻踏步高度差不应大于 10 mm,每踏步两端宽度的允许偏差不应大于 10 mm;旋转楼梯梯段的每踏步两端宽度的允许偏差为 5 mm。楼梯踏步的齿角应整齐,防滑条应顺直。

检验方法:观察和钢尺检查。

4)水磨石面层的允许偏差应符合规定。

检验方法:按表 5 的检验方法进行检验。

表 5　水磨石面层的允许偏差和检验方法(单位:mm)

项　次	项　目	水磨石面层允许偏差		检　验　方　法
		普通水磨石	高级水磨石	
1	表面平整度	3	2	用 2 m 靠尺和锲形塞尺检查
2	踢脚线上口平直	3	3	拉 5 m 线和用钢尺检查
3	缝格平直	3	2	

7.3　质量通病防治

(1)水泥砂浆整体地面。

1)起砂、起泡质量通病的原因:水泥质量不好(过期或受潮至使强度降低),水泥砂浆搅拌不均匀,砂子过细或含泥量过大,水灰比过大,压光遍数不够及压光过早或过迟,养护不当等。

预防措施:原材料一定要经过试验合格才能使用;严格控制好水灰比,用于地面面层的水泥砂浆稠度不宜大于 3.5 cm;掌握好面层的压光时间,水泥地面的压光一般不应少于三遍,第一遍随铺随进行,第二遍压光应在初凝后终凝前完成,第三遍主要是消除抹痕和闭塞细毛孔,亦要求在水泥终凝前完成,同时连续养护时间不应少于 7 d。

2)面层空鼓(起壳)质量通病的原因:砂子粒度过细,水灰比过大,基层清理不干净,基层表面不够湿润或表面积水,未做到素水泥浆随扫随做面层砂浆。

预防措施:在面层水泥砂浆施工前应严格处理好底层(清洁、平整、湿润),重视原材料质量,素水泥浆应与铺设面层紧密配合,严格做好随刷随铺。

3)地面积水或倒流水。其原因是厕浴间、厨房等有地漏的房间地面在打灰饼时未按设计或规范要求做好和坡度。

预防措施:施工时必须先弹好坡度线,确定好坡度走向和泛水位置。

(2)水泥混凝土整体地面。

1)面层起砂质量通病的原因:主要是配合比不当、水泥强度等级过低或安定性不合格、砂子过细或含泥量过大以及水泥混凝土的水灰比太大等原因造成。

预防措施:主要是控制面层所使用的水泥、砂、石等材料的强度和粒径等,还应控制面层的抹压工序和成活遍数。

2)面层起皮质量通病的原因:其酿成的原因主要是成活后的地面早期受冻、压光时撒了干水泥灰吸收水分、混凝土干压不动时采用了洒水抹压。

预防措施:严禁洒水抹压,如混凝土太干可在混凝土上洒水,但应严格控制洒水量并拌和均匀,再将混凝土铺平拍实压光;在混凝土面层产生泌水现象时,严禁在其上铺撒干水泥灰,必要时采用1:1的干水泥砂子拌和均匀后,铺撒在泌水过多的面层上进行压光;冬期施工时,对地面所用水泥必须提高强度等级,并在混凝土中加抗冻剂及保温防护措施;控制浇水养护在终凝前24 h后进行。

3)面层空鼓质量通病的原因:基层清理不干净或表面酥松、压实密度差。

预防措施:结构基层的强度必须满足设计要求,稳定性好,表面坚实(否则应铲除且清理后修补);对基层彻底清理晾干后刷水泥素浆才可铺面层;混凝土铺设时应严格控制振捣程序,确保面层密实后将表面刮平。

4)裂缝质量通病的原因:主要是装配式楼板顺板缝方向的裂缝和板沿搁置方向的裂缝,特别是进深梁上板沿搁置方向开裂;基土松散、地面下沉等原因使承重基体的承载力弱,受力后产生变形,导致地面面层开裂;进深梁受力产生负弯矩,梁上的板面因梁的变形而受拉开裂。

预防措施:严格控制基层结构强度和稳定性,特别是控制楼板的安装、板与墙或梁的连接及嵌缝的质量;控制地面混凝土垫层、炉渣垫层及找平层的质量。

5)地面积水或倒流水。其原因是厕浴间、厨房等有地漏的房间地面在打灰饼时未按设计或规范要求做好和坡度。

预防措施:施工时必须先弹好坡度线,确定好坡度走向和泛水位置。

(3)水磨石整体地面。

1)石粒显露不均匀,镶条显样不清,表面不平整质量通病的原因。

① 石子规格不好,拌制不均匀及配合比不够准确。

② 铺抹不平整,没有用毛刷拉面(开面)检查石粒的均匀度,应在拉面(开面)后对差石粒部位补上石子后才搓平。

③ 磨面深度不均匀。

预防措施:施工前石子进行筛选、清洗、晒干,严格按配合比及操作规程拌制,拌和要求均匀;镶条按要求粘贴固定;控制好面层强度,掌握开磨时间和磨面平顺。

2)分格块内四角空鼓质量通病的原因。

① 基层清扫不干净,不够湿润。

② 基层扫浆不均匀。

预防措施:基层表面的泥土、油污、浮浆块等杂物清理冲洗干净。浇铺面层前 1 d 浇水湿润,并扫除表面积水。石子浆装箱前,用水灰比为 0.4～0.5 的素水泥浆均匀涂刷在基层表面上,然后将拌和好的石子浆装入箱内,先装四周再装中部。

3)分格条掀起,显露不清晰质量通病的原因。

① 石子浆铺抹后高出分格条的高度不一致。

② 磨面没有严格掌握平顺均匀。

预防措施:严格控制石子浆装入箱内的厚度。

7.4 成品保护

(1)水泥砂浆整体地面。

1)当水泥砂浆整体面层的抗压强度达到设计要求后,其上表面方可走人,且在养护期内严禁在饰面上推动手推车、放重物品及随意践踏。

2)推手推车时不许碰撞门立边和栏杆及墙柱饰面,门框适当要包铁皮保护,以防手推车轴头碰撞门框。

3)施工时不得碰撞水电安装用的水暖立管等。保护好地漏、出水口等部位的临时堵头,以防灌入浆液杂物造成堵塞。

4)施工过程中被玷污的墙柱面、门窗框、设备立管线要及时清理干净。

(2)水泥混凝土整体地面。

1)当水泥混凝土整体面层的抗压强度达到设计要求后,其上面方可走人,且在养护期内严禁在饰面上推动手推车、放重物品及随意践踏。

2)推手推车时不许碰撞门立边和栏杆及墙柱饰面,门框适当要包铁皮保护,以防手推车轴头碰撞门框。

3)施工时不得碰撞水电安装用的水暖立管等,保护好地漏、出水口等部位的临时堵头,以防灌入浆液杂物造成堵塞。

4)施工过程中被玷污的墙柱面、门窗框、设备立管线要及时清理干净。

5)不得在已做好的面层上拌和砂浆,调配涂料等。

(3)水磨石整体地面。

1)推手推车时不许碰撞门口立边和栏杆及墙柱饰面,门框适当要包铁皮保护,以防手推车轴头碰撞门框。

2)施工时不得碰撞水暖立管等。并保护好地漏、出水口等部位安放的临时堵头,以防灌入浆液杂物造成堵塞。

3)磨石机应有罩板,以免浆水四溅玷污墙面,施工时污染的墙柱面、门窗框、设备及管线要及时清理干净。

4)养护期内(一般宜不少于 7 d),严禁在饰面推手推车,放重物及随意践踏。

5)磨石浆应有组织排放,及时清运到指定地点,并倒入预先挖好的沉淀坑内,不得流入地漏、下水排污口内,以免造成堵塞。

6)完成后的面层,严禁在上面推车随意践踏、搅拌浆料、抛掷物件。堆放料具实物时要采取隔离防护措施,以免损伤面层。

7)在水磨石面层磨光后,其表面不得污染。

8)不得在已做好的面层上拌和砂浆,调配涂料等。

7.5　季节性施工措施

冬期施工措施

(1)水泥采用强度等级 32.5 以上普通硅酸盐水泥或矿渣硅酸盐水泥,冬期施工时宜采用强度等级 42.5 普通硅酸盐水泥,严禁混用不同品种、不同强度等级的水泥。

(2)冬期施工时,对地面所用水泥必须提高强度等级,并在混凝土中加抗冻剂及保温防护措施;控制浇水养护在终凝前 24 h 后进行。

7.6　质量记录

(1)水泥砂浆整体地面。

1)水泥砂浆面层技术、安全交底及施工方案。

2)建筑地面工程水泥砂浆面层检验批和分项工程质量验收记录。

3)建筑地面工程子分部工程质量验收记录。

4)原材料出厂检验报告和质量合格证文件、材料进场检(试)验报告(含抽样报告)。

5)面层的强度等级试验报告。

6)建筑地面工程子分部工程质量验收应检查的安全的功能项目。

(2)水泥混凝土整体地面。

1)水泥混凝土面层技术、安全交底及施工方案。

2)混凝土地面面层分项工程质量验收记录。

3)地面工程子分部工程质量验收检查文件及记录。

4)原材料出厂检验报告和质量合格证文件、材料进场检(试)验报告(含抽样报告)。

5)混凝土抗压强度报告及配合比通知单。

(3)水磨石整体地面。

1)水磨石面层施工技术、安全交底及施工方案。

2)建筑地面工程水磨石面层质量验收检查文件及记录。

① 建筑地面工程设计图纸和变更文件等。

② 原材料出厂检验报告和质量合格证文件、材料进场检(试)验报告(含抽样报告)。

③ 各层的强度等级、密实度等试验报告和记录。

④ 建筑地面工程水磨石面层检验批质量验收记录。

3)建筑地面工程子分部工程质量验收应检查的安全的功能项目。

① 有防水要求的建筑地面子分部工程的分项工程施工质量的蓄水检验记录及抽查复检记录。

② 建筑地面板块面层铺设子分部工程的材料证明资料。

8　安全、环保及职业健康措施

8.1　职业健康安全关键要求

(1)水泥砂浆(水泥混凝土)整体地面。

1)石灰、水泥等含碱性,对操作人员的手有腐蚀作用,施工人员应配戴防护手套。

2)砂浆/混凝土的拌制过程中操作人员应戴口罩等防尘劳保用具。

3)清理楼面时,禁止从窗口、留洞口和阳台等处直接向外抛扔垃圾、杂物。

4)操作人员剔凿地面时要带防护眼镜。

5)夜间施工或在光线不足的地方施工时,应采用 36 V 的低压照明设备,地下室照明用电不超过 12 V。

6)非机电人员不准乱支机电设备。

7)用卷扬机井架作垂直运输时,要注意联络信号,待吊笼平层稳定后再进行装卸操作。

8)室内推手推车拐弯时,要注意防止车把挤手。

9)施工时随做随清,保持现场的整洁干净。

(2)水磨石整体地面。

1)拌制石子浆时,水泥的粉尘对人体有害,操作工人应进行防尘防护。

2)磨石机打磨时,声音对人体有害,操作工人应做噪声防护。

3)清理楼面时,禁止从窗口、留洞口和阳台等处直接向外抛扔垃圾、杂物。

4)夜间施工或在光线不足的地方施工时,现场照明应符合施工用电安全要求。

5)用卷扬机井架作垂直运输时,要注意联络信号,待吊笼平层稳定后再进行装卸操作。

6)室内推手推车拐弯时,要注意防止车把挤手。

7)磨石机在操作前应试机检查,确认电线插头牢固,无漏电才能使用;开磨时磨石机电线、配电箱应架空绑牢,以防受潮漏电;配电箱内应设漏电保护开关,磨石机应设可靠安全接地线。

8)特殊工种,其操作人员必须持证上岗。磨石机操作人员应穿高筒绝缘胶靴及戴绝缘胶手套,并经常进行有关机电设备安全操作教育。

9)非机电人员不准乱动机电设备。

8.2 环境关键要求

(1)水泥砂浆(水泥混凝土)整体地面。

1)拌制砂浆(混凝土)时所排除的污水需经处理后才能排放。

2)施工过程产生的建筑垃圾运至指定地点丢弃。

3)施工后砂浆(混凝土)面层表面应及时清理,保持环境的干净整齐。

(2)水磨石整体地面。

1)拌制的石子浆一次使用完,结硬的石子浆不允许乱丢弃,集中堆放至指定地点,运出场地。

2)采取专项措施,减少打磨时的噪声对周围环境的影响。

板块地面工程施工工艺

板块地面广泛运用于工业与民用建筑地面装饰工程。板块地面种类很多,工程中常用的有砖地面、大理石和花岗岩地面、预制板块地面、塑料地板地面等。

1　工艺特点

(1)砖地面。

1)砖面层的种类有缸砖、瓷砖、陶瓷锦砖和水泥砖板块。

2)缸砖、瓷砖和陶瓷锦砖表面致密光洁、耐磨、吸水率低、不变色。面砖铺设花样品种繁多,经久耐用、易保持清洁,但造价偏高,工效低,属于中高档装修,主要用于人流量大、耐磨损、清洁要求高或经常有水,比较潮湿的场所。

3)水泥砖属工厂压制成型、养护而成,密实度比一般水泥制品高,但日久会褪色。

(2)大理石和花岗岩地面。

大理石和花岗岩表面致密光洁、耐磨、吸水率低、不变色。面砖铺设花样品种繁多,经久耐用、易保持清洁,但造价偏高,工效低,属于高档装修,主要用于人流量大、耐磨损、清洁要求高或经常有水,比较潮湿的场所。

(3)预制板块地面。

1)预制板块面层的种类有预制水磨石板块和预制水泥混凝土板块。

2)预制水磨石板块和预制水泥混凝土板块属工厂加工而成,密实度、光洁度、吸水率比一般水泥制品高,不变色。

(4)塑料地板地面。

1)塑料板块是以聚氯乙烯树脂为基料,加入增塑剂、填充料、稳定剂、颜料等经塑化热压而成的建筑材料。聚氯乙烯地面色彩丰富、装饰性强、耐湿性好、耐磨、富有弹性。

2)价格较低,使用普遍。

3)工艺较简单,操作方便。

4)不耐高温、怕火、易老化。

2　工艺原理

砖面层的材料有:缸砖(或瓷砖、陶瓷锦砖、水泥砖板块)、水泥、砂子、矿物颜料、沥青胶结料或胶粘剂等。砖面层的铺设是在垫层与面层之间增设一道水泥砂浆附加层(粘结、找平层),将面砖与基层粘结平顺、牢固。

大理石(或花岗岩)面层的材料有:天然大理石(或花岗岩)、水泥、砂子、矿物颜料、草酸、蜡等。大理石(或花岗岩)面层的铺设是在垫层与面层之间增设一道水泥砂浆附加层(粘结、找平层),将大理石(或花岗岩)面层与基层粘结平顺、牢固。

预制板块面层的材料有:预制水磨石板块(或预制水泥混凝土板块)、水泥、砂子、石膏粉、草酸、蜡等。预制水磨石板块(或预制水泥混凝土板块)面层的铺设是在垫层与面层之间增设一道水泥砂浆附加层(粘结、找平层),将预制板块面层与基层粘结平顺、牢固。

塑料制品借粘结剂粘贴在水泥砂浆找平层上即可。塑料板块面层施工工艺比较简单,操作也比较方便。

3　适用范围

(1)砖地面:适用于一般工业与民用建筑地面工程砖面层的施工。

(2)大理石和花岗岩地面:适用于高级公共建筑及高级室内铺设大理石、花岗岩的地面工程。

(3)预制板块地面:适用于工业与民用建筑的厂区、庭院道路、停车场及室内建筑等,铺设预制混凝土板块和水磨石板块面层。

(4)塑料地板地面:适用于工业与民用建筑铺贴塑料板面层地面地面。

4　工艺流程及操作要点

4.1　工艺流程

4.1.1　作业条件

(1)砖地面。

1)墙柱饰面、天棚(天花)粉刷吊顶施工完毕。

2)门框、各种管线、预埋件安装完毕,并经检验合格;门窗边用1:3水泥砂浆将缝隙堵塞严实。铝合金门窗框事先粘好保护层,框边缝所用嵌塞材料应符合设计要求,并塞堵密实。

3)楼地面各种孔洞缝隙应事先用细石混凝土灌填密实(细小缝隙可用水泥砂浆灌填),穿楼地面的套管、地漏做完,地面防水层做完,并完成蓄水试验办好检验手续。

4)内墙面弹好水准基准墨线(如:+50 cm或+100 cm水平标高线,各开间中心十字线及花样品种分隔线),并校核无误。

5)门框保护好,防止手推车碰撞。

6)楼地面基层清理干净,无积水现象。

7)按面砖的尺寸、颜色进行选砖,并分类存放备用,做好排砖设计。

8)缸砖、陶瓷地砖和水泥砖板块在铺贴前一天,应浸透、晾干备用。

9)大面积施工前应先放样并做样板,确定施工工艺及操作要点,并向施工人员交好底才能施工。样板完成后必须经鉴定合格后方可按样板要求大面积施工。

(2)大理石和花岗岩地面。

1)做好墙柱面、天棚(天花)、吊顶及楼地面的防水层和保护层。

2)门框和楼地面预埋件及水电设备管线等施工完毕并经检查合格。

3)各种立管孔洞等缝隙应先用细石混凝土灌实堵严(细小缝隙可用水泥砂浆灌堵)。

4)大理石板块(花岗岩板块)进场后应侧立堆放在室内。侧立堆放,底下应加垫木方,详细核对品种、规格、数量、质量等是否符合设计要求,有裂纹、缺棱掉角的不能使用。

5)室内抹灰、地面垫层、水电设备管线等均已完成。

6)在四周墙身弹好+50 cm的水平墨线;弹好各开间中心线(十字线)及花样品种分隔线。

7)选料:铺设前对石板的规格、颜色、品种、数量进行清理、检查、核对和挑选。同一房间、开间应按配花、颜色、品种挑选尺寸基本一致,色泽均匀,花纹通顺的进行预编,安排编号,侧立堆放在垫木上,待铺贴时按号取用。必要时需绘制排版图,按图铺贴。凡是规格、颜色不符合设计要求,有裂纹、掉角、窜角、翘曲等缺陷的应排出,品种不同的板材不得混杂使用。碎拼的大理石、花岗岩应提前按图预拼编号。

8）工程材料已经备齐运到现场，经检查材质符合要求。

9）设加工棚，安装好台钻及砂轮锯，并接通水、电源，需要切割钻孔的板，在安装前加工好。

（3）预制板块地面。

1）屋面防水层、顶棚、内墙抹灰已经完成；门框已经立好并保护；各种管线、预埋件已安装完毕。

2）地漏已经遮盖；穿过楼地面的管洞已堵实堵严。

3）面垫层已做好，其强度达到 5.0 MPa 以上。

4）在墙面上已弹好或设置控制面层标高和排水坡度的水平基准线或标志（如：弹＋500 mm 或＋1 000 mm 水平墨线）。

5）工程材料已经备齐运到现场，经检查材质符合要求。

6）铺设前先检查预制板块的颜色、规格、尺寸是否符合设计要求，并进行挑选，将有裂纹、掉角、窜角、翘曲等缺陷的板块排出，不得使用。

7）设置加工间，安装好砂轮切割机等设备；接通水、电源。

（4）塑料地板地面。

1）塑料板地面铺贴应待顶棚、墙面、门窗、水泥地面、涂料工程以及水、电、暖通、设备安装工程施工（调试）完成，并验收合格；尽量减少与其他工序的穿插，以防止损坏污染板面。

2）塑料板面层是聚氯乙烯或石棉塑料板用胶粘剂铺贴而成。施工时的室内相对湿度不应大于 80％。施工作业温度不应低于 10 ℃。

3）塑料板地面的基层表面平整度，用 2 m 靠尺检查，允许空隙不得超过 2 mm。

4）在水泥地面铺贴塑料面层，其表面应平整、坚硬、干燥、无油脂及其他杂质（包括砂粒），不得有麻面、起砂、裂缝等缺陷。含水率不应大于 8％。如有麻面宜采用乳液腻子等修补平整，修补时先用石膏乳液腻子嵌补找平，用砂纸打毛，用滑石粉乳液腻子刮第一遍，直到基层平整，无浮灰后，再用水稀释的乳液涂刷一遍以增加基层的整体性和粘结力。基层若有空鼓、离层等应进行凿除后，用水泥砂浆或聚合物水泥砂浆修补平整。

5）在水磨石或陶瓷锦砖基层铺贴塑料板地面时，基层的表面应用碱水洗去污垢后，再用稀硫酸腐蚀表面（或用砂轮推磨），以增加基层粗糙度，铺贴时宜耐水胶粘剂。

6）在木板基层铺贴塑料板地面时，木板基层的木搁栅应坚实，凸出的钉帽应敲平并进入基层表面，板缝可用胶粘剂配腻子填补修平。

7）墙体踢脚处预留木砖位置已标出。

4.1.2　工艺流程图

（1）砖地面。

砖地面工艺流程图如图 1 所示。

图 1　砖地面工艺流程图

（2）大理石和花岗岩地面。

大理石和花岗岩地面工艺流程图如图 2 所示。

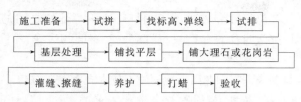

图 2 大理石和花岗岩地面工艺流程图

（3）预制板块地面。

预制板块地面工艺流程图如图 3 所示。

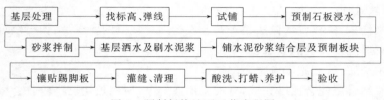

图 3 预制板块地面工艺流程图

（4）塑料地板地面。

1）胶粘铺贴工艺流程图如图 4 所示。

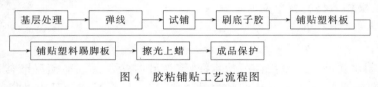

图 4 胶粘铺贴工艺流程图

2）焊接铺贴工艺流程图如图 5 所示。

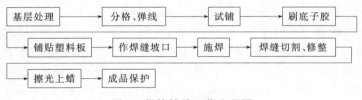

图 5 焊接铺贴工艺流程图

4.2 操作要点

4.2.1 技术准备

（1）砖地面。

1）熟悉图纸，了解工程做法和设计要求，制定详细的施工方案后，向施工队伍做详细的技术交底。

2）各种进场原材料规格、品种、材质等符合设计要求，质量合格证明文件齐全，进场后进行相应验收，需复试的原材料进场后必须进行相应复试检测，合格后方可使用；并有相应施工配合比通知单。

3）已做好样板，并经各方验收合格。

4）做好基层（防水层）等隐蔽工程验收记录。

（2）大理石和花岗岩地面。

1)熟悉图纸,了解各部位尺寸和做法,弄清洞口、边角等部位之间的关系,画出大理石、花岗岩地面的施工排版图;排版时注意非整块石材应放于房间的边缘,不同材质的地面交接处应在门口分开。

2)工程技术人员应编制大理石和花岗岩地面施工技术方案,并向施工队伍做详尽的技术交底。

3)各种进场原材料规格、品种、材质等符合设计要求,质量合格,证明文件齐全,进场后进行相应验收。需复试的原材料进场后必须进行相应复试检侧,合格后方可使用;并有相应施工配合比通知单。

4)已做好样板,并经各方验收。

(3)预制板块地面。

1)进行图纸会审,复核设计做法是否符合现行国家规范的要求,结构与建筑标高差是否满足各构造层的总厚度及找坡的要求。

2)做好技术交底,编制施工方案。

3)水泥砂浆结合层配合比已完成,有配合比通知单,所用板块已经验收合格。

(4)塑料地板地面。

1)绘制大样图,确定塑料板铺贴形式、整块塑料板用量、边角用料尺寸及数量。

2)已做好样板间,并经建设单位、监理单位、设计单位、施工单位共同检验合格。

3)对工长及操作人员的技术交底已完成。

4.2.2 材料要求

(1)砖地面。

1)水泥:配制水泥砂浆应采用硅酸盐水泥,普通硅酸盐水泥或矿渣硅酸盐水泥;水泥强度等级不宜小于32.5级。应有出厂证明和复试报告,当出厂超过三个月应做复试并按试验结果使用。

2)颜料:矿物颜料(擦缝用)与面块料色泽协调。

3)砂子:采用洁净无有机杂质的粗砂或中砂,含泥量小于3%。不得使用有冰块的砂子。

4)沥青胶结料:宜用石油沥青与纤维、粉状或纤维和粉状混合的填充料配制。

5)胶粘剂:应符合防水、防菌要求。采用胶粘剂在结合层上粘贴砖面层时,胶粘剂选用应符合现行国家标准《民用建筑工程室内环境污染控制规范》(GB 50325—2001)的规定。

6)砖面层工程中所用的砂、石、水泥、砖等无机非金属建筑材料和装修材料应符合《民用建筑工程室内环境污染控制规范》(GB 50325—2001)的规定。

7)面砖:颜色、规格、品种应符合设计要求,外观检查基本无色差,无缺棱、掉角,无裂纹,材料强度、平整度、外形尺寸等均符合现行国家建材标准和相应产品的各项技术指标。

8)结合层(水泥砂浆、沥青胶结料或胶粘剂)应符合设计要求。

9)砖面层工程中所用的砂、水泥、砖等无机非金属建筑材料和装修材料必须有放射性指标报告;采用水性胶粘剂必须有总挥发性有机化合物(TVOV)和游离甲醛含量检测报告;采用溶剂性胶粘剂必须有总挥发性有机化合物(TVOC)、苯、游离甲苯二异氰酸酯(TDI)含量检测报告,并应符合设计要求和《民用建筑工程室内环境污染控制规范》(GB 50325—2001)中污染物浓度含量的规定。

(2)大理石和花岗岩地面。

1)天然大理石、花岗岩的技术等级、光泽度、外观等质量要求应符合国家现行行业标准《天然大理石建筑板材》(JC 79)、《天然花岗岩建筑板材》(JC 205)的相关规定。

2)天然大理石、花岗岩必须有放射性指标报告;胶粘剂必须有挥发性有机物等含量检测报告。

3)大理石、花岗岩块均应为加工厂的成品,其品种、规格、质量、图案、颜色按设计和施工规范要求验收,并应分类存放。大理石(花岗岩)板要求组织细密、坚实、耐风化、无腐蚀斑点、无隐伤,色泽鲜明,棱角齐全,底面整齐,耐磨,并有出厂合格证。铺装前应采取防护,防止出现污损、泛碱等现象。

4)水泥:配制水泥砂浆应采用硅酸盐水泥、普通硅酸盐水泥或矿渣硅酸盐水泥;其水泥强度等级不宜小于32.5;备适量白水泥(擦缝用)。

5)砂子:用中砂或粗砂,含泥量小于3%。

6)矿物颜料:视饰面板色泽而定,用于擦缝。

7)草酸、蜡等:草酸为白色结晶、块状、粉状均可。白蜡用川蜡和地板蜡成品。

(3)预制板块地面。

1)水泥:32.5级以上的硅酸盐水泥、普通硅酸盐水泥或矿渣硅酸盐水泥,有出厂合格证及复试报告,经检验合格。

2)砂:粗砂或中砂,含泥量小于3%。

3)预制板块(水泥混凝土板块、水磨石板块):强度要求不低于20 MPa,应有出厂合格证、混凝土强度试压记录,每块板上有合格标记,按加工订货单要求的规格、尺寸、颜色进行外观检查验收,表面要求密实,无麻面、裂纹和脱皮,边角方正,无扭曲、缺角、掉边,并分别码放(立着)在垫木上。为防止板块变形,宜存放在库房内,避免日光强烈暴晒。预制板块材质要求见表1。

表1　水泥混凝土板块、水磨石板块材质要求

名　　称	允许偏差(mm)			外观要求
	长度宽度	厚度	平整度最大偏差值	
水泥混凝土板块及 水磨石板材	+0 −1	+1 −2	长度≥400　1.0 长度≥800　2.0	表面要求石粒均匀、颜色一致,无旋纹、气孔

4)水磨石板块除满足设计要求外尚应符合国家现行行业标准《建筑水磨石制品》(JC/T 507—1993)的规定。

5)石膏粉:用Ⅱ级建筑石膏,细度通过0.15 mm筛孔,筛余量小于10%。

6)白蜡、草酸:草酸为白色结晶,块状、粉状均可。白蜡用川蜡或地板蜡成品。

(4)塑料地板地面。

1)塑料地板的品种、规格、色泽、花纹必须按设计要求选配和符合现行国家标准的规定。主要品种有聚氯乙烯塑料地板块、地板、卷材和氯化聚乙烯卷材等,厚度1.5~6 mm。

2)塑料地板面层所用的板应平整、光滑、无裂纹、色泽均匀、厚薄一致、边缘平直、板内不允许有杂物和气泡、并须符合产品各项技术指标。

3)塑料地板的四角应完整方正,不应有缺棱残缺,几何尺寸的允许误差:厚度±0.15 mm,长(宽)为±0.3 mm,直角过曲为0.25 mm。

4)塑料地板外观目测60 cm距离看不见有凹凸不平、色泽不匀、纹痕显露等现象。

5)塑料卷材的材质及颜色应符合设计要求。

6)塑料地板应贮存在干燥洁净、通风的仓库内,并防止变形,距离热源3 m以外,温度一

般不超过 32 ℃。

7)胶粘剂:种类有水乳型和溶剂型两类,品种有乙烯类(聚醋酸乙烯乳液)、氯丁橡胶型聚氨酯、环氧树脂、合成橡胶溶剂型、沥青类等,其选用必须根据面料和基层选用通过国家技术鉴定和有产品合格证的产品,并按基层材料和面层材料使用的相容性要求,通过试验确定。胶粘剂应放在阴凉通风、干燥的室内。出厂三个月后应取样试验,合格后方可使用。

8)胶粘剂应严格按照配比秤量调制,并贮存在塑料或搪瓷容器内,加盖密封(不得使用铁制容器存放,防止胶粘剂起化学反应,变黄、变质)。

9)胶粘剂在使用前应经充分搅拌后方可倒出使用。对于双组分胶粘剂要先将各组分分别搅拌均匀,再按规定配比准确称量,然后混合拌匀后使用。

10)胶粘剂不使用时,切勿打开桶盖。以防溶剂挥发。使用时,每次取出量不宜过多,一般控制在 2～4 h 的使用量,宜刮涂完后再配制,以防止结硬浪费材料。

11)焊条:宜选用等边三角形或圆形截面。焊条表面平整光洁,无孔眼、焊瘤、皱纹、颜色均匀一致,且焊条成分和性能必须与被焊板块相同。

12)水泥乳胶:配合比为水泥:108 胶:水 = 1:0.5～0.8:6～8,主要用于涂刷基层表面,增强整体性和胶结层的粘结力。

13)腻子:有石膏液腻子和滑石粉乳液腻子两种。

石膏腻子配合比(重量比)为:

石膏:土粉:聚醋酸乙烯乳液:水 = 2:2:1:适量

滑石粉乳液腻子配合比(重量比)为:

滑石粉:聚醋酸乙烯乳液:水:羧甲基纤维素 = 1:0.2～0.25:适量:0.1

石膏乳液腻子用于基层第一道嵌补找平,滑石粉乳液腻子用于基层第二道修补找平。

14)底子胶:采用非水溶型胶粘剂时,底子胶按原胶粘剂重量加 10% 的 65 号汽油和 10% 的醋酸乙烯,采用水乳型胶粘剂时,适当加水稀释。

15)基层处理乳液、乳胶腻子和底胶必须按设计配合比配制,并搅拌均匀。

16)脱脂剂:一般采用丙酮与汽油(1:8)混合液。

17)严禁使用过期变质的材料。

4.2.3　操作要点

(1)砖地面。

1)基层处理:将混凝土基层上的杂物清理干净,并用钻子剔掉楼地面超高及砂浆落地灰,用钢丝刷刷净浮浆层。如基层有油污时,应用 10% 火碱水刷净,并用清水及时将其上的碱液冲净。

2)找面层标高、弹线:根据墙上的 +50 cm(或 1.0 m)水平标高线,往下量测出面层标高,并弹在墙上。

3)抹找平层砂浆。

① 洒水湿润:在清理好的基层上,用喷壶将地面基层均匀洒水一遍。

② 抹灰饼和标筋:从已弹好的面层水平线下量至找平层上皮的标高(面层标高减去砖厚及粘结层的厚度),抹灰饼间距 1.5 m,灰饼上平就是水泥砂浆找平层的标高,然后从房间一侧开始抹标筋(又叫冲筋)。有地漏的房间,应由四周向地漏方向放射形抹标筋,并找好坡度。灰饼和标筋应使用干硬性砂浆,厚度不宜小于 20 mm。

③ 装档(即在标筋间装铺水泥砂浆):清除抹标筋的剩余浆渣,涂刷一遍水泥浆(水灰比为

0.4～0.5)粘结层,要随涂刷随铺砂浆。然后根据标筋的标高,用小平锹或木抹子将已拌和的水泥砂浆(配合比为1∶3～1∶4)铺装在标筋之间,用木抹子摊平、拍实,小木杠刮平,再用木抹子搓平,使铺设的砂浆与标筋找平,并用大木杠横竖检查其平整度,同时检查其标高和泛水坡度是否正确,24 h后浇水养护。

4)弹铺砖控制线:当找平层砂浆抗压强度达到1.2 MPa时,开始上人弹砖的控制线。预先根据设计要求和砖板块规格尺寸,确定板块铺砌的缝隙宽度,当设计无规定时,紧密铺贴缝隙宽度不宜大于1 mm,虚缝铺贴缝隙宽度宜为5～10 mm。在房间分中,从纵、横两个方向排尺寸,当尺寸不足整砖倍数时,将非整砖用于边角处,横向平行于门口的第一排应为整砖,将非整砖排在靠墙位置,纵向(垂直门口)应在房间内分中,非整砖对称排放在两墙边处,尺寸不小于整砖边长的1/2。根据已确定的砖数和缝宽,在地面上弹纵、横控制线(每隔4块砖弹一根控制线)。

5)铺砖。

A. 缸砖、陶瓷地砖和水泥花砖。

为了找好位置和标高,应从门口开始,纵向先铺2～3行砖,以此为标筋拉纵横水平标高线,铺时应从里向外退着操作,人不得踏在刚铺好的砖面上,每块砖应跟线,操作程序是:

① 铺砌前将砖板块放入半截水桶中浸水湿润,晾干后表面无明水时,方可使用。

② 找平层上洒水湿润,均匀涂刷素水泥浆(水灰比为0.4～0.5),涂刷面积不要过大,铺多少刷多少。

③ 结合层的厚度:如采用水泥砂浆铺设时应为20～30 mm,采用沥青胶结料铺设时应为2～5 mm。采用胶粘剂铺设时应为2～3 mm。

④ 结合层组合材料拌和:采用沥青胶结材料和胶粘剂时,除了按出厂说明书操作外还应经试验室试验后确定配合比,拌和要均匀,不得有灰团,一次拌和不得太多,并在要求的时间内用完。如使用水泥砂浆结合层时,配合比宜为1∶2.5(水泥∶砂)干硬性砂浆。亦应随拌随用,初凝前用完,防止影响粘结质量。

⑤ 铺砌时,砖的背面朝上抹粘结砂浆,铺砌到已刷好的水泥浆找平层上,砖上棱略高出水平标高线,找正、找直、找方后,砖上面垫木板,用橡皮锤拍实,顺序从内退着往外铺砌,做到面砖砂浆饱满、相接紧密、坚实,与地漏相接处,用砂轮锯将砖加工成与地漏相吻合。铺地砖时最好一次铺一间,大面积施工时,应采取分段、分部位铺砌。

⑥ 拨缝、修整:铺完2～3行,应随时拉线检查缝格的平直度,如超出规定应立即修整;将缝拨直,并用橡皮锤拍实。此项工作应在结合层凝结之前完成。

B. 陶瓷锦砖(马赛克)。

① 根据控制线先铺贴好左右靠边基准行(封路)的块料,以后根据基准行由内向外挂线逐行铺贴。

② 用软毛刷湿水适量将块料表面(沿贴纸的一面)灰尘扫净,在结合层上均匀抹一层水泥膏后,将块料贴上,并用平整木板压在块料上用木锤着力敲击校平正。

③ 块料贴上后,在纸面刷水湿润,将纸揭去(一般待15～30 min),并及时将纸屑清干净;拨正歪斜缝子,铺上平正木板,用木锤拍平打实。

6)勾缝擦缝:面层铺贴应在24 h内进行擦缝、勾缝工作,并应采用同品种、同强度等级、同颜色的水泥。缝宽一般在8 mm以上,采用勾缝。若纵横缝为干挤缝,或小于3 mm者,应用擦缝。

勾缝：用 1：1 水泥细砂浆勾缝，勾缝用砂应用窗纱过筛，要求缝内砂浆密实、平整、光滑，勾好后要求缝成圆弧形，凹进面砖外表面 2～3 mm。随勾随将剩余水泥砂浆清走、擦净。

擦缝：如设计要求不留缝隙或缝隙很小时，则要求接缝平直，在铺实修整好的砖面层上用浆壶往缝内浇水泥浆，然后干水泥撒在缝上，再用棉纱团擦揉，将缝隙擦满。最后将面层上的水泥浆擦干净。

7）养护：铺完砖 24 h 后，洒水养护，时间不应少于 7 d。

8）镶贴踢脚板：踢脚板用砖，一般采用与地面块材同品种、同规格、同颜色的材料，踢脚板的立缝应与地面缝对齐，铺设时应在房间墙面两端头阴角处各镶贴一块砖，出墙厚度和高度应符合设计要求，以此砖上棱为标准挂线，开始铺贴，砖背面朝上抹粘结砂浆（配合比为 1：2 水泥砂浆），使砂浆粘满整块砖为宜，及时粘贴在墙上，砖上棱要跟线并立即拍实，随之将挤出的砂浆刮掉。将面层清擦干净（在粘贴前，砖块材要浸水晾干，墙面刷水湿润）。

9）在水泥砂浆结合层上铺贴陶瓷锦砖面层时，砖底面应洁净，每联陶瓷锦砖之间、与结合层之间以及在墙角、镶边和靠墙处，应紧密贴合。在靠墙处不得采用砂浆填补。

10）在沥青胶结料结合层上铺贴缸砖面层时，缸砖应干净，铺贴时应在摊铺热沥青胶结料上进行，并应在胶结料凝结前完成。

（2）大理石和花岗岩地面。

1）清理基层。

将基层表面的积灰、油污、浮浆及杂物等清理干净。如局部凸凹不平，应将凸处凿平，凹处用 1：3 水泥砂浆补平。

2）找标高、弹线。

统一引进标高线，然后在房间的主要部位弹互相垂直的控制十字线，用以检查和控制大理石或花岗岩板块的位置，十字线可以弹在基层上，并引至墙面底部。依据墙面水准基准线（如：+500 mm 线），找出面层标高，在墙上弹好水平线，注意与楼道面层标高一致。

3）试拼和试排。

块料的铺设应符合设计要求，当设计无要求时，应避免出现板块小 1/4 边长的边角料。铺设前对每一房间的大理石或花岗岩板块，按图案、颜色、拼花纹理进行试拼。试拼后按两个方向编号排列，然后按编号放整齐。为检验板块之间的缝隙，核对板块与墙面、柱、洞口等的相互位置是否符合要求，一般还进行一次试排，在房间内的两个相互垂直的方向，铺两条宽大于板的干砂带，厚度不小于 30 mm，根据试拼石板编号及施工大样图，结合房间实际尺寸，把大理石或花岗岩板块排好，以便检查板块之间的缝隙，核对板块与墙面、柱、洞口等部位的相对位置。分块排列布置要求对称，厅、房与走道连通处，缝子应贯通；走道、厅房如用不同颜色、花样时，分色线应设在门口的内侧；靠墙柱一侧的板块，离开墙柱一侧的宽度应一致。试排好后编号放整齐，并清除砂带。

4）铺找平层砂浆。

按水平线定出面层找平层厚度，拉好十字线，即可铺找平层水泥砂浆。一般采用 1：3 的干硬性水泥砂浆，稠度以手捏成团，不松散为宜。铺前洒水湿润垫层，扫水灰比为 0.4～0.5 的素水泥浆一道，然后随即由里往门口处摊铺砂浆，铺好后用大杠刮、拍实，用抹子找平，其厚度适当高出按水平线定的找平层厚度 3~4 mm。

5）铺大理石或花岗岩板。

① 铺砌顺序一般按线位先从门口向里纵铺和房中横铺数条作标准，然后分区按行列、线位铺砌，亦可从室内里侧开始，逐行逐块向门洞口倒退铺砌，但应注意与走道地面的接合应符合设计要求。当室内有中间柱列时，应先将柱列铺好，再沿柱列两侧向外铺设。铺设时，必须按试拼、试排的编号板块"对号入座"。

② 铺前将板块预先浸湿晾干后备用。铺时将板块四角同时平放在结合层上，先试铺合适后，翻开板块在板块背面上抹一层 1.5 mm 水泥膏（或聚合物水泥砂浆，汉白玉等易入色的大理石板材背面必须抹同颜色的水泥膏，以免有渗色现象发生。），然后将板块轻轻地对准原位放下，用橡皮锤或木锤轻击放于板块上的木垫板使板平实，根据水平线用铁水平尺找平，使板四角平整，对缝、对花符合要求；铺完后，接着向两侧和后退方向顺序镶铺，直至铺完为止。如发现空隙，应将石板掀起用砂浆补实后再行铺设。缝宽如设计没有要求，花岗岩、大理石缝宽不应大于 1 mm。

③ 大理石或花岗岩板块间，接缝要严，一般不留缝隙。

④ 灌缝、擦缝。

在板铺砌完 1~2 h 后开始。应先按板材的色彩用白水泥和颜料调成与板材色调相近的 1:1 稀水泥浆，装入小嘴浆壶徐徐灌入板块之间的缝隙内，流在缝边的浆液用牛角刮刀喂入缝内，至基本饱满为止。1~2 h 后，再用棉纱团蘸浆擦缝至平实光滑。黏附在板面上的浆液随手用湿纱头擦净。接缝宽度较大者，宜先用 1:1 水泥砂浆（用细砂）填缝至 2/3 板厚，然后再按设计要求的颜色用水泥色浆嵌擦密实，并随手用湿纱头擦净落在板面的砂浆。

⑤ 养护。

灌浆擦缝完 24 h 后，应用干净湿润的锯末覆盖，喷水养护不少于 7 d。

6）贴大理石踢脚板。

①粘贴法。

根据墙面抹灰厚度吊线确定踢脚板出墙厚度，一般 8~10 mm。

用 1:3 水泥砂浆打底找平并在表面划纹。找平层砂浆干硬后，拉踢脚板上口的水平线，把湿润阴干的大理石踢脚板的背面，刮抹一层 2~3 mm 厚的素水泥浆（可掺入 10% 左右的 108 胶）后，往底灰上粘贴，并用木锤敲实，根据水平线找直。24 h 后用同色水泥浆擦缝，将余浆擦净。与大理石地面同时打蜡。

②灌浆法。

根据墙面抹灰厚度吊线确定踢脚板出墙厚度，一般 8~10 mm。

在墙两端各安装一块踢脚板，其上棱高度在同一水平线内，出墙厚度一致。然后沿两块踢脚板上棱拉通线，逐块依顺序安装，随时检在踢脚板的水平度和垂直度。相邻两块之间及踢脚板与地面、墙面之间用石膏稳牢。

灌 1:2 稀水泥砂浆，并随时把溢出的砂浆擦干净，待灌入的水泥砂浆终凝后把石膏铲掉。

用棉丝团蘸与大理石踢脚板同颜色的稀水泥浆擦缝。踢脚板的面层打蜡同地面一起进行。踢脚板之间的缝宜与大理石板块地面对缝镶贴。

7）打蜡。

当找平层水泥砂浆强度达到要求、各道工序完工不再上人时,方可打蜡。打蜡应达到光滑洁亮效果。

(3)预制板块地面。

1)基层处理。

将混凝土基层上的杂物清理干净,并用钻子剔掉楼地面超高及砂浆落地灰,用钢丝刷刷净浮浆层。如基层有油污时,应用10%火碱水刷净,并用清水及时将其上的碱液冲净。

2)定基准线。

根据设计图纸要求的地面标高,从墙面上已弹好的+50 cm线,找出板面标高,在四周墙面上弹好板面水平线。然后从房间四周取中拉十字线以备铺标准块,与走道直接连通的房间应拉通线,房间内与走道如用不同颜色的预制石板时,分色线应留在门口处。有图案的大厅,应根据房间长宽尺寸和水磨石板的规格、缝宽排列,确定各种预制石板所需块数,绘制施工大样图。

3)预制板块浸水。

为确保砂浆找平层与预制板块之间的粘结质量,在铺砌板块前,板块应用水浸湿,铺时达到表面无明水。

4)砂浆拌制。

找平层应用1∶3干硬性水泥砂浆,是保证地面平整度、密实度的一个重要技术措施(因为它具有水分少、强度高、密实度好,成型早以及凝结硬化过程中收缩率小等优点),因此拌制时要注意控制加水量,拌好的砂浆以用手捏成团,手张开后即散为宜,随铺随抹,不得拌制过多。

5)基层洒水及刷水泥浆。

将地面基层表面清扫干净后洒水湿润(不得有明水)。铺砂浆找平层之前应刷一层水灰比为0.5左右的素水泥浆,注意不可刷得过早、量过大,刷完后立即铺砂浆找平层,避免水泥风干不起粘结作用。

6)铺水泥砂浆结合层及预制板块。

① 确定标准块的位置:在已确定的十字线交叉处最中间的一块为标准位置(如以十字线为中缝时,可在十字线交叉点对角安设两块标准块),标准块作为整个房间的水平及经纬标准,铺砌时应用90°角尺及水平尺细致校正。确定标准块后,即可根据已拉好的十字基准线进行铺砌。

② 虚铺干硬性水泥砂浆结合层:检查已刷好的水泥浆无风干现象后,即可开始铺水泥砂浆结合层(随铺随砌,不得铺得面积过大),铺设厚度以2.5～3 cm为宜,放上水磨石板时比地面标高线高3～4 mm为宜,先用刮杠刮平,再用铁抹子拍实抹平,然后进行预制水磨石板试铺,对好纵横缝,用橡皮锤敲击板中间,振实砂浆至铺设高度后,将试铺合适的预制水磨石板掀起移到一旁,检查砂浆上表面,如与水磨石板底相吻合后(如有空虚处,应用砂浆填补),满浇一层水灰比为0.5左右的素水泥浆,再铺预制水磨石板,铺时要四角同时落下,用橡皮锤轻敲,随时用水平尺或直板尺找平。

③标准块铺好后,应向两侧和后退主向顺序逐块铺砌,板块间的缝隙宽度如设计无要求时,不应大于2 mm,要拉通长线对缝的平直度进行控制,同时也要严格控制接缝高低差。安装好的预制水磨石板应整齐平稳横竖缝对齐。

④ 铺砌房间内预制板块,铺至四周墙边用非整板镶边时,应做到相互对称(定基准线

在房间内拉十字线时,应根据预制石板规格、尺寸计算出镶边的宽度)。凡是有地漏的部位,应注意铺砌时板面的坡度,铺砌在地漏周围的预制石块,套割、弧度要与地漏相吻合。

⑤ 养护和填缝:预制石板铺砌 2 昼夜后,经检查表面无断裂、空鼓后,用稀水泥砂浆(1∶1=水泥∶细砂)填缝,并随时将溢出的水泥砂浆擦干净,灌 2/3 高度后,再用与水磨石板同颜色的水泥浆灌严(注意所用水泥的强度)。最后铺上木糠或其他材料覆盖保持湿润,养护时间不应小于 7 d,且不能上人。

7)贴镶踢脚板:安装前先设专人挑选,厚度要求一致,并将踢脚板用水浸湿晾干。如设计要求在阳角处相交的踢脚板有割角时,在安装前应将踢脚板一端割成 45°角。操作者可选用粘贴法镶贴。

① 粘贴法:根据主墙结构构造形式确定踢脚板底灰厚度。

② 主墙是混凝土或砖砌体时,在已抹好灰的墙面垂直吊线确定踢脚板底灰厚度(同时要考虑踢脚板出墙厚度,一般为 8～10 mm),用 1∶2 水泥砂浆抹底灰(基层为混凝土时应刷一层素水泥浆结合层,其水灰比为 0.4～0.5),并刮平划纹,待底子灰干硬后,将已湿润阴干的踢脚板背面抹上 2～3 mm 厚水泥浆或聚合物水泥浆(掺 10%108 胶)进行粘贴,并用木锤敲实,拉线找平找直,次日用白色水泥浆擦缝。

③ 主墙是石膏板轻质隔墙时,不用抹底灰,直接用水泥浆粘贴踢脚板,操作方法同上。

8)酸洗、打蜡。

① 酸洗:预制石板在工厂内虽经磨光打蜡,但由于在安装过程中水泥浆灌缝污染面层及安装后成品保护不当,因此在单位工程竣工前应将面层进行处理,撒草酸粉及清水进行擦洗,再用清水洗净撒木糠扫干(如板块接缝高低差超过 0.5 mm 时,宜用磨石机磨后再进行酸洗)。

② 打蜡:预制水磨石面层清洗干净后(表面应晾干),用布或干净麻丝沾稀糊状的成蜡。涂在磨石面上(要均匀),再用磨石机压磨打第一遍蜡,用同样方法打第二遍蜡达到表面光亮、图案清晰、色泽一致。

9)水泥混凝土板块面层的缝隙,应采用水泥浆(或砂浆)填缝;彩色混凝土板块和水磨石板块应用同色水泥浆(或砂浆)擦缝。

(4)塑料地板地面。

1)基层处理。

① 基层清理:铺贴前,应彻底清除基层表面残留砂浆、尘土、油污,并用扫帚和湿布擦抹干净。(注:铺贴地板操作人员应换上洁净和无钉鞋,严禁穿着带钉鞋和不洁净鞋进入,以免造成人为的灰尘、砂粒污染。)

② 基层修补:基层表面平整度偏差用 2 m 靠尺检查不得大于 2 mm,表面有蜂窝麻面、孔隙(洞)时,应用石膏乳液腻子修补平整,并刷一道石膏乳液腻子找平,然后刷一道滑石粉乳液腻子,第二次找平。

③ 涂刷一道水泥乳液,增强基层整体性和胶结层的粘结力。

④ 如基层为地砖、水磨石、水泥旧地面时,应用 10%火碱清洗基层,晾干擦净,对表面平整不符合要求时,用磨平机磨平,当水泥地面有质量缺陷时应按照②、③处理。

2)弹线。

铺贴塑料板面层前应按设计要求绘制大样图和铺贴形式。在基层表面上进行弹线,分格定位,作为铺贴的基准线。

在基层上弹出十字中心线(正铺)或对角十字线(斜铺),纵横分格,间隔 2~4 块板弹一道线,用以控制板的位置和接缝顺直;排列后周边出现非整块时,要设置边条,并弹出边线的位置;当四周有镶边要求时,要弹出镶边位置线,镶边宽度宜 200~300 mm;由地面往上量踢脚板高度,弹出踢脚板上口控制线。如图 6 和图 7 所示。

弹线的线痕必须清楚准确。

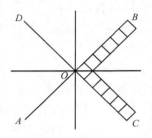
　　图 6　对角定位法

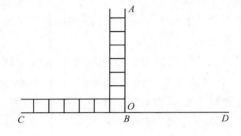
　　图 7　直角定位法

3)塑料板的脱脂、除蜡、预热处理。

① 塑料板的脱脂除蜡。

塑料板铺贴前,将粘贴面用细砂纸打磨或用棉纱蘸丙酮与汽油 1:8 的混合液擦拭,进行脱脂除蜡处理,以保证塑料板与基层的粘结牢固。

② 塑料板预热处理。

软质聚氯乙烯板(软质塑料板)在试铺前进行预热处理。将每张塑料板放进 75 ℃ 左右的热水中浸泡 10~20 min,至板面全部软化伸平(不得用炉火和用电热炉预热),然后取出平放在待铺贴的房间内 24 h,晾干待用。

4)试铺。

在铺贴塑料板块前,应按定位图和弹线位置进行试铺,试铺合格后,按顺序编号,然后将塑料板掀起按编号放好。

5)刷底子胶。

底子胶按原胶粘剂(溶剂型)的重量加 10% 的汽油(65 号)和 10% 的醋酸乙烯配制,当采用水乳型胶粘剂时,加适量的水稀释,底子胶应充分搅拌均匀后使用。

底子胶采用油漆刷涂刷,涂刷要均匀一致,越薄越好,且不得漏刷。

6)铺贴塑料板地面板块。

① 涂胶粘剂:在基层表面涂胶粘剂时,用锯齿形刮板刮涂均匀,厚度控制在 1mm 左右;塑料板粘贴面用锯齿形刮板或纤维滚筒涂刷胶粘剂,其涂刷方向与基层涂胶方向纵横相交。在基层涂刷胶粘剂时,不得面积过大,要随贴随刷,一般超出分格线 10 mm。

② 粘贴顺序:先从十字中心线或对角线处开始,逐排进行。粘贴第一块板应纵横两个方向对准十字线,粘贴第二块时,一边跟线一边紧靠第一块板边。有镶边的地面,应先贴大面,后贴镶边。

③ 粘贴:在胶层干燥至不粘手(约 10~20 min)即可铺贴塑料板。将板块摆正,使用滚筒从板中间向四周赶压,以便排除空气,并用橡胶锤敲实。发现翘边翘角时,可用砂袋加压。如

图 8 所示对齐粘合压实。

粘贴时挤出的余胶要及时擦净,粘贴后在表面残留的胶液可使用棉纱蘸上溶剂擦净,水溶型胶粘剂用棉布擦去。

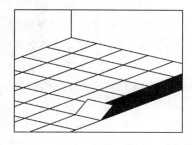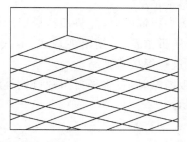

图 8　对齐粘合压实示意图

④ 焊接塑料板。

塑料板铺贴 48 小时后,即可施焊。

塑料板拼缝处做 V 形坡口,根据焊条规格和塑料板厚确定坡口角度 β,板厚用 10～20 mm 时,$\beta = 65° \sim 75°$;板厚 2～8 mm 时。$\beta = 75° \sim 85°$。采用坡口直尺和割刀进行坡口切割,坡口应平直,宽窄和角度应一致,同时防止脏物污染。

软质塑料板粘贴后相邻板的边缘切割成 V 形坡口,做小块试焊。采用热空气焊,空气压力控制在 0.08～0.1 MPa,温度控制在 200℃～250 ℃,确保焊接质量。在施焊前检查压缩空气的纯洁度,向白纸上喷射 20～30 s,无水迹、油迹为合格,同时用丙酮将拼缝焊条表面清洗干净,等待施焊。接缝坡口处理如图 9 所示进行接缝坡口处理。

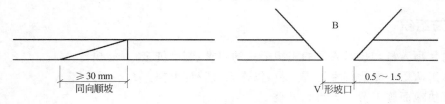

图 9　接缝坡口处理

施焊时,按 2 人一组,1 人持焊枪施焊,1 人用压棍推压焊缝。施焊者左手持焊条,右手握焊枪,从左向右施焊,用压棍随即压紧焊缝。

焊接时,焊枪的喷嘴、焊条和焊缝应在同一平面内,并垂直于塑料板面,焊枪喷嘴与地板的夹角宜 30°左右,喷嘴与焊条、焊缝的距离宜 5～6 mm 左右,焊枪移动速度宜 0.3～0.5 m/min。

焊接完后,焊缝冷却至室内常温时,应对焊缝进行修整。用刨刀将突出板面部分(约1.5～2 mm)切削平。操作时要认真仔细,防止将焊缝两边的塑料板损伤。当焊缝有烧焦或焊接不牢的现象时,应切除焊缝,重新焊接。

7)塑料卷材铺贴。

① 按已确定的卷材铺贴方向和房间尺寸裁料,并按铺贴的顺序编号。

② 铺贴时应按照控制线位置将卷材的一端放下,逐渐顺着所弹的尺寸线放下铺平,铺贴后由中间往两边用滚筒赶平压实,排除空气,防止起鼓。

③ 铺贴第二层卷材时,采用搭接方法,在接缝处搭接宽度 20 mm 以上,对好花纹图案,在搭接层中弹线,用钢板尺压在线上,用割刀将叠合的卷材一次切断。

8)踢脚板的铺贴。

地面铺贴完再粘贴踢脚板。踢脚塑料板与墙面基层涂胶同地面。

首先将塑料条钉在墙内预留的木砖上,钉距约 40～50 cm,然后用焊枪喷烤塑料条,随即将踢脚板与塑料条粘结。

阴角塑料踢脚板铺贴时,先将塑料板用两块对称组成的木模顶压在阴角处,然后取掉一块木模,在塑料板转折重叠处,划出剪裁线,剪裁合适后,再把水平面 45°相交处裁口焊好,做成阴角部件,然后进行焊接或粘结。

阳角踢脚板铺贴时,在水平封角裁口处补焊一块软板,做成阳角部件,然后进行焊接或粘结,如图 10 所示。

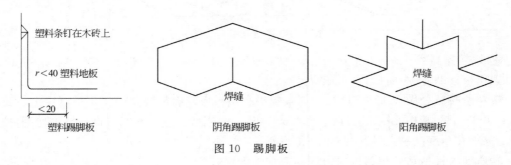

图 10　踢脚板

9)擦光上蜡。

铺贴好塑料地面及踢脚板后,用擦布擦干净,晾干。用软布包好已配好的上光软蜡,满涂 1～2 遍,光蜡重量配合比为软蜡∶汽油＝100∶20～30,另掺 1％～3％与地板相同颜色的颜料,待稍干后,用干净的软布擦拭,直至表面光滑光亮为止。

5　劳动力组织

(1)对管理人员和技术人员的组织形式的要求:制度健全,并能执行。

(2)施工队伍有专业技术管理人员,操作人员持证上岗。

(3)板块地面施工劳动力组织见表 2。

表 2　板块地面施工劳动力组织

工 作 内 容	单 位	工 日	备 注
砖地面	100 m²	38～50	指彩釉砖、缸砖等
大理石和花岗岩地面	100 m²	45～53	整拼大理石、花岗石
预制板块地面	100 m²	45～55	—
塑料地板地面	100 m²	27	—

6　机具设备配置

(1)砖地面。

1)电动机械:砂浆搅拌机、手提电动云石锯、小型台式砂轮锯等。

2)主要工具:磅秤、铁板、小水桶、半截大桶、扫帚、平锹、铁抹子、大杠、中杠、小杠、筛子、窗纱筛子、手推车、钢丝刷、喷壶、锤子、橡皮锤、凿子、溜子、方尺、铝合金水平尺、粉线包(或墨斗)、广线、盒尺、红铅笔、工具袋等。

（2）大理石和花岗岩地面。

手提式电动石材切割机或台式石材切割机，干、湿切割片，手把式磨石机，手电钻，修整用平台，木楔，灰簸箕，水平 2 m 靠尺，方尺，橡胶锤或木锤，小线，手推车，铁锨，浆壶，水桶，喷壶，铁抹子，木抹子，墨斗，钢卷尺，尼龙线，扫帚，钢丝刷。

（3）预制板块地面。

水准仪、靠尺、钢尺、小水桶、半截捅、扫帚、平铁锹、铁抹子、大木杠、小木杠、筛子、窗纱筛子、喷壶、锤子、橡皮锤、凳子、溜子、板块夹具、扁担、手推车、搅拌机等。

（4）塑料地板地面：见表 3。

表 3　塑料地板施工常用机具一览表

项次	机 具 名 称	机具使用范围			机具用途
		铺贴塑料板	铺贴、焊接塑料板	铺贴塑料卷材	
1	锯齿形刮板（见附图）	√	√		涂刮胶粘剂
2	划线器（见附图）	√	√	√	曲线形塑料板的裁切
3	化纤滚筒			√	涂刮胶粘剂
4	橡胶滚筒（见附图）	√	√	√	滚压密实
5	割刀或多用刀	√	√	√	切割塑料板材
6	油灰刀	√	√	√	修补基层
7	橡胶锤	√	√		敲击板面
8	墨斗	√	√	√	弹线
9	大压棍（重量 25 kg 左右）	√	√	√	压平塑料板
10	砂袋（8～10 kg，不允许漏砂）	√	√		压板平伏
11	小胶桶	√	√	√	盛胶粘剂
12	塑料勺	√	√		洒涂胶粘剂
13	剪刀			√	裁剪卷材
14	钢板尺（80 cm 长）			√	切割时压边
15	油漆刷	√	√	√	刷涂底胶等
16	钢尺	√	√	√	量尺寸
17	画线两脚规	√	√	√	裁圆弧形
18	调压变压器（容量 2 kVA）		√		焊接
19	空气压缩机（排气量 0.6 m³/min）		√		焊接
20	焊枪（嘴内径 φ5～6 mm）		√		焊接
21	坡口直尺		√		焊缝坡度
22	木工刨刀	√	√	√	剃平焊缝
23	擦布	√	√	√	擦掉余胶
24	软布	√	√	√	上光打蜡

注："√"表示根据铺贴方式选定的机具。

7　质量控制要点

7.1　质量控制要求

(1)砖地面。

1)面层与下一层结合牢固,无空鼓;相邻两板面平顺。

2)踢脚板出墙厚度一致,与墙面粘结牢固,无空鼓。

3)接缝平直,宽窄均匀。

4)各个房间和楼道的标高一致。

5)厨房、卫生间按设计找坡,地面排水畅通、不积水。

(2)大理石和花岗岩地面。

1)面层与下一层结合牢固,无空鼓;相邻两板面平顺。

2)踢脚板出墙厚度一致,与墙面粘结牢固,无空鼓。

3)接缝平直,宽窄均匀。

4)各个房间和楼道的标高一致。

5)相邻板块的颜色、花纹等符合设计要求。

(3)预制板块地面。

1)面层与下一层结合牢固,无空鼓;相邻两板面平顺。

2)踢脚板出墙厚度一致,与墙面粘结牢固,无空鼓。

3)接缝平直,宽窄均匀。

4)各个房间和楼道的标高一致。

(4)塑料地板地面。

1)地面要求无空鼓翘曲,色泽均匀、图案完整、厚度一致,边缘平直,无裂纹。

2)板面平整、接缝顺直。

3)焊缝连接牢固,无焦化变色、斑点、焊瘤和起鳞。

4)完工后板面保持光洁。

7.2　质量检验标准

7.2.1　主控项目

(1)砖地面。

1)面层所用板块的品种、质量必须符合设计要求。

检验方法:观察检查和检查材质合格证明文件检测报告。

2)面层与下一层的结合(粘结)应牢固,无空鼓。

检验方法:用小锤轻击和观察检查。

注:凡单块砖边角有局部空鼓,且每自然间(标准间)不超过总数的5%可不计。

(2)大理石和花岗岩地面。

1)大理石、花岗岩面层所用板块的品种、规格、质量必须符合设计要求。

检验方法:观察检查和检查材质合格记录。

2)面层与下一层应结合牢固,无空鼓。

检验方法:用小锤轻击检查。

注:凡单块板块边角有局部空鼓,且每自然间(标准间)不超过总数的5%可不计。

（3）预制板块地面。

1）预制混凝土板块强度等级、规格、质量应符合设计要求；水磨石板块尚应符合国家现行行业标准《建筑水磨石制品》（JC/T 507—1993）的规定。

检验方法：观察检查和检查材质合格证明文件及检测报告。

2）面层与下一层应结合牢固、无空鼓。

检验方法：用小锤轻击检查。

注：凡单块板块料边角有局部空鼓，且每自然间（标准间）不超过总数的 5％可不计。

（4）塑料地板地面。

1）塑料板面层所用的塑料板块和卷材的品种、规格、颜色、等级应符合设计要求和现行国家标准的规定。

检验方法：观察检查和检查材质合格证明文件及检测报告。

2）塑料板面层与基层的粘结应牢固，不翘边、不脱胶、无溢胶。

检验方法：观察检查和用敲击及钢尺检查。

注：卷材局部脱胶处面积不应大于 20 cm²，且相隔间距不小于 50 cm 可不计；凡单块板块料边角局部脱胶处且每自然间（标准间）不超过总数的 5％者可不计。

7.2.2　一般项目

（1）砖地面。

1）砖面层的表面洁净、图案清晰，色泽一致，接缝平整，深浅一致，周边顺直。板块无裂缝、掉角和缺棱等缺陷。

检验方法：观察检查。

2）面层邻接处的镶边用料及尺寸应符合设计要求，边角整齐、光滑。

检验方法：观察和用钢尺检查。

3）踢脚线表面洁净、高度一致、结合牢固、出墙厚度一致。

检验方法：观察和用小锤轻击和用钢尺检查。

4）楼梯踏步和台阶板块的缝隙宽度基本一致，齿角整齐；楼层梯段相邻踏步高度差不应大于 10 mm；防滑条顺直。

检验方法：观察和用钢尺检查。

5）面层表面的坡度应符合设计要求，不倒泛水，地漏及泛水无积水；与地漏、管道结合处应严密牢固，无渗漏。

检验方法：观察、泼水或坡度尺及蓄水检查。

6）允许偏差应符合表 4～表 6 的规定。

（2）大理石和花岗岩地面。

表 4　陶瓷锦砖、陶瓷地砖面层的允许偏差和检验方法

项　　目	允许偏差（mm）	检　验　方　法
表面平整度	2.0	用 2 m 靠尺和楔形塞尺检查
缝格平直	3.0	拉 5 m 线和用钢尺检查
接缝高低差	0.5	用钢尺和楔形塞尺检查
踢脚线上口平直	3.0	拉 5 m 线和用钢尺检查
板块间隙宽度	2.0	用钢尺检查

表 5　缸砖面层的允许偏差和检验方法

项　　目	允许偏差（mm）	检　验　方　法
表面平整度	4.0	用 2 m 靠尺和楔形塞尺检查
缝格平直	3.0	拉 5 m 线和用钢尺检查
接缝高低差	1.5	用钢尺和楔形塞尺检查
踢脚线上口平直	4.0	拉 5 m 线和用钢尺检查
板块间隙宽度	2.0	用钢尺检查

表 6　水泥花砖面层的允许偏差和检验方法

项　　目	允许偏差（mm）	检　验　方　法
表面平整度	3.0	用 2 m 靠尺和楔形塞尺检查
缝格平直	3.0	拉 5 m 线和用钢尺检查
接缝高低差	0.5	用钢尺和楔形塞尺检查
踢脚线上口平直	—	拉 5 m 线和用钢尺检查
板块间隙宽度	2.0	用钢尺检查

　　1）大理石（花岗岩）面层表面洁净、平整、无磨痕、坚实，图案清晰，光亮光滑，色泽一致，接缝均匀，周边顺直，镶嵌正确、板块无裂纹、掉角和缺棱等缺陷。

　　检验方法：观察检查。

　　2）踢脚线表面洁净，接缝平整均匀，高度一致，结合牢固，出墙厚度适宜，一致。

　　检验方法：观察和用小锤轻敲击及钢尺检查。

　　3）踏步和台阶板块的缝隙宽度一致、齿角整齐，楼层梯段相邻踏步高度差不应大于 10 mm，防滑条应顺直、牢固。

　　检验方法：观察和钢尺检查。

　　4）面层表面的坡度应符合设计要求，不倒泛水、无积水；与地漏、管道结合处应严密牢固，无渗漏。

　　检验方法：观察、泼水或坡度尺及蓄水检查。

　　5）大理石、花岗石面层的允许偏差和检验方法见表 7。

表 7　大理石、花岗石面层的允许偏差及检验方法

项次	项　　目	允许偏差（mm）		检　验　方　法
		大理石	花岗岩	
1	表面平整度	1	1	用 2 m 靠尺和楔形塞尺检查
2	缝格平直接缝高低差	2	2	拉 5 m 线，不足 5 m 拉通线和用钢尺检查
3	相邻两块板的高度差	0.5	0.5	用钢尺和楔形塞尺检查
4	踢角线上口平直	1	1	拉 5 m 线，不足 5 m 拉通线和用钢尺检查
5	板块间隙宽度	1	1	用钢尺检查

　　（3）预制板块地面。

　　1）预制板块表面应无裂缝、掉角、翘曲等明显缺陷。

　　检验方法：观察检查。

2)预制板块面层应平整洁净,图案清晰,色泽一致,接缝均匀,周边顺直,镶嵌正确。

检验方法:观察检查。

3)面层邻接处的镶边用料尺寸应符合设计要求,边角整齐、光滑。

检验方法:观察和钢尺检查。

4)踢脚线表面应洁净、高度一致、结合牢固、出墙厚度一致。

检验方法:观察和用小锤轻击及钢尺检查。

5)楼梯踏步和台阶板块的缝隙宽度一致、齿角整齐,楼层梯段相邻踏步高度差不应大于10 mm,防滑条应顺直、牢固。检验方法:观察和钢尺检查。

6)水泥混凝土板块和水磨石板块面层的允许偏差及检测方法见表8。

表 8　预制板块面层允许偏差和检查方法(mm)

项次	项　　目	预制水磨石板块面层	预制混凝土板块面层	检　查　方　法
1	表面平整度	3.0	4.0	用 2 m 靠尺和楔形塞尺检查
2	缝格平直	3.0	3.0	拉 5 m 线,不足 5 m 拉通线和用钢尺检查
3	接缝高低差	1.0	1.5	用钢尺和楔形塞尺检查
4	板块间隙宽度	2.0	6.0	用钢尺检查
5	踢角线上口平直	4.0	4.0	拉 5 m 线,不足 5 m 拉通线和用钢尺检查

(4)塑料地板地面。

1)塑料板面层应表面洁净,图案清晰,色泽一致,接缝严密美观。拼缝处的图案、花纹吻合,无胶痕;与墙边交接严密,阴阳角收边方正。

检验方法:观察检查。

2)板块的焊接,焊缝应平整、光洁,无焦化变色、斑点、焊瘤和起鳞等缺陷,其凹凸允许偏差为±0.6 mm。焊缝的抗拉强度不得小于塑料板强度的75%。

检验方法:观察检查和检查检测报告。

3)镶边用料应尺寸准确、边角整齐、拼缝严密、接缝顺直。

检验方法:用钢尺和观察检查。

4)塑料板面层的允许偏差应符合表9的规定。

检验方法:应按表中的检验方法检验。

表 9　塑料板面层允许偏差和检查方法

项次	项　　目	允许偏差(mm) 塑料板面层	检　查　方　法
1	表面平整度	2.0	用 2 m 靠尺和楔形塞尺检查
2	缝格平直	3.0	拉 5 m 线,不足 5 m 拉通线和用钢尺检查
3	接缝高低差	0.5	用钢尺和楔形塞尺检查
4	板块间隙宽度	—	用钢尺检查
5	踢角线上口平直	2.0	拉 5 m 线,不足 5 m 拉通线和用钢尺检查

7.3　质量通病防治

(1)砖地面。

1)面料与基层空鼓质量通病。

预防措施:铺贴前,必须将基层清理干净,洒水湿润;陶瓷砖、水泥花砖必须浸水润湿;陶瓷锦砖(马赛克)要用毛刷沾水刷去表面尘土。铺贴时,在基层上均匀涂刷一遍素水泥浆粘结层,要随涂刷随铺水泥砂浆结合层,结合层完成后不能放置时间过久,要尽快铺贴面砖,面砖上涂抹水泥膏必须均匀。铺贴完工后,两天内严禁上人行走及堆放物品,表面要覆盖保护(可撒锯末)。待面层的水泥砂浆结合层的抗压强度达到设计要求后方可正常使用。

2)踢脚板空鼓质量通病。

预防措施:除与地面相同外,还应注意踢脚板背面粘结砂浆抹到边,防止边角空鼓。

3)踢脚板出墙厚度不一致质量通病的原因:主要是墙体抹灰垂直度、平整度超出允许偏差,踢脚板镶贴时按水平线控制,所以造成出墙厚度不一致。

预防措施:在镶贴前,先检查墙面平整度,进行处理后再镶贴。

4)板块表面不洁净质量通病。

预防措施:面层完工后,加强成品保护,严禁在地砖上拌和砂浆,需刷浆及油漆施工时,必须认真覆盖保护,杜绝造成面层污染。

5)有地漏的房间地面倒坡质量通病的原因:做找平层砂浆时,没有按设计要求的泛水坡度进行弹线找坡。

预防措施:在找标高、弹线时找好坡度,抹灰饼和标筋时,抹出泛水。

6)地面铺贴不平,出现高低差质量通病的原因:由于块料本身不平正、薄厚不一致,铺贴前未进行预先挑选;铺贴时操作不当,未严格按水平标高线进行控制;铺贴后过早上人行走踩踏或堆物品(有时还出现松动现象)。

预防措施:板块铺贴前必须进行选板试拼,凡有裂缝、掉角、翘曲、拱背、厚薄不一、宽窄不方正等质量缺陷的板块剔除不用,强度和品种不同的板块不得混杂使用。施工中精心操作,铺完每行后随时用水平尺和直尺检查平整度。铺贴后 2 d 内严禁上人踩踏。

7)错缝质量通病的原因:面料尺寸规格不一,事前没有认真挑选分类使用;铺贴时没有认真严格按挂线标准及对好缝子。

预防措施:板块铺贴前必须进行选板试拼,凡有质量缺陷的板块剔除不用。板块铺贴时拉十字通线确保操作工人跟线铺贴,铺完每行后随时检查缝隙是否顺直,宽窄是否一致。

(2)大理石和花岗岩地面。

1)板块与基层空鼓质量通病。

预防措施:面层铺设前,基层必须清理干净,浇水湿润;在铺设干硬性水泥浆结合层之前、之后要均匀涂刷一层素水泥浆,确保基层与结合层、结合层与面层粘结牢固;找平层的厚度不宜过薄,最薄处不得小于 20 mm,砂浆铺设必须饱满,水灰比不宜过大,同时注意不得过早上人踩踏等,以避免空鼓发生。石板块背面刷干净,浸水湿润,防止将结合层水泥浆的水分吸收导致粘结不牢。

2)墙边出现大小头(老鼠尾)质量通病的原因:由于房间尺寸不方正,铺贴时没有准确掌握板缝,以及选料尺寸控制不够严格等原因,有时墙边会出现大小头(老鼠尾)。

预防措施:施工中应注意在房间抹灰前必须找方后冲筋,与大理石面层相互连通的房间按同一互相垂直的基准线找方,严格按控制线铺砌。

3)相邻两板高低不平(剪口大)质量通病的原因:板块本身不平或厚度偏差过大(大于 ± 0.5 mm),或铺贴时操作不当,未找平或铺贴后过早上人踩踏等原因,施工中常出现相邻两块板高低不平。

预防措施：板块材铺砌前要进行选板试拼，凡有裂缝、掉角、翘曲、拱背、厚薄不一、宽窄不方正等质量缺陷的板块剔除不用，强度和品种不同的板块不得混杂使用。施工中精心操作，铺完每行后随时用水平尺和直尺检查平整度。若完工后发现高低不平的面砖要进行处理，用磨光机仔细磨光并打蜡擦光。铺贴后两天内严禁上人踩踏。

4）踢脚板出墙厚度不一致质量通病的原因：墙面垂直度、平整度偏差过大。

预防措施：铺设踢脚板时要预先处理墙面，严格拉通线和尺量控制出墙厚度，达到出墙厚度一致。

5）接缝高低不平，宽窄不匀质量通病。

预防措施：铺设前必须拉十字通线确保操作工人跟线铺贴，铺完每行后随时检查缝隙是否顺直，宽窄是否一致。

6）房间和楼道地面出现高差质量通病。

预防措施：房间内的水平线由专人负责引入，确保各个房间和楼道的标高相互一致。

7）相邻板块的颜色、花纹等偏差太大质量通病。

预防措施：铺设前，根据石材的颜色、花纹、图案、纹理等按设计要求，进行对色、拼花并试拼、编号。

（3）预制板块地面。

1）地面使用后出现塌陷质量通病的原因：地基回填土不符合质量要求，未分层进行夯实或者严寒季节用冻土回填，开春后气温升高填土下沉，地面出现塌陷。

预防措施：在铺贴预制板块前，必须严格控制地基填土和灰土垫层的施工质量，禁止使用软土、冻土等不合格填料回填。基土回填一定要密实，压实系数应符合设计要求，设计无要求时，不应小于 0.90。

2）地面空鼓质量通病。

① 找平层与基层结合不牢质量通病的原因：基层清理不干净，浇水湿润不够或水泥素浆结合层涂刷不均匀或涂刷时间过长，致使风干硬结造成面层和找平层一起空鼓。

防止措施：基层必须认真清理，并充分湿润，涂刷水泥浆时必须涂刷均匀。

② 找平层砂浆与面层结合不牢质量通病的原因：找平层砂浆水灰比过大或一次铺得太厚，敲击不密实，容易造成面层空鼓。

防止措施：找平层砂浆必须用干硬性砂浆，一次铺设不得太厚（以 2～3cm 厚为宜），并压实。砂浆终凝后再施工结合层，找平层与结合层之间均匀涂刷一遍素水泥浆。

③ 板块与结合层粘结不牢质量通病的原因：板块背面浮灰没有清理干净，未浸水湿润，铺贴时操作不当或铺贴后过早上人踩踏等均会影响粘结效果。

防止措施：铺贴前，必须将板块背面浮灰清理干净，并浸水湿润。铺贴时操作方法应正确。铺贴完养护 2d 后，立即进行灌缝，并填塞密实，防止缝隙不严板块松动。铺贴后两天内严禁上人踩踏。

3）接缝不平直，缝隙不匀质量通病的原因：挑选预制板块时不严格，薄厚不均、宽窄不一致而造成接缝不平直，缝隙不匀。

防止措施：铺贴板块前要进行选板试拼，凡有裂缝、掉角、翘曲、拱背、厚薄不一、宽窄不方正等质量缺陷的板块剔除不用。施工中精心操作，铺完每行后随时用水平尺、直尺和拉通线检查缝子，确保其平顺。若板块之间高低缝差超过允许偏差时，可用机磨方法处理，并打蜡磨光。

4)踢脚板出墙厚度不一致质量通病的原因:墙面垂直度、平整度偏差过大。

预防措施:铺设踢脚板时要预先处理墙面,严格拉通线和尺量控制出墙厚度,达到出墙厚度一致。

(4)塑料地板地面。

1)空鼓翘曲质量通病的原因:基层表面不平整,基层不够干燥和基层清理不干净,或粘贴塑料板未做除蜡处理;涂胶不匀或有漏涂之处,影响了胶粘剂的粘结造成空鼓。在铺设时由于液压不实或未待胶面干燥便急于粘贴,胶粘剂干缩后引起边缘翘曲。

防止措施:① 基层表面要坚硬、平整、光滑、无油脂及其他杂物,对起砂、空鼓、麻面、空隙等缺陷的基层应进行修补找平,符合要求。② 塑料板应待稀释剂挥发后再进行粘贴,塑料贴面上胶粘剂应满涂,四边不漏涂。③ 塑料板在粘贴前应做除蜡脱脂处理。④ 控制施工温度,一般以 15～30℃为宜。基层与塑料板涂刮的胶粘剂应薄而均匀,厚度控制在 1mm左右,且涂刮方向应纵横相交,保证胶层均匀和防止胶液外溢过多,同时外溢胶液应及时清理干净。

2)颜色深浅不一,软硬不一质量通病。

防止措施:铺贴前,应进行试铺、挑板,对颜色、花纹有差异的板,应剔出不用。同房间、同一部位应用同一品牌、同一批号的塑料板,防止不同品种、不同批号的塑料板混用。

3)地板出现砂粒突起质量通病的原因:粘贴时粘贴层存有砂粒。

防止措施:铺贴前,基层必须清理干净。若铺贴后检查发现有砂粒突起地板,应掀起重新粘贴。

4)板块错缝质量通病的原因:板块尺寸、规格不一致,出现较大误差,使铺贴过程中缝格控制线失去作用。

防止措施:施工时注意规格尺寸的检查,按不同规格尺寸分拣选用,尺寸误差较大的塑料板,应剔出不用。

5)板面凹凸不平质量通病的原因:基层平整度偏差。

防止措施:铺贴前应进行基层表面的检查验收,平整度不符合要求的应及时处理。

6)焊缝焦化变色,有斑点,焊瘤和起鳞质量通病。

防止措施:

① 焊接施工前,应先检查压缩空气是否是纯洁。

② 掌握好焊枪气流温度和空气压力值,一般空气温度控制在 180 ℃～250 ℃,空气压力值控制在 80～100 kPa。

③ 喷嘴与地面夹角不应小于 25°,以 25°～30°为宜。距离焊条与板缝以 5～6 mm 为宜。

④ 拼缝的坡口切割时间不宜过早,切割后应严格防止脏物玷污。

7)板面不洁净质量通病。

防止措施:粘贴时挤出的余胶及时擦净,粘贴后在表面残留的胶液用棉纱蘸上溶剂擦净,水溶型胶粘剂用棉布擦去。塑料板块施工完后应注意成品保护,防止砂浆、油漆、刷浆污染已完工的地板。

7.4　成品保护

(1)砖地面。

1)调整、擦缝的操作人员,要穿软底鞋,踩踏面料时要垫上平整木板。

2)施工时不得碰坏各种水电管线及预埋件。切割面砖时应用垫板,禁止在已铺地而上切割。

3)施工时如有污染墙柱面、门窗、立线管及设备等应及时清理干净,特别是铝合金门窗框宜粘贴保护膜,预防锈蚀。

4)操作时不要碰动管线,不要把灰浆掉落在已安完的地漏管口内。

5)推车运料时应注意保护门框及已完地面,不要碰坏墙柱饰面、栏杆及门框,门框在适当高度位置要设置铁皮夹保护,以防手推车轴头碰坏门框。

6)镶铺砖面层后,两天内严禁上人行走及堆放物品,表面要覆盖保护(可撒锯末)。待面层的水泥砂浆结合层的抗压强度达到设计要求后方可正常使用。

7)做油漆、浆活时,应铺遮盖物对面层加以保护,不得污染地面。

8)合理安排施工顺序,水电、通风、设备安装等应提前完成,防止损坏面砖。

9)结合层凝结前应防止快干、暴晒、水冲和振动,以保证其粘结层有足够的强度。

10)搭拆架子时注意不要碰撞地面,架腿应包裹并下垫木方。

(2)大理石和花岗岩地面。

1)石板块存放不得淋雨、水泡及长期日晒,一般采取立放,光面相对,板底应用木垫托;板块的背面应支垫木方,木方与板块之间衬垫软胶皮。在施工现场内倒运时应轻拿轻放,放置方法也应如此。

2)运输大理石或花岗石板块、水泥砂浆时,应采取措施防止碰撞已作完的墙面、门洞、栏杆及门框等。铺设地面用水时防止浸泡、污染其他房间地面、墙面。

3)施工时不得碰撞损坏各种水电管线及预埋件。

4)试拼应在地面平整的房间或操作棚内进行。调整板块人员宜穿干净的软底鞋搬动、调整板块。

5)剔凿和切割板块时,下边应垫木板。

6)铺砌大理石或花岗岩板块过程中,操作人员应做到随铺贴随擦干净。揩净板块应用软毛刷和干布。当操作人员和检查人员踩踏新铺砌的板块时,要穿软底鞋,并应轻踏在板块中部。

7)施工时如有污染梁、墙柱面、门窗和立线管及设备等应及时清理干净。

8)完成后的地面,当水泥砂浆结合层强度达到60%~70%后,才允许进行局部研磨(如磨剪口)。

9)完成后的地面应临时封闭,两天内严禁上人行走及堆物件,其表面要覆盖保护(如撒锯末、盖席子、草帘、塑料编织布、油毡等)。当结合层砂浆的抗压强度达到1.2 MPa以上,才允许在面上行走时。

(3)预制板块地面。

1)预制板块地面完成后房间应封闭,不能封闭的过道,在面层上铺覆盖物保护(塑料薄膜等)。

2)防止油漆、刷浆污染已完工的预制板块。

3)严禁在预制板块地面上拌合砂浆、混凝土、堆放油漆桶及其他杂物。

4)运输材料时注意不得碰撞门口及墙面。保护好水暖立管、预留孔洞、电线盒等,不得碰坏、堵塞。

(4)塑料地板地面。

1)塑料地面铺贴完成后,及时用塑料薄膜覆盖保护,以防污染。设专人看管,非工作人员严禁入内。必须进入室内工作时应穿洁净的无钉鞋,严禁烟火,以免损伤和灼伤地面。

2)电工、油漆工作业时,使用的工作梯、凳脚下要包裹软性材料保护,防止划伤地面。

3)塑料地板的耐高温性能较差,严禁60℃以上的热源直接接触塑料地面,以防止地板变形、变色。

4)使用过程切忌金属锐器、玻璃、瓷片、鞋钉等坚硬物质挤压、磨损板面。在地面上堆放物体时应设置垫块,以免地板产生凹陷变形。

5)地板上的油渍及墨水等玷污,应立即洗掉,清洗时应用皂液擦洗,切勿用酸性洗液。

6)局部受到损坏应及时更换,重新粘贴。重新粘贴时应将原有的胶粘剂刮掉,除去浮灰,基层表面保证平整洁净。

7.5　季节性施工措施

冬期施工措施

(1)砖(大理石和花岗岩)地面。

室内操作温度不低于5℃。低于此温度时,水泥砂浆应按气温的变化掺防冻剂(掺量应按产品说明),且必须经试验室试验确认后才能操作,并应按《建筑工程冬期施工规程》(JGJ 104—1997)中的有关规定。

(2)预制板块地面。

1)冬期施工时,水泥砂浆掺入的防冻剂要经试验后确定其掺入量。

2)水泥砂浆拌和温度要求不得低于5℃,并随伴随用。按《建筑工程冬期施工规程》(JGJ 104—1997)中的有关规定做好防冻保温措施,保持室内温度高于5℃,确保砂浆结合层不受冻。

3)铺砌完成后,要进行覆盖,防止受冻。

7.6　质量记录

(1)砖地面。

1)砖面层工程的施工图、设计说明及其他设计文件。

2)水泥、地砖、胶粘剂等材料的产品合格证书、性能检测报告、进场验收记录和复验报告。

3)砂子的含泥量试验记录。

4)隐蔽工程验收记录。

5)施工记录。

6)寒冷地区陶瓷面砖的抗冻性和吸水性试验。

(2)大理石和花岗岩地面。

1)大理石、花岗岩板材产品质量证明书(包括放射性指标检侧报告)。

2)胶粘剂产品质量证明书(包括挥发性有机物等含量检测报告)。

3)水泥出厂检测报告和现场抽样检测报告。

4)砂、石现场抽样检测报告。

5)各种材料进场验收记录。

(3)预制板块地面。

1)预制板块出厂证明及强度试压记录。

2)水泥出厂证明及复试报告。

3)砂子的试验报告。

4)地面工程板块分项工程检验批质量验收记录。

5)灰土垫层的压实度报告。

(4)塑料地板地面。

1)塑料板块或卷材的出厂质量证明书和检测报告。

2)胶粘剂出厂质量证明文件和试验记录。

3)焊条出厂证明书,焊缝强度检测报告。

4)地面分项工程板块面层工程检验批质量验收记录。

8　安全、环保及职业健康措施

8.1　职业健康安全关键要求

(1)砖地面。

1)施工作业照明必须符合安全用电相关规定。

2)施工操作人员应配备必要的且数量充足的劳动保护用品。

3)杜绝施工作业人员违章指挥、违章操作。

4)水泥要入库,砂子要覆盖,搬运水泥要戴好防护用品。

5)基层清理、切割块料时,操作人员宜戴上口罩、耳塞,防止吸入粉尘和切割噪声,危害人身健康。

6)切割砖块料时,宜加装挡尘罩,同时在切割地点洒水,防止粉尘对人的伤害及对大气的污染。切割砖块料安排在白天的施工作业时间内(根据各地方的规定)进行。

7)清理地面时,不得从窗口、阳台、留洞口等处往下抛扔切割的碎片、碎块等杂物。剔凿瓷砖应戴防护镜。

8)使用钢井架作垂直运输时,要联系好上下信号,吊笼(上落笼)要平层稳定后,才能进行装卸作业。

9)夜班和在黑暗处施工时,要使用 36 V 低压行灯照明。

10)使用手提电动机具必须装有漏电保护器,作业前应试机检查,操作手提电动机具的人员应佩戴绝缘手套、防护眼镜及胶鞋,保证用电安全。

(2)大理石和花岗岩地面。

1)装卸石板块时,要轻拿轻放,防止挤手(夹手)或砸脚。

2)使用手提电动锯机时,要经试运转合格,并实行一机一闸一漏电开关及可靠接地装置,操作者必须要佩戴防护眼镜及绝缘胶手套。

3)使用钢井架作垂直运输时,应联系好上下信号,要待吊笼平层稳定后才能进行装卸作业。

4)清理地面时,不得从窗口、阳台、留洞口等向下抛卸建筑垃圾等杂物。

5)夜班和在黑暗处操作,应使用 36 V 低压灯照明。地下室照明用电不超过 12 V。

6)使用切割机、磨石机等手提电动工具之前,必须检查安全防护设施和漏电保护器,保证设施齐全、灵敏有效,以防触电。

7)大理石、花岗岩等板材应堆放整齐稳定,高度适宜,装卸时应稳拿稳放,以免材料损坏并伤及自身。

8)使用手提电动工具的施工操作人员应戴绝缘手套,穿胶靴;石材切割打磨操作人员应戴防尘口罩和耳塞;其他施工操作人员一律配戴安全帽。

(3)预制板块地面。

1)装卸板块时,要轻拿轻放,防止挤手(夹手)或砸脚。

2)使用手提电动锯机时,要经试运转合格,并实行一机一闸一漏电开关及可靠接地装置,操作者必须要戴防护眼镜及绝缘胶手套。

3)使用钢井架做垂直运输时,应联系好上下信号,要待吊笼平层稳定后才能进行装卸作业。

4)清理地面时,不得从窗口、阳台、留洞口等向下抛卸泥头杂物。

5)夜班和在黑暗处操作,应使用 36 V 低压行灯照明。地下室照明用电不超过 12 V。

6)搬运预制板块时,注意不要砸脚。

7)切割石块施工时戴防护眼镜。

8)装卸水泥人员、搅拌机操作人员倒水泥时戴防护口罩。

(4)塑料地板地面。

1)参加操作人员必须经防火、防爆、防毒安全教育,并持证后方可参加操作。

2)施工房间必须空气流通。应打开门窗,通风换气。地板铺贴时和铺贴后,房间应适当通风,防止有害气体在室内集积过多,影响健康。

3)施工房间内必须设有足够的消防用具,加砂箱,灭火器等。

4)绝对禁止在施工房间内吸烟,以防引起火灾。

5)胶粘剂、丙酮、稀释材料应设专门仓库存放,存放地点保持阴凉,避免暴晒。

6)所用材料必须符合现行国家标准《民用建筑工程室内环境污染控制规范》(GB 50325—2001)的规定。

7)塑料板采用预热处理时,操作人员应采取防护隔热措施,防止热水烫伤。

8)操作人员施工时应戴防毒口罩。

9)焊接塑料板时,严禁焊枪对准人,以防被热空气灼伤。

10)所用电气设备使用前应先检查是否正常运转,经检查符合要求后,方能使用。

11)电动工具必须安装漏电保护装置,使用时应经试运转合格后,方可使用。

12)地面所用塑料板,胶粘剂等材料必须符合国家标准规定。尤其胶粘剂必须符合《民用建筑工程室内污染控制规范》(GB 50325—2001)中的规定。

13)易燃材料应与其他材料分开,隔离存放,远离热源,并做明显的防火标识。

8.2　环境关键要求

(1)砖地面。

1)砖面层施工过程中所产生的噪声应符合《城市区域环境噪声标准》(GB 3096—1996)及各地方有关条例法规的规定。

2)面层施工过程中所产生的粉尘、颗粒物等应符合《中华人民共和国大气污染防治法》及《大气污染物综合排放标准》(GB 16297—2001)的规定。

(2)大理石和花岗岩地面。

1)施工现场的环境温度应控制在 5 ℃ 以上。冬期施工时,原材料和操作环境温度不得低于5℃,不得使用有冻块的砂子,板块表面严禁出现结冰现象。如室内无取暖和保温措施严禁施工。

2)切割石材的地点应采取防尘措施,适当洒水。

3)切割石材应安排在白天进行,并选择在较封闭的室内,防止噪声污染,影响周围环境。

4)建筑废料和粉尘应及时清理,放置指定地点。若临时堆放在现场,应进行覆盖,防止扬尘。

(3)预制板块地面。

1)严禁在既有道路、公共场所地面上拌合砂浆、混凝土。

2)运送砂浆的小车料斗要严密,不得漏浆。

3)堆放的板块要码放整齐。

4)严禁在预制板块上拌和砂浆、混凝土。

5)搬运板块时,要注意不要砸脚。

6)铺完一块,清理一块。

7)板块等材料进现场要码放整齐。

8)为防产生扬尘,对砂堆进行覆盖。

(4)塑料地板地面。

施工时,房间内温度控制在 15 ℃～30 ℃,湿度 80％以下,且室内不得有粉尘。

一般抹灰施工工艺

1 适用范围

本标准适用于建筑工程中室内一般抹灰的施工。

2 施工准备

2.1 材　料

(1)水泥:硅酸盐水泥、普通硅酸盐水泥强度等级不低于 32.5 级。严禁不同品种、不同强度等级的水泥混用。水泥进场应有产品合格证和出厂检验报告,进场后应进行取样复试,水泥的凝结时间和安全性复验应合格。当对水泥质量有怀疑或水泥出厂超过 3 个月时,在使用前必须进行复试,并按复试结果使用。

(2)砂:平均粒径为 0.35~0.5 mm 的中砂,砂的颗粒要求质地坚硬、洁净,含泥量不得大于 3%,不得含有草根、树叶、碱质和其他有机物等杂质。使用前应按使用要求通过不同孔径的筛子。

(3)石灰膏:用块状生石灰淋制,淋制时用筛网过滤,孔径不大于 3 mm,储存在沉淀池中。熟化时间,常温一般不少于 15 d,用于罩面灰时,熟化时间不应少于 30 d,使用时石灰膏内不应含有未熟化的颗粒和其他杂质。

(4)磨细生石灰:其细度应通过 4900 目/cm² 的筛子。使用前应用水浸泡使其充分熟化,其熟化时间在 7 d 以上。

(5)纸筋:通常使用白纸筋或草纸筋,使用前三周用水浸透并敲打拌和成糊状,要求洁净、细腻,也可制成纸浆使用。

(6)麻刀:柔软干燥,不含杂质,长度 10~30 mm。使用前 4~5 d 敲打松散,并用石灰膏调好。

(7)界面剂:界面剂应有产品合格证、性能检测报告、使用说明书等质量证明文件,进场后及时进行检验。

(8)钢板网:钢板网厚度为 0.8 mm,单个网眼面积不大于 400 mm²,表面防锈层良好。

2.2 机具设备

(1)机械:塔式起重机(卷扬机、井架)、砂浆搅拌机、麻刀机、纸筋灰搅拌机等。

(2)工具:筛子、手推车、铁板、铁锹、平锹、灰勺、水勺、托灰板、木抹子、铁抹子、阴阳角抹子、塑料抹子、刮杠、软刮尺、软毛刷、钢丝刷、长毛刷、鸡腿刷、粉丝包、钢筋卡子、小线、喷壶、小水壶、水桶、扫帚、锤子、錾子等。

(3)计量检测用具:磅秤、方尺、钢尺、水平尺、靠尺、托线板、线坠等。

(4)安全防护用品:护目镜、口罩、手套等。

2.3 作业条件

(1)结构工程已完,并经验收合格。

(2)已测设完室内标高控制线,并经预验合格。

(3)门窗框安装并校正完毕,与墙体连接牢固。缝隙用1:3水泥砂浆(或1:1:6混合砂浆)分层嵌塞密实。塑钢、铝合金门窗框缝隙按产品说明书要求的嵌缝材料堵塞密实,并已贴好保护膜,门框下部用铁皮保护。

(4)墙内预埋件和穿墙套管已安装完,墙内的消火栓箱、配电箱等已安装完,箱体与预留洞之间的缝隙已用1:3干硬性水泥砂浆或细石混凝土堵塞密实;若箱体背后为明露,则采用挂网抹灰,钢丝网与洞边搭接不得小于100 mm。

(5)抹灰用脚手架已搭设好,架子要离开墙面及门窗口200～250 mm,顶板抹灰脚手板距顶板约1.8 m左右。脚手板铺设应符合安全要求,并经检查合格。

(6)不同基层交接处已采取加强措施,并经检验合格。

(7)抹灰前宜做完屋面防水或上一层地面。

2.4 技术准备

(1)编制分项工程施工方案并经审批,对操作人员进行安全技术交底。

(2)大面积施工前应先做样板,并经监理、建设单位确认后再进行施工。

3 操作工艺

3.1 工艺流程

3.1.1 顶板抹灰

顶板抹灰工艺流程如图1所示。

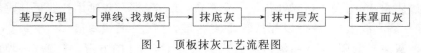

图1 顶板抹灰工艺流程图

3.1.2 墙面抹灰

墙面抹灰工艺流程如图2所示。

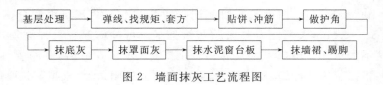

图2 墙面抹灰工艺流程图

3.2 操作方法

3.2.1 顶板抹灰

(1)基层处理。

1)现浇混凝土楼板:先将基层表面凸出的混凝土剔平,用钢丝刷满刷一遍,提前一天浇水湿润。表面有油垢时,用清洗剂或去污剂除去,用清水冲洗干净晾干。若混凝土表面较光滑,应对其表面拉毛,拉毛方法有两种:一是用掺加液体界面剂的聚合物水泥砂浆甩毛,要求甩点均匀(界面剂掺量按产品使用说明书或经试验确定)。表面干燥后水泥砂浆疙瘩均匀地粘满基层表面,并有较高的强度(用手掰不掉为准)。二是将界面剂用水调成糊状,用抹子将糊状界面剂均匀地抹在混凝土面上,厚度一般为2 mm左右。

2)预制混凝土楼板:首先将凸出楼板面的灌缝混凝土剔平,其他处理方法同现浇混凝土楼板。

弹线、找规矩：根据标高控制线，在四周墙上弹出靠近顶板的水平线，作为顶板抹灰的水平控制线。

（2）抹底灰：先将顶板基层润湿，然后刷一道界面剂，随刷随抹底灰。底灰一般用1∶3水泥砂浆（或1∶0.3∶3水泥混合砂浆），厚度通常为3～5 mm。以墙上水平线为依据，将顶板四周找平。抹灰时需用力挤压，使底灰与顶板表面结合紧密。最后用软刮尺刮平，木抹子搓平、搓毛。局部较厚时，应分层抹灰找平。

（3）抹中层灰：抹底灰后紧跟抹中层灰（为保证中层灰与底灰粘结牢固，如底层吸水快，应及时洒水）。先从板边开始，用抹子顺抹纹方向抹灰，用刮尺刮平，木抹子搓毛。

（4）抹罩面灰：罩面灰采用1∶2.5水泥砂浆（或1∶0.3∶2.5水泥混合砂浆），厚度一般为5 mm左右。待中层灰约六七成干时抹罩面灰，先在中层灰表面上薄薄地刮一道聚合物水泥浆，紧接着抹罩面灰，用刮尺刮平，铁抹子抹平、压实、压光，并使其与底灰粘结牢固。

3.2.2　混凝土墙面抹灰

（1）基层处理。

1）基层处理方法同"现浇混凝土楼板"。

2）混凝土墙面与其他不同材料墙面交接处，先钉加强钢板网，与不同材料墙面的搭接长度不小于100 mm。钢板网钉完后，进行隐蔽验收，合格后方可进行下道工序。

（2）弹线、找规矩、套方：分别在门窗口角、垛、墙面等处吊垂直套方，在墙面上弹抹灰控制线。并用托线板检查基层表面的平整度、垂直度，确定抹灰厚度，最薄处抹灰厚度不应小于7 mm。墙面凹度较大时，应用水泥砂浆分层抹平。

（3）贴饼、冲筋：根据控制线在门口、墙角用线坠、方尺、拉通线等方法贴灰饼。在2 m左右高度离两边阴角100～200 mm处各做一个灰饼，然后根据两灰饼用托线板挂垂直做下边两个灰饼，高度在踢脚线上口，厚薄以托线板垂直为准，然后拉通线每隔1.2～1.5 m上下各加若干个灰饼。灰饼一般用1∶3水泥砂浆做成边长为50 mm的方形。门窗口、垛角也必须补贴灰饼，上下两个灰饼要在一条垂直线上。

根据灰饼用与抹灰层相同的水泥砂浆进行冲筋，冲筋根数应根据房间的高度或宽度来决定，一般筋宽约100 mm为宜，厚度与灰饼相同。冲筋时上下两灰饼中间分两次抹成凸八字形，比灰饼高出5～10 mm，然后用刮扛紧贴灰饼搓平。可冲横筋也可冲立筋，依据操作习惯而定。墙面高度不大于3.5 m时宜冲立筋。墙面高度大于3.5 m时，宜冲横筋。

（4）做护角：根据灰饼和冲筋，在门窗口、墙面和柱面的阳角处，根据灰饼厚度抹灰，粘好八字靠尺（也可用钢筋卡子）并找方吊直。用1∶3水泥砂浆打底，待砂浆稍干后用阳角抹子用素水泥浆捋出小圆角作为护角。也可用1∶2水泥砂浆（或1∶0.3∶2.5水泥混合砂浆）做明护角。护角高度不应低于2 m，每侧宽度不应小于50 mm。在抹水泥护角的同时，用1∶3水泥砂浆（或1∶1∶6水泥混合砂浆）分两遍抹好门窗口边的底灰。当门窗口抹灰面的宽度小于100 mm时，通常在做水泥护角时一次完成抹灰。

（5）抹底灰：冲筋完2 h左右即可抹底灰，一般应在抹灰前一天用水把墙面基层浇透，刷一道聚合物水泥浆。底灰采用1∶3水泥砂浆（或1∶0.3∶3混合砂浆）。打底厚度设计无要求时一般为13 mm，每道厚度一般为5～7 mm，分层分遍与冲筋抹平，并用大刮扛垂直、水平刮一遍，用木抹子搓平、搓毛。然后用托线板、方尺检查底子灰是否平整，阴阳角是否方正，抹灰后应及时清理落地灰。

（6）抹罩面灰：罩面灰采用1∶2.5水泥砂浆（或1∶0.3∶2.5水泥混合砂浆），厚度一般为

5～8 mm。底层砂浆抹好 24 h 后抹罩面灰(抹灰面应提前湿润)。抹灰时先薄薄刮一道聚合物水泥浆,使其与底灰结合牢固,随即抹罩面灰,用大刮扛把表面刮平刮直,用铁抹子压实压光。

(7)抹水泥窗台板:先将窗台基层清理干净,用水浇透,刷一道聚合物水泥浆,然后抹 1:2.5 水泥砂浆面层,压实压光。窗台板若要求出墙,应根据出墙厚度贴靠尺板分层抹灰,要求下口平直,不得有毛刺。砂浆终凝后浇水养护 2～3 d。

(8)抹墙裙、踢脚:墙面基层处理干净,浇水润湿,刷界面剂一道,随即抹 1:3 水泥砂浆底层,表面用木抹子搓毛,待底灰七八成干时,开始抹面层砂浆。面层用 1:2.5 水泥砂浆,抹好后用铁抹子压光。踢脚面或墙裙面一般凸出抹灰面 5～7 mm,并要求出墙厚度一致,表面平整,上口平直光滑。

3.2.3　砌体墙面抹灰

(1)基层处理:先将墙面上舌头灰、残余砂浆、污垢、灰尘等清理干净,浇水湿润。圈梁、构造柱等部位用掺加界面剂的聚合物水泥砂浆甩毛,要求甩点均匀,粘满砂浆疙瘩,干燥后应有较高的强度(用手掰不掉为准)。并在不同基层的交接面挂钢丝网,防止因基层材料不同而开裂。

(2)底灰采用 1:3 石灰砂浆(或 1:1:6 水泥混合砂浆),操作方法同混凝土墙面抹灰的相关条款。

(3)罩面灰有纸筋灰和麻刀灰两种:底灰约六七成干时,即抹 2 mm 罩面灰,先薄薄刮一层,随之抹平,粗压一遍,再抹第二遍。从上到下顺序进行,用铁抹子抹平赶光,然后用塑料抹子顺抹纹压光。

3.3　季节性施工措施

3.3.1　雨期施工

雨季施工时,应先做完屋面防水,以防损坏抹灰面。

3.3.2　冬季施工

(1)砂浆应用热水拌和,并掺不含氯化物的砂浆抗冻剂,拌好的砂浆宜采取保温措施,砂浆上墙温度不宜低于 5 ℃,施工环境温度一般不低于 5 ℃,可提前做好门窗封闭或采取室内采暖措施,气温低于 0 ℃时不宜进行抹灰作业。

(2)用冻结法砌筑的墙,室内抹灰应待墙面完全解冻后,而且室内环境温度应保持在 5℃以上方可进行室内抹灰,不得在负温度和冻结的基体上抹灰,不得用热水冲刷冻结的墙面或用热水消除墙面的冰霜。

(3)冬期施工,砂浆内不得掺入石灰膏,可掺加粉煤灰或冬期施工用外加剂,以提高灰浆的和易性。

(4)冬期施工,抹灰可采用热空气或电暖气加速干燥,并设专人负责定时开关门窗,以便加强通风,排除湿气,必要时应设通风设备。

4　质量控制要点

4.1　质量标准

4.1.1　主控项目

(1)抹灰前基层表面的尘土、污垢、油渍等应清除干净,并应洒水润湿。

检验方法:检查施工记录。

（2）一般抹灰所用材料的品种和性能应符合设计要求，水泥的凝结时间和安定性复验应合格，砂浆配合比应符合设计要求。

检验方法：检查产品合格证书、进场验收记录、复验报告和施工记录。

（3）抹灰工程应分层进行。当抹灰总厚度大于或等于 35 mm 时。应采取加强措施。不同材料基体交接处表面的抹灰，应采取防止开裂的加强措施，当采用加强网时，加强网与基体的搭接宽度不应小于 100 mm。

检验方法：检查隐蔽工程验收记录和施工记录。

（4）抹灰层与基层之间及各抹灰层之间必须粘结牢固，抹灰层应无脱落、空鼓，面层应无爆灰和裂缝。

检验方法：观察；用小锤轻击检查；检查施工记录。

4.1.2　一般项目

（1）一般抹灰工程的表面质量应符合下列规定。

普通抹灰：表面应光滑、洁净、接槎平整，分格缝应顺直、清晰。

高级抹灰：表面应光滑、洁净、颜色均匀、无抹纹，分格缝和灰线应顺直、清晰美观。

检验方法：观察；手摸检查。

（2）护角、孔洞、槽、盒周围的抹灰表面应整齐、光滑；管道后面的抹灰表面应平整。

检验方法：观察；手摸检查。

（3）抹灰层的总厚度应符合设计要求；水泥砂浆不得抹在石灰砂浆层上；罩面石膏灰不得抹在水泥砂浆层上。

检验方法：检查施工记录。

（4）抹灰分格缝的设置应符合设计要求，宽度和深度应均匀，表面应光滑，棱角应整齐、通顺。

检验方法：观察；尺量检查。

（5）一般抹灰工程质量的允许偏差和检验方法见表 1。

表 1　一般抹灰的允许偏差及检验方法

项次	项　目	允许偏差（mm）		检　验　方　法
		普通抹灰	高级抹灰	
1	立面垂直度	4	3	用 2 m 垂直检测尺检查
2	表面平整度	4	3	用 2 m 靠尺和塞尺检查
3	阴阳角方正	4	3	用直角检测尺检查
4	阴阳角垂直	4	3	用 2 m 垂直检测尺检查
5	分格条（缝）直线度	4	3	拉 5 m 线，不足 5 m 拉通线，用钢直尺检查
6	墙裙、踢脚上口直线度	4	3	拉 5 m 线，不足 5 m 拉通线，用钢直尺检查

注：1　普通抹灰，本表阴角方正可不检查。
　　2　顶棚抹灰，本表表面平整度可不检查，但应平顺。

4.1.3　观感检查项目

表面平整无裂纹，色差不明显，线条直顺，阴阳角方正垂直，接缝分隔合理。

4.2　应注意的质量问题

4.2.1　技术的控制

（1）抹灰前对基层必须处理干净，光滑表面应做毛化处理，浇水湿润。抹灰时应分层进行，每层抹灰不应过厚,并严格控制间隔时间,抹完后及时浇水养护,以防空鼓、开裂。

(2)安装窗框时,标高应统一、尺寸准确,框四周应留有抹灰量,以防抹灰吃口。

(3)抹灰时避免将接槎放在大面中间处,一般应留在分格缝或不明显处,防止产生接槎不平。

(4)若墙面不做涂饰时,砂浆应用同品种、同批号的水泥,罩面压光应避免在同一处过多抹压,以防造成表面颜色深浅不一。

(5)淋制灰膏或炮制磨细生石灰粉时,熟化时间必须达到规定天数,防止因灰膏中存有未熟化的颗粒,造成抹灰层爆裂,出现开花、麻点。

(6)现浇混凝土顶板抹灰基层必须进行毛化处理,抹灰厚度不得过厚,防止因粘结不牢、开裂脱落,造成伤人的质量事故。必要时、施工前应经监理、建设单位确认,采取相应的技术措施,选用先进的模板及支撑体系,使顶板结构表面达到不抹灰即可做涂饰施工的效果。

(7)外墙和顶棚的抹灰层与基层之间及各抹灰层之间必须粘结牢固。

4.2.2 质量的控制

抹灰工程质量关键是,粘结牢固,无开裂、空鼓和脱落,施工过程应注意:

(1)抹灰基体表面应彻底清理干净,对于表面光滑的基体应进行毛化处理。

(2)抹灰前应将基体充分浇水均匀润透,防止基体浇水不透造成抹灰砂浆中的水分很快被基体吸收,造成质量问题。

(3)严格各层抹灰厚度,防止一次抹灰过厚,造成干缩率增大,造成空鼓、开裂等质量问题。

(4)抹灰砂浆中使用材料应充分水化,防止影响粘结力。

(5)所有材料进场时应对品种、规格等进行验收。材料包装应完好,应有产品合格证书。

4.3 成品保护

(1)门窗框在抹灰之前应进行保护或贴保护膜,抹灰完成后,及时清理残留在门窗框上的砂浆。

(2)翻拆架子时防止损坏已抹好的墙面,用手推车或人工搬运材料时,采取保护措施,防止造成污染和损坏。抹灰完成后,在建筑物进出口和转角部位,应及时做护角保护,防止碰坏棱角。

(3)抹灰作业时,禁止蹬踩已安装好的窗台板或其他专业设备,防止损坏。

(4)抹灰作业时,必须保护好地面、地漏,禁止直接在地面上拌灰或堆放砂浆。

4.4 质量记录

(1)水泥出厂合格证、性能检测报告及水泥的凝结时间和安定性复试报告。

(2)砂子试验报告。

(3)生石灰、磨细生石灰粉出厂合格证。

(4)界面剂产品合格证和环保检测报告。

(5)抹灰厚度大于或等于 35 mm 和不同材质基层交界处的加强措施隐检记录。

(6)检验批质量验收记录。

(7)分项工程质量验收记录。

5　安全、环保及职业健康措施

5.1　安全操作要求

（1）抹灰用各种架子搭设应符合安全规定，并经安全部门检查合格，铺板不得有探头板和飞跳板。

（2）进入现场作业人员必须戴安全帽，2 m以上作业必须系安全带并应穿防滑鞋。

（3）机械操作人员必须持证上岗，非操作人员严禁动用。

（4）夜间或光线不足的地方施工时，移动照明应使用36 V低压设备。

（5）采用垂直运输上料时，严禁超载，运料小车的车把严禁伸出笼外，小车应加车挡，各楼层防护门应随时关闭。

（6）清理施工垃圾时，不得从窗口、阳台等处往下抛掷。

（7）淋制石灰时，操作人员要戴护目镜和口罩。

5.2　环保措施

（1）现场搅拌站应封闭，宜采取喷水降尘措施，并应设置排水沟和沉淀池，废水必须经沉淀后排放。

（2）大风天气施工时，砂子和石灰要进行覆盖，防止扬尘。

（3）抹灰用砂浆在运输和施工过程中有遗撒时应及时清理。

（4）施工用的界面剂、清洁剂应符合环保要求。

（5）在城区或靠近居民生活区施工时，对施工噪声要有控制措施，夜间运输车辆不得鸣笛，减少噪声扰民。

6　工程实例

贵阳市市级行政中心市委办公楼工程位于贵阳市金阳新区，建筑面积为39 526 m²，框架结构6层，于2002年4月28日开工，2003年11月6日竣工。其内墙及顶棚抹灰面积约98 000 m²。在抹灰工程施工前制定了详细的技术方案并层层交底，实行样板引路措施，严格控制各工序工程质量，不断提高施工工艺水平，使抹灰工程的质量达到了高级抹灰的标准，受到了各方的好评，工程竣工后被评为2006年度国家优质工程银质奖。

干粘石施工工艺

干粘石是将彩色石米直接粘在砂浆面层上的一种饰面做法。它与水刷石比较,节约水泥30%～40%,节约石米50%,提高工效30%左右。

1　适用范围

本施工工艺适用于内外墙墙面干粘石分项工程。

2　工艺流程及操作要点

2.1　工艺流程

2.1.1　作业条件

(1)外架提前搭设好,选用双排钢管外脚手架,保证操作面处有两步架的脚手板,其横竖杆及拉杆、支杆等应离开门窗口角200～250 mm,架子的步高满足施工需要。

(2)预留设备孔洞应按图纸上的尺寸留好,预埋件等应提前安装并固定好,门窗框安装好,并与墙体固定,将缝隙填嵌密实,铝合金门窗框边提前做好防腐及表面粘好保护膜。

(3)墙面基层清理干净,脚手架眼堵塞填实,混凝土过梁、圈梁、组合柱等,将其表面清理干净,突出墙面的混凝土剔平,凹进去部分应浇水湿透后,用1:3水泥砂浆(掺水重10%的108胶)分层补平,每层补抹厚度不应大于7 mm,且每遍抹后不应跟得太紧。对加气混凝土板凹槽处修补,应用掺水重10%108胶1:1:6的混合砂浆分层补平,板缝亦应同时勾平、填实。对预制混凝土外墙板防水接缝处理完毕,经淋水试验,无渗漏现象。

(4)确定施工工艺,向操作者进行技术交底。

(5)大面积施工前先做样板墙,经有关人员验收后,方可按样板要求组织施工。

2.1.2　工艺流程图

工艺流程如图1所示。

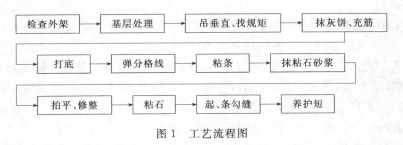

图1　工艺流程图

2.2　操作要点

2.2.1　技术准备

(1)编制好施工方案,经审批后对操作人员进行安全技术交底。

(2)在大面积施工前,应做样板,确定配合比,经监理、建设单位确认。

(3)不同基层交接处采取加强措施,并进行隐蔽验收。

2.2.2　材料要求

(1)水泥:硅酸盐水泥、普通硅酸盐水泥强度等级不低于 32.5 级。严禁不同品种、不同强度等级的水泥混用。水泥进场应有产品合格证和出厂检验报告,进场后应进行取样复试。水泥的凝结时间和安定性复验合格。当对水泥质量有怀疑或水泥出厂超过 3 个月时,在使用前必须进行复试,并按复试结果使用。

(2)砂:平均粒径为 0.35~0.5 mm 的中砂,砂的颗粒要求质地坚硬、洁净,含泥量不得大于 3%,不得含有草根、树叶、碱质和其他有机物等杂质。使用前应按使用要求过不同孔的筛子。

(3)石渣:颗粒坚实,不得含有黏土及其他有机物等杂质。石渣的规格、级配应符合设计要求。石渣粒径中八厘为 6 mm,小八厘为 4 mm。使用前过筛,并用苫布盖好待用。要求同品种石渣应一次进货,保证质地、颜色一致。

(4)石灰膏:应用块状石灰淋制,淋制时用筛网过滤,孔径不大于 3 mm,储存在沉淀池中。熟化时间,常温一般不得少于 15 d,使用时石灰膏内不得含有未熟化的颗粒和其他杂质。

(5)磨细生石灰:其细度应通过 4 900 目/cm² 的筛子。用前应用水浸泡使其充分熟化,熟化时间宜为 7 d 以上,使用时不得含有未熟化的颗粒。

(6)其他材料:界面剂、粉煤灰等应有出厂合格证和性能检测报告。

2.2.3　操作要点

(1)基层处理。

1)基层为混凝土墙面:首先将混凝土表面凸出的混凝土剔平,用钢丝刷满刷一遍,浇水润湿。若混凝土表面光滑,应对表面做毛化处理,方法有两种:一是将光滑的表面冲洗刷净,表面有油污时,用清洗剂或去污剂除去表面的油污,并用清水冲洗干净后晾干。然后用掺加界面剂的聚合物水泥砂浆甩毛,要求甩点均匀,并有较高的强度(用手掰不掉为准)。聚合物水泥砂浆配合比按界面剂的产品使用说明书或实验数据确定,但应满足现行地方标准《建筑用界面处理剂应用技术规程》(DBJ/T 01—40)的规定。二是洗后将界面剂用水调成糊状,用抹子将糊状界面剂均匀涂抹在混凝土面上,厚度一般为 2~3 mm。

2)基层为砖墙面:施工时将墙面清扫干净,突出墙面的砂浆应剔平,堵好脚手眼,提前一天充分浇水湿润。

3)基层为加气混凝土砌块:将墙板缝中凸起的砂浆剔去,将墙板上的粉末及加气细末扫净,浇水湿透,对砌块缺棱掉角处进行修补。

(2)吊垂直、套方、找规矩:根据建筑物的高度确定放线方法。多层建筑用特制的大线坠从顶层向下吊垂直细钢丝,再按钢丝的垂直,在墙大角、门窗洞口等处的垂直方向打点、放线,并按线分层贴饼,达到横平竖直、协调一致。

(3)贴饼、冲筋:用线坠、方尺、拉通线等方法进行贴灰饼,贴灰饼一般用 1:3 水泥砂浆做成边长为 50 mm 的方形,水平距离一般为 1.2~1.5 m。在墙大角、门窗洞口两侧分层贴饼。用与抹灰层相同的水泥砂浆进行冲筋,一般筋宽约 100 mm 为宜。

(4)抹底层砂浆:抹灰前,在处理好的基层上刷一道聚合物水泥浆,然后分层抹底层砂浆。不同基层处应钉钢丝网。常温施工一般可采用 1:3 水泥砂浆(或 1:1:6 混合砂浆)打底。底灰与冲筋抹平后,用刮杠刮平、木抹子搓毛,待终凝后浇水养护。

(5)弹线分格,粘分格条、滴水条:按图纸尺寸进行分格弹线,用水泥净浆粘条。一般水平条粘在分格线下方,竖条粘在分格线左方,所粘分格条应在线的同一侧,防止上下和左右乱粘,出现分格不均匀。粘分格条必须做到横平竖直、交圈。檐口、窗台、阳台、雨罩等底面应按设计要求做滴水槽。分格条、滴水条的断面尺寸应符合设计要求,设计无要求时,一般采用断面尺寸为 10 mm×10 mm 的木条或硬质塑料条。

(6)抹粘石砂浆、粘石、压平。

1)抹粘石砂浆:粘石砂浆有两种:一种是聚合物水泥浆(在水泥内按比例掺加界面剂);另一种是聚合物水泥混合砂浆,配合比为水泥:石灰膏:砂:界面剂=1:1:2:0.2。粘石砂浆的抹灰厚度,根据石渣粒径确定。抹粘石砂浆时,一般抹灰面低于分格条 1 mm,并保证平整,然后粘石。

2)粘石:通常采用甩石渣粘石的方法,一手拿存放石渣的小筛子,另一手拿小木拍,铲上石渣后将木拍晃一下,使石渣均匀分布在小木拍上,再反手往砂浆面上甩,要求一拍接一拍甩严、甩匀,并用筛子接掉下来的石渣。甩石粒的顺序先上部及左右边角,下部因砂浆水分大宜后甩。

3)压平:甩石后及时用干净抹子轻轻地将石渣拍入灰层内,要求拍入 2/3,外露 1/3,以不露浆且粘结牢固为宜。水分稍蒸发后,用抹子沿垂直方向从下往上轻压一遍,以消除拍石的抹痕。

4)对大面积的粘石抹灰可采用机械喷石法施工,喷石后应及时用橡胶滚子滚压,将石渣压入灰层 2/3,外露 1/3,是起粘结牢固。最后同样用抹子轻压一遍,以消除滚压痕迹。门窗、阳台、雨罩粘石时应先粘小面,大、小面交角处粘石应采用八字靠尺,起尺后及时用小米粒石修补黑边,并使其粘结密实、牢固。

(7)修整处理黑边:阳角粘完拍平起尺后及时检查有无石粒不密实之处,发现后用毛刷蘸水甩在应修整处,并及时补粘石粒,使其石渣分布均匀。对于灰层有坠裂的地方应在灰层终凝前甩水修补。大面积粘石,应在粘石后及时检查,发现石渣疏密不均处,及时补粘,使之疏密一致。

(8)起条、勾缝:粘完石渣用铁抹子轻轻地溜平以后,即可将分格条、滴水条起出。起条后再用抹子将起条处轻轻地按一按,防止起条后将面层粘石砂浆拉起,造成局部空鼓。待面层粘石砂浆达到一定强度后,用素水泥砂浆将分格缝、滴水槽勾平、勾实。

(9)浇水养护:粘石面层完成后常温 24 h 后,即可用喷壶洒水养护,养护期不少于 2~3 d。

3 机具设备配置

3.1 机 械

砂浆搅拌机。

3.2 工 具

拌灰铁盘、大平锹、小平锹、大(小)水桶、线坠、靠尺、分格条、托线板、刮扛、粘石板(木拍板)、粉线包、小筛子(300 mm×800 mm)、托灰板、木抹子、铁抹子、靠尺、小压子、小车、小灰桶、灰勺、扫帚等。

3.3 计量检测用具

磅秤、方尺、钢尺、水平尺、靠尺、托线板、线坠等。

3.4 安全防护用品

护目镜、口罩、手套等。

4　质量控制要点

4.1　质量控制要求

技术的控制

(1)施工时应将基层清理干净,做好基层毛化处理,浇水湿润。抹底前应分层进行,控制抹灰厚度,打底后做好浇水养护,防止基层空鼓。

(2)抹粘石砂浆时要平整、厚薄均匀;甩石渣时,不要用力过猛,掌握好力度。防止因灰层过厚产生返浆,灰层薄处出现坑凹,粘石后拍不到位,浮在表面造成面层颜色不一致、有花感。

(3)分格条两侧粘石砂浆干的快,施工时分格条处应先粘,然后再粘大面。阳角粘石应采用八字靠尺,起尺后应及时用米粒石修补,防止阳角及分格条两侧出现黑边。

(4)抹粘石砂浆前,底灰要用水湿润,减慢粘石砂浆的干燥速度,粘石后拍、按要到位,将石渣拍入粘石砂浆层中,防止石渣浮动,手触即掉。

(5)底灰浇水湿润应适度,粘石砂浆稠度应适宜,并控制抹灰厚度,防止因甩石渣时造成粘结层坠毁。

(6)干粘石面层起条后应认真勾缝,防止分格条、滴水槽不光滑、不清晰。

4.2　质量检验标准

4.2.1　一般项目

(1)干粘石表面应色泽一致、不露浆、不漏粘,石粒应粘结牢固、分布均匀,阳角处无明显黑边。

检验方法:观察;手摸检查。

(2)分格条(缝)的设置应符合设计要求,宽度和深度应均匀,表面应平整光滑,棱角应整齐。

检验方法:观察。

(3)有排水要求的部位应做滴水线(槽)。滴水线(槽)应整齐顺直,滴水线应内高外底,滴水槽的宽度和深度均不小于 10 mm。

检验方法:观察;尺量检查。

(4)干粘石施工质量的允许偏差和检验方法见表1。

表1　干粘石施工质量的允许偏差和检验方法

项次	项　目	允许偏差(mm)	检　验　方　法
1	立面垂直度	4	用 2 m 垂直检测尺检查
2	表面平整度	4	用 2 m 靠尺和塞尺检查
3	阴阳角方正	3	用直角检测尺检查
4	分格条(缝)直线度	2	拉 5 m 线,不足 5 m 拉通线,用钢直尺检查
5	墙裙、勒脚上口直线度	—	拉 5 m 线,不足 5 m 拉通线,用钢直尺检查

4.2.2　主控项目

(1)抹灰前基层表面的尘土、污垢、油渍等应清楚干净,并应洒水润湿。

检验方法:检查施工记录。

(2)材料的品种、性能和质量应符合设计要求。水泥的凝结时间和安定性复试应合格。砂浆的配合比应符合设计要求。

检验方法：检查产品合格证书、进场验收记录、复验报告和施工记录。

（3）抹灰工程应分层进行。当抹灰总厚度大于或等于 35 mm 时，应采取加强措施。不同材料基体交接处表面的抹灰，应采取防止开裂的加强措施，当采用加强网时，加强网与各基体的搭接宽度不应小于 100 mm。

检验方法：检查隐蔽工程验收记录和施工记录。

（4）各抹灰层之间及抹灰层与基体之间必须粘结牢固，无脱层、空鼓和裂缝。

检验方法：观察；用小锤轻击检查；检查施工记录。

4.2.3　资料核查项目

（1）水泥出厂合格证、性能检测报告及水泥的凝结时间和安定性复试报告。

（2）砂子试验报告。

（3）干粘石、生石灰、磨细生石灰粉出厂合格证。

（4）界面剂产品合格证和环保检测报告。

（5）检验批质量验收记录。

（6）分项工程质量验收记录。

4.2.4　观感检查项目

表面平整无裂纹，色差不明显，线条直顺，阴阳角方正垂直，接缝分隔合理。

4.3　成品保护

（1）门窗框及架子的砂浆应及时清理干净，散落在架子上的石渣应及时回收。铝合金门窗应保护好，其上的保护膜完好无损。

（2）翻板子，拆架子不要碰撞干粘石墙面，粘石后棱角处应加以保护，防止碰撞。

（3）油工刷油时严禁踩蹬粘石面层及棱角，切勿将油漆碰掉污染粘石墙面。

（4）做刷石前就保护好粘石墙面，防止刷石的水泥浆污染粘石面。

4.4　季节性施工措施

（1）雨期施工时，应注意采取防雨措施。下雨时，应将刚完成的粘石墙面进行遮挡，防止损坏。

（2）干粘石施工作业时，环境温度不得低于 5℃，严冬阶段不得进行干粘石施工。

（3）冬季施工应使用热水拌和砂浆，并采取保温措施，砂浆上墙温度不得低于 5 ℃。

（4）进入冬季施工后，砂浆中应掺入能降低冰点的防冻外加剂。防冻外加剂的掺加量应根据试验结果确定。各种砂浆的抹灰层在硬化初期均不得受冻。

4.5　质量记录

（1）水泥出厂合格证、检测报告和水泥凝结时间、安定性复试报告。

（2）砂试验报告。

（3）石渣出厂合格证和试验报告。

（4）界面剂产品合格证和环保检测报告。

（5）基层清理施工记录以及抹灰厚度，大于或等于 35 mm 和不同材质基层交界处的加强措施隐检记录。

（6）检验批质量验收记录。

（7）分项工程质量验收记录。

5　安全、环保及职业健康措施

5.1　职业健康安全关键要求

（1）搭设室外抹灰用高大架子应有施工方案和设计计算，搭设后经安全部门检验合格后方可使用。参加搭设的人员，必须经专业培训合格，持证上岗，严格按方案搭设。

（2）进入现场作业人员必须戴安全帽，2 m 以上作业必须系安全带并应穿防滑鞋。

（3）机械操作人员必须持证上岗，非操作人员严禁动用。

（4）夜间或光线不足的地方施工时，移动照明应使用 36 V 低压设备。

（5）采用垂直运输上料时，严禁超载。运料小车的车把严禁伸出笼外，小车应加车挡，各楼层防护门应随时关闭。

（6）清理施工垃圾时，不得从窗口、阳台等处往下抛掷。

（7）电源开关、控制箱等设备要加锁，并设专人负责管理，防止漏电、触电。

5.2　环境关键要求

（1）现场搅拌站应封闭，宜采取喷水降尘措施，并应设置排水沟和沉淀池，废水必须经沉淀后排放。

（2）施工用的界面剂、清洁剂应符合环保要求。

（3）在城区或靠近居民生活区施工时，对施工噪声要有控制措施，夜间运输车辆不得鸣笛，减少噪声扰民。

（4）施工现场由专人负责洒水清理，以控制扬尘污染。

6　工程实例

贵阳市万达汽车厂 5# 宿舍楼，建筑面积为 6 000 m²，6 层砖混结构，于 1996 年 4 月 2 日开工，1997 年 5 月 31 日竣工。该楼墙采用干粘石，外墙面积约 4 000 m²。

喷涂工程施工工艺

喷涂工程广泛运用于工业与民用建筑工程中,是建筑装饰装修中的基本工程。

1 适用范围

本工艺标准适用于一般工业与民用建筑的墙面喷涂施工。

2 工艺流程及操作要点

2.1 工艺流程

2.1.1 作业条件

(1)门窗必须按设计位置及标高提前安装好,并检查是否安装牢固,洞口四周的缝隙堵抹是否符合要求。

(2)墙面基层及防水节点应处理完毕,完成雨水管卡、设备穿墙管道等安装预埋工作,并将洞口用水泥砂浆抹平,堵实、晾干。

(3)脚手架选用双排外架子,墙面不得留设脚手眼;脚手架立杆距墙不少于 50 cm,脚手架步高最好与外墙分格条的高度相适宜。

(4)根据设计需要提前做好喷涂的样板,并经鉴定应符合要求。

(5)提前做好不喷部位的遮挡,并应准备好遮掩板(多块备用)。

(6)操作时施工现场的温度不低于+5 ℃。

2.1.2 工艺流程图

喷涂工程施工工艺流程如图 1 所示。

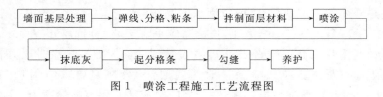

图 1 喷涂工程施工工艺流程图

2.2 操作要点

2.2.1 技术准备

(1)编制分项工程施工方案并经审批,对操作人员进行安全技术交底。

(2)大面积施工前应先做样板,并经监理、建设单位确认后再进行施工。

2.2.2 材料要求

(1)水泥:325 号及以上的普通水泥、矿渣水泥、火山灰水泥。采用的水泥应用同一批产品,并一次备齐,白水泥应根据设计要求选用。

(2)细骨料:采用各种小八厘的下脚料,粒径在 2 mm 左右的白云石屑、松香石屑等;也可使用中粗砂,其含泥量应不大于 3%。

(3)颜料:应选用耐光、耐碱性好的颜料,如氧化铁红、氧化铁黄、群青、赭石等,所采用的颜料应采用同一厂家、同一牌号的产品,并应一次备齐。

(4)108 胶:根据设计及规范要求选用。

(5)木制分格条:根据设计要求的宽度,提前做好备用。

(6)黄蜡布、黑胶布:根据需要准备。

2.2.3　操作要点

(1)基层处理:基层为预制混凝土外墙板时,要事先将其缺棱掉角的板面上凸凹不平处刷水湿润,修补处刷掺水重 10%108 胶的水泥浆一道,随后抹 1∶3 水泥砂浆勾抹平整,并对其防水缝、槽认真处理后,进行淋雨试验,不漏者方可进行下道工序。基层为砖墙、加气混凝土墙、现浇混凝土墙的基层抹灰,应按外墙抹水泥砂浆工艺执行。另外,应注意以下几点。

1)底层砂浆表面标高的控制:底层砂浆抹好后,给面层应留 12 mm 的厚度,因考虑面层抹水泥砂浆 8 mm 厚,喷层厚 2～4 mm。

2)喷涂:水泥砂浆面层要求大杠刮平,木抹子搓平,表面无孔洞、无砂眼,面层颜色均匀一致,无划痕。

3)根据图纸要求分格、弹线,并依据缝子宽窄、深浅选择分格条,粘条位置要准确,要横平竖直。

4)喷涂施工时,应将不需要施涂的部位遮挡好,防止造成污染。

5)施工方法:由上往下先打底,再抹水泥砂浆面层,并随抹随养护,随往下落架子,一直抹到底后,再将架子升起,从上往下进行喷涂层施工,以保证涂层的颜色一致。

(2)喷涂面层。

1)拌和砂浆:用小型机械搅拌桶搅拌,根据喷涂需要砂浆应随拌随。先将水泥与石屑(或砂)按 1∶2(体积比)干拌均匀,加入水重 10% 的 108 胶水溶液拌和均匀,使其稠度达 11 cm,并在砂浆内掺入水泥重 0.3% 的木钙粉,反复拌和均匀,颜色应按样板配制。

2)按原预留分格条的位置,将原有分格条重新理放好。

3)喷涂:炎热干燥的季节,喷涂之前应洒水湿润,开动空压机,检查高压气管有无漏气,并将其压力稳定在 0.6 MPa 左右。喷涂时,喷枪嘴应垂直于墙面,且离开墙面 30～50 cm,喷斗内注入砂浆,开动气管开关,用高压空气将砂浆喷吹到墙面。如果喷涂时压力有变化,可适当地调整喷嘴与墙面的距离。粒状喷涂一般两遍成活,第一遍要求喷射均匀,厚度掌握在 1.5 mm 左右,过 1～2 h 再继续喷第二遍,并使之喷涂成活。要求喷涂颜色一致,颗粒均匀,不出浆,厚薄一致,总厚度控制在 3～4 mm。波状喷涂和花点喷涂:一般控制三遍成活。第一遍基层变色即可,涂层不要过厚,如墙基不平,可将喷涂的涂层用木抹子搓平后,重喷;第二遍喷至盖底,浆不流淌为止;第三遍喷至面层出浆,表面成波状,灰浆饱满,不流坠,颜色一致,总厚度 3～4 mm。花点喷涂是在波面喷涂的面层上,待其干燥后,根据设计要求加喷一道花点,以增加面层质感。

(3)起条、修理、勾缝:喷完后及时将分格条起出,并将缝内清理干净,根据设计要求勾缝。

(4)喷有机硅:成活 24 h 后,表面均匀地喷一层有机硅增水剂,要喷匀,不流淌。

3　机具设备配置

3.1　机　　械

空压机(排气量 0.6 m³/mm,工作压力 60～80 N/cm³)。

3.2 工　具

小型机械搅拌桶、耐压胶管(可用3/8″氧气管)、接头、喷斗、压浆罐、3 mm 振动筛、输浆胶管、胶管接头、喷枪。

3.3 计量检测用具

磅秤、计量天平、钢尺等。

3.4 安全防护用品

护目镜、口罩、手套等。

4 质量控制要点

4.1 质量控制要求

4.1.1 材料的控制

同材料要求。

4.1.2 技术的控制

(1)喷枪压力宜控制在 0.4~0.8 MPa 范围内。喷涂时,喷枪与墙面应保持垂直,距离宜在 500 mm 左右,匀速平行移动,重叠宽度宜控制在喷涂宽度的1/3。

(2)刷涂料时应注意不漏刷,并尽量保持涂料的稠度,不可加水过多,防止因漆膜薄造成透底。

(3)涂刷时应上下刷顺,后一排笔紧接前一排笔,不可使间隔时间拖长,大面积涂刷时,应配足人员,相互衔接,防止涂饰面接槎明显。

(4)涂料稠度应适中,排笔蘸涂料量应适当,多理多顺,防止刷纹过大。

(5)施工前应认真划好分色线,沿线粘贴美纹纸。涂刷时用力均匀,起落要轻,不能越线,避免涂饰面分色不整齐。

(6)涂刷带颜色的涂料时,保证独立面每遍用同一批涂料,一次用完,保持颜色一致。

(7)涂刷前应做好基层清理,有油污处应清理干净,含水率不得大于10%,防止起皮、开裂等现象。

4.2 质量检验标准

4.2.1 一般项目

(1)涂层与其他装修材料和设备衔接处应吻合,界面应清晰。

检验方法:观察。

(2)乳液涂料的涂饰质量和检验方法见表1。

4.2.2 主控项目

(1)涂料的品种、型号和性能应符合设计要求。

检验方法:检查产品合格证书、性能检测报告、涂料有害物质含量检测报告和进场验收记录。

(2)涂料的颜色、图案需符合设计要求。

检验方法:观察。

(3)涂料的涂刷应均匀、粘结牢固,不得漏涂、透底、起皮和掉粉。

表 1　涂料的涂饰质量和检验方法

项　目	普通涂饰		高级涂饰		检验方法
	国标、行标	企标	国标、行标	企标	
颜色	均匀一致	均匀一致	均匀一致	均匀一致	观察
泛碱、咬色	允许少量、轻微	允许少量、轻微	不允许	不允许	
流坠、疙瘩	允许少量、轻微	允许少量、轻微	不允许	不允许	
砂眼、刷纹	允许少量、轻微砂眼，刷纹通顺	允许少量、轻微砂眼，刷纹通顺	无砂眼，无刷纹	无砂眼，无刷纹	
线条偏差	2.0	1.5	1.0	1.0	

检验方法：观察；手摸检查。

（4）基层处理应符合现行国家标准《建筑装饰装修工程质量验收规范》GB 50210 第 10.1.5 条的规定。

检验方法：观察、手摸检查、检查施工记录。

4.2.3　资料核查项目

（1）涂料出厂合格证。

（2）检验批质量验收记录。

（3）分项工程质量验收记录。

4.3　成品保护

（1）涂刷前清理好周围环境，防止尘土飞扬，影响涂饰质量。

（2）涂刷前，应对室内外门窗、玻璃、水暖管线、电气开关盒、插座和灯座及其他设备不刷浆的部位、已完成的墙或地面层等处采取可靠遮盖保护措施，防止造成污染。

（3）为减少污染，应事先将门窗四周用排笔刷好后，再进行大面积施涂。

（4）移动涂料桶等施工工具时，严禁在地面上拖拉，拆架子或移动高凳应注意保护好已涂刷的墙面。

（5）漆膜干燥前，应防止尘土沾污和热气侵袭。

4.4　季节性施工措施

冬期施工乳液涂料应在采暖条件下进行，室温保持均衡，施工环境温度应不低于 5 ℃，同时应设专人负责测温和开关门窗通风。夏季施工涂刷时相对湿度不宜大于 60%，雨期尽量不安排涂刷作业。

4.5　质量记录

（1）涂料产品合格证、性能检测报告和有害物质含量检测报告。

（2）检验批质量验收记录。

（3）分项工程质量验收记录。

5　安全、环保及职业健康措施

5.1　职业健康安全关键要求

（1）作业高度超过 2 m 时应按规定搭设脚手架，施工中使用的人字梯、条凳、架子等应符合规定要求,确保安全,方便操作。

(2)施工现场应保持适当通风,狭窄隐蔽的工作面应安置通风设备。施工时,喷涂操作人员如感到头痛、心悸、恶心时,应立即停止作业,到户外呼吸新鲜空气。

(3)夜间施工时,移动照明应采用 36 V 低压设备。

(4)采用喷涂作业方法时,操作人员应配备口罩、护目镜、手套、呼吸保护器等防护设施。

(5)现场应设置涂料库,做到干燥、通风。

(6)喷涂时,如发现喷枪出漆不匀,严禁对着人检查。一般应在施工前用水代替进行检查,无问题后再正式喷涂。

5.2 环境关键要求

(1)涂料施工时尽可能采用涂刷方法,避免喷涂对周围环境造成污染。

(2)室内乳液涂料有害物质含量,应符合现行国家标准《室内装饰装修材料内墙涂料中有害物质限量》(GB 18582)的规定。

(3)用剩的涂料应及时人桶盖严,空容器、废棉纱、旧排笔等应集中处理,统一销毁。

(4)禁止在室内现场用有机溶液清洗施工用具。

6 工程实例

贵阳市公安大楼,建筑面积为 29 211.6 m²,主楼标准层墙面外墙采用高级氟碳质涂料,涂料涂料面积 3 600 m²,通过严格控制,质量满足设计要求。

塑钢门窗工程施工工艺

为了提高塑钢门窗安装工程施工质量,加强施工过程的质量、材料、安全文明、环保控制,严格遵循工程建设标准强制性条文施工,认真贯彻执行现行的国家标准、验收规范,制定本工艺标准。

1　适用范围

(1)本工艺标准适用于本企业新建、扩建、改建和既有建筑的塑钢门窗工程的施工及质量验收。

(2)本工艺标准与现行国家标准《建筑装饰装修工程施工质量验收规范》(GB 50210)和《建筑工程施工质量验收统一标准》(GB 50300)配套使用。

(3)塑钢门窗安装工程的施工除应执行本工艺标准外,尚应符合国家现行有关标准和规范的规定。

2　工艺流程及操作要点

2.1　工艺流程

2.1.1　作业条件

(1)结构工程已完并经验收合格。

(2)弹好门窗中心线和水平控制线,经验收合格。

(3)固定门窗框的预埋木砖已通过验收合格。

(4)塑钢门窗进场后,其品种、规格、型号、外观质量等经验收合格。

2.1.2　工艺流程图

塑钢门窗工程施工工艺流程如图1所示。

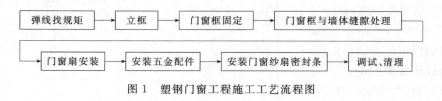

图1　塑钢门窗工程施工工艺流程图

2.2　操作要点

2.2.1　技术准备

(1)根据设计图纸的门窗品种、规格、型号提前进行翻样订货。

(2)根据图纸核对门窗洞口的位置、尺寸及标高,进行检查复核。

(3)施工前先做样板,并经监理、建设单位验收合格。

(4)校对与检查进场后的塑钢门窗的品种、规格、型号、尺寸、开启方向与附件是否符合设计要求。

(5)安装门窗框前,墙面要先冲标筋,安装时依标筋定位。

(6)2层以上建筑物安装门窗框时,上层框的位置要用线坠等工具与下层框吊齐、对正;在同一墙面上有几层窗框时,每层都要拉通线找平窗框的标高。

(7)门窗框安装前,应对+50 cm线进行检查,并找好窗边垂直线及窗框下皮标高的控制线,在可能的情况下拉通线,以保证门窗框高低一致。

(8)制订该分项工程的质量目标、检查验收制度等保证工程质量的措施。

(9)对操作人员进行安全技术交底。

2.2.2　材料要求

(1)塑钢门窗的制作和安装必须按设计和有关图集要求选料和制作;窗型材壁厚≥1.2 mm,门型材壁厚≥1.5 mm,不得用小料代替大料,不得用塑料型材代替塑钢型材。

(2)塑钢型材表面应经过处理,表观应光滑、色彩统一。

(3)塑钢门窗的密封材料,可选用硅酮胶、聚硫胶酯胶、聚氨酯胶、丙烯酸等;密封条可选用橡胶条、橡塑条等。

(4)下料切割的截面应平整、干净、无切痕、无毛刺。

(5)下料时应注意同一批料要一次下齐,并要求表面氧化膜的颜色一致,以免组装后影响美观。

(6)一般推拉门、窗下料时宜采用45°角切割,其他类型采用哪种方式,则应根据拼装方式决定。

(7)窗框下料时,要考虑窗框加工制作的尺寸,应比已留好的窗洞口尺寸每边小20~25 mm(此法为后收口方法)或5~8 mm(采用膨胀螺丝固定门窗),窗框的横、竖料都要按照这个尺寸来裁切,以保证安装合适。

2.2.3　操作要点

(1)立门窗框前要看清门窗框在施工图上的位置、标高、型号、规格、门扇开启方向、门窗框是内平、外平或是立在墙中等,根据图纸设计要求在洞口上弹出立口的安装线,照线立口。

(2)预先检查门窗洞口的尺寸、垂直度及预埋件数量。

(3)塑钢门窗框安装时用木楔临时固定,待检查立面垂直、左右间隙大小、上下位置一致,均符合要求后,再将镀锌锚固板固定在门窗洞口内。

(4)塑钢门窗与墙体洞口的连接要牢固可靠,门窗框的铁脚至框角的距离不应大于180 mm,铁脚间距应小于600 mm。

(5)塑钢门窗框上的锚固板与墙体的固定方法有预埋件连接、燕尾铁脚连接、金属膨胀螺栓连接、射钉连接等固定方法。当洞口为砖砌体时,不得采用射钉固定。

(6)带型窗、大型窗的拼接处,如需设角钢或槽钢加固,则其上、下部要与预埋钢板焊接,预埋件可按每1 000 mm间距在洞口内均匀设置。

(7)塑钢门、窗框与洞口的间隙,应采用矿棉条或玻璃棉毡条分层填塞,缝隙表面留5~8 mm深的槽口嵌填密封材料。

(8)塑钢门、窗扇安装前须进行检查,翘曲超过2 mm的经处置后才能使用。

(9)塑钢推拉门、窗扇的安装:将配好的门、窗扇分内扇和外扇,先将外扇插入上滑道的外槽内,自然下落于对应的下滑道的外滑道内,然后再用同样方法安装内扇。

(10)塑钢平开门、窗扇的安装:先把合页按要求位置固定在塑钢门、窗框上,然后将门、窗扇嵌入框内临时固定,调整合适后,再将门、窗扇固定在合页上,必须保证上、下两个转动部分在同一轴线上。

(11)塑钢地弹簧门扇安装:先将地弹簧主机埋设在地面内,浇筑混凝土使其固定;主机轴应与中横档上的顶轴在同一垂线上,主机表面与地面齐平,待混凝土达到设计强度后,调节上门顶轴将门扇装上,最后调整门扇间隙及门窗开启速度。

（12）安装门窗扇时,扇与扇、扇与框之间要留适当的缝隙,一般情况下,留缝限值≤2 mm,无下框时门扇与地面间留缝 4～8 mm。

（13）塑钢门、窗各杆件的连接均采用螺钉、铝拉铆钉来进行固定,因此在门、窗的连接部位均需进行钻孔。钻孔前,应先在工作台或铝型材上画好线,量准孔眼的位置,经核对无误后再进行钻孔,钻孔时要保持钻头垂直。

（14）塑钢门、窗交工之前,应将型材表面的塑钢胶纸撕掉,如果塑钢胶纸在型材表面留有胶痕,宜用香蕉水清洗干净。

（15）塑钢门窗横竖杆件交接处和外露的螺钉头,均需注入密封胶,并随时将塑钢门窗表面的胶迹清理干净。

（16）安装五金配件时,应先在框、扇杆件上钻出略小于螺钉直径的孔眼,然后用配套的自攻螺钉拧入,严禁将螺钉用锤直接打入。

（17）门锁安装,应在门扇合页安装完后进行。

3　机具设备配置

3.1　机　　械

切割机、小型电焊机、电钻、冲击钻、射钉枪。

3.2　工　　具

打胶筒线锯、手锤、扳手、螺丝刀、灰线袋。

3.3　计量检测用具

线坠、塞尺、水平尺、钢卷尺、弹簧秤。

4　质量控制要点

4.1　质量控制要求

4.1.1　材料的控制

（1）塑钢门窗的品种、规格、型号、开启方向,应符合设计要求。五金配件齐全,应有产品出厂合格证和检测报告。外门窗应有抗风压、空气渗透、雨水渗透的"三性"检验报告。

（2）塑钢门窗内衬型钢,应进行表面防腐处理,与塑钢型材内腔吻合,其规格、壁厚符合规范要求。

（3）水泥:普通硅酸盐水泥、硅酸盐水泥和矿渣硅酸盐水泥,起强度等级不少于 32.5 级。

（4）砂:中砂或粗砂。

（5）防腐剂、嵌缝剂、玻璃胶等,应有出厂合格证、检测报告及环保检测报告。

（6）其他材料:$\phi8$ 尼龙胀管螺栓、自攻螺钉、木螺钉、木楔、钢钉等。

4.1.2　技术的控制

（1）塑钢门窗安装前,应对门窗洞口尺寸和标高尺寸进行复核。

（2）塑钢门窗工程应对预埋件、锚固件、防腐、填嵌处理等隐蔽工程项目进行验收。

（3）门窗的安装必须牢固,门窗框与墙面的固定要按要求埋设预埋件,在砌体上安装门窗必须设置混凝土预制砖,严禁用射钉固定。

(4)塑钢门窗安装应采用预留洞口的方法施工,按照尺寸留设洞口,安装后洞口每侧有5 mm的间隙,不得采用边安装边砌口或先安装后砌口的方法施工。

(5)塑钢门窗组合时,其拼樘料的尺寸、规格、壁厚应符合设计要求。

(6)立门窗樘前,应核对门窗樘的型号、规格、开启方向、安装位置及连接方式等,应符合设计要求,门樘下口的锯口线应与楼地面标高相同。

(7)塑钢门窗扇必须安装牢固,并应开关灵活、关闭严密,无倒翘、回弹现象,推拉门窗扇必须有防脱落措施,门窗扇的安装应在室内、外装修基本完成后进行。

(8)塑钢下滑道要设泄水孔,以便排水,推拉窗扇上口要设止卸块,两侧框要有防撞块,下槽口两端要加设橡胶角垫,并用玻璃胶满打,推拉窗扇下的滑轮应安装在同一条直线上。

(9)塑钢门窗的抗风压性能、抗空气渗透性能、抗雨水渗漏性能均应符合国家标准的规定,满足使用要求。

(10)选用材料除不锈钢外,应注意防腐处理,不允许与塑钢型材发生接触腐蚀;严禁用水泥砂浆作窗框与墙体之间的填塞材料,宜使用发泡聚氨酯。

(11)门窗构件应连接牢固,需用耐腐蚀的填充材料使连接部位密封、防水。

(12)塑钢门窗框与洞口墙体之间应采用柔性连接,其间隙可用矿棉条、玻璃棉毡条分层、发泡聚氨酯填塞,缝隙两侧采用木方留 5~8 mm 的槽口,用防水密封材料嵌填、封严。

(13)塑钢门窗框(扇)不应用酸性或碱性制剂清洗,也不能用钢刷刷洗,可用水或中性洗涤剂充分清洗。

(14)塑钢推拉门窗扇开关力应不大于 100 N。

(15)塑钢门窗扇的橡胶密封或毛毡密封条应安装完好,不得脱槽。

(16)上玻璃胶条时应将胶条切成四段,在窗扇四角打玻璃胶固定胶条。

(17)塑钢门窗的所有五金配件均应安装牢固,位置端正,使用灵活。

4.1.3 质量的控制

(1)门、窗框安装时,对于不同材料的墙体,应分别采用相应的固定方法。连接件与门、窗框和墙体应固定牢固,防止门窗框松动。

(2)门、窗安装过程中,要注意调整各螺栓的松紧程度使其基本一致,不应有过松、过紧现象。门、窗框周围间隙填塞软质材料时,应填塞松紧适度,以免门窗受挤变形。

(3)施工时严禁在门、窗上搭脚手板,支脚手杆或悬挂重物,防止门窗框安装后变形,门窗扇关闭不严密或关闭困难。

(4)门窗框与墙体之间应保证为弹性连接,其间隙应填嵌泡沫塑料或矿棉、岩棉等软质材料。含沥青的软质材料不得填入,以免 PVC 受腐蚀。在填塞软质材料时,门窗四周内外应留出一条凹槽,并用密封胶填嵌严密、均匀,防止门窗四周施工完毕后出现裂缝漏水。

(5)外墙施工时,不得堵塞塑钢门窗的排水孔,保证排水畅通。

4.2 质量检验标准

4.2.1 一般项目

(1)塑钢门窗表面应洁净、平整、光滑、色泽一致,无锈蚀;大面应无划痕、碰伤;漆膜或保护层应连续。

检验方法:观察。

(2)塑钢门窗推拉门窗扇开关力应不大于 100 N。平开门窗扇平铰链的开关力应不大于 80 N;滑撑铰链的开关力应不大于 80 N,并不小于 30 N。

检验方法:用弹簧秤检查。

(3)塑钢门窗框与墙体之间的缝隙应填嵌饱满,并采用密封胶密封;密封胶表面应光滑、顺直,无裂纹。

检验方法:观察;轻敲门窗框检查;检查隐蔽工程验收记录。

(4)塑钢门窗扇的橡胶密封条和毛毡密封条应安装完好,不得脱槽。

检验方法:观察;开启和关闭检查。

(5)有排水孔的塑钢门窗,排水孔应畅通,位置和数量应符合设计要求。

检验方法:观察。

(6)塑钢门窗安装的允许偏差和检验方法应符合表 1。

表 1　塑钢门窗安装的允许偏差和检验方法表

项次	项　　目		允许偏差(mm)	检　验　方　法
1	门窗槽口宽度、高度	≤1500 mm	2	用钢尺检查
		>1500 mm	3	
2	门窗槽口对角线长度差	≤2000 mm	3	用钢尺检查
		>2000 mm	5	
3	门窗框的正、侧面垂直度		3	用垂直检测尺检查
4	门窗横框的水平度		3	用 1 m 水平尺和塞尺检查
5	门窗横框标高		5	用钢尺检查
6	门窗竖向偏离中心		5	用钢直尺检查
7	双层门窗内外框间距		4	用钢尺检查
8	同樘平开门窗相邻扇高度差		2	用钢直尺检查
9	平开门窗扇铰链部位配合间隙		$^{+2}_{-1}$	用塞尺检查
10	推拉门窗扇与框搭接量		$^{+1.5}_{-2.5}$	用钢直尺检查
11	推拉门窗扇与竖框平行度		2	用 1 m 水平尺和塞尺检查

4.2.2　主控项目

(1)塑钢门窗的品种、类型、规格、尺寸、性能、开启方向安装位置、连接方式及塑钢门窗的型材壁厚应符合设计要求,塑钢门窗的防腐处理及填嵌、密封处理应符合设计要求。

检验方法:观察;尺量检查;检查产品合格证书、性能检测报告、进场验收记录和复验报告;检查隐蔽工程验收记录。

(2)塑钢门窗框的安装必须牢固;预埋件的数量、位置、埋设方式、与框的连接方式必须符合设计要求。

检验方法:手扳检查,检查隐蔽工程验收记录。

(3)塑钢门窗扇必须安装牢固,并应开关灵活、关闭严密,无倒翘;推拉门窗扇必须有防脱落措施。

检验方法:观察;开启和关闭检查;手扳检查。

(4)塑钢门窗配件的型号、规格、数量应符合设计要求,安装应牢固,位置应正确,功能应满足使用要求。

检验方法：观察；开启和关闭检查；手扳检查。

（5）塑钢门窗框与墙体间缝隙应采用孔弹性材料填嵌饱满，表面应采用密封胶密封。密封胶应粘结牢固，表面应光滑、顺直、无裂纹。

检验方法：观察；检查隐蔽工程验收记录。

4.2.3　资料核查项目

塑钢门窗工程验收前，应提供下列文件和记录。

（1）门窗工程的施工图、设计说明及其他设计文件。

（2）材料（铝材、小五金等）的产品合格证书、性能检测报告、进场验收记录和复验报告。

（3）特种门及其附件的生产许可文件。

（4）隐蔽工程验收记录：预埋件和锚固件、隐蔽部位的防腐、填嵌处理。

（5）建筑外墙窗的抗风压性能、空气渗透性能和雨水渗漏性能。

（6）检验批的验收记录。

（7）施工记录。

4.2.4　观感检查项目

塑钢门窗分项工程验收时，应对该分项工程的观感作出总体评价。

（1）塑钢门窗安装正确，符合图纸设计要求和规范规定。

（2）门窗框（扇）安装牢固，无变形、翘曲、窜角现象。

（3）门窗框（扇）割角、拼缝严密，横平、竖直、表面平整洁净，无划痕碰伤，无锈蚀。

（4）门窗扇缝隙均匀、平直、关闭严密，开启灵活。

（5）合页、拉手、插销、门锁等小五金附件齐全，位置统一，安装牢固，使用灵活。

（6）门窗框与墙体间缝隙填嵌饱满密实，涂胶表面平整、光滑、无裂缝，厚度均匀无气孔。

4.3　成品保护

（1）塑钢门窗应用无腐蚀性的软质材料包严扎牢，放置在通风干燥的地方，严禁与酸、碱、盐等有腐蚀性的物品接触。

（2）塑钢门窗应尽量在室内存放，堆放时严禁平放，必须竖放，其倾斜度不小于 75°，露天存放时，下部垫高 100 mm 以上，上面应覆盖篷布保护，防止日晒雨淋。

（3）严禁利用塑钢门窗搭设脚手板及悬吊重物，以防损坏。

（4）在施工过程中不得损坏塑钢门窗上的保护膜，人工搬运门窗时，应轻拿缓放，不准用杠棒穿入框内扛抬，严禁撬、甩、丢、摔。

（5）加强工人责任心，搬运架板、材料时不得碰撞门框，并随时擦净塑钢门窗框（扇）表面上沾污的水泥砂浆，以免腐蚀塑钢材质。

（6）严禁从已安好的窗框中外扔建筑垃圾和模板、架板等物件。

4.4　季节性施工措施

冬期施工，安装门窗和注胶时的环境温度不宜低于 5 ℃，应在无大风天注胶。当塑钢门窗储存环境温度低于 0 ℃时，安装前应在室温下放置 24 h 再安装。

4.5　质量记录

（1）塑钢门窗出厂合格证、检验报告及进场检验记录。

（2）外墙塑钢门窗抗风压性能、空气渗透性能和雨水渗透性能的"三性"检测、复试报告。

（3）塑钢门窗和五金配件产品合格证。

（4）密封胶和保温嵌缝材料出厂合格证。

（5）连接件固定位置、嵌缝等隐蔽工程检查记录。

（6）检验批质量验收记录。

（7）分项工程的质量验收记录。

5　安全、环保及职业健康措施

5.1　职业健康安全关键要求

（1）建立健全安全生产责任制，进入施工现场人员，应严格遵守安全生产规章制度，做好各级安全技术交底，加强安全教育和安全检查，做好新工人、零散作业人员的安全培训工作。

（2）工作前应检查各种机械设备漏电保护装置是否完好正常。

（3）电动机具的绝缘应可靠，使用时不得过热，并应有良好的接地装置。

（4）搬运塑钢门窗时，注意不要碰脚伤人，放置应平稳。

（5）安装较大型的塑钢门窗时，应搭设脚手架；高空作业时，必须系好安全带。

（6）高空作业，必须思想集中，不准嬉戏打闹，以防发生事故。

（7）在储存、使用化学品时，应当根据化学品的种类、特性，在库房等作业场所设置相应的通风、防晒、防火、灭火、消毒、防潮、防渗漏、或者隔离操作等安全设施、设备，并按照国家标准和国家有关规定进行维护、保养，保证符合安全运行要求。

5.2　环境关键要求

（1）处置废弃危险化学品，依照固体废物污染环境防治法和国家有关规定执行。

（2）若发生危险化学品事故时，单位主要负责人应当按照本单位制定的应急救援预案，立即组织救援，营救受害人员，组织撤离或者采取其他措施保护危害区域内的其他人员；并立即报告当地负责危险化学品安全监督管理综合工作的部门和公安、环境保护部门；迅速控制危害源，针对事故对人体、动植物、土壤、水源、空气造成的现实危害和可能产生的危害，迅速采取封闭、隔离、洗消等措施。

6　工程实例

贵阳市南明区公安局办公大楼，建筑面积为 18 905 m²，框架结构，16 层，于 2004 年 5 月 28 日开工，2006 年 10 月 1 日竣工。该楼外窗全部采用塑钢窗，面积约 5 000 m²。

吊顶施工工艺

吊顶广泛运用于工业与民用装修工程中。吊顶施工按照面材料可分为石膏板吊顶、矿棉板吊顶、铝扣板吊顶等施工，按龙骨材料分为轻钢龙骨、木龙骨、钢龙骨等结构形式吊顶施工，本章节选取施工中常用且具有代表性的轻钢龙骨石膏板吊顶施工进行阐述。

1 工艺特点

主要阐述吊顶工程的结构主要由骨架和吊顶罩面构成，次龙骨连接主龙骨之上；主龙骨和罩面平整度的控制等。

2 适用范围

本工艺适用于工业与民用建筑工程中的吊顶工程安装工程的制作、安装及其验收。

3 工艺流程及操作要点

3.1 工艺流程

3.1.1 作业条件

(1)在所要吊顶的范围内，机电安装均已施工完毕，各种管线均已试压合格，已经过隐蔽验收。

(2)已确定灯位、通风口及各种照明孔口的位置。

(3)顶棚罩面板安装前，应作完墙地、湿作业工程项目。

(4)搭好顶棚施工操作平台架子。

(5)轻钢骨架顶棚在大面积施工前，应做样板，对顶棚的起拱度、灯槽、窗帘盒、通风口等处进行构造处理，经验收后再大面积施工。

3.1.2 工艺流程图

(1)吊顶施工工艺流程如图1所示。

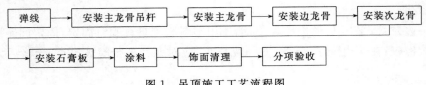

图1 吊顶施工工艺流程图

(2)弹线：根据设计标高，沿墙四周弹顶棚标高水平线，并沿顶棚的标高水平线，在墙上划好龙骨分档位置线。

(3)安装主龙骨吊杆：在弹好顶棚标高水平线及龙骨位置线后，确定吊杆下端头的标高，安装 $\phi 8$ 吊筋。吊筋安装选用膨胀螺栓固定到结构顶棚上。吊筋选用规格符合设计要求，间距小于 1 200 mm。

(4)安装主龙骨：主龙骨间距为 1 200 mm。主龙骨用与之配套的龙骨吊件与吊筋相连。

(5)安装次龙骨：次龙骨间距为 900 mm，采用次挂件与主龙骨连接。

（6）刷防锈漆：轻钢骨架罩面板顶棚吊杆、固定吊杆铁件，在封罩面板前应刷防锈漆。

（7）安装石膏板：石膏板与轻钢骨架固定的方式采用自攻螺钉固定法，在已装好并经验收的轻钢骨架下面安装 9.5 mm 厚石膏板。安装石膏板用自攻螺丝固定，固定间距为 200～250 mm。自攻螺丝固定后点刷防锈漆。

（8）接缝处理：在板接缝间采用粘贴纸带嵌缝膏进行嵌缝处理。

3.2　操作要点

3.2.1　技术准备

（1）吊顶前，应认真熟悉图纸，核实吊顶样式，熟悉相关构造及材料要求。

（2）已审核完建筑施工图纸，确保结构梁的标高正确。

（3）使用经过校验合格的监测和测量工具。

（4）施工前，工程技术人员应结合设计图纸及实际情况，编制出专项施工技术交底和作业指导书等技术性文件。

（5）制定该分项工程的质量目标、检查验收制度等保证工程质量的措施。

（6）由具有相应资质的试验室出具完整的材料检测合格试验报告。

3.2.2　材料要求

轻钢龙骨、配件、吊杆、膨胀螺栓、矿棉板等进场检验合格，有出厂合格证及材料质量证明。

3.2.3　操作要点

（1）弹线：根据吊顶设计标高弹吊顶线作为安装的标准线。

（2）安装吊杆：根据施工图纸要求确定吊杆的位置，安装吊杆预埋件（角铁），刷防锈漆，吊杆采用直径 $\phi8$ 的钢筋制作，吊点间距 900～1 200 mm。安装时上端与预埋件焊接，下端套丝后与吊件连接。安装完毕的吊杆端头外露长度不小于 3 mm。

（3）安装主龙骨：一般采用 C38 龙骨，吊顶主龙骨间距为 900～1 200 mm。安装主龙骨时，应将主龙骨吊挂件连接在主龙骨上，拧紧螺丝，并根据要求吊顶起拱 1/200，随时检查龙骨的平整度。房间内主龙骨沿灯具的长方向排布，注意避开灯具位置；走廊内主龙骨沿走廊短方向排布。

（4）安装次龙骨：配套次龙骨选用烤漆 T 形龙骨，间距与板横向规格同，将次龙骨通过挂件吊挂在大龙骨上。

（5）安装边龙骨：采用 L 形边龙骨，与墙体用塑料胀管自攻螺钉固定，固定间距 200 mm。

（6）隐蔽检查：在水电安装、试水、打压完毕后，应对龙骨进行隐蔽检查，合格后方可进入下道工序。

（7）安装饰面板：矿棉板选用认可的规格形式，明龙骨矿棉板直接搭在 T 形烤漆龙骨上即可。随安板随安配套的小龙骨，安装时操作工人须戴白手套，以防止污染。600 mm×600 mm 矿棉板安装详图如图 2、图 3 所示。

（8）吊顶工程验收时应检查下列文件和记录。

1）吊顶工程的施工图、设计说明及其他设计文件。

2）材料的产品合格证书、性能检测报告、进场验收记录和复验报告。

3）隐蔽工程验收记录。

4）施工记录。

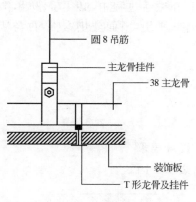

图 2　矿棉板构件图

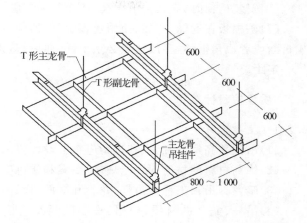

图 3　矿棉板安装示意图(mm)

4　劳动力组织

对管理人员和技术工人的组织形式的要求:制度基本健全,并能执行。施工方有专业技术管理人员并持证上岗;高、中级技工不应少于吊顶工人的 70%。劳动力配置详见表1。

表 1　劳动力配置表

序号	工　种	人　数	备　注
1	吊顶安装	按工程量确定	技工
2	普工	按工程量确定	

吊顶施工劳动生产率参考:20 m²/工日。

5　机具设备配置

型材切割机、电动曲线锯、手电钻、电锤、自攻螺钉钻、手提电动砂纸机等。

6　质量控制要点

6.1　质量控制要求

6.1.1　材料的控制

(1)轻钢龙骨矿棉板吊顶材料必须有产品出场合格证。

(2)所有材料必须送检,符合规范要求,并报送设计单位、业主及监理检查。

6.1.2　质量的控制

(1)矿棉板能承受的荷载有限,吊顶的灯具或风算子等悬吊系统与吊顶悬吊系统脱开,自成体系。

(2)主龙骨的铅丝必须绑扎牢固,而且还应交错拉牢,以加强吊顶的稳定性。

(3)轻钢龙骨的水平拱度要均匀、平整,不能有起伏现象,主龙骨、次龙骨纵横都要平直,边龙骨应水平。

(4)安装时,矿棉板上不得放置其他材料,防止板材变形。

(5)为保证花纹、图案的整体性,应使矿棉板背面的箭头方向和白线方向一致。

（6）安装矿棉时，需戴清洁手套，防止板面弄脏。

（7）矿棉板在运输、存放、使用过程中，严禁雨淋受潮；在搬运过程中，必须轻拿轻放，防止造成折断或者边角损坏，存放地点必须干燥、通风、避雨、防潮、平坦，下面应垫木板，再与墙壁保持一定距离。

6.2　质量检验标准

6.2.1　主控项目

（1）吊顶顶高尺寸、起拱和造型应符合设计要求。

（2）饰面材料的材质、品种、规格、图案和颜色应符合设计要求。

（3）暗龙骨吊顶工程的吊杆、龙骨和饰面材料的安装必须牢固。

（4）吊杆、龙骨的材质、规格、安装间距及连接方式应符合设计要求，石膏板吊顶剖面详如图4所示。金属吊杆、龙骨应经过表面防腐处理；木吊杆、龙骨应进行防腐、防火处理。

（5）石膏板的接缝应按其施工工艺标准进行板缝防裂处理。安装双层石膏板时，面层板与基层板的接缝应错开，并不得在同一根龙骨上接缝。

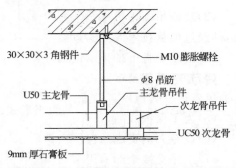

图4　石膏板吊顶剖面图

6.2.2　一般项目

（1）饰面材料表面应洁净、色泽一致，不得有翘曲、裂缝及缺损。压条应平直、宽窄一致。

（2）饰面板上的灯具、烟感器、喷淋头、风口蓖子等设备的位置应合理、美观，与饰面板的交接应吻合、严密。

（3）金属吊杆、龙骨的接缝应均匀一致，角缝应吻合，表面应平整，无翘曲、锤印。木质吊杆、龙骨应顺直，无劈裂、变形。

（4）吊顶内填充吸声材料的品种和铺设厚度应符合设计要求，并应有防散落措施。

（5）暗龙骨吊顶工程安装的允许偏差和检验方法应符合表2的规定。

表2　暗龙骨吊顶工程安装的允许偏差和检验方法

项次	项　目	允许偏差（mm）纸面石膏板	检　验　方　法
1	表面平整度	3	用2m靠尺和塞尺检查
2	接缝直线度	3	拉5m线，不足5m拉通线，用钢直尺检查
3	接缝高低差	1	用钢直尺和塞尺检查

6.3　质量通病防治

质量通病防治详见表3。

6.4　成品保护

（1）轻钢骨架、罩面板及其他吊顶材料在入场存放、使用过程中应严格管理，保证不变形、不受潮、不生锈。

表 3 质量通病防治

质量通病	原 因 分 析	防 治 措 施
主次龙骨纵横方向线条不平直	1 主次龙骨受扭伤,虽然经过修整,仍然不平齐。 2 挂铅线或者镀锌铁丝的射钉位置不正确,拉力不均。 3 未拉通线全面调整主次龙骨的高低位置。 4 吊顶的水平线有误,中间平面起拱度不符合规定	1 凡是受扭伤的主次龙骨一律不得采用。 2 挂铅线的钉位,应该按照龙骨的走向分布,间距1.2 m。 3 拉通线,逐条调整龙骨的高低位置和线条平直。 4 四周水平线测量正确,中间按平面起拱度1/200～1/300
吊顶造型不对称,罩面板分布不合理	1 未在房间四周拉十字中心线。 2 未按设计要求布置主次龙骨。 3 铺罩面板流向不正确	1 按吊顶设计标高,在房间四周的水平线位置拉十字中心线。 2 按设计要求布置主次龙骨。 3 中间部分先铺整块罩面板,余量应平均分配在四周最外边一块

(2)装修吊顶用吊杆严禁挪做机电管道、线路吊挂用;机电管道、线路如与吊顶吊杆位置矛盾,须经过项目技术人员同意后更改,不得随意改变、挪动吊杆。

(3)吊顶龙骨上禁止铺设机电管道、线路。

(4)轻钢骨架及罩面板安装应注意保护顶棚内各种管线,轻钢骨架的吊杆、龙骨不准固定在通风管道及其他设备件上。

(5)为了保护成品,罩面板安装必须在棚内管道试水、保温等一切工序全部验收后进行。

(6)设专人负责成品保护工作,发现有保护设施损坏的,要及时恢复。

(7)工序交接全部采用书面形式由双方签字认可,由下道工序作业人员和成品保护负责人同时签字确认,并保存工序交接书面材料,下道工序作业人员对防止成品的污染、损坏或丢失负直接责任,成品保护专人对成品保护负监督、检查责任。

7 安全、环保及职业健康措施

(1)现场临时水电设专人管理,防止长明灯、长流水。用水、用电分开计量,通过对数据的分析得到节能效果并逐步改进。

(2)工人操作地点和周围必须清洁整齐,做到活完脚下清,工完场地清,制定严格的成品保护措施。

(3)持证上岗制:特殊工种必须持有上岗操作证,严禁无证上岗。

(4)中小型机具必须经检验合格,履行验收手续后方可使用。同时应由专门人员使用操作并负责维修保养。必须建立中小型机具的安全操作制度,并将安全操作制度牌挂在机具旁明显处。

(5)中小型机具的安全防护装置必须保持齐全、完好、灵敏有效。

(6)使用人字梯攀高作业时只准一人使用,禁止同时两人作业。

8 工程实例

贵阳市云岩区政府办公大楼工程采用轻钢龙骨固定罩面板吊顶。

(1)吊顶龙骨安装如图5所示。

(2)吊顶龙骨细部处理如图6～图11所示。

图 5 吊顶龙骨安装

图 6　吊顶龙骨细部一

图 7　吊顶龙骨细部二

图 8　吊顶龙骨细部三

图 9　吊顶龙骨细部四

图 10　吊顶龙骨细部五

图 11　吊顶龙骨细部六

轻质隔墙施工工艺

轻质隔墙广泛运用于工业与民用建筑内墙中。轻质隔墙按材料可分为木龙骨板材隔墙、玻璃隔断墙、轻钢龙骨隔断墙、金属、玻璃、复合板隔断墙等,本章节选取施工中常用且具有代表性的轻钢龙骨隔墙的施工进行阐述。

1 工艺特点

主要阐述吊顶工程的结构主要由骨架和罩面构成,次龙骨连接主龙骨之上;主龙骨和罩面平整度的控制等。

2 适用范围

本工艺适用于工业与民用建筑工程中的轻质隔墙工程安装工程的制作、安装及其验收。

3 工艺流程及操作要点

3.1 工艺流程

3.1.1 作业条件

(1)施工轻质隔墙的场地平整。

(2)轻钢骨架隔断工程施工前,应先安排外装,安装罩面板应待屋面、顶棚和墙体抹灰完成后进行。基底含水率达到装饰要求,一般应小于 8%～12% 以下。并经有关单位、部门验收合格。办理完工种交接手续。如设计有地枕时,地枕应达到设计强度后方可在上面进行隔墙龙骨安装。

(3)安装各种系统的管、线盒弹线及其他准备工作已到位。

(4)搭好顶棚施工操作平台架子。

(5)轻钢骨架在大面积施工前,应做样板,对隔墙的起拱度、门窗、通风口等处进行构造处理,经鉴定后再大面积施工。

3.1.2 工艺流程图

轻质隔墙施工工艺流程图如图 1 所示。

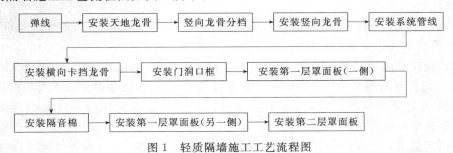

图 1　轻质隔墙施工工艺流程图

3.2 施工准备

3.2.1 技术准备

编制轻钢骨架人造板隔墙工程施工方案,并对工人进行书面技术及安全交底。

3.2.2　材料要求

(1)轻钢龙骨、配件和罩面板均应符合现行国家标准和行业标准的规定。当装饰材料进场检验,发现不符合设计要求及室内环保污染控制规范的有关规定时,严禁使用。

1)轻钢龙骨主件:沿顶龙骨、沿地龙骨、加强龙骨、竖向龙骨、横撑龙骨应符合设计要求。

2)轻钢骨架配件:支撑卡、卡脱、角托、连接件、固定件、护墙龙骨和压条等附件应符合设计要求。

3)紧固材料:拉锚钉、膨胀螺栓、镀锌自攻螺丝、木螺丝和粘贴嵌缝材,应符合设计要求。

4)罩面板应表面平整、边缘整齐、不应有污垢、裂纹、缺角、翘曲。

(2)填充材料:岩棉应符合设计要求选用。

3.2.3　关键要点

(1)材料的关键要求。

1)各类龙骨、配件和罩面板材料以及胶粘剂的材质均应符合现行国家标准和行业标准的规定。

2)人造板必须有游离甲醛含量或游离甲醛释放量检测报告。

(2)技术关键要求:弹线必须准确,经复验后方可进行下道工序。固定沿顶和沿地龙骨,各自交接后的龙骨,应保持平整垂直,安装牢固。

(3)质量关键要求。

1)上下槛与主体结构连接牢固,上下槛不允许断开,保证隔断的整体性。严禁隔断墙上连接件采用射钉固定在砖墙上。应采用预埋件或膨胀螺栓进行连接。上下槛必须与主体结构连接牢固。

2)罩面板应经严格选材,表面应平整光洁。安装罩面板前应严格检查搁栅的垂直度和平整度。

(4)吊顶工程验收时应检查下列文件和记录。

1)吊顶工程的施工图、设计说明及其他设计文件。

2)材料的产品合格证书、性能检测报告、进场验收记录和复验报告。

3)隐蔽工程验收记录。

4)施工记录。

3.3　操作工艺

(1)弹线。

在基体上弹出水平线和竖向垂直线,以控制隔断龙骨安装的位置、龙骨的平直度和固定点。

(2)隔断墙龙骨的安装。

1)沿弹线位置固定沿顶和沿地龙骨,各自交接后的龙骨,应保持平直。固定点间距应不大于600 mm,龙骨的端部必须固定牢固。边框龙骨与基层之间,应按设计要求安装密封条。

2)当选用支撑卡系列龙骨时,应先将支撑卡安装在竖向龙骨的开口上,卡距为400～600 mm,距龙骨两端为20～25 mm。

3)选用通贯系列龙骨时,高度低于3 m的隔墙安装一道;3～5 m时安装两道;5 m以上时安装三道。

4)门窗或特殊接点处,应使用附加龙骨,加强其安装应符合设计要求。

5)隔断的下端如用木踢脚板覆盖,隔断的罩面板下端应离地面10～20 mm;如用大理石、水磨石踢脚时,罩面板下端应与踢脚板上口齐平,接缝要严密。

6）骨架安装的允许偏差，应符合表1隔墙骨架允许偏差的规定。

表 1　隔墙骨架允许偏差

项次	项　目	允许偏差	检 验 方 法
1	立面垂直	3 mm	用 2 m 托线板检查
2	表面平整	2 mm	用 2 m 直尺和楔型塞尺检查

（3）石膏板安装。

1）安装石膏板前，应对预埋隔断中的管道和附于墙内的设备采用局部加强措施。

2）石膏板应竖向铺设，长边接缝应落在竖向龙骨上。

3）双面石膏罩面板安装，应与龙骨一侧的内外两层石膏板错缝排列，接缝不应落在同一根龙骨上；需要隔声、保温、防火的应根据设计要求在龙骨一侧安装好石膏罩面板后，进行隔声、保温、防火等材料的填充；一般采用玻璃丝棉或 30～100 mm 岩棉板进行隔声、防火处理；采用 50～100 mm 聚苯板进行保温处理，再封闭另一侧的板。

4）石膏板应采用自攻螺钉固定。周边螺钉的间距不应大于 200 mm，中间部分螺钉的间距不应大于 300 mm，螺钉与板边缘的距离应为 10～16 mm。

5）安装石膏板时，应从板的中部开始向板的四边固定。钉头略埋入板内，但不得损坏纸面；钉眼应与石膏腻子抹平。

6）石膏板应按框格尺寸裁割准确；就位时应与框格靠紧，但不得强压。

7）隔墙端部的石膏板与周围的墙或柱应留有 3 mm 的槽口。施铺罩面板时，应先在槽口处加注嵌缝膏使面板与邻近表面接触紧密。

8）在丁字形或十字形相接处，如为阴角应用腻子嵌满，贴上接缝带，如为阳角应做护角。

9）石膏板的接缝，一般应为 3～6 mm 缝，必须坡口与坡口相接。

（4）铝合金装饰条板安装。

用铝合金条板装饰墙面时，可用螺钉直接固定在结构层上，也可用锚固件悬挂或嵌卡的方法，将板固定在轻钢龙骨上，或将板固定在墙筋上。

（5）细部处理。

墙面安装胶合板时，阳角处应做护角，以防板边角损坏，阳角的处理应采用刨光起线的木质压条，以增加装饰。

4　劳动力组织

对管理人员和技术工人的组织形式的要求：制度基本健全，并能执行。施工方有专业技术管理人员并持证上岗；高、中级技工不应少于吊顶工人的 70%。劳动力配置详见表 2。

表 2　劳动力配置表

序号	工　种	人　数	备　注
1	吊顶安装	按工程量确定	技工
2	普工	按工程量确定	

吊顶施工劳动生产率参考：15 m²/工日。

5　机具设备配置

（1）电动机具：电锯、镑锯、手电钻、冲击电锤、直流电焊机、切割机。

（2）手动工具：拉铆枪、手锯、钳子、锤、螺丝刀、线坠、靠尺、钢尺、钢水平尺等。

表 3　每班组主要机具配备一览表

序号	机械、设备名称	规格型号	定额功或容量	数量	性能	工种	备　注
1	电圆锯	2008B	1.4 kW	1	良好	木工	按 8～10 人/班组计算
2	角磨机	9523NB	0.54 kW	1	良好	木工	按 8～10 人/班组计算
3	电锤	TE-15	0.65 kW	2	良好	木工	按 8～10 人/班组计算
4	手电钻	JIZ-ZD-10A	0.43 kW	1	良好	木工	按 8～10 人/班组计算
5	电焊机	BX6120	0.28 kW	1	良好	木工	按 8～10 人/班组计算
6	砂轮切割机	JIG-SDG-350	1.25 kW	1	良好	木工	按 8～10 人/班组计算
7	拉铆枪			2	良好	木工	按 8～10 人/班组计算
8	铝合金靠尺	2 m		3	良好	木工	按 8～10 人/班组计算
9	水平尺	600 mm		4	良好	木工	按 8～10 人/班组计算
10	扳手	活动扳手或六角扳手		8	良好	木工	按 8～10 人/班组计算
11	卷尺	5 m		8	良好	木工	按 8～10 人/班组计算
12	线锤	0.5 kg		4	良好	木工	按 8～10 人/班组计算
13	托线板	2 mm		2	良好	木工	按 8～10 人/班组计算
14	胶钳			3	良好	木工	按 8～10 人/班组计算

6　质量控制要点

6.1　质量控制要求

6.1.1　材料的控制

龙骨、配件和纸面石膏板材料均应符合现行国家标准和行业标准的规定。

6.1.2　质量的控制

（1）上下槛与主体结构连接牢固，上下槛不准许断开，保证隔断的整体性。严禁隔断墙上连接件采用射钉固定在墙上。应采用预埋件进行连接。上下槛必须与主体结构连接牢固。

（2）罩面板应经严格选材，表面应平整光洁。安装罩面板前应严格检查龙骨的垂直度和平整度。

6.2　质量检验标准

6.2.1　主控项目

（1）轻钢骨架和罩面板材质、品种、规格、式样应符合设计要求和施工规范的规定。

（2）轻钢龙骨架必须安装牢固，无松动，位置准确。

（3）罩面板无脱层、翘曲、折裂、缺楞掉角等缺陷，安装必须牢固。

6.2.2　一般项目

（1）轻钢龙骨架应顺直，无弯曲、变形和劈裂。

（2）罩面板表面应平整、洁净、无污染、麻点、锤印，颜色一致。

（3）罩面板之间的缝隙或压条,宽窄应一致,整齐、平直、压条与接缝严密。

（4）骨架隔墙面板安装的允许偏差详见表4。

表 4 骨架隔墙面板安装的允许偏差

项次	项 目	允 许 偏 差	检 验 方 法
1	立面垂直度	3 mm	用 2 m 托线板检查
2	表面平整度	2 mm	用 2 m 靠尺和塞尺检查
3	接缝高低差	0.5 mm	用钢直尺和塞尺检查
4	阴阳角方正	2 mm	用直角检测尺检查
5	接缝直线度	3 mm	拉 5 m 线,不足 5 m 拉通线,用钢直尺检查
6	压条直线度	3 mm	拉 5 m 线,不足 5 m 拉通线,用钢直尺检查

6.3 质量通病防治

6.3.1 饰面开裂

（1）原因分析。

1）罩面板边缘钉结不牢,钉距过大或有残损钉件未补钉。

2）接缝处理不当,未按板材配套嵌缝材料及工艺进行施工。

（2）预防措施。

1）注意按规范铺钉。

2）按照具体产品选用配套嵌缝材料及施工技术。

3）对于重要部位的板缝采用玻璃纤维网格胶带取代接缝纸带。

4）填缝腻子及接缝带不宜自配自选。

6.3.2 罩面板变形

（1）原因分析。

1）隔断骨架变形。

2）板材铺钉时未按规范施工。

3）隔断端部与建筑墙、柱面的顶接处处理不当。

（2）预防措施。

1）隔断骨架必须经验收合格后方可进行罩面板铺钉。

2）板材铺钉时应由中间向四边顺序钉固,板材之间密切拼接,但不得强压就位,并注意保证错缝排布。

3）隔断端部与建筑墙、柱面的顶接处,宜留缝隙并采用弹性密封膏填充。

4）对于重要部位隔断墙体,必须采用附加龙骨补强,龙骨间的连接必须到位并铆接牢固。

6.4 成品保护

（1）隔墙木骨架及罩面板安装时,应注意保护顶棚内装好的各种管线,木骨架的吊杆。

（2）施工部位已安装的门窗,已施工完的地面、墙面、窗台等应注意保护、防止损坏。

（3）条木骨架材料,特别是罩面板材料,在进场、存放、使用过程中应妥善管理,使其不变形、不受潮、不损坏、不污染。

6.5　质量记录

(1)材料应有合格证、环保检测报告。

(2)工程验收应有质量验收资料。

7　安全、环保及职业健康措施

(1)隔断工程的脚手架搭设应符合建筑施工安全标准。

(2)脚手架上搭设跳板应用铁丝绑扎固定,不得有探头板。

(3)工人操作应戴安全帽,注意防火。

(4)施工现场必须工完场清,设专人洒水、打扫,不能扬尘污染环境。

(5)有噪声的电动工具应在规定的作业时间内施工,防止噪声扰民。

(6)机电器具必须安装触电保护器,发现问题立即修理。

(7)遵守操作规程,非操作人员决不准乱动机具,以防伤人。

(8)现场保护良好通风,但不宜过堂风。

8　工程实例

贵阳市云岩区政府办公大楼工程部分内隔墙即采用的轻钢龙骨隔墙,其施工工程的关键如下列图所示。

(1)定位放线如图2所示。

(2)地龙骨开槽如图3、图4所示。

(3)地龙骨埋设如图5所示。

(4)隔墙竖龙骨安装如图6所示。

(5)安装贯通龙骨如图7所示。

(6)安装顶龙骨如图8所示。

(7)龙骨与结构拉结如图9所示。

(8)龙骨调整如图10所示。

(9)踢脚线基层安装如图11所示。

(10)板材堆放如图12所示。

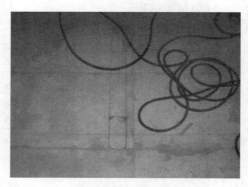

图2　地龙骨开槽二

(11)电工隔墙内管线预埋安装如图13所示。

图3　地龙骨开槽二

图4　地龙骨开槽二

图 5 地龙骨埋设

图 6 隔墙竖龙骨安装

图 7 安装贯通龙骨

图 8 安装顶龙骨

图 9 龙骨与结构拉结

图 10 龙骨调整

图 11 踢脚线基层安装

图 12 板材堆放

(12)封面板如图 14 所示。

(13)封面板固定钉布置图如图 15 所示。

(14)钉点防锈漆如图 16 所示。

(15)点漆后封堵如图 17 所示。

(16)板缝处理如图 18 所示。

(17)开关插座盒开孔如图 19 所示。

(18)墙面刮腻子如图 20 所示。

(19)墙面打磨如图 21 所示。

(20)墙面喷漆如图 22 所示。

图 13 电工隔墙内管线预埋安装

图 14 封面板

图 15 封面板固定钉

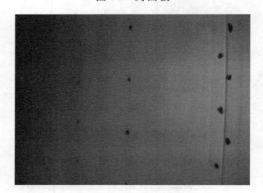

图 16 钉点防锈漆

图 17 点漆后封堵

图 18 板缝处理

图 19　开关插座盒开孔

图 20　墙面刮腻子

图 21　墙面打磨

图 22　墙面喷漆

饰面砖(板)施工工艺

饰面砖(板)施工广泛运用于工业与民用装修工程中。按其罩面形式可分为砖面、板面等,本章节以石材墙面干挂、铝塑板饰面、外墙面砖饰面为例进行阐述。

1　工艺特点

主要工艺特点施工简便,维修维护方便等。

2　适用范围

本工艺适用于工业与民用建筑工程中的主要饰面砖(板)施工及其验收。

3　石材墙面干挂施工工艺

3.1　施工准备

3.1.1　技术准备

编制室内、外墙面干挂石材饰面板装饰工程施工方案,并对工人进行书面技术及安全交底。

3.1.2　材料准备

(1)石材:根据设计要求,确定石材的品种、颜色、花纹和尺寸规格,并严格控制、检查其抗折、抗拉及抗压强度,吸水率、耐冻融循环等性能。花岗岩板材的弯曲强度应经法定检测机构检测确定。

(2)合成树脂胶黏剂:用于粘贴石材背面的柔性背衬材料,要求具有防水和耐老化性能。

(3)用于干挂石材挂件与石材间粘结固定,用双组分环氧型胶黏剂,按固化速度分为快固型(K)和普通型(P)。

(4)中性硅酮耐候密封胶,应进行黏合力的试验和相容性试验。

(5)玻璃纤维网格布:石材的背衬材料。

(6)防水胶泥:用于密封连接件。

(7)防污胶条:用于石材边缘防止污染。

(8)嵌缝膏:用于嵌填石材接缝。

(9)罩面涂料:用于大理石表面防风化、防污染。

(10)不锈钢紧固件、连接铁件应按同一种类构件的5%进行抽样检查,且每种构件不少于5件。

(11)膨胀螺栓、连接铁件、连接不锈钢针等配套的铁垫板、垫圈、螺帽及与骨架固定的各种设计和安装所需要的连接件的质量,必须符合要求。

3.1.3　主要机具

主要机具:台钻、无齿切割锯、冲击钻、手枪钻、力矩扳手、开口扳手、嵌缝枪、专用手推车、长卷尺、盒尺、锤子、各种形状钢凿子、靠尺、水平尺、方尺、多用刀、剪子、铅丝、弹线用的粉线包、墨斗、小白线、笤帚、铁锹、灰槽、灰桶、工具袋、手套、红铅笔等。

3.1.4　作业条件

（1）石材的质量、规格、品种、数量、力学性能和物理性能是否符合设计要求，并进行表面处理工作。同时应符合现行行业标准《天然石材产品放射性防护分类控制标准》。

（2）搭设双排脚手架，安全防护设施齐备。

（3）水电及设备、墙上预留预埋件已安装完，垂直运输机具均事先安装验收完毕。

（4）外门窗已安装完毕，安装质量符合要求。

（5）对施工人员进行技术交底时，应强调技术措施、质量要求和成品保护，大面积施工前先做样板，经质检部门鉴定合格后，方可组织班组大面积施工。

（6）安装系统隐蔽项目已经验收。

3.2　关键质量要点

3.2.1　材料的关键要求

（1）根据设计要求，确定石材的品种、颜色、花纹和尺寸规格，并严格控制、检查其抗折、抗弯曲、抗拉及抗压强度，吸水率、耐冻融循环等性能。块材的表面应光洁、方正、平整、质地坚固，不得有缺楞、掉角、暗痕和裂纹等缺陷。石材的质量、规格、品种、数量、力学性能和物理性能是否符合设计要求，并进行表面处理工作。

（2）膨胀螺栓、连接铁件、连接不锈钢针等配套的铁垫板、垫圈、螺帽及与骨架固定的各种设计和安装所需要的连接件的质量，必须符合国家现行有关标准的规定。

（3）饰面石材板的品种、防腐、规格、形状、平整度、几何尺寸、光洁度、颜色和图案必须符合设计要求，有产品合格证。

3.2.2　技术关键要求

（1）对施工人员进行技术交底时，应强调技术措施、质量要求和成品保护。

（2）弹线必须准确，经复验后方可进行下道工序。固定的角钢和平钢板应安装牢固，并应符合设计要求，石材用护理剂进行石材六面体防护处理。

3.2.3　质量关键要求

（1）清理预做饰面石材的结构表面，施工前认真按照图纸尺寸，核对结构施工的实际情况，同时进行吊直、套方、找规矩、弹出垂直线、水平线，控制点要符合要求。并根据设计图纸和实际需要弹出安装石材的位置线和分块线。

（2）与主体结构连接的预埋件应在结构施工时按设计要求埋设。预埋件应牢固，位置准确。应根据设计图纸进行复查。当设计无明确要求时，预埋件标高差不应大于 10 mm，位置差不应大于 20 mm。

（3）面层与基底应安装牢固；粘贴用料、干挂配件必须符合设计要求和国家现行有关标准的规定。

（4）石材表面平整、洁净；拼花正确、纹理清晰通顺，颜色均匀一致；非整板部位安排适宜，阴阳角处的板压向正确。

（5）缝格均匀，板缝通顺，接缝填嵌密实，宽窄一致，无错台错位。

3.3　施工工艺

3.3.1　工艺流程

石材墙面干挂施工工艺流程如图 1 所示。

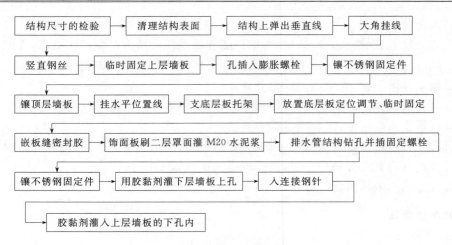

图 1　石材墙面干挂施工工艺流程图

3.3.2　操作工艺

（1）工地收货：收货要设专人负责管理，要认真检查材料的规格、型号是否正确，与料单是否相符，发现石材颜色明显不一致的，要单独码放，以便退还给厂家，如有裂纹、缺棱掉角的，要修理后再用，严重的不得使用。还要注意石材堆放地要夯实，垫 10 cm×10 cm 通长方木，让其高出地面 8 cm 以上，方木上最好钉上橡胶条，让石材按 75°立放斜靠在专用的钢架上，每块石材之间要用塑料薄膜隔开靠紧码放，防止粘在一起和倾斜。

（2）石材表面处理：石材表面充分干燥（含水率应小于 8％）后，用石材护理剂进行石材六面体防护处理，此工序必须在无污染的环境下进行，将石材平放于木方上，用羊毛刷蘸上防护剂，均匀涂刷于石材表面，涂刷必须到位，第一遍涂刷完间隔 24 h 后用同样的方法涂刷第二遍石材防护剂，间隔 48 h 后方可使用。

（3）石材准备：首先用比色法对石材的颜色进行挑选分类；安装在同一面的石材颜色应一致，并根据设计尺寸和图纸要求，将专用模具固定在台钻上，进行石材打孔，为保证位置准确垂直，要钉一个定型石材托架，使石板放在托架上，要打孔的小面与钻头垂直，使孔成型后准确无误，孔深为 22～23 mm，孔径为 7～8 mm，钻头为 5～6 mm。随后在石材背面刷不饱和树脂胶，主要采用一布二胶的做法，布为无碱、无捻 24 目的玻璃丝布，石板在刷头遍胶前，先把编号写在石板上，并将石板上的浮灰及杂污清除干净，如锯锈、铁抹子，用钢丝刷、粗纱子将其除掉再刷胶，胶要随用随配，防止固化后造成浪费。要注意边角地方一定要刷好。特别是打孔部位是个薄弱区域，必须刷到。布要铺满，刷完头遍胶，在铺贴玻璃纤维网格布时要从一边用刷子赶平，铺平后再刷二遍胶，刷子沾胶不要过多，防止流到石材小面给嵌缝带来困难，出现质量问题。

（4）基层准备：清理预做饰面石材的结构表面，同时进行吊直、套方、找规矩，弹出垂直线水平线。并根据设计图纸和实际需要弹出安装石材的位置线和分块线。

（5）挂线：按设计图纸要求，石材安装前要事先用经纬仪打出大角两个面的竖向控制线，最好弹在离大角 20 cm 的位置上，以便随时检查垂直挂线的准确性，保证顺利安装。竖向挂线宜用 φ1.0～φ1.2 的钢丝为好，下边沉铁随高度而定，一般 40 m 以下高度沉铁重量为 8～10 kg，上端挂在专用的挂线角钢架上，角钢架用膨胀螺栓固定在建筑大角的顶端，一定要挂在牢固、准确、不易碰动的地方，并要注意保护和经常检查。并在控制线的上、下作出标记。

（6）支底层饰面板托架：把预先加工好的支托按上平线支在将要安装的底层石板上面。支托要支承牢固，相互之间要连接好，也可和架子接在一起，支架安好后，顺支托方向铺通长的 50 mm 厚木板，木板上口要在同一水平面上，以保证石材上下面处在同一水平面上。

（7）在围护结构上打孔、安膨胀螺栓：在结构表面弹好水平线，按设计图纸及石材料钻孔位置，准确地弹在围护结构墙上并作好标记，然后按点打孔，打孔可使用冲击钻，用 ϕ12.5 的冲击钻头，打孔时先用尖錾子在预先弹好的点上凿上一个点，然后用钻打孔，孔深在 60～80 mm，若遇结构里的钢筋时，可以将孔位在水平方向移动或往上抬高，要连接铁件时利用可调余量调回。成孔要求与结构表面垂直，成孔后把孔内的灰粉用小勾勺掏出，安放膨胀螺栓，宜将本层所需的膨胀螺栓全部安装就位。

（8）上连接铁件：用设计规定的不锈钢螺栓固定角钢和平钢板。调整平钢板的位置，使平钢板的小孔正好与石板的插入孔对正，固定平钢板，用力矩扳手拧紧。

（9）底层石材安装：把侧面的连接铁件安好，便可把底层面板靠角上的一块就位。方法是用夹具暂时固定，先将石材侧孔抹胶，调整铁件，插固定钢针，调整面板固定。依次按顺序安装底层面板，待底层面板全部就位后，检查一下各板水平是否在一条线上，如有高低不平的要进行调整；低的可用木楔垫平；高的可轻轻适当退出点木楔，退出面板上口顺一条水平线上为止；先调整好面板的水平与垂直度，再检查板缝，板缝宽应按设计要求，板缝均匀，将板缝嵌紧被衬条，嵌缝高度要高于 25 cm。其后用 1∶2.5 的用白水泥配制的砂浆，灌于底层面板内 20 cm 高，砂浆表面上设排水管。

（10）石板上孔抹胶及插连接钢针：把 1∶1.5 的白水泥环氧树脂倒入固化剂、促进剂，用小棒将配好的胶抹入孔中，再把长 40 mm 的 ϕ4 连接钢针通过平板上的小孔插入直至面板孔，上钢针前检查其有无伤痕，长度是否满足要求，钢针安装要保证垂直。

（11）调整固定：面板暂时固定后，调整水平度，如板面上口不平，可在板底的一端下口的连接平钢板上垫一相应的双股铜丝垫，若铜丝粗，可用小锤砸扁，若高，可把另一端下口用以上方法垫一下。调整垂直度，并调整面板上口的不锈钢连接件的距墙空隙，直至面板垂直。

（12）顶部面板安装：顶部最后一层面板除了一般石材安装要求外，安装调整后，在结构与石板缝隙里吊一通长的 20 mm 厚木条，木条上平为石板上口下去 250 mm，吊点可设在连接铁件上，可采用铅丝吊木条，木条吊好后，即在石板与墙面之间的空隙里塞放聚苯板，聚苯板条要略宽于空隙，以便填塞严实，防止灌浆时漏浆，造成蜂窝、孔洞等，灌浆至石板口下 20 mm 作为压顶盖板之用。

（13）贴防污条、嵌缝：沿面板边缘贴防污条，应选用 4 cm 左右的纸带型不干胶带，边沿要贴齐、贴严，在大理石板间缝隙处嵌弹性泡沫填充（棒）条，填充（棒）条也可用 8 mm 厚的高连发泡片剪成 10 mm 宽的条，填充（棒）条嵌好后离装修面 5 mm，最后在填充（棒）条外用嵌缝枪中把中性硅胶打入缝内，打胶时用力要均，走枪要稳而慢。如胶面不太平顺，可用不锈钢小勺刮平，小勺要随用随擦干净，嵌底层石板缝时，要注意不要堵塞流水管。根据石板颜色可在胶中加适量矿物质颜料。

（14）清理大理石、花岗石表面，刷罩面剂：把大理石、花岗石表面的防污条掀掉，用棉丝将石板擦净，若有胶或其他粘结牢固的杂物，可用开刀轻轻铲除，用棉丝醮丙酮擦至干净。在刷罩面剂的施工前，应掌握和了解天气趋势，阴雨天和 4 级以上风天不得施工，防止污染漆膜；冬、雨季可在避风条件好的室内操作，刷在板块面上。罩面剂按配合比在刷前半小时兑好，注意区别底漆和面漆，最好分阶段操作。配置罩面剂要搅匀，防止成膜时不匀，涂刷要用 3 in（英寸）羊毛刷，沾漆不宜过多,防止流挂,尽量少回刷,以免有刷痕,要求无气泡、不漏刷,刷平整要有光泽。

(15)石材施工的排版下料与石材防污。

1)石材施工的排版下料。

不论哪一种石材施工,首先要做提高环保、节约资源意识,减少石材资源的浪费。

2)石材的防污处理在石材湿贴中是非常重要的环节,石材防污可在加工厂进行,也可以在货到工地后进行,石材防污要六面体防污。等第一遍防污液干好后再进行第二遍防污液涂刷。进行两次防污后的石材方可进行安装施工,安装时如再进行切割,其切割边必须再进行防污处理后才准予安装。石材防污的目的是防止石材汽碱退色、变色,特别地面石材,防止落地物的污染。

3)认真核对现场实际尺寸,对照施工图要求,绘制石材下料排版图,将石材编号。特别是重点部位,例如:大堂、门厅等重要位置的石材,必须颜色、花纹一致。有了石材下料排版图,加工厂在加工时可以把好选材第一关。加工好的石材要进行编号,石材进场后,经验收合格,安装前先进行一次预排,在确认无误后再按顺序、按规范进行安装。

3.4 质量标准

3.4.1 主控项目

(1)饰面石材板的品种、防腐、规格、形状、平整度、几何尺寸、光洁度、颜色和图案必须符合设计要求,有产品合格证。

(2)面层与基层应安装牢固;粘贴用料、干挂配件必须符合设计要求和国家现行有关标准的规定,碳钢配件需要做防锈、防腐处理。焊接点应作防腐处理。

(3)饰面板安装工程的预埋件(或后置埋件)、连接件的数量、规格、位置、连接方法和防腐处理必须符合设计要求。后置埋件的抗拉拔强度必须符合设计要求。饰面板安装必须牢固。

3.4.2 一般项目

(1)表面平整、洁净;拼花正确、纹理清晰通顺,颜色均匀一致;非整板部位安排适宜,阴阳角处的板压向正确。

(2)缝格均匀,板缝通顺,接缝填嵌密实,宽窄一致,无错台错位。

(3)突出物周围的板采取整板套割,尺寸准确,边缘吻合整齐、平顺,墙裙、贴脸等上口平直。

(4)滴水线顺直,流水坡向正确、清晰美观。

(5)室内、外墙面干挂石材允许偏差见表1。

表1 室内、外墙面干挂石材允许偏差

项次	项 目	允许偏差 mm							检 验 方 法
		石 材			瓷板	木材	塑料	金属	
		光面	剁斧石	蘑菇石					
1	立面垂直度	2	3	3	2	1.5	2	2	用2 m垂直检测尺检查
2	表面平整度	2	3	—	1.5	1	3	3	用2 m靠尺和塞尺检查
3	阴阳角方正	2	4	4	2	1.5	3	3	用直角检测尺检查
4	接缝直线度	2	4	4	2	1	1	1	用5 m线,不足5 m拉通线,用钢直尺检查
5	墙裙、勒脚上口直线度	2	3	3	2	2	2	2	拉5 m线,不足5 m拉通线,用钢直尺检查

3.5 成品保护

(1)要及时清擦干净残留在门窗框、玻璃和金属饰面板上的污物,如密封胶、手印、尘土、水等杂物,宜粘贴保护膜,预防污染、锈蚀。

(2)认真贯彻合理施工顺序,少数工种的活应做在前面,防止破坏、污染外挂石材饰面板。

(3)拆改架子和上料时,严禁碰撞干挂石材饰面板。

(4)外饰面完活后,易破损部分的棱角处要钉护角保护,其他工种操作时不得划伤面漆和碰坏石材。

(5)在室外刷罩面剂未干燥前,严禁下渣土和翻架子脚手板等。

(6)已完工的外挂石材应设专人看管,遇有损害成品的行为,应立即制止,并严肃处理。

3.6 质量记录

(1)大理石、花岗石、紧固件、连接件等出厂合格证。有关环保检测报告。

(2)分项工程质量验收记录表。

(3)三性试验报告单等。

(4)设计图、计算书、设计更改文件等。

(5)石材的冻融性试验记录。

(6)后置埋件的拉拔试验记录。

(7)埋件、固定件、支撑件等安装记录及隐蔽工程验收记录。

3.7 石材饰面容易出现的质量问题及预防措施

(1)质量通病:接缝不平,板面纹理不顺,色泽不匀。

1)原因分析。

① 对板材质量未进行严格挑选,安装前试拼不认真。

② 基层处理不好,墙面偏差校大。

③ 施工操作不当,浇灌高度过高。

2)预防措施。

① 安装前先检查基层墙面垂直平整情况,偏差较大的应事先剔凿或修补,使基层面与石材表面的距离不得小于 5 cm。并将基层墙面清扫干净,浇水湿透。

② 安装前应在基层弹线,在墙面上弹出中心线、水平线,在地面上弹出石材面线,柱子应先测量出中心线和柱和柱之间的水平通线,并弹出墙表线。

③ 事先将有缺边掉角、裂缝和局部污染变色的石材板材挑出,完好的应进行套方检查,规格尺寸若有偏差,应磨边修正。

④ 安装前应进行试拼,对好颜色,调整花纹,使板与板之间上下左右纹理通顺,颜色协调,缝平直均匀,试拼后由上至下逐块编写镶贴顺序,然后对号入座。

⑤ 安装顺序是根据事先找好的中心线、水平通线和墙面进行试拼编号,然后在最下一行两头用块材找平找直。拉上横线,再从中间或一端开始安装,随时用托线板靠直靠平保证板与板交接处四角平整。

⑥ 待石膏浆凝固后,用 1:2.5 水泥砂浆分层灌注,每次灌注必须不超过 20 cm,否则容易使石材膨胀外移,影响饰面平整。

（2）质量通病：石材墙面开裂。

1）原因分析。

① 除了石材的暗缝或其他隐伤等缺陷以及凿洞开槽外，受到结构沉降压缩外力后，由于外力超过块材软弱处的强度，导致石材墙面开裂。

② 石材板镶贴在外墙面或紧贴厨房、厕所、浴室等潮气较大的房间时，安装粗糙，板缝灌浆不严，侵蚀气体或湿空气透入板缝，使连接件遭到锈蚀，产生膨胀，给石材一种向外的推力。

③石材镶贴墙面、柱面时，上、下空隙较小，结构受压变形，石材饰面受到垂直方向的压力。

2）预防措施。

① 在墙、柱等承重结构面上安装石材时，应待结构沉降稳定后进行，在石材顶部和底部留有一定的缝隙，以防止结构压缩饰面直接被压开裂。

② 安装石材接缝处，缝隙应在 0.5～1 mm 之间，嵌缝要严密，灌浆要饱满，块材不得有裂缝、缺棱掉角等缺陷，以防止腐蚀性气体和湿空气侵入，锈蚀紧固件，引起板面裂缝。

③ 采用掺胶白水泥浆掺色修补，色浆的颜色应尽量做到与修补的石材表面接近。

4　铝塑板饰面安装工艺

4.1　施工工艺

4.1.1　工艺流程

铝塑板饰面安装工艺流程如图 2 所示。

图 2　铝塑板饰面安装工艺流程图

4.1.2　操作工艺

（1）弹线。

在基体上弹出水平线和竖向垂直线，以控制隔断龙骨安装的位置、格栅的平直度和固定点。

（2）墙龙骨的安装。

1）沿弹线位置固定沿顶和沿地龙骨，各自交接后的龙骨，应保持平直。固定点间距应不大于 1 m，龙骨的端部必须固定，固定应牢固。边框龙骨与基体之间，应按设计要求安装密封条。

2）门窗或特殊节点处，应使用附加龙骨，其安装应符合设计要求。

（3）九夹板的安装。

1）安装九夹板的基体表面，需用油毡、釉质防潮时，应铺设平整，搭设严密，不得有皱折、裂缝和透孔等。

2）九夹板采用直钉固定，如用钉子固定，钉距为 80～150 mm，钉帽应打扁并钉入板面 0.5～1 mm；钉眼用油性腻子抹平。九夹板如涂刷清油等涂料时，相邻板面的木纹和颜色应近似。需要隔声、保温、防火等材料的填充，一般采用玻璃丝棉或 30～100 mm 岩棉板进行隔声、防火处理，采用 50～100 mm 聚苯板进行保温处理，再封闭罩面板。

3）墙面用九夹板装饰时，阳角处宜做护角；硬质纤维板应用水浸透，自然阴干后安装。

4）九夹板用木压条固定时，钉距不应大于 200 mm，钉帽应打扁，并钉入木压条 0.5～

1 mm,钉眼用油性腻子抹平。

5)用九夹板做罩面时,应符合防火的有关规定,在湿度较大的房间,不得使用未经防水处理的九夹板。

6)墙面安装九夹板时,阳角处应做护角,以防板边角损坏,并可增加装饰。

(4)铝塑板安装。

1)铝塑板采用单面铝塑板,根据设计要求,裁成需要的形状,用胶贴在事先封好的底板上,可以根据设计要求留出适当的胶缝。

2)胶黏剂粘贴时,涂胶应均匀;粘贴时,应采用临时固定措施,并应及时擦去挤出的胶液;在打封闭胶时,应先用美纹纸带将饰面板保护好,待胶打好后,撕去美纹纸带,清理板面。

4.2 质量标准

4.2.1 一般项目

(1)骨架木材和罩面板材质、品种、规格、式样应符合设计要求和施工规范的规定。

(2)木骨架必须安装牢固,无松动,位置正确。

(3)罩面板无脱层、翘曲、折裂、缺棱掉角等缺陷,安装必须牢固。

(4)铝塑板饰面允许偏差见表1。

4.2.2 基本项目

(1)木骨架应顺直,无弯曲、变形和劈裂。

(2)罩面板表面应平直、洁净,无污染、麻点、锤印,颜色一致。

(3)罩面板之间的缝隙或压条,宽窄应一致,整齐、平直、压条与板接封严密。

4.3 成品保护

(1)隔墙木骨架及罩面板安装时,应注意保护顶棚内装好的各种管线,木骨架的吊杆。

(2)施工部位已安装的门窗,已施工完的地面、墙面、窗台等应注意保护、防止损坏。

(3)条木骨架材料,特别是罩面板材料,在进场、存放、使用过程中应妥善管理,使其不变形、不受潮、不损坏、不污染。

4.4 质量记录

(1)材料应有合格证、环保检验报告。

(2)工程验收应有质量验收资料。

5 室外贴面砖施工工艺

5.1 施工准备

5.1.1 技术准备

编制室外贴面砖工程施工方案,并对工人进行书面技术及安全交底。

5.1.2 材料准备

(1)水泥:32.5 或 42.5 级矿渣水泥或普通硅酸盐水泥。有出厂证明或复验合格单,若出厂日期超过三个月或水泥已结有小块的不得使用;白水泥应采用符合《白色硅酸盐水泥》(GB 2015)标准中 42.5 号以上的,并符合设计和规范质量标准的要求。

（2）砂子：粗、中砂，用前过筛，其他指标符合规范的质量标准。

（3）面砖：面砖的表面应光洁、方正、平整、质地坚固，其品种、规格、尺寸、色泽、图案应均匀一致，必须符合设计规定。不得有缺棱、掉角、暗痕和裂纹等缺陷。其性能指标均应符合现行国家标准的规定，釉面砖的吸水率不得大于 10%。

（4）石灰膏：用块状生石灰淋制，必须用孔径 3 mm×3 mm 的筛网过滤，并储存在沉淀池中，熟化时间，常温下不少于 15 d，用于罩面灰，不少于 30 d，石灰膏内不得有未熟化的颗粒和其他物质。

（5）生石灰粉：磨细生石灰粉，其细度应通过 4 900 孔/cm² 筛子，用前用水浸泡，其时间不少于 3 d。

（6）粉煤灰：细度过 0.08 mm 筛，筛余量不大于 5%；界面剂和矿物颜料：按设计要求配比，其质量应符合规范标准。

（7）粘贴面砖所用水泥、砂、胶黏剂等材料均应进行复验，合格后方可使用。

5.1.3 主要机具

砂浆搅拌机、瓷砖切割机、磅秤、铁板、孔径 5 mm 筛子、窗纱筛子、手推车、大桶、小水桶、平锹、木抹子、大杠、中杠、小杠、靠尺、方尺、铁制水平尺、灰槽、灰勺、米厘条、毛刷、钢丝刷、扫帚、錾子、锤子、小白线、擦布或棉丝、钢片开刀、小灰铲、勾缝溜子、勾缝托灰板、托线板、线坠、盒尺、钉子、红铅笔、铅丝、工具袋等。

5.1.4 作业条件

（1）主体结构施工完，并通过验收。

（2）外架子（高层多用吊篮或吊架）应提前支搭和安装好，多层房屋最好选用双排架子或桥架，其横竖杆及拉杆等应离开墙面和门窗角 150～200 mm。架子的步高和支搭要符合施工要求和安全操作规范。

（3）阳台栏杆、预留孔洞及排水管等应处理完毕，门窗框要固定好，隐蔽部位的防腐、填嵌应处理好，并用 1∶3 水泥砂浆将缝隙塞严实；铝合金、塑料门窗、不锈钢门等框边缝所用嵌塞材料及密封材料应符合设计要求，且应塞堵密实，并事先粘贴好保护膜。

（4）墙面基层清理干净，脚手眼、窗台、窗套等事先应使用与基层相同的材料砌堵好。

（5）按面砖的尺寸、颜色进行选砖，并分类存放备用。

（6）大面积施工前应先放大样，并做出样板墙，确定施工工艺及操作要点，并向施工人员做好交底工作。样板墙完成后必须经质检部门鉴定合格后，还要经过设计、甲方和施工单位共同认定验收，方可组织班组按照样板墙要求施工。

5.2 关键质量要点

5.2.1 材料的关键要求

水泥 32.5 或 42.5 级矿渣水泥或普通硅酸盐水泥。应有出厂证明或复验合格单，若出厂日期超过三个月或水泥已结有小块的不得使用；砂子应使用用粗、中砂；面砖的表面应光洁、方正、平整、质地坚固，不得有缺棱、掉角、暗痕和裂纹等缺陷。

5.2.2 技术关键要求

弹线必须准备，经复验后方可进行下道工序。基层抹灰前，墙面必须清扫干净，浇水湿润；基层抹灰必须平整；贴砖应平整牢固，砖缝应均匀一致。

5.2.3　质量关键要求

（1）施工时，必须做好墙面基层处理，浇水充分湿润。在抹底层灰时，根据不同基体采取分层分遍抹灰方法，并严格配合比计量，掌握适宜的砂浆稠度，按比例加界面剂胶，使各灰层之间粘结牢固。注意及时洒水养护；冬季施工时，应做好防冻保温措施，以确保砂浆不受冻，其室外温度不得低于 5 ℃，但寒冷天气不得施工。防止空鼓、脱落和裂缝。

（2）结构施工期间，几何尺寸控制好，外墙面要垂直、平整，装修前对基层处理要认真。应加强对基层打底工作的检查，合格后方可进行下道工序。

（3）施工前认真按照图纸尺寸，核对结构施工的实际情况，加上分段分块弹线、排砖要细，贴灰饼控制点要符合要求。

5.2.4　环境关键要求

在施工过程中应防止噪声污染，在施工场界噪声敏感区域宜选择使用低噪声的设备，也可以采取其他降低噪声的措施。

5.3　施工工艺

5.3.1　工艺流程

室外贴面砖工艺流程如图 3 所示。

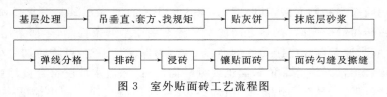

图 3　室外贴面砖工艺流程图

5.3.2　操作工艺

（1）基体为混凝土墙面时的操作方法。

1）基层处理：将凸出墙面的混凝土剔平，对大钢模施工的混凝土墙面应凿毛，并用钢丝刷满刷一遍，清除干净，然后浇水湿润；对于基体混凝土表面很光滑的，可采取"毛化处理"办法，即先将表面尘土、污垢清扫干净，用 10% 火碱水将板面的油污刷掉，随之用净水将碱液冲净、晾干，然后用水泥砂浆内掺水重 20% 的界面剂胶，用扫帚将砂浆甩到墙上，其甩点要均匀，终凝后浇水养护，直至水泥浆疙瘩全部粘到混凝土光面上，并有较高的强度（用手掰不动）为止。

2）吊垂直、套方、找规矩、贴灰饼、冲筋：高层建筑物应在四大角和门窗口边用经纬仪打垂直线找直；多层建筑物，可从顶层开始用特制的大线坠绷低碳钢丝吊垂直，然后根据面砖的规格尺寸分层设点、做灰饼，间距 1.6 m。横向水平线以楼层为水平基准线交圈控制，竖向垂直线以四周大角和通天柱或墙垛子为基准线控制，应全部是整砖。阳角处要双面排直。每层打底时，应以此灰饼作为基准点进行冲筋，使其底层灰做到横平竖直。同时要注意找好突出檐口、腰线、窗台、雨篷等饰面的流水坡度和滴水线（槽）。

3）抹底层砂浆：先刷一道掺水重 10% 的界面剂胶水泥素浆，打底应分层分遍进行抹底层砂浆（常温时采用配合比为 1∶3 水泥砂浆），第一遍厚度宜为 5 mm，抹后用木抹子搓平、扫毛，待第一遍六至七成干时，即可抹第二遍，厚度为 8~12 mm，随即用木杠刮平、木抹子搓毛，终凝后洒水养护。砂浆总厚不得超过 20 mm，否则应作加强处理。

4）弹线分格：待基层灰六至七成干时，即可按图纸要求进行分段分格弹线，同时亦可进行面层贴标准点的工作,以控制面层出墙尺寸及垂直、平整。

5)排砖:根据大样图及墙面尺寸进行横竖向排砖,以保证面砖缝隙均匀,符合设计图纸要求,注意大墙面、通天柱子和垛子要排整砖,以及在同一墙面上的横竖排列,均不得有一行以上的非整砖。非整砖行应排在次要部位,如窗间墙或阴角处等。但亦要注意一致和对称。如遇有突出的卡件,应用整砖套割吻合,不得用非整砖随意拼凑镶贴。面砖接缝的宽度不应小于5 mm,不得采用密缝。

6)选砖、浸泡:釉面砖和外墙面砖镶贴前,应挑选颜色,规格一致的砖;浸泡砖时,将面砖清扫干净,放入净水中浸泡2 h以上,取出待表面晾干或擦干净后方可使用。

7)粘贴面转:粘贴应自上而下进行。高层建筑采取措施后,可分段进行。在每一分段或分段内的面砖,均为自下而上镶贴。从最下一层砖下皮的位置线先稳好靠尺,以此托住第一皮面砖。在面砖背面宜采用1:0.2:2=水泥:白灰膏:砂的混合砂浆镶贴,砂浆厚度为6~10 mm,贴上后用灰铲柄轻轻敲打,使之附线,再用钢片开刀调整竖缝,并用小杠通过标准点调整平面和垂直度。

另外一种做法是,用1:1水泥砂浆加水重20%的界面剂胶,在砖背面抹3~4 mm厚粘贴即可。但此种做法其基层灰必须抹得平整,而且砂子必须必须用窗纱筛后使用。不得采用有机物作主要粘结材料。

另外也可用胶粉来粘贴面砖,其厚度为2~3 mm,有此种做法其基层灰必须更平整。

如要求釉面砖拉缝镶贴时,面砖之间的水平缝宽度用米厘条控制,米厘条用贴砖用砂浆与中层灰临时镶贴,米厘条贴在已镶贴好的面砖上口,为保证其平整,可临时加垫小木楔。

女儿墙压顶、窗台、腰线等部位平面也要镶贴面砖时,除流水坡度符合设计要求外,应采取顶面砖压立面砖的做法,预防向内渗水,引起空裂;同时还应采取立面中最低一排面砖必须压底平面面砖,并低出底平面面砖3~5 mm的做法,让其起滴水线(槽)的作用,防止尿檐,引起空裂。

8)面砖勾缝与擦缝:面砖铺贴拉缝时,用1:1水泥砂浆勾缝或采用勾缝胶,先勾水平缝再勾竖缝,勾好后要求凹进面砖外表面2~3 mm。若横竖缝为干挤缝,或小于3 mm者,应用白水泥配颜料进行擦缝处理。面砖缝子勾完后,用布或棉丝蘸稀盐酸擦洗干净。

(2)基体为砖墙面时的操作方法。

1)基层处理:抹灰前,墙面必须干净,浇水湿润。

2)吊垂直、套方、找规矩:大墙面和四角、门窗口边弹线找规矩,必须由顶层到底一次进行,弹出垂直线,并决定面砖出墙尺寸,分层设点、做灰饼(间距为1.6 m)。横线则以楼层为水平基线交圈控制,竖向线则以四周大角和通天垛、柱子为基准线控制。每层打底时则以此灰饼作为基准点进行冲筋,使其底层灰做到横平竖直。同时要注意找好突出檐口、腰线、窗台、雨篷等饰面的流水坡度。

3)抹底层砂浆:先把墙面浇水湿润,然后用1:3水泥砂浆刮一道5~6 m厚,紧跟着用同强度等级的灰与所冲的筋抹平,随即用木杠刮平,木抹搓毛,隔天浇水养护。

4)其余同基层为混凝土墙面做法。

(3)基层为加气混凝土时,可酌情选用下述两种方法中的一种。

1)用水湿润加气混凝土表面,修补缺棱掉角处。修补前,先刷一道聚合物水泥浆,然后用1:3:9=水泥:白灰膏:砂子混合砂浆分层补平,隔天刷聚合物水泥浆并抹1:1:6混合砂浆打底,木抹子搓平,隔天养护。

2)用水湿润加气混凝土表面,在缺棱掉角处刷聚合物水泥浆一道,用1:3:9混合砂浆分层补平,待干燥后,钉金属网一层并绷紧。在金属网上分层抹1:1:6混合砂浆打底(最好采取机械喷射工艺),砂浆与金属网应结合牢固,最后用木抹子轻轻搓平,隔天浇水养护。

其他做法同混凝土墙面。

(4)夏季镶贴室外饰面板、饰面砖,应有防止暴晒的可靠措施。

(5)冬季施工:一般只在冬季初期施工,严寒阶段不得施工。

1)砂浆的使用温度不得低于5 ℃,砂浆硬化前,应采取防冻措施。

2)用冻结法砌筑的墙,应待其解冻后再抹灰。

3)镶贴砂浆硬化初期不得受冻,室外气温低于5 ℃时,室外镶贴砂浆内可掺入能降低冻结温度的外加剂,其掺入量由试验确定。

4)严防粘结层砂浆早期受冻,并保证操作质量,禁止使用白灰膏和界面剂胶,宜采用同体积粉煤灰代替或改用水泥砂浆抹灰。

5.4 质量标准

5.4.1 主控项目

(1)饰面砖的品种、规格、颜色、图案和性能必须符合设计要求。

(2)饰面砖粘贴施工的找平、防水、粘结和勾缝材料及施工方法应符合设计要求、国家现行产品标准、工程技术标准及国家环保污染控制等规定。

(3)饰面砖镶贴必须牢固。

(4)满黏法施工的饰面砖工程应无空鼓、裂缝。

5.4.2 一般项目

(1)饰面砖表面应平整、洁净、色泽一致,无裂痕和缺陷。

(2)阴阳角处搭接方式、非整砖使用部位应符合设计要求。

(3)墙面突出物周围的饰面砖应整砖套割吻合,边缘应整齐。墙裙、贴脸突出墙面的厚度应一致。

(4)饰面砖接缝应平直、光滑,填嵌应连续、密实;宽度和深度应符合设计要求。

(5)有排水要求的部位应做滴水线(槽)。滴水线(槽)应顺直,流水坡向应正确,坡度应符合设计要求。

(6)室外面砖允许偏差见表1。

5.5 成品保护

(1)要及时清擦干净残留在门框上的砂浆,特别是铝合金门窗、塑料门窗宜粘贴保护膜,预防污染、锈蚀,施工人员应加以保护,不得碰坏。

(2)认真贯彻合理的施工顺序,少数工种(水、电、通风、设备安装等)的活应做在前面,防止损坏面砖。

(3)油漆粉刷不得将油漆喷滴在已完的饰面砖上,如果面砖上部为外涂料墙面,宜先做外涂料,然后贴面砖,以免污染墙面。若需先做面砖时,完工后必须采取贴纸或塑料薄膜等措施,防止污染。

(4)各抹灰层在凝结前应防止风干、暴晒、水冲和振动,以保证各层有足够的强度。

(5)拆架子时注意不要碰撞墙面。

（6）装饰材料和饰件以及饰面的构件，在运输、保管和施工过程中，必须采取措施防止损坏。

6　安全环保措施

（1）进入施工现场必须戴好安全帽，系好风紧口。

（2）操作前检查脚手架和跳板是否搭设牢固，高度是否满足操作要求，合格后才能上架操作，凡不符合安全之处应及时修整。高空作业必须佩带安全带。

（3）禁止穿硬底鞋、拖鞋、高跟鞋在架子上工作，架子上人不得集中在一起，工具要搁置稳定，以防止坠落伤人。

（4）在两层脚手架上操作时，应尽量避免在同一垂直线上工作，必须同时作业时，下层操作人员必须戴安全帽，并应设置防护措施。

（5）抹灰时应防止砂浆掉入眼内；采用竹片或钢筋固定八字靠尺板时，应防止竹片或钢筋回弹伤人。

（6）夜间临时用的移动照明灯，必须用安全电压。机械操作人员须培训持证上岗，现场一切机械设备，非机械操作人员一律禁止操作。

（7）禁止搭设飞跳板，严禁从高处往下乱投东西。脚手架严禁搭设在门窗、暖气片、水暖等管道上。

（8）雨后、春暖解冻时应及时检查外架子，防止沉陷出现险情。

（9）外架必须满搭安全网，各层设围栏。出入口搭设人行通道。

（10）施工现场临时用电线路必须按规范布设，严禁乱接乱拉，远距离电缆线不得随地乱拉，必须架空固定。

（11）小型电动工具，必须安装"漏电保护"装置，使用时应经试运转合格后方可操作。

（12）电器设备应有接地、接零保护，现场维护电工机具移动应先断电后移动，下班或使用完毕必须拉闸断电。

（13）电源、电压须与电动机具的铭牌电压相符。

（14）施工时必须按施工现场安全技术交底施工。

（15）施工现场严禁扬尘作业，清理打扫时必须洒少量水湿润后方可打扫，并注意对成品的保护，废料及垃圾必须及时清理干净，装运至指定堆放地点，堆放垃圾必须进行围挡、对粉状垃圾进行覆盖。

（16）切割石材的临时用水，必须有完善的污水排放措施。

（17）对施工中噪声大的机具，尽量安排在白天及夜晚10点前操作，禁止噪声扰民。

（18）饰面用材料必须符合环保要求。

玻璃幕墙工程施工工艺

幕墙工程广泛运用于工业与民用建筑工程中。幕墙工程包括玻璃幕墙、石材幕墙、金属幕墙、点驳式幕墙。建筑幕墙是建筑外围护结构，它具有以下特点：由面板和支承结构体系组成，是独立完整的结构系统；具有相对于主体结构有一定的随动变位能力；只承受直接作用于其上的荷载（作用），不分担主体结构的荷载。

1　工艺特点

玻璃幕墙结构是由玻璃构成的幕墙构件，通过金属或者玻璃结构支撑体系组成的独立完整结构体系，悬挂在主体结构上作为建筑的外围护结构。为了适应温度变化和主体结构侧移时产生的位移，立柱一端设计成活动接头连接，使立柱各段可以相对移动。

2　适用范围

本标准适用于非抗震设计或 6～8 度抗震设计的民用建筑玻璃幕墙工程的制作、安装及验收。

3　工艺原理

建筑幕墙的工艺原理是将幕墙面板固定在金属构架上，金属构架固定在主体结构上。

4　工艺流程

玻璃幕墙工艺流程如图 1 所示。

5　操作要点

5.1　安装施工准备

（1）编制材料、制品、机具的详细进场计划。

（2）落实各项需用计划。

（3）编制施工进度计划。

（4）实施技术交底工作。

（5）搬运、吊装构件时不得碰撞、损坏和污染构件。

（6）构件储存时应依照安装顺序排列放置，放置架应有足够的承载力和刚度。在室外储存时应采取保护措施。

（7）构件安装前应检查制造合格证，不合格的构件不得安装。

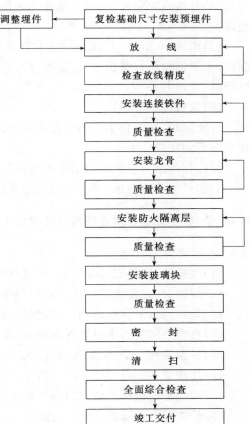

图 1　玻璃幕墙工艺流程

5.2　预埋件安装

（1）按照土建进度，从下向上逐层安装预埋件。

（2）按照幕墙的设计分格尺寸用经纬仪或其他测量仪器进行分格定位。

（3）检查定位无误后，按图纸要求埋设铁件。

（4）安装埋件时要采取措施防止浇筑混凝土时埋件位移，控制好埋件表面的水平或垂直，防止出现歪、斜、倾等。

（5）检查预埋件是否牢固、位置是否准确。预埋件的位置误差应按设计要求进行复查。当设计无明确要求时，预埋件的标高偏差不应大于 10 mm，预埋件的位置与设计位置偏差不应大于 20 mm。

5.3　施工测量放线

（1）复查由土建方移交的基准线。

（2）放标准线：在第一层将室内标高线移至外墙施工面，并进行检查；在放线前，应首先对建筑物外形尺寸进行偏差测量，根据测量结果，确定基准线。

（3）以标准线为基准，按照图纸将分格线用墨线放在墙上，并做好标记。

（4）分格线放完后，应检查预埋件的位置是否与设计相符，否则应进行调整或预埋件补救处理。

（5）用 $\phi 0.5$ mm～$\phi 1.0$ mm 的钢丝在单幅幕墙的垂直、水平方向各拉两根，作为安装的控制线，水平钢丝应每层拉一根（宽度过宽，应每间隔 20 m 设 1 支点，以防钢丝下垂），垂直钢丝应间隔 20 m 拉一根。

（6）放线注意事项。

1）放线时，应结合土建的结构偏差，将偏差分解，应防止误差积累。放线时，应考虑好与其他装饰面的接口。

2）拉好的钢丝应在两端紧固点做好标记，以便钢丝断后，快速重拉。

3）应严格按照图纸放线；控制重点为：基准线。

5.4　隐框、半隐框及明框玻璃幕墙安装工艺

5.4.1　过渡件的焊接

（1）经检查，埋件安装合格后，可进行过渡件的焊接施工。

（2）焊接时，过渡件的位置一定要与墨线对准。

（3）先将同水平位置两侧的过渡件点焊，并进行检查。

（4）再将中间的各个过渡件点焊上，检查合格后，进行满焊或段焊。

（5）控制重点：水平位置及垂直度。

（6）焊接焊接作业顺序如图 2 所示。

（7）用规定的焊接设备、材料，操作人员必须持焊工证上岗。

（8）焊接现场的安全、防火工作。

（9）严格按照设计要求进行焊接，要求焊缝均匀，无假焊、虚焊、夹渣。

（10）防锈处理要及时、彻底。

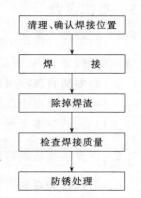

图 2　焊接作业顺序

5.4.2 玻璃幕墙铝龙骨安装

(1)将加工完成的立柱按编号分层次搬运到各部位,临时堆放。堆放时应用木块垫好,防止碰伤表面。

(2)将立柱从上至下或从下至上逐层上墙,安装就位。

(3)根据水平钢丝,将每根立柱的水平标高位置调整好,稍紧连接件螺栓。

(4)再调整进出,左右位置,检查是否符合设计分格尺寸及进出位置,如有偏差应及时调整,不能让偏差集中在某一个点上。经检查合格后,拧紧螺帽。

(5)当调整完毕,整体检查合格后,将连接铁件与过渡件、螺帽与垫片间均采用段焊、点焊焊接,及时消除焊渣,做好防锈处理。

(6)安装横龙骨时水平方向应拉线,并保证竖龙骨与横龙骨接口处的平整,连接不能有松动,横梁和立柱之间垫片或间隙符合设计要求。

(7)龙骨安装注意事项。

1)立柱与连接铁件之间要垫胶垫。

2)因立柱料比较重,应轻拿轻放,防止碰撞、划伤。

3)挂料时,应将螺帽拧紧,以防脱落。

4)调整完以后,连接避雷铜导线。

5.4.3 防火隔离层安装

(1)龙骨安装完毕,进行防火隔离层的安装。

(2)安装时应按图纸要求,先将防火镀锌板固定(用螺丝或射钉),要求牢固可靠,并注意板的接口。

(3)然后铺防火棉,安装时注意防火棉的厚度和均匀度,保证与龙骨接料口处的饱满,且不能挤压,以免影响面材。

(4)最后进行顶部封口处理即安装封口板。

(5)安装过程中要注意对玻璃、铝板、铝材等成品的保护,以及内装饰的保护。

5.4.4 玻璃安装

(1)安装前应将铁件或钢架、立柱、避雷、保温、防锈全部检查一遍,合格后再将相应规格的面材搬入就位,然后自上而下进行安装。

(2)安装过程中用拉线控制相邻玻璃面的平整度和板缝的水平、垂直度,用木板模块控制缝的宽度。

(3)安装时,应先就位,临时固定,然后拉线调整。

(4)安装过程中,如缝宽有误差,应均分在每条胶缝中,防止误差积累在某一条缝中或某一块面材上。

5.5 点支承式玻璃幕墙安装工艺

5.5.1 钢结构安装

(1)安装前,应根据甲方提供的基础验收资料复核各项数据,并标注在检测资料上。预埋件、支座面和地脚螺栓的位置、标高的尺寸偏差应符合相关的技术规定及验收规范,钢柱脚下的支撑预埋件应符合设计要求,需填垫钢板时,每叠不得多于3块。

(2)钢结构的复核定位应使用轴线控制控制点和测量的标高基准点,保证幕墙主要竖向构件及主要横向构件的尺寸允许偏差符合有关规范及行业标准。

(3)构件安装时,对容易变形的构件应作强度和稳定性验算,必要时采取加固措施,安装后,构件应具有足够的强度和刚度。

(4)确定几何位置的主要构件,如柱、桁架等应吊装在设计位置上,在松开吊挂设备后应做初步校正,构件的连接接头必须经过检验合格后,方可紧固和焊接。

(5)对焊缝要进行打磨,消除棱角和夹角,达到光滑过度。钢结构表面应根据设计要求喷涂防锈、防火漆,或加以其他表面处理。

(6)对于拉杆及拉索结构体系,应保证支撑杆位置的准确,一般允许偏差在±1 mm,紧固拉杆(索)或调整尺寸偏差时,宜采用先左后右,由上至下的顺序,逐步固定支撑杆位置,以单元控制的方法调整校核,消除尺寸偏差,避免误差积累。

(7)支撑钢爪安装:支承钢爪安装时,要保证安装位置公差在±1 mm 内,支承钢爪在玻璃重量作用下,支承钢系统会有位移,可用以下两种方法进行调整。

1)如果位移量较小,可以通过驳接件自行适应,则要考虑支撑杆有一个适当的位移能力。

2)如果位移量大,可在结构上加上等同于玻璃重量的预加载荷,待钢结构位移后再逐渐安装玻璃。无论在安装时,还是在偶然事故时,都要防止在玻璃重量下,支承钢爪安装点发生过大位移,所以支承钢爪必须能通过高强张拉螺栓、销钉、锲销固定。支承钢爪的支承点宜设置球铰,支承点的连接方式不应阻碍面板的弯曲变形。

5.5.2　拉索及支撑杆的安装

(1)拉索和支撑杆的安装过程中要掌握好施工顺序,安装必须按"先上后下,先竖后横"的原则安装。

1)竖向拉索的安装:根据图纸给定的拉索长度尺寸 1～3 mm 从顶部结构开始挂索呈自由状态,待全部竖向拉索安装结束后进行调整,调整顺序也是先上后下,按尺寸控制单元逐层将支撑杆调整到位。

2)横向拉索的安装:待竖向拉索安装调整到位后连接横向拉索,横向拉索在安装前应先按图纸给定的长度尺寸加长 1～3 mm 呈自由状态,先上后下空格子单元逐层安装,待全部安装结束后调整到位。

(2)支撑杆的定位、调整:在支撑杆的安装过程中必须对杆件的安装定位几何尺寸进行校核,前后索长度尺寸严格按图纸尺寸调整,保证支撑连接杆与玻璃平面的垂直度。调整以按单元控制点为基准对每一个支撑杆的中心位置进行核准。确保每个支撑杆的前端与玻璃平面保持一致,整个平面度的误差应控制在不大于或等于 5 mm/3 m。在支撑杆调整时要采用"定位头"来保证支撑杆与玻璃的距离和中心定位的准确。

(3)拉索的预应力设定与检测:用于固定支撑杆的横向和竖向拉索在安装和调整过程中必须提前设置合理的内应力值,才能保证在玻璃安装后受自重荷载的作用下结构变形在允许的范围内。

1)竖向拉索内预拉值的设定主要考虑以下几个方面:一是玻璃与支承系统的自重;二是拉索螺纹和钢索转向的摩擦阻力;三是连接拉索、锁头、销头所允许承受拉力的范围;四是支承结构所允许承受的拉力范围。

2)横向拉索预应力值的设定主要考虑以下几个方面:一是校准竖向索偏位所需的力;二是校准竖向桁架偏差所需的力;三是螺纹的摩擦力和钢索转向的摩擦力;四是拉索、锁头、耳板所允许承受的拉力;五是支承结构允许承受的力。

3)索的内力设置是采用扭力扳手通过螺纹产生力,用扭矩来控制拉杆内应力的大小。

4)安装调整拉索结束后用扭力扳手进行设定和检测,通过对照扭力表的读数来校核扭矩值。

(4)配重检测:由于幕墙玻璃的自重荷载和所受的其他荷载都通过支撑杆传递到支承结构上,为确保结构安装后在玻璃安装时拉杆系统的变形在允许范围内,必须对支撑杆进行配重检测。

1)配重检测应按单元设置,配重的重量为玻璃在支撑杆上所产生的重力荷载乘系数 1~1.2,配重后结构的变形应小于 2 mm。

2)配重检测的记录,配重物的施加应逐级进行,每加一级要对支撑杆的变形量进行一次检测,一直到全部配重物施加在支撑杆上测量出其变形情况,并在配重物卸载后测量变形复位情况并详细记录。

5.5.3　玻璃安装

(1)安装前应检查校对钢结构的垂直度、标高、横梁的高度和水平度等是否符合设计要求,特别要注意安装孔位的复查。

(2)安装前必须用钢刷局部清洁钢槽表面及槽底泥土、灰尘等杂物,点支承玻璃底部 U 形槽应装入氯丁橡胶垫块,对应于支承面宽度边缘左右 1/4 处各放置垫块。

(3)安装前,应清洁玻璃及吸盘上的灰尘,根据玻璃重量及吸盘规格确定吸盘个数。

(4)安装前,应检查支承钢爪的安装位置是否准确,确保无误后,方可安装玻璃。

(5)现场安装玻璃时,应先将支承头与玻璃在安装平台上装配好,然后再与支承钢爪进行安装。为确保支承处的气密性和水密性,必须使用扭矩扳手。应根据支承系统的具体规格尺寸来确定扭矩大小,按标准安装玻璃时,应始终将玻璃悬挂在上部的两个支承头上。

(6)现场组装后,应调整上下左右的位置,保证玻璃水平偏差在允许范围内。

(7)玻璃全部调整好后,应进行整体表面平整度的检查,确认无误后,才能进行打胶密封。

5.6　吊挂式大玻璃幕墙安装工艺

(1)安装固定主支承器:根据设计要求和图纸位置用螺栓连接或焊接的方式将主支承器固定在预埋件上。检查各螺丝钉的位置及焊接口,涂刷防锈油漆。

(2)玻璃底槽的安装。

1)安装固定角码。

2)临时固定钢槽,根据水平和标高控制线调整好钢槽的水平高低精度。

3)检查合格后进行焊接固定。

(3)安装玻璃吊夹:根据设计要求和图纸位置用螺栓将玻璃吊夹与预埋件或上部钢架连接。检查吊夹与玻璃底槽的中心位置是否对应,吊夹是否调整合格后方能进行玻璃安装。

(4)安装玻璃:将相应规格的玻璃搬入就位,调整玻璃的水平及垂直度位置,定位校准后夹紧固定,并检查接触铜块与玻璃的摩擦黏牢度。

(5)安装肋玻璃:将相应规格的肋玻璃搬入就位,调整玻璃的水平及垂直度位置,定位校准后夹紧固定。

(6)检查所有吊夹的紧固度、垂直度、粘牢度是否达到要求,否则进行调整。

(7)检查所有连接器的松紧度是否达到要求,否则进行调整。

5.7　密　　封

（1）密封部位的清扫和干燥：采用甲苯对密封面进行清扫，清扫时应特别注意不要让溶液散发到接缝以外的场所，清扫纱布用脏后应常更换，以保证清扫效果，最后用干燥清洁的纱布将溶剂蒸发后的痕迹拭去，保持密封面干燥。

（2）贴防护纸胶带：为防止密封材料使用时污染装饰面，同时为使密封胶缝与面材交界线平直，应贴纸胶带，要注意纸胶带本身的平直。

（3）胶缝修整：注胶后，应将胶缝用小贴铲沿注胶方向用力施压，将多余的胶刮掉，并将胶缝刮成设计形状，使胶缝光滑、流畅。

（4）清除纸胶带：胶缝修整好后，应及时去掉胶带，并注意撕下的胶带不要污染玻璃面或铝板面，及时清理粘在施工表面上的胶痕。

5.8　清　　扫

（1）清扫时先用浸泡过中性溶剂的湿纱布将污物等擦去，然后再用干纱布擦干净。

（2）清扫灰浆、胶带残留物时，可使用竹铲、合成树脂铲等仔细刮去。

（3）禁止使用金属清扫工具，更不得使用粘有砂子、金属屑的工具。

（4）禁止使用酸性或碱性洗涤剂。

5.9　竣工交付

（1）先自检，然后上报甲方竣工资料。

（2）在甲方组织下，验收、竣工交付。

（3）办理相关竣工手续。

以上工序完成后，此工序进入保修期，在保修期内，如有质量问题，则要满足用户要求，及时进行维修处理。

5.10　玻璃幕墙安装施工注意事项

（1）玻璃幕墙分隔轴线的测量应与主体结构的测量配合，其误差应及时调整，不得积累。

（2）对高层建筑的测量应在风力不大于 4 级情况下进行，每天应定时对玻璃幕墙的垂直及立柱位置进行校核。

（3）应先将立柱与连接件连接，然后连接件再与主体预埋件连接，并进行调整和固定，立柱安装标高偏差不应大于 3 mm。轴线前后偏差不应大于 2 mm，左右偏差不应大于 3 mm。

（4）相邻两根立柱安装标高偏差不应大于 3 mm，同层立柱的最大标高偏差不应大于 5 mm；相邻两根立柱的距离偏差不应大于 2 mm。

（5）可将横梁的两端的连接件及弹性橡胶垫安装在立柱的预定位置加以连接，并应安装牢固，其接缝应严密。也可采用端部留出 1 mm 孔隙，注入密封胶。

（6）相邻两根横梁水平标高偏差不应大于 1 mm。同层标高偏差：当一幅幕墙宽度小于或等于 35 m 时，不应大于 5 mm；当一幅幕墙宽度大于或等于 35 m 时，不应大于 7 mm。

（7）同一层横梁安装应由下向上进行。当安装完一层高度时，应进行检查、调整、校正、固定，使其符合质量要求。

（8）有热工要求的幕墙，保湿部分从内向外安装，当采用内衬板时，四周应套装弹性橡胶密封条,内衬板与构件接缝应严密;内衬板就位后,应进行密封处理。

(9)固定防火保温材料应锚钉牢固,防火保温层应平整,拼接处不应留缝隙。

(10)冷凝水排出管及附件应与水平构件预留孔连接严密,与内衬板出水孔连接处应设橡胶密封条。

(11)其他通气留槽孔及雨水排出口等应按设计施工,不得遗漏。

(12)玻璃幕墙立柱安装就位、调整后应及时紧固。玻璃幕墙安装的临时螺栓等在构成件安装就位、调整、紧固后应及时拆除。

(13)现场焊接或高强螺栓紧固的构件固定后,应及时进行防锈处理。玻璃幕墙中与铝合金接触的螺栓及金属配件应采用不锈钢或轻金属制品。除不锈钢外,不同金属的接触面应采用垫片作隔离处理。

(14)玻璃安装前应将表面尘土和污物擦拭干净。热反射玻璃安装应将镀膜面朝向室内,非镀膜面朝向室外。

(15)玻璃与构件不准直接接触,玻璃四周与构件凹槽底应保持一定空隙,每块玻璃下部应设不少于两块弹性定位垫块;垫块的宽与槽口宽度相同,长度不应小于 100 mm;玻璃两边嵌入量及空隙应符合设计要求。

(16)玻璃四周橡胶条应按规定型号选用,镶嵌应平整,橡胶条长度成预定的设计角度,并用粘结剂牢固后嵌入槽内。玻璃幕墙四周与主体之间的间隙,应采用防火的保温材料填塞,内外表面应采用密封胶连续封闭,接缝应严密不漏水。

(17)幕墙的竖向和横向板材安装的允许偏差见表 1 的规定。

(18)铝合金装饰压板应符全设计要求,表面应平整,色彩应一致,不得有肉眼可见的变形、波纹和凹凸不平,接缝应均匀严密。

(19)玻璃幕墙的施工过程应分层进行防水渗漏性能检查。有框幕墙耐候硅酮密封胶的施工厚度大于 3.5 mm;施工宽度不应小于施工厚度的两倍;较深的密封槽口底部应采用聚乙烯发泡材料填塞。耐候硅酮密封胶在接缝内应形成相对两面粘结。

(20)玻璃幕墙安装施工应对下列项目进行隐蔽验收。

表 1 幕墙安装允许偏差(mm)

项　　目		允许偏差(mm)	检 查 方 法
竖缝及墙面垂直度	幕墙高度(H)(m)		激光经纬仪或经纬仪
	$H \leqslant 30$	$\leqslant 10$	
	$30 < H \leqslant 60$	$\leqslant 15$	
	$60 < H \leqslant 90$	$\leqslant 20$	
	$H > 90$	$\leqslant 25$	
幕墙平面度		$\leqslant 2.5$	2 m 靠直、钢板尺
竖缝直线度		$\leqslant 2.5$	2 m 靠直、钢板尺
横缝直线度		$\leqslant 2.5$	2 m 靠直、钢板尺
缝宽度		± 2	卡尺
两相邻面板之间接缝高低差		$\leqslant 1.0$	深度尺

1)构件与主体结构的连接节点的安装。

2)幕墙四周、幕墙内表面与主体结构之间间隙接点的安装。

　　3）幕墙伸缩缝、沉降缝、防震缝及墙面转角节点的安装。

　　4）幕墙防雷接地节点的安装。

　　5）防火材料和隔烟层的安装。

　　6）其他带有隐蔽性质的项目。

6　机具设备

　　主要机具：双头切割机、单头切割机、冲床、铣床、锣榫机、组角机、打胶机、玻璃磨边机、空压机、吊篮、卷扬机、电焊机、水准仪、经纬仪、胶枪、玻璃吸盘等详见表2。

表2　机具设备配置表

序号	名　称	说　明
1	吊篮、卷扬机	提升设备，根据工程具体情况选择
2	双头切割机、单头切割机	铝合金门窗材料切割时选用
3	冲　床	玻璃幕墙材料冲孔打胶时选用
4	铣　床	铝合金门窗材料铣槽、铣半槽时选用
5	锣榫机	铝合金门窗材料锣榫时选用
6	组角机	铝合金门窗材料对角时选用
7	打胶机	隐框玻璃幕墙、玻璃之间连接时选用
8	玻璃磨边机	玻璃再次加工时选用
9	水准仪、经纬仪	水平及垂直放线

7　劳动力组织

　　对管理人员和技术工人的组织形式的要求：制度基本健全，并能执行。施工方有专业技术管理人员并持证上岗；施工人员持建筑玻璃幕墙安装制作专业人员上岗证见表3。

表3　劳动力组织图

序号	工　种	人　数	备　注
1	幕墙安装制作专业人员	按工程量确定	
2	普　工	按工程量确定	

8　质量控制要点

8.1　质量控制要求

8.1.1　材料的控制

　　（1）玻璃幕墙工程使用的材料必须具备相应的出厂合格证、质保书和检验报告。

　　（2）玻璃幕墙工程中使用的铝合金型材，其壁厚、膜厚、硬度和表面质量必须达到设计及规范要求。

　　（3）玻璃幕墙工程中使用的钢材，其壁厚、长度、表面涂层厚度和表面质量必须达到设计及规范要求。

　　（4）玻璃幕墙工程中使用的玻璃，其品种型号、厚度、外观质量、边缘处理必须达到规范要求。

(5)玻璃幕墙工程中使用的硅酮结构密封胶、硅酮耐候密封胶及密封材料,其相容性、粘结拉伸性能、固化程度必须达到设计及规范要求。

8.1.2　技术的控制

(1)安装前对构件加工精度进行检验,检验合格后方可进行上墙安装。

(2)安装前作好施工准备工作,保证安装工作顺利进行。

(3)预埋件安装必须符合设计要求,安装牢固,严禁歪、斜、倾。安装位置偏差控制在允许范围以内。

(4)严格控制放线精度。

(5)幕墙立柱与横梁安装应严格控制水平、垂直度以及对角线长度,在安装过程应反复检查,达到要求后方可进行玻璃的安装。

(6)玻璃安装进,应拉线控制水平度、垂直度及大面积平整度;用木模板控制缝隙宽度,如有误差应均分在每一条缝隙中,防止误差积累。

(7)进行密封工作前应对密封面进行清扫,并在胶缝两侧的玻璃上粘贴保护带,防止注胶时污染周围的玻璃面;注胶应均匀、密实、饱满,胶缝表面应光滑;同时应注意注胶方法,防止产生气泡,避免浪费。

(8)清扫时应选合适的清洗溶剂,清扫工具禁止使用金属物品,以防止擦伤玻璃或构件表面。

8.1.3　质量的控制

(1)预埋件和固件:位置,施工精度,固定状态,有无变形、生锈,防锈涂料是否完好。

(2)连接件:安装部位,加工精度,固定状态,防锈处理,垫片是否安放完毕。

(3)构件安装:安装部分,加工精度,安装后横平竖直、大面平整,螺栓、铆钉安装固定,外观、色差、污染、划痕,功能。

(4)五金件安装:安装部位,加工精度,固定状态,外观。

(5)密封胶嵌缝:注胶有无遗漏,施工状态,胶缝品质、形状、气泡,外观、色泽,周边污染。

(6)安装前幕墙应进行气密性、水密性及风压性能试验,并达到设计及规范要求。

(7)清洁:清洗溶剂是否符合要求,有无遗漏未清洗的部分,有无残留物。

8.2　质量检验标准

8.2.1　一般规定

玻璃幕墙工程验收前应将其表面清洗干净。

(1)玻璃幕墙验收时应提交下列资料。

1)幕墙工程的竣工图或施工图、结构计算书、设计变更文件及其他设计文件。

2)幕墙工程所用各种材料、附件及坚固件、构件及组件的产品合格证书、性能检测报告、进场验收记录和复验报告。

3)进口硅酮结构胶的商检证,国家指定检测机构出具的硅酮结构胶相容性和剥离粘结性试验报告。

4)后置埋件的现场拉拔检测报告。

5)幕墙的风压变形性能、气密性能、水密性能检测报告及其他设计要求的性能检测报告。

6)打胶、养护环境的温度、湿度记录,双组分硅酮结构胶的混匀性试验记录及拉断试验记录。

7）防雷装置测试记录。

8）隐蔽工程验收文件。

9）幕墙构件和组件的加工制作记录，幕墙安装施工记录。

10）淋水试验记录。

11）其他质量保证资料。

（2）玻璃幕墙工程验收前，应在安装施工中完成下列隐蔽项目的现场验收。

1）预埋件或后置螺栓连接件。

2）构件与主体结构的连接节点。

3）幕墙四周、幕墙内表面与主体结构之间的封堵。

4）幕墙伸缩缝、沉降缝、防震缝及墙面转角节点。

5）隐框玻璃板块的固定。

6）幕墙防火、隔烟节点。

（3）玻璃幕墙工程质量检验应进行观感检验和抽样检验，并应按下列规定划分检验批，每幅玻璃幕墙均应检验。

1）相同设计、材料、工艺和施工条件的玻璃幕墙工程每 500～100 m² 为一个检验批，不足 500 m² 应划分为一个检验批。每个检验批每 100 m² 应至少抽查一处，每处不得少于 10 m²。

2）同一单位工程的不连续的幕墙工程应单独划分检验批。

3）对于异形或有特殊要求的幕墙，检验批的划分应根据幕墙的结构、工艺特点及幕墙工程的规模，由监理单位、建设单位和施工单位协商确定。

4）框架构件安装质量应符合表 4 的规定，测量检查应在风力小于 4 级时进行。

表 4　铝合金框架构件安装质量要求

项　　　目		允许偏差（mm）	检 查 方 法
1	幕墙垂直度	幕墙高度不大于 30 m	10	激光仪或经纬仪
		幕墙高度大于 30 m、不大于 60 m	15	
		幕墙高度大于 60 m、不大于 90 m	20	
		幕墙高度大于 90 m、不大于 150 m	25	
		幕墙高度大于 150 m	30	
2	竖向构件直线度		2.5	2 m 靠尺，塞尺
3	横向构件水平度	长度不大于 2 000 mm	2	水平仪
		长度大于 2 000 mm	3	
4	同高度相邻两根横向构件高度差		1	钢板尺、塞尺
5	幕墙横向构件水平度	幅宽不大于 35 m	5	水平仪
		幅宽大于 35 m	7	
6	分格框对角线差	对角线长不大于 2 000 m	3	对角线尺或钢卷尺
		对角线长大于 2 000 m	3.5	

注：1 表中 1～5 项按抽样根数检查，第 6 项按抽样分格检查。

　　 2 垂直于地面的幕墙，竖向构件垂直度包括幕墙平面内及平面外的检查。

　　 3 竖向直线度包括幕墙平面内及平面外的检查。

8.2.2　明框支承玻璃幕墙

（1）玻璃幕墙观感检验应符合下列要求。

1)明框幕墙框料应横平竖直;单元式幕墙的单元接缝或隐框幕墙分格玻璃接缝应横平竖直,缝宽应均匀,并符合设计要求。

2)铝合金材料不应有脱膜现象;玻璃的品种、规格与色彩应与设计相符,整幅幕墙玻璃的色泽均匀;并不应有析碱、发霉和镀膜脱落等现象。

3)装饰压板表面应平整,不应有肉眼可察觉的变形、波纹或局部压砸等缺陷。

4)幕墙的上下边及侧边封口、沉降缝、伸缩缝、防震缝的处理及防雷体系应符合设计要求。

5)幕墙隐蔽节点的遮封装修应整齐美观。

6)淋水试验时,幕墙不应渗漏。

(2)明框支承玻璃幕墙工程抽样检验应符合下列要求。

1)铝合金料及玻璃表面不应有铝屑、毛刺、明显的电焊伤痕、油斑和其他污垢。

2)幕墙玻璃安装应牢固,橡胶条应镶嵌密实、密封胶应填充平整。

3)每平方米玻璃的表面质量应符合表5的规定。

4)一个分格铝合金框料表面质量应符合表6的规定。

8.2.3 隐框玻璃幕墙安装

隐框玻璃幕墙的安装质量应符合表7的规定。

玻璃幕墙工程抽样检验数量,每幅幕墙的竖向构件或竖向接缝和横向构件或横向接缝应各抽查5%,并均不得少于3根;每幅幕墙分格应各抽查5%,并不得少于10个。

表 5　每平方米玻璃表面质量要求

项　　目	质 量 要 求
0.1～0.3 mm 宽划伤痕	长度小于 100 mm;不超过 8 条
擦伤	不大于 500 mm²

表 6　一个分格铝合金框料表面质量要求

项　　目	质 量 要 求
擦伤、划伤深度	不大于氧化膜厚度的 2 倍
擦伤总面积(mm²)	不大于 500
划伤总长度(mm)	不大于 150
擦伤和划伤处数	不大于 4

注:一个分格铝合金框料指该分格的四周框架构件。

表 7　隐框玻璃幕墙安装质量要求

	项　　　目		允许偏差(mm)	检查方法
1	竖缝及墙面垂直度	幕墙高度不大于 30 m	10	激光仪或经纬仪
		幕墙高度大于 30 m,不大于 60 m	20	
		幕墙高度大于 60 m,不大于 90 m	25	
		幕墙高度大于 90 m,不大于 150 m	30	
		幕墙高度大于 150 m	35	
2	幕墙平面度		2.5	2 m 靠尺、钢板尺
3	竖缝直线度		2.5	2 m 靠尺、钢板尺
4	横缝直线度		2.5	2 m 靠尺、钢板尺
5	拼缝宽度(与设计值比)		2	卡尺

注:1 抽样的样品,1 根竖向构件或竖向接缝指该幕墙全高的 1 根构件或接缝;1 根横向构件或横向接缝指该幅幕墙全宽的 1 根构件或接缝。

2 凡幕墙上的开启部分,其抽样检验的工程验收应符合现行国家标准《建筑装饰装修工程质量验收规范》GB 50210 的有关规定。

8.2.4　点支承玻璃幕墙

(1)玻璃幕墙大面应平整,胶缝应横平竖直、缝宽均匀、表面光滑。钢结构焊缝应平滑,防腐涂层应均匀、无破损。不锈钢件的光泽度应与设计相符,且无锈斑。

(2)钢结构验收应符合现行国家标准《钢结构工程施工质量验收规范》GB 50205 的要求。

(3)拉杆和拉索的预拉力应符合设计要求。

(4)点支承幕墙安装允许偏差应符合表 8 的规定。

表 8　点支承幕墙安装允许偏差

项　　目		允许偏差(mm)	检 查 方 法
竖缝及墙面垂直度	高度不大于 30 m	10.0	激光仪或经纬仪
	高度大于 30 m 但不大于 50 m	15.0	
平面度		2.5	2 m 靠尺、钢板尺
胶缝直线度		2.5	2 m 靠尺、钢板尺
拼缝宽度		2	卡尺
相邻玻璃平面高低差		1.0	塞尺

(5)钢爪安装偏差应符合要求。

(6)相邻钢爪水平距离和竖向距离为±1.5 mm。

(7)同层钢爪高度允许偏差应符合表 9 的规定。

表 9　同层钢爪高度允许偏差

水平距离 L(m)	允许偏差(×1 000 mm)
$L \leqslant 35$	$L/700$
$35 < L \leqslant 50$	$L/600$
$50 < L \leqslant 100$	$L/500$

8.2.5　资料核查项目

(1)幕墙工程的竣工图或施工图、结构计算书、设计变更文件及其他设计文件。

(2)幕墙工程所用各种材料、附件及坚固件、构件及组件的产品合格证书、性能检测报告、进场验收记录和复验报告。

(3)进口硅酮结构胶的商检证;国家指定检测机构出具的硅酮结构胶相容性和剥离粘结性试验报告。

(4)后置埋件的现场拉拔检测报告。

(5)幕墙的风压变形性能、气密性能、水密性能检测报告及其他设计要求的性能检测报告。

(6)打胶、养护环境的温度、湿度记录;双组分硅酮结构胶的混匀性试验记录及拉断试验记录。

(7)防雷装置测试记录。

(8)隐蔽工程验收文件。

(9)幕墙构件和组件的加工制作记录;幕墙安装施工记录。

(10)张拉杆索体系预拉力张拉记录。

(11)淋水试验记录。

(12)其他质量保证资料。

8.2.6　观感检查项目

(1)玻璃幕墙框料应竖直横平;单元式幕墙的单元拼缝或隐框幕墙分格玻璃拼缝应竖直横平,缝宽应均匀,并符合设计要求。

（2）玻璃的品种、规格与色彩应与设计相符，整幅幕墙玻璃的色泽应均匀；不应有析碱，发霉和镀膜落等现象。

（3）玻璃的安装方向应正确。

（4）幕墙材料的色彩应与设计相符，并应均匀，铝合金料不应有脱膜现象。

（5）装饰压板表面应平整，不应有肉眼可察觉的变形，波纹或局部压砸等缺陷。

（6）幕墙的上下边及侧边封口、沉降缝、伸缩缝、防震缝的处理及防雷体系应符合设计要求。

（7）幕墙隐蔽节点的遮封装修应整齐美观。

（8）幕墙不得渗漏。

8.3 玻璃幕墙工程质量通病分析及防治措施

8.3.1 玻璃幕墙变形

（1）原因分析。

1）幕墙框架结构刚度差。

2）竖框架料接头处理不当。

3）伸缩缝设置不适当或未按设计设置。

4）伸缩缝内填塞料无弹性，不能伸缩。

5）未采用遮阳玻璃，框架温度变化过大。

（2）防治措施。

1）设计计算时，保证竖框料承受风荷载作用下，其变形量应 $< L/250$（L 为每根竖框料支点之间的距离）。

2）跨在两层楼板之间承受风力的竖框料，它的上端悬挂在固定支座上，其卡端与下层竖框架的上端应采用套接，接头应能活动。

3）型钢框料与型钢框料、铝料与铝料、铝料与玻璃、铝料与墙体之间均需预留伸缩缝。

4）伸缩缝内必须采用弹性好且耐老化及经久耐用的材料填塞。一般宜选用硅酮密封胶。

5）幕墙玻璃应选用镜面反射玻璃或夹层玻璃遮阳，降低温度对框架变形的影响。

8.3.2 幕墙渗漏水

（1）原因分析。

1）封缝材料质量不过关。

2）施工时填缝不严密。

3）幕墙变形。

（2）防治措施。

1）封缝材料必须柔软、弹性好、使用寿命长、耐老化，并经事先检验符合设计要求后方可使用。一般采用硅酮胶。

2）施工时应先清理干净，精心操作，封缝填塞应严密均匀，并不得漏封。

3）幕墙框架必须牢固可牢，特别是每个节点构造、竖框支点之间的变形等，应严格检查，实测数据必须满足设计要求和检验评定标准的有关规定。

8.3.3 变　　色

（1）原因分析。

幕墙局部受到腐蚀,或中空、夹层密封不严或受到破坏。

(2)防治措施。

幕墙腐蚀严重应予更换;密封不严应重新封严,并不得选用有腐蚀性的密封材料;已变色影响美观的应予更换。

8.3.4　玻璃放偏(不在槽口中)或放斜

(1)原因分析。

铝合金和塑料门窗槽口宽度较宽;槽口内杂物未清除净;安装玻璃时一头靠里一头放斜,未认真操作。

(2)防治措施。

1)安放玻璃前,应清除槽口内灰浆等杂物,特别是排水孔,不得阻塞。

2)安放玻璃时,认真对中、对正,首先保证一侧间隙不小于 2 mm。

3)玻璃应随安随固定,以免校正后移位和不安全。

4)加强技术培训和质量管理。

8.3.5　垫块位置不准

(1)原因分析。

未按规定位置安放定位扩建块或放置后被撞动移位。

(2)防治措施。

1)安装玻璃前,应先检查垫块位置,发现位置不准时及时调整。

2)垫块位置距玻璃垂直边缘的距离为玻璃宽度的 1/4,但不小于 150 mm。

3)垫块厚度应大于 3 mm。

4)玻璃就位时要平衡,不要撞动垫块。

9　安全及环境保护注意事项

9.1　职业健康安全关键要求

9.1.1　建立建全各级安措施

(1)安全防火制度。

(2)安全生产管理体系。

(3)建立建安全生产教育制度。

(4)建立安全生产检查制度。

(5)建立应急响应措施。

(6)建立文明施工措施。

9.1.2　电动工具使用

在使用电动工具时,用电应符合《施工现场临时用电安全技术规程》(JGJ 46—2005)。

9.1.3　防止粉尘污染

施工过程中应采用相应的防护措施防止粉尘污染。

9.2　环境关键要求

(1)在施工过程中应符合《民用建筑工程室内环境污染控制规范》(GB 50325—2001)。

(2)在施工过程中应防止噪声污染,在施工场界噪声敏感区域宜选择使用低噪声的设备,也可以采取其他降低噪声的措施。

（3）合理安排作业时间，尽量减少夜间作业，以减少施工时机具污染；避免影响施工现场内或附近居民的休息。

（4）完成每项工序后，应及时清理施工后滞留的垃圾，比如胶、胶瓶、胶带纸等，保证施工现场的清洁。

（5）对于密封材料及清洗溶剂等可能产生有害物质或气体的材料，应作好保管工作，并在挥发过期前使用完毕，以免对环境造成影响。

10 工程实例

新河金河大厦工程位于成都市金河宾馆旁，总外墙面积约为 4 800 m²，共分为隐框玻璃幕墙和石材幕墙，其中石材幕墙 3 600 m²，隐框玻璃幕墙 1 200 m²。施工前制定了详细的技术方案并层层交底，技术方案策划全面、详细，能具体指导施工。在组织幕墙施工时实行样板先行的措施，并在施工过程中严格管理，使加幕墙施工质量受到了各方好评，该工程先后被为成都市建筑装饰"金蓉杯"、"四川省建筑工程装饰奖"及四川建筑工程"天府杯"银奖。

该工程外墙装修效果如图 3 所示。

图 3 工程外墙装修效果

涂饰工程施工工艺

涂饰工程广泛运用于工业与民用建筑工程中。涂饰工程包括建筑油漆和装饰涂料等工程施工,本章节对木饰面清色油漆涂饰工程进行阐述。

1　工艺特点

(1)涂饰工程是建筑装饰工程表面涂装,涂装工艺的好坏直接影响装饰工程的观感质量和装饰效果。

(2)涂饰工程色彩丰富,外观光洁细腻。

(3)涂饰工程由于油漆材料品种繁多,因此各种材料涂饰的工艺略有不同,可分为木饰面施涂混色油漆工艺、木饰面施涂清色油漆工艺、木饰面施涂混色瓷漆磨退工艺、金属面施涂混色油漆涂料工艺等。

(4)具有较好的耐久性、可重复涂饰、色彩可根据要求进行改变等性能。

2　适用范围

本工艺适用于工业与民用建筑工程中木制家具、门窗及木饰面。

3　工艺原理

涂饰工程是将涂料用溶剂稀释后涂装于经处理后的木材表面或其他材质表面,能保护木材或其他材质表面,具有装饰和美化环境的作用。本工艺适用于工业与民用建筑工程中木制家具、门窗及木饰面。

4　工艺流程

木饰面施涂清色油漆工艺流程图如图1所示。

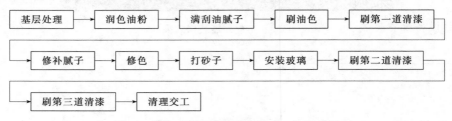

图1　木饰面清色油漆涂饰施工工艺流程图

5　操作要点

5.1　施工准备

5.1.1　技术准备

施工前技术人员必须对施工班组进行木饰面施涂清色油漆施工的书面技术交底。

5.1.2　材料要求

(1)涂料:光油、清油、铅油、清漆、调和漆、漆片等。

(2)填充料:石膏、大白粉、铁黄、铁红、铁黑、纤维素等。

(3)稀释剂:汽油、煤油、稀料、松香水、酒精等。

(4)催干剂:钴催干剂等液体料。

5.2 操作要点

(1)处理基层:用刮刀或碎玻璃片将表面的灰尘、胶迹、锈斑刮干净,注意不要刮出毛刺。

(2)磨砂纸:将基层打磨光滑,顺木纹打磨,先磨线后磨四口平面。

(3)润油粉:用棉丝醮油粉在木材表面反复擦涂,将油粉擦进棕眼,然后用麻布或木丝擦净,线角上的余粉用竹片剔除。待油粉干透后,用1号砂纸顺木纹轻打磨,打到光滑为止。保护棱角。

(4)满批油腻子:颜色要浅于样板1~2成,腻子油性大小适宜。用开刀将腻子刮入钉孔、裂纹等内,刮腻子时要横抹竖起,腻子要刮光,不留散腻子。待腻子干透后,用1号砂纸轻轻打磨,磨至光滑,潮布擦粉尘。

(5)刷油色:涂刷动作要快,顺木纹涂刷,收刷、理油时都要轻快,不可留下接头刷痕,每个刷面要一次刷好,不可留有接头,涂刷后要求颜色一致、不盖木纹。

(6)刷第一道清漆:刷法与刷油色相同,但应略加些汽油以便消光和快干,并应使用已磨出口的旧刷子。待漆干透后,用1号旧砂纸彻底打磨一遍,将头遍漆面先基本打磨掉,再用潮布擦干净。

(7)复补腻子:使用牛角腻板、带色腻子要收刮干净、平滑、无腻子疤痕,不可损伤漆膜。

(8)修色:将表面的黑斑、节疤、腻子疤及材色不一致处拼成一色,并绘出木纹。

(9)磨砂纸:使用细砂纸轻轻往返打磨,再用潮布擦净粉末。

(10)刷第二、三道清漆:周围环境要整洁,操作同刷第一道清漆,但动作要敏捷,多刷多理、涂刷饱满、不流不坠、光亮均匀。涂刷最后一道油漆前应打磨消光。

(11)冬季施工:室内油漆工程应在采暖条件下进行,室温保持均衡,温度不宜低于10℃,相对湿度不宜大于60%。

6 机具设备配置

机具设备配置见表1。

表1 机具设备配置表

序号	名 称	说 明	序号	名 称	说 明
1	油漆搅拌机	根据工程具体情况选择	5	灰刀	根据工程具体情况选择
2	空气压缩机	根据工程具体情况选择	6	油漆刷	根据工程具体情况选择
3	喷枪	根据工程具体情况选择	7	小油漆桶	根据工程具体情况选择
4	砂子打磨机	根据工程具体情况选择			

7 劳动力组织

对管理人员和技术工人的组织形式的要求:制度基本健全,并能执行。施工方有专业技术管理人员并持证上岗;高、中级技工不应少于油漆工人的70%,见表2。

表 2　劳动力配置表

序号	工　种	人　数	备　注
1	油漆工	按工程量确定	技工
2	普工	按工程量确定	

注:木饰面施涂施工劳动生产率参考:2.0～5.0 m²/工日。

8　质量控制要点

8.1　质量控制要求

8.1.1　材料的控制

(1)应有使用说明、储存有效期和产品合格证,品种、颜色应符合设计要求。

(2)油漆、填充料、催干剂、稀释剂等材料选用必须符合《民用建筑工程室内环境污染控制规范》(GB 50325—2001)和《室内装饰装修材料溶剂型木器涂料中有害物质限量》(GB 18581—2001)要求,并具备有关国家环境检测机构出具的有关有害物质限量等级检测报告。

8.1.2　技术的控制

(1)基层腻子应刮实、磨平,达到牢固、无粉化、无起皮和裂缝。

(2)溶剂型涂料应涂刷均匀、粘结牢固,不得漏涂、透底、起皮和返锈。

(3)有水房间应采用具有耐水性腻子。

(4)后一遍油漆必须在前一遍油漆干燥后进行。

8.1.3　质量的控制

(1)合页槽、上下冒头、榫头和钉孔、裂缝、节疤以及边棱残缺处应补齐腻子,砂子打磨到位。

(2)基层腻子应平整、坚实、牢固、无粉化、起皮和裂缝。

(3)清色油漆涂饰应涂刷均匀、粘结牢固,无透底、起皮。

(4)一般油漆施工的环境温度不宜低于 10 ℃,相对湿度不宜大于 60%。

8.2　质量检验标准

8.2.1　主控项目

(1)溶剂型涂料涂饰工程所选用涂料的品种型号和性能应符合设计要求。

(2)溶剂型涂料工程的颜色、光泽应符合设计要求。

(3)溶剂型涂饰工程应涂刷均匀、粘结牢固,不得漏涂、透底、起皮。

(4)基层腻子应平整、坚实、牢固,无粉化、起皮和裂缝。

8.2.2　一般项目

木饰表面施涂溶剂型清色涂料的一般项目见表 3。

8.3　成品保护

(1)刷油漆前应首先清理完施工现场的垃圾及灰尘,以免影响油漆质量。

(2)每遍油漆刷完后,所有能活动的门窗及木饰面成品都应该临时固定,防止油漆面相互粘结影响质量。必要时设置警告牌。

(3)刷油后立即将滴在地面或窗台上的油漆擦干净,五金、玻璃等应事先用报纸等隔离材料进行保护,到工程交工前拆除。

表3　木饰表面施涂溶剂型清色涂料质量和检查方法

项次	项　目	普通涂饰	高级涂饰	检查方法
1	颜色	均匀一致	均匀一致	观察
2	木纹	棕眼刮平、木纹清楚	棕眼刮平、木纹清楚	观察
3	光泽、光滑	光泽基本均匀,光滑无挡手	光滑均匀一致	观察、手摸
4	刷纹	无刷纹	无刷纹	观察、手摸
5	裹棱、流坠、皱皮	明显处不允许	不允许	观察
6	装饰线平、分色线直线度不大于(mm)	2	1	拉5m线(不足时拉通线)用尺量
7	五金、玻璃等	洁净	洁净	观察

注:涂刷无光漆不检查光亮。

(4)油漆完成后应派专人负责看管,严禁摸碰。

8.4　季节性施工措施

8.4.1　雨期施工措施

雨期施工时,必须在油漆中加入防止漆膜起雾的花白水。

8.4.2　冬期施工措施

冬季施工室外平均气温10 ℃时,应对室内进行加温,否则应停止施工。

8.5　油漆工程质量通病防治

8.5.1　油漆流挂

油漆流挂指物体的垂直表面上,部分油漆在重力作用下产生流挂。

(1)原因分析。

1)油漆太稀,涂刷太厚或施工环境温度过高,漆膜干燥太慢等就会出现流挂。

2)漆料中含重质颜料过多,漆膜附着力差,稀释剂挥发太快或太慢,影响漆膜干燥速度;物体表面不平整,或有油、水等污物,造成漆膜下垂。

(2)防治措施。

1)选择优良的漆料和挥发速度适当的稀释剂。

2)物体表面处理平整,无油污、水分。

3)环境温度应符合涂漆标准要求,稠度适宜、涂饰均匀一致,可避免流挂下垂现象发生。

8.5.2　漆膜缩边

漆膜缩边指油漆或清漆涂层在表面形成断续的漆膜,漆膜以球形卷曲回去而留下小而圆的裸露斑点。

(1)原因分析。

1)在油质表面涂饰。

2)在非常光滑有光泽的表面涂饰。

3)在油性中间涂层上涂刷面漆。

(2)防治措施。

1)彻底刷洗、漂洗表面。

2)打磨掉光泽。

3)不要与中间涂层掺杂,轻轻湿磨。

8.5.3　开裂或裂纹

开裂或裂纹指由于面层油漆的扩张与底层不一致而使表面开裂。

(1)原因分析。

1)在软而有弹性的涂层上涂刷稠度大的油漆。

2)在底层油漆干燥前即涂饰上一层油漆。

3)干燥剂掺得过多。

4)漆膜上沾有糨糊或胶水。

(2)防治措施。

1)正确选择油漆品种。

2)达到规定的干燥时间后,再涂饰一层油漆。

3)干燥剂应掺得适量。

4)漆膜上沾有的糨糊或胶水应立即除去。

8.5.4　咬　底

咬底指涂饰面漆时,将已刷好的底漆咬起来。

(1)原因分析。

1)底漆未干透,不牢固,面漆涂饰太早。

2)底漆与面漆不配套,底漆膜承受不了面漆强溶剂的作用,被咬起溶解。

(2)防治措施。

1)选用配套的油漆材料。

2)底层漆膜干燥后,再涂饰面漆。

8.5.5　漆膜表面起粒

漆膜表面起粒指油漆涂刷在物体表面上,如漆膜中颗粒杂物较多,不仅影响漆膜美观,且会造成颗粒突起,部分漆膜过早损坏。

(1)原因分析。

1)物体表面未清理干净,有砂粒等混入漆中。

2)物体周围环境清理不干净,灰尘、杂物粘在油刷上,涂在漆膜里面。

3)漆料本身不干净,混有杂物。

4)漆料内颜料过多,或颗粒太粗。

5)调配漆料时,漆内气泡未散开,尤其是冬天,气泡更不易散开。

6)喷枪不清洁,用喷过油性漆的喷枪喷硝基漆时,事先应将喷枪清理干净。

(2)防治措施。

1)选用良好的漆料,过细箩调和均匀,无气泡后再使用。

2)物面要清理干净,保持施工环境无灰尘、杂物。

3)喷硝基漆宜用专用喷枪,如用喷过油性漆的喷枪喷硝基漆时,事先应将喷枪清理干净。

8.5.6　片落或脱皮

片落或脱皮指由于油漆中的胶粘剂失效,漆膜或片状脱落。

(1)原因分析。

1)在潮湿面上,特别是含水率高的木料面上涂漆。

2)在粉状易碎面上涂漆,如水溶性涂料面上。

3)在容易冷凝的潮湿环境中涂漆。

4)涂刷油漆表面的扩张和收缩。

5)涂漆底层有污物。

6)在平滑有光泽的表面涂刷油漆缺乏附着力。

7)漆膜下有晶化物形成。

(2)防治措施。

1)检验木料是否干燥。

2)涂刷封闭涂料。

3)不要在有雾、湿、霜的环境中涂漆。

4)选用与表面收缩性相适应的漆。

5)彻底清除基层上的污物,选用适当底漆。

6)擦刷和湿磨表面。

7)涂漆前,除去所有晶化物。

8.5.7 漆膜皱纹

漆膜皱纹指漆膜干后表面不光滑、不光亮、表面收缩形成很多弯曲棱脊。

(1)原因分析。

1)漆质不好,溶剂挥发太快,催干剂过多,或油漆调配不均匀。

2)漆膜涂刷过厚,不均匀。

3)在高温或烈日曝晒下施工。

(2)防治措施。

1)选用优良漆料,不得随意加入催干剂。

2)避免在烈日下施工。

3)选用较硬的毛刷涂饰,且应均匀一致。

8.5.8 漆膜透底

漆膜透底指物体表面涂刷的油漆太薄。缺乏覆盖底层能力或失去光泽现象。

(1)原因分析。

1)调配油漆时调和不均,密度大的下沉。

2)稀释剂加入太多,破坏了原漆的稠度。

(2)防治措施。

1)严格控制油漆的稠度。

2)不要随意在油漆中加稀释剂。

8.5.9 漆膜陷穴

漆膜陷穴指在漆膜上有陷穴状的弧坑。

(1)原因分析。

1)雨点落在湿漆膜上。

2)小的液滴在湿漆膜上的冷凝作用。

3)有大雾在湿漆膜面上。

(2)防治措施。

1)当要下雨时,避免在室外涂漆。

2)避免在潮湿的大气中涂漆。

3)在大雾前应使漆达到手触干燥。

8.5.10　慢干或返黏

慢干或返黏指油漆涂刷后,超过油漆规定的干燥时间涂层尚未全干。漆膜虽已形成,但长时期表面仍有黏指现象。

(1)原因分析。

1)油漆中含有挥发性很差的溶剂。

2)干性油中掺有半干性油或不干性油。

3)漆料熬炼不够,催干剂用量不足,溶剂中杂质过多。

4)油漆贮存过久,催干剂被颜料吸收而失效。

5)被涂物表面不干净,有蜡质、油脂、盐类、碱类等。

6)底层漆未干透就刷上层漆,漆膜太厚,漆膜表面氧化,使内层长期不能干燥。

7)基层潮湿,施工环境气温太低,或受烈日曝晒等因素能导致慢干或返黏。

(2)防治措施。

1)选用优良油漆及良好的施工环境。

2)基层含水率应符合规范规定。

3)基层表面应干净。

4)操作时应用干净的油刷。

5)有松脂的木材表面在涂饰油漆前应用虫胶油漆封闭。

6)底层干透后方能涂上层漆。

7)气温太低、湿度太大和烈日曝晒的环境下均不宜涂饰油漆。

8.5.11　褪　　色

褪色指面漆的颜色改变或变浅。

(1)原因分析。

1)漆膜暴露在强烈阳光下。

2)漆膜暴露在含化学物质的空气中。

3)油漆涂刷在具有化学变化的基层上。

(2)防治措施。

1)使用耐光、耐晒颜料的油漆。

2)使用耐化学物质的罩面漆。

3)使用适当的底漆或涂刷保护层。

8.5.12　花纹不匀、大小不一、局部稠坠、有明显的接槎

(1)原因分析。

1)骨料稠度改变,空压机压力变化、喷涂距离、角度变化都会造成花纹大小不一致。

2)基层局部特别潮湿,局部喷涂时间过长、喷涂量过大,未及时向喷斗加骨料。

3)基层表面有明显接槎,有斜喷、重复喷现象,未在分格缝处接槎就停止操作,或虽然在分格缝处接槎,但未遮挡,未成活部位溅上骨料,都会造成明显接槎。

(2)防治措施。

1)基层应干湿一致。如基层表面有明显接槎,须修补平整,脚手架与墙面净距不小于30 cm。

2)控制好骨料稠度,专人搅拌;空压机压力和喷头与墙面距离应保持基本一致。

3)由专人加骨料,防止放"空枪";局部成片出浆、流坠,要及时除去重喷。

4)喷涂要连续作业,保持工作面"软接槎",到分格缝处停歇。

5)未成活部位溅上的骨料及时清除,且有专人作遮挡。

9　安全、环保及职业健康措施

9.1　职业健康安全关键要求

(1)涂刷作业时操作工人应佩戴相应的劳动保护设施,如:防毒面具、口罩、手套等。以免危害肺、皮肤等。

(2)施工时室内应保持良好通风,防止中毒和火灾发生。

9.2　环境关键要求

(1)在施工过程中应符合《民用建筑室内环境污染控制规定》GB 50325—2001。

(2)每天收工后应尽量不剩油漆材料,剩余油漆不准乱倒,应收集后集中处理。废弃物(如废油桶、油刷、棉纱等)按环保要求分类处理。

9.3　安全环保措施

(1)高空作业超过 2 m 应按规定搭设脚手架。施工前要进行检查是否牢固。使用的人字梯应四脚落地,摆放平稳,梯脚应设防滑橡皮垫和保险链。人字梯上铺设脚手板,脚手板两端搭设长度不得少于 20 cm,脚手板中间不得同时两人操作。梯子移动时,作业人员必须下来,严禁站在梯子上踩高跷式挪动,人字梯顶部铰轴不准站人,不准铺设脚手板。人字梯应经常检查,发现开裂、腐朽、契头松动、缺档等,不得使用。

(2)油漆施工前应集中工人进行安全教育,并进行书面交底。

(3)施工现场严禁设油漆材料仓库,场外的油漆仓库应有足够的消防设施。

(4)施工现场应有严禁烟火安全标语,现场应设专职安全员监督保证施工现场无明火。

(5)每天收工后应尽量不剩油漆材料,剩余油漆不准乱倒,应收集后集中处理。废弃物(如废油桶、油刷、棉纱等)按环保要求分类处理。

(6)现场清扫设专人洒水,不得有扬尘污染。打磨粉尘用潮湿布擦净。

(7)施工现场周边应根据噪声敏感区域的不同,选择低噪声设备或其他措施,同时应按国家有关规定控制施工作业时间。

(8)涂刷作业时操作工人应佩戴相应的劳动保护设施,如:防毒面具、口罩、手套等。以免危害肺、皮肤等。

(9)严禁在民用建筑室内用有机溶剂清洗施工用具。

(10)油漆使用后,应及时封闭存放,废料应及时清出室内,施工时室内应保持良好通风,但不宜过堂风。

(11)民用建筑工程室内装修中,进行饰面人造木板拼接施工时,除芯板为 A 类外,应对其断面及无饰面部位进行密封处理(如采用环保类腻子等)。

10　工程实例

金叶宾馆风貌改造工程位于都江堰市观景台路金叶宾馆原址,总占地面积 17 万 m²,总建筑面积约为 20 000 m²,共分为 4 个单体建筑,其中东楼部分属旧房改造,会议中心部分、贵宾楼部分及水疗中心部分为新建。

东楼、会议中心、贵宾楼、水疗中心各类油漆系 2 037 m²,其中大部分油漆为清漆,东楼中西餐厅,会议中心,贵宾楼有部分修色油漆,会议中心有些部位有特效漆等。

该工程油漆效果图片(照片)如图 2～4 所示。

图 2 楼梯栏杆扶手清漆

图 3 酒柜染色清漆

图 4 墙面木饰面染色清漆

裱糊工程施工工艺

裱糊在我国古代建筑中早已采用,多为纸面基或锻面纸基,分层裱糊,用于墙面或顶棚。后来随着工业的发展,这种裱糊逐渐被粉刷所代替。自20世纪60年代以来,各种类型的壁纸不断涌现,质量也有很大的改进,又被广泛用于墙面以及顶棚的装修上面。目前的壁纸种类繁多,图案也变化多端,色泽丰富,通过印花、压花、发泡可以仿制许多传统的外观,如仿木纹、石纹、锦缎和各种织物的;也有仿瓷砖、黏土砖的等,已达到以假乱真的地步。由于壁纸的发展,壁纸的裱糊技术和使用的粘贴剂也不断的改进。

1 工艺特点

室内平整光洁的顶面、墙面和室内其他构件表面用壁纸、墙布等材料裱糊的装饰工程。其特点有装饰效果好、多功能性、维护保养简单、粘贴施工方便、使用寿命长。

2 适用范围

本工艺适用于工业与民用建筑中聚氯乙烯塑料壁纸、复合纸质壁纸、金属壁纸、玻璃纤维壁纸、锦缎壁纸、装饰壁布等裱糊工程。

3 工艺原理

裱糊工程是将壁纸用粘贴剂粘贴于经处理后的墙面或顶面,起到装饰和美化环境的作用。本工艺适用于工业与民用建筑工程中室内墙、顶表面装饰。

4 工艺流程

4.1 作业条件

(1)新建筑的混凝土或抹灰基层墙面在刮腻子前应涂刷抗碱封闭底漆。

(2)旧墙面在裱糊前应清除疏松的旧装修层,并刷涂界面剂。

(3)基层按设计要求木砖或木筋已埋设,水泥砂浆找平层已抹完,经干燥后含水率不大于8%木材基层含水率不大于12%。

(4)水电及设备、顶墙上预留预埋件已完。门窗油漆已完成。

(5)房间地面工程已完,经检查符合设计要求。

(6)房间的木护墙和细木装修底板已完,经检查符合设计要求。

(7)大面积装修前,应做样板间,经监理单位鉴定合格后,可组织施工。

(8)施工前各种材料必须先报验,经业主及监理确认并进行封样后才能采购。已报验样品在大批量材料进场时必须经过业主及监理公司验收出具有关书面验收单才能出库使用。

4.2 工艺流程图

裱糊施工工艺流程图如图1所示。

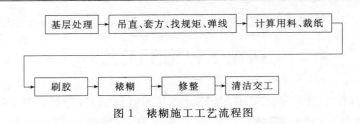

图 1　裱糊施工工艺流程图

5　操作要点

5.1　技术准备

施工前应仔细熟悉施工图纸,掌握当地的天气情况,依据施工技术交底和安全交底,做好各方面的准备。

5.1.1　材料要求

(1)品种规格。

大卷:幅宽 920～1200 mm,长度 50m,每卷 40～90 m²。

中卷:幅宽 760～900 mm,长度 25～50m,每卷 20～45 m²。

小卷:幅宽 530～600 mm,长度 10～12m,每卷 5～6 m²。

(2)质量要求。

可洗性要求:可洗性是壁纸在粘贴后的使用期内可洗涤的性能。这是对壁纸用在有污染和湿度较高地方的要求。

可洗性按使用要求可分为可洗、特别可洗和可刷洗 3 个使用等级,见表 1。

表 1　墙纸可洗性要求

使用等级	指　　　　标	使用等级	指　　　　标
可洗	30 次无外观上的损伤和变化	可刷洗	30 次无外观上的损伤和变化
特别可洗	100 次无外观上的损伤和变化		

墙纸的技术性能见表 2。

表 2　墙纸、壁布的技术性能

产品种类	项　　目	指　　标	备　　注
织物复合壁纸	耐光色牢固度(级) 耐摩擦色牢固度(级) 不透明度(%) 湿强度(N/1.5 cm)	>4 >1(干、湿摩擦) >90 4(纵向) 2(横向)	40 次无外观上的损伤和变化
金属壁纸	剥离强度 MPa 耐擦性(次) 耐水性(30 ℃,软水,24 h)	>0.15 >1 000 不变色	
玻璃纤维壁布	产品符合相关标准		
装饰壁布	断裂强度(N/5×200 mm)	770(纵向) 490(横向)	
	断裂延长率(%)	3(纵向) 8(横向)	
	冲击强度	347	Y631 型织物破裂实验机

产品种类	项　目	指　标	备　注
	耐磨（次）	500	Y522 型圆盘式织物耐磨机
	静电效应静电值（V） 半衰期（s）	184 1	感应式静电仪室温 19 ℃±2％ 放电电压 5000V
	色泽牢固度 单洗褪色（级） 皂洗色（级） 湿磨擦（级） 干摩擦（级） 刷洗（级） 日晒（级）	 3～4 4～5 4 4～5 3～4 7	按印刷棉布国家标准测试与评定

5.2　施工工艺

5.2.1　基层处理

根据基层不同材质，采用不同的处理方法。

（1）混凝土及抹灰基层处理：裱糊壁纸的基层是混凝土面、抹灰面（如水泥砂浆、水泥混合砂浆；石灰砂浆等），要满刮腻子一遍打磨砂纸。但有的混凝土面、抹灰面有气孔、麻点、凸凹不平时，为了保证质量，应增加满刮腻子和磨砂纸遍数。刮腻子时，将混凝土或抹灰面清扫干净，使用胶皮刮板满刮一遍。刮时要有规律，要一板排一板，两板中间顺一板。既要刮严，又不得有明显接槎和凸痕。做到凸处薄刮，凹处厚刮，大面积找平。待腻子干固后，打磨砂纸并扫净。需要增加满刮腻子遍数的基层表面，应先将表面裂缝及凹面部分刮平，然后打磨砂纸、扫净，再满刮一遍后打磨砂纸，处理好的底层应该平整光滑，阴阳角线通畅、顺直，无裂痕、崩角，无砂眼麻点。

（2）木质基层处理：木基层要求接缝不显接槎，接缝、钉眼应用腻子补平并满刮油性腻子一遍（第一遍），用砂纸磨平。木夹板的不平整主要是钉接造成的，在钉接处木夹板往往下凹，非钉接处向外凸。所以第一遍满刮腻子主要是找平大面。第二遍可用石膏腻子找平，腻子的厚度应减薄，可在该腻子五六成干时，用塑料刮板有规律地压光，最后用干净的抹布轻轻将表面灰粒擦净。对要贴金属壁纸的木基面处理，第二遍腻子时应采用石膏粉调配猪血料的腻子，其配比为 10：3（重量比）。金属壁纸对基面的平整度要求很高，稍有不平处或粉尘，都会在金属壁纸裱贴后明显地看出。所以金属壁纸的木基面处理，应与木家具打底方法基本相同，批抹腻子的遍数要求在 3 遍以上。批抹最后一遍腻子并打平后，用软布擦净。

（3）石膏板基层处理：纸面石膏板比较平整，披抹腻子主要是在对缝处和螺钉孔位处。对缝披抹腻子后，还需用棉纸带贴缝，以防止对缝处的开裂。在纸面石膏板上，应用腻子满刮一遍，找平大面，在第二遍腻子进行修整。

不同基层对接处的处理：不同基层材料的相接处，如石膏板与木夹板、水泥或抹灰基面与木夹板、水泥基面与石膏板之间的对缝，应用棉纸带或穿孔纸带粘贴封口，以防止裱糊后的壁纸面层被拉裂撕开。

5.2.2　涂刷防潮底漆和底胶

为了防止壁纸受潮脱胶，一般对要裱糊塑料壁纸、壁布、纸基塑料壁纸、金属壁纸的墙面，涂刷防潮底漆。防潮底漆用酚醛清漆与汽油或松节油来调配，其配比为清漆：汽油（或松节油)＝1：3。该底漆可涂刷,也可喷刷,漆液不宜厚,且要均匀一致。

涂刷底胶是为了增加粘结力,防止处理好的基层受潮弄污。底胶一般用108胶配少许甲醛纤维素加水调成,其配比为108胶：水：甲醛纤维素＝10：10：0.2。底胶可涂刷,也可喷刷。在涂刷防潮底漆和底胶时,室内应无灰尘,且防止灰尘和杂物混入该底漆或底胶中。底胶一般是一遍成活,但不能漏刷、漏喷。

若面层贴波音软片,基层处理最后要做到硬、干、光。要在做完通常基层处理后,还需增加打磨和刷两遍清漆。

5.2.3 基层处理中的腻子之分

基层处理中的底灰腻子有乳胶腻子与油性腻子之分；其配合比(重量比)如下：

(1)乳胶腻子。

1)白乳胶(聚醋酸乙烯乳液)：滑石粉：甲醛纤维素(2％溶液)＝1：10：2.5。

2)白乳胶：石膏粉：甲醛纤维素(2％溶液)＝1：6：0.6。

(2)油性腻子。

1)石膏粉：熟桐油：清漆(酚醛)＝10：1：2。

2)复粉：熟桐油：松节油＝10：2：1。

5.2.4 吊直、套方、找规矩、弹线

(1)顶棚：首先应将顶子的对称中心线通过吊直、套方、找规矩的办法弹出中心线,以便从中间向两边对称控制。墙顶交接处的处理原则是：凡有挂镜线的按挂镜线弹线,没有挂镜线则按设计要求弹线。

(2)墙面：首先应将房间四角的阴阳角通过吊垂直、套方、找规矩,并确定从哪个阴角开始按照壁纸的尺寸进行分块弹线控制(习惯做法是进门左阴角处开始铺贴第一张),有挂镜线的按挂镜线弹线,没有挂镜线的按设计要求弹线控制。

(3)具体操作方法。

按壁纸的标准宽度找规矩,每个墙面的第一条纸都要弹线找垂直,第一条线距墙阴角约15 cm处,为裱糊时的准线。

在第一条壁纸位置的墙顶处敲进一枚墙钉,将粉锤线系上,铅锤下吊到踢脚上缘处,锤线静止不动后,一手紧握锤头,按锤线的位置用铅笔在墙面划一短线,再松开铅锤头查看垂线是否与铅笔短线重合。如果重合,就用一只手将垂线按在铅笔短线上,另一只手把垂线往外拉,放手后使其弹回,便可得到墙面的基准垂线。弹出的基准垂线越细越好。每个墙面的第一条垂线,应该定在距墙角距离约15 cm处。墙面上有门窗口的应增加门窗两边的垂直线。

5.2.5 计算用料、裁纸

按基层实际尺寸进行测量计算所需用量,并在每边增加2～3 cm作为裁纸量。

裁剪在工作台上进行。对有图案的材料,无论顶棚还是墙面均应从粘贴的第一张开始对花,墙面从上部开始。边裁边编顺序号,以便按顺序粘贴。对于对花墙纸,为减少浪费,应事先计算,如一间房需要5卷纸,则用5卷纸同时展开裁剪,可大大减少壁纸的浪费。

5.2.6 刷 胶

由于现在的壁纸一般质量较好,所以不必进行润水,在进行施工前将2～3块壁纸进行刷胶,使壁纸起到湿润、软化的作用,塑料纸基背面和墙面都应涂刷胶粘剂,刷胶应厚薄均匀,从刷胶到最后上墙的时间一般控制在5～7 min。刷胶时,基层表面刷胶的宽度要比壁纸宽约3 cm。刷胶要全面、均匀、不裹边、不起堆,以防溢出,弄脏壁纸。但也不能刷得过少,甚至刷不到位,

以免壁纸粘结不牢。一般抹灰墙面用胶量为 0.15 kg/m² 左右,纸面为 0.12 kg/m² 左右。壁纸背面刷胶后,应是胶面与胶面反复对叠,以避免胶干得太快,也便于上墙,并使裱糊的墙面整洁平整。

金属壁纸的胶液应是专用的壁纸粉胶。刷胶时,准备一卷未开封的发泡壁纸或长度大于壁纸宽的圆筒,一边在裁剪好的金属壁纸背面刷胶,一边将刷过胶的部分向上卷在发泡壁纸卷上。

5.2.7 裱 贴

(1)吊顶裱贴。

在吊顶面上裱贴壁纸,第一段通常要贴近主窗,与墙壁平行。长度过短时(小于 2 m),则可跟窗户成直角贴。

在裱贴第一段前,须先弹出一条直线。其方法为,在距吊顶面两端的主窗墙角 10 mm 处用铅笔做两个记号,在其中的一个记号处敲一枚钉子,按照前述方法在吊顶上弹出一道与主窗墙面平行的粉线。

按上述方法裁纸、浸水、刷胶后,将整条壁纸反复折叠。然后用一卷未开封的壁纸卷或长刷撑起折叠好的一段壁纸,并将边缘靠齐弹线,用排笔敷平一段,再展开下摺的端头部分,并将边缘靠齐弹线,用排笔敷平一段,再展开弹线敷平,直到整截贴好为至。剪齐两端多余的部分,如有必要,应沿着墙顶线和墙角修剪整齐。

(2)墙面裱贴。

裱贴壁纸时,首先要垂直,后对花纹拼缝,再用刮板用力抹压平整。原则是先垂直面后水平面,先细部后大面。贴垂直面时先上后下,贴水平面时先高后低。

裱贴时剪刀和长刷可放在围裙袋中或手边。先将上过胶的壁纸下半截向上折一半,握住顶端的两角,在四脚梯或凳上站稳后。展开上半截,凑近墙壁,使边缘靠着垂线成一直线,轻轻压平,由中间向外用刷子将上半截敷平,在壁纸顶端作出记号,然后用剪刀修齐或用壁纸刀将多余的壁纸割去。再按上法同样处理下半截,修齐踢脚板与墙壁间的角落。用海绵擦掉沾在踢脚板上的胶糊。壁纸贴平后,3~5 h 内,在其微干状态时,用小滚轮(中间微起拱)均匀用力滚压接缝处,这样做比传统的有机玻璃片抹刮能有效地减少对壁纸的损坏。

裱贴壁纸时,注意在阳角处不能拼缝,阴角边壁纸搭缝时,应先裱糊压在里面的转角壁纸,再粘贴非转角的正常壁纸。搭接面应根据阴角垂直度而定,搭接宽度一般不小于 2~3 cm。并且要保持垂直无毛边。

裱糊前,应尽可能卸下墙上电灯等开关,首先要切.断电源,用火柴棒或细木棒插入螺丝孔内,以便在裱糊时识别,以及在裱糊后切割留位。不易拆下的配件,不能在壁纸上剪口再裱上去。操作时,将壁纸轻轻糊于电灯开关上面,并找到中心点,从中心开始切割十字,一直切到墙体边。然后用手按出开关体的轮廓位置,慢慢拉起多余的壁纸,剪去不需的部分,再用橡胶刮子刮平,并擦去刮出的胶液。

除了常规的直式裱贴外,还有斜式裱贴,若设计要求斜式裱贴,则在裱贴前的找规矩中增加找斜贴基准线这一工序。具体做法是:先在一面墙两上墙角间的中心墙顶处标明一点,由这点往下在墙上弹上一条垂直的粉笔灰线。从这条线的底部,沿着墙底,测出与墙高相等的距离。由这一点再和墙顶中心点连接,弹出另一条粉笔灰线。这条线就是一条确实的斜线。斜式裱贴壁纸比较浪费材料。在估计数量时,应预先考虑到这一点。

当墙面的墙纸完成 40 m² 左右或自裱贴施工开始 40~60 min 后,需安排一人用滚轮,从第一张墙纸开始滚压或抹压，直至将已完成的墙纸面滚压一遍。工序的原理和作用是，因墙纸胶液的特性为：初始阶段润滑性好，易于墙纸的对缝裱贴，当胶液内水分被墙体和墙纸逐步吸收后但还没干时，胶性逐渐增大，时间均为 $40\sim60$ min，这时的胶液黏性最大，对墙纸面进行滚压，可使墙纸与基面更好贴合，使对缝处的缝口更加密合。

部分特殊裱贴面材，因其材料特征，在裱贴时有部分特殊的工艺要求，具体如下：

1）金属壁纸的裱贴。

金属壁纸的收缩量很少，在裱贴时可采用对缝裱。

金属壁纸对缝时，都有对花纹拼缝的要求。裱贴时，先从顶面开始对花纹拼缝，操作需要两个人同时配合，一个负责对花纹拼缝，另一个人负责手托金属壁纸卷，逐渐放展。一边对缝一边用橡胶刮平金属壁纸，刮时由纸的中部往两边压刮。使胶液向两边滑动而黏贴均匀，刮平时用力要均匀适中，刮子面要放平。不可用刮子的尖端来刮金属壁纸，以防刮伤纸面。若两幅间有小缝，则应用刮子在刚黏的这幅壁纸面上，向先黏好的壁纸这边刮，直到无缝为止。裱贴操作的其他要求与普通壁纸相同。

2）锦缎的裱贴。

由于锦缎柔软光滑，极易变形，难以直接裱糊在木质基层面上。裱糊时，应先在锦缎背后上浆，并裱糊一层宣纸，使锦缎挺括，以便于裁剪和裱贴上墙。

上浆用的浆液是由面粉、防虫涂料和水配合成，其配比为（重量比）5：40：20，调配成稀而薄的浆液。上浆时，把锦缎正面平铺在大而干的桌面上或平滑的大木夹板上，并在两边压紧锦缎，用排刷沾上浆液从中间开始向两边刷，使浆液均匀地涂刷在锦缎背面，浆液不要过多，以打湿背面为准。

在另张大平面桌子（桌面一定要光滑）上平铺一张幅宽大于锦缎幅宽的宣纸。并用水将宣纸打湿，使纸平贴在桌面上。用水量要适当，以刚好打湿为好。

把上好浆液的锦缎从桌面上抬起来，将有浆液的一面向下，把锦缎粘贴在打湿的宣纸上，并用塑料刮片从锦缎的中间开始向四边刮压，以便使锦缎与宣纸粘贴均匀。待打湿的宣纸干后，便可从桌面取下，这时，锦缎与宣纸就贴合在一起。

锦缎裱贴前要根据其幅宽和花纹认真裁剪，并将每个裁剪完的开片编号，裱贴时，对号进行。裱贴的方法同金属纸。

6　机具设备配置

机具设备配置见表3。

表3　机具设备配置表

序号	名称	说明	序号	名称	说明
1	裁纸工作台	根据工程具体情况选择	4	油工刮板	根据工程具体情况选择
2	滚轮	根据工程具体情况选择	5	毛刷	根据工程具体情况选择
3	墙纸刀	根据工程具体情况选择	6	钢板尺	根据工程具体情况选择

7　劳动力组织

对管理人员和技术工人的组织形式的要求：制度基本健全，并能执行。施工方有专业技术管理人员并持证上岗；高、中级技工不应少于油漆工人的70%。见表4。

表 4　劳动力配置表

序号	工　种	人　数	备　注
1	墙纸工	按工程量确定	技工
2	普工	按工程量确定	

8　质量控制要点

8.1　质量要求

8.1.1　质量检验标准

（1）主控项目。

1）壁纸、墙布的种类、规格、图案、颜色和燃烧性能等级必须符合设计要求及国家现行的有关规定。

2）裱糊工程基层处理质量应符合要求。

3）裱糊后各幅拼接应横平竖直，拼接处花纹、图案应吻合，不离缝，不搭接，不显拼缝。

4）壁纸、墙布应粘贴牢固，不得有漏贴、补贴、脱层、空鼓和翘边。

（2）一般项目。

1）裱糊后的壁纸、墙布表面应平整，色泽应一致，不得有波纹起伏、气泡、裂缝、皱折及污斑，斜视时应无胶痕。

2）复合压花壁纸的压痕及发泡壁纸的发泡层应无损伤。

3）壁纸、墙布与各种装饰线、设备线盒应交接严密。

4）壁纸、墙布边缘应平直整齐，不得有纸毛、飞刺。

5）壁纸、墙布阴角处搭接应顺光，阳角处应无接缝。

8.2　质量控制措施

8.2.1　材料的控制

（1）裱糊面材应有产品合格证，品种、颜色应符合设计要求。

（2）裱糊面材由设计规定，并以样板的方式由甲方认定，并一次备足同批的面材，以免不同批次的材料产生色差，影响同一空间的装饰效果。

（3）胶黏剂、嵌缝腻子等应根据设计和基层的实际需要提前备齐。其质量要满足设计和质量标准的规定，并满足建筑物的防火要求，避免在高温下胶粘剂失去粘接力使壁纸脱落而引起火灾。

8.2.2　技术的控制

（1）裁纸：对花墙纸，为减少浪费，如事先计算一间房用量，如需用 5 卷纸，则用 5 卷纸同时展开裁剪，可大大减少壁纸的浪费。

（2）壁纸滚压：壁纸贴平后，3～5 h 内，在其微干状态时，用小滚轮（中间微起拱）均匀用力滚压接缝处，这样做比传统的有机玻璃片抹刮能有效地减少对壁纸的损坏。

8.2.3　质量的控制

（1）合页槽、上下冒头、榫头和钉孔、裂缝、节疤以及边棱残缺处应补齐腻子，砂子打磨到位。

（2）基层腻子应平整、坚实、牢固、无粉化、起皮和裂缝。

（3）混色油漆涂饰应涂刷均匀、粘结牢固，无透底、起皮和返锈。

（4）一般油漆施工的环境温度不宜低于＋10 ℃，相对湿度不宜大于60％。

8.3　质量通病防治

8.3.1　裱糊不垂直

相邻两张壁纸的接缝不垂直，阴阳角处壁纸不垂直；或者壁纸的接缝虽垂直，但花纹不与纸边平行，造成花饰不垂直等现象。

原因分析及防治措施：

（1）在裱糊壁纸时，对基层表面先作检查，其阴阳角必须垂直、平整、无凸凹。若不符合要求，必须进行修整后才能施工。

（2）根据阴角搭缝的里外关系，决定先做那一面墙的壁纸时，应先在贴第一张壁纸的墙面上吊一条垂线，并弹上粉线，裱糊的第一张壁纸边必须紧靠此线。

（3）采用接缝法裱糊花饰壁纸时，应先检查壁纸的花饰与纸边是否平行，如不平行，应将斜移的多余纸边裁割平整，然后才裱糊。

（4）采用搭接法裱糊第2张壁纸时，对一般无花饰的壁纸，搭缝处只须重叠2～3 cm；对有花饰的壁纸，可将两张壁纸的纸边相对花饰重叠，对花准确后，在搭缝处用钢直尺将重叠处压实，由上而下一刀裁割到底，将切断的余纸撕掉，然后将拼缝敷平压实。

（5）裱糊壁纸的每一墙面，均应弹出垂直线，越细越好，防止贴斜，最好是裱糊2～3张壁纸后，就用线锤检查接缝垂直度，发现偏差及时纠正。

（6）壁纸接缝或花饰垂直度偏差较大时，必须将已贴壁纸撕掉，把基层处理平整、干净后，再严格按工艺要求重新裱糊。

8.3.2　离缝或亏纸

相邻壁纸间的连接缝隙超过允许范围称为离缝；壁纸的上口与挂镜线（无挂镜线时，为弹的平水线），下口与踢脚线连接不严，显露基面称为亏纸。

（1）原因分析。

1）裁割壁纸未按照量好的尺寸，裁割尺寸偏小，裱糊后出现亏纸；或丈量尺寸本身偏小，也会造成亏纸。

2）第1张壁纸裱糊后，在裱糊第2张壁纸时，未边接准确就压实；或虽连接准确，但裱糊操作时赶压底层胶液推力过大而使壁纸伸胀，在干燥过程中产生回缩，造成离缝或亏纸现象。

3）搭接裱糊壁纸裁割时，接缝处不是一刀裁割到底，而是变换多次刀刃的方向或钢直尺偏移，使壁纸忽胀忽亏，裱糊后亏损部分就出现离缝。

（2）防治措施。

1）裁割壁纸前，应复核裱糊墙面实际尺寸和需裁壁纸尺寸。直尺压紧纸后不得移动，刀刃紧贴尺边，一气呵成，手动均匀，不得中间停顿或变换持刀角度。尤其是裁割已裱糊在墙上的壁纸时，更不能用力过猛，防止将墙面划出深沟，使刀刃受损，影响再次裁割质量。

2）裁割壁纸一般以上口为准，上、下口可比实际尺寸略长10～20 mm；花饰壁纸应将上口的花饰全部统一成一种形状，壁纸裱糊后，在上口线和踢脚线上口压尺，分别裁割掉多余的壁纸；有条件时，也可只在下口留余量，裱糊完后割掉多余部分。

3）裱糊前壁纸要先"闷水"，使其横向伸胀，一般800 mm宽的壁纸闷水后约胀出10 mm。

4)裱糊的每一张壁纸都必须与前一张靠紧,争取无缝隙,在赶压胶液时,由拼缝处横向往外赶压胶液和气泡,不准斜向来回赶压或由两侧向中间推挤,应使壁纸对好缝后不再移动,如果出现位移要及时赶压回原来位置。

5)出现离缝或亏纸轻微的裱糊工程饰面,可用同壁纸颜色相同的乳胶漆点描在缝隙内,漆膜干燥后可以掩盖;对于稍严重的部位,可用相同的壁纸补贴,不得有痕迹;严重部分宜撕掉重贴。

8.3.3 花饰不对称

有花饰的壁纸裱糊后,两张壁纸的正反面、阴阳面,或者在门窗口的两边、室内对称的柱子、两面对称的墙壁等部位出现裱糊的壁纸花饰不对称现象。

(1)原因分析。

1)裱糊壁纸前没有区分无花饰和有花饰壁纸的特点,盲目裁割壁纸。

2)在同一张纸上印有正花和反花、阴花和阳花饰,裱糊时未仔细区别,造成相邻壁纸花饰相同。

3)对要裱糊壁纸的墙面未进行周密的观察研究,门窗口的两边、室内对称的柱子、两面对称的墙,裱糊壁纸的花饰不对称。

(2)防治措施。

1)壁纸裁割前对于有花饰的壁纸经认真区别后,将上口的花饰全部统一成一种形状,按照实际尺寸留出余量统一裁割。

2)在同一张纸上印有正花和反花、阴花和阳花饰时,要仔细分辨,最好采用搭接法进行裱糊,以避免由于花饰略有差别而误贴。如采用接缝法施工,已裱糊的壁纸边花饰如为正花,必须将第2张壁纸边正花饰裁割掉。

3)对准备裱糊壁纸的房间应观察有无对称部位,若有,应认真设计排列壁纸花饰,应先裱糊对称部位,如房间只有中间一个窗户,裱糊在窗户取中心线,并弹好粉线,向两边分贴壁纸,这样壁纸花饰就能对称;如窗户不在中间,为使窗间墙阳角花饰对称,也可以先弹中心线向两侧裱糊。

4)对花饰明显不对称的壁纸饰面,应将裱糊的壁纸全部铲除干净,修补好基层,重新按工艺规程裱糊。

8.3.4 壁纸翘边

壁纸边沿脱胶离开基层而卷翘的现象。

(1)原因分析。

1)涂刷胶液不均匀,漏刷或胶液过早干燥。

2)基层有灰尘、油污等,或表面粗糙干燥、潮湿,胶液与基层粘结不牢,使纸边翘起。

3)粘结剂胶性小,造成纸边翘起,特别是阴角处,第2张壁纸黏贴在第1张壁纸的塑料面上,更易出现翘起。

4)阳角处裹过阳角的壁纸宽度小于 20 mm,未能克服壁纸的表面张力,也易翘起。

(2)防治措施。

1)根据不同施工环境温度,基层表面及壁纸品种,选择不同的粘胶剂,并涂刷均匀。

2)基层表面的灰尘、油污等必须清除干净,含水率不得超过 8%。若表面凹凸不平,应先用腻子刮抹平整。

3)阴角壁纸搭缝时,应先裱糊压在里面的壁纸,再用黏性较大的胶液粘贴面层壁纸。搭接宽度一般不大于 3 mm,纸边搭在阴角处,并且保持垂直无毛边。

4)严禁在阴角处甩缝,壁纸裹过阳角应不小于 20 mm,包角壁纸必须使用黏性较强的胶液,并要压实,不能有空鼓和气泡,上、下必须垂直,不能倾斜。有花饰的壁纸更应注意花纹与阳角直线的关系。

5)将翘边壁纸翻起来,检查产生翘边原因,属于基层有污物的,待清理后,补刷胶液重新黏牢,属于胶粘剂胶性小的,应换用胶性较大的胶粘剂粘贴;如果壁纸翘边已坚硬,除了应使用较强的胶粘剂粘贴外,还应加压,待粘牢平整后,才能去掉压力。

8.3.5　搭　　缝

(1)原因分析:裱糊压实时,未将两张壁纸连边接缝推压分开,造成搭缝。

(2)防治措施。

1)在裁割壁纸时,应保证壁纸边直而光洁,不出现凸出和毛边。对于塑料层较厚的壁纸更应注意,如果裁割时,只将塑料层割掉而留有纸基,会给搭缝弊病带来隐患。

2)粘贴无收缩性的壁纸时,不准搭接。对于收缩性较大的壁纸,粘贴时可适当多搭接一些,以便收缩后,正好合缝。因此壁纸粘贴前,应先试贴,掌握壁纸收缩性能,方可取得良好效果。

3)有搭缝弊病的裱糊工程,一般可用钢直尺压紧在搭缝处,用刀沿尺边裁割掉搭接的壁纸,处理平整,再将面层壁纸裱糊好。

8.3.6　空鼓(气泡)

壁纸表面出现小块凸起,用手指按压时,有弹性和与基层附着不实的感觉,敲击时有空鼓音。

(1)原因分析。

1)裱糊壁纸时,赶压不得当,往返挤压胶液次数过多,使胶液干结失去粘结作用;或赶压力量太小,多余的胶液未能挤出,存留在壁纸内部,长时间不能干结,形成胶囊状;或未将壁纸内部的空气赶出而形成气泡。

2)基层或壁纸底面,涂刷胶液厚薄不匀或漏刷。

3)基层潮湿,含水率超过有关规定,或表面的灰尘、油污未消除干净。

4)石膏板表面的纸基起泡或脱落。

5)白灰或其他基层较松软,强度低,裂纹空鼓,或孔洞、凹陷处未用腻子刮平,填补不坚实。

(2)防治措施。

1)严格按壁纸裱糊工艺操作,必须用刮板由里向外刮抹,将气泡或多余的胶液赶出。

2)裱糊壁纸的基层必须干燥,含水率不超过 8%;有孔洞或凹陷处,必须用石膏腻子或大白粉、滑石粉、乳胶腻子刮抹平整,油污、尘土必须清除干净。

3)石膏板表面纸基起泡、脱落,必须清除干净,重新修补好纸基。

4)涂刷胶液必须厚薄均匀一致,绝对避免漏刷。为了防止胶液不匀,涂刷胶液后,可用刮板刮 1 遍,把多余的胶液回收再用。

5)由于基层含有潮气或空气造成空鼓,应用刀子割开壁纸,将潮气或空气放出,待基层完全干燥或把鼓包内空气排出后,用医用注射针将胶液打入鼓包内压实,使之粘贴牢固。壁纸内含有胶液过多时,可使用医药注射针穿透壁纸层,将胶液吸收后再压实即可。

8.4 施工注意事项

墙布、锦缎装修装饰面已裱糊完的房间应及时清理干净,不准做临时材料室或休息室,避免污染和损坏,应设专人负责管理,如及时锁门、定期通风换气、排气等。

在整个墙面装饰工程裱糊施工过程中,严禁操作人员随意触摸成品。

暖通、电气、上下水管工程施工过程中,操作者应注意保护墙面,严禁污染和损坏成品。

严禁在已裱糊完墙布、锦缎的房间内剔眼打洞。若纯属设计变更所至,也应采取可靠有效措施,施工时要仔细,小心保护,施工后要及时认真修补,以保证成品完整。

二次补油漆、涂浆及地面磨石,花岗石清理时,要注意保护好成品,防止污染、碰撞与损坏墙面。

墙面裱糊时,各道工序必须严格按照规程施工,操作时要做到干净利落,边缝要切割整齐到位,胶痕迹要擦干净。

冬季在采暖条件下施工,要派专人负责看管,严防发生跑水、渗漏水等灾害性事故。

9　安全、环保及职业健康措施

9.1 职业健康安全关键要求

裱糊作业时操作工人应注意高处施工时的安全防护。

9.2 环境关键要求

本分项工程中,环境关键要求主要为壁纸和粘结剂的材料要求。如表5、表6所示。

9.3 安全环保措施

操作前检查脚手架和跳板是否搭设牢固,高度是否满足操作要求,合格后才能上架操作,凡不符合安全之处应及时修整。

禁止穿硬底鞋、拖鞋、高跟鞋在架子上工作,架子上人数不得集中在一起,工具要搁置稳定,防止坠落伤人。

在两层脚手架上操作时,应尽量避免在同一垂直线上工作。

夜间临时用的移动照明灯,必须用安全电压。

选择材料时,必须符合国家规定的材料。

表 5　墙纸中有害物质限量值

（单位：mg/kg）

有害物质名称		限量值
重金属 （或其他）元素	钡	≤1 000
	镉	≤25
	铬	≤60
	铅	≤90
	砷	≤8
	汞	≤20
	硒	≤165
	锑	≤20
氯乙烯单体		≤1.0
甲醛		≤120

表 6　室内用水性胶粘剂中总挥发性有机化合物（TVOC）和游离甲醛限量

测定项目	限量值
TVOC(g/L)	≤50
游离甲醛(g/kg)	≤1.0

10　工程实例

金叶宾馆风貌改造工程位于都江堰市观景台路金叶宾馆原址,总建筑面积约为 20 000 m^2,共分为 4 个单体建筑,其中东楼部分属旧房改造,会议中心部分、贵宾楼部分及水疗中心部分为新建。

东楼、会议中心、贵宾楼、水疗中心裱糊各类墙 17 928 m^2,墙纸幅宽 53～1 200 mm 不等,现场上采用了大量壁灯,这就大提高了墙纸裱糊的平整度及对缝的要求。

裱糊工序图片(照片)资料如图 2、图 3 所示。

图 2　贵宾楼门厅顶面金属墙纸

图 3　贵宾楼走廊墙面墙纸

建筑节能保温施工

外墙 EPS 复合板保温施工工艺

在社会需求持续增长和消费水平日益提高的今天,能源紧缺问题在近几年成为制约我国经济和社会持续协调发展的重大问题。其中建筑能耗最大,建筑物从外墙损耗的能量占采暖总能耗的 40% 以上。解决能源问题十分紧迫,推进建筑节能工作刻不容缓!墙体保温由结构层、保温层、防护层、面层四个板块组成,其施工工艺种类繁多,包括有增强石膏聚苯复合板外墙内保温施工工艺、EPS 外墙保温施工工艺、水泥类保温板材外墙内保温工程施工工艺等。本章 EPS 外墙保温施工工艺节能效果和施工操作更有实效,并且具有良好的经济效益。所以备受各方重视,具有广阔的发展前景。EPS 外墙保温施工工艺是以聚苯乙烯泡沫塑料板(EPS)作为保温材料,采用 EPS 板保温粘结砂浆,将 EPS 板固定在墙上,用罩面砂浆加耐碱增强玻纤网格布网增强。本标准以该工艺为例进行重点介绍。

1 工艺特点

EPS 板粘贴外墙外保温系统是集墙体保温和装饰功能于一体的新型结构系统,与其他几种建筑保温形式相比,EPS 板粘贴外墙外保温具有以下几个特点。

(1)保温饰面系统自重轻。

饰面系统仅为 $6\sim8$ kg/m²,可使外承重墙的厚度减少 $1/3\sim1/2$,故总外墙自重可相应减轻 $1/3\sim1/2$,从而减少地震反应和地基荷载。

(2)节能效果显著。

在外墙饰面中,由于导热系数低的 EPS 板整体将建筑物包了起来,消除了冷桥,保护墙体不受外界侵袭,减少了对建筑物冷热冲击。无论在炎热的夏季,还是寒冷的冬季,保温隔热效果始终如一,年复一年地节能。

(3)为建筑师提供广阔的设计空间。

使用该系列产品更新建筑物的外墙外观具有特殊的意义,设计师可以根据自己的设想,大胆地对原来建筑物的外观做一番彻底的更新设计,同时给建筑师提供更加广阔的设计空间和环境。

(4)施工工艺简单,装饰效果丰富。

该系统施工工艺简单,操作灵活,简便易行,施工周期短。同时,又极富有装饰性,利用EPS 板不同厚度、不同造型,可建造出不同建筑风格、建筑美学要求的建筑墙体和装饰效果。

(5)增加房屋有效使用面积。

使传统的外墙厚度减少变薄,增加了室内有效空间,详见表1。从表中可以看出,购买 100 m²的节能住宅相当于购买 108 m² 的普通住宅,节约购房资金 8%。

(6)综合经济效益显著。

EPS 板外墙外保温适合各种基层墙体,根据改变 EPS 板保温层厚度,就会满足建筑节能50% 的目标,达到墙体节能的要求详见表2。

EPS 板外墙外保温系统自重轻,厚度薄,施工方便,节能效果显著,无污染,具有良好的经济效益和社会效益。

表 1　不同墙体增加房屋有效使用面积对比表

外墙类型	墙体厚度（mm）	使用面积占有率（%）	使用面积增加（%）
传统实心黏土砖	490	75	0
内夹苯板墙体	420	76	1
EPS 外保温墙体	250	83	8

表 2　不同墙体传热系数对比

墙体	墙厚（mm）	EPS 板厚（mm）	传热系数 K
实心黏土砖	240	50	0.580
	370	40	0.582
	490	30	0.586
混凝土空心砌块	190	60	0.593

2　工艺原理

　　EPS 板（又称聚苯板）是可发性聚苯乙烯板的简称。是用原料经过预发、熟化、成型、烘干和切割等制成。它既可制成不同密度、不同形状的泡沫制品，又可以生产出各种不同厚度的泡沫板材，并且具有耐水、耐冻、耐老化、稳定性强等诸多特性。它黏结在建筑外墙的表面，能避免产生热桥，阻止了热的传递，冬天阻止室内热能通过外墙传递在室外，夏天有效阻止阳光辐射外墙产生的热量传导至室内，大大提高了暖气、空调的利用率，从而大幅度降低能源的消耗。EPS 泡沫是一种热塑性材料，每立方米体积内含有 300～600 万个独立密闭气泡，内含空气的体积为 98% 以上，由于空气的热传导性很小，且又被封闭于泡沫塑料中而不能对流，所以 EPS 是一种隔热保温性能非常优良的材料。EPS 板保温体系是由特种聚合胶泥、EPS 板、耐碱玻璃纤维网格布和饰面材料组成，一般称为聚苯乙烯泡沫保温板薄灰外墙外保温系统。该技术将保温材料置于建筑物外墙外侧，不占用室内空间，保温效果明显，便于设计建筑外形。为建筑物围护结构外墙创造出连续、非间断性的包覆层结构。赋予墙体极高的热阻值，从而创造出建筑物优异的低能耗，即节能效果。

3　适用范围

　　该系统适用于抗震建筑而其抗震的结构负载很小，可用于高层建筑、多层建筑及旧房节能改造，并改善室内热环境，彻底解决了房屋外墙主体部位内表面冬季结露的问题。在寒冷地区、夏热冬冷和夏热冬暖地区的民用建筑的混凝土或砌体外墙外保温工程效果更佳。

4　工艺流程及操作要点

4.1　工艺流程

4.1.1　作业条件

　　（1）基层墙体的质量必须符合相关质量验收规范和标准要求，主体结构已验收，并办理四方验收手续。

　　（2）墙面应清洁、干燥、平整并无松散的砂浆和杂物。门窗框应安装到位。外门窗通过验收并有相应成品保护措施。

（3）外阳台部位电器暗管，接线盒安装完毕，外墙雨水管卡预埋完毕。

（4）在施工过程中及施工后 24 h 内，施工现场环境温度和基层墙体表面温度不得低于 5 ℃，风力不大于 5 级。

（5）施工时应避免直接日晒和雨淋。必要时，应在脚手架上搭设防晒布遮挡墙面以避免阳光的直射和雨水的冲刷。墙体系统在施工过程中所采取的保护措施，应按设计要求施工完毕后方可拆除。

4.1.2 工艺流程图

EPS 板粘贴外墙外保温工艺流程如图 1 所示。

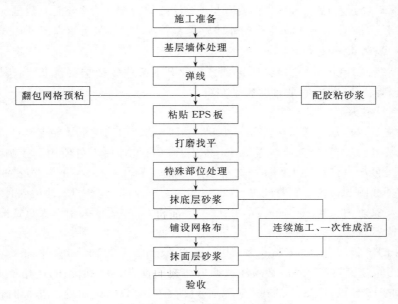

图 1　EPS 板粘贴外墙外保温工艺流程图

4.2　操作要点

4.2.1 技术准备

（1）熟悉工程的图纸和资料，掌握根据国家规范、地方性标准制定的施工工艺。

（2）了解材料性能指标，掌握施工要点，明确施工工序。

（3）提供工程所需要的材料和技术质量标准，并向施工现场的安装负责人和工人进行技术交底，做好技术指导，确保质量和现场安全无事故。

4.2.2 材料要求

（1）进入工地的原材料必须有出厂合格证或试验报告单。

（2）聚苯乙烯板主要性能指标：导热系数 $w(m \cdot k) \leqslant 0.041$，表观密度（kg/ m²）18.0～22.0，垂直于板面方向的抗拉强度（MPa）$\geqslant 0.10$，尺寸稳定性（%）$\leqslant 0.30$。

（3）水泥为 32.5 级普通硅酸盐水泥和 42.5 级硫铝酸盐水泥，水泥必须有出厂日期，凡有结块现象或出厂日期超过 3 个月的必须根据试验结果使用。

（4）胶粘剂的性能指标拉伸粘结强度（MPa）（与水泥砂浆）原强度 $\geqslant 0.60$，耐水 $\geqslant 0.40$；拉伸粘结强度（MPa）（与聚苯板）原强度 $\geqslant 0.10$，耐水 $\geqslant 0.10$，破坏界面在聚苯板上。

（5）采用细度模数 2.0～2.8 砂子，筛除大于 2.5 mm 颗粒，其含泥量小于 1%。

（6）网格布必须放在干燥处，地面必须平整，摆放宜立放平整，避免相互交错摆放。

4.2.3 操作要点

（1）基层处理：待做保温部位的墙体，要首先清理原墙面，剔凿部位用水泥砂浆找平，按现行外墙标准检测其平整及垂直度，用 2 m 靠尺检查，最大偏差应小于 4 mm，超差部分应剔凿或用 1∶3 水泥砂浆修补平整。

（2）旧房进行外保温施工时应彻底清理不能保证粘结强度的原外墙面层（爆皮、粉化、松动的原装饰面层、出现裂缝空鼓的抹灰面层），并修补缺陷，加固找平。

（3）伸出墙面的（设备、管道）联结件已安装完毕，并保留外保温施工的余地。

（4）门窗洞口经过验收，洞口尺寸位置达到设计的质量要求；门窗框或辅框应已立完。

（5）弹控制线：根据建筑立面设计和外墙外保温技术要求，在墙面弹出外门窗水平、垂直控制线及伸缩缝线、装饰缝线等。

（6）挂基准线：在建筑外墙大角（阳角、阴角）及其他必要处挂垂直基准线，每个楼层适当位置挂水平线，以控制 EPS 板的垂直度和平整度。

（7）配制粘结砂浆。

拌制采用先加水后加粉的机械搅拌方法，严格按照黏结剂的需水量要求进行搅拌，达到搅拌均匀，无粉块等。拌好的粘结剂应静置 5 min 左右再进行搅拌后方可使用。拌制后的粘结剂在使用过程中不可再加水拌制使用。拌好的料应注意防晒避风，以免水分蒸发过快而出现表面结皮现象。如搅拌桶内的材料放置时间过长，出现表面结皮及部分硬化时，则桶内材料应当作废料处理。各保温厂家所用材料配比例不同，施工时严格按照厂家说明并由专人负责配制。

（8）粘结 EPS 板。

外保温用 EPS 板尺寸为 600 mm×900 mm、600 mm×1 200 mm 两种，根据待贴面积的大小或形状，用工具刀切割 EPS 板，必须注意切口与板面垂直，整块墙面的边角处应用最小尺寸超过 300 mm 的 EPS 板，EPS 板的拼缝不得正好留在门窗口的四角处。排板时按水平顺序排列，上下错缝粘贴，阴阳角处应做错茬处理，EPS 板排列做法如图 2 所示。

墙体边及孔洞边的 EPS 板上预贴窄幅网格布，其宽度约为 200 mm，翻包部分宽度 80 mm，根据工程特点，黏贴 EPS 可采用点框法或条粘，用缺口馒刀将粘结砂浆垂直均匀的粘在 EPS 板上。发泡 EPS 板抹完粘结砂浆后应立即平贴在基层墙体上轻轻滑动就位，并随时用靠尺检查平整度和垂直度。粘贴发泡 EPS 板时板与板之间要相互挤紧，每贴完一块板后及时清理挤出的胶粘砂浆。EPS 板粘贴到墙上以后，用 2 m 靠尺压平，保证其平整程度和粘贴牢固。

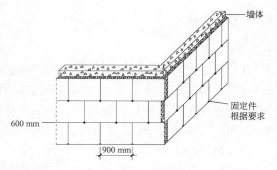

图 2 EPS 板排列示意

板缝拼严，缝宽超过 2 mm 时用相应厚度的聚苯片填塞。拼缝高差不大于 1.5 mm 否则应用砂纸或专用打磨机具打磨平整，打磨动作应作轻柔的圆周运动，不要沿着与 EPS 的接缝平行的方向的打磨，打磨后应用刷子或压缩空气将打磨操作产生的碎屑和其他浮灰清理干净。EPS 板粘贴面积不小于 40%。

（9）铆固件安装。

待 EPS 板粘贴牢固，正常情况下可在 48 h 后安装固定锚栓，按设计要求的位置用冲击钻钻空孔,锚固深度为基层内约 50 mm(注意:钻孔时冲击钻钻头应与墙面保持垂直,以避免由于钻头的偏斜而扩大孔径,进而影响锚栓的锚固效果)。建议使用固定锚栓个数:6 层约为 4 个/ m²,7～14 层(含 14 层)约为 6 个/m²,15～20 层(含 20 层)约 9 个/m²,21～30 层以上约为 12 个/m²,用锤子将固定锚栓及膨胀钉敲入,锚栓和膨胀钉的顶部应

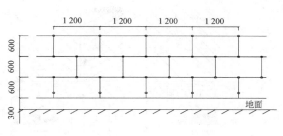

图 3　固定锚栓位置(mm)

与 EPS 板表面齐平或略敲入一些,以保证膨胀钉尾部进一步膨胀而与基层充分锚固。固定锚栓位置如图 3 所示。

(10)抹底层罩面砂浆。

EPS 板安装完毕检查验收后用保温罩面砂浆进行抹灰。抹灰分底层和面层两层。

将搅拌好的保温罩面砂浆均匀抹在 EPS 板表面,厚度 2～3 mm 同时将翻包网格布压入砂浆中,具体做法参见阴阳角做法和洞口做法。

(11)铺设网格布。

将网格布绷紧后贴于底层罩面砂浆上,用抹子由中间向四周把网格布压入砂浆的表层,要平整压实,严禁网格布皱褶。网格布不得压入过深,表面必须暴露在底层砂浆之外。铺贴遇有搭接时,必须满足横向 100 mm、纵向 80 mm 的搭接长度要求。

(12)抹面层罩面砂浆。

在底层罩面砂浆凝结前再抹一道罩面砂浆,厚度 1～2 mm,仅以覆盖网格布、微见网格布轮廓为宜(即露纹不露网)。面层砂浆且忌不停揉搓,以免形成空鼓。

砂浆抹灰施工间歇应在自然断开处、方便后续施工的搭接如伸缩缝、阴阳角、挑台等部位。在连续墙面上如需停顿,面层砂浆不应完全覆盖已铺好的网格布,需与网格布、底层砂浆呈台阶形坡茬,留茬间距不小于 150 mm,以免网格布搭接处平整度超出偏差。

(13)缝的处理。

外墙外保温可设置伸缩缝、装饰缝。在结构沉降缝、温度缝处也应做相应处理,具体做法参见变形缝做法和装饰线条做法。留设伸缩缝时,分格条应在进行抹灰工序时就放入,待砂浆初凝后起出,修整缝边。缝内填塞发泡聚乙烯圆棒(条)作背衬,直径或宽度为缝宽的 1.3 倍,再分两次勾填建筑密封膏,深度为缝宽的 50%～70%。沉降缝与温度缝根据缝宽和位置设置金属盖板,以射钉或螺丝紧固。具体做法如图 4 所示的变形缝做法。

(14)加强层做法。

考虑首层与其他需加强部位的抗冲击要求,在标准外保温做法基础上加铺一层网格布,并再抹一道抹面砂浆罩面以提高抗冲击强度。在这种双层网格布做法中,底层网格布可以是标准网格布,也可以是质量更大、强度更高的增强网格布,以满足设计要求的抗冲击强度为原则。加强部位抹面砂浆总厚度宜为 5～7 mm。在同一块墙面上,加强层做法与标准层做法之间应留伸缩缝。

(15)装饰线条做法。

装饰缝应根据建筑设计立面效果处理成凹型或凸型。凸型称为装饰线,以 EPS 板来体现为宜,此处网格布与抹面砂浆不断开。粘贴 EPS 板时,先弹线标明装饰线条位置,将加工好的 EPS 板线条粘于相应位置。线条突出墙面超过 100 mm 时,需加设机械固定件。线条表面按普通外

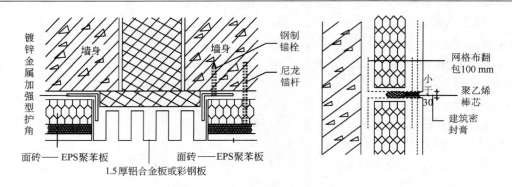

图 4　变形缝做法

保温抹灰做法处理。凹型称为装饰缝,用专用工具在 EPS 板上刨出凹槽再抹防护层砂浆。

（16）外饰面涂料做法。

待抹灰基面达到涂料施工要求时可进行涂料施工,施工方法与普通墙面涂料工艺相同。一般使用配套的专用涂料或其他与外保温系统相容的涂料。

5　劳动力组织

劳动队伍的选择根据我公司分包方的《施工劳务管理规定》的相关规定执行,将选择优秀的劳务队进行施工。劳务队伍的数量由劳动力需求计划规定。工人上岗前签订劳动合同,进行技术培训。劳动力需求计划根据工程规模合理安排抹灰工、技工、管理人员的数量。

6　机具设备配置

6.1　机　　械

强制式砂浆搅拌机、垂直运输机械,水平运输车、手提搅拌器、射钉枪、角磨机等。

6.2　工　　具

锯条或刀锯、打磨 EPS 板的粗砂纸锉子或专用工具、小压子或铁勺、铝合金靠尺、铁卷尺、线绳、线坠、墨斗、铁灰槽（建议 1 m×0.4 m×0.3 m）、刀或剪刀、小铁平锹、铁抹子、提漏（1 kg/个或 5 kg/个）、木靠尺、塑料桶（建议能装 15 kg 水泥作为量桶）、线绳、线坠、铁筛网（18 目）、刷子、分格线开槽器、木板条（截面为 25 mm×15 mm×10 mm）。

7　质量控制要点

7.1　质量控制要求

7.1.1　材料的控制

（1）对所有进场的原材料、半成品组织检查验收,建立台账。

（2）所有进场物资如由分包单位自行采购的,分包单位必须随材料进场向总包提供合格的材质证明、出厂合格证和试验报告。

（3）对进场的物资必须进行标识,按照经过检验合格、未经检验和经检验不合格等 3 种状态进行分种类堆放,严格保管,避免使用不合格的材料。

（4）对不合格物资,坚决要求不准进场,同时要注明处理结果和材料去向。对不合格材料的处理,应建立台账。

7.1.2 技术的控制

(1)施工前认真读懂图纸,严格按照国家现行施工规范和施工组织设计进行施工。

(2)认真组织学习执行有关规章制度,对全体员工进行质量意识教育,牢固树立"质量是企业的生命"和"为用户服务"的思想。

(3)按照 ISO 9001 体系运行文件的要求建立质量保证组织体系,设立专职质检员和成品保护管理员岗位,建立岗位责任制,并建立相应的台账,经常检查质量保证体系的运转情况。

(4)要根据专业特点制定本工程的质量管理重点,并成立 TQC 小组,经常开展质量分析活动和劳动竞赛活动,做好记录。

7.1.3 质量的控制

(1)严格执行国家现行规范、标准及企业的各项规定,严格按照设计要求组织施工。

(2)每个分项工程(工序)开工之前,分严格按工艺标准要求对操作班组进行技术、质量、安全等交底。

(3)工程施工实行"三检制",应认真抓好班组的自检工作,设立专职质检员,督促班组的自检及填写自检记录。

(4)分部分项(工序)工程完成后,分包单位组织自检和工序间的交接检查,不合格的分项或工序,不经返修合格不得进行下道工序的施工。

(5)质检人员必须严格控制施工过程中的质量,在施工过程中严格把关,不得隐瞒施工中的质量问题,并督促操作者及时整改。

7.2 质量标准

7.2.1 主控项目

(1)用于墙体节能工程的材料、构件等,其品种、规格应符合设计要求和相关标准的规定。

检验方法:观察、尺量检查;核查质量证明文件。

检查数量:按进场批次,每批随机抽取 3 个试样进行检查;质量证明文件应按照其出厂检验批进行核查。

(2)墙体节能工程采用的保温隔热材料,其导热系数、密度、抗压强度或压缩强度、燃烧性能应符合设计要求。

检验方法:核查质量证明文件及进场复验报告。

检查数量:全数检查。

(3)墙体节能工程采用的保温材料和粘结材料等,进场时应对其下列性能进行复验,复验应为见证取样送检:

1)保温材料的导热系数、密度、抗压强度或压缩强度;

2)粘结材料的粘结强度;

3)增强网的力学性能、抗腐蚀性能。

检验方法:随机抽样送检,核查复验报告。

检查数量:同一厂家同一品种的产品,当单位工程建筑面积在 20 000 m² 以下时各抽查不少于 3 次;当单位工程建筑面积在 20 000 m² 时以上时各抽查不少于 6 次。

(4)严寒和寒冷地区外保温使用的粘结材料,其冻融试验结果应符合该地区最低气温环境的使用要求。

检验方法:核查质量证明文件。

检查数量:全数检查。

(5)墙体节能工程施工前应按照设计和施工方案的要求对基层进行处理,处理后的基层应符合保温层施工方案的要求。

检验方法:对照设计和施工方案观察检查;核查隐蔽工程验收记录。

检查数量:全数检查。

(6)墙体节能工程各层构造做法应符合设计要求,并应按照经过审批的施工方案施工。

检验方法:对照设计和施工方案观察检查;核查隐蔽工程验收记录。

检查数量:全数检查。

(7)墙体节能工程的施工,应符合下列规定:

1)保温隔热材料的厚度必须符合设计要求。

2)保温板材与基层及各构造层之间的粘结或连接必须牢固。粘结强度和连接方式应符合设计要求。保温板材与基层的粘结强度应做现场拉拔试验。

3)保温浆料应分层施工。当采用保温浆料做外保温时,保温层与基层之间及各层之间的粘结必须牢固,不应脱层、空鼓和开裂。

4)当墙体节能工程的保温层采用预埋或后置锚固件固定时,锚固件数量、位置、锚固深度和拉拔力应符合设计要求。后置锚固件应进行锚固力现场拉拔试验。

检验方法:观察;手扳检查;保温材料厚度采用钢针插入或剖开尺量检查;粘结强度和锚固力核查试验报告;核查隐蔽工程验收记录。

检查数量:每个检验批抽查不少于 3 处。

(8)墙体节能工程各类饰面层的基层及面层施工,应符合设计和《建筑装饰装修工程质量验收规范》(GB 50210)的要求,并应符合下列规定:

1)饰面层施工的基层应无脱层、空鼓和裂缝,基层应平整、洁净,含水率应符合饰面层施工的要求。

2)外墙外保温工程不宜采用粘贴饰面砖做饰面层;当采用时,其安全性与耐久性必须符合设计要求。饰面砖应做粘结强度拉拔试验,试验结果应符合设计和有关标准的规定。

3)外墙外保温工程的饰面层不得渗漏。当外墙外保温工程的饰面层采用饰面板开缝安装时,保温层表面应具有防水功能或采取其他防水措施。

4)外墙外保温层及饰面层与其他部位交接的收口处,应采取密封措施。

检验方法:观察检查;核查试验报告和隐蔽工程验收记录。

检查数量:全数检查。

(9)当设计要求在墙体内设置隔汽层时,隔汽层的位置、使用的材料及构造做法应符合设计要求和相关标准的规定。隔汽层应完整、严密,穿透隔汽层处应采取密封措施。隔汽层冷凝水排水构造应符合设计要求。

检验方法:对照设计观察检查;核查质量证明文件和隐蔽工程验收记录。

检查数量:每个检验批抽查 5%,并不少于 3 处。

(10)外墙或毗邻不采暖空间墙体上的门窗洞口四周的侧面,墙体上凸窗四周的侧面,应按设计要求采取节能保温措施。

检验方法:对照设计观察检查,必要时抽样剖开检查;核查隐蔽工程验收记录。

检查数量:每个检验批抽查 5%,并不少于 5 个洞口。

(11)严寒和寒冷地区外墙热桥部位,应按设计要求采取节能保温等隔断热桥措施。

检验方法:对照设计和施工方案观察检查;核查隐蔽工程验收记录。

检查数量:按不同热桥种类,每种抽查20%,并不少于5处。

7.2.2 一般项目

(1)进场节能保温材料与构件的外观和包装应完整无破损,符合设计要求和产品标准的规定。

检验方法:观察检查。

检查数量:全数检查。

(2)当采用加强网作为防止开裂的措施时,加强网的铺贴和搭接应符合设计和施工方案的要求。砂浆抹压应密实,不得空鼓,加强网不得皱褶、外露。

检验方法:观察检查,核查隐蔽工程验收记录。

检查数量:每个检验批抽查不少于5处,每处不少于$2m^2$。

(3)设置空调的房间,其外墙热桥部位应按设计要求采取隔断热桥措施。

检验方法:对照设计和施工方案观察检查;核查隐蔽工程验收记录。

检查数量:按不同热桥种类,每种抽查10%,并不少于5处。

(4)施工产生的墙体缺陷,如穿墙套管、脚手眼、孔洞等,应按照施工方案采取隔断热桥措施,不得影响墙体热工性能。

检验方法:对照施工方案观察检查。

检查数量:全数检查。

(5)墙体保温板材接缝方法应符合施工方案要求。保温板接缝应平整严密。

检验方法:观察检查。

检查数量:每个检验批抽查10%,并不少于5处。

(6)墙体上容易碰撞的阳角、门窗洞口及不同材料基体的交接处等特殊部位,其保温层应采取防止开裂和破损的加强措施。

检验方法:观察检查;核查隐蔽工程验收记录。

检查数量:按不同部位,每类抽查10%,并不少于5处。

7.2.3 允许偏差项目

(1)EPS板安装的允许偏差应符合表3的规定。

表3　EPS板安装的允许偏差及检验方法

项次	项　目		允许偏差(mm)	检查方法
1	表面平整		3	用2m靠尺及塞尺检查
2	垂直度	每层	4	用2m托线板检查
		全高	$H/1000$且不大于20	用经纬仪或吊线检查
3	阴阳角垂直		3	用2m托线板检查
4	阴阳角垂直		3	用200mm方尺和塞尺检查
5	接缝高差		1.5	用靠尺和塞尺检查

(2)抹面层和饰面层分项工程施工质量应符合现行国家标准《建筑装饰装修工程质量验收规范》(GB 50210)规定。

7.2.4　资料核查项目

（1）材料出厂合格证书。

（2）第三方法定检测单位的材料性能报告。

（3）材料进场验收记录。

（4）材料进场复检报告。

（5）隐蔽工程验收记录。

（6）施工质量记录。

7.3　质量通病防治

7.3.1　保温面层开裂

（1）现象。

保温面层出现裂缝。

（2）原因分析。

1）EPS板养护不充分，在上墙后的持续收缩和昼夜及季节变化发生的热胀冷缩、湿胀干缩特性容易造成应力集中，导致保温层开裂。

2）面层抗裂砂浆一次成活。抹抗裂砂浆时直接把网格布紧贴EPS板粘贴，或暴露于抹面层胶浆以外，使得网格布起不到应有的约束和分散作用。

3）抗裂砂浆强度过高，强度高、收缩大、柔韧变形性不够。

4）由于粘贴的EPS保温板板面不平特别是相邻板面不平，抹面层抗裂砂浆时出现过厚或过薄的现象，导致面层收缩不一致。

5）施工中操作工人图方便，板间缝隙用胶粘剂填塞。

6）窗口周边及墙体转折处等易产生应力集中的部位未铺网格布来分散其应力，从而产生裂缝。

（3）预防措施。

施工使用EPS板应是生产储期超过30 d以上的。在施工中应先将EPS板全部粘贴完以后再进行抹灰，这样可以有充足时间彻底完成EPS板的后期收缩，避免抹灰面产生裂缝。

面层抗裂砂浆分两次成活，先抹第一遍抗裂砂浆后挂网，再抹第二遍抗裂砂浆。要求玻璃纤维网格布应埋在抹面层之中，既不能紧贴EPS板也不应暴露在抹面胶浆之外。

抗裂砂浆配制时严格按照厂家比例，并且由专人负责。

EPS板安装后，应达到验收标准后，再抹抗裂砂浆，对于EPS板接缝不平处可用衬有平整物的粗砂纸打磨进行平整处理，打磨动作应作为轻柔的圆周运动，不可沿着EPS板接缝平行的方向打磨。面层抗裂砂浆总厚度控制在3 mm左右。

将板缝间的隙用聚苯板片塞紧。

窗口周边及墙体转折处等易产生应力集中的部位应按照图集要求铺网格布。

（4）治理办法。

如果出现裂缝，可以采用柔性达标的面层修补材料施工，对开裂严重部位，可以局部剔除抗裂面层后，重新施工。

7.3.2　保温层脱落

（1）现象。

保温层出现脱落现象。

（2）原因分析。

保温板粘贴面积低于 40%,对负风压抵抗措施采用不合理,如在高层建筑外墙采用不合理的粘贴方式,极易形成某些保温板块被风压破坏而空鼓、脱落。墙体界面处理不当,除黏土砖墙外,其他墙体均应用界面砂浆处理后再涂抹浆体保温材料,否则易造成保温层直接空鼓或界面处理材质失效,形成界面层与主体墙空鼓,连带形成保温层空鼓。EPS 板粘贴后,过早进入下道工序,造成 EPS 板出现松动和虚粘现象。

(3)预防措施。

在施工时对 EPS 板粘结的面积的控制,保温板粘贴面积不得低于 40%。施工中建议采用条粘法施工,所谓条粘法就是将胶浆铺满整张苯板,然后锯齿抹子摊平,挂掉多余的胶浆,此种做法在已处理平整的墙面上施工,可以杜绝空鼓情况的发生,不会产生 EPS 板的翘曲、变形,也能防止因封边不严造成渗水、透风、脱落。对正负风压较大地区防护措施采用粘结及铆钉加固共用并尽量提高其粘结面积。对现场墙基面进行界面处理。对要求作界面处理的基层应满涂混凝土界面砂浆,用滚刷或扫帚将界面砂浆均匀涂刷,保证所有墙面都做到毛面处理。EPS 板粘贴后 48 h 再进行其他操作作业,防止 EPS 板出现松动和虚黏现象。

(4)治理办法。

发现有松动和空鼓的 EPS 板,应先进行返工处理。对脱落的 EPS 板,应将脱落 EPS 板周围松动部分剔除后进行返工重做。

7.3.3　墙体饰面层产生龟裂

(1)现象。

外墙涂料饰面层产生细微龟裂现象。

(2)原因分析。

采用刚性腻子,腻子柔韧性不够;采用不耐水的腻子,当受到水的浸渍后起泡开裂。采用漆膜坚硬的涂料,涂料断裂伸长率很小;腻子与涂料不匹配,例如在聚合物改性腻子上面使用某些溶剂型涂料,由于该涂料中的溶剂同样会对腻子中的聚合物产生溶解作用而使腻子性能遭到破坏。在材料柔性不足的情况下未设保温系统的变形缝。

(3)预防措施。

采用抗裂外墙腻子,该产品具有良好的抗裂防裂作用,其抗裂基理是由高达 5%的纤维抗裂层和高弹性外墙专用 BSNO 弹性乳液组合而成,纤维含量高消化了外保温腻子层由温度变化大产生的热胀冷缩,并分散了来自基层裂缝的各种应力,弹性抗裂则把基层的细小变化控制在变形之内从而有效的杜绝了龟裂的产生。外墙抗裂腻子具有优秀的防水性能和良好透气性,其三维立体的网状结构可以让空气分子从里向外透出,而由于其良好的分子结构可以阻止水分子的进入。采用优质外墙涂料,外墙涂料具有一定的抗裂作用,可以有效防止细微龟裂现象。在以下位置需设置变形缝:基层结构设有伸缩缝、沉降缝、防震逢处、预制墙板相接处、外保温系统与不同材料相接处、基层材料改变处、结构可能发生较大位移的部位(例如建筑体形突变或结构体系变化处)、经设计需设置变形缝处。

(4)治理办法。

对出现龟裂部位铲除表面涂层后,用合格外墙涂料和外墙腻子重新施工,在未设置变形缝的地方补设变形缝。

7.4　成品保护

(1)施工中各专业工种应紧密配合,合理安排工序,严禁颠倒施工。

（2）分格线、滴水槽、门窗框、管道、槽盒上残存砂浆，应及时清理干净。

（3）其他工种作业时应不得污染或损坏墙面，严禁踩踏窗口。

（4）施工完毕的墙体不得随意开凿，如确实需要，应在聚合物水泥砂浆达到设计强度后方可开凿，施工完毕后周围应恢复原状，并注意对接缝做防水处理。

（5）吊运物品或拆除脚手架时防止重物撞击墙面。

（6）对碰撞坏的墙面及时修补。

7.5　季节性施工措施

7.5.1　雨期施工措施

雨天对所用混合干粉料进行防护，如施工中突遇降雨应采取有效措施，防止雨水冲刷墙面。

7.5.2　冬期施工措施

冬季施工时，应选择在 5 ℃以上的条件下进行施工，并有可靠的防冻保暖措施。

7.6　质量记录

（1）材料出厂合格证书。

（2）第三方法定检测单位的材料性能报告。

（3）材料进场验收记录。

（4）材料进场复检报告。

（5）隐蔽工程验收记录。

（6）施工质量记录。

8　安全、环保及职业健康措施

8.1　职业健康安全关键要求

"安全三宝"（安全帽、安全带、安全网）必须配备齐全。工人进入工地必须佩戴经安检合格的安全帽；工人高空作业之前须例行体检，防止高血压病人或有恐高症者进行高空作业，高空作业时必须佩带安全带；工人作业前，须检查临时脚手架的稳定性、可靠性。电工和机械操作工必须经过安全培训，并持证上岗。

8.2　环境关键要求

经理部抓好办公、生产区域的环境卫生工作，设置专门的生活垃圾回收站，每日有专人清理宿舍，临时宿所要专人每日清扫。

运输车辆必须经过冲洗，避免将尘土、泥浆带到场外，运输散装材料的车辆，车箱应封闭，避免撒落。搅拌机棚应进行封闭，防止扬尘。板材下角料及时清理，要求施工人员作到活完料净脚下清。防止聚苯乙烯泡沫随风飘扬，污染环境。

8.3　安全环保措施

（1）机械设备、吊篮必须由专人操作，经检验确认无安全隐患后方可使用。

（2）操作人员必须遵守高空作业安全规定，系好安全带，不许往下掉东西。

（3）进场前，必须进行安全培训，注意防火，现场不许吸烟、喝酒。

（4）在保温板施工安装完毕后，不得在附近进行电焊，气焊操作。如必须进行时，应采取可靠的遮挡措施，防止电焊火花溅落到保温板上，灼伤保温板。

（5）翻拆架子或升降吊篮应防止碰撞已完成的保温墙体，其他工种作业时不得污染或损坏墙面，严禁踩踏窗口。

（6）安装窗口上方板时，操作平台要牢固可靠。一人扶板，一人调整位置，防止板掉伤人。

（7）使用的料具，严禁放在窗台上，防止高空堕落。

（8）施工现场的材料要码放整齐。

9 工程实例

9.1 所属工程实例项目简介

丽江新城位于北京市朝阳区东四环外百子湾路 5 号。由北京高盛房地产开发有限公司投资兴建，中元国际工程设计研究院设计。本工程共分为 14 个子项工程：地下室部分，B1、B2、B7 公寓楼，B3～B6、B8～B13 住宅楼，总建筑面积：121 980.56 m²，地下室部分（两层）建筑面积：34 310.8 m²，地上部分（1～24 层不等）建筑面积：87 669.76 m²。外墙采用 EPS 板薄抹灰外墙外保温系统。

9.2 施工组织及实施

以 10 000 m² 外墙保温为例，工期为 30 d。施工机具计划表见表 4，劳动力配置见表 5。

表 4　施工机具计划表

序号	设备名称	型号规格	单位	数量	备　注
1	小推车	0.14 m³	辆	20	
2	强制性砂浆搅拌机	250 L～300 L	台	4	
3	手提式搅拌器	—	台	5	
4	380 V 橡套线	五芯	米		根据现场而定
5	220 V 橡套线	三芯	米		根据现场而定
6	配电箱（三项）	砂浆机及临电	套	4	

注：常用抹灰工具及抹灰检测器具若干、喷枪、断丝钳、剪刀、壁纸刀、手锯、手锤、滚刷、铁锹、水桶、扫帚等；常用的检测工具：经纬仪及放线工具、托线板、方尺、水平尺、探针、钢尺、靠尺；另外应配备好垂直运输机械、外墙脚手架、室外操作吊篮等。

表 5　劳动力计划表

序　号	工种名称	需求人数（人）	备　注	
1	抹灰工	60		
2	技工	34		
3	管理人员	6	项目经理	2 人
			技术员	1 人
			质检员	
			材料员	1 人
			安全管理员	1 人
			工长	1 人

9.3　工期（单元）

以 10 000 m² 外墙保温为例，工期为 30 d。工期安排如表 6。

表 6　工期安排计划表

工序＼日期	工期安排					
	5	10	15	20	25	30
墙面处理						
粘贴 EPS 板						
抹抗裂砂浆（含铺网格布）						

9.4　建设效果及经验教训

施工前制定了详细的技术方案并层层交底，技术方案策划全面、详细，能具体指导施工。在组织外墙保温施工时实行样板先行的措施，并在施工过程中严格管理，保证了外墙保温施工质量。

9.5　关键工序图片（照片）资料

（1）图片资料如图 5～图 10 所示。

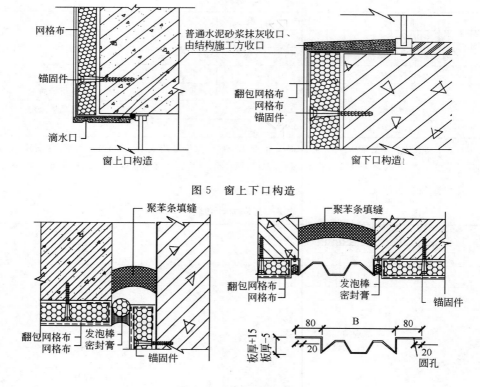

图 5　窗上下口构造

图 6　金属板盖缝（mm）

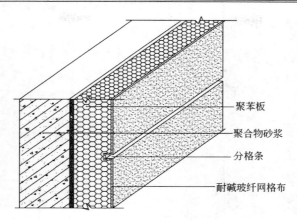

图 7　分格条节点做法

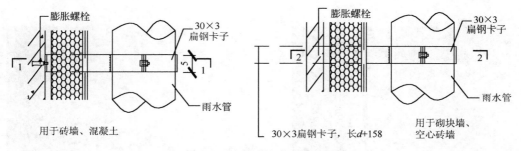

图 8　雨水管道安装示意图一

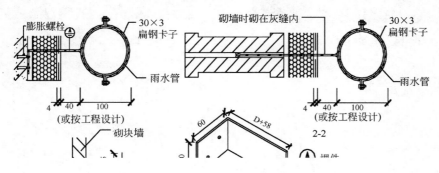

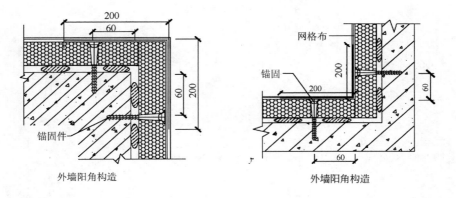

图 10　外墙阴阳角构造（mm）

(2)照片资料如图 11～图 14 所示。

图 11　阴角挂垂线

图 12　聚苯板粘贴完成面

图 13　钢丝网完成面

图 14　抗裂砂浆完成面

建筑防水及屋面施工

高聚物改性沥青防水卷材工程施工工艺

高聚物改性沥青卷材主要有:聚合物(聚酯胎和玻纤胎)改性沥青卷材和聚乙烯膜胎改性沥青卷材两种。这类卷材作屋面防水层,具有低温柔度好,高温不流淌,抗老化,耐疲劳,延伸率大,不透水性好等特点。同时可热熔、冷粘或自粘施工,并可根据不同的要求,制成不同厚度、不同色彩、不同覆面材料的多种形式。

1 工艺特点

可以采用热熔法进行施工,也可采用冷粘和自粘施工。

2 工艺原理

高聚物改性沥青防水卷材具有高温不流淌、低温不脆裂、抗拉强度高、延伸率大、不透水性好等特点。

3 适用范围

本工艺标准适用于工业与民用建筑工程坡度小于 25% 的 Ⅰ～Ⅲ 级屋面采用改性沥青卷材热熔法施工防水层的施工,也适用于地下防水层工程施工。

4 工艺流程及操作要点

4.1 工艺流程

4.1.1 作业条件

(1)防水层的基层表面应将尘土、杂物等清理干净;表层须平整、坚实、不得有起砂、空鼓等缺陷,同时表面应洁净干燥;对干燥程度的简易检测方法:将 1 m² 卷材平铺在找平层上,静置 3～4 h 后掀开检查,找平层覆盖部位与卷材土未见水印,即可。

(2)找平层与突出面的物体(如女儿墙、烟囱等)相连的阴角,应抹成光滑的小圆角;找平层与檐口、排水沟等相连的转角,应抹成光滑一致的圆弧形。

(3)遇雨天、雪天及 5 级风及其以上必须停止施工。

4.1.2 工艺流程图

高聚物改性沥青防水卷材工程施工工艺流程如图 1 所示。

图 1 高聚物改性沥青防水卷材工程施工工艺流程图

4.2 操作要点

4.2.1 技术准备

(1)施工前必须有施工方案,要有书面的技术交底。

(2)必须要由有资质的专业施工队伍施工。操作人员必须持证上岗。

4.2.2　材料要求

（1）高聚物改性沥青防水卷材：是合成高分子聚合物改性沥青防水卷材；常用的有 SBS、ASTM（弹性体）、APP、APAO、APO（塑性体）等改性沥青油毡。其品种、规格、技术性能，必须满足设计和施工技术规范的要求，必须有出厂合格证和质量检验报告，并经现场抽查复试达到合格后方能使用。高聚物改性沥青防水卷材规格见表 1。

表 1　高聚物改性沥青防水卷材规格

厚度（mm）	宽度（mm）	长度（m）		要　　求
		SBS	APP	
2.0	≥1 000	15	15	热熔施工，卷材厚度不得小于 3 mm
3.0	≥1 000	10	10	
4.0	≥1 000	7.5	10、7.5	

（2）高聚物改性沥青防水卷材的外观质量和技术性能应符合表 2 和表 3 的要求。（高聚物改性沥青防水卷材的外观质量表和高聚物改性沥青防水卷材技术性能（SBS 及 APP 沥青卷材））。

表 2　高聚物改性沥青防水卷材的外观质量表

项目	质量要求
孔洞、缺边、裂口	不允许
边缘不整齐	不超过 10 mm
胎体露白、未浸透	不允许
撒布材料粒度、颜色	均　匀
每卷卷材的接头	不超过 1 处，较短的一段不应小于 2 500 mm，接头处应加长 150 mm

（3）配套材料。

1）氯丁橡胶沥青胶粘剂：由氯丁橡胶加入沥青及溶剂等配制而成，为黑色液体，用于基层处理（冷底子油）。

2）橡胶改性沥青嵌缝膏：即密封膏，用于细部嵌固边缝。

3）保护层料：石片、各色保护涂料（施工中宜直接采购带板岩片保护层的卷材）。

4）70 号汽油，用于清洗被污染的部位。

4.2.3　操作要点

（1）清理基层：施工前将验收合格的基层表面尘土、杂物清理干净。应用水泥沙浆找平，并按设计要求找好坡度，做到平整、坚实、清洁，无凹凸形、尖锐颗粒，用 2 m 直尺检查，最大空隙不应超过 5 mm，表面处理成细麻面。

（2）涂刷基层处理剂：高聚物改性沥青防水卷材施工，按产品说明书配套使用，基层处理剂是将氯丁橡胶沥青胶粘剂加入工业汽油稀释，搅拌均匀，用长把滚刷均匀涂刷在基层表面上，常温经过 4 h 后（以不粘脚为准），开始铺贴卷材。注意涂刷基层处理剂要均匀一致，切勿反复涂刷。

（3）附加层施工：待基层处理剂干燥后，先对女儿墙、水落口、管根、檐口、阴阳角等细部先做附加处理，在其中心 200 mm 范围内，均匀涂刷 1 mm 厚的粘结剂，干后再粘结一层聚脂纤维无纺布，在其上再涂刷 1 mm 厚的胶粘剂，干燥后形成一层无接缝和弹塑性的整体附加层。排汽道、排汽帽必须畅通，排汽道上的附加卷材每边宽度不小于 250 mm，必须单面点粘。阴阳角圆弧半径 $R=30\sim50$ mm（阳角可为 $R=30$ mm）。铺贴在立墙上的卷材高度不小于 250 mm。

（4）铺贴卷材：一般采用热熔法进行铺贴。卷材的层数、厚度应符合设计要求。铺贴方向应考虑屋面坡度及屋面是否受震动和历年主导风向的情况（必须从下风方向开始），坡度小于 3‰时，宜平行于屋脊铺贴，坡度在 3‰～15‰时，平行或垂直于屋面铺贴；当坡度大于 15‰或屋面受震动，卷材应垂直于屋脊铺贴。多层铺设时上下层接缝应错开不小于 250 mm。将改性沥青防水卷材剪成相应尺寸，用原卷心卷好备用；铺贴时随放卷随时用火焰加热器加热基层和卷材的交接处，火焰加热器距加热面 300 mm 左右，经往返均匀加热，至卷材表面发光亮黑色，即卷材的材面熔化时，将卷材向前滚铺、粘贴，搭接部位应满粘牢固，搭接宽度满粘法长边为 80 mm，短边为 100 mm。铺第二层卷材时，上下层卷材不得互相垂直铺贴。

表 3　高聚物改性沥青防水卷材技术性能（SBS 及 APP 沥青卷材）

序号	项目		PY—聚脂胎		G—玻纤胎		聚乙烯胎体
			I	II	I	II	
1	可溶物含 （g/m²）≥	2 mm	—		1 300		
		3 mm	2 100				
		4 mm	2 900				
2	不透水性	压力（MPa）≥	0.3		0.2	0.3	0.3
		保持时间（min）≥	30				
3	耐热度（℃）		90(110)	105(130)	90(110)	105(130)	90
			无流动、流淌、滴落				无流淌
4	拉力 （N/50 mm）≥	纵向	450	800	350	500	100
		横向			250	300	
5	最大拉力时 延伸率（%）≥	纵向	最大拉力时， 30(25)	最大拉力 时，40			
		横向					
	低温柔度（℃）		−18(−5)	−25(−15)	−18(−5)	−25(−15)	−10
			3 mm 厚 $r=15$ mm，4 mm 厚 $r=25$ mm，3 s 弯 180°，无裂纹				
6	撕裂强度 （N）≥	纵向	250	350	250	350	
		横向			170	200	
7	人工气候 加速老化	外观	I 级				
			无滑动、流淌、滴落				
		拉力保持 率（%）≥	纵向	80				
			−10(3)	−20(−10)	−10(3)	−20(−10)	
	低温柔度（℃）		无裂纹				

注：1　表中 1～6 项为强制性项目；
　　2　APP 卷材当耐热度需要超过 130 ℃时，该指标可由供需双方尚定，可单独生产；
　　3　表中（　）内数字只适用于 APP 沥青卷材。

（5）热熔封边：将卷材搭接处用火焰加热器加热，趁热使两者粘结牢固，以边缘溢出沥青为度，末端收头可用密封膏嵌填严密。如为多层，每层封边必须封牢，不得只在面层封牢。

（6）防水保护层施工：上人屋面按设计要求做各种刚性防水层屋面保护层（细石混凝土、水泥砂浆、贴地砖等）。保护层施工前，必须做油纸或玻纤布隔离层；刚性保护层的分隔缝留置应符合设计要求，设计无要求者，水泥砂浆保护层的分格面积为 1 m²，缝宽、深均为 10 mm，并嵌填沥青砂浆；块保护层分格面积不宜大于 100 m²，缝宽不宜小于 20 mm，细石混凝土保护层分格面积不大于 36 m²；刚性保护层与女儿墙、山墙间应预留 30 mm 宽的缝，并用密封材料嵌填严密。女儿墙内侧砂浆保护层分格间距不大于 1 m，缝宽、深为 10 mm，内填沥青嵌缝膏。保护层的分格缝必须与找平层及保温层的分格缝上下对齐。

不上人屋面做保护层有以下两种形式：

1）防水层表面涂刷氯丁橡胶沥青胶粘剂，随即撒石片，要求铺撒均匀，粘结牢固，形成石片保护层。

2）防水层表面涂刷银色反光涂料（银粉）两遍。如设计有要求，按设计施工。

5　劳动力组织

劳动力配置见表 4。

表 4　高聚物改性沥青防水卷材施工劳动力组织

工作内容	单　　位	工　　日	备　　注
APP 改性沥青卷材防水层	100 m²	9	一层卷材
SBS 改性沥青卷材防水层	100 m²	9	一层卷材
高聚物改性沥青卷材防水层	100 m²	15	一层卷材

6　机具设备配置

（1）电动搅拌机、高压吹风机、自动热风焊接机。

（2）喷灯或可燃性气体焰炬、铁抹子、滚动刷、长把滚动刷、钢卷尺、剪刀、扫帚、小线等。

7　质量控制要点

7.1　质量控制要求

7.1.1　材料的控制

防水卷材的外观质量和物理性能符合要求。

7.1.2　技术的控制

（1）卷材防水层为一层或两层。高聚物改性沥青防水卷材厚度不应小于 3 mm，单层使用时，厚度不应小于 4 mm，双层使用时，总厚度不应小于 6 mm。

（2）阴阳角处应做成圆弧或 45°（135°）折角，其尺寸视卷材品质确定，在转角处、阴阳角等特殊部位，应增贴 1～2 层相同的卷材，宽度不宜小于 500 mm。

7.1.3　质量的控制

（1）卷材粘结牢固，无空鼓、起泡、翘边情况。边角及穿过防水卷材面的管道，预埋件处构造合理封堵严密。

（2）成品要求保护，卷材施工后不得出现凿打和损坏。

7.2　质量检验标准

7.2.1　主控项目

（1）卷材及胶粘剂的品种、牌号及胶粘剂的配合比，必须符合设计要求和有关标准的规定。

检验方法：检查防水材料及胶粘剂的出厂合格证和质量检验报告及现场抽样复验报告。

（2）卷材防水层及其变形缝、天沟、沟檐、檐口、泛水、水落口、预埋件等处的细部做法，必须符合设计要求和屋面工程技术规范的规定。

检验方法：观察检查和检查隐蔽工程验收记录。

（3）卷材防水层严禁有渗漏和积水现象。

检验方法：检查雨后或淋水、蓄水检验记录。

7.2.2 一般项目

（1）铺贴卷材防水层的搭接缝应粘（焊）牢、密封严密，不得有皱折、翘边。阴阳角处应呈圆弧或钝角。

（2）聚氨酯底胶涂刷均匀，不得有漏刷或麻点等缺陷。

（3）卷材防水层铺贴、搭接、接头应符合设计要求和屋面工程技术规范的规定，且粘结牢固，无空鼓、滑移、翘边、起泡、皱折、损伤的缺陷。

（4）卷材防水层上撒布材料和浅色涂料保护层应铺撒、涂刷均匀，并要求粘结牢固，颜色要求均匀；如为上人屋面，保护层施工应符合设计要求。

（5）水泥砂浆、块材或细石混凝土与卷材防水层间应设置隔离层；刚性保护层的分格缝留置应符合设计要求。

（6）卷材的铺贴方向应正确，卷材搭接宽度的允许偏差项目见表5。

表 5　高聚合物改性沥青卷材防水屋面搭接宽度允许偏差

项　　次	项　　目	允许偏差	检查方法
1	卷材搭接宽度偏差	−10 mm	尺量检查

7.3　质量通病防治

7.3.1　卷材防水层空鼓

（1）现象。

铺贴后的卷材表面，经敲击或手感检查，出现空鼓声。

（2）原因分析。

①基层潮湿，沥青胶结材料与基层粘结不良。

②由于人员走动或其他工序的影响，找平层表面被泥水污染，与基层粘结不良。

③立墙卷材的铺贴，操作比较困难，热作业容易造成铺贴不严。

（3）预防措施。

①无论用外贴法或内贴法施工，都应把地下水位降至垫层以下不少于300 mm。同时应在垫层上抹1:2.5水泥砂浆找平层，以创造良好的基层表面，同时防止由于毛细水上升造成基层潮湿。

②保持找平层表面干燥洁净。必要时应在铺贴卷材前采取刷洗、晾干等措施。

③铺贴卷材前1～2 d，喷或刷1～2道冷底子油，以保证卷材与基层表面粘结。

④无论采取内贴法或外贴法，卷材均应实铺（即满涂热沥青胶结料），保证铺实贴严。

⑤当防水层采用SBS、APP改性沥青热溶卷材施工时，可采用热熔条粘法施工。即采用火焰加热器熔化热熔型卷材底层的热熔胶进行粘贴。铺贴时，卷材与基层宜采用条状粘结。但每幅卷材与基层粘结面不少于4条，每条宽不小于150 mm，卷材之间满粘。

其做法：先用喷灯加热水泥砂浆面层，再用喷灯加热热熔卷材。当卷材表面发黑发亮，且顺喷火方向有流淌现象时，即可将卷材逐块粘贴在烘干了的砂浆找平面层上，压实并铺平卷材。

如在卷材面层上做保护层，当卷材表面由黑发亮，即可将事先过筛并已烘干的粗砂粒均匀地撒在表面熔化的卷材上，进行毛化处理，使卷材表面粗糙，砂粒要粘结牢固，并呈黄黑相间状，再在表面满刷 108 胶素水泥浆作为保护层，厚度控制在 3～4 mm，终凝后喷水养护，避免出现收缩裂缝和起砂现象。

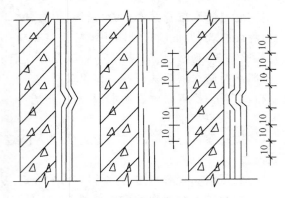

图 2　卷材空鼓修补法示意图（mm）

（4）治理方法。

对于检查出的空鼓部位，应剪开重新分层粘贴，如图 2 所示。

7.3.2　卷材搭接不良

（1）现象。

铺贴后的卷材甩槎被污损破坏，或立面临时保护墙的卷材被撕破，层次不清，无法搭接。

（2）原因分析。

①临时保护墙砌筑强度高，不易拆除，或拆除时不仔细，没有采取相应的保护措施。

②施工现场组织管理不善，工序搭接不紧凑；排降水措施不完善，水位回升，浸泡、玷污了卷材槎子。

③在缺乏保护措施的情况下，底板垫层四周架空平伸向立墙卷铺的卷材，更易污损破坏。

（3）防治措施。

从混凝土底板下面甩出的卷材可刷油铺贴在永久保护墙上，但超出永久保护墙部位的卷材不刷油铺实，而用附加保护油毡包裹钉在木砖上，待完成主体结构、拆除临时保护墙时，撕去附加保护油毡，可使内部各层卷材完好无缺，如图 3 所示。

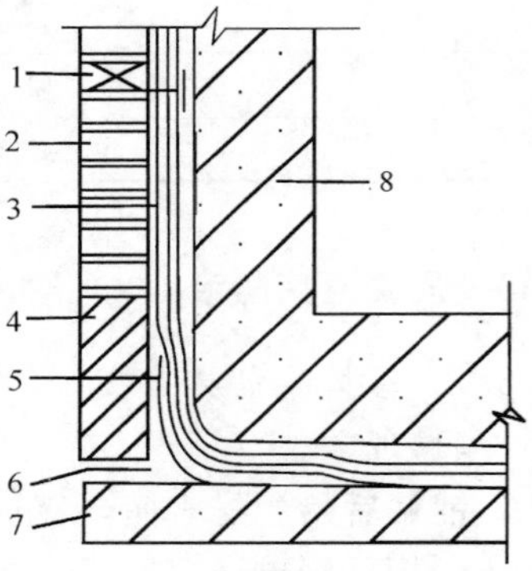

图 3　外贴法卷材搭接示意图

1—木砖；2—临时保护墙；3—卷材；
4—永久保护墙；5—转角附加油毡；
6—干铺油毡片；7—垫层；8—结构。

7.4　成品保护

（1）已铺贴好的卷材防水层，应采取措施进行保护，严禁在防水层上进行施工作业和运输，并应及时做好防水层的保护层。

（2）穿过屋面、墙面防水层处的管位，防水层施工完后不得再变更和损坏。

（3）屋面变形缝、落水口等处，施工中应进行临时塞堵和挡盖，以防落杂物，屋面及时清理，施工完成后将临时堵塞、挡盖物及时清除，保证管内畅通。

（4）屋面施工时不得污染墙面、檐口侧面及其他已施工完的成品。

7.5　季节性施工措施

7.5.1　雨期施工措施

雨期施工应有防雨措施，或避开雨天施工。

7.5.2　冬期施工措施

（1）冷粘法铺贴卷材时气温不宜低于 5 ℃。热熔法冬期施工应采取保温措施，以确保胶结材料的适宜温度。

（2）卷材施工期间密切监测作业环境温度，确保所铺贴的卷材或采用的胶结材料的使用条件满足设计、产品说明书和相关规范要求。

7.6　质量记录

（1）高聚物改性沥青卷材（SBS 及 APP）及胶结材料应有产品合格证、出厂质量检验报告，材料进场应进行复试并有合格资料。

（2）配套材料配制资料及粘结实验。

（3）隐检资料和质量检验评定资料。

（4）雨后或淋水、蓄水检验记录。

8　安全、环保及职业健康措施

8.1　职业健康安全关键要求

（1）施工前必须做好施工方案，做好文字及口头技术交底。

（2）改性沥青卷材及辅助材料均系易燃物品，存放及施工中注意防火，必须备齐防火设施及工具。

（3）改性沥青卷材及辅助材料均有毒素，操作者必须戴好口罩、油套、手套等劳保用品；吃饭、喝水、抽烟前必须洗手。

（4）高温天气施工，要有防暑降温措施。

（5）作业地点通风不良时，铺贴卷材要采取通风措施，防止有机溶剂挥发，使操作人员中毒。

8.2　环境关键要求

（1）卷材防水层施工严禁在雨天、雪天、雾天和五级风及以上大风天气施工。其施工环境温度采用冷粘法时不低于 5 ℃。热熔法不低于 −10 ℃。施工场地应保持地下水位稳定在基底 0.5 m 以下，必要时采取降排水措施。

（2）施工中废弃物质要及时清理，外运至指定地点，避免污染环境。

9　工程实例

9.1　所属工程实例项目简介

西南院 2、3 号高层住宅，地下为两层地下车库及设备用房，地面以上为两幢 30 层住宅楼，建筑总高度 84.95 m，总建筑面积 58 472 m²，其中地上建筑面积 39 892 m²，一期地下建筑面积 10 940 m²；塔楼建筑占地面积 1 467 m²。地下一层 3 区部分为人防战备物资库，按 6 级人防设计，抗震设防烈度为 7 度，建筑主体为剪力墙结构，地下车库为框架结构。基础采用平板式筏板基础，基底置于中密卵石层上。结构类型为全剪力墙到地下二层（2 号楼为框支—剪力墙）。该工程屋面防水为双层 SBS 卷材防水及 C20 细石混凝土刚性防水两道防水层。

9.2　施工组织及实施

该工程屋面防水采用双层 SBS 卷材防水，防水层在屋面基层施工完毕且足够干燥以后开始施工,防水层施工完毕后按要求进行雨季观察、隐蔽验收,并及时施工下道工序,保护防水层。

机具投入:喷灯、铁抹子、滚动刷、长把滚动刷、钢卷尺、剪刀、扫帚、小线等。

劳动力投入:防水工 20 人。

9.3　工期(单元)

双层 SBS 防水卷材施工总工期 15 d,其中:基层处理和隔汽层施工 1 d,附加层处理 1 d,首层卷材铺贴 6 d,第二层卷材铺贴 6 d,收尾细部处理 1 d。

9.4　建设效果及经验教训

由于该项目部把屋面防水层施工作为一项关键过程,施工前编制了专项方案,作业人员均为熟练的技术工人,施工过程中对原材料进行了抽检、对过程进行了全程监控、并按规范组织了验收和隐蔽。经过雨季期间的观察,屋面未出现渗漏现象。

9.5　关键工序图片(照片)资料

关键工序图片如图 4~图 6 所示。

图 4　已施工完毕的立面卷材防水层

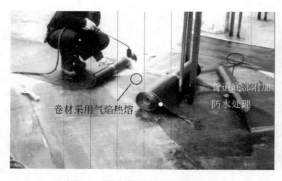

图 5　卷材采用气焰热熔黏结

图 6　已施工完毕的屋面卷材防水层及细部处理

涂膜防水工程施工工艺

本工艺以聚氨酯涂膜防水为例进行介绍。

1　工艺特点

该工艺具有操作简单、施工速度快等特点。

2　工艺原理

利用涂膜干燥后与胎体增强材料共同形成一道密封层,以达到防水的效果。

3　适用范围

本工艺标准适用于防水等级为Ⅰ～Ⅳ级屋面防水和地下防水工程。

4　工艺流程及操作要点

4.1　工艺流程

4.1.1　作业条件

(1)找平层应平整、坚实、无空鼓、无起砂、无裂缝、无松动掉灰。

(2)找平层与突出屋面的结构(女儿墙、山墙、天窗避、变形缝、烟囱等)的交接处以及基层的转角处应做成圆弧形,圆弧半径≥50 mm。内部排水的水落口周围,基层应作成略低的凹坑。

(3)找平层表面应干净、干燥(水乳型防水涂料对基层含水率无严格要求)。

含水率测定方法如下:可用高频水分测定仪测定,或采用1.5～2.0 mm后的1.0 m×1.0 m橡胶板覆盖基层表面,3～4 h后观察其基层与橡胶板接触面,若无水印,即表明基层含水率符合施工要求。

(4)施工前,应将伸出屋面的管道、设备及预埋件安装完毕。

(5)涂膜防水屋面严禁在雨天、雪天和五级风及以上时施工。施工环境气温应符合表1的要求。

表1　涂膜防水屋面施工标准气温

项　目	施工环境气温
高聚物改性沥青防水涂料	溶剂型不低于−5 ℃,水乳型不低于5 ℃
合成高分子防水涂料	溶剂型不低于−5 ℃,水乳型不低于5 ℃
聚合物水泥防水涂料	

4.1.2　工艺流程图

(1)涂膜单独防水工艺流程铺贴胎体增强材料的工艺流程如图1所示。

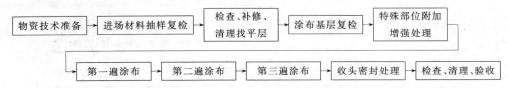

图1　涂膜单独防水工艺流程铺贴胎体增强材料的工艺流程图

（2）铺贴胎体增强材料工艺流程如图 2 所示。

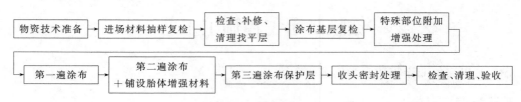

图 2　铺贴胎体增强材料工艺流程

4.2　操作要点

4.2.1　技术准备

（1）施工前,施工单位应组织相关技术人员对涂膜防水屋面施工图进行会审,详细了解、掌握施工图中的各种细部构造及有关设计要求。

（2）依据本施工工艺标准并结合工程实际情况,制订施工技术方案或施工技术措施。

（3）施工前,必须根据设计要求进行实验从而确定每道涂料的涂布厚度和遍数。

（4）施工时,应建立各道工序的自检和专职人员检查的制度,并有完整的检查记录。每道工序完成后,经监理单位(或建设单位)检查验收,合格后方可进行下道工序的施工。

（5）涂膜防水屋面工程应由经资质审查合格的防水专业队伍进行施工,作业人员应持有工程所在地建设行政主管部门颁发的上岗证。

4.2.2　材料要求

（1）所采用的防水涂料、胎体增强材料、密封材料等应有产品合格证书和性能检测报告,材料的品种、规格、性能等技术指标应符合现行国家产品标准和设计要求。

材料进场后,应按规定进行抽样复查,并提出实验报告。不合格的材料,不得在涂膜防水屋面工程中使用。

适用于涂膜防水层的防水涂料分成两类:高聚物改性沥青防水涂料和合成高分子防水涂料。

1)高聚物改性沥青防水涂料的质量指标:常用的品种有(水乳型、溶剂型)氯丁橡胶改性沥青防水涂料、SBS(APP)改性沥青防水涂料、聚氨酯改性沥青防水涂料、再生胶改性沥青防水涂料等。其质量应符合表 2 的要求。

2)合成高分子防水涂料的质量指标:常用的品种有聚氨酯防水涂料(单双组分)、丙烯酸酯防水涂料、硅橡胶防水涂料、聚合物水泥防水涂料等。其质量应符合表 3 的要求。

（2）胎体增强材料的质量指标:常用的品种有聚酯无纺布、化纤无纺布、玻璃纤维网格布等。其质量应符合表 4 的要求。

（3）密封材料的质量指标。

1)改性石油沥青密封材料的物理性能应符合表 5 的要求。

表 2　高聚物改性沥青防水涂料的质量要求

项　　目		质 量 要 求
固体含量(%)		≥43
耐热度(80 ℃,5 h)		无流淌、起泡和滑动
柔度(-10 ℃)		3 mm,绕 ϕ20 mm 圆棒,无裂纹、断裂
不透水性	压力（MPa）	≥0.1
	保持时间(min)	≥30 不渗透
延伸(20 ℃±2 ℃拉伸)(min)		≥4.5

表 3   合成高分子防水涂料的质量要求

项　目		质 量 要 求		
		反应固化型（Ⅰ类）	挥发固化型（Ⅱ类）	聚合物水泥防水涂料
固体含量（%）		≥94	≥65	≥65
拉伸强度（MPa）		≥1.65	≥1.5	≥1.2
断裂延伸率（%）		≥350	≥300	≥200
柔性（℃）		−30,弯折无裂纹	−20,弯折无裂纹	−10,绕 φ10 mm 圆棒无裂纹
不透水性	压力（MPa）	≥0.3		
	保持时间（min）	≥30		

注：Ⅰ类为反应固化型；Ⅱ类为挥发固化型。

表 4   胎体增强材料质量要求

项　目		质 量 要 求		
		Ⅰ	Ⅱ	Ⅲ
外观		不均匀,无团状,平整无折皱		
拉力（宽 50 mm）（N）	纵向	≥150	≥45	≥90
	横向	≥100	≥35	≥50
延伸率（%）	纵向	≥10	≥20	≥3
	横向	≥20	≥25	≥3

注：Ⅰ类为聚酯无纺布；Ⅱ类为化纤无纺布；Ⅲ类为玻璃纤维网格布。

表 5   改性石油沥青密封材料的物理性能

项　目		性 能 要 求	
		Ⅰ	Ⅱ
耐热度	温度（℃）	70	80
	下垂度（mm）	≤4.0	
低温柔度	温度（℃）	−20	−10
	粘结状态	无裂纹和剥离现象	
拉伸粘结性（%）		≥125	
浸水后拉伸粘结性（%）		≥125	
挥发性（%）		≤2.8	
施工度（mm）		≥22.0	≥20.0

注：改性石油沥青密封材料按耐热度的低温柔性分为Ⅰ类和Ⅱ类。

2)合成高分子密封材料的物理性能应符合表 6 的要求。

表 6   合成高分子密封材料的物理性能

项　目		性 能 要 求						
		25LM	20HM	20LM	20HM	12.5E	12.5P	7.5P
拉伸模量（MPa）	23 ℃	≤0.4 和	>0.4 或	≤0.4 或	>0.4 或	—		
	−20 ℃	≤0.6	>0.6	≤0.60	>0.6			

项　目	性　能　要　求						
	25LM	20HM	20LM	20HM	12.5E	12.5P	7.5P
定性粘结性	无破坏				—		
浸水后定伸粘结性	无破坏				—		
热压、冷拉后粘结性	无破坏				—		
拉伸压缩后粘结性	—				无破坏		
断裂延伸率(%)	—				≥100		≥20
浸水后断裂延伸率(%)	—				≥100		≥20

(4)抽样方法:涂膜防水工程材料施工现场抽样复验应符合表 7 的要求。

4.2.3　操作要点

(1)检查找平层。

1)检查找平层质量是否符合规定和设计要求,并进行清理、清扫。若存在凹凸不平、起砂、起皮、裂缝、预埋件固定不牢等缺陷,应及时进行修补,修补方法按表 8 要求进行。

表 7　涂膜防水工程材料施工现场抽样方法与项目

序号	材料名称	现场抽样数量	外观质量检验	物理性能检验
1	高聚物改性沥青防水涂料	每 10 t 为一批,不足 10 t 按一批抽样	包装完好无损,且表明涂料名称、生产日期、无沉淀、凝胶、分层	固体含量,耐热度,柔性,不透水性,延性
2	合成高分子防水涂料	每 10 t 为一批,不足 10 t 按一批抽样	包装完好无损,且表明涂料名称、生产日期、生产厂名、产品有效期	固体含量,拉伸强度,断裂延伸率,柔性,不透水性
3	胎体增强材料	每 3 000 m² 为一批,不足 3 000 m² 按一批抽样	均匀、无团状、平整、无折皱	拉力,延伸率

2)检查找平层干燥度是否符合所用防水涂料的要求。

3)合格后方可进行下步工序。

表 8　找平层缺陷的修补方法

缺陷种类	修　补　方　法
凹凸不平	铲除凸起部位。低凹处应用 1∶2.5 水泥沙浆掺 10%～15%的 108 胶补抹,较浅时可用素水泥掺胶涂刷;对沥青砂浆找平层可用沥青胶涂刷;对沥青砂浆找平层可用沥青胶结材料或沥青砂浆填补
起砂、起皮	要求防水层与基层牢固粘结时必须修补。起皮处应将表皮清除,用水泥素浆掺胶涂刷一层,并抹平压光
裂缝	当裂缝宽度<0.5 mm 时,可用密封材料刮封;当裂缝宽度>0.5 mm 时,沿缝凿成 V 形槽((20×15～20) mm),清扫干净后嵌填密封材料,再做 100 mm 宽防水涂料层
预埋件固定不牢	凿开重新灌筑掺 108 胶或膨胀剂的细石混凝土,四周按要求做好坡度

(2)找平层处理。

1)找平层处理剂的配制:对于溶剂型防水涂料可用相应的溶剂稀释后使用,以利于渗透,如:溶剂型 SBS 改性沥青防水涂料用汽油做稀释剂,稀释比例,涂料:汽油=1∶0.5。也可直接使用。

2)涂布找平层:先对屋面接点、周边、拐角等部位进行涂布,然后再大面积涂布。注意均匀涂布、厚薄一致,不得漏涂,以增强涂层与找平层间的粘结力。

3)防水涂料的配制。

采用双组分防水涂料时,在配制前应将甲组分、乙组分搅拌均匀,然后严格按照材料供应商提供的材料配合比,准确计量;每次配制数量应根据每次涂布面积计算确定,随用随配;混合时,将甲组分、乙组分倒入容器内,用手提式电动搅拌器强力搅拌均匀后即可使用。

4)单组分防水涂料使用前,只需搅拌均匀即可使用。

5)特殊部位附加增强处理。

①天沟、檐沟、檐口等部位应加铺胎体增强材料附加层,宽度不小于 200 mm。

②水落口周围与屋面交接处做密封处理,并铺贴两层胎体增强材料附加层,涂膜伸入水落口的深度不得小于 50 mm。

③泛水处应加铺胎体增强材料附加层,其上面的涂膜应涂布至女儿墙压顶下,压顶处可采用铺贴卷材或涂布防水涂料做防水处理,也可采取涂料沿女儿墙直接涂过压顶的做法。

6)所有接点均应填充密封材料。

①分格缝处空铺胎体增强材料附加层,铺设宽度为 200～300 mm。特殊部位附加增强处理可在涂布基层处理剂后进行,也可在涂布第一遍防水涂层以后进行。

②涂布防水涂料。

A. 待找平层涂膜固化干燥后,应先全面仔细检查其涂层上有无气孔、气泡等质量缺陷,若无即可进行涂布;若有,则应立即修补,然后再进行涂布。

B. 涂布防水涂料应先涂立面、节点,后涂平面。按实验确定的要求进行涂布涂料。

C. 涂层应按分条间隔方式或按顺序倒退方式涂布,分条间隔宽度应与胎体增强材料宽度一致。涂布完后,涂层上严禁上人踩踏走动。

D. 涂膜应分层、分遍涂布,应待前一遍涂层干燥或固化成膜后,并认真检查一遍涂层表面确无气泡、无皱折、无凹坑、无刮痕等缺陷时,方可进行后一遍涂层的涂布,每遍涂布方向应相互垂直。

E. 铺贴胎体增强材料应在涂布第二遍涂料的同时或在第三遍涂料涂布前进行。前者为湿铺法,即,边涂布防水涂料边铺展胎体增强材料边用滚刷均匀滚压;后者为干铺法,即,在前一遍涂层成膜后,直接铺设胎体增强材料,并在其已展平的表面用橡胶刮板均匀满刮一遍防水涂料。

F. 根据设计要求可按上述 5)要求铺贴第二层或第三层胎体增强材料,最后表面加涂一遍防水涂料。

③接头处理。

A. 所有涂膜收头均应采用防水涂料多遍涂刷密实或用密封材料压边封固,压边宽度不得小于 10 mm。

B. 收头处理的胎体增强材料应裁剪整齐,如有凹槽应压入凹槽,不得有翘边、皱折、露白等缺陷。

④涂膜保护层。

A. 涂膜保护层应在涂布最后一遍防水涂料的同时进行,即边涂布防水涂料边均匀撒布细砂等粒料。

B. 在水乳型防水涂料层上撒布细砂等颗粒料时,应撒布后立即进行滚压,才能使保护层与涂膜粘结牢固。

C. 采用浅色涂料做保护层时,应在涂膜干燥或固化后才能进行涂布。

7)检查、清理、验收。

①涂膜防水层施工完后,应进行全面检查,必须确认不存在任何缺陷。

②在涂膜干燥或固化后,应将与防水层粘结不牢且多余的细砂等粉料清理干净。

③检查排水系统是否畅通,有无渗漏。

④验收。

5　劳动力组织

劳动力配置见表9。

表 9　涂膜防水施工劳动力组织

工 作 内 容	单位	工日	备 注
水乳型氯丁橡胶沥青涂料涂膜防水层	100 m²	5/6	涂膜厚 2 mm
聚氨酯涂膜防水层	100 m²	7/8	涂膜厚 2 mm
丙烯酸弹性防水胶涂膜防水层	100 m²	14/15	涂膜厚 2 mm
丙烯酸弹性水泥涂膜防水层	100 m²	14/15	涂膜厚 2 mm
硅橡胶涂膜防水层	100 m²	14/15	涂膜厚 2 mm

注:"/"上方的数据为屋面施工所需工日,下方数据为墙面施工所需工日。

6　机具设备配置

机械设备配置见表10。

表 10　主要机械设备配置表

高聚物改性沥青防水涂料		合成高分子防水涂料	
溶剂型	水乳型	聚氨酯防水涂料	聚合物水泥、丙烯酸、硅橡胶防水涂料
扫帚、圆滚刷、腻子刀、钢丝刷、油漆刷、拌料桶(塑料或铁桶)、手提式电动搅拌器、剪刀、消防器材	机具与溶剂型相同(毋需消防器材)	扫帚、圆滚刷、刮板、腻子刀、钢丝刷、油漆刷、称料桶、拌料桶、磅秤、手提式电动搅拌器、消防器材等	扫帚、抹布、凿子、锤子、钢丝刷、腻子刀、台称、水桶、称料桶、拌料桶、手提式电动搅拌器、剪刀、圆滚刷、油漆刷等

7　质量控制要点

7.1　质量控制要求

7.1.1　材料的控制

(1)有可操作时间。涂料应有适合大面积防水涂料施工可操作时间。

(2)要有一定的黏结强度,特别是在潮湿基面(即基面含水饱和但无渗漏水)上有一定的粘结强度。

7.1.2　技术的控制

(1)涂料材料及配套材料为同一系列产品具有相容性,配料计量准确,拌和均匀,每次拌料在可操作时间内使用完毕。

(2)基层处理符合要求，基层应保持清洁、干燥，在涂料涂刷之前应先在基层面上涂刷一层与涂料相容的基层处理剂，待其表面干燥后，随即涂刷防水涂料。涂料与基层必须粘贴牢固。

(3)涂膜应根据材料特点，分层涂刷至规定厚度，每次涂刷不可过厚，在涂刷干燥后，方可进行上一层涂刷，每层的接槎（搭接）应错开，接槎宽度 30～50 mm，上下两层涂膜的涂刷方向要交替改变。涂料涂刷全面、严密。

(4)有纤维增强层时，在涂层表面干燥之前，应完成纤维布铺贴，涂膜干燥后，再进行纤维布以上涂层涂刷。

7.1.3 质量的控制

(1)涂膜防水材料及加层玻璃布性能必须符合设计和有关标准规定。并有产品合格证、试验报告。

(2)涂膜防水层及其局部应加强的变形缝、预埋管件处、阴阳角部位的做法，必须符合设计要求和施工规范的规定，不得渗漏水。

(3)涂膜防水的基层应牢固，表面洁净，密实平整，阴阳角呈圆弧形，底胶涂层应均匀，无漏涂。

(4)附加涂膜层的涂刷方法、搭接、收头应按设计要求，粘结必须牢固，接缝封闭严密，无损伤、空鼓等缺陷。

(5)聚氯酯涂膜防水层、涂膜厚度均匀、粘结牢固严密，不允许有脱落、开裂、孔眼、涂刷压接不严密的缺陷。

(6)涂膜防水层表面不应有积水和渗水的现象。保护层不得有空鼓、裂缝、脱落的现象。

7.2 质量检验标准

7.2.1 主控项目

(1)防水涂料、胎体增强材料、密封材料和其他材料必须符合质量标准和设计要求。施工现场应按规定对进场的材料进行抽样复查。

(2)涂膜防水屋面施工完后，应经雨后或持续淋水 24 h 的检验。若具备作蓄水检验的屋面，应做蓄水检验，蓄水时间不小于 24 h。必须做到无渗漏、不积水。

(3)天沟、檐沟必须保证纵向找坡符合设计要求。

(4)细部防水构造（如：天沟、檐沟、檐口、水落口、泛水、变形缝和伸出屋面的管道）必须严格按照设计要求施工，必须做到全部无渗漏。

7.2.2 一般项目

(1)涂膜防水层。

1)涂膜防水层应表面平整、涂部均匀，不得有流淌、皱折、鼓泡、裸露胎体增强材料和翘边等质量缺陷，发现问题，及时修复。

2)涂膜防水层与基层应粘结牢固。

3)涂膜防水层的平均厚度应符合相关规定和设计要求，涂膜最小厚度不应小于设计厚度的 80%。采用针测法或取样测量方式检验涂膜厚度。

(2)涂膜保护层。

1)涂膜防水层上采用细砂等粒料做保护层时,应在涂布最后一遍涂料时,边涂布边均匀铺撒,使相互间粘结牢固,覆盖均匀严密,不露底。

2)涂膜防水层上采用浅色涂料做保护层时,应在涂膜干燥固化后做保护层涂布,使相互间粘结牢固,覆盖均匀严密,不露底。

3)防水涂膜上采用水泥砂浆、块材或细石混凝土做保护层时,应严格按照设计要求设置隔离层。块材保护层应铺砌平整,勾缝严密,分格缝的留设应准确。

4)刚性保护层的分格逢留置应符合设计要求,做到留设准确,不松动。

7.3　质量通病防治

7.3.1　粘结不牢

(1)现象。

涂膜与基层粘结不牢,起皮、起灰。

(2)原因分析。

1)基层表面不平整、不干净,有起皮、起灰等现象。

2)施工时基层过分潮湿。

3)涂料结膜不良。

4)涂料成膜厚度不足。

5)在复合防水施工时,涂料与其他防水材料相容性差。

6)防水涂料施工时突遇下雨。

7)突击施工,上下工序及二道涂层之间无技术间隔时间。

(3)预防措施。

1)基层不平整造成屋面积水时,宜用涂料拌和水泥砂浆进行修补;凡有起皮、起灰等缺陷时,要及时用钢丝刷清除,并修补完好;防水层施工前,还应将基层表面清扫,并洗刷干净。

2)涂膜防水屋面的基层应达到干燥状态后才可进行防水作业,并宜选择在晴朗天气施工。基层表面是否干燥,可通过简易的测试方法。检验时,将 $1 m^2$ 的卷材平坦地干铺在找平层上,静置 $3\sim4 h$ 后掀开检查,如找平层覆盖部位与卷材上部未见水印,即可认为基层达到干燥程度。

3)当基层表面尚未干燥而又急于施工时,则可选择涂刷潮湿界面处理剂、基层处理剂等方法,改善涂料与基层的粘结性能。基层处理剂施工时应充分搅拌,涂刷均匀,覆盖完全,干燥后方可进行涂膜施工。有条件时,推荐采用能在潮湿基面上固化的合成高分子防水涂料,如双组分或单组分的非焦油聚氨酯类防水涂料。

4)涂料结膜不良与涂料品种及性能、施工操作工艺、原材料质量、涂料成膜环境等因素有关。例如反应型涂料大多数是由两个或更多组分通过化学反应固化成膜的,组分的配合比必须准确称量,充分混合,才能反应完全并变成符合要求的固体涂膜。任何组分的超量或不足,搅拌不均匀、不充分等,都会导致涂膜质量下降,严重时甚至根本不能固化成膜。溶剂型涂料固体含量较低,成膜过程中伴随有大量有毒、可燃的溶剂挥发,因此要注意施工时的风向,并不宜用于空气流动性差的工程。对于水乳型涂料,其施工及成膜对温度有严格的要求,低于 $5\ ℃$ 时就不便使用。水乳型涂料通过水分蒸发,使固体微粒聚集成膜的过程较慢,若中途遇雨,涂层将被雨水冲走;成膜过程温度过低,结膜的质量以及与基层的粘结力将会下降;如温度过高,涂膜又会起泡等,这些都应在施工中充分防范。

5)涂料结膜不良还与两层涂料施工间隔时间有关。如底层涂料未实干时,就进行后续涂层施工,使底层中水分或溶剂不得及时挥发,而双组分涂料则未能充分固化而形成不了完整的防水薄膜。

6)当采用两种防水材料进行复合防水施工时,应考虑防水涂料与其他材料的相容性,确保两者之间粘结牢固。有关试验指出,两种材料的溶度参数愈接近,则此两种材料的相容性愈好。一些合成高分子材料的溶度参数见表11。

表 11　溶　度　参　数

高分子聚合物名称	溶度参数	高分子聚合物名称	溶度参数
聚丙烯酸甲酯	9.8	丁苯橡胶	8.3～8.67
丁睛橡胶	9.38～9.64	聚丁二烯橡胶	8.3～8.6
聚氯乙烯树脂	9.6	顺丁橡胶	8.3
聚苯乙烯树脂	9.4	天然橡胶	7.9～8.35
氯化橡胶	9.4	异戊橡胶	7.7～8.1
丁吡橡胶	9.35	三元乙丙橡胶	7.9～8.0
氯丁橡胶	8.18～9.36	丁基橡胶	7.7～8.05
氯化聚乙烯树脂	8.9	聚乙烯树脂	7.8
氯磺化聚乙烯橡胶	8.9	有机硅橡胶	7.6

7)精心操作,确保涂料的成膜厚度。涂膜厚度对防水质量有直接影响,也是施工中最易出现偷工减料的环节。施工时应根据涂料的固体物含量(重量百分比)、涂料密度(g/cm^3),再加适量合理损耗,即可计算屋面单位面积上所需的涂料用量,这样才能确保施工中达到规定的设计涂膜厚度。

8)掌握天气变化,并备置雨布,供下雨时及时覆盖。表干的涂料已经结膜,此时可抵抗雨水冲刷,而不致影响与基层的粘结力。

9)防水层每道工序之间应有一定的技术间隔时间,涂层之间不能采取连续作业法,两道涂层的相隔时间与涂膜的干燥程度有关,且应通过试验确定。一般春秋季应间隔 10 h 以上,3 d 以内;夏季间隔 5 h 以上,2 d 以内;冬季间隔 15 h 以上,5 d 以内。

10)不得使用已经变质失效的防水涂料。

(4)治理方法。

先将与基层粘结不牢的涂膜铲除并清理干净,再用与原防水层材性相当的涂膜((加胎体增强材料)进行覆盖。

7.3.2　涂膜裂缝、脱皮、流淌、鼓包

(1)现象。

涂膜出现裂缝、脱皮、流淌、鼓泡等缺陷。

(2)原因分析。

1)基层刚度不足,抗变形能力差,找平层开裂。

2)涂料施工时温度过高,或一次涂刷过厚,或在前遍涂料未实干前即涂刷后续涂料。

3)基层表面有砂粒、杂物、涂料中有沉淀物质。

4)基层表面未充分干燥,或在湿度较大的气候下操作。

5)基层表面不平,涂膜厚度不足,胎体增强材料铺贴不平整。

6)涂膜流淌主要发生在耐热性较差的防水涂料中。

(3)防治措施。

1)在保温层上必须设置细石混凝土(配筋)刚性找平层;同时在找平层上按规定留设温度分格缝。对于装配式钢筋混凝土结构层,应在板缝内浇筑细石混凝土,并采取其他相应措施。找平层裂缝如大于 0.3 mm 时,可先用密封材料嵌填密实,再用 10~20 mm 宽聚酯毡作隔离条,最后涂刮 2 mm 厚的涂料附加层。找平层裂缝如小于 0.3 mm 时,也可按上述方法进行处理,但涂料附加层的厚度为 1 mm。

2)为防止涂膜防水层开裂,应在找平层分格缝处,增设带胎体增强材料的空铺附加层,其宽度宜为 200~300 mm;而在分格缝中间 70~100 mm 范围内,胎体附加层的底部不应涂刷防水涂料,以使与基层脱开。

3)涂料应分层、分遍进行施工,并按事先试验的材料用量与间隔时间进行涂布。若夏天气温在 30 ℃ 以上时,应尽量避开炎热的中午施工,最好安排在早晚(尤其是上半夜)温度较低的时间操作。

4)涂料施工前应将基层表面清扫干净;沥青基涂料中如有沉淀物(沥青颗粒),可用 32 目铁丝网过滤。

5)选择晴朗天气下操作;或可选用潮湿界面处理剂、基层处理剂或能在湿基层面上固化的合成高分子防水涂料,抑制涂膜中鼓泡的形成。

6)基层表面局部不平,可用涂料掺入水泥砂浆中先行修补平整,待干燥后即可施工。铺贴胎体增强材料时,要边倒涂料、边推铺、边压实平整;铺贴最后一层胎体增强材料后,面层至少应再涂刷二遍涂料。胎体应铺贴平整,松紧有度,铺贴前,应先将胎体布幅的两边每隔 1.5~2.0 m 间距各剪一个 15 mm 的小口,以利排除空气,确保胎体铺贴平整。

7)进厂前应对原材料抽检复查,不符合质量要求的防水涂料坚决不用。

7.4　成品保护

涂膜防水层施工进行中或施工完后,均应对已做好的涂膜防水层加以保护和养护,养护期一般不得少于 7 d,养护期间不得上人行走,更不得进行任何作业或堆放物料。

7.5　季节性施工措施

7.5.1　雨期施工措施

(1)防水涂料严禁在雨天、雪天、雾天施工;5 级风及其以上时不得施工。

(2)预计涂膜固化前有雨时不得施工,施工中遇雨应采取遮盖保护措施。

(3)掌握天气变化,并备置雨布,供下雨时及时覆盖。

7.5.2　冬期施工措施

(1)严冬季节施工气温不得低于 5 ℃。

(2)防水层每道工序之间应有一定的技术间隔时间,涂层之间不能采取连续作业法,两道涂层的相隔时间与涂膜的干燥程度有关,冬季间隔 15 h 以上,5 d 以内。

7.6　质量记录

(1)防水涂料应有产品合格证、现场取样复试资料。

(2)隐蔽工程检验资料及质量检查评定资料。

8 安全、环保及职业健康措施

8.1 职业健康安全关键要求

(1)溶剂型防水涂料易燃有毒,应存放于阴凉、通风、无强烈日光直晒、无火源的库房内,并备有消防器材。

(2)使用溶剂型防水涂料时,施工现场周围严禁烟火,应备有消防器材。施工人员应着工作服、工作鞋、戴手套。操作时若皮肤上沾上涂料,应及时用沾有相应溶剂的棉纱擦除,再用肥皂和清水洗净。

(3)着重强调临边安全,防止抛物和滑坡。

(4)高温天气应做好防暑降温措施。

(5)清扫及砂浆拌和过程要避免灰尘飞扬。

(6)施工中生成的建筑垃圾要及时清理、清运。

(7)施工现场应通风良好,在通风差的地下室作业,应有通风措施。

(8)操作人员每操作 1～2 h 应到室外休息 10～15 min。

(9)现场操作人员应戴防护物套,避免污染皮肤。

8.2 环境关键要求

(1)防水涂料严禁在雨天、雪天、雾天施工;5 级风及其以上时不得施工。

(2)预计涂膜固化前有雨时不得施工,施工中遇雨应采取遮盖保护措施。

(3)严冬季节施工气温不得低于 5 ℃。

(4)溶剂型高聚物改性沥青防水涂料和合成高分子防水涂料的施工环境温度宜为 −5 ℃～35 ℃;水乳型防水涂料的施工温度必须符合规范规定要求,施工环境温度宜为 5 ℃～35 ℃。

9 工程实例

9.1 所属工程实例项目简介

南充广电大厦建筑面积约 22 000 m²,建筑高度 77.7 m,属二类高层建筑,建筑防火为一类,耐火等级为一级。本工程地下一层,为地下车库,地上 20 层,1～3 层为裙房部分,属综合用房,4～20 层为塔楼部分,塔楼平面呈 V 形。室外地面至主楼屋面总高度 $H=78.3$ m。该工程为全现浇钢筋混凝土框架—剪力墙结构。抗震设防烈度≤6 度(非抗震设计),建筑结构安全等级为一级。基础采用人工挖孔扩底灌注桩。

该工程裙房部分屋面及主楼大屋面采用双道防水(聚乙烯橡胶防水、克水宁涂料防水);地下室防水等级为一级,采用钢筋混凝土自防水和克水宁涂料防水两道防水。

9.2 施工组织及实施

克水宁涂料,即聚氨酯防水涂料。以地下室克水宁涂料施工为例,地下室筏板的梁模板采用砖胎模,板底模板采用混凝土垫层,筏板底部基层全部施工完毕后,开始施工板底的克水宁涂料防水层,并及时隐蔽保护。

劳动力投入:防水工 15 人。

机具投入：扫帚、圆滚刷、刮板、腻子刀、钢丝刷、油漆刷、称料桶、拌料桶、磅秤、手提式电动搅拌器、消防器材等。

9.3　工期（单元）

地下室防水涂料施工总工期 15 d，其中：底板防水 5 d，侧墙防水 8 d，顶板局部防水 2 d。

9.4　建设效果及经验教训

以地下室防水为例，该工程所在位置地下水位较高，渗透系数较大。施工过程中，严格控制地下室结构自防水和克水宁防水涂料层的施工质量，并通过竣工前的观察和竣工后的回访，证明该防水工程取得了较好的防水效果。

9.5　关键工序图片（照片）资料

关键工序图片如图 3～图 5 所示。

图 3　开始施工筏板底部的克水宁涂膜防水层

图 4　筏板底部的克水宁涂膜防水层

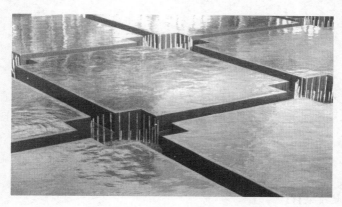

图 5 已施工完毕的筏板底部的克水宁涂膜防水层

高分子复合防水卷材施工工艺

防水工程广泛运用于工业与民用建筑工程中。防水工程根据施工工艺不同包括：防水涂料、防水卷材等，本工艺标准选取施工中常用且具有代表性的三元乙丙高分子复合防水卷材施工进行阐述。

1　工艺特点

施工简便，防水效果好。

2　工艺原理

通过与基层的铺贴，依附于基层形成致密的隔水层，以阻止雨水渗透，从而达到防水目的。

3　适用范围

本工艺标准适用于合成高分子防水卷材屋面防水层工程粘贴法施工。

4　施工准备

4.1　材料及要求

4.1.1　三元乙丙高分子复合卷材

规格：厚 1.2 mm、1.5 mm，长 20 m，宽 1 m。

4.1.2　技术性能

技术性能详见表 1。

表 1　合成高分子防水卷材的物理性能

项　　目		性　能　要　求			
		弹性体卷材	塑性体卷材		胎体增强卷材
			Ⅰ	Ⅱ	
拉伸强度		≥7 MPa	≥16 MPa	≥2 MPa	≥9 MPa
断裂延伸率		≥450%	≥600%	≥100%	≥10%
低温弯折性		−40 ℃	−30 ℃	−20 ℃	−20 ℃
		无裂纹			
不透水性	压力	≥0.3 MPa	≥0.2 MPa	≥0.3 MPa	
	保持时间	≥30 min			
热老化保持率（80±2 ℃，168 h）	拉伸强度	≥80%			
	断裂延伸率	≥70%			
	尺寸变化率	≤2%			
耐臭氧性能（100 pphm，40 ℃，伸长 20%）		168 h 无龟裂			

4.1.3 外观检查

卷材面应平滑、无空洞、裂纹、折皱以及影响不透水性的其他缺陷。

折痕：每卷不超过 2 处，总长度不超过 20 mm；

杂质：大于 0.5 mm 粒不允许；

胶块：每卷不超过 6 处，每处面积不大于 4 mm²；

缺胶：每卷不超过 6 处，每处不大于 7 mm，深度不超过本身厚度的 30%。

4.1.4 贮存、运输

（1）应贮存在阴凉通风的室内，避免雨淋、日晒和受潮，严禁接近火源。

（2）卷材应直立堆放，其高度不得超过两层，两层存放或运输时应在两层之间放一块纤维板或胶合板。短途运输平放不得超过 4 层。

（3）应避免与化学介质及有机溶剂等有害物质接触。

4.1.5 辅助材料

（1）合成高分子防水卷材配套材料见表 2。

表 2 合成高分子防水卷材配套材料表

配套材料	三元乙丙防水卷材使用
1. 基层处理剂	聚氨酯甲、乙组分二甲苯稀释剂
2. 基层胶黏剂	CX-404 胶
3. 卷材接缝胶粘剂	丁基橡胶胶粘剂甲、乙组分或单组分丁基橡胶胶粘剂
4. 增强密封膏	聚氨酯嵌缝膏（甲、乙组分）
5. 着色剂	用于屋面着色（银灰色）涂料
6. 自硫化胶带	

（2）改性沥青防水涂料、聚合物水泥基复合防水涂料：节点密封材料。

（3）改性沥青防水油膏：节点密封材料。

4.2 工　具

工具详见表 3。

表 3 工　具　表

名　称	用　途	名　称	用　途
扫帚、小铁铲、钢丝刷	清理基面	长柄滚刷	涂刷基层处理剂
卷尺、2 m 直尺、塞尺	测量、检查	橡胶刮板	涂刷基层胶粘剂
剪刀	裁剪卷材	手持压辊	滚压接缝、立面
电动搅拌器	搅拌胶粘剂	扁平辊	滚压阴阳角
粉线	弹线	大压辊	滚压大面卷材

4.3 作业条件

（1）基层必须坚固、不起砂、不起皮、表面清洁平整，用 2 m 直尺检查，最大空隙不应大于 5 mm，不得有空鼓、开裂及起砂、脱皮等缺陷，空隙只允许平缓变化。阴角处应做成半径为 20 mm 的圆角；阳角处应做成半径为 50 mm 的圆角。

（2）基层必须干燥，其含水率不得大于 9%，检测简易方法是将 1 m×1 m 卷材或塑料布平铺在基层上，静置 3~4 h（阳光强烈时 1.5~2 h）后掀开检查，若基层覆盖部位及卷材或塑料布上未见水印即可施工。

（3）卷材严禁在雨天、雪天施工，5 级风及其以上时不得施工，气温低于 0 ℃时不宜施工。

（4）防水层所用材料多属易燃品，存放和操作应隔绝火源，做好防火工作。

5　工艺流程及操作要点

5.1　工艺流程

高分子复合防水卷材施工工艺流程见图 1。

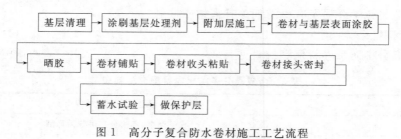

图 1　高分子复合防水卷材施工工艺流程

5.2　操作要点

5.2.1　清理基层

（1）防水层施工前将已验收合格的基层表面清扫干净，不得有浮尘、杂物等影响防水层质量的缺陷。

（2）涂刷基层处理剂：涂布聚氨酯底胶。

5.2.2　涂刷聚氨酯底胶

（1）聚氨酯底胶的配制：聚氨酯材料按甲∶乙=1∶3（重量比）的比例配合，搅拌均匀即可施工；也可以由聚氨酯材料按甲∶乙∶二甲苯=1∶1.5∶1.5 的比例配合，搅拌均匀进行施工。

（2）涂刷聚氨酯底胶：大面积涂刷前，用棕刷蘸底胶在阴阳角、管根、水落口等细部复杂部位均匀涂刷一遍聚氨酯底胶，然后用长把滚刷在大面积部位涂刷。涂刷底胶（相当于冷底子油）厚度应一致，不得有漏刷、花白等现象。

5.2.3　附加层施工

阴阳角、管根、水落管等部位必须先做附加层，可采用自黏性密封胶或聚氨酯涂膜、也可以铺贴一层合成高分子防水卷材处理，应根据设计要求确定。

5.2.4　卷材与基层表面涂胶

（1）卷材表面涂胶：将卷材铺展在干净的基层上，用长把滚刷蘸 CX—404 胶滚涂均匀。应留出搭接部位不涂胶，边头部位空出 100 mm。

涂刷胶粘剂厚度要均匀，不得有漏底或凝聚块类物质存在；卷材涂胶后 10~20 min 静置干燥，当指触不粘手时，用原卷材筒将刷胶面向外卷起来，卷时要端头平整，卷劲一致，直径不得一头大，一头小，并要防止卷入砂粒和杂物，保持洁净。

（2）基层表面涂胶：已涂底胶干燥后，在其表面涂刷 CX—404 胶，用长把滚刷蘸 CX—404 胶，不得在一处反复涂刷，防止粘起底胶或形成凝聚块，细部位置可用毛刷均匀涂刷，静置晾干即可铺贴卷材。

5.2.5 卷材铺贴

卷材及基层已涂的胶基本干燥后(手触不粘,一般 20 min 左右),即可进行铺贴卷材施工。卷材的层数、厚度应符合设计要求。

(1)铺贴前在基层面上弹线,作为掌握铺贴的标准线,使其铺设平直。

(2)卷材应平行屋脊从檐口处往上铺贴,双向流水坡度卷材搭接应顺流水方向,长边及端头的搭接宽度,如空铺、点粘、条粘时,均为 100 mm;满黏法均为 80 mm,且端头接茬要错开 250 mm。

(3)卷材应从流水坡度的下坡开始,按卷材规格弹出基准线铺贴,并使卷材的长向与流水坡向垂直。注意卷材配制应减少阴阳角处的接头。

(4)铺贴平面与立面相连接的卷材,应由下向上进行,使卷材紧贴阴阳角,铺展时对卷材不可拉得过紧,且不得有皱褶、空鼓等现象。

(5)卷材末端收头及边嵌固:为了防止卷材末端剥落,用渗膏或其他密封材料封闭。当密封材料固化后,表面再涂刷一层聚氨酯防水涂料,然后压抹 107 胶水泥砂浆压缝封闭。

(6)卷材不得在阴阳角处接头,接头处应间隔错开。

(7)操作中排气:每铺完一张卷材,应立即用干净的滚刷从卷材的一端开始横向用力滚压一遍,以便将空气排出。

(8)滚压:排除空气后,为使卷材粘结牢固,应用外包橡皮的铁辊滚压一遍。

(9)收头处理:防水层周边用聚氨酯嵌缝,并在其上涂刷一层聚氨酯涂膜。

5.2.6 卷材接头粘贴

(1)合成高分子卷材搭接宽度:满粘法 80 mm,空铺、点粘、条粘法 100 mm。

(2)合成高分子卷材搭接缝用丁基胶黏剂 A、B 两个组分,按 1∶1 的比例配合搅拌均匀,用油漆刷均匀涂刷在翻开的卷材接头的两个粘结面上,静置干燥 20 min,即可从一端开始黏合,操作时从里向外一边压合,一边排出空气,并用手持小铁压辊压实,边缘用聚氨酯嵌缝膏封闭。

5.2.7 防水层蓄水试验

卷材防水层施工后,经隐蔽工程验收,确认做法符合设计要求,应做蓄水试验,确认不渗漏水,方可施工防水层保护层。

5.2.8 保护层施工

在卷材铺贴完毕,经隐检、蓄水试验,确认无渗漏的情况下,非上人屋面用长把滚刷均匀涂刷着色保护涂料;上人屋面根据设计要求做块材等刚性保护层。

6 劳动力组织

每组三人,一人调胶,两人铺贴。分组情况根据工作面和工作量确定。

7 质量控制

7.1 质量控制要求

7.1.1 质量控制基本要求

(1)防水工程施工前,先进行图纸会审,掌握施工图中防水材料选用和细部构造。

要求制订确保防水工程质量的施工方案和技术措施。施工方案内容应包括:分项工程概况、工程质量目标及相关标准、施工组织与管理、防水材料材质及其使用部位,施工操作技术工艺,安全注意事项等,并针对防水工程易产生渗漏的节点画出大样图。

(2)按设计要求的防水等级和选用的材料把好材料的验收关。防水材料应有产品合格证书和性能检测报告,材料进场后应按规定进行抽样复试并提交试验报告、抽样数量、检验项目和检验方法应符合国家产品标准和规范的有关规定,必须是合格产品才能使用。

(3)卷材防水层采用高聚物沥青防水卷材,合成高分子防水卷材或沥青防水卷材,所用的基层处理剂、接缝胶黏剂、密封材料等应与铺贴的卷材性能相容,使卷材粘结良好,封闭严密,防止发生腐蚀等侵害。

(4)涂料防水可采用无机防水涂料及有机防水涂料。

(5)屋面工程是一个分部工程,包括屋面保温层、找平层、防水层和细部构造等分项工程,施工时应建立各道工序的自检,交接检和专职人员检查的"三检"制度,并有完整的检查记录。每道工序完成后,应经建设、监理单位检查验收,合格后方可进行下道工序的施工。

(6)选择有资质的专业防水施工队伍,才能保证防水工程的质量。

7.1.2 主控项目

(1)合成高分子防水卷材规格、性能必须按设计和有关标准采用,具备产品合格证及现场见证取样抽检合格资料。

(2)卷材防水层特殊部位的细部做法,必须符合设计要求和施工及验收规范的规定。

(3)防水层严禁有渗漏和积水现象。

7.1.3 一般项目

(1)卷材防水层的搭接缝应粘(焊)结牢固,密封严密不得有皱折、翘边和鼓泡等缺陷;防水层的收头应与基层粘结并固定牢固,缝口封严不得翘边。

检验方法:观察检查。

(2)卷材防水层上的撒布材料和浅色涂料保护层应铺撒或涂刷均匀,粘结牢固;水泥砂浆、块材或细石混凝土保护层与卷材防水层间应设置隔离层;刚性保护层的分格缝留置应符合设计要求。

检验方法:观察检查。

(3)排汽屋面的排汽道应纵横贯通,不得堵塞。排汽管应安装牢固,位置正确,封闭严密。

检验方法:观察检查。

(4)卷材的铺贴方向应正确,卷材搭接宽度的允许偏差为−10mm。

检验方法:观察和尺量检查。

7.2 材料控制

(1)规格、材质:满足设计要求。

(2)防水卷材:三元乙丙橡胶防水卷材。必须有出厂质量合格证,有相应资质等级检测部门出具的检测报告、产品性能和使用说明书;进场后应进行外观检查,合格后按规定取样复试,并实行见证取样和送检。

(3)底胶:聚氨酯底胶(相当于冷底子油)分甲、乙两组分,甲为黄褐色胶体,乙为黑色胶体。

(4)CX—404胶:用于基层及卷材粘结,为黄色浑浊胶体。

(5)聚氨酯涂膜材料:用于处理接缝、增补、密封处理,分甲、乙组分。

(6)粘结剂:用于卷材接缝,分 A、B 两组分,A 为黄浊胶体,B 为黑色胶体。

(7)聚氨酯嵌缝膏:用于密封卷材收头部位,分甲、乙组分。

(8)二甲苯或乙酸乙酯：用于稀释或清洗工具。

7.3 质量检验标准

一般规定

质量要求符合各项规范的规定。

(1)《地下防水工程质量验收规范》(GB 50208)。

(2)《地下工程防水技术规范》(GB 50108)。

(3)《建筑工程施工质量验收统一标准》(GB 50300)。

7.4 质量通病防治

(1)卷材防水层空鼓：多发生在找平层与卷材之间，尤其是卷材的接缝处；原因是基层不干燥，气体排出不彻底，卷材粘结不牢，压得不实；应控制好各工序的验收。

(2)卷材屋面防水层渗漏：加强细部操作，管根、水落管口、伸缩缝和卷材搭接处，应做好接头粘结，施工中保护好接槎，嵌缝时应清理干净，使接槎面相粘紧密，以保证施工质量，认真做蓄水试验。

(3)积水：屋面、檐沟泛水坡度做得不顺，坡度不够，屋面平整度差。施工时基层找平层泛水坡度应符合要求。

7.5 成品保护

(1)已铺好的卷材防水层，应及时采取保护措施，防止机具和施工作业损伤。

(2)屋面防水层施工中不得将穿过屋面、墙面的管根损伤变位。

(3)变形缝、水落管等处在防水层施工前，应进行临时堵塞，防水层完工后，应进行清理，保证管、缝内通畅，满足使用功能。

(4)防水层施工完毕，应及时做好保护层。

(5)施工中不得污染已做完的成品。

8 安全、环保及职业健康措施

8.1 安全措施

(1)做好安全教育，包括新工人进场教育，节前节后安全学习，班组经常性安全教育，针对防水分项工程的特点由现场质安员对班组进行安全技术交底。

(2)严格执行"三宝"制度，聚氨酯底胶及施工要戴胶手套，严禁光脚或穿拖鞋作业。

(3)注意防火安全，配备足够的灭火器材；聚氨酯及溶剂应单独存放，并悬挂"严禁烟火"标牌明示。

8.2 环保措施

各种使用中剩余而不能利用的化学用剂及粘结剂用专用容器盛装，且于指定的地点进行无公害集中处理，严禁擅自焚烧和随意倾倒。

8.3 保证职业健康措施

操作人员穿防滑软底鞋、戴手套进行作业，对于有挥发性的粘结剂还应戴口罩工作，防止对皮肤和呼吸系统造成侵害。

9　工程实例

9.1　所属工程实例项目简介

中铁二局上河新城项目工程屋面防水采用了上述防水材料，防水施工面积共 $750\ m^2$。

9.2　建设效果及经验教训

经过一年的使用，还未发现屋面有渗漏水现象。该工程在防水施工完毕的蓄水检验期间，在部分管道周围发现了渗漏水现象，在返工过程中发现，造成渗漏水原因是管道或管的收头处理不规范，管周也未用密封油膏进行加强处理。所以，在防水工程施工时，细节处理往往是决定防水工程成败的关键。

金属屋面施工工艺

金属屋面是以轻钢建筑体系为主要构成,其建筑周期短、预制化程度高、建筑及设计风格灵活多样以及整个施工过程有利于环保等特点,被广泛应用于各类建筑中,以金属材料作为屋面板的新型建筑。

1 金属屋面分类

金属屋面根据材料种类大概可以分为:钛板、铜板、钛锌板、铝镁锰合金板、不锈钢板、钛锌复合板、铜复合板、不锈钢合金板等金属屋面。

2 金属屋面特点

金属屋面具有以下特点:
(1)质轻、强度高钛的比强度(材料的强度和密度的比值)位于金属之首。
(2)超强的耐腐蚀性能。
(3)高贵、典雅的金属自然光泽。
(4)加工方便,加工平整度好。
(5)良好的隔音、隔热效果。
(6)高度集成化,集保温、通风、隔音于一体,安装简单、造型简洁、流畅,使用寿命长。

3 金属屋面施工工艺

3.1 施工准备及条件

进入工地的防水材料均应附产品合格证和材料质量测试报告单。现场抽样通过权威部门的检测。

3.2 主要工具

小平铲、滚刷、油漆刷、钢卷尺、剪刀、粉线、手持压滚、扫帚、手锯等。

3.3 作业条件

(1)将金属屋面板上的尘土、杂物清扫干净,表面突出部分应清除干净。
(2)防水层使用的胶黏剂、溶剂等均属易燃物品,存放时远离火源,专人看管,防止发生意外。
(3)雨天、雪天、5级风以上天气及基层潮湿的情况下,不得施工。
(4)基层经过验收,才可以进行下一道工序。

3.4 施工操作工艺

3.4.1 工艺流程
金属屋面施工工艺流程如图1所示。

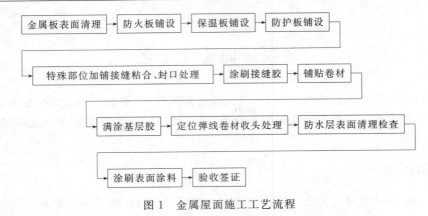

图 1　金属屋面施工工艺流程

3.4.2　施工要点

(1)金属屋面板表面清理,应将尘土、砂粒、杂物清扫干净。

(2)在金属屋面板上,直接铺设防火板;再从低到高铺设保温板;保温板上铺设防护板,最后用固定螺钉按工艺将防火板、保温板和防护板三者一起固定在金属屋面板上。

(3)在分格缝等节点部位基层和卷材附加层上用漆刷涂刷基层胶,不得有漏刷和透底现象,常温下,干燥 5～10 min 以上,指触不贴时,即可进行下道工序。

(4)金属屋面板施工工艺。

1)屋面彩色钢板铺设顺序,由常年风尾方向起铺,即从东南方向开始其铺。

2)屋面与墙面板的安装在主框架校正完毕,验收后进行。

3)瓦板安装顺序:外层板→内衬板。

4)按板的安装顺序和排板图,将板材就近摆放并做好防护。安装顺序为先安装屋面板后安装墙板。具备条件时也可以同时进行。

5)在结构上反出板的起始线,并拉线控制板的直线度和垂直。本工程的墙面钢板横向铺设。

6)屋面板在檩条安装完毕后即可吊至顶面(吊运方法同吊运压型钢板)采用人工铺板,同时清理板面。屋面及墙面要开洞时,由测量人员放样后剪切。

7)钢板安装的注意事项。

①在钉装钢板时自钻钉钉入的深度必须由防水胶垫控制,不得欠钉、过钉以保证钢板的密封性。

②屋面钢板搭接必须符合设计要求。

③屋面板靠近屋脊盖板端应向上 10°,其靠近天沟端应向下扳 30°。

④屋脊盖板及檐口泛水(含天沟),须加铺山型发泡 PE 封口条。

⑤收边施工固定方式,依现场丈量,须变更时,以确认后制作图为准。

8)防火板、保温板、防护板铺设工艺流程及注意事项基本与金属屋面板同。

(5)特殊部位处理(详见细部处理)。

1)节点部位处理使用同规格片材做附加层。

2)分格缝等部位:附加层宽度 250 mm。

3)阴阳角部位:附加层宽度每边 250 mm。

4)金属板之间采用搭接时,其搭接长度不应小于 100 mm。

5)金属板下面无易燃物品时,其厚度不应小于 0.5 mm。

6)金属板下面有易燃物品时,其厚度,铁板不应小于 1.0 mm。

①排气管防水构造。

对排气管部位应清除干净,表面应平整、光滑,并做好附加层。

在管壁高 150 mm 处粘上一圈 3 cm 宽的密封带,再取一块比排气管周长尺寸大 100 mm、宽 250 mm 的片材,涂上基层胶黏剂(S801—3$^\#$ 或 S703—3$^\#$),待干燥至手指触摸不粘手时可粘贴,管壁粘结高度为 150 mm,管根片材沿四周剪成均匀的深度 100 mm 条块状与管根牢固粘合,如图 2、图 3、图 4 所示。

②穿出屋面管道的防水构造做好大面防水层后,用管根套套至管根部位,在上下套口四周用密封胶密封。具体如图 7 或图 8 所示。

③排水口的防水构造。

a. 排水口孔部位应清除干净,表面平整、光滑,并做好附加层。

b. 取一块大于排口周长 100 mm,宽 250 mm 的片材,在粘结面上涂上基层胶(S801—3$^\#$ 或 S703—3$^\#$)干燥至手指触摸不黏时,把片材做成卷筒状,伸入孔内约 150 mm,外露 100 mm,外露部分裁剪成条状,用手按压,确保其与孔壁和基面牢固粘合。做整体防水层时,防水层应延伸至排水孔内,如图 5、图 6 或图 7 所示。

④女儿墙、天沟和檐沟的防水构造。女儿墙、天沟和檐沟等部位片材收头处先用密封胶条粘贴于基层上,再贴上片材并用金属压顶条固定,最后用密封膏封压顶条上沿口及钉眼处。如图 8、图 9 或图 10 所示。

⑤阴、阳角的防水构造用自硫化橡胶泛水粘贴在阴、阳角部位,四周沿口用密封膏密封,具体如图 9 或图 10 所示。

图 2　　　　　　　　　　　图 3　　　　　　　　　　　图 4

图 5　　　　　　　　　　　图 6　　　　　　　　　　　图 7

图 8　　　　　　　　　　　图 9　　　　　　　　　　　图 10

（6）铺贴卷材防水层。

铺贴前在未涂胶的基层表面排好尺寸，弹出标示线，作为铺贴卷材的基准线。

1）将卷材打开，平摊在干净、平整的基层上，以松弛卷材应力；将卷材从一端提起对折于另一端；在基层上满涂基层胶，同时将基层胶满涂在卷材表面，接缝部位应留出 100 mm 不涂胶，刷胶厚度要均匀，不得有漏底或凝胶块存在。常温晾置 5～10 min 左右，达到指干时（手感不粘）即可贴合。

2）复杂部位可用漆刷均匀涂刷，达到指干时，开始铺贴卷材。

3）将卷材按已弹好的标示线从一端依次顺序边对线边铺贴，但注意不得拉伸卷材，并防止出现皱折。

4）铺贴平面与立墙相连接的卷材，应由下向上进行，接缝留在平面上；卷材在阴阳角接缝应距阴阳角 200 mm 以上，两幅卷材短向接缝应错开 500 mm 以上，长边搭接不小于 80 mm。

5）排气、滚压：每铺完一幅卷材，应立即用干净的回丝从卷材的一端开始，沿卷材的长边方向顺序用力滚压一遍，以使空气彻底排出，使卷材黏结牢固。

（7）接缝处理：大面铺贴完成后，在未刷基层胶的 100 mm 处，将接头翻开，用回丝蘸着溶剂在需黏结的两面涂刷清洗，溶剂挥发干后，再将接缝胶用漆刷均匀涂刷在卷材接缝的两面，待 10 min 左右，手触摸不粘时，即可进行粘合，从一端开始，用手一边合一边挤出空气，粘贴好的搭接处，不允许有皱折、气泡等缺陷。

（8）屋面整体防水层施工自检束后，进行表面保护涂料施工。

（9）防水层卷材收头于四周凹槽内或滴水线下，由土建单位用水泥砂浆密封处理。

4　质量要求

4.1　主控项目

（1）金属板材及辅助材料的规格和质量，必须符合设计要求。

检验方法：检查出厂合格证和质量检验报告。

（2）金属板材的连接和密封处理必须符合设计要求，不得有渗漏现象。

检验方法：观察检查和雨后或淋水检验。

4.2　一般项目

（1）金属板材屋面应安装平整，固定方法正确，密封完整；排水坡度应符合设计要求。

检验方法：观察和尺量检查。

（2）金属板材屋面的檐口线、泛水段应顺直，无起伏现象。

检验方法：观察检查。

5　劳动力组织和机械配置

根据工程具体施工组织情况设置流水作业面，每个流水作业面劳动力配置见表 1，放样及安装工具配置见表 2。

表 1　施工人员配置表

分类	金属板表面清理	防火板铺设	保温板铺设	防护板铺设	特殊部位加铺接缝粘合、封口处理	涂刷接缝胶	满涂基层胶	定位弹线卷材收头处理	防水层表面清理检查	涂刷表面涂料
人数	5	5	4	6	6	3	5	4	6	4

表 2　放样及安装工具配置表

序号	名称	用途	序号	名称	用途
1	角尺	垂直度校正	11	铁皮剪刀	制作收边
2	钢卷尺	长度测量	12	弯板器	折弯
3	水平尺	水平度测量	13	屋脊剪	制作浪板
4	墨斗	放线	14	手提钻机	自攻钉安装
5	手动胶合器	临时锁边固定	15	手提电钻套筒	自攻钉安装
6	胶合机	彩板锁边	16	安全带	
7	线坠	垂直度测量	17	脚手架	操作架
8	橡皮锤	平整度校正	18	尼龙绳	安全防护
9	铁锤	檩托板校正	19	吊车(50 t)	成型机吊装
10	钢丝绳	彩板吊装	20	清洁工具	

注：工序循环时间约为 32 d。

6　成品保护

（1）铺好的卷材防水层，应及时采取保护措施，不得损坏，以免造成后患。

（2）防水施工要与有关工序作业配合协调，进入防水作业面的施工现场人员不得穿带钉子鞋作业、走动。

（3）施工现场有专人负责看管下道工序操作，使用手推车应将车腿用卷材包住，用铁锹等工具应避免铲破防水层，如有破损及时修补。

7　安全措施

（1）对进场人员进行安全技术培训，让施工人员了解本工种的安全技术操作规程，正确使用个人防护用品，采取安全防护措施。

（2）进入施工现场人员必须戴安全帽，穿胶底鞋，禁止穿皮鞋、拖鞋进场，在无防护措施的高空施工时必须系安全带。

（3）进行电焊、气割施工时，要有操作证、防火证，并清理好周围的易燃易爆物品，配备好消防器材，并设专门看火。

（4）按要求配备配电箱，线路上禁止带负荷接电断电，禁止带电操作。

（5）登高作业人员必须佩带工具袋，工具应放在袋中，严禁随意放置。

（6）严格执行上级主管部门有关安全生产的规定并针对工程特点、施工方法和施工环境，制订切实可行的安全技术措施，做好安全交底工作。

（7）堆放于屋面的浪板必须绑扎牢固。

（8）浪板机台生产平台，浪板施工操作平台四周必须设防护栏杆，以防止人员操作时不慎掉落。

8　应注意的质量问题

8.1　空　鼓

（1）卷材起泡形成空鼓，可能是人工涂基层胶均匀程度不好，有薄有厚，在相同晾置时间下,胶膜厚的地方,胶中溶剂挥发不尽,卷材贴合后,溶剂挥发卷材出现气泡,应提高工人操作技术,将胶黏度制均匀,涂刷均匀,控制晾置时间,一定达到指干方可贴合。

(2)卷材贴合后,排出空气之后,用工具仔细推平压实。

(3)卷材接缝处,重复涂胶,也容易造成接缝处起泡空鼓,应在接缝处,采用分时间段间隔操作。同时,接头不宜黏合太早,以便气泡排出。

8.2　皱　　折

(1)卷材铺贴时不宜用力拉伸,但适当用力可避免卷材边缘出现皱折,短边接缝可将局部卷材裁齐,接缝贴合后,滚压时,用力要均匀,避免将卷材推出皱折。

(2)在细部节点部位,应裁剪合理,避免出现皱折。

8.3　翘　　边

(1)在接缝部位涂刷一定要均匀到位,不可漏刷,一定要晾至指干,滚压要认真,用力均匀,如有干边及时补胶。

(2)接缝部位清理一定要干净,如有污染,应用溶剂擦洗干净。

8.4　渗　　漏

卷材破损、孔、洞、搭接处粘接不牢,搭结长度不够等,是造成防水层渗漏的几种原因,应在施工中加强检查,严格执行工艺规程,认真操作,分工序严格把关。

8.5　特别注意

基层胶和搭接胶涂刷完成后,需凉干后开始粘贴。

9　典型工程实例

典型工程实例如图 11~图 14 所示。

(1)深圳宝安国际机场。

(2)首都国际机场。

(3)大型工业厂房。

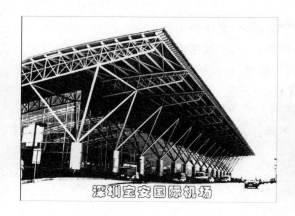

图 11　深圳宝安国际机场

图 12　首都国际机场一

图 13 首都国际机场二

图 14 大型工业厂房

建筑给水排水及采暖施工

塑料管给水管安装工程施工工艺

塑料给水管道按照材质的不同分为 PVC-U 管、PVC-C 管、PP-R 管、PE 管等,常用的安装方式有粘接、热熔连接及电熔连接;因粘接在建筑工程中较少采用,故本工艺不进行阐述。

本工艺标准适用于一般民用和公共建筑的塑料给水管道热熔及电熔安装。

1   工艺特点

(1)塑料给水管道宜采用暗敷,原因有以下几点。

1)容易解决热膨胀。

2)有利于隔热、防火。

(2)管道明敷时,应考虑管道的热膨胀性。塑料给水管随温度的变化,管道长度将发生显著变化,防止管道变形就是指采取各种措施抑制管道轴向自由伸缩。

(3)塑料给水管道的选用应根据连续工作水温、工作压力和使用寿命确定。

2   施工准备

2.1   技术准备

(1)熟悉及审查设计图纸及有关资料,了解工程情况。

(2)编制施工组织设计或施工方案,明确提出施工的范围和质量标准,并制定合理的施工工期,落实水电等动力来源。

(3)编制施工图预算和施工预算。

2.2   材料要求

(1)建筑给水工程所使用的主要材料、成品、半成品、配件、器具和设备必须具有符合国家技术标准或设计要求的质量合格证明文件。进场时应做检查验收,并经监理工程师核查确认。

(2)所有材料进场时应对品种、规格、外观等进行验收。包装完好,表面无划痕及外力冲击破损。

(3)主要器具和设备必须有完整的安装使用说明书。

(4)阀门安装前,应在每批(同牌号、同型号、同规格)阀门中抽取 10％且不少于一个做强度和严密性试验;对于安装在主干管上起切断作用的闭路阀门,应逐个作强度和严密性试验。

2.3   材料准备

材料已经进场,且规格配件齐全,满足施工条件。

2.4   主要机具

(1)机械:热熔机、电熔机、台钻、电焊机、切割机、电锤、试压泵等。

（2）工具：工作台、钢锯弓、割管器、手锤、扳手、管剪等。

（3）量具：水平尺、钢卷尺、钢板尺、角尺、线坠、压力表等。

2.5　作业条件

（1）施工图纸经过批准并已进行图纸会审。

（2）施工组织设计或施工方案通过批准,安装工人经过必要的技术培训,技术交底、安全交底已进行完毕。

（3）根据施工方案安排好现场的工作场地、加工车间及库房。

（4）配合土建施工进度做好各项预留孔洞、管槽的复核工作。

（5）材料、设备确认合格,准备齐全,送到现场。

（6）地下管道敷设必须在地沟土回填夯实或挖到管底标高,将管道敷设位置清理干净,管道穿楼板处已预留管洞或安装好套管,其洞口尺寸和套管规格符合要求,坐标、标高正确。

（7）暗装管道应在地沟未盖沟盖或吊顶未封闭前进行安装,其型钢支架均应安装完毕并符合要求。

（8）明装托、吊干管必须在安装层的结构顶板完成后进行。将沿管线安装位置的模板及杂物清理干净。每层均应有明确的标高线,暗装竖井管道,应把竖井内的模板及杂物清除干净.并有防坠落措施。

3　人员计划

　　劳动力配置由专业工长或技术员根据分项工程工期和现场条件实施动态管理,以不影响单位工程总体进度为原则,按时完成系统安装为目标。

4　给水管道及配件安装

4.1　材料质量要求

（1）管材及管件应符合设计要求,内、外壁应光滑、平整,无裂纹、脱皮、气泡、无明显的划痕、凹痕和严重的冷斑;管材轴向不得有扭曲或弯曲,其直线度偏差应小于1％,且色泽一致;管材端口必须垂直于轴线且平整;合模缝、浇口应平整,无开裂。管件应完整,无缺损、变形;管材的外径、壁厚及其公差应满足相应的技术要求。

（2）水表规格应符合设计要求,表壳铸造规矩,无砂眼、裂纹,表玻璃无损坏,铅封完整。

（3）阀门规格型号符合设计要求,阀体铸造规矩,表面光洁、无裂纹,开关灵活、关闭严密,填料密封完好无渗漏,手轮完整。

4.2　工艺流程

塑料管给水管安装工程施工工艺流程见图1。

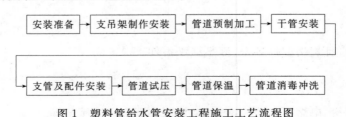

图1　塑料管给水管安装工程施工工艺流程图

4.3 操作工艺

4.3.1 安装准备

认真熟悉施工图纸,根据施工方案确定的施工方法和具体措施做好准备工作。核对管道的坐标、标高以及管道排列的合性。

4.3.2 管道支架制作安装

(1)明敷和非直埋管道应设置支、吊架;管道支架、支座的制作应符合设计及有关技术标准的规定。管道敷设应利用转弯处的自由臂或偏置补偿管道的伸缩变形,自由臂或偏置补偿管道的长度应通过计算确定。

$$L_Z = K \sqrt{\Delta L d_n}$$

式中 L_Z——最小自由臂长度(mm);

  K——材料比例系数(PP—R 管可取 20、PE 管可取 27、PVC—C 管可取 34);

  ΔL——自固定支撑点到转弯处的管道伸缩变形(mm),按管材线膨胀计算得出;

  d_n——管道外径(mm)。

当不能自然补偿时,应采用固定支架来限制变形,固定支架最大间距不得超过表 1 的规定。

表 1　塑料给水管固定支架最大间距(mm)

公称外径		20	25	32	40	50	63	75	90	110
冷水管	立管	850	980	1 100	1 300	1 600	1 800	2 000	2 200	2 400
	水平管	600	700	800	900	1 000	1 100	1 200	1 350	1 550
热水管	立管	400	450	520	650	780	910	1 040	1 560	1 700
	水平管	300	350	400	500	600	700	800	950	1 100

注:采用金属管卡作支架时,管卡与塑料管之间应用塑料带或橡胶物隔垫,并不宜过大或过紧。

当条件允许时应充分利用建筑空间,以 Ω 形管道作变形补偿;当条件不具备时可采用补偿器,并在补偿器两侧管道适当位置设置固定支架。

(2)管道支吊架安装技术要求:管道支架的放线定位:首先根据设计要求定出固定支架和补偿器的位置;根据管道设计标高和坡度要求,定出每个固定支架位置管道标高。

(3)管道支架安装方法:支架结构多为标准设计,可按国标图集《给水排水标准图集》(S161)要求集中预制,现场安装时可结合实际情况用栽埋法、膨胀螺栓法、射钉法、预埋焊接法、抱柱法安装。

4.3.3 预制加工

按设计图纸画出管道分路、管径、变径、预留管口、阀门位置等施工草图。在实际位置做上标记。按标记分段量出实际安装的准确尺寸,记录在施工草图上,然后按草图测得的尺寸预制加工,按管段分组编号。

4.3.4 管道安装方式

塑料给水管道的连接方式主要为热熔连接,安装困难场所可采用电熔连接,热熔、电熔所用机具应由管材供应厂商提供或确认;与金属管道和用水器具连接应采用专用转换接头进行连接。

(1)热熔连接又分热熔承插连接和热熔对接两种方式,一般 $d_n \leqslant 63$ 的塑料给水管采用热

熔承插连接,$d_n>63$ 的塑料给水管采用热熔对接;应按下列步骤进行:

1)热熔机具接通电源,达到工作温度后才能用于接管。

2)管材切割应使端面垂直与管道轴线,宜使用管剪或管道切割机,也可以使用手锯,切割后的断面应去掉毛边和毛刺;应用洁净棉布擦净管材待连接端面以及热熔加热工具上的污物,用刮刀刮除管材连接部位表皮。

热熔承插连接时端口外部宜进行坡口,坡角不宜小于 30°;测量和核对承口长度,并在管材插入端标出插入长度。

热熔对接时在热熔对接机将待连接件校直、校正,使其在同一轴线上,错变不宜大于壁厚的 10%;使用热熔对接机上的铣刀铣削待连接的端面,保证端面能吻合。

3)用热熔机加热管材及管件,加热时间、加热温度应满足管材、管件生产企业的要求。

4)加热完毕待连接件应迅速脱离加热器;热熔承插连接时用均匀外力将管材插口无旋转地插入管件承口中,至管材插口标记的位置,并使管件承口处形成均匀的凸缘,在管材、管件生产企业规定时间内可以对接头校正,但不得旋转;热熔对接时用均匀外力将连接件端面完全接触,在接头处形成均匀的∞形凸缘。

5)连接时保压、冷却时间应满足管材、管件生产企业的要求。

(2)电熔连接。

1)应保持电熔管件及管材的融合部位不受潮。

2)管材切割应使端面垂直与管道轴线,宜使用管道切割机,也可以使用手锯,切割后的断面应去掉毛边和毛刺;应用洁净棉布擦净管材待连接端面以及热熔加热工具上的污物,用刮刀刮除管材连接部位表皮;管材端口外部宜进行坡口,坡角不宜小于 30°;测量和核对承口长度,并在管材插入端标出插入长度。

3)将管材插口插入电熔管件承口中,至管材插口标记的位置;校正对应的连接件,使其处于同一轴线上。

4)将电熔管件的接点与电熔机的导线正确连接,在检查电熔机的参数设置无误后通电加热;电熔连接的标准加热时间由电熔管件的生产厂家提供,并根据环境温度的不同进行调整,电熔加热的时间与环境温度的关系见表 2。

表 2　电熔加热的时间与环境温度的关系

环境温度(℃)	−10	0	10	20	30	40	50
加热时间(s)	$t+12\%t$	$t+8\%t$	$t+4\%t$	t	$t-4\%t$	$t-8\%t$	$t-12\%t$

注:t 为标准加热时间;若电熔机具有温度自动补偿功能,则不需调整加热时间。

5)在熔合、冷却过程中,不得移动、旋转电熔管件及熔合的管道,不得在连接件上施加任何外力;冷却时间应满足管材、管件生产企业的要求。

4.3.5 立管安装

(1)立管明装:每层从上至下统一吊线安装卡件,将预制好的立管按编号分层排开,对正调直时的印记,校核预留甩口的高度、方向。立管阀门安装朝向应便于操作和修理。

(2)立管暗装:竖井内立管安装的卡件宜在管井口设置型钢,上下统一吊线安装卡件。安装在墙内的立管应在结构施工中预留管槽,立管安装后吊直找正,用卡件固定。支管的甩口应加临时封堵。

4.3.6　支管安装

(1)支管明装:将预制好的支管从立管甩口依次逐段进行安装,根据管道长度适当加好临时固定卡,核对不同卫生器具的冷热水预留口高度,上好临时封堵。支管有水表的,在水表位置先装上连接管,试压后在交工前拆下连接管,换装水表。

(2)支管暗装:确定支管高度后画线定位,剔出管槽,将预制好的支管敷在槽内,找平、找正定位后用勾钉固定。卫生器具的冷热水预留口要做在明处,加好丝堵。

4.3.7　管道试压

塑料给水管道在隐蔽前做好单项水压试验,管道系统安装完后进行综合水压试验,电熔或热熔的管道水压试验应在连接 24 h 后进行,试验压力按设计要求及现行的有关规范、标准确定。

水压试验时放净空气,充满水后进行加压,当压力升到规定要求时停止加压,进行检查。如各接口和阀门均无渗漏,持续到规定时间,观察其压力下降在允许范围内,通知有关人员验收,办理交接手续。然后把水泄净,再进行隐蔽。

4.3.8　管道冲洗、消毒

管道在试压完成后即可做冲洗,冲洗应用洁净自来水连续进行,应保证有充足的流量。冲洗洁净后使用氯离子含量不低于 20 mg/L 的清洁水进行浸泡消毒 24 h,然后再用饮用水冲洗后办理验收手续。

5　施工过程质量控制

5.1　质量标准

5.1.1　一般规定

(1)管件必须与管材相匹配。

(2)塑料给水管与金属管件、阀门等的连接应使用专用管件连接。

(3)冷、热水管道同时安装应符合下列规定。

1)上、下平行安装时热水管应在冷水管的上方。

2)竖直平行安装时热水管应在冷水管的左侧。

5.1.2　主控项目

(1)给水系统交付使用前必须进行通水试验并做好记录。

(2)生活给水系统管道在交付使用前必须冲洗和消毒,并经有关部门取样检验,符合国家《生活饮用水标准》方可使用。

5.1.3　一般项目

(1)给水引入管与排水排出管的水平净距不得小于 1 m。室内给水与排水管道平行敷设时,两管间的最小水平净距不得小于 0.5 m;交叉铺设时,垂直净距不得小于 0.15 m。给水管应铺在排水管上面,若给水管必须铺在排水管下面时,给水管应加套管,其长度不得小于排水管管道径的 3 倍。

(2)给水水平管道应有 2‰~5‰的坡度坡向泄水装置。

(3)给水道和阀门安装的允许偏差应符合以下的规定。

1)水平管道纵横方向弯曲:每米允许偏差 1 mm,全长 25 m 以上允许偏差≤25 mm。

2)立管垂直度:每米允许偏差 2 mm,5 m 以上允许偏差≤8 mm;

3)成排管段和成排阀门:在同一平面上间距允许偏差 3 mm。

(4)管道的支、吊架安装应平整牢固,其间距应符合规定。

(5)水表应安装在便于检修、不受曝晒、污染和冻结的地方。安装螺翼式水表,表前与阀应有不小于 8 倍水表接口直径的直线管段。表外壳距墙表面净距为 10～30 mm;水表进水口中心标高按设计要求,允许偏差为±10 mm.

5.2　成品保护

(1)预制加工好的管段,应加临时封堵或把管口包好,以免异物进入。

(2)预制加工好的各种干、立、支管要按照编号排放整齐,要防止脚踏、物砸。

(3)安装好的管道不得用作支架或放脚手板,不得踏压,其支架不得用于其他用途的受力点。

(4)阀门的手轮在安装时应卸下,交工前统一安装。

(5)水表应用纸板或软制材料保护好。为防止损坏,可在交工前统一装好。

(6)安装好管道及其设备在抹灰、喷漆前应做好防护,以免被污染。

5.3　质量记录

(1)主要材料、成品、半成品、配件出厂合格证和性能检测报告及进场验收单。

(2)室内给水管道及配件安装工程检验批质量验收记录。

(3)给水设备安装工程检验批质量验收记录。

(4)分项、分部(子分部)工程验收记录。

(5)水压试验记录。

(6)管道消毒和清洗记录。

6　安全、环保及职业健康措施

6.1　职业健康安全关键要求

(1)现场临时用电应符合《施工现场临时用电安全技术规范》(JGJ 46—2005)的有关要求。

(2)管道吹扫、冲洗排放口附近应设置警戒线,无关人员不得进入警戒区域。

(3)支托架上安装管子时,先把管子固定好再接口,防止管子滑脱砸伤人。

(4)高空作业时要带好安全带,严防登翔或踩探头板;塑料管不得作为拉攀、吊架使用。

(5)操作现场不得有明火,不得使用明火对塑料管进行煨弯。

6.2　环境关键要求

(1)施工作业面保持整洁,严禁将建筑垃圾随意抛弃,做到文明施工,工完场清,定点堆放。

(2)施工用水不得随意排放,应经沉淀处理后排入排水系统。

(3)施工用料应做到长材不短用、科学下料和材料回收利用工作,减少施工废料,节约材料。

UPVC 塑料排水管安装工程施工工艺

本工艺适用于建筑高度不大于 100 m 的工业及民用建筑排水用管道；UPVC 管可用于排除连续排放温度不大于 40 ℃的水，瞬时排放温度不大于 80 ℃的生活污水。

1　工艺特点

具有安装方便、不锈蚀、使用寿命长的特点。管道接头采用 PVC 排水粘接剂粘接。

2　施工准备

2.1　技术准备

(1)施工人员熟悉及审查设计图纸及有关资料；熟悉相关的规范和标准等。

(2)编制施工方案，明确施工的范围和质量标准，制定合理的施工计划。

(3)图纸会审，准备技术资料，组织技术、质量、安全交底。

2.2　材料要求

(1)材料应符合现行的国家标准及行业标准的要求。

(2)各种连接管件不得有砂眼、裂纹、角度不准等现象。

2.3　材料准备

材料已经进场，且规格配件齐全，满足施工条件。

2.4　主要机具

(1)机械：电焊机、切割机、砂轮机等。

(2)工具：工作台、钢锯弓、电钻、电锤、手锤、毛刷、扳手等。

(3)量具：水平尺、钢卷尺、钢板尺、角尺、线坠等。

2.5　作业条件

(1)埋设管道，应挖好槽沟，槽沟要平直，坡度符合要求，沟底夯实。

(2)暗装管道(包括设备层、竖井、吊顶内的管道)首先应核对各种管道的标高、坐标、预留孔洞、预埋件是否正确。

(3)室内地坪线应确定；粗装修抹灰工程已完成；安装场地无障碍物。

3　人员计划

劳动力配置由专业工长或技术员根据分项工程工期和现场条件实施动态管理，以不影响单位工程总体进度为原则，按时完成系统安装为目标。

4　UPVC 塑料排水管道及配件安装

4.1　材料质量要求

(1)使用材料必须符合设计和规范要求。

（2）管材内外表层应光滑，无气泡、裂纹，管壁薄厚均匀，色泽一致。

（3）管材和管件的连接方法采用承插式粘接剂粘结。胶粘剂必须标有生产厂名称、生产日期和使用期限，并必须有出厂合格证和使用说明书。管材、管件和粘接剂应由同一生产厂配套供应。

（4）管材和管件在运输、装卸和搬运适应小心轻放，不得抛、摔、滚、拖，也不得烈日曝晒。应分规格装箱运输。

4.2 工艺流程

UPVC 塑料排水管安装工程施工工艺流程如图 1 所示。

图 1 UPVC 塑料排水管安装工程施工工艺流程图

4.3 操作工艺

4.3.1 预制加工

根据图纸要求并结合实际情况，按预留口位置测量尺寸，绘制加工草图。根据草图量好管道尺寸，进行断管。断口要平齐，用铣刀或刮刀除掉断口内外飞刺，外棱铣出 15°角。粘结前应对承插口先插入试验，不得全部插入，一般为承口的 3/4 深度。试插合格后，用棉布将承插口需粘结部位的水分，灰尘擦试干净。如有油污需用丙酮除掉。用毛刷涂抹粘结剂，先涂抹承口后涂抹插口，随即用力垂直插入，插入粘结时将插口稍作转动，使粘结剂分布均匀，约 30～60 min 即可粘结牢固。粘牢后立即将溢出的粘结剂擦拭干净。多口粘结时应注意预留口方向。

4.3.2 干管安装

首先根据设计图纸要求的坐标、标高预留槽洞或预埋套管。埋入地下时，按设计坐标、标高、坡向、坡度开挖槽沟并夯实。采用托吊管安装时应按设计坐标、标高、坡向做好托、吊架，托吊管粘牢后再按水流方向找坡度。施工条件具备时，将预制加工好的管段，按编号运至安装部位进行安装。各管段粘连时必须按粘结工艺依次进行。全部粘结后，管道要直，坡度均匀。

4.3.3 立管安装

安装前清理场地，根据需要搭设操作平台。将已预制好的立管运到安装部位，首先清理已预留的伸缩节，将锁母拧下，取出 U 形橡胶圈，清理杂物，复查上层洞口是否合适，立管插入端应先划好插入长度标记（当设计对伸缩量无要求时，管端插入伸缩节处预留的间隙为：夏季5～10 mm、冬季 15～20 mm），然后涂上肥皂液，套上锁母及 U 形橡胶圈；安装时先将立管上端伸入上一层洞口内，垂直用力插入至标记为止；合适后即用抱卡紧固于伸缩节上沿，然后找正找直，并测量顶板距三通口中心是否符合要求。

4.3.4 支横管安装

首先清理场地，按需要搭设操作平台。将预制好的支管按编号运至场地，清除各粘结部位的污物及水分，将支管吊起，涂抹粘结剂，用力推入预留管口，根据管段长度调整好坡度，合适后固定卡架，封闭各预留管口和堵洞。横管、排水管直线距离大于表 1 的规定值时，应设置检查口或清扫口。

表 1　检查口（清扫口）或检查井的最大距离

管径（mm）	50	75	110	160
距离(m)	10	12	15	20

4.3.5　管道支承

管道支撑分滑动支撑和固定支承两种。悬吊在楼板下的横管上，若连接有穿越楼板的卫生器具排水竖向支管时，可视为一个滑动支承；明装立管应每层设置固定支承一个以支承管道的自重并控制立管膨胀，当层高 H 小于 4 m 时，层间设滑动支承一个；若层高大于 4 m 时，层间设滑动支撑两个。非固定支承承件的内壁应光滑，与管壁间留有微隙。管道最大支撑间距见表 2。

表 2　管道最大支撑间距（mm）

管径(mm)	立　管	横管直线段
50	1 200	500
75	1 500	750
110	2 000	1 100
160	2 000	1 600

4.3.6　器具连接管安装

核查建筑物地面、墙面做法、厚度。找出预留口坐标、标高。然后按准确尺寸修整预留洞口。分部位实测尺寸记录，并预制加工、编号。安装粘结时，必须将预留管口清理干净，再进行粘结。粘牢后找正、找直，封闭管口和堵洞打开下一层立管扫除口，用充气橡胶堵封闭上部，进行闭水试验。合格后，撤去橡胶堵，封好扫除口。

4.3.7　闭水试验、通球试验及灌水试验

闭水试验：排水管道安装完毕后，必须进行闭水实验，满水 15 min 液面下降后，再灌满观察 5 min，液面不降、管道及接口无渗漏为合格。

灌水试验：安装在室内的雨水管道灌水高度必须到每根立管上部的雨水斗，灌水持续 1 h 不渗不漏为合格。

通球试验：隐蔽管道分项分工序进行卫生洁具及设备安装后进行通球实验，通球球径不小于排水管径的 2/3，通球率必须达到 100％。

通水试验：管道系统安装完毕，应对管道的外观质量和安装尺寸进行复核检查，检查无误后，再分层进行通水试验。排水系统按给水系统 1/3 配水点同时开放，检查排水是否畅通，有无渗漏。

5　施工过程质量控制

5.1　质量标准

5.1.1　一般规定

本标准适用于室内排水管道、雨水管道安装工程。

5.1.2　主控项目

（1）隐蔽或埋地的排水管道在隐蔽前必须做灌水试验，其灌水高度应不低于底层卫生器具

的上边缘或底层地面高度。

（2）生活污水和雨水塑料管道的坡度必须符合设计和规范的规定。

（3）排水主立管及干管管道均应做通球试验，通球球径不小于排水管道管径的 2/3，通球率必须达到 100％。

（4）排水（含雨水）塑料管必须按设计要求及位置装设伸缩节。如设计无要求时，伸缩节间距不得大于 4 m。高层建筑中明设排水塑料管道应按设计要求设置阻火圈或防火套管。

（5）安装在室内的雨水管道安装后应做灌水试验，灌水高度必须到每根立管上部的雨水斗。

5.1.3　一般项目

（1）在生活污水管道上设置的检查口或清扫口，当设计无要求时应任命下列规定。

1）在立管上应每隔一层设置一个检查口，但在最底层和有卫生器具的最高层必须设置检查口。如有乙字弯管时，则在该层乙字弯管的上部设置检查口。检查口中心高度距操作地面一般为 1m，检查口的朝向应便于检修。暗装立管，在检查口处应安装检修门。

2）在连接 2 个及 2 个以上大便器或 3 个及 3 个以上卫生器具的污水横管上应设置清扫口。当污水管在楼板下悬吊敷设时，可将清扫口设在上一层楼地面上，污水管起点的清扫口与管道相垂直的墙面距离不得小于 200 mm；若污水管起点设置堵头代替清扫口时，与墙面距离不得小于 400 mm。

3）在转角小于 135°的污水横管上，应设置检查口或清扫口。

4）污水横管的直线管段，应按设计要求的距离设置检查口或清扫口。

（2）埋在地下或地板下的排水管道的检查口，应设在检查井内。

（3）排水通气管不得与风道或烟道连接，且应符合下列规定。

1）通气管应高出屋面 300 mm，且必须大于最大积雪厚度。

2）在通气管出口 4 m 以内有门、窗时，通气管应高出门、窗顶 600 mm 或引向无门、窗一侧。

3）在上人屋顶上，通气管应高出屋面 2 m。

（4）通向室外检查井的排水管，穿过墙或基础必须下返时，应采用 45°三通和 45°弯头连接，并应在垂直管段顶部设置清扫口。井内引入管应高于排出管或两管顶相平，并不小于 90°的水流转角，如跌落差大于 300 mm 可不受角度限制。

（5）室内水平管道与立管的连接，应采用 45°三通或 45°四通和 90°斜三通或 90°斜四通。立管与排出管端部的连接，应采用两个 45°弯头或曲率半径不小于 4 倍管径的 90°弯头。

（6）室内排水管道安装的允许偏差应符合规范要求。

（7）雨水管道不得生活污水管道相连接。

（8）雨水斗管的连接应固定在屋面承重结构上。雨水斗边屋面连处应封堵密实。连接管管径当设计无要求时，不得小于 100 mm。

5.2　成品保护

（1）施工中的预留管口要做可靠的临时封堵，且不得随意打开，以防掉进杂物造成管道堵塞。

（2）预制好的管道要码放整齐，垫平、垫牢，不许用脚踩或物压，也不得双层码放。

（3）安装好的管道不得用作支架、拴吊物品或放脚手板，不得踏压。其支架不得用于其他用途的受力点。

（4）安装好的管道及其设备应做好防护处理，以免被污染。

（5）在施工中，严禁用硬质工器具直接撞击 UPVC 排水管道。暗装管道在隐蔽前必须做好检查、隐检记录,发现问题及时处理。

5.3 质量记录

(1)主要材料、成品、半成品、配件出厂合格证及进场验收单。

(2)隐蔽工程验收及中间验收记录。

(3)排水管道灌水、通球及通水实验记录。

(4)检验批、分项、子分部、分部工程质量验收记录。

6 安全、环保及职业健康措施

6.1 职业健康安全关键要求

(1)现场临时用电应符合《施工现场临时用电安全技术规范》(JGJ 46—2005)的有关要求。

(2)高空作业时要带好安全带,严防登滑或踩探头板;塑料管不得作为拉攀、吊架使用。

(3)操作现场不得有明火,不得使用明火对塑料管进行煨弯。

(4)粘接剂及丙酮等易燃品,在存放和运输过程中,必须远离火源,存放处应安全可靠,阴凉、干燥、通风,并应随用随取。

(5)粘接管道时操作人员应站于上风头,且宜佩戴防护手套、防护眼镜和口罩。

6.2 环境关键要求

(1)施工作业面保持整洁,严禁将建筑垃圾随意抛弃,做到文明施工,工完场清,定点堆放。

(2)施工用水不得随意排放,应经沉淀处理后排入排水系统。

(3)施工用料应做到长材不短用、科学下料和材料回收利用工作,减少施工废料,节约材料。

卫生器具安装工程施工工艺

本工艺标准适用于一般民用和公共建筑卫生器具安装工程。

1　工艺特点

卫生器具是体现建筑功能的重要设施,根据使用要求的不同,卫生器具的平面布局、各种接口的位置等要求也各不相同,对于安装工艺要求较高。

2　施工准备

2.1　技术准备

(1)卫生器具安装前应认真熟悉图纸,对所要连接的管道甩口位置及标高进行复核。

(2)使用经过校验合格的监测和测量工具。

(3)施工前应进行专项技术交底和编制作业指导书。

(4)制定该分项工程的质量目标、检查验收制度等保证工程质量的措施。

2.2　材料准备

(1)卫生器具已经检查合格,并码放整齐。

(2)其他材料:管件、阀门、水嘴、膨胀螺栓、胶皮板、铜丝、油灰、铅油、麻丝、白水泥、白灰膏、云石胶等均应符合要求。

2.3　主要机具

(1)机械:套丝机、砂轮机、手电钻、冲击钻等。

(2)工具:管钳、手锯、活动扳手、专用扳手、手锤、錾子、锉子、螺丝刀等。

(3)其他:水平尺、划规、线坠、小线、卷尺等。

2.4　作业条件

(1)所有与卫生器具连接的管道压力、闭水试验已完毕,并已办好隐检手续。

(2)室内装修基本完成。

(3)蹲式大便器、浴盆的稳装应待土建做完防水层及保护层后配合土建施工进行。

3　人员计划

劳动力配置由专业工长或技术员根据分项工程工期和现场条件实施动态管理,以不影响单位工程总体进度为原则,按时完成系统安装为目标。

4　卫生器具及配件安装

4.1　材料质量要求

(1)卫生器具的规格、型号必须符合设计要求或建设单位的要求,并有出厂合格证。卫生器具外观应表面光滑、无裂纹,边缘平滑,色调一致。

（2）卫生器具零件应外表光滑、电镀均匀、螺纹清晰、锁母松紧适度，无砂眼、裂纹等缺陷。

（3）卫生器具的水箱应采用节水型。

（4）安装卫生器具时所使用的各类铁制配件均应镀锌，所使用的不锈钢管件材质应为 304 级。

4.2　工艺流程

卫生器具安装工程施工工艺流程如图 1 所示。

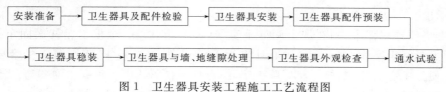

图 1　卫生器具安装工程施工工艺流程图

4.3　操作工艺

卫生器具在稳装前应进行检查、清洗；配件与卫生器具应配套；部分卫生器具应先进行预制再安装。

4.3.1　蹲式大便器安装

按照冲洗器具的不同又可分为高水箱蹲便器、低水箱蹲便器、延时自闭冲洗阀蹲便器、脚踏阀蹲便器、感应冲洗蹲便器等，在本节选取施工中较为常见的延时自闭冲洗阀蹲便器进行阐述。

（1）将预留排水管口周围清扫干净，将临时管堵取下，同时检查管内有无杂物；找出排水管口的中心线，并画在墙上。用水平尺（或线坠）找好竖线。

（2）将排水管承口内抹上油灰，蹲式大便器位置下铺垫白灰膏，然后将蹲式大便器排水口插入排水管承口内稳好；同时用水平尺放在蹲式大便器上沿，纵横双向找平、找正，使蹲式大便器进水口对准墙上中心线。蹲式大便器两侧塞严，将蹲式大便器排水口与排水管承口接触处的油灰压实、抹光。最后将蹲式大便器排水口用临时堵封好。

（3）安装多联蹲式大便器时，应先检查排水管口甩口距墙尺寸是否一致，测量好蹲便器需要的高度，确定与墙面的距离；安装时先装两端的蹲便器，然后挂线拉平、找直，再稳装中间蹲便器。

（4）延时自闭冲洗阀的安装应在蹲便器稳装之后进行。先将冲洗阀与给水管连接好；根据冲洗阀至蹲便器进水口的距离，断好 90°弯的冲洗管，使两端合适；将冲洗阀锁母和胶圈卸下，分别套在冲洗管直管段上，将弯管的下端插入密封胶圈内 40～50 mm，并将密封胶圈全部插入蹲便器进水口，必要时可在密封胶圈上涂抹润滑剂；再将上端插入冲洗阀内，推上胶圈，调直找正，将锁母拧至松紧适度。扳把式冲洗阀的扳手应朝向右侧，按钮式冲洗阀的按钮应朝向正面。

4.3.2　低水箱坐便器安装

（1）水箱配件安装。

1）先将虹吸管、锁母、根母、下垫卸下，涂抹油灰后将虹吸管插入水箱出水孔。将垫片套在虹吸管上，拧紧根母至松紧适度。将锁母拧在虹吸管上。虹吸管方向、位置视给水口位置确定。调节水箱溢水管使其应低于水箱固定螺孔 10～20 mm。

2）安装水箱浮球阀，有补水管者把补水管上好后插入溢水管口内。

（2）水箱、坐便器稳装。

1）将坐便器预留排水管口周围清理干净，取下临时管堵，检查管内有无杂物。

2）将坐便器出水口对准预留排水口放平找正，在坐便器两侧固定螺栓眼处画好印记后，移开坐便器，将印记做好十字线。

3）在十字线中心处将 ϕ10 mm 膨胀螺栓栽牢，将坐便器试稳，使固定螺栓与坐便器吻合，移开坐便器。将坐便器排水口及排水管口周围抹上油灰后将便器对准螺栓放平、找正，将螺母拧至松紧适度。

4）对准坐便器尾部中心，在墙上画好垂直线，将水箱试稳。根据水箱背面固定孔眼的位置，在墙面上画好十字线，在十字线中心处将 ϕ10 mm 膨胀螺栓栽牢，将水箱挂在螺栓上放平、找正，与坐便器中心对正，螺栓上套好胶皮垫，螺母拧至松紧适度。根据坐便器与水箱的距离，调节好 90°冲洗管两端长度，将锁母和胶圈套在冲洗管直管段上，另一端插入密封胶圈内并将密封胶圈插入坐便器进水口，调正后上端拧紧锁母坐便器无进水锁母的可采用胶皮碗的连接方法。

5）使用适当长度的软管连接角阀与水箱进水管。

连体水箱坐便器的安装与此基本相同。

4.3.3　台式洗脸盆安装

（1）洗脸盆稳装。

1）在洗脸盆台面的安装完成后，根据生产厂家提供的洗脸盆开孔尺寸，并结合给水排水管口的预留位置确定洗脸盆台面的开孔位置，并进行开孔；如果为台下盆，则需要进行磨边。

2）将洗脸盆试稳，检查安装位置是否合适；检查无误后，使用云石胶将洗脸盆与台面粘结牢固。

（2）洗脸盆零件安装。

1）安装脸盆水嘴：先将水嘴根母、锁母卸下，在水嘴根部垫好垫片，插入脸盆给水孔眼，带上根母后用扳手将锁母紧至松紧适度。

2）洗脸盆给水管连接：装上角阀，使用适当长度的软管连接角阀与脸盆水嘴。

3）安装脸盆排水口：先将排水口根母、垫片卸下，将上垫垫好油灰后插入脸盆排水口孔内，排水口中的溢水口要对准脸盆排水口中的溢水口眼。外面加上垫好油灰的胶垫，带上根母，再用专用扳手卡住排水口十字筋，用平口扳手上根母至松紧适度。

4）S 形存水弯的连接：先将 S 形存水弯锁母、胶圈卸下，依次将锁母、胶圈套在洗脸盆排水管上，将存水弯上节拧在排水口上，松紧适度；再将存水弯下节的下端带好装饰盖，缠油盘根绳插在排水管口内，调节 S 形存水弯的角度，把锁母用手拧紧后调直找正。再用扳手拧至松紧适度；用油灰将排水管与装饰盖间塞严、抹平，并清除多余的油灰。

4.3.4　挂式小便器安装

（1）首先对准给水管中心画一条垂线，由地坪向上量出规定的高度（选购的产品因型号、生产厂家的不同，其安装尺寸也不同）画一水平线。根据产品规格尺寸，确定中心向两侧固定孔眼的距离，在水平线上画好十字线，再画出上、下孔眼的位置。

（2）在十字线中心处将膨胀螺栓栽牢；托起小便器挂在螺栓上；把胶垫套入螺栓，将螺母拧至松紧适度。将小便器与墙面的缝隙嵌入白水泥浆补齐、抹光。

（3）稳装多联小便器时先按照上述方法安装两端的小便器，然后挂线拉平、找直，再稳装中间小便器。

(4)冲洗阀门安装方法同大便器冲洗阀,排水管安装方法同洗脸盆排水管。

4.3.5 浴盆安装

(1)浴盆稳装:带腿的浴盆使用调节螺母拧紧找平;无腿浴盆,应配合土建施工把台座按标高做好,将浴盆稳于台座上,找平、找正。

(2)浴盆排水安装:将浴盆排水三通套在排水横管上,缠好油盘根绳,插入三通中口,拧紧锁母。三通下口装好钢管,插入排水预留管口内。将排水口圆盘下加胶垫、油灰,插入浴盆排水孔眼,外面再套胶垫、眼圈,丝扣处涂铅油、缠麻,上入弯头内。将溢水立管下端套上锁母,缠上油盘根绳,插入三通上口对准浴盆溢水孔,带上锁母。溢水管弯头处加胶垫、油灰。再将三通上口锁母拧至松紧适度。浴盆排水三通出口和排水管接口处缠绕油盘根绳捻实,再用油灰封闭。

(3)混合水嘴安装:把混合水嘴转向对丝抹铅油,缠麻丝,带好装饰盖,分别拧入冷、热水预留管口,校好尺寸,找平、找正,使装饰盖紧贴墙面;然后将混合水嘴对正转向对丝,加垫后拧紧锁母找平、找正,用扳手拧至松紧适度。

5 施工过程质量控制

5.1 质量标准

5.1.1 一般规定

(1)卫生器具的安装应采用预埋螺栓或膨胀螺栓安装固定。

(2)卫生器具安装高度如设计无要求时,应符合表1的规定。

(3)卫生器具给水配件的安装高度,如设计无要求时,应符合表2的规定。

表 1 卫生器具的安装高度

项次	卫生器具名称		卫生器具安装高度(mm)		备 注
			居住和公共建筑	幼儿园	
1	污水盆(池)	架空式	800	800	
		落地式	500	500	
2	洗涤盆(池)		800	800	
3	洗脸盆、洗手盆(有塞、无塞)		800	500	自地面至器具上边缘
4	盥洗槽		800	500	
5	浴 盆		≤520	—	
6	蹲式大便器	高水箱	1 800	1 800	自台阶面至高水箱底
		低水箱	900	900	自台阶面至低水箱底
7	坐式大便器	高水箱	1 800	1 800	自地面至高水箱底
		低水箱 外露排出管式	510	—	自地面至低水箱底
		低水箱 虹吸喷射式	470	370	
8	小便器	挂式	600	450	自地面至下边缘
9	小便槽		200	150	自地面至台阶面
10	大便槽冲洗水箱		≥2 000	—	自台阶至水箱底
11	妇女卫生盆		360	—	自地面至器具上边缘
12	化验盆		800	—	自地面至器具上边缘

表 2　卫生器具给水配件的安装高度

项次	给水配件名称			配件中心距地面高度（mm）	冷热水龙头距离（mm）
1	架空式污水盆（池）水龙头			1 000	—
2	落地式污水盆（池）水龙头			800	—
3	洗涤盆（池）水龙头			1 000	150
4	住宅集中水龙头			1 000	—
5	洗手盆水龙头			1 000	—
6	洗脸盆	水龙头（上配水）		1 000	150
		水龙头（下配水）		800	150
		角阀（下配水）		450	—
7	盥洗盆	水龙头		1 000	150
		冷热水管上下并行	其中热水龙头	1 100	150
8	浴盆	水龙头（上配水）		670	150
9	淋浴器	截止阀		1 150	95
		混合阀		1 150	—
		淋浴喷头下沿		2 100	—
10	蹲式大便器	台阶面算起	高水箱角阀及截止阀	2 040	—
			低水箱角阀	250	—
			手动式自闭冲洗阀	600	—
			脚踏式自闭冲洗阀	150	—
		拉管式冲洗阀（从地面算起）		1 600	—
		带防污助冲器阀门（从地面算起）		900	—
11	坐式大便器	高水箱角阀及截止阀		2 040	—
		低水箱角阀		150	—
12	大便槽冲洗水箱截止阀（从台阶面算起）			≥2 400	—
13	立式小便器角阀			1 130	—
14	挂式小便器角阀及截止阀			1 050	—
15	小便槽多孔冲洗管			1 100	—
16	实验室化验水龙头			1 000	—
17	妇女卫生盆混合阀			360	—

注：装设在幼儿园内的洗手盆、洗脸盆和盥洗槽水嘴中心离地面安装高度应为 700 mm，其他卫生器具给水配件的安装高度，应按照卫生器具实际尺寸相应减少。

5.1.2　主控项目

（1）排水栓和地漏的安装应平正、牢固，低于排水表面，周边无渗漏。地漏水封高度不得小于 50 mm。

（2）卫生器具交工前应做满水和通水试验。

(3)卫生器具给水配件应完好无损伤,接口严密,启闭部分灵活。

5.1.3 一般项目

(1)卫生器具安装的允许偏差和检验方法见表3。

(2)有饰面的浴盆,应留有通向浴盆排水口的检修门。

(3)小便槽冲洗管,应采用镀锌钢管或硬质塑料管。冲洗孔应斜向下方安装,冲洗水流同墙面成 $45°$ 角。镀锌钢管钻孔后应进行二次镀锌。

(4)卫生器具的支、托架必须防腐良好,安装平整、牢固,与器具接触紧密、平稳。

表3 卫生器具安装的允许偏差和检验方法

	项 目		允许偏差(mm)	检 查 方 法
1	坐标	单独器具	10	拉线、吊线和尺量检查
		成排器具	5	
2	标高	单独器具	±15	
		成排器具	±10	
3		器具水平度	2	用水平尺和尺量检查
4		器具垂直度	3	用吊线和尺量检查

5.2 成品保护

(1)洁具在搬运和安装时要防止磕碰。稳装后洁具排水口应用防护用品堵好,镀铬零件用纸包好,以免堵塞或损坏。

(2)在釉面砖、水磨石墙面剔孔洞时,宜用手电钻或先用小錾子轻剔掉釉面,待剔至砖底灰层处方可用力,但不得过猛,以免将面层剔碎或震成空鼓现象。

(3)洁具稳装后,为防止配件丢失或损坏,配件可在竣工前统一安装。

(4)安装完的洁具应加以保护,防止洁具瓷面受损和整个洁具损坏。

(5)通水试验前应检查地漏是否畅通,分户阀门是否关好,然后按层段分房间逐一进行通水试验,以免漏水使装修工程受损。

(6)冬季施工时,各种器具通水完毕后,必须将水放空,可能积水处用压缩空气吹扫,以免将器具冻裂。

5.3 质量记录

(1)产品合格证。

(2)卫生器具排水管道安装工程检验批质量验收记录。

(3)卫生器具给水配件安装工程检验批质量验收记录。

(4)卫生器具安装工程检验批质量验收记录。

(5)卫生器具蓄水试验记录。

(6)通水试验记录。

6 安全、环保及职业健康措施

6.1 职业健康安全关键要求

(1)"安全三宝"(安全帽、安全带、安全网)必须配备齐全。

(2)现场施工机械等应根据《建筑机械使用安全技术规程》(JGJ 33)检查各部件工作是否

正常,确认运转合格后方能投入使用。

（3）现场施工临时用电必须按照施工方案布置完成并根据《施工现场临时用电安装技术规范》(JGJ 46)检查合格后才可以投入使用。

6.2　环境关键要求

（1）遵守当地有关环卫、市容管理的有关规定,现场出口应设洗车台,机动车辆进出场时对其轮胎进行冲洗,防止汽车轮胎带土,污染市容。

（2）施工时必须做到工完场清,清理的垃圾应堆放在施工平面规划位置,并进行封闭,避免污染环境。

镀锌钢管管道安装施工工艺

本工艺标准适用于民用和一般工业建筑的镀锌碳素钢管的冷热水管安装工程。

1 工艺特点

镀锌钢管可采用丝扣连接、法兰连接、卡箍连接等施工方法,管道强度较高。

2 施工准备

2.1 技术准备

(1)认真熟悉图纸,配合土建施工进度,预留槽洞及安装预埋件。

(2)根据设计图纸,按照侧线方法,分段画出管路的位置、管径、变径、预留口、坡向、卡架位置等布置图,包括干管起点、末端和拐弯、节点、预留口、坐标位置等;对于管道交叉的关键部位应画出管道综合图。

(3)结合设计图纸及实际情况,编制专项施工技术交底和作业指导书等技术性文件。

(4)制定该分项工程的质量目标、检查验收制度等保证工程质量的措施。

2.2 材料准备

(1)镀锌钢管必须符合国家现行标准《低压流体输送用焊接钢管和低压流体输送用镀锌焊接》(GB/T 3091—1993)的规定。钢管、管件必须具有制造厂的合格证明书。

(2)钢管在使用前应按设计要求核对其规格、材质、型号;应进行外观检查,其表面应无裂纹、缩孔、夹渣、重皮等缺陷。

(3)管件:丝接管件无偏扣、方扣、乱扣、断丝,不得有砂眼、裂纹和角度不准确现象。法兰及卡箍管件外表面不得有裂缝、夹渣、重皮的迹象。

(4)阀门:规格型号和适用温度、压力符合设计要求。铸造规矩、无毛刺、无裂纹、开关灵活,丝扣无损伤,直度和角度正确,手轮无损伤。有出厂合格证,安装前应按有关规定进行强度、严密性试验。

(5)其他材料:型钢、圆钢、管卡子、螺栓、螺母、机油、铅油、麻丝、胶垫、电气焊条等选用时应符合设计要求。

2.3 主要机具

(1)机械:套丝机、滚槽机、砂轮机、台钻、电焊机、煨弯器、电锤、电动试压泵等。

(2)工具:压力案、台虎钳、套丝板、管钳、手锤、手锯、活动扳手等。

(3)其他:钢卷尺、水平尺、线坠等。

2.4 作业条件

(1)干管安装:位于地沟内的干管,应把地沟内杂物清理干净,安装好托吊卡架,未盖沟盖板前安装。位于楼板下及顶层的干管,应在不影响土建施工后安装。

(2)立管安装必须在确定地面标高后进行。

（3）支管安装必须在墙面抹灰后进行。

3　人员计划

劳动力配置由专业工长或技术员根据分项工程工期和现场条件实施动态管理，以不影响单位工程总体进度为原则，按时完成系统安装为目标。

4　镀锌钢管管道及配件安装

4.1　工艺流程

镀锌钢管管道安装施工工艺流程如图 1 所示。

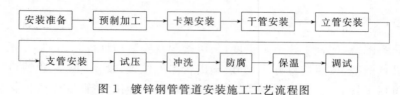

图 1　镀锌钢管管道安装施工工艺流程图

4.2　操作工艺

4.2.1　干管安装

（1）按照图纸要求，在建筑物上定出管道走向、位置和标高，确定支架位置。

（2）埋设支架：把制作好的支架、吊杆固定在结构或焊到预埋的铁件上。

（3）预制管段：按加工图，分别进行管段的加工制作。

丝接管道包括：断管、套丝、上零件、调直、核对好尺寸，分组编号，码放整齐。

卡箍连接管道包括：断管、滚槽等。滚槽时应用专用滚槽机压槽，压槽时管段应保持水平，钢管与滚槽机止面呈 90°。管外壁端面应用机械加工 1/2 壁厚的圆角。压槽时应持续渐进，槽深应符合表 1 的要求；并应用标准量规测量槽的全周深度。

（4）管道就位：把预制好的管段对号入座，安放到预埋好的支架上，采取临时固定措施。

（5）管道连接：干管安装应从进户或分支点开始，装管前要检查管腔并清理干净。

表 1　沟槽标准深度及公差（mm）

管　　径	沟槽深	公　　差
50～150	2.20	+0.5
200～250	2.50	+0.5
300	5.5	+0.5

注：沟槽过深，则应作废品处理。

丝接管道在丝头处涂铅油缠麻丝，一人在末端扶平管道，一人在接口处把管相对固定对准丝扣，慢慢转动入扣；用一把管钳咬住前节管件，用另一把管钳转动管至松紧适度，对准调直时的标记，要求丝扣外露 2～3 扣，并清掉多余麻丝，依此方法装完为止（管道穿过伸缩缝或过沟处，必须穿钢套管）。

卡箍连接应按下列程序进行：检查橡胶密封圈是否匹配，涂润滑剂（可用肥皂水或洗洁剂，不得采用油润滑剂），将其套在管段的末端，将对接的管段套上，将胶圈移至连接点中央，将卡箍套在胶圈外，边缘卡入沟槽中，将带变形块的螺栓插入螺栓孔，旋紧螺母。过程中应对称交替旋紧螺栓，防止胶圈起皱。

（6）管道安装完，检查坐标、标高、预留口位置和管道变径等是否正确，然后找直，用水平尺校对复核坡度，调整合格后，再调整吊卡螺栓 U 形卡，使其松紧适度，平正一致。

4.2.2　立管安装

（1）核对各层预留孔洞位置是否垂直，吊线、剔眼、栽卡子。

（2）根据干管和配水点的实际安装位置，确定立管及三通、四通的位置。

（3）根据实测的安装长度计算出管段的加工长度：在计算加工长度前，要把各管段划分好，然后按加工长度加工各管段。

（4）安装时把钢套管的先穿到管上，从第一节开始安装。安装方法与干管安装相同。

（5）检查立管的每个预留口标高、方向等是否准确、平正。将事先栽好的管卡子松开，把管放入卡内拧紧螺栓，用吊杆、线坠从第一节管开始找好垂直度，扶正钢套管，最后填堵孔洞，预留口必须加好临时丝堵。

4.2.3 支管安装

（1）检查配水点安装位置及立管预留口是否准确。

（2）按支管的尺寸断管、套丝（支管管径较小，一般采用丝扣连接的方式）和调直配支管。将配好的支管两头抹铅油缠麻丝，组对装好后，把麻头清净。

（3）用钢尺、水平尺、线坠校对支管的坡度和平行距墙尺寸，并复查立管有无移动。按设计或规定的压力进行系统试压及冲洗，合格后办理验收手续，并将水泄净。

4.2.4 其他应注意的问题

（1）管道穿过墙壁和楼板应该设置套管，安装在内墙壁的套管，其两端应与墙壁饰面平齐；管道穿过外墙和基础的套管直径比管道直径大两号为宜。

（2）水平敷设的干管，要按规定的坡向和坡度安装，并便于管道排气和泄水。

（3）当管道输送的热媒温度超过 100 ℃时，在穿过易燃和可燃的墙壁，必须按照防火规范的规定加设防火层。一般情况下管道与易燃和可燃物的间距保持 100 mm。

（4）分支阀门离分支点不宜过远。如分支处是系统的最低点，必须在分支阀门前加泄水丝堵。

（5）遇有伸缩器，应在预制时按规范要求做好预拉伸，并作好记录。按位置固定，与管道连接好。波纹伸缩器应按要求位置安装好导向支架和固定支架。

（6）立管固定卡的安装要求为：层高不超过 4 m 的每层安装一个管卡，位置距地面高度为 1.5～1.8 m。

（7）立管上接出三通的位置，必须能满足支管坡度的要求。

（8）热水管道在分支管与主干管连接处，用 1～3 个弯头连接，以解决管道膨胀问题。

（9）立支管变径，不宜使用补芯，应使用变径管箍。

5 施工过程质量控制

5.1 质量标准

5.1.1 一般规定

（1）给水管道必须采用管材相适应的管件。生活给水系统所涉及的材料必须达到以饮用水卫生标准。

（2）管径小于或等于 100 mm 的镀锌钢管应采用螺纹连接，套丝扣时破坏的镀锌层表面外采用法兰或卡套式专用管件连接，镀锌钢管与法兰的焊接处应二次镀锌。

（3）给水立管和装有 3 个或 3 个以上配水点的支管始端，均应安装可拆卸的连接件。

（4）冷、热水管道同时安装应符合下列规定：上、下平行安装时热水管就在冷水管上方；垂直平行安装时热水管应在冷水管左侧。

5.1.2 主控项目

（1）室内给水管道的水压试验必须符合设计要求。当设计未注明时，各种材质的给水管道系统试验压力均为工作压力的 1.5 倍,但不得小于 0.6 MPa。

(2)给水系统交付使用前必须进行通水试验并做好记录。

(3)生活给水系统管道在交付使用前必须冲洗和消毒,并经有关部门取样检验,符合国家《生活饮用水标准》方可使用。

(4)直埋给水管道应做防腐处理。埋地管道防腐层标材质和结构应符合设计要求。

5.1.3 一般项目

(1)给水引入管与排水排出管的水平净距不得小于 1 m。室内给水与排水管道平行敷设时,两管间的最小水平净距不得小于 0.5 m;交叉铺设时,垂直净距不得小于 0.15 m。给水管应铺在排水管上面,若给水管必须铺在排水管下面时,给水管应加套管,其长度不得小于排水管管道径的 3 倍。

(2)给水水平管道应有 2‰~5‰ 的坡度坡向泄水装置。

(3)给水管道和阀门安装的允许偏差应符合表 2 的规定。

表 2 镀锌管道和阀门安装的允许偏差和检验方法

项次	项 目		允许偏差(mm)	检 验 方 法
1	水平管道纵横方向弯曲	每米	1	用水平尺、直尺、拉线和尺量检查
		全长 25 m 以上	≤25	
2	立管垂直度	每米	3	吊线和尺量检查
		全长 25 m 以上	≤8	
3	成排管段和成排阀门	在同一平面上间距	3	尺量检查

(4)管道的支、吊架安装应平整牢固,每一直线管段必须设置 1 个;支、吊架是距应符合表 3 的规定。

表 3 钢管管道支架的最大间距(m)

公称直径(mm)		15	20	25	32	40	50	70	80	100	125	150
支架最大间距	刚性接头		2.10			2.10	3.00	3.65			4.25	5.15
	挠性接头		2.40		3.00			3.60			4.20	

注:本表适用于非保温管道,保温管道应按管道上保温材料重量的影响适当缩小吊架的间距

(5)水表应安装在便于检修、不受曝晒、污染和冻结的地方。安装螺翼式水表,表前与阀应有不小于 8 倍水表接口直径的直线管段。表外壳距墙表面净距为 10~30 mm;水表进水口中心标高按设计要求,允许偏差为 ±10 mm。

5.2 成品保护

(1)安装好的管道不得用做支撑或放手板,不得踏压,其支托卡架不得做为其他用途的受力点。

(2)安装中断或安装完毕后,在各敞口处应该临时封闭,以免管道堵塞。

(3)阀门的手轮在安装时应卸下,交工前统一安装。

(4)水表应有保护措施;为防止损坏,可统一在交工前安装。

5.3 质量记录

(1)产品合格证。

(2)管道工程水压试验记录。

(3)阀门试验检查记录。

(4)室内给水系统水压试验及调试检验批质量验收记录。

(5)防腐与绝热施工检验批质量验收记录。

6 安全、环保及职业健康措施

6.1 职业健康安全关键要求

(1)现场临时用电应符合《施工现场临时用电安全技术规范》(JGJ 46—2005)的有关要求。

(2)管道吹扫、冲洗排放口附近应设置警戒线,无关人员不得进入警戒区域。

(3)支托架上安装管子时,先把管子固定好再接口,防止管子滑脱砸伤人。

(4)高空作业时要带好安全带,严防登滑或踩探头板。

6.2 环境关键要求

(1)管道吹扫、冲洗应实行定点排放到下水道或管沟内,不得随意排放,污染环境。

(2)对于产生噪声较大的作业应尽量安排在白天进行,减少夜间施工对周围居民的影响。

(3)施工产生的边角余料和废弃物应集中进行处理,不得随意丢弃。

铸铁给水管道安装施工工艺

本章适用于工作压力不大于 1.0 MPa 的室外铸铁给水管道安装工程。

1　工艺特点

管道通用性强、耐腐蚀性好；安装劳动强度大，对工人的操作熟练程度要求较高。

2　施工准备

2.1　技术准备

(1)施工人员已认真熟悉图纸，对所要连接的管道甩口位置及标高进行复核。

(2)使用经过校验合格的监测和测量工具。

(3)在施工前了解待安管道沿线地下管线的分布情况，并作出标记。

(4)施工前进行技术交底和编制作业指导书。

2.2　材料准备

(1)所有材料进入施工现场时应进行品种、规格、外观检查；有裂纹的管与管件不得使用。

(2)其他材料：石棉绒、油麻绳、青铅、铅油、麻线、螺栓、螺母、防锈漆等按需购置。

2.3　主要机具

(1)机械：套丝机、砂轮机、试压泵、起重设备等。

(2)工具：手锤、捻凿、钢锯、套丝扳、剁斧、大锤、电气焊工具、倒链、压力案、管钳、大绳、铁锹、铁镐等。

(3)其他：经纬仪、水准仪、水平尺、钢卷尺等。

2.4　作业条件

(1)管沟平直，管沟深度、宽度符合要求。

(2)管道支墩已施工完毕。

(3)管沟沟底夯实，沟内无障碍物，且应有防塌方措施。

3　人员计划

劳动力配置由专业工长或技术员根据分项工程工期和现场条件实施动态管理，以不影响单位工程总体进度为原则，按时完成系统安装为目标。

4　铸铁给水管道及配件安装

4.1　材料质量要求

给水铸铁管及管件规格品种应符合设计要求，管壁薄厚均匀，内外光滑整洁，不得有砂眼、裂纹、飞刺和疙瘩。承插口的内外径及管件应造型规矩，尺寸合格，并有出厂合格证。

捻口水泥一般采用不小于 42.5 MPa 的硅酸盐水泥或膨胀水泥；水泥必须有出厂合格证。

4.2 工艺流程

铸铁给水管道安装施工工艺流程如图1所示。

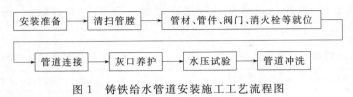

图1 铸铁给水管道安装施工工艺流程图

4.3 操作工艺

4.3.1 管道预制

（1）根据施工图检查管沟坐标、深度、平直程度、沟底管基密实度是否符合要求。

（2）管道承口内部及插口外部飞刺、铸砂等应预先铲掉，沥青漆用喷灯烤，再用钢丝刷除去污物。

（3）把铸铁管运到管沟沿线沟边，承口一般朝向来水方向；在斜坡地段承口朝上坡，铺管宜由低向高处进行。

（4）根据铸铁管长度，确定管段工作坑位置，铺管前将工作坑挖好。

（5）把清扫后的铸铁管放入沟底，清理承插口，然后对插安装管路，将承插接口顺直定位。

（6）安装管件、阀门等，应位置准确，阀杆要垂直向上。

（7）铸铁管安好后，在靠近管道两端处填土覆盖，两侧夯实，并应随即用稍粗于接口间隙的干净麻绳将接口塞严，以防泥土及杂物进入。

4.3.2 管道接口

一般有石棉水泥接口、铅接口、胶圈接口等。

（1）石棉水泥接口。

1）接口前应先在承插口内打上油麻，打麻时将油麻拧成麻花状，其粗度比管口间隙大1.5倍，麻股由接口下方逐渐向上方，边塞边用捻凿依次打入间隙，捻凿被弹回表明麻已被打结实，打实的麻深度应是承口深度的1/3（一般为2～3圈，油麻的接头应错开）。承插铸铁管填料深度见表1。

表1 承插铸铁管填料深度表

管 径	接 口 间 隙	承 口 总 深	接口填料深度(mm)			
			石棉水泥接口		铅 口	
(mm)	(mm)	(mm)	麻	灰	麻	铅
75	10	90	33	57	40	50
100～125	10	95	33	62	45	50
150～200	10	100	33	67	50	50
250～300	11	105	35	70	55	50

2）石棉水泥捻口宜采用42.5MPa水泥，机选4F级温石棉，重量比为水：石棉：水泥＝1:3:7。加水重量和气温有关，夏季炎热时要适当增加，冬季施工时应用热水拌制。拌和好的石棉水泥灰以捏能成团、抛能散开为度，并在1h内使用完毕。

3）捻口操作：将拌好的灰由下方至上方塞入已打好油麻的承口内，塞满后用捻凿和手锤将填料捣实,按此方法逐层进行,打实为止。灰口凹入承口不得大于 2 mm,深浅一致,同时感到有弹性,灰表面呈光亮时表示已打好。承插捻口的对口间隙不小于 3 mm,最大间隙不大于表 2 规定。

铸铁管沿直线敷设,承插捻口连接的环形间隙详见表 3;沿曲线敷设,每个接口允许有 2°转角。

表 2　铸铁管承插口的对口最大间隙

管径(mm)	沿直线铺设(mm)	沿曲线铺设(mm)
75	4	5
100～200	5	7～13
300～500	6	14～22

表 3　铸铁管承插接口的环形大间隙

管径(mm)	标准环形间隙(mm)	允许偏差(mm)
75～200	10	+3 −2
200～450	11	+4 −2
500	12	+4 −2

4)接口捻完后,用湿泥或草袋封口养护,对接口要进行不少于 48 h 的养护;要防止夏季太阳直射和冬季冰冻影响接口质量。

5)采用水泥捻口的给水铸铁管,安装地点有侵蚀性地下水时应在接口处涂抹沥青防腐层。

(2)铅接口。

1)按照石棉水泥接口标准在承插口内打上油麻,接口填料深度见表 1。

2)用石棉绳或包有粘性泥浆的麻绳沿接口围一圈,并用泥巴将石棉绳敷牢,上部留出灌铅口;也可采用专用的密封卡封口。

3)在铅锅内将牌号为 pb-6、纯度 99% 以上的铅块熔至紫红色(约 500 ℃)时,除去液面杂质,将铅勺加热后盛起铅液慢慢注入灌铅口,使承口内空气逸出,至高出灌口为止。浇注时应一次浇完,以保证接口的严密性。

4)铅凝固后,将封口物品取下,剔去铅口飞刺,用捻凿将铅打实即可。

5)在浇铅口内灌入少量机油或蜡,可防止爆炸。

(3)胶圈接口。

1)外观检查胶圈表面光滑、粗细均匀、无气泡、无重皮。

2)承口清理干净后将胶圈塞入承口胶圈槽内,胶圈内侧及插口抹上肥皂水,将管子找平找正,用倒链等工具将铸铁管徐徐插入承口内至印记处即可,并复查与其相邻已安好的第一至第二个接口的推入深度;橡胶圈安装就位后不得扭曲。

表 4　橡胶圈接口的最大允许偏转角

管径(mm)	允许偏转角度
100～200	5°
250～350	4°
400	3°

3)采用橡胶圈接口的管道,每个接口最大偏转角不得超过表 4 的规定。

4)采用橡胶圈接口的给水铸铁管,在土壤或地下水对橡胶圈有腐蚀的地段,在回填土前应用沥青胶泥、沥青麻丝、沥青锯末等材料封闭橡胶圈接口。

5)管道与管件连接处不宜采用橡胶圈接口。

4.3.3　水压试验

(1)已安装好的管道在隐蔽之前应进行水压试验,试验压力值按设计要求及施工规范规定确定。

（2）对捻口连接的管道,宜在不大于工作压力的条件下充分浸泡再进行试压,浸泡时间应符合下列规定:无水泥砂浆衬里,不少于 24 h;有水泥砂浆衬里,不少于 48 h。

（3）水压试验前,对试压管段应采取有效的固定和保护措施,但接头部位必须明露。

（4）管道灌水时应从下游缓慢灌入,并将上游管顶及管道凸起点的排气装置打开,将空气排除。

4.3.4　管道冲洗

管道安装完毕,验收前应进行冲洗,使水质达到规定洁净要求。并做好管道冲洗验收记录。

5　施工过程质量控制

5.1　质量标准

5.1.1　一般规定

给水铸铁管的管材、管件应是同一厂家的配套产品。

5.1.2　主控项目

（1）给水管道在埋地敷设时,应在当地的冰冻线以下,如必须在冰冻线以上敷设时,应做可靠的防潮保温措施。无冰冻地区,管顶的覆土深度不得小于 500 mm,穿越道路部位的埋深不得小于 700 mm。

（2）给水管道不得直接穿越污水井、化粪池、公共厕所等污染源。

（3）给水管道使用前必须对管道进行冲洗、消毒。

5.1.3　一般项目

（1）给水铸铁管道安装允许偏差及检查方式见表 5。

表 5　给水铸铁管道安装允许偏差及检查方法

项　　目	允许偏差（mm）	检查方法
坐标位置	50	拉线和 尺量检查
高　　程	±30	
水平管纵横向弯曲	40	

（2）管道连接应符合工艺要求,阀门、水表等安装的位置应正确。

5.2　成品保护

（1）安装好的管道不得用做支撑或放手板,不得踏压,其支托卡架不得做为其他用途的受力点。

（2）刚性接口填打后,管道不得碰撞及扭转。

（3）橡胶圈安装就位后不得扭曲。

（4）当有较重车辆在回填土上行驶时,管道顶部应有一定厚度的压实回填土。

5.3　质量记录

（1）产品合格证。

（2）管道工程水压试验记录。

（3）阀门试验检查记录。

（4）给水管道及配件安装工程检验批质量验收记录。

（5）给水管道安装工程检验批质量验收记录。

（6）防腐与绝热施工检验批质量验收记录。

（7）管道冲洗及消毒记录。

6　安全、环保及职业健康措施

6.1　职业健康安全要求

（1）现场施工机械应根据《建筑机械使用安全技术规程》(JGJ 33—2001)检查各部件工作是否正常，确认运转合格后方能投入使用。

（2）现场施工临时用电必须按照施工方案布置完成并根据《施工现场临时用电安装技术规范》(JGJ 46—2005)检查合格后才可以投入使用。

（3）试压时，应设警示标志管身及盲板前不得有人。

6.2　环境要求

（1）试压用水及冲洗管道用水应做到有组织排放或合理回用。

（2）清理的边脚余料和垃圾应分类堆放，并及时进行处理。

智能建筑施工

有线电视系统安装工艺

有线电视系统工程广泛运用于工业与民用建筑工程中,成为人民政治、文化、经济等日常生活中必不可少的组成部分,在现代建筑中几乎不可能没有有线电视系统工程。

1　工艺特点

(1)本工艺符合现行的国家及行业技术标准、施工规范的要求。

(2)能够较好的保证电视节目信号源接收、处理、信号传输等技术性能。

(3)施工机具设备简单,施工简便。

2　适用范围

本工艺适用于住宅小区及住宅建筑、宾馆、饭店、办公楼、综合楼、学校、医院等一般性公共建筑基础设施和有线电视、卫星电视、闭路电视和共用天线系统的新建、改建、扩建工程的安装、调试。

3　工艺原理

有线电视系统工程包括接收天线、前端设备器材、传输设备器材、用户终端盒等。系统通过对卫星、开路、微波以及行政区域网络等电视信号源的接收、处理,采用星形拓扑结构方式进行传输,分配进入用户终端。

4　工艺流程

有线电视系统工程施工工艺流程如图1所示。

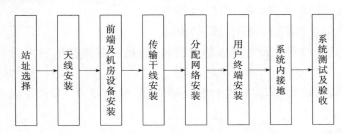

图1　有线电视系统工程施工工艺流程图

5　操作要点

5.1　施工准备

5.1.1　作业条件

(1)随土建结构封顶时(屋面防水、装饰装修前),预埋接收天线基础和预埋管。

(2)随土建结构砌墙时,预埋管和用户盒、箱。

(3)随土建、室内装修油漆浆活施工完毕,同轴电缆敷设、器件安装完毕。

(4)前端机房内设备安装的施工,应在具备下列条件后开始:

1）机房内土建装修完毕，架空地板（或抗静电地板）施工完毕。

2）交流 220 V 设备电源供电及交流 380 V 设备动力（天线电机）供电管、线、箱施工完毕。

3）暗装机箱的箱体安装完毕。

4）进入机房的馈线及其管路、线槽已敷设完毕，并引入到机房的机柜的位置下面。

5）机房的空调、照明、检修插座等配属设施施工完毕。

6）机房内预留专用的接地端子，用于机房设备接地。

（5）系统设施工作的环境温度宜符合下列要求：

1）寒冷地区室外工作的设施：$-40\ ℃\sim+35\ ℃$。

2）其他地区室外工作的设施：$-10\ ℃\sim+55\ ℃$。

3）室内工作的设施：$-5\ ℃\sim+40\ ℃$。

5.1.2　技术准备

（1）施工单位必须执有系统工程的施工资质。

（2）设计文件和施工图纸齐全，方案设计符合国家、行业、地方标准及建设单位要求，并通过相关行业管理部门审批。

（3）设计人员对施工人员进行详尽的技术交底。

（4）施工前对施工现场勘察，满足系统工程施工和图纸要求。

（5）施工机具齐备，符合安全要求，满足施工条件。

5.1.3　材料要求

（1）接收天线。

1）接收天线应根据不同的节目源、信号场强、接收环境以及有线电视系统设施的规模等要求进行选择。

2）接收天线的分类和选择。

① 卫星电视地面接收天线，采用抛物面天线。

② 微波电视信号接收天线，采用微波抛物面天线。

③ 开路电视信号接收天线，采用"八木"天线。

3）接收天线的选择应符合设计要求的规格，以满足所需接收电视节目及其图像品质的要求。

4）接收天线进场开箱检查，应符合包装运输要求，所有主件、配套件应齐全、无污损，并有产品合格证。

（2）前端设备器材。

1）前端设备器材应根据设计要求，选择相应型号及性能的前端设备器材和机柜等。

2）不同类型节目源的接收，前端设备器材通常配置如下：

① 卫星接收站设备器材，包括馈源、高频头（LNB）、功分器、卫星接收机、频道调制器、信号混合器、天线避雷器等。

② 微波信号接收设备器材，包括天线放大器、频道解调器、频道调制器、信号混合器、天线避雷器等。

③ 开路信号接收设备器材，包括天线放大器、频道调制器、信号混合器、天线避雷器等。

④ 有线电视网络信号接收设备器材，包括光收发器、前端放大器、供电器等。

⑤ 机房设备器材，包括电源避雷器、净化电源、设备安装标准机柜、电视墙和播控台等。

3)前端设备器材的选择应符合设计要求的规格,以满足所需接收电视节目及图像品质的要求。

4)前端设备器材进场开箱检查,应符合包装运输要求,所有主件、配套件应齐全、无污损,器件、设备进行电气测试应工作正常,产品说明书和技术资料应齐全。

(3)传输设备器材。

1)传输部分应根据设计要求,选择相应型号及性能的设备器材和材料等。

2)传输部分由信号传输分配设备器材、信号传输电缆及安装构件组成。

① 传输部分的有源设备。

包括干线放大器、分支干线放大器、延长放大器、分配放大器等。

放大器分为单项和双向两种。

② 传输部分的无源器材。

包括分支/分配器和安装机箱等。

分配器有一般分配器、集中分配器和可寻址分配器(含放大模块,需供电)供系统设计选用。

③ 射频电缆。

有线电视传输电缆应采用屏蔽性能好的物理高发泡聚乙烯绝缘射频同轴电缆,特性阻抗为 75 Ω。

天线信号引下和现场环境有强干扰的,应选用双屏蔽电缆。

对于需要现场架空的电缆,可选用自承式电视电缆。

室外电缆应采用黑色护套电缆。

④ 各种金具。

架线所采用 8# 铅丝和钢丝绳及各种规格的铁管、角钢、槽钢、扁铁、圆钢、14# 绑线、钢索卡、花篮螺栓、拉环等均应采用镀锌处理。

安装所用的各种规格机螺丝、金属胀管螺栓、木螺丝、垫圈、弹簧垫等均应采用镀锌处理。

(4)用户终端盒。

1)用户终端盒分为明装和暗装,安装盒分塑料盒和铁盒两种。

2)用户终端面板插座分单孔和双孔。

3)插座插孔阻抗为 75 Ω。

4)系统应选用双屏蔽用户终端面板。

(5)辅助材料。

接插件、焊条、防水弯头、焊锡、焊剂、绝缘子、天线基础预埋螺栓等。

(6)所有设备器材和材料应进行进场检查,外观应完整无损,配件应齐全,设备、器件进行电气测试应工作正常,产品说明书和技术资料应齐全。

5.2 施工工艺

5.2.1 站址选择

(1)接收现场要满足开阔空旷的条件,应避开接收电波传输方向上的遮挡物和周围的金属构件,并避开一些可能造成干扰的因素,例如:高压电力线、电梯机房、飞机航道、微波干扰带、工业干扰等,且不要离公路太近。

(2)架设天线应避开周围高大建筑物产生的阴影区,并可提高接收电平,有利于改善系统的载噪比。

（3）卫星/微波接收天线安装位置亦可选择在无遮挡的地面,既可利用建筑物阻挡微波干扰路径,又可以降低卫星接收天线在屋顶的风荷载,提高系统安装的安全性。

（4）站址的位置要适中,宜选择在整个系统的中心位置,以便向四周辐射敷设干线,减少干线的传输长度。且前端机房与天线接收站的距离应小于 50 m。

（5）在安装天线前,应采用测试天线和测试仪器对现场进行勘测,选择接收图像品质最佳的位置及安装高度。

5.2.2　天线安装

（1）卫星/微波接收天线的安装。

1）安装原则。

应严格按照产品说明书,并由专业技术人员进行操作。

2）天线基础。

根据天线厂家提供的产品资料,并根据天线的自重和风荷载等指标,预埋基础螺栓件和基础钢板,并应保证各基础墩的平面高度保持一致。

卫星天线基座安装示意图,如图 2～图 4 所示。

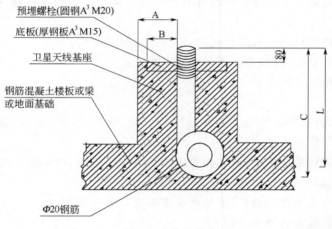

图 2　天线基座

3）天线避雷。

若天线位于建筑物避雷针保护范围之内,则天线无需再设避雷针;

若位于保护范围之外,可在主反射面上沿和副反射面顶端各安装一根避雷针,其高度应覆盖整个主反射面或单独安装避雷针,其安装高度应确保天线置于其保护范围之内(图 5)。

避雷针接地应有独立走线,严禁避雷针接地与室内接收设备接地线共用。

4）立柱吊装。

① 校准预埋螺栓的尺寸和位置后,先将天线立柱吊装,固定在预埋螺栓上,并采用平垫圈、弹簧垫圈及双母进行紧固,螺栓暴露部分要均匀涂抹黄油,防止金属件生锈。

② 卫星/微波电视接收天线安装应十分牢固、可靠,以防大风将天线吹离已调好的方向而影响收看效果。天线立柱应垂直,用卫星信号测试仪调整高频头的位置。

5）天线面拼装。

根据出厂编号顺序进行拼装,拼装过程中螺丝不应一次紧固,待天线面全部拼装完毕后,统一进行紧固,以防止在安装过程中对天线面的损坏,影响精度。

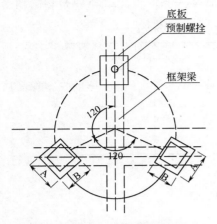

图3 4.5 m以下三角形天线基座(mm)

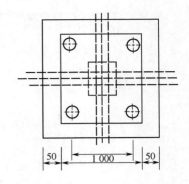

图4 3.5 m以下四点式天线基座(mm)

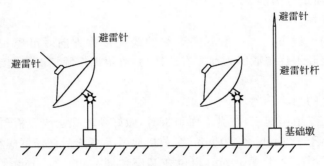

图5 卫星接收天线避雷针安装

6)天线面的整体吊装。

将拼装好的天线面整体吊装在已安装好的天线立柱,并用螺栓连接。在拼装过程中应注意吊装的承重点固定在天线面的骨架上,防止在吊装过程中承重中心的偏离,造成天线面倾斜或损坏天线面。若天线直径大于(含)4 m,应编制天线吊装方案,按方案进行施工。

7)天线方向选择。

卫星/微波接收天线的最大接收方向是调整俯仰角和方位角,达到监视图像噪点为最少(或没有),并注意不同电视卫星频道图像品质的均衡。

(2)开路天线的安装。

开路天线安装的一般要求:

1)天线架设的间距。

① 几副开路天线可共杆架设,也可单独分开架设。

② 天线间必须保持一定的距离(图6),立杆间水平间距≥5 m,同一方向的立杆前后距离≥15 m,(一般不采用前后架设天线),同一根立杆两层天线间距不应小于较长波长天线工作波的λ/2(λ:波长)且最小间距≥1 m,天线的左右间距要大于较长波长天线工作波的λ。

2)天线高度的选择。

天线距离地面或屋顶的高度不应小于一个波长。应考虑电波在传播过程中,不仅有反射

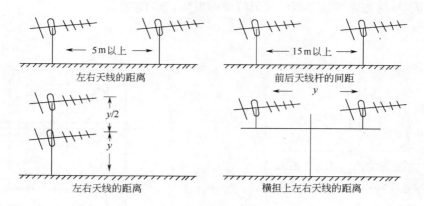

图 6　开路天线架设的间距

（会造成图像重影），还应考虑因空气媒介质的不均匀性产生的折射现象，适当调整水平位置和高度，以接收信号品质最佳为准。

3）天线方向的选择。

选择电平最强的天线方向。一般开路天线的最大接收方向对准电视发射塔（电视发射源），但是有时为了避开干扰源或因为前方有遮挡物，可根据实际情况，使接收天线的最大接收方向稍微调偏一些。

4）开路天线基座的预埋。

天线基座应随土建结构施工，在做屋面顶板时，做好预埋螺栓或底板预埋螺栓。

预埋螺栓不应小于 $\phi25\ mm\times250\ mm$，明装接地引下线圆钢直径不应小于 $\phi8\ mm$。

暗敷设圆钢直径不应小于 $\phi12\ mm$（也可在基座预埋 $4\ mm\times25\ mm$ 的扁钢 2 根，与基座钢板焊接；连接用基座钢板厚度不应小于 6 mm；基座高度不应低于 200 mm。

用水泥砂浆将基座平面、立面抹平齐。同时预埋好地锚，三点夹角在 120° 位置上，拉环采用直径 $\phi8\ mm$ 以上镀锌圆钢制成，底部与结构钢筋焊接，焊接长度为圆钢直径的 6 倍，同时除掉焊药皮，并用水泥砂浆抹平整。

5）天线竖杆与拉线的安装。

① 多节杆组接的竖杆应从下至上逐段变细变短，各段焊接牢固，如图 7 所示。

② 防止天线架设因大风、地震而倒塌造成的触电事故。要求天线与照明线及高压线保持一定的距离，符合表 1 要求。

6）竖杆。

① 现场要干净整齐，与竖杆无关的构件放到不妨碍竖杆以外的地方。

② 人员和工具应准备齐全。首先把上、中、下节杆连（焊接）接好，紧固螺丝，再把天线杆的拉线套绑扎紧，挂在杆上。

③ 各拉线钢索卡应卡牢固，中间绝缘瓷珠应套接好。

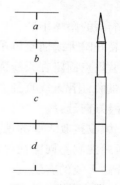

图 7　天线杆制作

图中：dc—两段长度之和不小于一个波长（一般为 2.5～6 m；否则会影响天线正常接收）。

b—段为固定天线部分，其长度与固定天线的数量有关，通常为 3 m 左右。

a—段为避雷针，一般采用 $\phi20\ mm$ 圆钢，长度大于 2.5 m 以上。

表 1　天线与照明线及高压线间距

电　压	架空电缆种类	与电视天线的距离（m）
低压架空线	裸线	＞1
	低压绝缘电线和多芯电缆	＞0.6
	高压绝缘电线和低压电缆	＞0.3
高压架空线	裸线	＞1.2
	高压绝缘电线	＞0.8
	高压电源	＞0.4

④ 花篮螺栓松至适当位置，并放在拉线预定地锚位置上，把天线杆放在起杆的位置，杆底放在基础位置上。

⑤ 全部准备就绪。

⑥ 现场指挥下达口令统一行动将杆立起，起杆时用力要均匀，防止杆身左右摆动。然后利用花篮螺栓校正拉线松紧程度，并用 8#～10# 铅丝把花篮螺栓封住。拉线与竖杆的角度一般为 30°～45°。

⑦ 分段式天线竖杆连接时，直径小的钢管必须插入直径大的钢管内 30 cm 以上，才能焊接，以保证天线竖杆的强度。

⑧ 如天线杆过高可采用双层拉线。为了减少拉绳对天线接收信号的影响，每隔 1/4 中心波长的距离内串接一个绝缘子，通常一根拉绳内串接有 2～3 个绝缘子，拉线位置应避开天线接收电磁波的方向。

⑨ 拉线地锚必须与建筑物连接牢靠，不得将拉线固定在屋顶透气管、水管等构件上。

7）天线的安装。

① 架设天线前，应对天线本身进行认真的检查和测试。天线的振子应水平放置，相邻振子间应平行，振子的固定件应采用弹簧垫和平垫，牢靠紧固。馈线应固定好，以免随风摆动，并在接头处留出防水弯。

② 把经检查合格的天线组装在横担上，天线各部分组件装好，用绳子通过杆顶滑轮，把组装好天线的横担吊起到预定的位置，由杆上工作人员把横担与天线卡子连接牢固。

③ 各频道天线按上述做法组装在天线杆上适当的位置；原则高频道天线在上边，低频道天线在下边，层与层间的距离大于 $\lambda/2$。

④ 通过观测监视器的接收图像和读取场强仪测量值，确定天线的最佳接收方位后，将天线固定。

⑤ 室外的器件和设备应做防水处理。

（3）保安器和天线放大器的安装。

保安器和天线放大器应尽量安装在靠近该接收天线的竖杆上，并注意防水，馈线与天线的输出端应连接可靠并将馈线固定住，以免随风摇摆造成接触不良。

（4）接地线的制作。

1）建筑物有避雷网时，可用 4 mm×25 mm 的扁钢或 ≥10 mm 的圆钢将天线主杆、基座与建筑物避雷网连接为一体。

2）天线必须在避雷针保护角范围之内。接地电阻值应小于 1 Ω，具体做法详见《防雷及接地安装工艺标准》中的相关章节。

（5）避雷器的安装。

天线避雷装置的安装按《建筑电气工程施工技术标准》（ZJQ 08—SGJB 303—2005）的相关规定执行。

5.2.3　前端机房设备安装

（1）操作流程见图 8。

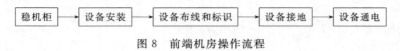

图 8　前端机房操作流程

（2）稳机柜。

1）按机房平面布置图进行设备机柜的定位。

2）在机柜下对应的位置，将抗静电地板开槽，以保证地板下的电缆引入机柜。

3）当机柜高度超过 1.8 m，且设备安装的数量大于地板的荷载时，将机柜稳装在槽钢基础上，并用螺栓加防松垫圈固定，防止因机柜过重造成地板和设备的损坏。

4）机柜摆放应竖直平稳。

5）机柜并排摆放时，两台机柜间的缝隙不得大于 2 mm。

6）机柜面板应在同一平面上，并与基准线平行，前后偏差不应大于 3 mm。对于相互有一定间隔而排成一列的设备，其面板前后偏差不应大于 5 mm。

（3）设备安装。

1）在机柜上安装的设备应根据使用功能进行有机的组合排列。

2）使用随机柜配置的螺丝、垫片和弹簧垫片将设备固定在机柜上。

3）每个设备的上下空间应留有 1 U（或大于 50 mm）的空隙，以保证设备的上下留有空气流通、散热的空间，空隙处采用专用空白面板封装。

4）对于非 19 标准机柜安装的设备，可采用标准托盘安装。

5）电视节目监视器，应采用电视机专用托盘和面板安装。

（4）机柜设备布置示意图（图 9）。

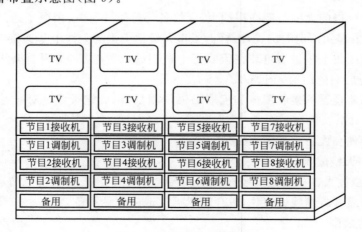

图 9　机柜设备布置示意

（5）设备布线与标识。

1）设备布线。

① 在确定各部件的安装位置时，考虑电缆连接的走向要合理，电缆敷设应顺直，无扭绞，

不得使电缆盘结。

② 机房内通常采用地面线槽,电缆由机柜底部引入。布放地槽的电缆应将电缆顺着所盘方向理直,按电缆的排列顺序放入槽内,顺直无扭绞,不得绑扎,不得使电缆盘结。电缆进出槽口时,拐弯处应成捆绑扎,并应符合最小曲半径要求。在引入机架处应成捆绑扎。

③ 当采用架槽时,电缆在槽架内布放可不绑扎,并宜留有出线口。电缆应由出线口从机架上方引入;引入机架时,应成捆扎绑。

④ 当采用电缆走道时,电缆也应由机架上方引入。走道上布放的电缆,应在每个梯铁上进行绑扎。上下走道间的电缆或电缆离开走道进入机架内时,应在距起弯点 10 mm 处开始,每隔 100~200 mm 绑扎一次。

⑤ 在有光端机(发送机、接收机)的机房中,端机上的光缆应留 10 m 余量。余缆应盘成圈妥善放置。

⑥ 引入引出房屋的电缆,应加装防水罩,向上引的电缆在入口处还应做成滴水弯。其弯度不得小于电缆的最小弯曲半径。电缆沿墙上下引时,应设支撑物,将电缆固定(绑扎)在支撑物上;支撑物的间距可根据电缆的数量确定,但不得大于 1 m。

⑦ 电缆在引入机架、拐弯和进出线槽等重要出入处,均需绑扎牢固,防止将电缆折坏。

⑧ 按照图纸采用电视电缆和 F 型专用插头连接各设备,各种电缆插头的装设应按产品特性的要求,并应做到接触良好、牢固、美观。

⑨ 将机房供电电源引至净化电源后,再分别供机房内设备使用。

⑩ 机柜背侧各电视电缆和电源线应分别布放在机柜的两侧线槽内,按回路分束绑扎。

2)标识。

① 安装于机柜的设备应标识设备所接收的频道。

② 电缆的两端应留有余量,并做永久性电缆标识。

(6)设备接地。

1)室外架空电缆引下/入线应先经过避雷器后才能引入机房设备。

2)机房内的避雷器、机柜/箱、设备金属外壳、电缆金属护套(或屏蔽层)均应汇接在机房总接地母排上。

3)接地母线的路由、规格应符合设计图纸的规定。施工时应满足下列要求:

① 接地母线表面应完整,并应无明显锤痕以及残余焊剂渣;铜带母线应光滑无毛刺。绝缘线的绝缘层不得有老化龟裂现象。

② 接地母线应铺放在地槽和电缆走道中央,或固定在架槽的外侧。母线应平整,不歪斜、不弯曲。母线与机架或机顶的连接应牢固端正。

③ 铜带母线在电缆走道上应采用螺丝固定。铜绞线的母线在电缆走道上应绑扎在梯铁上。

4)前端机房的总接地装置接地电阻不大于 1 Ω。

(7)设备通电。

5.2.4 传输干线安装

(1)电缆敷设。

1)架空电缆的架设。

① 应先将电缆吊线用夹板固定在电缆杆上,再用电缆挂钩把电缆卡挂在吊线上。挂钩的间距宜为 0.5~0.6 m。根据气候条件,每一杆挡均应留出余兜。

② 在已架有电信、电力线的杆路上加挂吊线时,要防止吊线上弹。在新杆上布放和收紧

吊线时,要防止电杆倾斜和倒杆。

③ 电缆与其他线路共杆架设时,两线间最小垂直距离应符合表 2 的规定。

④ 当架空电缆引入地下时,在距离地面 2.5 m 以下应采用钢管保护。钢管应埋入地下 0.3~0.5 m。

⑤ 干线电缆的长度应根据图纸设计长度进行选配或定做,架空电缆在传输过程中不宜接续,以避免其他信号窜扰。

2)自承式同轴电缆的敷设。

① 采用自承式同轴电缆作支线或用户线时,电缆的受力应在自承线上;在电杆或墙担处将自承线与电缆连接的塑料部分切开一段距离,并在切开处的根部缠扎三层聚氯乙烯带,并应缩短自承线,用夹板夹住使电缆产生余兜。

② 采用自承式电缆作用户引入线时,在其下线端处应用缠扎法把自承线终结做在下线钩、电杆或吊线上。

3)墙壁电缆的敷设。

① 应先在墙上装好墙担和撑铁,把吊索在横担上收紧,用夹板固定,再用电缆挂钩将电缆卡挂在吊线上。墙担间距一般不大于 6 m。

② 墙壁电缆沿墙角转弯,应在墙角处设转角墙担。

③ 电缆采用穿管敷设时,应先扫清管路,并在管孔内预设一根铁线,将电缆牵引网套绑扎在电缆头上,用铁线将电缆拉入到管道内。敷设较细的电缆可不用牵引网套,直接把铁线绑扎在敷设的电缆上。

4)直埋电缆的敷设。

① 电缆采用直埋方式时,必须使用具有铠装的能直埋的电缆。

② 直埋的电缆其埋深不得小于 0.8 m,在寒冷的地区应埋在冻土层以下。

③ 当电缆与其他线路共沟(隧道)敷设时,其间距应符合表 3 的规定。

④ 紧靠电缆四周要用细土覆盖 10 cm,上压一层砖石保护,并做标记。

5)光缆的敷设。

① 光缆敷设前,应使用光时域反射计和光纤衰耗测试仪检查光纤有无断点,衰耗值应符合设计要求。

② 核对光缆的长度,根据施工图上给出的实际敷设长度来选配光缆。配盘时应使接头避开河沟、交通要道及其他障碍物处;架空光缆的接头与杆的距离不应大于 1m。

③ 布放光缆时,光缆的牵引端头应作技术处理,并应采用具有自动控制牵引力性能的牵引机牵引;其牵引力应施加于加强芯上,并不得超过 150 kg;牵引速度宜为 10 m/min,一次牵引的直线长度不宜超过 1 km。布放光缆时,其弯曲半径不得小于光缆外径的 20 倍。

④ 架空光缆敷设时,端头应采用塑料胶带包扎,接头的预留长度不宜小于 8 m,并将余缆盘成圈后挂在杆的高处。架空光缆可不留余兜,但中间不应绷紧。地下光缆引上电杆必须用钢管穿管保护;引上杆后,架空的始端可留余兜。

⑤ 管道光缆敷设时,无接头的光缆在直道上敷设应由人工逐个人孔牵引;预先作好接头的光缆,其接头部分不得在管道内穿行。

表 2 两线间最小垂直距离

种 类	最小间距(m)
1~10 kV 电力线同杆平行	2.5
1 kV 电力线同杆平行	1.5
有线广播同杆平行	—
通信电缆同杆平行	0.6

表 3 电缆与其他线路共沟(隧道)敷设间距

种 类	最小间距(m)
与 220 V 交流电线路共沟	0.5
与通信电缆共沟	0.1

⑥ 在桥上敷设光缆时,宜采用牵引机和中间人工辅助牵引。光缆在电缆槽内布放不宜过紧,在桥身伸缩接口处应做 3～5 个"S"弯;每处宜余留 0.5 m。当穿越铁路桥面时,应外加金属管保护。光缆经过垂直走道时,应绑扎在支持物上。

⑦ 光缆的接续应由受过专门训练的人员来操作,接续时应采用光功率计或其他仪器进行监视,使接续损耗达到最小;接续后应安装光缆接头护套。

(2)设备安装。

1)传输干线设备。

传输干线设备包括:

① 光收发设备包括光端机、光分路机等。

② 放大器包括干线放大器、分支干线放大器、延长放大器等。

③ 过流分配器。

④ 线路内馈供电器。

⑤ 所有设备安装的位置应严格按照施工图纸进行施工。

2)明装。

① 室外架空电缆线路中,设备应安装在距离电杆 1m 以内的地方,并固定在电缆吊线上。

② 室外墙壁电缆线路中,设备可固定在墙壁上,吊线有足够的承受力,也可固定在吊线上。

③ 室外电缆线路中的设备,应采用密封橡皮垫圈防水密封,并采用散热良好的铸铝外壳,外壳的连接面宜采用网状金属高频屏蔽圈,保证良好与地接触,接插件要有良好的防水抗腐蚀性能,最外面采用橡皮套防水。不具备防水条件的设备及其他器件要安装在防水金属箱内。

3)暗装。

① 在地下穿管或直埋电缆线路中的设备器件安装,应保证不得被水浸泡,应将电缆引上地面,装载于金属箱内。

② 电视设备安装箱,应内置一块配电板,箱体内器件均采用螺丝固定在箱体内的配电板上。配电板上的设备走线均由板的背面引至板前侧;箱体门板内应粘贴设备系统图,并在上面标明电缆的走向及信号输入、输出电平,以便以后维修检查。

(3)电缆接头的制作(图 10)。

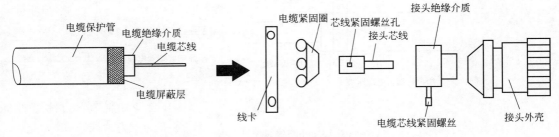

图 10 电缆接头制作图

5.2.5 分配网络的安装

分配网络部分的安装包括分配放大器的安装、分支分配器的安装、用户线的敷设和用户终端的安装。

(1)分支分配器的安装。

分支分配器应安装在分支分配器箱内或放大器箱内,并用螺丝固定在箱内配电板上。

分支分配器箱内或放大器的箱体采用铁制,可装有单扇或双扇箱门,箱体内预留接地螺栓,箱内装有配电板。箱体尺寸应根据箱内设备的数量而定。

分支分配器或放大器的连线,如图 11、图 12 的示意。

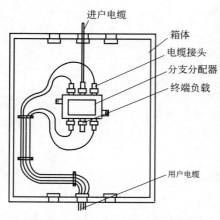

图 11　分支分配箱安装示意图

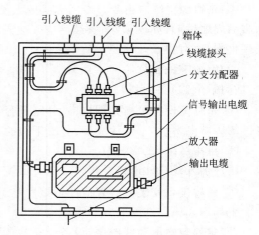

图 12　放大箱安装示意图

(2)用户线的敷设。

用户线进入房屋内可穿管暗敷,也可采用卡子明敷在室内墙壁上补充安装,或布放在吊顶上,但均应作到牢固、安全、美观。

(3)用户终端的安装。

1)检查修理盒口:检查盒子口有不平整处,应及时检修平整。暗盒的外口应与墙面齐平;盒子标高应符合设计规范要求,若无特殊要求,电视用户终端插座距地面 300 mm,距强电插座水平距离 500 mm;明装盒应牢固。

2)断线压接:先将盒内电缆接头剪成 100～150 mm 的长度,然后把 25 mm 的电缆外绝缘护套剥去,再把外导线铜网打散,编成束,留出 3 mm 的绝缘层和 12 mm 芯线,将芯线压在端子,用 Ω 卡压牢铜网处。如图 13 所示。

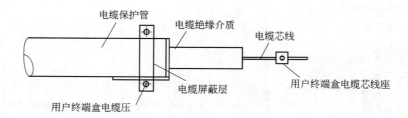

图 13　用户终端盒压接图

3)固定盒盖:用户插座的阻抗为 75 Ω,用螺丝将面板固定。

5.2.6　防雷、接地及安全防护

(1)系统工程的防雷接地,必须按设计要求施工,新建工程接地装置的埋设宜与土建施工同时进行,对隐蔽部分应在覆盖前及时会同有关单位随工检查验收。

(2)接闪器应与天线竖杆(独立避雷针则应与接闪器支持杆)同在地面组装。接闪器长度应按设计要求确定,并不应小于 2.5 m;直径不应小于 20 mm。接闪器与竖杆的连接宜采用焊接;焊接的搭接长度宜为圆钢直径的 10 倍。当采用法兰连接时,应另加横截面不小于 48 mm² 的镀锌圆钢电焊跨接。

(3)避雷引下线宜采用 25 mm×4 mm 扁钢或直径为 10 mm 圆钢。引下线与天线竖杆应采用电焊连接,其焊接长度应为扁钢宽度的 3 倍或圆钢直径的 10 倍。引下线与接地装置必须焊接牢固,所有焊接处均应涂防锈漆。

(4)电缆屏蔽层及器件金属外壳均应就近接地并良好接地,以减少对系统内器件的干扰(包括高频干扰和交流电干扰)和防止雷击。

(5)架空电缆中供电器的市电输入端的相线和零线,对地均应接入适用于交流 220V 工作电压的压敏电阻。

(6)重雷区架空引入线在建筑物外墙上终结后,应通过接地盒在户外将电缆的外屏蔽层接地。用户引入线户外连接经接地盒连至建筑物内分配器、分支器直至用户输出口。

(7)在施工过程中,应测量所有接地装置的电阻值。当达不到设计要求时,应在接地极回填土中加入无腐蚀性的长效降阻剂。

(8)金属管路应与建筑防雷接地连为整体的接地。

(9)系统维护人员定期做防雷接地检查。

5.2.7　系统测试

系统的工程各项设施安装完毕后,应对各部分的工作状态进行调测,以使系统达到设计要求。

(1)天线调试。

1)开路天线架设完毕,应检查各接收频道的安装位置是否正常;卫星电视天线的俯仰和方位角的位置是否正常。

2)用场强仪测量天线接收信号的电平值,微调天线的方向,使场强仪的电平指示达到最大。同时观察接收的电视图像品质和伴音质量,无重影、无雪花、无噪点(或偶尔有噪点,但不讨厌)时,固定天线,并将天线的信号引下馈线绑扎整齐。

(2)前端设备调试。

1)检查前端设备所使用的电源,应该符合设计要求。

2)将各频道的电视信号接入混合器,用场强仪测试混合器的检测口,调整各频道的输出电平值,使各频道的输出电平差在 2 dB 以内。若调整混合器的调整旋钮无法达到 2 dB 的电平差时,可对电平值高的频道增加衰减器。

3)调整设置卫星接收机的接收频率及其他参数,适当调整调制器的输出电平至该设备的标称电平值,并通过混合器的输出检测口测试,再适当调整混合器的信道调谐旋钮和放大器输出电平,最终使混合器的输出电平差在±1 dB,且电平值符合图纸设计要求(若无图纸设计要求,应在施工前进行指标核算和指标分配,计算有源设备的电平值)。

4)机房前端放大器(或干线放大器)的调试:按图纸设计要求,调整放大器的输出电平旋钮、均衡旋钮(或更换适当衰减值的插片)达到图纸设计的电平值,通常做法,放大器的输出电平不宜大于 100 dB,(对于系统规模大,传输链路长的系统建议采用更低电平),相邻频道的电平差±0.75 dB 以内,各频道间的电平差±2 dB 以内。

5)前端设备调试完毕后,将信号传输至干线系统。

6)调测中应作好调测记录。

（3）干线放大器的调试。

1）检查前端设备所使用的电源，应该符合设计要求。

2）依据设计要求，在每个干线放大器的输出端或输出电平测试点测量其高、低频道的电平值，并通过调整干线放大器内的衰耗均衡器，使其输出电平达到设计要求。

3）调整输出电平及输出电平的斜率。若图像产生交、互调干扰，说明放大器的输出电平高于系统指标分配后的最大输出电平，应重新进行指标分配，按照重新核算放大器输出电平的设计值进行调整。

4）调测中应作好调测记录。

（4）分配网的调试。

1）按照图纸设计要求，调整分配放大器的输出电平和斜率。

2）在用户终端进行测试，看用户终端电平是否达到系统设计要求，若无法达到设计要求，适当调整分配放大器的输出电平和斜率、分支分配器等无源器件，以达到图纸设计值要求。

3）调测中应作好调测记录。

（5）用户终端的调试。

1）各用户端高低频道的电平值，应达到设计要求。

2）用户终端电平控制在 64 ± 4 dB，并用彩色监视器，观察图像品质是否清晰，是否有雪花或条纹、交流电干扰等。

3）在一个区域内（一个分配放大器所供给的用户）多数用户的电平值偏离要求时，应重新对分配放大器进行调整，使之达到要求。

4）当系统较大，用户数较多时，可只抽测 $10\%\sim20\%$ 的用户。

5）调测中应作好调测记录。

5.2.8　系统验收

（1）验收条件。

1）系统的工程竣工运行后两个月内，应由设计、施工单位向建设单位提出竣工报告，建设单位应向系统管理部门申请验收。系统工程验收应由系统管理部门、设计、施工、建设单位的代表组成验收小组，按验收规范规定和竣工图纸进行验收，并应做记录、签署验收证书、立卷和归档。

2）系统的工程验收合格后的一年内，因产品或设计、施工质量问题造成系统工作的异常，设计、施工单位应负责采取措施恢复系统的正常工作。

3）系统的工程验收前，应由施工单位提供调测记录。系统的工程验收测试必需的仪器，应附有计量合格证。

（2）验收内容。

1）系统图像质量的主观评价。

2）系统质量的客观测试。

3）系统工艺规范和施工质量的检查。

4）系统避雷、安全和接地设施的检查。

5）图纸、资料的移交。

（3）验收文件。

1）基础资料。

① 接收频道、自播频道与信号场强。

② 系统输出口数量,干线传输距离。

③ 信号质量(干扰、反射、阻挡等)。

④ 系统调试记录。

2)系统图。

① 前端及接收天线。

② 传输及分配系统。

③ 用户分配电平图。

3)布线图。

① 前端、传输、分配各部件和标准测试点的位置。

② 干线、支线路由图。

③ 天线位置及安装图。

④ 标准层平面图,管线位置、系统输出口位置图。

⑤ 与土建工程同时施工部分的施工记录。

4)主观评价打分记录。

5)客观测试记录(包括测试数据、测试方框图、测试仪器、测试人和测试时间)。

6)施工质量与安全检查记录(包括防雷、接地)。

7)设备、器材明细表。

8)其他。

9)系统工程验收合格后,验收小组应签署验收证书。

6 机具设备配置

6.1 测量仪器

场强仪、测试天线、频谱分析仪、光功率计、光时域反射仪、卫星信号测试仪、万用表、兆欧表、监视器、指南针、量角仪、铅锤等。

6.2 施工机具

手电钻、电锤、钳子、改锥、电工刀、电烙铁、电焊机、接头专用工具、水平尺、大绳、安全带、高梯、中梯、工具袋。

6.3 起重运输设备

吊车、倒链。

7 劳动力组织

7.1 对管理人员和技术工人的组织形式的要求

(1)制度基本健全,并能执行。

(2)配备有专业技术管理人员并持证上岗。

(3)高、中级技工人数不应少于的70%。

7.2 工种配置表

工种配置表,见表4。

表 4　工种配置表

序　　号	工　　种	人　　数	备　　注
1	管道工	按工程量确定	技工
2	线路工	按工程量确定	技工
3	安装工	按工程量确定	技工
4	普工	按工程量确定	

8　质量要求及质量控制要点

8.1　质量要求

8.1.1　一般规定

（1）适用于卫星数字电视及有线电视系统工程中安装的系统检测和竣工验收。

（2）本系统应包括卫星数字电视及有线电视系统及相关设施。包括接入网设备。

（3）系统设备器材的环境、安全、电源与接地应符合相关规定。

（4）系统同轴电缆的敷设应按《有线电视广播系统技术规范》（GB 50200—94）的有关规定执行。

8.1.2　主控项目

（1）卫星电视接收要求。

1）卫星天线的安装质量：符合国家现行标准，排列位置、安装方向正确；各固定部位牢固；各间距合乎要求。

2）高频头至室内单元的线距：符合国家现行标准。

3）功放器及接收站位置：符合国家现行标准。

4）缆线连接的可靠性：符合国家现行标准。

5）系统输出电平：$-30\sim-60$ dB μm。

（2）传输分配终端要求。

1）系统输出电平：$60\sim80$ dB μV（系统内的所有频道）。

2）系统载噪比：应无噪波，即无"雪花干扰"（系统总频道的 10%）。

3）载波互调比：图像中应无垂直、倾斜或水平条纹（系统总频道的 10%）。

4）交扰调制比：图像中无移动、垂直或斜图案，即无"窜台"（系统总频道的 10%）。

5）回波值：图像中无沿水平方向分布在右边一条或多条轮廓线，即无"重影"（系统总频道的 10%）。

6）色/亮度时延差：图像中色、亮信息对齐，即无"彩色鬼影"（系统总频道的 10%）。

7）载波交流声：图像中无上下移动的水平条纹，即无"滚道"现象（系统总频道的 10%）。

8）伴音和调频广播的声音：无背景噪音、如丝丝声、哼声、蜂鸣声和串音等。（系统总频道的 10%）。

9）电视图像主观评价：$\geqslant4$ 分。

图像质量采用五级损伤制评定，5 级损伤制评分分级应符合表 5 的规定。

（3）HFC 网络和双向数字电视系统要求。

表 5　图像质量等级表

图像优劣程度	等　级	分　数
觉察不到杂波和干扰	优	5
可觉察到但不讨厌	良	4
有点讨厌	中	3
讨厌	差	2
无法收看	劣	1

1)正向测试的调制误差率和相位抖动,反向测试的侵入噪声、脉冲噪声和反向隔离度的参数指标应满足设计要求。

2)检测其数据通信、VOD、图文播放等功能。

3)HFC 用户分配网应采用中心分配结构,具有可寻址路权控制及上行信号汇集均衡等功能。

4)检测系统的频率配置、抗干扰性能,其用户输出电平应取 62~68 dB。

8.1.3　一般项目

(1)接收天线。

1)天线。

① 排列位置、安装方向正确。

② 各固定部位牢固。

③ 各间距合乎要求。

2)天线放大器。

① 防水措施有效。

② 牢固安装在竖杆(架)上。

3)馈线。

① 穿金属管保护安装。

② 电缆与各部件的接点正确、牢固、防水。

4)竖杆(架)及拉线。

① 强度够。

② 拉线方向正确、拉力均匀。

(2)避雷针接地。

1)避雷器安装高度合适。

2)接地线合乎施工要求。

3)各部位电气连接良好。

4)接地电阻≤4 Ω。

(3)前端。

1)设备及部件安装地点恰当。

2)连接正确、美观、整齐。

3)进出电缆符合设计要求,有标记。

(4)传输设备。

1)按设计安装。

2)各连接点正确、美观、整齐。

3)空余端正确处理,外壳接地。

(5)用户设备。

1)布线整齐、美观、牢固。

2)输出口用户盒安装位置正确、安装平整。

3)用户接地盒、避雷器按要求安装。

(6)电缆及接插件。

1)电缆走向、布线和敷设合理、美观。

2)电缆弯曲、扭转、盘接不过分。

3)电缆离地高度及与其他管线间距离要求合适。

4)架设、敷设的安装构件选用合适。

5)接插部件牢固、防水、防蚀。

(7)供电器、电源线。

符合设计要求、施工要求。

8.1.4　资料核查项目

(1)图纸会审、设计变更、洽商记录、竣工图及设计说明。

(2)材料、设备出厂合格证书及进场检(试)验报告。

(3)隐蔽工程验收表。

(4)接地、绝缘电阻测试记录。

(5)系统功能测定及设备调试记录。

(6)系统技术、操作和维护手册。

(7)系统管理、操作人员培训记录。

(8)系统检测报告。

(9)分项、分部工程质量验收报告。

8.1.5　观感检查项目

(1)天线。

1)天线的位置及安装质量。

2)高频头等至室内单元的线距。

3)功放器及接收站位置。

4)缆线连接的可靠性。

(2)机房。

1)机房设备安装及布局。

2)机房箱、柜、台、盘的布局及安装质量。

3)机架排线质量。

4)机房的供电、避雷接地。

(3)传输网络。

1)杆、管、槽、箱(柜)架设或安装质量。

2)电缆的敷设质量。

3)网络传输设备器材的安装质量。

(4)用户终端。

1)引入电缆的敷设。

2)用户终端盒(箱)的安装质量。

3)用户电视接收信号的图像主观评价。

8.2　质量控制措施

8.2.1　材料的控制

卫星数字电视及有线电视系统的设备、材料进场验收要求应执行下列规定:

(1)产品性能应符合相应的国家标准或行业标准的规定,并经国家认定的质检单位测试合格,产品的生产厂必须持有生产许可证。还须按施工材料表对系统进行清点、分类。

(2)产品附有铭牌(或商标),检验合格证和产品使用说明书、各种部件的规格、型号、数量应符合设计要求。产品外观应无变形、破损和明显脱漆现象。

(3)工程施工中严禁使用未经验收合格的器材,关键设备应有强制性产品认证证书和标志或入网许可证等文件。

(4)国外产品应符合中国广播电视制式和频率配置。

(5)在同一项目中,选用的主要部件和材料,性能和外观应具有一致性。

(6)选用的设备和部件的输入输出标称阻抗、电缆的标称特性阻抗均为 75Ω。

(7)有源部件均应通电检查。

8.2.2　技术的控制

(1)系统的工程施工应以设计图纸为依据,并应遵守相关的施工规定。

(2)设计文件和施工图纸齐全,并已会审批准。施工人员应熟悉有关图纸并了解工程特点、施工方案、工艺要求、施工质量标准等,并严格执行。

(3)施工所需的设备、器材、辅材、仪器、机具等应能满足连续施工和阶段施工的要求。

(4)新建建筑系统的工程施工,应与土建施工协调进行。预埋线管、支撑件,预留孔洞、沟、槽、基础、楼地面等均应符合设计要求。

(5)敷设管道电缆和直埋电缆的路由状况和预留管道应符合设计和施工要求,各管道(包括横跨道路)应作出路由标志。

(6)允许同杆架设的杆路及自立杆的杆路应符合设计和施工要求。

(7)施工区域内应能保证施工的安全用电。

8.2.3　质量的控制

(1)天线安装。

1)预埋管线、支撑架、预留空洞、沟、槽、地坪等都符合设计要求。尤其天线安装间距满足设计要求。

2)卫星电视接收天线安装应十分牢固、可靠、以防大风将天线吹离已调好的方向而影响收看效果。天线立柱的垂直度用倾角仪测量,保证垂直。用卫星信号测试仪调整高频头的位置。

3)为了减少拉线对天线接收信号的影响,每隔 1/4 中心波长的距离内串接一个绝缘子,通常一根拉线内串接有 2～3 个磁绝缘子。

4)若天线系统需用一个以上的天线装置时,则装置之间的水平距离要在 5 m 以上。

5)分段式天线竖杆连接时,直径小的钢管必须插入直径大的钢管内 30 m 以上,才能焊接,以保证天线竖杆的强度。

6)保安器和天线放大器应尽量安装在靠近该接收天线的竖杆上,并注意防水,馈线与天线的输出端应连接可靠并将馈线固定住,以免随风摇摆造成接触不良。

7)天线避雷装置的安装按有关规程标准进行。

(2)系统前端及机房设备。

1)在确定各部件的安装位置时,考虑电缆连接的走向要合理,以免将电缆拐成死弯,导致信号质量的下降。

2)机房内电缆的布放,应根据设计要求进行。电缆必须顺直无扭绞,不得使电缆盘结,电缆引入机架处,拐弯处等重要出入地方,均需绑扎。

3)电缆敷设在两端连接处应留有适度余量,并应在两端标识明显永久性标记。

4)接地母线的路由、规格应符合设计图纸的规定。

5)引入引出房屋的电缆,应加装防水罩,向上引的电缆在入口处还应作成滴水弯。

6)机房中如有光端机(发送机、接收机),端机上的光缆应留约 10 m 的余量。

8.2.4　成品保护

(1)在屋面安装电视天线时,不得损坏建筑物、屋面防水及装修,并保持现场清洁。

(2)穿布放电缆以后,及时在插座上加白盖板,保护引下电缆。

(3)设置在吊顶内的箱、盒在安装部件时,不应损坏龙骨和吊顶。

(4)修补浆活时,不得把器件表面弄脏,并防止水进入器件内部。

(5)使用高梯时,不得碰撞门窗和墙面。

8.3　质量通病防治

8.3.1　无信号

(1)前端电源失效或有源设备失效。应检查供电电压或测量输入信号(有无)。

(2)接收天线系统故障。应检查短路和开路传输线,接插头,前端变频器、前端天线放大器等。

(3)线路放大器的电源失效。检查输入插头是否开路,再检测电源保险,电源等,从故障端至信号源端检查各放大器的输出信号和工作电源是否正常。

(4)干线电缆故障,检查首端至各级放大器间的电缆是否开路或短路,并检查各种电缆插头。

8.3.2　信号微弱,所有信号均有雪花,此现象为信号电平未达到标准电平

(1)天线接收系统故障,检查前端接收信号的图像是否清晰,天线的朝向是否有偏离。

(2)前端设备有故障,检查有源设备的输入、输出是否正常,若设备正常,检查电缆馈线等是否有短路现象。

(3)传输线路故障,由故障源向节目源的方向检查每台放大器的输出信号和放大器的供电电源是否正常。

(4)分配网络中的无源器件是否有短路,电缆是否有损坏。

8.3.3　图像重影

属于天线接收的问题。采用监视器,观察接收电视信号的图像品质,若为前重影,是因为当地接收信号的场强过强,须对前端的信号变换频道传输处理;若为后重影,则因为前端的接收信号受到周围建筑物的反射,应适当调整天线的位置,避开反射造成的重影现象。

8.3.4　图像出现条纹、横道干扰

放大器等有源设备的输出电平过高,超过该放大器的最大输出电平,或超过该有源设备分配的指标。适当降低电平。

8.3.5　有的图像有条纹干扰,有的图像清晰

各频道的电平差过大,造成高电平的频道对低电平的频道干扰。应将电平调平。

8.3.6　图像出现交流滚动横道干扰

系统的屏蔽接地没有做好,在故障处及以前的放大器和分支器及电缆的屏蔽外壳连做一体,可靠接地。

9　安全、环保及职业健康措施

9.1　安全环保措施

(1)施工中应遵守有关环境保护和安全生产的法律、法规的规定。

（2）应在施工现场采取维护安全、防范危险、预防火灾等措施；有条件的，应对施工现场实行封闭管理。

（3）施工现场对毗邻的建筑物、构筑物和特殊作业环境可能造成损害的，施工企业应采取安全防护措施。

（4）现场施工临时用电必须按照施工方案布置完成并根据《施工现场临时用电安全技术规范》(JGJ 46—2005)检查合格后才可以投入使用。

9.2 环境保护

（1）遵守当地有关环卫、市容管理的有关规定。

（2）做到及时清除施工现场的施工杂质和边脚余料。

（3）采取控制和处理施工现场的各种粉尘、噪声、振动对环境的污染和危害。

9.3 职业健康安全关键要求

（1）"安全三宝"（安全帽、安全带、安全网）必须配备齐全。工人进入工地必须佩戴经安检合格的安全帽。

（2）工人高空作业之前须例行体检，防止高血压病人或有恐高症者进行高空作业，高空作业时必须佩带安全带。

（3）工人作业前，须检查临时脚手架的稳定性、可靠性。

（4）电工和机械操作工必须经过安全培训，并持证上岗。

10 工程实例

成都市有线电视综合信息网工程是成都市行政区域性广播电视有线电视网络，自肖家河住宅小区"电视/电话/网络 同步建设 同步开通"成都市示范工程以后，先后完成了电子科大、白果林、石人、高升桥、铁路新村、西门车站、火车北站、铁二院、王建墓、白马寺等十个片区十万户有线电视综合信息网工程。

配电系统施工工艺

本工艺适用于电压为 10 kV 以下一般工业与民用建筑、工业生产线等电气安装工程成套配电柜及动力开关柜(盘)、控制柜、电源柜、照明配电箱等的安装。

1　工艺特点

成套箱柜设备重量较大,安装精度要求高。

2　施工准备

2.1　技术准备

(1)熟悉及审查设计图纸及有关资料,了解工程情况。

(2)编制具体施工方案,明确施工的范围和质量标准,并制定合理的施工工期,落实水电等动力来源。

(3)编制施工图预算和施工预算。

2.2　材料要求

设备及材料均符合国标或部颁发的现行的技术标准,符合设计要求;并有 3C 认证和产品合格证及随带安装、使用、维修和试验要求等技术文件;有生产许可证和安全认证标志,进口产品应提供商检证明和中文的质量证明文件,规格、型号、性能检测报告及中文的安装、使用、维修和试验要求等技术文件。设备有铭牌,并注明厂家名称,附件、备件完好、齐全,接线无脱落脱焊,涂层完整,无明显碰撞凹陷。

铁制配电箱、柜体为镀锌板,并应具有一定的机械强度,配电箱体二层板厚度不小于 1.5 mm 镀锌铁板。塑料配电箱体有一定的机械强度,周边平整无损伤,二层板厚度不小于 8 mm。木制配电箱体应刷防腐、防火涂料,木制板面厚度不小于 20 mm。

柜、箱内的保护导体应有裸露的连接外部保护导体的端子。

2.3　材料准备

材料设备已经进场,且规格配件齐全,满足施工条件。

2.4　主要机具

(1)吊装搬运机具:汽车、汽车吊、手推车、卷扬机、倒链、钢丝绳、麻绳索具等。

(2)安装工具:台钻、手电钻、电锤、砂轮、台虎钳、锉刀、钢锯、榔头、克丝钳、螺丝刀、磨光机、电焊机、气焊工具、扳手、电工工具等。

(3)测试工具:水准仪、钢直尺、塞尺、水平尺、线坠、塞尺、兆欧表、万用表、钢板尺、试电笔、钢卷尺等。

2.5　作业条件

2.5.1　低压配电柜安装

(1)土建工程施工标高、尺寸、结构及埋件均符合设计要求。

(2)墙面、屋顶喷浆完毕,无漏水、门窗安装完,门上锁。

(3)室内地面施工完,场地干净、道路畅通。

2.5.2 照明配电箱安装

(1)随土建结构预留好暗装配电箱的位置。

(2)预埋铁架和螺栓时,墙体结构应弹出施工水平线。

(3)安装配电箱时,抹灰、喷浆及油漆应全部完成。

(4)施工图纸、技术资料、安装资料齐全;技术、安全、消防措施落实。

(5)设备、材料齐全并运已至工地现场库房。

3 人员计划

劳动力配置由专业工长或技术员根据分项工程工期和现场条件实施动态管理,以不影响单位工程总体进度为原则,按时完成系统安装为目标。结合劳动定额确定单位劳动力配置比例及总人数。

4 电气设备及线路安装

4.1 工艺流程

4.1.1 低压配电柜安装

低压配电柜安装工艺流程如图1所示。

图1 低压配电柜安装工艺流程图

4.1.2 照明配电箱安装

照明配电箱安装工艺流程如图2所示。

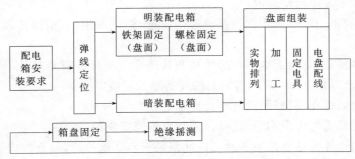

图2 照明配电箱安装工艺流程图

4.2 操作工艺

4.2.1 设备开箱检查

(1)施工单位、供货单位、监理单位共同验收,并做好进场检验记录。

(2)按设备清单、施工图纸及设备技术资料,核对设备及附件、备件的规格型号是否符合设计要求;核对附件、备件是否齐全;检查产品合格证、技术资料、设备说明书是否齐全。

(3)检查箱、柜(盘)体外观有无划痕、有无变形、油漆是否完整无损等。

(4)箱、柜(盘)内部检查:电气装置及元件等规格、型号、品牌是否符合设计要求。

(5)柜、箱内的计量装置必须全部检测,并有法定部门的检测报告。

4.2.2　设备搬运

(1)设备运输:根据设备重量、距离长短可采用汽车、汽车吊配合运输、人力推车运输或卷扬机、滚杠运输。采用人力车搬运,注意保护配电柜外表油漆,配电柜指示灯不受损。

(2)设备运输吊装时应注意事项。

1)道路要事先清理,保证平整畅通。

2)设备吊点:柜(盘)顶部有吊环者,吊索应穿在吊环内,无吊环者吊索应挂在主要承力结构处,不得将吊索吊在设备部位上。吊索的绳长应一致,以防柜体变形或损坏部件。

3)汽车运输时,必须用麻绳将设备与车身固定,开车要平稳。

4.2.3　配电柜安装

(1)基础型钢安装。

将有弯的型钢调直,然后按图纸、配电柜(盘)技术资料提供的尺寸预制加工型钢架,并做防腐处理。

按设计图纸将预制好的基础型钢架放于予埋铁上,用水平尺找平、找正,可采用加垫片方法,但每处垫片不得多于 3 片,再将予埋铁、垫片、基础型钢焊接一体。最终基础型钢顶部应高于抹平地面 100 以上为宜。

基础型钢安装完毕后,将室外或结构引入的接地镀锌扁钢(与变压器安装地线配合)与型钢两端焊接,焊接长度为扁钢宽度的 2 倍。

(2)配电柜(盘)稳装。

配电柜(盘)安装:按设计图纸布置将配电柜放于基础型钢上,单独柜(盘)只找柜面和侧面的垂直度,成排配电柜(盘)各台就位后,先找正两端的配电柜(盘),以配电柜 2/3 高位置拉线,逐台用垫片找平找正,柜(盘)如不标准以柜面为准。找正时采用 0.5 mm 铁片进行调整,每处垫片不能超过 3 片,然后按柜安装固定螺栓尺寸在基础型钢上用手电钻钻孔。一般无要求时,钻 ϕ16.2 孔,用 M16 镀锌螺丝固定。

柜(盘)就位、找平、找正后,柜体与基础型钢固定,柜体与柜体、柜体与侧挡板均用镀锌机螺丝连接。

配电柜(盘)体接地:每台配电柜(盘)单独与接地干线连接。每台柜从下部的基础型钢侧面上焊上 M10 螺栓,用 6 mm² 铜线与柜上的接地端子连接牢固。

检查配电柜前后操作、维修距离应符合要求。

配电柜电缆进线采用电缆沟下进线时,需加电缆固定支架。

检查配电柜内电器元件规格型号及二次回路是否与图纸相符;检查接线是否牢固。

(3)配电柜调整及模拟试验。

所有接线端子螺丝再紧固一遍。

绝缘摇测:用 ZC-7(500 V)摇表在端子板处测试每回路的绝缘电阻,保证大于 10 MΩ。

接临时电源:将配电柜内控制、操作电源回路的熔断器上端相线拆下,接上临时电源。

模拟试验:按图纸要求,分别模拟控制、连锁、操作、继电器保护动作正确无误、灵敏可靠。

拆除临时电源,将被拆除的电源线复位。

4.2.4 配电箱安装要求

(1)配电箱应安装在安全、干燥、易操作的场所。配电箱安装时,如无设计要求,则一般暗装为底边距地 1.5 m,照明配电板底边距地不小于 1.8 m。并列安装的配电箱、盘距地高度要一致,同一场所安装的配电箱、盘允许偏差不大于 5 mm。

(2)安装配电盘所需要的木砖及铁件等均应预埋,明装配电箱应采用金属膨胀螺栓固定。

(3)铁制配电箱均需涮一遍防锈漆,再涮油漆二道,预埋的各种铁件均应刷防锈漆,并做好明显可靠的接地。导线引出面板时面板线孔应光滑无毛刺,金属面板应装设绝缘保护套。

(4)配电箱带有器具的铁制盘面和装有器具的门及电器的金属外壳应有明显的可靠的 PE 保护地线(PE 线为编织软裸铜线),但 PE 保护地线不允许利用箱体或盒体串接。

(5)配电箱上配线需排列整齐,并绑扎成束,活动部位均应固定;盘面引出和引进的导线应留适当余量,便于检修。

(6)导线削剥处不应损伤导线线芯和线芯过长,导线压接牢固可靠;多股导线涮锡后压接,应加装压线端子。如必须穿孔用顶丝压接时,多股线应涮锡后再压接,不得减少导线股数。

(7)配电箱的盘面上安装的各种刀闸及自动开关等,当处于断路状态时,刀片可动部分均不应带电(特殊情况除外)。

(8)垂直装设的刀闸及熔断器等电器上端接电源,下端接负荷。横装者左侧(面对盘面)接电源,右侧接负荷。

(9)配电箱上的电源指示灯,其电源应接至总开关的外侧,并应装单独熔断器(电源侧)。盘面闸具位置与支路相对应,其下面应装设卡片框,标明路别及容量。

(10)照明配电箱(板)内的交流,直流或不同电压等级的电源,并具有明显标志。

(11)照明配电箱(板)不应采用可燃材料制作,在干燥无尘场所采用的木制配电箱(板)应经阻燃处理。

(12)照明配电箱(板)内,应分别设置中性线 N 和保护地线(PE 线)汇流排(采用内六角螺栓),中性线 N 和保护地线应在汇流排上连接,不得绞接,并应有编号。

(13)磁插式熔断器底座中心明露螺丝孔应填充绝缘物,以防止对地放电。磁插保险不得裸露金属螺丝,应填满火漆。

(14)照明配电箱(板)内装设的螺旋熔断器其电源线应接在中间触电的端子,负荷线应接在螺纹的端子上。

(15)当 PE 线所用材质与相线相同时选择截面不应小于表 1 所示规定。

表 1　PE 线最小截面

相线线芯截面 S (mm^2)	PE 线最小截面 $S(mm^2)$	相线线芯截面 S (mm^2)	PE 线最小截面 $S(mm^2)$
$S \leqslant 16$	S	$16 < S \leqslant 35$	16
$35 < S \leqslant 400$	$S/2$	$400 < S \leqslant 800$	200
$800 < S$	$S/4$		

(16)PE 保护地线若不是供电电缆或电缆外保护层的组成部分时,按机械强度要求,截面不应小于下列数值;有机械性保护时为 2.5 mm^2;无机械性保护时为 4 mm^2。配电箱上的母线其相线应用颜色标出,L1 相应用黄色;L2 相应用绿色;L3 相应用红色;中性线 N 相应用蓝色;保护地线(PE 线)应用黄绿相间双色。

（17）配电箱上电具，仪表应牢固、平正、整洁、间距均匀、铜端子无松动、启闭灵活，零部件齐全。照明配电箱（板）应安装牢固，平正，其垂直偏差不应大于 3 mm；安装时，照明配电箱（板）四周边缘应紧贴墙面，箱体与建筑物，构筑物接触部分应涂防锈漆。

（18）木制盘面板应做防腐防火处理，并应包好铁皮，做好明显可靠的接地。

（19）固定面板的机螺丝，应采用镀锌圆帽机螺丝，其间距不得大于 250 mm 时，并应均匀地对称于四角。配电箱面板较大时，应有加强铁衬，当宽度超过 500 mm 时，箱门应做双开门。

（20）立式盘背面距建筑物应不小于 800 mm；基础型钢安装前应调直后埋设固定，其水平误差每米不大于 1 mm，全长总误差不大于 5 mm。盘面底口距地面不应小于 500 mm。铁架明装配电盘距离建筑物应做到便于维修。

4.2.5　明装配电箱安装固定

（1）明装配电箱固定于实心墙上采用金属膨胀螺栓固定。

（2）明装配电箱固定于木结构或轻钢龙骨结构墙上及空心砖墙上，应采取加固措施；另外，如配管在护板墙上暗敷设应有暗接线盒时，要求盒口应与墙面齐平，在软包装修或木制护板墙处应做防火处理。

（3）明装配电箱有过线盒，过线盒要求与 PE 线连接。

（4）暗装配电箱的安装固定：根据施工图纸所提供的箱体尺寸、位置及标高，随土建结构施工预留孔洞，按标高及水平尺寸将箱体固定好，箱体不得出墙，并焊好地线；安装盘面要求平整，周边间隙均匀对称，箱门平正，不歪斜，螺丝垂直受力均匀，然后待土建抹灰后再安装盘芯。

（5）绝缘摇测：配电箱安装完毕后，用 500 V 的兆欧表对线路进行绝缘摇测，摇测项目包括相间、相对地、相对零、零对地摇测，做好摇测记录，做为资料存档，绝缘电阻值馈电线路必须大于 10 MΩ，二次回路必须大于 10 MΩ。

4.2.6　送电运行验收

（1）送电前准备。

1）备齐试验合格的验电器、绝缘靴、绝缘手套、临时接地编织线、绝缘胶垫、粉沫灭火器等。

2）彻底清扫全部设备及室内的灰尘、杂物，室内除送电需用的用具外，其他物品不得堆放。

3）检查柜箱内外上是否有遗留的工具、金属材料及其他杂物。

4）试运行组织工作，明确试运行指挥者、操作者、监护人。

5）安装作业全部完毕，质量检查部门检查全部合格。

6）试验项目全部合格，并有试验报告单。

7）继电保护动作灵敏可靠，控制、连锁、信号等动作准确无误。

8）箱、柜内所有漏电元器件均应做模拟漏电试验，全部合格并做记录。

（2）送电。

1）将电源送至室内，经验电、校相无误。

2）对各路电缆摇测合格后，检查受电柜总开关处于"断开"位置，再进行送电，开关试送 3 次。

3）检查受电柜三相电压是否正常。

（3）验收：送电空载 24 h 无异常现象，办理验收手续，收集好产品合格证、说明书、试验报告。

5 施工过程质量控制

5.1 质量标准

5.1.1 一般规定

(1)按图纸要求,分别模拟控制、连锁、操作、继电器保护模拟试验动作正确无误、灵敏可靠。

(2)明装配电箱固定于木结构或轻钢龙骨结构墙上及空心砖墙上,应采取加固措施。

(3)器具的接地(接零)保护措施和其他安全要求必须符合施工规范规定。

(4)配电柜与基础型钢间连接紧密,固定牢固,接地可靠,柜间接缝平整。

(5)PE线安装明显牢固。不串接,导线采用铜编制线,截面符合规范规定。

(6)导线顺直,绑扎成束;相线色标与系统图相符。

5.1.2 主控项目

(1)柜、屏、台、箱、盘的金属框架及基础型钢必须接地(PE)或接零(PEN)可靠;装有电器的可开门,门和框架的接地端子间应用裸编织铜线连接,且有标识。

(2)低压成套配电柜、控制柜(屏、台)和动力、照明配电箱(盘)应有可靠的电击保护。柜(屏、台、箱、盘)内保护导体应有裸露的连接外部保护导体的端子。

(3)手车、抽出式成套配电柜推拉应灵活,无卡阻碰撞现象。动触头与静触头的中心线应一致,且触头接触紧密,投入时,接地触头先于主触头接触;退出时,接地触头后于主触头脱开。

(4)低压成套配电柜交接试验,必须符合下列规定。

1)每路配电开关及保护装置的规格、型号,应符合设计要求。

2)相间和相对地间的绝缘电阻值应大于 10 MΩ。

3)电气装置的交流工频耐压试验电压为 1 kV,当绝缘电阻值大于 10 MΩ 时,可采用 2 500 V 兆欧表摇测替代,试验持续时间 1 min,应无击穿闪络现象。

4)柜、屏、台、箱、盘间线路的线间和线对地间绝缘电阻值,馈电线路必须大于 10 MΩ;二次回路必须大于 10 MΩ。

5)柜、屏、台、箱、盘间二次回路交流工频耐压试验,当绝缘电阻值大于 10 MΩ 时,用 2 500 V 兆欧表摇测 1 min,应无闪络击穿现象;当绝缘电阻值在 1~10 MΩ 时,做 1 000 V 交流工频耐压试验,时间 1 min,应无闪络击穿现象。

6)直流屏试验,应将屏内电子器件从线路上退出,检测主回路线间和线对地间绝缘电阻值应大于 10 MΩ,直流屏所附蓄电池组的充、放电应符合产品技术文件要求;整流器的控制调整和输出特性试验应符合产品技术文件要求。

(5)照明配电箱(盘)安装应符合规定。

1)箱(盘)内配线整齐,无绞接现象。导线连接紧密,不伤芯线,不断股。垫圈下螺丝两侧压的导线截面积相同,同一端子上导线连接不多于 2 根,防松垫圈等零件齐全。

2)箱(盘)内开关动作灵活可靠,带有漏电保护的回路,漏电保护装置动作电流不大于 30 mA,动作时间不大于 0.1 s。

3)照明箱(盘)内,分别设置零线(N)和保护地线(PE线)汇流排,零线和保护地线经汇流排配出。

5.1.3 一般项目

(1)柜、屏、台、箱、盘相互间或与基础型钢应用镀锌螺栓连接,且防松零件齐全。

（2）柜、屏、台、箱、盘安装垂直度允许偏差为 1.5‰，相互间接缝不应大于 2 mm，成列盘面偏差不应大于 5 mm。

（3）基础型钢安装应符合表 2 的规定。

表 2　基础型钢安装允许偏差

项　　目	允　许　偏　差	
	（mm/m）	（mm/全长）
不直度	1	5
水平度	1	5
不平行度	—	5

（4）柜、屏、台、箱、盘内检查试验应符合规定。

1）控制开关及保护装置的规格、型号符合设计要求。

2）闭锁装置动作准确、可靠。

3）主开关的辅助开关切换动作与主开关动作一致。

4）柜、屏、台、箱、盘上的标识器件标明被控设备编号及名称，或操作位置，接线端子有编号，且清晰、工整、不易脱色。

5）回路中的电子元件不应参加交流工频耐压试验；48V 及以下回路可不做交流工频耐压试验。

（5）低压电器组合应符合规定。

1）发热元件安装在散热良好的位置。

2）熔断器的熔体规格、自动开关的整定值符合设计要求。

3）切换压板接触良好，相邻压板间有安全距离，切换时，不触及相邻的压板。

4）信号回路的信号灯、按钮、光字牌、电铃、电笛、事故电钟等动作和信号显示准确。

5）外壳需接地（PE）或接零（PEN）的，连接可靠。

6）端子排安装牢固，端子有序号，强电、弱电端子隔离布置，端子规格与芯线截面积大小适配。

（6）柜、屏、台、箱、盘配线：回路应采用额定电压不低于 750 V、芯线截面积不小于 2.5 mm² 的铜芯绝缘电线或电缆；除电子元件回路或类似回路外，其他回路的电线应采用额定电压不低于 750 V、芯线截面不小于 1.5 mm² 的铜芯绝缘电线或电缆。二次回路连线应成束绑扎，不同电压等级、交流、直流线路及计算机控制线路应分别绑扎，且有标识；固定后不应妨碍手车开关或抽出式部件的拉出或推入。

（7）连接柜、屏、台、箱、盘面板上的电器及控制台、板等可动部位的电线应符合规定。

1）采用多股铜芯软电线，敷设长度留有适当留量。

2）线束有外套塑料管等加强绝缘保护层。

3）与电器连接时端部绞紧，且有不开口的终端端子或搪锡，不松散、断股。

4）可转动部位的两端用卡子固定。

（8）照明配电箱（盘）安装应符合规定。

1）位置正确，部件齐全，箱体开孔与导管管径适配，暗装配电箱箱盖紧贴墙面，箱（盘）涂层完整。

2）箱（盘）内接线整齐，回路编号齐全，标识正确。

3）箱（盘）不采用可燃材料制作。

4）箱（盘）安装牢固，垂直度允许偏差为 1.5‰；底边距地面为 1.5 m，照明配电板底边距地面不小于 1.8 m。

5.2 成品保护

（1）柜、屏、台、箱、盘的成品保护应从施工组织着手，设备订货应给定准确到货时间，缩短设备进场库存时间；适当集中安装，减少安装延续时间。最好在现场具备安装条件时进货，组织一次性进货到位，取消库存和二次搬运等中间环节。

（2）设备到场后不能及时就位的，要进现场库保管。控制设备的箱、柜要加锁，防潮湿，防腐蚀。

（3）安装、调试、试运行阶段应门窗封闭，专人值守。

（4）临时送、断电要按程序有专人执行，防止误操作。

（5）施工各工种之间要互相配合，保护设备不受碰撞损伤。

5.3 质量记录

（1）柜（屏、台）箱（盘）安装，试验调整必须符合施工规范规定，施工安装质量检验应结合外观实测检查安装记录和试验调整记录。

（2）主要材料、成品、半成品、配件出厂合格证及进场验收单。

（3）安装工程检验批质量验收记录。

（4）通电试运行记录。

（5）分项、分部（子分部）工程验收记录。

6 安全、环保及职业健康措施

（1）施工现场的特种作业人员应具有相应的文化程度，且必须经过专门培训，考试合格获得《特种作业操作证》。严禁无证作业。

（2）进入施工现场的作业人员，必须首先参加安全教育培训，考试合格方可上岗作业，未经培训或考试不合格者，不得上岗作业。

（3）从事特种作业的人员必须进行身体检查，无妨碍本工种的疾病。

（4）进入施工现场的人员必须正确佩戴好安全帽，系好下颌带，按照作业要求正确穿戴个人防护用品，着装要整齐；严禁赤脚和穿拖鞋、高跟鞋进入施工现场。

（5）根据施工项目工序，制定相应的防触电、防挤伤、砸伤、压伤、防机械事故的安全技术措施。

火灾自动报警系统安装工艺

火灾自动报警系统工程广泛运用于工业与民用建筑工程中,成为现代建筑中必备的组成部分。

1 工艺特点

(1)本工艺符合现行的国家及行业技术标准、施工规范的要求。
(2)能够较好的保证火灾信号自动接收、信号传输和信号处理等技术性能。
(3)施工机具设备简单,施工简便。

2 适用范围

本工艺适用于一般工业与民用建筑工程中火灾自动报警系统的安装、调试及验收。不适用于生产和贮存火药、炸药、弹药、火工品等有爆炸危险的场所设置的火灾自动报警系统安装工程。

3 工艺原理

本工艺适用于一般工业与民用建筑工程火灾自动报警系统安装工程的需要。安装在保护区的火灾探测器通过对火灾发出的燃烧气体、烟雾粒子、温升和火焰的探测,将探测到的火情信号转化为火警信号,火灾报警控制器接到信号,经确认后,发出预警信号,同时显示和记录火警地址和时间,同时发出信号驱动灭火设备,实现快速、准确灭火。

4 工艺流程

火灾自动报警系统施工工艺流程如图1所示。

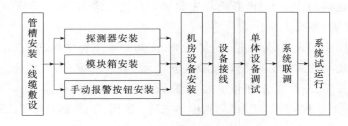

图1 火灾自动报警系统施工工艺流程

5 操作要点

5.1 施工准备

5.1.1 作业条件

(1)预埋管路、接线盒、地面线槽及预留孔洞符合设计要求。
(2)主机房内土建、装饰作业完工,抗静电地板安装完毕,温、湿度达到使用要求。
(3)机房内接地端子箱安装完毕。

5.1.2 技术准备

(1)施工前应进行技术交底工作。

(2)配备相应的施工质量验收规范。

5.1.3 材料要求

(1)钢管、接线盒、桥架、控制及通讯线缆的规格型号、材质及阻燃、耐火特性符合设计要求,通过消防产品专业认证,材质检测报告、合格证等齐全。

(2)火灾探测器:感烟、感温探测器、可燃气体探测器、红外光束探测器、缆式探测器等。

(3)手动报警按钮、消防电话、模块箱等。

(4)消防报警控制主机、计算机、不间断电源、打印机等。

5.2 施工工艺

5.2.1 管路、线缆敷设

本系统线管、线槽、线缆的敷设除符合"综合布线系统安装工艺标准"的相关要求进行外,同时火灾自动报警系统的线管、线槽、线缆的敷设还应该满足以下要求:

(1)火灾自动报警系统线缆敷设应严格按照现行国家标准《火灾自动报警系统设计规范》(GB 50116—98)的规定,对线缆的种类、电压等级进行检查。

(2)不同电流类型、不同系统、不同电压等级的消防报警线路不应穿入同一线管内或敷设于线槽的同一槽孔内。

(3)在建筑物的吊顶内必须采用金属管、金属线槽和钢管明敷时,应涂防火漆或按设计要求采用防火保护措施。

(4)火灾报警系统的传输线路应采用铜芯阻燃绝缘线或电缆,其阻燃耐火性能、耐电压等级符合标准及设计要求。

5.2.2 火灾探测器的安装

(1)探测器宜水平安装,当必须倾斜安装时,倾斜角不应大于45°。

(2)探测器至墙壁、梁边的水平距离不应小于0.5 m。探测器周围0.5 m内,不应有遮挡物。

(3)探测器至空调送风口边的水平距离不应小于1.5 m,至多孔送风顶棚的水平距离不应小于0.5 m。

(4)在宽度小于3 m的内走道棚顶上设置探测器时,宜居中布置。感温探测器的安装间距不应超过10 m;感烟探测器的安装间距不应超过15 m。探测器距离墙的距离不应大于探测器安装间距的一半。

(5)探测器的底座安装应牢靠。外露式底座必须固定在预埋好的接线盒上;嵌入式底座必须用安装条辅助固定。导线剥头长度应适当,导线剥头应焊接焊片,通过焊片接于探测器底座接线端子上。焊接时不能使用带腐蚀性的助焊剂。如直接将导线剥头接于底座接线端子,导线剥头应烫锡后接线,接线应牢固。安装示意如图2所示。

(6)探测器底座的外接导线,应留有不小于15 cm的余量,且在其端部应有明显标记。

(7)探测器或底座的报警确认灯应面向便于人员观察的主要入口方向。

(8)每安装完一只底座就应立即在施工平面图上正确登记编码号,并确认与同一探测回路中的其他探测点不重号。

(9)安装探测器前先用火灾单点测试仪器对探测器进行抽测检查,若抽测时发现不合格产品时,应全部测试。

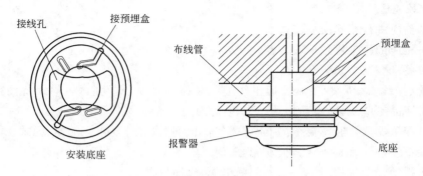

图 2　报警器安装示意图

（10）探测器在即将调试时方可安装，在安装后应妥善保管，并应采取防尘、防潮、防腐蚀措施，如装上防护罩。

（11）红外光束探测器的安装应符合要求：

1）发射器和接收器应安装在同一条直线上，且光线探测通路上不应有遮挡物。

2）相邻两组红外光束探测器水平距离不应大于 14 m，探测器距侧墙的水平距离不应大于 7 m，且不应小于 0.5 m。

3）探测器光束距顶棚一般 0.3～0.8 m，且不得大于 1 m。

4）探测器发出的光束应与顶棚水平，远离强磁场，避免阳光直射，底座应牢固安装在墙上。

（12）缆式探测器的安装应符合要求：

1）缆式探测器用于监测室内火灾时，可敷设在室内的顶棚下，其线路距顶棚的垂直距离应小于 0.5 m。

2）热敏电缆安装在电缆支架或托架上时，应紧贴电力电缆或控制电缆的外护套，呈正弦波方式敷设。

3）热敏电缆安装于动力配电装置上时，应与被保护物有良好的接触。

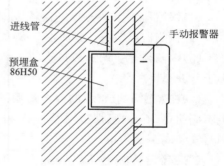

4）热敏电缆敷设时应用固定卡具固定牢固，严禁硬性折弯、扭曲，防止护套破损。必须弯曲时，弯曲半径应大于 200 mm。

5.2.3　手动报警按钮安装

（1）手动报警按钮应安装牢固，不能倾斜，安装高度应符合设计要求，一般为距地（或楼）面 1.5 m 处。安装示意如图 3 所示。

图 3　手动报警按钮安装示意图

（2）手动报警按钮的外接导线，应留有不小于10 cm 的余量，且在其端部应有明显标志，手动报警按钮的安装位置应在明眼处并便于操作。

（3）每安装完一只手动报警按钮就应立即在施工平面图上正确登记编码号，并确认与同一总线回路中其他探测点不重号。

5.2.4　各类中继器（模块箱）安装

（1）中继器（控制箱）应安装牢固，不能倾斜。

（2）中继器（模块箱）的外接导线应留有不小于 10 cm 的余量，且在其端部应有明显标志。

（3）中继器（模块箱）的安装位置应便于维修。

（4）每安装完一只中继器（模块箱）就应立即在施工平面图上正确登记编码号。

5.2.5 消防电话插孔安装

消防电话插孔、壁挂电话安装位置应符合设计要求，消防电话插孔的外接导线，应留有不小于 10 cm 的余量，且在其端部应有明显标志。

5.2.6 广播器安装

吸顶式广播器的底座安装应牢靠，挂墙式广播必须固定在安装、预埋好的支架上。导线剥头长度应适当，导线剥头应焊接焊片，通过焊片接于广播器底座接线端子上。如直接将导线剥头接于底座接线端子，导线剥头应烫锡后接线，接线应牢固。

5.2.7 集中、区域火灾自动报警控制器安装

（1）集中、区域火灾报警控制器或火灾报警控制器安装在墙上时，其底边距地面高度宜为 1.3～1.5 m，其靠近门轴的侧面距墙不应小于 0.5 m，正面操作距离不应小于 1.2 m。

（2）控制器安装在墙上采用膨胀螺栓固定，安装应牢固可靠、平直端正。如果控制器安装在支架上，应先将支架加工好，并进行防腐处理，支架上钻好螺栓的孔眼，然后将支架装在墙上，控制箱装在支架上。

（3）消防控制室内主火灾报警控制设备的安装应符合要求：

1）设备面盘前的操作距离：单列布置时不应小于 1.5 m；双面布置时不应小于 2m。

2）在值班人员经常工作的一面，设备面盘至墙的距离不应小于 3 m。

3）设备面盘后的维修距离不应小于 1.5 m。

4）设备面盘的排列长度大于 4 m 时，其两端应设置宽度不小于 1m 的通道。

5.2.8 设备接线

（1）集中、区域火灾自动报警控制器接线。

自动报警控制器接线前应检查线缆的绝缘是否合格，再严格按照设计和厂家的技术要求进行，并应符合下列要求：

1）控制器的主电源引入线，应直接与消防电源连接，严禁使用电源插头。主电源应有明显标志。

2）引入控制器的电缆或导线，并应符合要求。

① 配线应整齐，避免交叉，并应固定牢靠。

② 电缆芯线和所配导线的端部，应压接线端子（或接线卡），且均应标 明编号，并与图纸一致，字迹清晰不易褪色。

③ 导线应绑扎成束，端子板的每个接线端，接线不得超过 2 根。

④ 电缆芯线和导线，应留有不小于 20 cm 的余量。

⑤ 线间、线对地绝缘电阻不应小于 20 MΩ。

⑥ 导线引入管穿线后，在进线管处应封堵。

（2）联动控制设备接线。

消防联动控制设备包括防火阀、送风阀、排烟阀、防火门、防火卷帘、水流指示器、信号阀、消防泵、喷淋泵、气体灭火装置、排烟（送风）机、切断非消防电源装置、通信、应急广播、电梯等。

设备应按生产厂家产品说明书的要求接线，接线前应进行检查，测试不合格者应进行检修或更换正常后方能接线。

设备的外接导线若采用金属软管连接时，金属软管与消防控制设备接线盒应用螺母固定，并根据配管规定接地。

设备的外接导线的端部应有明显标记。

(3)应急广播系统强切装置接线。

应急广播系统装置的接线,按照国家现行规范要求进行施工。应急广播系统强切装置的外接导线应压接线端子(或接线卡),并留有不小于 20 cm 的余量,且在其端部应有明显标志。

5.2.9　火灾自动报警及联动控制系统防雷与接地

火灾自动报警及联动控制系统的防雷接地宜采用共用接地。接地干线应采用截面积不小于 16 mm² 的铜芯绝缘线,并应空管敷设至本层(或就近)的等电位接地端子板。

设备接地要求:

(1)工作接地线应采用铜芯绝缘导线或线缆,不得利用镀锌扁钢或金属软管。

(2)消防控制设备的外壳及金属基础应可靠接地,接地线引入接地端子箱。

(3)消防控制室一般应根据设计要求设置专用接地箱作为工作接地,其接地电阻应符合设计要求。

(4)工作接地线与保护接地线必须分开,保护接地导体不得利用金属软管。

5.2.10　系统调试

(1)调试前准备。

1)分别对每一回路的线缆进行测试,检查是否存在对地、短路、虚焊和断路等故障,并检查工作接地和保护接地是否连接正确、可靠。

2)对系统中的火灾报警控制器、消防联动控制设备(含气体灭火控制器、防火卷帘控制器等)、火灾应急广播控制装置、消防专用电话控制装置、火灾探测器等设备进行单机通电检查。

3)依次分别将不同回路的火灾探测器、手动火灾报警按钮、各种模块、火灾应急广播、消防专用电话等接入其相应的控制设备。

(2)单机调试。

1)火灾报警控制器的调试。

① 切断火灾报警控制器的所有外部控制连线,先将任一个总线回路的火灾探测器以及该总线回路上的手动火灾报警按钮等部件相连接后,接通电源。

② 对控制器进行下列功能检查并记录:

检查火灾报警自检功能。

控制器与探测器之间连接的断路和短路时,控制器应在 100 s 内发出故障信号;在故障状态下,使任一探测器发出火灾报警信号,控制器应在 1 min 内发出火灾报警信号,并应记录火灾报警时间,在使其他探测器发出火灾报警信号,检查控制器的再次报警功能。

检查消声和复位功能。

检查隔离(屏蔽)功能,使总线隔离器保护范围内的任一点短路,检查总线隔离器的隔离保护功能。

主备电源的转换功能。

火灾优先功能。

③ 依次将其他回路与火灾报警控制器相连接,重复上面的检查。

用烟、温感专用试验器,分别对烟、温感探测器逐个进行加烟或加温试验,探测器应能正确响应。

用专用工具匙对手动火灾报警按钮逐台进行动作试验,火灾报警控制器应能准确接收动作信号。

在消防控制室与所有消防电话、电话插孔之间进行通话试验,并对消防控制室内的外线进行拨通试验。

检查系统的电源自动切换和备用电源的自动充电功能,使各备用电源连续充、放电3次后,检查其容量是否满足相应的标准及设计要求。

2)事故广播系统调试。

① 以手动方式在消防控制室对所有楼层进行选层广播,对所有共用扬声器进行强行切换。

② 对扩音机和备用扩音机进行全负荷试验,应急广播的语音应清晰。

③ 对接入联动系统的火灾应急广播系统,按设计的逻辑关系,检查应急广播的工作情况。

3)消防联动控制设备和消防电气控制设备的调试。

① 消防联动控制设备和消防电气控制设备应先进行现场模拟试验,确保联动设备单机运行正常,包括有:消火栓泵,消火喷淋泵,水流指示器、信号阀、湿式报警阀,通风、空调、防排烟设备及防火阀,防火卷帘,火灾事故广播设备、消防对讲系统,消防电源、电梯、火灾事故照明及疏散指示标志。

② 将消防联动控制设备、火灾报警控制器、一个回路的输入/输出模块及该回路模块控制的消防电气控制设备相连接,切断所有受控现场设备的一次电气连线,接通电源。

③ 使消防联动控制设备的工作状态同时置于自动或手动状态,检查其状态显示,进行下列功能检查并记录:

自检功能和操作级别。

消防联动控制设备与各模块之间的连接线断路和短路时,消防联动控制设备能在100s内发出故障信号。

检查消声、复位功能。

检查隔离(屏蔽)功能。

使总线隔离保护范围内的任一点短路,检查总线隔离器的隔离保护功能。

主、备电源转换功能。

④ 使消防联动控制设备的工作状态处于自动状态,按设计的联动逻辑关系进行下列功能检查并记录。

按设计的联动逻辑关系,分区使相应的火灾探测器发出火灾报警信号,检查消防联动控制设备接收火灾报警信号情况、发出联动信号情况、模块动作情况、消防电气控制设备的动作情况、接收反馈信号(可模拟现场设备启动反馈信号)及各种显示情况。

检查手动插入优先功能。

⑤ 使消防联动控制设备的工作状态处于手动状态,按设计的联动逻辑关系依次启动相应的受控设备,检查消防联动控制设备发出联动信号情况、模块动作情况、消防电气控制设备的动作情况、接收反馈信号(可模拟现场设备启动)及各种显示情况。

⑥ 依次将其他回路的模块及其控制的消防电气设备连接至消防联动控制设备,切断所有受控现场设备的一次电气连线,接通电源,重复上述③、④、⑤项检查。

4)消防系统联动调试。

将所有经调试合格的各项设备、系统按设计联动要求组成完整的火灾自动报警系统,全面调试系统的各项功能。试验时各工种参加人员按分工到达指定岗位,试验按每层、每个分区进行,并在现场对工作状态和反馈信号等逐一进行核实。

联动试验时各联动设备的动作、信号反馈情况见流程图,如图4所示。

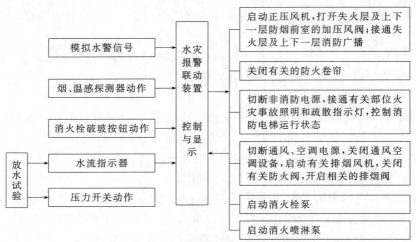

图 4　联动设备的动作、信号反馈情况流程图

6　机具设备配置

6.1　安装器具

手电钻、冲击钻、电工组合工具、梯子、对讲机、卷尺、吊线锤、水平尺等。

6.2　测量调试器具

250 V 兆欧表、500 V 兆欧表、万用表、水平尺、对线器、声极计、火灾探测器试验器、电热风筒、对讲机、红外线测温仪。

7　劳动力组织

7.1　对管理人员和技术工人的组织形式的要求

(1)制度基本健全,并能执行。
(2)配备有专业技术管理人员并持证上岗。
(3)高、中级技工人数不应少于的 70%。

7.2　工种配置表

工种配置表,见表 1。

表 1　工种配置表

序　号	工　种	人　数	备　注
1	管道工	按工程量确定	技工
2	线路工	按工程量确定	技工
3	安装工	按工程量确定	技工
4	普工	按工程量确定	

8　质量要求及质量控制要点

8.1　质量要求

8.1.1　一般规定

(1)系统检测应由国家或行业授权的检测机构进行检测,并出具检测报告,检测内容、合格判据,应执行行业的相关标准。

(2)系统检测应依据工程合同技术文件、施工图设计文件、工程设计变更说明和洽商记录、产品的技术文件进行。

(3)系统检测时应提供相关的检查检验记录。

(4)系统必须执行《工程建设标准强制性条文》的有关规定。

(5)系统的监测内容应逐项实施,检测结果符合设计要求为合格,否则为不合格。

8.1.2　主控项目

(1)火灾自动报警系统及消防联动系统的检测应按国家标准《火灾自动报警系统设计规范》(GB 50116)的规定及地方标准规定执行。

(2)火灾自动报警及消防联动系统应是独立的系统。

(3)除《火灾自动报警系统设计规范》中规定的各种联动外,当火灾自动报警及消防联动系统还与其他系统具备联动关系时,其检测按有资质的检测机构批准的系统检测方案进行,但检测方案的程序及内容不得与《火灾自动报警系统施工及验收规范》的规定相抵触。

(4)系统的电磁兼容性防护功能,应符合《消防电子产品环境试验方法及严酷等级》(GB 16838)的有关规定。

(5)火灾报警控制器的汉化图形界面及中文屏幕菜单等功能应进行检测和操作试验,其功能应符合设计和规范要求。

(6)消防控制室向建筑设备监控系统的接口、建筑设备监控系统对火灾报警的响应及其火灾运行模式,应采用在现场模拟发出火灾报警信号的方式进行。

(7)消防控制室与安全防范系统等其他子系统的接口和通信功能应符合设计要求。

(8)智能型火灾探测器的数量、性能及安装位置,普通型火灾探测器的数量及安装位置应符合设计要求。

(9)新型消防设施的设置情况及功能的检测内容应包括:

1)早期烟雾探测火灾报警系统。

2)大空间早期火灾智能检测系统、大空间红外图像矩阵火灾报警及灭火系统。

3)可燃气体泄漏报警及联动控制系统。

(10)公共广播与紧急广播共用时,应符合《火灾自动报警系统设计规范》的要求,并应按国家标准《智能建筑工程质量验收规范》(GB 50339)中有关公共广播与紧急广播系统检测要求执行。

(11)安全防范系统中相应的视频安防监控(录像、录音)系统、门禁系统、停车场(库)管理系统等对火灾报警的响应及火灾模式操作等功能,应采用在现场模拟发出火灾报警信号的方式进行检测。

(12)当火灾自动报警及消防联动系统与其他系统合用控制室时,应满足《火灾自动报警系统设计规范》和《智能建筑设计标准》(GB/T 50314)的相应规定,但消防控质系统应单独设置,其他系统也应合理布置。

8.1.3　一般项目

(1)火灾自动报警装置(包括各种火灾探测器、手动报警按钮、区域报警控制器和集中报警控制器等)的安装牢固,配件齐全,外观无损伤变形和破损等现象。

(2)探测器其导线连接必须可靠压接或焊接,并应有标志,外接导线应有足够余量。

(3)灭火系统控制装置(包括室内消火栓、自动喷水、卤代烷、二氧化碳、干粉、泡沫等固定灭火系统的控制装置)的安装牢固,配件齐全,外观无损伤变形和破损等现象。

(4)电动防火门、防火卷帘控制装置的安装牢固,配件齐全,外观无损伤变形和破损等现象。

(5)通风空调、防烟排烟及电动防火阀等消防控制装置的安装牢固,配件齐全,外观无损伤变形和破损等现象。

(6)火灾事故广播、消防通讯、消防电源、消防电梯和消防控制室等控制装置的安装牢固,配件齐全,外观无损伤变形和破损等现象。

(7)火灾事故照明及疏散指示控制装置的安装牢固,配件齐全,外观无损伤变形和破损等现象。

8.1.4　资料核查项目

(1)图纸会审、设计变更、洽商记录、竣工图及设计说明。

(2)材料、设备出厂合格证书及进场检(试)验报告。

(3)隐蔽工程验收表。

(4)接地、绝缘电阻测试记录。

(5)系统功能测定及设备调试记录。

(6)系统技术、操作和维护手册。

(7)系统管理、操作人员培训记录。

(8)系统检测报告。

(9)分项、分部工程质量验收报告。

(10)质量记录:

1)设备材料进场检验表。

2)电线导管、电缆导管和线槽敷设安装工程检验批质量验收记录。

3)电气配管安装工程隐蔽验收记录。

4)电线、电缆穿管和线槽敷线安装工程检验批质量验收记录。

5)电缆头、接线和线路绝缘测试安装工程检验批质量验收记录。

6)绝缘电阻测试记录。

7)住宅(小区)智能化分项工程质量验收记录表。

8)火灾自动报警及消防联动系统分项工程质量验收记录表。

8.1.5　观感检查项目

(1)管线的防水、防潮,电缆排列位置,布放、绑扎质量,桥架的架设质量,缆线在桥架内的安装质量,焊接及插接头安装质量及接线盒接线质量等。

(2)接地材料、接地线焊接质量、接地电阻等。

(3)系统的各类探测器、控制器、辅助电源等的安装部位、安装质量等。

(4)控制柜、箱与控制台等的安装质量。

8.2　质量控制措施

8.2.1　材料质量控制

(1)设备材料品质要求。

1)报警设备应经国家消防产品质量监督检验中心检测合格,并具有当地消防监督部门颁发的消防产品准销许可证。如果是进口产品,还需提供商检证明和中文的质量合格证明文件、设备的中文安装、使用、维修和试验等技术文件。

2)火灾自动报警系统施工前应对所采用的设备及其管材、线(缆)材、线槽等按照设计图纸要求进行检查。

3)电线管必须符合《低压流体输送用焊接钢管》(GB/T 3091)规范的要求,钢管内外表面的镀锌层不得有脱落、锈蚀等现象且其热镀锌厚度≥60 umm。

4)明敷或暗敷于厚度<30 mm 不燃烧体内的电线管表面必须涂防火涂料,确保在火灾状态下正常工作 60 min。

5)金属线槽外观光滑,无气泡和裂纹等现象。

(2)设备开箱检查。

1)设备开箱检查由安装施工单位执行,供货单位、建设单位、监理单位参加,并做好记录。

2)按设计图纸,设备清单核对设备件数。按设备装箱清单核对设备本体及附件、备件的规格、型号,核对产品合格证及使用说明书等技术资料。

3)设备体外检查应无损伤及变形,油漆完整,色泽一致。

4)设备电器装置及元件齐全,安装牢固,无损伤,无缺损。

(3)搬运存放。

设备进场时间应配合施工进度计划,结合现场条件,设备到货时间灵活安排,设备开箱后应尽快安装就位,尽量减少现场和二次搬运,缩短现场存放时间和开箱后保管时间。如需二次搬运时,应保证库存和运输时安全。

8.2.2 技术的控制

(1)系统的工程施工应以设计图纸为依据,并应遵守相关的施工规定。

(2)设计文件和施工图纸齐全,并已会审批准。施工人员应熟悉有关图纸并了解工程特点、施工方案、工艺要求、施工质量标准等,并严格执行。

(3)施工所需的设备、器材、辅材、仪器、机具等应能满足连续施工和阶段施工的要求。

(4)新建建筑系统的工程施工,应与土建施工协调进行。预埋线管、支撑件,预留孔洞、沟、槽、基础、楼地面等均应符合设计要求。

(5)敷设管道电缆和直埋电缆的路由状况和预留管道应符合设计和施工要求,各管道(包括横跨道路)应作出路由标志。

(6)施工区域内应能保证施工的安全用电。

8.2.3 质量的控制

(1)火灾自动报警系统的施工应按设计图纸进行,不得随意更改。

(2)布线质量。

1)系统的布线,应根据现行国家标准《火灾自动报警系统设计规范》的规定,对导线的种类、电压等级进行检查。应符合现行国家标准《电气装置安装工程施工及验收规范》(GB 50258)的规定。

2)在管内或线槽内的穿线,应在建筑抹灰及地面工程结束后进行。在穿线前,应将管内或线槽内的积水及杂物清除干净。

3)不同系统、不同电压等级、不同电流类别的线路,不应穿在同一管内或线槽的同一槽孔内。

4)导线在管内或线槽内,不应有接头或扭结。导线的接头,应在接线盒内焊接或用端子连接。

5)系统导线敷设后,应对每回路的导线用 500V 的兆欧表测量绝缘电阻,其对地绝缘电阻值不应小于 20 MΩ。

（3）火灾探测器安装质量。

1）点型火灾探测器的安装应符合规定：

① 探测器至墙壁、梁边的水平距离，不应小于 0.5 m。

② 探测器周围 0.5 m 内，不应有遮挡物。

③ 探测器至空调送风口边的水平距离，不应小于 1.5 m；至多孔送风顶棚孔口的水平距离，不应小于 0.5 m。

④ 在宽度小于 3 m 的内走道顶棚上设置探测器时，宜居中布置。感温探测器的安装间距，不应超过 10 m；感烟探测器的安装间距，不应超过 15 m。探测器距端墙的距离，不应大于探测器安装间距的一半。

⑤ 探测器宜水平安装，当必须倾斜安装时，倾斜角不应大于 45°。

2）线型火灾探测器和可燃气体探测器等有特殊安装要求的探测器，应符合现行有关国家标准的规定。

3）探测器的底座应固定牢靠，其导线连接必须可靠压接或焊接。当采用焊接时，不得使用带腐蚀性的助焊剂。

4）探测器的"＋"线应为红色，"－"线应为蓝色，其余线应根据不同用途采用其他颜色区分。但同一工程中相同用途的导线颜色应一致。

5）探测器底座的外接导线，应留有不小于 15 cm 的余量，入端处应有明显标志。

6）探测器底座的穿线孔宜封堵，安装完毕后的探测器底座应采取保护措施。

7）探测器的确认灯，应面向便于人员观察的主要入口方向。

8）探测器在即将调试时方可安装，在安装前应妥善保管，并应采取防尘、防潮、防腐蚀措施。

（4）手动火灾报警按钮安装质量。

1）手动火灾报警按钮，应安装在墙上距地（楼）面高度 1.5 m 处。

2）手动火灾报警按钮，应安装牢固，并不得倾斜。

3）手动火灾报警按钮的外接导线，应留有不小于 10 cm 的余量，且在其端部应有明显标志。

（5）火灾报警控制器安装质量。

1）火灾报警控制器在墙上安装时，其底边距地（楼）面高度不应小于 1.5 m；落地安装时，其底宜高出地坪 0.1～0.2 m。

2）火灾报警控制器应安装牢固，不得倾斜。安装在轻质墙上时，应采取加固措施。

3）引入控制器的电缆或导线，应符合下列要求：

① 配线应整齐，避免交叉，并应固定牢靠。

② 电缆芯线和所配导线的端部，均应标明编号，并与图纸一致，字迹清晰不易褪色。

③ 端子板的每个接线端，接线不得超过 2 根。

④ 电缆芯和导线，应留有不小于 20 cm 的余量。

⑤ 导线应绑扎成束。

⑥ 导线引入线穿线后，在进线管处应封堵。

4）火灾报警控制器的主电源引入线，应直接与消防电源连接，严禁使用电源插头。主电源应有明显标志。

5）火灾报警控制器的接地，应牢固，并有明显标志。

（6）消防控制设备安装质量。

1)消防控制设备在安装前,应进行功能检查,不合格者,不得安装。

2)消防控制设备的外接导线,当采用金属软管作套管时,其长度不宜大于 2 m,且应采用管卡固定,其固定点间距不应大于 0.5 m。金属软管与消防控制设备的接线盒(箱),应采用锁母固定,并应根据配管规定接地。

3)消防控制设备外接导线的端部,应有明显标志。

4)消防控制设备盘(柜)内不同电压等级、不同电流类别的端子,应分开,并有明显标志。

(7)系统接地装置安装质量。

1)工作接地线应采用铜芯绝缘导线或电缆,不得利用镀锌扁铁或金属软管。

2)由消防控制室引至接地体的工作接地线,在通过墙壁时,应穿入钢管或其他坚固的保护管。

3)工作接地线与保护接地线,必须分开,保护接地导体不得利用金属软管。

4)接地装置施工完毕后,应及时作隐蔽工程验收。

(8)系统调试。

1)火灾自动报警系统调试,应先分别对探测器、区域报警控制器、集中报警控制器、火灾警报装置和消防控制设备等逐个进行单机通电检查,正常后方可进行系统调试。

2)火灾自动报警系统通电后,应按现行国家标准《火灾报警控制器通用技术条件》(GB/T 4717)的有关要求对报警控制器进行下列功能检查:

① 火灾报警自检功能。

② 消音、复位功能。

③ 故障报警功能。

④ 火灾优先功能。

⑤ 报警记忆功能。

⑥ 电源自动转换和备用电源的自动充电功能。

⑦ 备用电源的欠压和过压报警功能。

3)检查火灾自动报警系统的主电源和备用电源,其容量应分别符合现行有关国家标准的要求,在备用电源连续充放电 3 次后,主电源和备用电源应能自动转换。

4)应采用专用的检查仪器对探测器逐个进行试验,其动作应准确无误。

5)应分别用主电源和备用电源供电,检查火灾自动报警系统的各项控制功能和联动功能。

6)火灾自动报警系统应在连续运行 120 h 无故障后,按规范填写调试报告。

8.2.4　成品保护

(1)设备存储时,要作防尘、防潮、防碰、防砸、防压等措施,妥善保管,同时办理进场检验和领用手续。

(2)设备安装时,土建工程应达到地面、墙面、门窗、喷浆完毕,在有专人看管的条件下进行安装。

(3)消防控制室和装有控制器的房间工作完毕后应及时上锁。把箱体罩上以保护箱体不被污染。

(4)报警探测器应先装上底座,并戴上防尘罩,调试时再装探头。

(5)端子箱和模块箱在工作完毕后要箱门上锁。把箱体罩上以保护箱体不被污染。

(6)易丢失损坏的设备如手动报警按钮、喇叭、电话及电话插孔等应最后安装,要有保护措施。

8.3　质量通病防治

（1）导线的相间、相对地绝缘电阻不应小于 20 MΩ。摇测导线绝缘电阻时应将火灾自动报警系统设备从导线上断开。

（2）探测器安装的位置和型号应符合设计和工艺规范要求，安装位置确定的原则首先要保证功能，其次是美观，如与其他工种设备安装相干扰时，应通知设计及有关单位协商解决。

（3）设备上压接的导线，要按设计和厂家要求编号，压接要牢靠，不容许出现反圈现象，同一端子不能压接 2 根以上导线。

（4）调试时要先单机后联调，对于探测器等设备要求百分之百地进行功能测试，不能有遗漏，以确保整个火灾自动报警系统有效运行。

9　安全、环保及职业健康措施

9.1　安全环保措施

（1）施工中应遵守有关环境保护和安全生产的法律、法规的规定。

（2）应在施工现场采取维护安全、防范危险、预防火灾等措施；有条件的，应对施工现场实行封闭管理。

（3）施工现场对毗邻的建筑物、构筑物和特殊作业环境可能造成损害的，施工企业应采取安全防护措施。

（4）现场施工临时用电必须按照施工方案布置完成并根据《施工现场临时用电安装技术规范》(JGJ 46)检查合格后才可以投入使用。

9.2　环境保护

（1）遵守当地有关环卫、市容管理的有关规定。

（2）做到及时清除施工现场的施工杂质和边脚余料。

（3）采取控制和处理施工现场的各种粉尘、噪声、振动对环境的污染和危害。

9.3　职业健康安全关键要求

（1）"安全三宝"（安全帽、安全带、安全网）必须配备齐全。工人进入工地必须佩戴经安检合格的安全帽。

（2）工人高空作业之前须例行体检，防止高血压病人或有恐高症者进行高空作业，高空作业时必须佩带安全带。

（3）登高作业时，脚手架和梯子应安全可靠，脚手架铺板时不得有探头板，梯子应有防滑措施，不允许两人同梯作业。

（4）电工和机械操作工必须经过安全培训，并持证上岗。

（5）设备通电调试前，必须检查线路接线是否正确，保护措施是否齐全，确认无误后，方可通电调试。

10　工程实例

成都野生世界弱电系统集成-火灾自动报警及消防联动系统工程是一个综合性大型项目，该工程主要贡献是解决了"远程联动控制技术"的新课题。

闭路电视监控系统安装工艺

闭路电视监控系统工程广泛运用于工业与民用建筑等公共场所工程中。成为现代住宅建筑普遍采用的公共安全技术防范设施。本章节对施工中的常规工艺进行阐述。

1 工艺特点

(1)本工艺符合现行的国家及行业技术标准、施工规范的要求。

(2)能够较好的保证被监控区域图像视音频信号固定或可变方式的接收、信号传输和处理(即时显示、存储、回放)等技术性能。

(3)施工机具设备简单,施工简便。

2 适用范围

本工艺标准适用于一般公用和民用建筑物内及露天场所的监控系统工程的安装、调试施工。

3 工艺原理

闭路电视监控系统工程包括机房管理控制设备、信号传输与处理、前端摄像机设备等。前端摄像机摄入的视频信号,由视频电缆传输至监控机房,经机房管理控制设备数字压缩技术处理,从而实现视频实时监控,同时通过多媒体计算机实现硬盘长时间记录、多画面预览、记录文件的图像回放、查询和管理。

4 工艺流程

闭路电视监控系统工程施工工艺流程如图 1 所示。

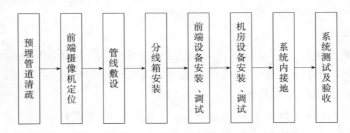

图 1 闭路电视监控系统工程施工工艺流程图

5 操作要点

5.1 施工准备

5.1.1 作业条件

(1)安全防范系统设备安装前,应具备下列条件。

1)土建装修及油漆浆活全部完毕。

2)管线、导线、预埋盒全部做好。

3)导线经过绝缘电阻测试,并编号完毕。

4)已完成机房、弱电竖井的建筑施工。

(2)系统设施工作的环境温度宜符合下列要求。

1)寒冷地区室外工作的设施:-40 ℃～+35 ℃。

2)其他地区室外工作的设施:-10 ℃～+55 ℃。

3)室内工作的设施:-5 ℃～+40 ℃。

5.1.2　技术准备

(1)施工单位必须执有系统工程的施工资质。

(2)设计文件和施工图纸齐全,方案设计符合国家、行业、地方标准及建设单位要求,并通过相关行业管理部门审批。

(3)设计人员对施工人员进行详尽的技术交底。

(4)施工前对施工现场勘察,满足系统工程施工和图纸要求。

5.1.3　材料要求

(1)控制部分。

矩阵切换控制器、控制键盘、或硬盘录像机、画面分割器(处理器)、监视器、计算机、系统软件、打印机、不间断电源等。

(2)传输部分。

光/电转换器、信号放大器、视频分配器、分线箱、线缆、同轴电缆、光缆等。

(3)前端部分。

摄像机、镜头、云台、解码器、防护罩、支架、红外灯、避雷接地装置等。

(4)管材管件。

镀锌钢管、线槽、膨胀螺栓、金属软管等安装辅料。

5.2　施工工艺

5.2.1　管路敷设

线槽、线管的敷设工艺执行相关专业标准及规范。

5.2.2　分线箱安装

(1)分线箱安装位置应符合设计要求,当设计无要求时,高度宜为底边距地 1.4 m。

(2)箱体暗装时,箱体板与框架应与建筑物表面配合严密。严禁采用电焊或气焊将箱体与预埋管焊在一起,管入箱应用锁母固定。

(3)明装分线箱时,应先找准标高再钻孔,埋入管螺栓固定箱体。要求箱体背板与墙面平齐。然后将引线与盒内导线用端子做过渡压接,并放回接线端子箱。

(4)解码器箱一般安装在现场摄像机附近。安装在吊顶内时,应预留检修口;室外安装时应有良好的防水性,并做好防雷接地措施。

(5)当传输线路超长需用放大器时,放大器箱安装位置应符合设计要求,并具有良好的防水、防尘性。

5.2.3　缆线敷设

(1)线缆敷设应符合相关规定。

(2)室内线缆的敷设,应符合下列要求:

1)无机械损伤的电(光)缆,或改、扩建工程使用的电(光)缆,可采用沿墙明敷方式。

2)在新建的建筑物内或要求管线隐蔽的电(光)缆应采用暗管敷设方式。

3)下列情况可采用明管配线：

① 易受外部损伤。

② 在线路路由上,其他管线和障碍物较多,不宜明敷的线路。

③ 在易受电磁干扰或易燃易爆等危险场所。

4)电缆和电力线平行或交叉敷设时,其间距不得小于0.3m;电力线与信号线交叉敷设时,宜成直角。

(3)敷设电缆时,多芯电缆的最小弯曲半径应大于其外径的6倍,同轴电缆的最小弯曲半径应大于其外径的15倍。

(4)线缆槽敷设截面利用率不应大于60%;线缆穿管敷设截面利用率不应大于40%。

(5)电缆支架或在线槽内敷设时应在下列各处牢固固定:

1)电缆垂直排列或倾斜坡度超过45°时的每一个支架上。

2)电缆水平排列或倾斜坡度不超过45°时,在每隔1~2个支架上。

3)在引入接线盒及分箱前150~300 mm处。

(6)明敷设的信号线路与具有强磁场、强电场的电气设备之间的净距离,宜大于1.5 m;当采用屏蔽线缆或穿金属保护管或在金属封闭线槽内敷设时,宜大于0.8 m。

(7)线缆在沟道内敷设时,应敷设在支架上或线槽内。当线缆进入建筑物后,线缆沟道与建筑物间应隔离密封。

(8)线缆穿管前应检查保护管是否通畅,管口应加护圈,管内无铁屑及毛刺,切断口应锉平,管口应刮光,防止穿管时损伤导线。

(9)导线在管内或线槽内,不应有接头或扭结,导线的接头应在接线盒内焊接用端子连接,小截面导线连接时可以铰接,铰接匝数应在5匝以上,然后搪锡,用绝缘胶带包扎。

(10)同轴电缆应一线到位,中间无接头。

(11)布放线缆应排列整齐,顺直不拧绞,尽量减少交叉,交叉处粗线在下,细线在上。电源线应与控制线、视频线分开敷设。

(12)线管不能直接进入设备接线盒时,线管出线口与设备接线端子之间,必须采用金属软管过渡连接,软管长度不得长于1 m,不得将线缆直接裸露。

(13)引至摄像机的线缆应从设备的下部进线,并留有足够的余量,线缆应穿管固定,不应使摄像机插头承受电缆的重量。

(14)管线经过建筑物变形缝(包括沉降缝、伸缩缝、抗震缝等)处,应采取补偿措施;导线跨越变形缝的两侧应固定,并留有适当余量。

(15)室内电缆敷设要求:

1)采用地槽或墙槽时,电缆应从机架、控制台底部引入,将电缆顺着所盘方向理直,按电缆的排列次序放入槽内;拐弯处应符合电缆曲率半径要求。电缆离开机架和控制台时,应在距起弯点10 mm处成捆捆绑,根据电缆的数量应每隔100~200 mm捆绑一次。

2)采用架槽时,架槽宜每隔一定距离留出线口。电缆由出线口从机架上方引入,在引入机架时,应成捆绑扎。

3)采用电缆走道时,电缆应从机架上方引入,并应在每个梯铁上进行绑扎。

4)采用活动地板时,电缆在地板下可灵活布放,并应顺直无扭绞;在引入机架和控制台处还应成捆绑扎。

5.2.4　前端设备安装

（1）支、吊架安装。

1）支架应采用膨胀螺栓固定在墙上（混凝土结构）。对于空心砖墙，应采用预埋支架或预埋钢板，然后用螺栓固定支架；对于轻型复合板墙体，在墙的两面夹固钢板，然后把支架固定在钢板上面。

2）吊架在混凝土楼板上固定时，采用膨胀螺栓固定，对于有吊顶的室内安装吊件时，吊架不能固定在吊顶板面上，而应固定在吊顶内的主龙骨架上。

（2）云台、解码器安装。

1）云台安装在支架上应牢固，转动时无晃动；负载安装的位置不应偏离回转中心。

2）安装完毕后，检查云台的水平、垂直转动角度和定值控制是否正常，并根据设计要求调整定云台转动起点和方向。

3）云台的回转范围、承载能力、旋转速度和使用的电压类型应符合设计要求及标准规范规定。

4）解码器应安装在云台附近或吊顶内，但不应影响建筑的美观，或在吊顶内，但须有检修孔，以便维修或拆装，并留有检修孔。

（3）摄像机安装。

1）安装前，摄像机应逐一加电进行检测、调整，工作正常后才可安装。

2）检查云台的水平，垂直转动角度和定值控制是否正常，并根据要求定准云台转动的起点和方向。

3）从摄像机引出的电缆应留有 1m 的余量，外露部分用软管保护，并不影响摄像机的转动。

4）摄像机安装在监视目标附近，且不影响现场人员的正常活动和工作。

5）安装高度，室内距地面 2.5～5 m 为宜，室外以 3.5～10 m 为宜，电梯轿厢内的摄像机应安装在电梯轿厢顶部电梯操作的对角，并应能有效监视电梯厢内乘员的面部特征。

6）摄像机需要隐蔽时，可采用针孔镜头，将摄像机隐藏在顶棚内。

7）摄像机镜头应顺光源方向监视目标，避免逆光安装；当需要逆光安装时，应降低监视区的对比度。

8）安装方式：

① 天花板安装法。

适用于带有天花板屋顶的安装。

安装说明：

在安装球机之前先在天花板适当的地方挖出 4 个相应的孔：三个 4 mm 的螺丝孔，一个规格为 25 mm 的穿线孔。

用 3 颗 M3×25 mm 螺钉和 3 颗螺母将安装圈、天花板、黑色的安装夹圈固定在一起。

根据需要将拨码开关拨到相应的码值。

将球机的接线端子通过底盘，天花板和夹板的穿线孔穿出。

安装球机基座，对准卡位逆时针方向旋转，再锁紧铜螺母。

安装球机外罩，对准卡位逆时针方向旋转。

将球机的接线端子与相应的线缆连接。

将天花板还原到屋顶。

安装过程如图 2 所示。

② 水泥屋顶安装法。

适用于水泥屋顶的吸顶式安装。

安装说明：

在水泥屋顶上打出三个规格为 10 mm 的胀塞（塑质胀塞）孔,孔的位置与与球机底盘上固定球机的孔位相对应。

将膨胀塞插入胀塞孔,用 3 颗膨胀螺丝将底盘固定在屋顶上。

球机穿线孔的挡片拔掉。

根据需要将拨码开关拨到相应的码值。

安装球机。将球机接线端子从球机穿线孔处引出,并将球机对准底盘上的卡位逆时针旋转。

安装球机外罩。对准卡位逆时针方向旋转。

将球机端子与相应的线缆连接。

安装过程如图 3 所示。

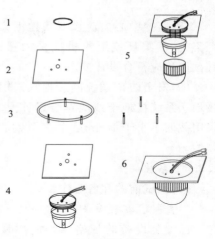

图 2 天花板安装示意图

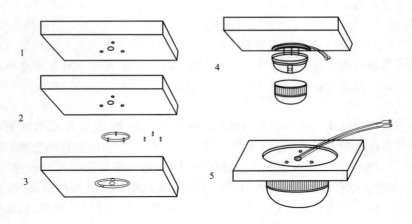

图 3 水泥屋顶安装示意图

5.2.5 监控室设备安装

(1)监控室内的电缆地槽位置应和电视墙、控制台位置相适应,所有线缆应排列、捆扎整齐和编号,并应有永久性标志。

(2)电视墙、控制台的底座应与地面固定,放置应平直整齐、美观。

(3)几个机架并排放置在一起时,面板应在同一平面上,并与基准线平行,并后偏差不大于 2 mm,两个机架间隙不大于 2 mm。

(4)一般将监视器、操作控制器集中安装在电视墙上,应有通风散热孔。

(5)电视墙正面与墙的净距离不应小于 1.2 m,侧面与墙或其他设备的净距离,在主要走道不应小于 1.5 m,在次要走道不应小于 0.8 m。接线应整齐牢固,无交叉、脱落现象。

(6)监控电视墙布置如图 4 所示。

(7)监视器的安装位置应使荧光屏不受外来光直射,当有不可避免的光照时,应加遮光罩遮挡。

(8)监控中心内应设置接地汇集环或汇集排,汇集环或汇集排应采用裸铜线,其截面积应符合设计要求。

(9)安全防范系统的接地宜采用共用接地。系统接地干线应符合设计要求,宜采用截面不小于 16 mm² 的多股铜芯绝缘导线。

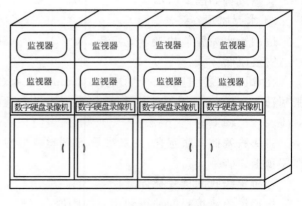

图 4　监控电视墙布置图

5.2.6　系统调试

(1)调试前的准备工作。

1)查验已安装设备。

已安装设备的规格、型号、数量等是否与正式设计文件的要求相符。

2)电源检查。

合上监控台上的电源总开关,检查交流电源电压,检查稳压电源装置的电压表计数、线路排列等。合上各电源分路开关,测量各输出电压、直流输出端的极性,确认无误后,给每一回路送电,检查电源指示灯等是否正常。

3)线路检查。

对控制电缆进行校线,检查接线是否正确。采用 250 V 兆欧表对控制电缆进行测量,其线芯与线芯、线芯与地线绝缘电阻不应小于 0.5 MΩ。用 500 V 兆欧表对电源电缆进行测量,其线芯间、线芯与地线间的绝缘电阻不应小于 0.5 MΩ。

(2)单体调试。

调试时,接通视频电缆对摄像机进行调试。合上控制电源,若设备指示灯亮,则合上摄像机电源,监视器屏幕上便会显示图像。图像清晰时,可遥控变焦,遥控自动光圈,观察变焦过程中图像的清晰度。如果出现异常情况便应做好记录,并将问题妥善处理。若各项指标都能达到产品说明书所列的数值,便可遥控电动云台带动摄像机旋转。若在静止和旋转过程中图像清晰度变化不大,则认为摄像机工作情况正常,可以使用。云台运转情况平稳、无噪声、电动机不发热速度均匀,则设备运转正常。

(3)系统调试。

当各种设备单体调试完毕,便可进行系统调试。此时,按照施工图对每台设备(摄像机、云台等)进行编号,合上总电源开关,监控室内监视现场之间利用对讲机进行联系,作好准备工作,再开通每一摄像回路,调整监视方位,使摄像机能够准确地对监视目标或监视范围,通过遥控方式,变焦、调整光圈、旋转云台,扫描监视范围。如图像出现阴暗斑块,则应调整监视区域灯具位置和亮度,提高图像质量。同时对矩阵主机的视频切换功能、系统的录像回放功能等进行试验。在调试过程中,每项试验应做好记录,及时处理安装中出现的问题。当各项技术指标都达到设计要求,系统并经过 24 h 连续运行无故障时,绘制竣工图,向业主提供施工质量评定资料,并提出交工验收请求。

(4)系统联调。

当系统具有报警联动功能时,应检查自动开启摄像机电源、自动切换视频到指定监视器、自动实时录像等功能。系统应叠加摄像时间、摄像机位置(含电梯楼层显示)的标识符,并显示稳定。当系统需要灯光联动时,应检查灯光打开后图像质量是否达到设计要求。

5.2.7 竣工验收

(1)智能建筑工程中的安全防范系统工程的验收应按照《安全防范系统验收规则》(GA 308)的规定执行。

(2)电视监控系统的竣工验收内容:

1)工程实施及质量控制检查。

2)系统检测合格。

3)运行管理队伍组建完成,管理制度健全。

4)运行管理人员已完成培训,并具备独立上岗能力。

5)竣工验收文件资料完整。

6)系统检测项目的抽检和复核应符合设计要求。

7)观感质量验收应符合要求。

(3)竣工验收应在系统正常连续投运时间 1 个月后进行。

(4)系统验收的文件及记录应包括以下内容:

1)工程设计说明,包括系统选型论证,系统监控方案和规模容量说明,系统功能说明和性能指标等。

2)工程竣工图纸,包括系统结构图、系统原理图、施工平面图、设备电气端子接线图、中央控制室设备布置图、接线图、设备清单等。

3)系统的产品说明书、操作手册和维护手册。

4)工程实施及质量控制记录。

5)设备及系统测试记录。

6)相关工程质量事故报告、工程设计变更单等。

7)验收时应做好验收记录,签署验收意见。

6 机具设备配备

6.1 安装工具

切割机、手电钻、冲击钻、电工组合工具、对讲机、BNC 接头专用压线钳、光缆接续设备、梯子。

6.2 检测仪器

250 V 兆欧表、500 V 兆欧表,水平尺、钢尺、吊线坠、小型监视器等。

7 劳动力组织

7.1 对管理人员和技术工人的组织形式的要求

(1)制度基本健全,并能执行。

(2)配备有专业技术管理人员并持证上岗。

(3)高、中级技工人数不应少于的 70%。

7.2 工种配置表

工种配置表,见表 1。

表 1 工 种 配 置 表

序 号	工 种	人 数	备 注
1	管道工	按工程量确定	技工
2	线路工	按工程量确定	技工
3	安装工	按工程量确定	技工
4	普工	按工程量确定	

8 质量要求及质量控制要点

8.1 质量要求

8.1.1 一般规定

(1)系统检测应由国家或行业授权的检测机构进行检测,并出具检测报告,检测内容、合格判据应执行国家、行业的相关标准。

(2)系统检测应依据工程合同技术文件、施工图设计文件、工程设计变更说明和洽商记录、产品的技术文件进行。

(3)系统检测时应提供相关的检查检验记录。

8.1.2 主控项目

(1)系统功能检测:对云台转动,镜头、光圈的调节,调焦、变倍图像切换,防护罩功能进行检测,其功能必须符合设计及产品技术要求。

(2)图像质量监测:在摄像机的标准照度下进行图像的清晰度及抗干扰能力的检测。

表 2 图像质量主管评价

等 级	图像质量损伤程度
5分	图像上不觉察有损伤或干扰存在
4分	图像上有稍可觉察的损伤或干扰,但不令人讨厌
3分	图像上有明显觉察的损伤或干扰,令人讨厌
2分	图像上损伤或干扰较严重,令人讨厌
1分	图像上损伤或干扰极严重,不能观看

检测方法:抗干扰能力按《视频安防监控系统技术要求》(GA/T 367)进行检测;图像的清晰度按下表的评价标准进行主观评价,主观评价应不低于 4 分。图像质量主管评价见表 2。

(3)系统整体功能检测:

功能检测应包括监控范围、现场设备的接入率及完好率;矩阵监控主机的切换、控制、编程、巡检、记录等功能。

对数字视频录像式监控系统还应检查主机死机记录、图像显示和记录速度、图像质量、对前端设备的控制功能以及通信接口功能、远程联网功能等。

对数字硬盘录像监控系统除检测其记录速度外,还应检测记录的检索、回放等功能。

(4)系统联动功能检测。

联动功能检测应包括与出入口管理系统、入侵报警系统、巡更管理系统、停车场(库)管理系统等的联动控制功能。

(5)视频安防监控系统的图像记录保存时间应满足管理要求。

(6)摄像机抽检的数量应不低于 20%且不少于 3 台,摄像机数量少于 3 台时应全部检测;被抽检设备和合格率 100%时为合格;系统功能和联动功能全部检测,功能符合设计要求时为合格合格率 100%时为系统功能检测合格。

8.1.3 一般项目

(1)同一区域内的摄像机安装高度应一致,安装牢固。摄像机护罩不应有损伤,并且应平整。

(2)各设备导线连接正确:可靠、牢固。箱内电缆(线)应排列整齐,线路编号正确清晰。

(3)墙面或顶棚下安装摄像机、云台及解码器都要牢靠固定,固定位置不能影响云台及摄像机的转动。

(4)摄像机应保持其镜头清洁,在其监视范围内不应有遮挡物。

(5)电视墙、控制台等安装的偏差在允许的范围内:电视墙、控制台安装的垂直偏差≤1.5‰;并立电视墙或控制台下面平面的前后偏差≤1.5 mm;两台电视墙或控制台中的间间隙≤1.5 mm。

8.1.4 资料核查项目

(1)图纸会审、设计变更、洽商记录、竣工图及设计说明。

(2)材料、设备出厂合格证书及进场检(试)验报告。

(3)隐蔽工程验收表。

(4)接地、绝缘电阻测试记录。

(5)系统功能测定及设备调试记录。

(6)系统技术、操作和维护手册。

(7)系统管理、操作人员培训记录。

(8)系统检测报告。

(9)分项、分部工程质量验收报告。

(10)质量记录。

1)设备材料进场检验表。

2)隐蔽工程(随工检查)验收表。

3)工程安装质量及观感质量验收记录。

4)智能建筑工程分项工程质量检测记录表。

5)综合防范功能分项工程质量验收记录表。

6)视频安防监控系统分项工程质量验收记录表。

7)系统试运行记录。

8.1.5 观感检查项目

(1)管线的防水、防潮,电缆排列位置,布放、绑扎质量,桥架的架设质量,缆线在桥架内的安装质量,焊接及插接头安装质量及接线盒接线质量等。

(2)接地材料、接地线焊接质量、接地电阻等。

(3)系统的各类探测器、摄像机、云台、防护罩、控制器、辅助电源、电锁、对讲设备等的安装部位、安装质量和图像质量等。

(4)控制柜、箱与控制台等的安装质量。

8.2 质量控制措施

8.2.1 材料的控制

(1)系统的设备和线材应根据合同、设计文件等对型号、规格质量等进行核对和进场验收,填写验收记录。

(2)设备应有产品合格证、有资质的检测机构出具的检测报告、安装及产品使用说明书等。

(3)实行安全认证制度的产品有安全认证标志。

(4)进口产品,需提供商检证明和中文的质量合格证明文件、设备的中文安装、使用、维修和试验等技术文件。

(5)有源部件均应通电检查。

(6)设备安装前,应根据使用说明书进行全部检查,合格后方安装。

8.2.2 技术的控制

(1)系统的工程施工应以设计图纸为依据,并应遵守相关的施工规定。

(2)设计文件和施工图纸齐全,并已会审批准。施工人员应熟悉有关图纸并了解工程特点、施工方案、工艺要求、施工质量标准等,并严格执行。

(3)施工所需的设备、器材、辅材、仪器、机具等应能满足连续施工和阶段施工的要求。

(4)新建建筑系统的工程施工,应与土建施工协调进行。预埋线管、支撑件,预留孔洞、沟、槽、基础、楼地面等均应符合设计要求。

(5)敷设管道电缆和直埋电缆的路由状况和预留管道应符合设计和施工要求,各管道(包括横跨道路)应作出路由标志。

(6)允许同杆架设的杆路及自立杆的杆路应符合设计和施工要求。

(7)施工区域内应能保证施工的安全用电。

8.2.3 质量的控制

(1)系统的时序、定点、同步切换、云台的遥控操纵、多画面分割器、录放像及电梯层叠加显示等功能应满足设计要求。

(2)系统的复合视频信号,在监视器输入端的电平值应达到 $1Vp\_p\pm3dB$ VBS。

(3)系统图像质量主观评价达到 4 级图像的要求。

(4)黑白电视系统水平清晰度不应低于 400 线。彩色电视系统不应低于 270 线。

(5)系统图像画面的灰度不应低于 8 级。

8.2.4 产品保护

(1)安装摄像机支架、护罩、解码器箱时,应保持吊顶、墙面整洁。

(2)对现场安装的解码器箱和摄像机做好防护措施,避免碰撞及损伤。

(3)机房内应采取防尘、防潮、防污染及防水措施。为防止损坏设备应将门窗关好,并派专人负责。

8.3 质量通病防治

(1)设备之间、干线与端子之间连接不牢靠,应及时检查,将松动处紧牢固。

(2)使用屏蔽线时,外铜网与芯线相碰,按要求外铜网与芯线分开,压接应特别注意。

(3)用焊油焊接时,非焊接处被污染焊接后应及时用棉丝(布条)擦去焊油。

(4)由于屏蔽线或设备未接地,会造成干扰。应按要求将屏蔽线和设备的地线压接好。

(5)摄像机接线不牢固、成像不清晰,造成无图像或图像不符要求,应及时进行摄像机单体调试,并更换不合适的设备。

(6)摄像机的护罩被碰变形,应及时地进行修复或更换。

(7)修补浆活时,摄像机护罩、支架被污染,或安装孔开得过大。应将污物擦干净,并将缝隙修补好,再安装摄像机支架、护罩。

(8)同一区域内摄像机标高不一致。在安装前应找准位置,如标高的差距超出允许偏差范围应调整到规定范围内。

9 安全、环保及职业健康措施

9.1 安全环保措施

(1)施工中应遵守有关环境保护和安全生产的法律、法规的规定。

（2）应在施工现场采取维护安全、防范危险、预防火灾等措施；有条件的，应对施工现场实行封闭管理。

（3）施工现场对毗邻的建筑物、构筑物和特殊作业环境可能造成损害的，施工企业应采取安全防护措施。

（4）现场施工临时用电必须按照施工方案布置完成并根据《施工现场临时用电安装技术规范》(JGJ 46)检查合格后才可以投入使用。

9.2　环境保护

遵守当地有关环卫、市容管理的有关规定。

做到及时清除施工现场的施工杂质和边脚余料。

采取控制和处理施工现场的各种粉尘、噪声、振动对环境的污染和危害。

9.3　职业健康安全关键要求

（1）"安全三宝"（安全帽、安全带、安全网）必须配备齐全。工人进入工地必须佩戴经安检合格的安全帽。

（2）工人高空作业之前须例行体检，防止高血压病人或有恐高症者进行高空作业，高空作业时必须佩带安全带。

（3）工人作业前，须检查临时脚手架的稳定性、可靠性。

（4）电工和机械操作工必须经过安全培训，并持证上岗。

10　工程实例

成都交大智能小区二期闭路电视监控系统工程，是成都市公安局技防办在成都地区住宅小区推广安全技术防范工程的试点工程。

防雷及接地工程施工工艺

防雷接地工程是将各种雷击电流和各种感应电流送入大地的系统。它对建筑物(构筑物)的安全运行起着至关重要的作用。

1　工艺特点

本工艺标准适用于建筑物(构筑物)防雷接地、保护接地、工作接地、重复接地及屏蔽接地装置安装。

2　施工准备

2.1　技术准备

(1)熟悉及审查设计图纸及有关资料,了解工程情况。

(2)编制施工方案,明确施工的范围和质量标准,确定施工计划,落实水电等动力来源。

(3)编制施工图预算和施工预算。

2.2　材料要求

(1)钢材应使用符合设计要求的热镀锌材料,产品应有材质检验证明或出厂合格证。

(2)辅料及配件应与主材相匹配,且有产品出厂合格证。

2.3　材料准备

材料设备已经进场,且规格配件齐全,满足施工条件。

2.4　主要机具

电工工具、手锤、钢锯、锯条、压力案子、铁锹、铁镐、大锤、夯桶、线坠、卷尺、大绳、粉线袋、绞磨(或倒链)、紧线器、电锤、冲击钻、电焊机、电焊工具等。

2.5　作业条件

2.5.1　接地体作业条件

(1)施工方案已制订且经审批。

(2)按设计位置清理好场地。

2.5.2　接地干线作业条件

(1)支架安装完毕。

(2)保护管已预埋。

(3)土建抹灰完毕。

2.5.3　防雷引下线暗敷设作业条件

(1)建筑物(或构筑物)有脚手架或爬梯,达到能上人操作的条件。

(2)利用主筋作引下线时,钢筋绑扎完毕。

2.5.4　防雷引下线明敷设作业条件

(1)支架安装完毕。

(2)建筑物(或构筑物)有脚手架或爬梯达到能上人操作的条件。

(3)土建外装修完毕。

2.5.5　避雷带、避雷针安装作业条件

(1)接地体及引下线必须做完。

(2)需要脚手架处,脚手架搭设完毕。

(3)土建结构工程已完,并随结构施工做完预埋件。

3　人员计划

劳动力配置由专业工长或技术员根据分项工程工期和现场条件实施动态管理,以不影响单位工程总体进度为原则,按时完成系统安装为目标。结合劳动定额确定单位劳动力配置比例及总人数。

4　防雷及接地安装

4.1　工艺流程

防雷及接地工程施工工艺流程见图1。

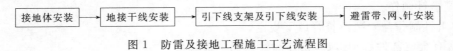

图1　防雷及接地工程施工工艺流程图

4.2　操作工艺

4.2.1　接地体安装

(1)接地体安装工艺。

1)接地体的埋设深度其顶部不应小于0.6 m,角钢及钢管接地体应垂直配置。

2)垂直接地体长度不应小于2.5 m,其相互之间间距一般不应小于5 m。

3)接地体埋设位置距建筑物不宜小于1.5 m;遇在垃圾灰渣等埋设接地体时,应换土。

4)当接地装置必须埋设在距建筑物出入口或人行道小于3 m时,应采用均压带做法或在接地装置上面敷设50～90 mm厚沥青层,宽度应超过接地装置2 m。

5)接地体(线)的连接应采用焊接,焊接处焊缝应饱满并有足够的机械强度,不得有夹渣、咬肉、裂纹、虚焊、气孔等缺陷,焊接处的药皮敲净后,刷沥青做防腐处理。

6)所有金属部件应镀锌,操作时,注意保护镀锌层。

(2)接地体(极)安装。

1)接地体的加工。

根据设计要求进行加工,材料一般采用钢管和角钢切割,长度不应小于2.5 m。如采用钢管应根据土质加工成一定的形状,遇松软土壤时,可切成斜面形,也可加工成扁尖形;遇土土质很硬时,可将尖端加工成锥形。如选用角钢时,角钢的一端应加工成尖头形状。

2)挖沟。

根据设计图要求,对接地体(网)的线路进行测量弹线,在此线路上挖掘深为0.8～1 m,宽为0.5 m的沟,沟上部稍宽,底部如有石子应清除。

3)安装接地体(极)。

沟挖好后,先将接地体放在沟的中心线上,打入地中。使用手锤敲打接地体时要平稳,锤击接地体正中,不得打偏,应与地面保持垂直,当接地体顶端距离地 600 mm 时停止打入。

4)接地体间的扁钢敷设。

扁钢敷设前应调直,然后将扁钢放置于沟内,依次将扁钢与接地体用电焊焊接,焊好后清除药皮,刷沥青做防腐处理,并将接地线引出至需要位置。

4.2.2　接地干线安装

(1)接地干线的安装应符合以下规定。

1)接地干线穿墙时,应加套管保护,跨越伸缩缝时,应做煨弯补偿。

2)接地干线应设有为测量接地电阻而预备的断接卡子。

3)接地干线跨越门口时应暗敷设于地面内。

4)接地干线应刷黑色油漆,但断接卡子及接地端子等处不得刷油漆。

(2)接地干线安装。

接地干线应与连接接地体的扁钢相连接,它分为室内与室外连接两种,室外接地干线与支线一般敷设在沟内。室内的接地干线多为明敷,但部分设备连接的支线需经过地面,也可以埋设在混凝土内。

4.2.3　避雷针安装

(1)避雷针制作。

1)避雷针制作与安装应符合以下规定。

① 所有金属部件必须镀锌,操作时注意保护镀锌层。

② 采用镀锌钢管制作针尖,管壁厚度不得小于 3 mm,针尖刷锡长度不得小于 70 mm。

③ 避雷针应垂直安装牢固,垂直度允许偏差为 3/1 000。

④ 焊接部位应清除药皮后刷防锈漆。

⑤ 避雷针一般采用圆钢或钢管制成。

2)避雷针制作。

按设计要求的材料所需长度进行下料。如针尖采用钢管制作,可先将钢管一端锯成锯齿形,用手锤收尖后,进行焊缝磨尖,涮锡。

(2)避雷针安装。

先将支座钢板的底板固定在预埋的地脚螺栓上,焊上一块肋板,再将避雷针立起,找正后,进行点焊,校正后,焊上其他三块肋板。将引下线焊在底板上,清除药皮后刷防锈漆。

4.2.4　防雷引下线敷设

(1)防雷引下线暗敷设。

1)防雷引下线暗敷设应符合下列规定。

① 引下线扁钢截面不得小于 25 mm×4 mm;圆钢直径不得小于 12 mm。

② 引下线必须在距地面 1.5~1.8 m 处做断接卡子或测试点(一条引下线者除外)。断接线卡子所用螺栓的直径不得小于 10 mm,并需加镀锌垫圈和镀锌弹簧垫圈。

③ 利用主筋作暗敷引下线时,当柱主筋小于等于 12 mm 时不得少于 4 根主筋,当柱主筋大于 12 mm 时不得少于 2 根主筋。

④ 利用建筑物的金属构件(如消防梯、烟囱的铁爬梯等)作引下线时,所有金属部件之间均应连成电气通路。

⑤ 引下线的固定支点间距离不应大于 2 m。

⑥ 在易受机械损坏的地方、地上约 1.7 m 至地下 0.3 m 的一段地线应加镀锌角钢或镀锌钢管保护。

⑦ 利用混凝土柱内钢筋作为引下线时,必须将焊接的地线连接到首层配电箱接地端子上,可在地线端子处测量接地电阻。

2)防雷引下线暗敷设做法。

① 首先将所需扁钢(或圆钢)用手锤(或钢筋扳子)进行调直或押直。

② 将调直的引下线运到安装地点,按设计要求随建筑物引上,挂好。

③ 及时将引下线的下端与接地体焊接好,或与断接卡子连接好。随着建筑物将引线敷设于至屋顶。如需接头则应进行焊接,焊接后敲掉药皮并刷防锈漆,并进行隐检验收,做好记录。

④ 利用主筋(直径不少于 φ16 mm)作引下线时,要用油漆做好标记,距室外地坪 1.8 m 处焊好测试点,随钢筋逐层焊接至顶层,搭接长度不应小于 100 mm,完成后进行隐检,做好隐检记录。

(2)防雷引下线明敷设。

1)防雷引下线明敷设应符合下列规定。

① 引下线的垂直允许偏差为 2/1 000。

② 引下线必须调直后进行敷设,弯曲处不应小于 90°,并不得弯成死角。

③ 引下线除设计有特殊要求者外,镀锌扁钢截面不得小于 48 mm²,镀锌圆钢直径不得小于 8 mm。

2)防雷引下线明敷设。

① 将调直的引下线运到安装地点。

② 将引下线提升到最高点,然后由上而下逐点固定,直至安装断接卡子处。接头必须焊接,焊接后,清除药皮,刷防锈漆。

③ 将地面以上 2 m 段,套上保护管,并用卡固定后刷红白色相间油漆。

④ 用镀锌螺栓将断接卡子与接地体连接牢固。

4.2.5　避雷带安装

(1)避雷带(或均压环)应符合下列规定。

1)避雷带一般采用的材料圆钢直径不小于 6 mm、扁钢不小于 24 mm×4 mm。

2)避雷带明敷设时,支架的高度为 10~20 cm,其支点的间距不应大于 1.5 m。

3)建筑物高于 30 m 以上的部位,每隔 3 层沿建筑物四周敷设一道避雷带并与各引下线相连接。

4)铝制外门窗应与避雷装置连接。

(2)避雷带(或均压环)安装。

1)避雷带可以暗敷设在建筑物表面的抹灰层内,或直接利用结构钢筋,并应与暗敷的避雷网或楼板的钢筋相焊接。

2)利用结构圈梁里的主筋或腰筋与预先准备好的约 20 cm 的连接钢筋头焊接成一体,并与柱筋中引下线焊成一个整体。

3)圈梁内各点引出钢筋头,焊完后,用圆钢(或扁钢)敷设在四周,圈梁内焊接好各点,并与周围各引下线连接后形成环形。

4)外围金属门、窗、栏杆、扶手等金属部件的预埋焊接点不应少于 2 处与避雷带预留的圆钢焊成整体。

5　施工过程质量控制

5.1　质量标准

5.1.1　一般规定

严格按照施工设计图纸和施工规范要求施工。

5.1.2　主控项目

(1)人工接地装置或利用建筑物基础钢筋的接地装置必须在地面以上按设计要求位置设测试点。

(2)测试接地装置的接地电阻值必须符合设计和规范的要求。

(3)接地干线经人行通道处理深不应小于 1 m,且应采取均压或隔离措施。

(4)接地模块埋深不应小于 0.6 m,模块间距不应小于模块长度的 3~5 倍。接地模块埋设坑,一般为模块外形尺寸的 1.2~1.4 倍,且在开挖深度内详细记录地层情况。

(5)接地模块应垂直或水平就位,不应倾斜设置,保持与原土层接触良好。

(6)暗敷在建筑物抹灰层内的引下线应有卡钉分段固定;明敷的引下线应平直、无急弯,与支架焊接处,油漆防腐无遗漏。

(7)变压器室、高低压开关室内的接地干线应有不少于 2 处与接地装置引出干线连接。

(8)当利用金属构件、金属管道做接地线时,应在构件或管道与接地干线间焊接金属跨接线。

(9)建筑物顶部的避雷针、避雷带等必须与顶部外露的其他金属物体连成一个整体的电气通路,且与避雷引下线可靠连接。

(10)建筑物等电位联结干线应从与接地装置有不少于 2 处直接连接的接地干线或总等电位箱引出,等电位联结干线或局部等电位箱间的连接线形成环形网路,环形网路应就近与等电位联结干线或局部等电位箱连接。

5.1.3　一般项目

(1)当设计无要求时,接地装置顶面埋设深度不应小于 0.6 m。

(2)圆钢、角钢及钢管接地极应垂直埋入地下,间距不应小于 5 m。接地装置的焊接应采用搭接焊,搭接长度应符合下列规定。

1)扁钢与扁钢搭接为扁钢宽度的 2 倍,不少于三面施焊。

2)圆钢与圆钢搭接为圆钢直径的 6 倍,双面施焊。

3)圆钢与扁钢搭接为圆钢直径的 6 倍,双面施焊;

4)扁钢与钢管,扁钢与角钢焊接,紧贴角钢外侧两面,或紧贴 3/4 钢管表面,上下两侧施焊。

5)除埋设在混凝土中的焊接接头外,有防腐措施。

(3)接地模块应集中引线,用干线把接地模块焊接成一个环路。

(4)钢制接地线的焊接连接应符合规定,材料采用及最小允许规格、尺寸应符合规定。

(5)明敷接地引下线及室内接地干线的支撑件间距应均匀,水平直线部分 0.5~1.5 m;垂直直线部分 1.5~3 m;弯曲部分 0.3~0.5 m。

(6)接地线在穿越墙壁、楼板和地坪处应加套钢管或其他坚固的保护套管,钢套管应与接地线做电气连通。

(7)变配电室内明敷接地干线安装应符合下列规定。

1)敷设位置不妨碍设备的拆卸与检修。

2)当沿建筑物墙壁水平敷设时,距地面高度 250～300 mm;与建筑物墙壁间的间隙 10～15 mm。

3)当接地线跨越建筑物变形缝时,应设补偿装置。

4)接地线表面沿长度方向,每段为 15～100mm,分别涂以黄色和绿色相间的油漆条纹。

5)变压器室、高压配电室的接地干线上应设置不少于 2 个供临时接地用的接线柱或接地螺栓。

(8)配电间隔和静止补偿装置的栅栏门及变配电室金属门铰链处的接地连接,应采用编织铜线。变配电室的避雷器应用最短的接地线与接地干线连接。

(9)避雷针、避雷带应位置正确,焊接焊缝饱满无遗漏,焊接部分补刷的防腐油漆完整;螺栓固定的应备帽等防松零件齐全。

(10)避雷带应平正顺直,固定点支撑件间距均匀、固定可靠。

5.2 成品保护

(1)其他工种在挖土方时,应注意不要损坏接地装置。

(2)安装接地装置时,不得损坏散水和外墙装修。

(3)不得随意移动已经绑扎好的结构钢筋。

(4)在装修喷浆时应预先将接地干线用纸包扎好。

(5)在焊接时注意保护墙面措施。

5.3 质量记录

(1)分项、分部(子分部)工程验收记录。

(2)安装工程检验批质量验收记录。

(3)隐蔽工程记录。

(4)接地电阻、绝缘电阻测试记录。

(5)主要材料、成品、半成品、配件出厂合格证及进场验收单。

6 安全、环保及职业健康措施

(1)施工现场的特种作业人员必须经过专门培训,考试合格获得《特种作业操作证》。严禁无证作业。

(2)进入施工现场的作业人员,必须首先参加安全教育培训,考试合格方可上岗作业,未经培训或考试不合格者,不得上岗作业。

(3)进入施工现场的人员必须正确佩戴好安全帽,按照作业要求正确穿戴个人防护用品,严禁赤脚和穿拖鞋、高跟鞋进入施工现场。

(4)电焊施工时,相应设备必须完好,施工现场必须配备灭火器。

(5)根据施工项目工序,制定相应的防触电、防挤伤、砸伤、压伤、防机械事故的安全技术措施。

楼宇对讲系统安装工艺

楼宇对讲系统工程广泛运用于新建、扩建及改建的公用和民用建筑工程中对公共通道口准入的控制。成为现代住宅建筑普遍推崇的甚为有效的公共安全技术防范设施。

1 工艺特点

(1)本工艺符合现行的国家及行业技术标准、施工规范的要求。
(2)能够较好的保证语音/视频信号处理、信号传输和收发等技术性能。
(3)施工机具设备简单,施工简便。

2 适用范围

本工艺标准适用于新建、扩建及改建的公用和民用建筑物内的楼宇对讲系统工程的安装、调试施工。

3 工艺原理

楼宇对讲系统工程包括机房管理设备、信号传输与处理、住户终端设备等工程。系统通过对关键出入口安装的防盗门和对讲装置,以实现访客与住户对讲/可视对讲。住户可遥控开启防盗门,有效地防止非法人员进入住宅区域内,实现住户在住宅内人身财产安全的技术防范。

4 工艺流程

楼宇对讲系统施工工艺流程如图1所示。

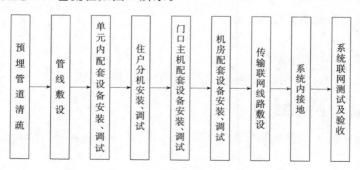

图1　楼宇对讲系统施工工艺流程

5 操作要点

5.1 施工准备

5.1.1 作业条件

(1)随土建结构砌墙时,预埋管和盒、箱。
(2)随土建、室内装修油漆浆活施工完毕,电缆敷设、器件安装完毕。
(3)机房内设备安装的施工,应在具备下列条件后开始。
1)机房内土建装修完毕,架空地板(或抗静电地板)施工完毕。

2)交流 220 V 设备电源供电管、线、箱施工完毕。

3)进入机房的馈线及其管路、线槽已敷设完毕,并引入到机房的机柜的位置下面。

4)机房的空调、照明、检修插座等配属设施施工完毕。

5)机房内预留专用的接地端子,用于机房设备接地。

(4)系统设施工作的环境温度宜符合下列要求:

1)寒冷地区室外工作的设施:-40 ℃~+35 ℃。

2)其他地区室外工作的设施:-10 ℃~+55 ℃。

3)室内工作的设施:-5 ℃~+40 ℃。

5.1.2 技术准备

(1)施工单位必须执有系统工程的施工资质。

(2)设计文件和施工图纸齐全,方案设计符合国家、行业、地方标准及建设单位要求,并通过相关行业管理部门审批。

(3)设计人员对施工人员进行详尽的技术交底。

(4)施工前对施工现场勘察,满足系统工程施工和图纸要求。

5.1.3 材料要求

(1)前端设备。

主要包括对讲主机、发卡器、计算机(内置管理软件)、打印机、不间断电源等。此类设备均为定型产品,根据设计要求选用相应设备。必须附有产品使用说明书、合格证及有关的技术文件和 3C 认证标识。产品安装前,必须依据出厂的图纸或技术文件进行全部通电检查,并记录结果,合格后方可安装。

(2)信号处理设备。

包括解码器、分配器、视频分配器等。应根据设计要求选用标准系列产品并附有产品使用说明书、合格证及相关的技术文件和 3C 认证标识。产品安装前,必须依据出厂的图纸或技术文件进行通电检查,并记录结果。

(3)传输部分。

包括分线箱、电线电缆等。必须符合设计要求的规格型号,有产品合格证及 3C 认证标识。

(4)终端设备。

主要包括户内分机(分可视型和非可视型)、二次确认门铃、门口主机等设备。选用时应根据设计要求的规格型号,并附有产品使用说明书及合格证,且有 3C 认证标识。安装使用前,应经过全部检查(包括外观及性能检查),方可安装。

(5)本系统所用线缆主要为 4 芯和 6 芯屏蔽线及视频同轴电缆,或根据设计要求选配,必须有产品合格证及 3C 认证标识。

(6)不间断电源。

选择应根据设计要求选配,必须有产品合格证及有关的技术文件。

(7)镀锌材料。

螺丝、平垫、金属膨胀螺栓、金属软管。

(8)其他材料。

塑料胀管、接线端子、钻头、焊锡、焊剂、绝缘胶布、塑料胶布、各类插头等。

5.2 施工工艺

5.2.1 管线预埋

相关管路预埋应满足设计及规范要求内容。

5.2.2 线路敷设

(1)布放线缆应排列整齐,不拧绞,尽量减少交叉,交叉处粗线在下,细线在上,不同电压的线缆应分类绑扎。

(2)管内穿入多根线缆时,线缆之间不得相互拧绞,管内不得有接头,接头必须在线盒(箱)处连接。

(3)系统布线时,电源线与信号线必须分开敷设,以免干扰,管路及设备应接地可靠。

(4)线管不便于直接敷设到位时,线管出线终端口与设备接线端子之间,必须采用金属软管连接,不得将线缆直接裸露。

(5)所敷设的线缆两端必须做标记。

5.2.3 对讲设备安装

(1)管理机安装时应牢固,并不影响其他系统的操作与运行。

(2)对讲系统终端设备的安装位置应符合设计要求,固定要安全可靠。

(3)对讲分机应安装在户门墙内侧,二次确认门铃设置于分机背面户外侧墙上,高度均为底边距地面 1.4～1.6 m 处。

对讲分机安装如图 2 所示。

 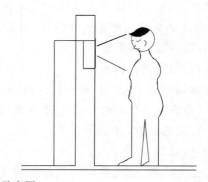

图 2 对讲分机安装示意图

(4)门口主机设置于楼门口或单元门口一侧,一般采用壁嵌式安装,高度为底边距地面 1.5～1.7 m。

门口主机安装如图 3 所示。

(5)电源箱安装应符合设计要求,电源地线及外壳接地线应牢固。

电源箱安装如图 4 所示。

5.2.4 系统接线调试

(1)接线前,将已布放的线缆再次进行对地与线间绝缘测试。

(2)机房设备采用专用导线将各设备进行连接,各支路导线线头压接好,设备及屏蔽线应压接好保护地线。接地电阻值不应大于 4 Ω;采用联合接地时,接地电阻值不应大于1 Ω。

(3)接线时应严格按照设备接线图接线,接完再进行校对,直至确认无误。

(4)分别对各户分机进行地址编码存储于系统主机内,并进行记录。

(5)安装完后,对所有设备进行通电联调,检测各分机同系统主机、分机同门口主机及系统

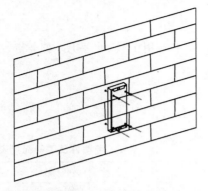

图 3 门口主机安装示意图

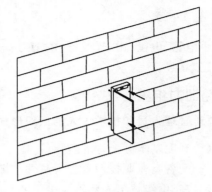

图 4 电源箱安装示意图

主机同门口主机之间的通话和视频效果。同时检查呼入系统主机的分机对应的编号是否与记录相符,如不符则对该号重新编地址码,直至无误。

(6)电控开锁功能测试:应可在分机上正常实施电控开锁功能,电锁开时应无卡涩现象。

(7)对于联网型的小区对讲系统,其管理主机除应进行选呼功能、通话功能、电控开锁功能测试外,还应能接收和传送住户的紧急报警求助信息。

(8)对具有紧急报警求助功能的小区访客对讲系统的测试按以下步骤进行:

1)使管理机处于通话状态下,同时分别触发两台报警键,管理机应能立即发生与呼叫键不同的声光信号,逐条显示报警信息,包括时间、区域。

2)使系统处于守候状态,同时分别触发呼叫键和报警键,报警信号具有优先功能,管理机应发出声光报警并指示发生的部位。

5.2.5 系统验收

(1)验收条件。

1)系统的工程竣工运行后两个月内,应由设计、施工单位向建设单位提出竣工报告,建设单位应向系统管理部门申请验收。系统工程验收应由系统管理部门、设计、施工、建设单位的代表组成验收小组,按本规范规定和竣工图纸进行验收,并应做记录、签署验收证书、立卷和归档。

2)系统的工程验收合格后的一年内,因产品或设计、施工质量问题造成系统工作的异常,设计、施工单位应负责采取措施恢复系统的正常工作。

3)系统的工程验收前,应由施工单位提供调测记录。系统的工程验收测试必需的仪器,应附有计量合格证。

(2)验收内容。

1)系统质量的主观评价。

2)系统质量的客观测试。

3)系统工艺规范和施工质量的检查。

4)系统避雷、安全和接地设施的检查。

5)图纸、资料的移交。

6 机具设备配备

6.1 测量仪器

250 V 兆欧表、500 V 兆欧表,水平尺、钢尺、吊线坠、小型监视器等。

6.2　施工机具

手电钻、电锤、钳子、改锥、电工刀、电烙铁、电焊机、接头专用工具、水平尺、安全带、高梯、中梯、工具袋。

7　劳动力组织

7.1　对管理人员和技术工人的组织形式的要求

(1)制度基本健全,并能执行。

(2)配备有专业技术管理人员并持证上岗。

(3)高、中级技工人数不应少于的70%。

7.2　劳动力及工种配置表

劳动力及工种配置表,见表1。

表 1　劳动力及工种配置表

序号	工种	人数	备注
1	管道工	按工程量确定	技工
2	线路工	按工程量确定	技工
3	安装工	按工程量确定	技工
4	普工	按工程量确定	

8　质量要求及质量控制要点

8.1　质量要求

8.1.1　一般规定

(1)系统检测应由国家或行业授权的检测机构进行检测,并出具检测报告,检测内容、合格判据应执行国家、行业的相关标准。

(2)系统检测应依据工程合同技术文件、施工图设计文件、工程设计变更说明和洽商记录、产品的技术文件进行。

(3)系统检测时应提供相关的检查检验记录。

8.1.2　主控项目

(1)室内机门铃提示、访客通话及通话应清晰,通话保密功能与室内开启单元门的开锁功能应符合设计要求。

(2)门口机呼叫住户和管理员机的功能、CCD红外夜视(可视对讲)功能、电控锁密码开锁功能、在火警等紧急情况下电控锁的自动释放功能应符合设计要求。

(3)管理员机与门口机的通信及联网管理功能,管理员机与门口机、室内机相互呼叫和通信话的功能应符合设计要求。

(4)掉电后,备用电源应能保证系统正常工作8 h以上。

8.1.3　一般项目

访客对讲系统室内机应具有自动定时开机功能,可视访客图像应清晰,管理员机对门口机的图像可进行监视。

8.1.4　资料核查项目

(1)图纸会审、设计变更、洽商记录、竣工图及设计说明。

(2)材料、设备出厂合格证书及进场检(试)验报告。

(3)隐蔽工程验收表。

(4)接地、绝缘电阻测试记录。

(5)系统功能测定及设备调试记录。

(6)系统技术、操作和维护手册。

（7）系统管理、操作人员培训记录。

（8）系统检测报告。

（9）分项、分部工程质量验收报告。

（10）质量记录。

1）设备材料进场检验表。

2）隐蔽工程（随工检查）验收表。

3）工程安装质量及观感质量验收记录。

4）智能建筑工程分项工程质量检测记录表。

5）出入口控制（门禁）系统分项工程质量验收记录表。

6）住宅（小区）智能化分项工程质量验收记录表。

7）系统试运行记录。

8.1.5 观感检查项目

（1）管线的防水、防潮，电缆排列位置，布放、绑扎质量，桥架的架设质量，缆线在桥架内的安装质量，焊接及插接头安装质量及接线盒接线质量等。

（2）接地材料、接地线焊接质量、接地电阻等。

（3）系统的设备（如管理主机、各类门口主机、住户分机以及电源、控制器等），中间器件（如隔离器、放大器、中继器、分配器）等的安装位置及质量和系统传输的图像质量等。

（4）器件箱等的安装质量。

8.2 质量控制措施

8.2.1 材料的控制

对讲系统的设备、材料进场验收要求应执行下列规定：

（1）产品性能应符合相应的国家标准或行业标准的规定，并经国家认定的质检单位测试合格，产品的生产厂必须持有生产许可证。还须按施工材料表对系统进行清点、分类。

（2）产品附有铭牌（或商标），检验合格证和产品使用说明书、各种部件的规格、型号、数量应符合设计要求。产品外观应无变形、破损和明显脱漆现象。

（3）工程施工中严禁使用未经验收合格的器材，关键设备应有强制性产品认证证书等文件。

（4）进口产品，需提供商检证明和中文的质量合格证明文件、设备的中文安装、使用、维修和试验等技术文件。

（5）在同一项目中，选用的主要部件和材料，性能和外观应具有一致性。

（6）有源部件均应通电检查。

（7）设备安装前，应根据使用说明书进行全部检查，合格后方安装。

8.2.2 技术的控制

（1）系统的工程施工应以设计图纸为依据，并应遵守相关的施工规定。

（2）设计文件和施工图纸齐全，并已会审批准。施工人员应熟悉有关图纸并了解工程特点、施工方案、工艺要求、施工质量标准等，并严格执行。

（3）施工所需的设备、器材、辅材、仪器、机具等应能满足连续施工和阶段施工的要求。

（4）新建建筑系统的工程施工，应与土建施工协调进行。预埋线管、支撑件，预留孔洞、沟、槽、基础、楼地面等均应符合设计要求。

（5）敷设管道电缆和直埋电缆的路由状况和预留管道应符合设计和施工要求，各管道（包括横跨道路）应作出路由标志。

（6）施工区域内应能保证施工的安全用电。

8.2.3 质量的控制

（1）系统检测应在工程安装调试完成、经过不少于 1 个月的系统试运行，具备正常投运条件后进行。

（2）系统检测应以系统功能检测为主，结合设备安装质量检查、设备功能和性能检测及相关内容进行。

1）主控项目。

①对讲系统的检测应符合下列要求。

室内机门铃提示、访客通话及与管理员通话应清晰，通话保密功能与室内开启单元门的开锁功能应符合设计要求。

②门口机呼叫住户和管理员机的功能、CCD 红外夜视（可视对讲）功能、电控锁密码开锁功能、在火警等紧急情况下电控锁的自动释放功能应符合设计要求。

③管理员机与门口机的通信及联网管理功能，管理员机与门口机、室内机互相呼叫和通话的功能应符合设计要求。

2）一般项目。

访客对讲系统室内机应具有自动定时关机功能，可视访客图像应清晰；管理员机对门口机的图像可进行监视。

8.2.4 成品保护

（1）安装门口主机、户内分机、二次确认门铃、解码器箱时，应注意保持墙面整洁。

（2）其他工种作业时，应注意不得碰撞及损伤对讲系统终端设备。

（3）机房内应采取防尘、防潮、防污染及防水措施。为了防止损坏设备和丢失零部件，应及时关好门窗，门上锁并派专人负责。

8.3 质量通病防治

（1）设备之间、干线与端子之间连接不牢固，应及时检查，将松动处紧牢固。

（2）使用屏蔽线或视频电缆时，外铜网与芯线相碰，按要求外铜网应与芯线分开，压接应特别注意。

（3）用焊油焊接时，非焊接处被污染。焊接后应及时用棉丝（布条）擦去焊油。

（4）由于屏蔽线或设备未接地，会造成干扰。应按要求将屏蔽线和设备的地线压接好。

（5）对讲分机接线不牢固、成像不清晰，造成无信号（声音、图像、报警信号）或信号质量不合要求，应及时进行复查调试，并更换不适合的设备。

（6）修补浆活时，门口主机被污染，或安装孔开得过大。应将污物擦净，并将缝隙修补好，再安装门口主机。

9 安全、环保及职业健康措施

9.1 安全环保措施

（1）施工中应遵守有关环境保护和安全生产的法律、法规的规定。

（2）应在施工现场采取维护安全、防范危险、预防火灾等措施；有条件的，应对施工现场实行封闭管理。

（3）施工现场对毗邻的建筑物、构筑物和特殊作业环境可能造成损害的，施工企业应采取安全防护措施。

（4）现场施工临时用电必须按照施工方案布置完成并根据《施工现场临时用电安全技术规范》检查合格后才可以投入使用。

9.2 环境保护

遵守当地有关环卫、市容管理的有关规定。

做到及时清除施工现场的施工杂质和边脚余料。

采取控制和处理施工现场的各种粉尘、噪声、振动对环境的污染和危害。

9.3 职业健康安全关键要求

（1）"安全三宝"（安全帽、安全带、安全网）必须配备齐全。工人进入工地必须佩戴经安检合格的安全帽。

（2）工人高空作业之前须例行体检，防止高血压病人或有恐高症者进行高空作业，高空作业时必须佩带安全带。

（3）工人作业前，须检查临时脚手架的稳定性、可靠性。

（4）电工和机械操作工必须经过安全培训，并持证上岗。

10 工程实例

成都交大智能小区二期楼宇对讲系统工程，是成都市公安局技防办在成都地区住宅小区推广安全技术防范工程的试点工程。

建筑通风与空调施工

镀锌铁皮风管制安工程施工工艺

风管广泛运用于工业与民用建筑工程中。风管施工包括风管的制作与安装。本施工工艺标准适用于通风与空调工程中,普通类的通风与空调工程采用镀锌钢板材料的通风管道的制作与安装工艺。

1 工艺特点

(1)镀锌铁皮风管是无味、无粉层的通风管道,符合健康的要求。

(2)生产的成本低廉,制作工艺简单。

(3)施工机具设备简单,施工简便。

(4)具有较好的耐久、防潮和耐火等性能。

2 施工准备

2.1 技术准备

(1)对建筑、结构和电气、暖卫及管路走向、坐标、标高与通风管道之间跨越交叉等出现的问题已有解决方案。

(2)编制了施工方案,并且施工条件已经按方案准备就绪。

(3)绘制轴测系统图,应体现整个系统水平和垂直的风管走向和设备、部件连接顺序及相对位置、方向等。

(4)绘制详细的加工草图,对形状较复杂的弯头、三通、四通等配件应有具体的下料尺寸。

2.2 材料要求

(1)所使用的板材、型材等主要材料应符合现行国家有关产品标准的规定,并有产品合格证明书或质量鉴定文件。

(2)镀锌钢板的厚度按设计和规范的规定,镀锌薄钢板要求表面洁净,有镀锌层结晶花纹。

(3)螺栓、螺母、垫圈、膨胀螺栓、铆钉、拉铆钉、石棉绳、橡胶板、密封胶条、电焊焊条等应符合产品质量要求,不得存在影响安装质量的缺陷。

2.3 材料准备

材料已经进场,且规格配件齐全,满足施工条件。

2.4 主要机具

(1)风管制作机具:剪板机、振动剪板机、电剪、手动折方机、三辊卷圆机、联合冲剪机、法兰卷圆机、厢式联合单平咬口机、手剪、圆弯头咬口机、压筋合缝两用机、插条成型机、电动拉铆枪、电焊机、电动角向磨光机、台钻、砂轮切割机、手电钻、冲孔机、空压机及油漆喷枪等。

(2)风管安装机具:扳手(活动扳手、双头扳手、套筒扳手、梅花扳手),改锥(一字改锥、十字改锥),手电钻,冲击电钻,台钻,射钉枪,磨光机,交、直流电焊机(移动式),倒链(包括加长链倒链),木、锤,拍板,麻绳等。

(3)测量检验工具:游标卡尺、钢直尺、钢卷尺、游标万能角度尺、内卡钳、漏风量测试装置等。

2.5　作业条件

(1)风管制作,应有独立的工作场地,场地应平整、清洁,加工平台应找平。

(2)作业地点应有安放施工机具和材料堆放场地,设施和电源应有可靠的安全防护装置。

(3)加工场地应预留现场材料、成品及半成品的运输通道,加工场地的选择不得阻碍消防通道。

(4)通风管道的安装,宜在安装部位的障碍物已清理,地面无杂物的条件下进行。

3　人员计划

劳动力配置由专业工长或技术员根据分项工程工期和现场条件实施动态管理,以不影响单位工程总体进度为原则,按时完成系统安装为目标。结合劳动定额确定单位劳动力配置比例及总人数。

4　镀锌铁皮风管制作及配件安装

4.1　工艺流程

4.1.1　制作工艺流程

镀锌铁皮风管制作工艺流程如图1所示。

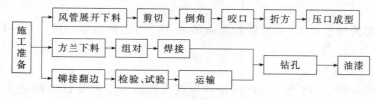

图1　镀锌铁皮风管制作工艺流程图

4.1.2　安装工艺流程

镀锌铁皮风管安装工艺流程如图2所示。

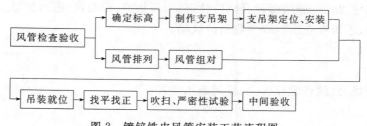

图2　镀锌铁皮风管安装工艺流程图

4.2　操作工艺

4.2.1　风管制作

(1)根据风管加工图对风管的尺寸进行核对。

(2)依照风管施工图(或放样图)把风管的表面形状按实际的大小铺在板料上,然后进行形状剪切。

(3)板材的拼接和圆形风管的闭合咬口可采用单咬口；矩形风管或配件的四角组合可采用转角咬口、联合角咬口、按扣式咬角；圆形弯管的组合可采用立咬。

(4)风管的加固一般可采用楞筋、立筋、角钢、扁钢、加固筋和管内支撑等形式。

(5)矩形风管弯管制作，一般应采用曲率半径为一个平面边长的内外同心弧形弯管。当采用其他形式的弯管，平面边长大于 500 mm 时，必须设置弯管导流片。

(6)矩形风管法兰由 4 根角钢或扁钢组焊而成，划线下料时应注意使焊成后的法兰内径不能小于风管外径。用切割机切断角钢或扁钢，下料调直后用台钻加工。中、低压系统的风管法兰的铆钉孔及螺栓孔孔距不应大于 150 mm；高压系统风管的法兰的铆钉孔及螺栓孔孔距不应大于 100 mm。净化空调系统，当洁净度的等级为 1～5 级时，不应大于 65 mm；为 6～9 级时，铆钉的孔距不应大于 100 mm。矩形法兰的四角部位必须设有螺孔。钻孔后的型钢放在焊接平台上进行焊接，焊接时用模具卡紧。

(7)风管与法兰连接：风管与法兰铆接前先进行质量复核。将法兰套在风管上，管端留出 6～9 mm 左右的翻边量，管中心线与法兰平面应垂直，然后将风管与法兰铆固，并留出四周翻边。风管法兰内侧的铆钉处应涂密封胶，涂胶前应清除铆钉处表面油污。

风管翻边应平整并紧贴法兰，应剪去风管咬口部位多余的咬口层，并保留一层余量；翻边四角不得撕裂，翻拐角边时，应拍打为圆弧形；涂胶时，应适量、均匀，不得有堆积现象。

(8)风管制作完成后，进行强度和严密性试验，对其工艺性能进行检测或验证。

1)风管的强度应能满足在 1.5 倍工作压力下接缝处无开裂。

2)用漏光法检测系统风管严密程度；采用一定强度的安全光源沿着被检测接口部位与接缝作缓慢移动，在另一侧进行观察，做好记录，对发现的条缝形漏光应作密封处理；当采用漏光法检测系统的严密性时，低压系统风管以每 10 m 接缝，漏光点不大于 2 处，且 100 m 接缝平均不大于 16 处为合格；中压系统风管每 10 m 接缝，漏光点不大于 1 处，且 100 m 接缝平均不大于 8 处为合格。

3)系统漏风量测试可以整体或分段进行。测试时，被测系统的所有开口均应封闭，不应漏风。当漏风量超过设计和验收规范要求时，可用听、摸、观察、水或烟检漏，查出漏风部位，做好标记；修补完后，重新测试，直至合格。

4.2.2　支、吊架制作

(1)按照设计图纸，根据土建基准线确定风管标高；并按照风管系统所在的空间位置，确定风管支、吊架形式，设置支、吊点。支、吊架制作按照国标图集 T616 选用强度和刚度相适应的形式和规格。对于直径或边长大于 2 500 mm 的超宽、超重等特殊风管的支、吊架应按设计规定。

(2)对于水平风管，直径或长边≤400 mm 时，支、吊架间距不大于 4 m；直径或长边＞400 mm 时，不大于 3 m。螺旋风管的支、吊架可分别延长至 5 m 和 3.75 m。当水平悬吊的风管长度超过 20 m 时，应设置防止摆动的固定点，每个系统不应少于 1 个。风管垂直安装时，支、吊架间距不大于 4 m；单根直管至少应有 2 个固定点。

(3)支、吊架不得设置在风口、阀门、检查门及自控机构处，离风口或插接管的距离不宜小于 200mm。

(4)保温风管的支、吊架装置宜放在保温层外，保温风管不得与支、吊托架直接接触，应垫上坚固的隔热防腐材料，其保温厚度与保温层相同，防止产生"冷桥"。

4.2.3　风管安装

(1)安装顺序为先干管后支管;安装方法应根据施工现场的实际情况确定,可以在地面上连成一定的长度然后采用整体吊装的方法就位;也可以把风管一节一节地放在支架上逐节连接。

(2)风管穿越需要封闭的防火、防爆的墙体或楼板时,应设预埋管或防护套管,其钢板厚度不应小于1.6 mm。风管与防护套管之间,应用不燃且对人体无危害的柔性材料封堵。

(3)法兰密封垫料。选用不透气、不产尘、弹性好的材料,法兰垫料应尽量减少接头,接头形式采用阶梯形或企口形,接头处应涂密封胶。

(4)法兰连接时,首先按要求垫好垫料,然后把两个法兰先对正,穿上几颗螺栓并戴上螺母,不要上紧。再用尖冲塞进未上螺栓的螺孔中,把两个螺孔撬正,直到所有螺栓都穿上后,拧紧螺栓。紧螺栓时应按十字交叉逐步均匀的拧紧。风管连接好后,以两端法兰为准,拉线检查风管连接是否平直。

5　施工过程质量控制

5.1　质量标准

5.1.1　一般规定

(1)对风管制作质量的验收,应按其材料、系统类别和使用场所的不同分别进行,主要包括风管的材质、规格、强度、严密性与成品外观质量等项内容。

(2)风管制作质量的验收,按设计图纸与本标准的规定执行。工程中所选用的外购风管,还必须提供相应的产品合格证明文件或进行强度和严密性的验证,符合要求的方可使用。

(3)风管规格的验收,以风管外径或外边长为准。

(4)风管系统按其系统的工作压力 P 划分为 3 个类别。$P \leqslant 500$ 为低压,$500 < P \leqslant 1\,500$ 为中压,$P > 1\,500$ 为高压。

(5)镀锌钢板及各类含有复合保护层的钢板,应采用咬口连接或铆接,不得采用影响其保护层防腐性能的焊接连接方法。

(6)风管系统安装后,必须进行严密性检验,合格后方能交付下道工序。风管严密性检验以主、干管为主。在加工工艺得到保证的前提下,低压风管系统可采用漏光法检测。

(7)风管系统吊、支架采用膨胀螺栓等胀锚方法固定时,必须符合其相应技术文件的规定。

(8)风管及部件穿墙、过楼板或屋面时,应设预留孔洞,尺寸和位置应符合设计要求。

(9)风管和空气处理室内,不得敷设电线、电缆以及输送有毒、易燃、易爆气体或液体的管道。

(10)风管与配件可拆卸的接口及调节机构,不得装设在墙或楼板内。

(11)风管及部件安装前,应清理内外杂物及污物,并保持清洁。

(12)现场风管接口的配置,不得缩小其有效截面。

5.1.2　主控项目

(1)金属风管的材料品种、规格、性能与厚度等应符合设计和现行国家产品标准的规定。

(2)防火风管的本体、框架与固定材料、密封垫料必须为不燃材料,其耐火等级应符合设计的规定。

(3)风管必须通过工艺性的检测或验证,其强度和严密性要求应符合设计或下列规定。

1)风管的强度应能满足在 1.5 倍工作压力下接缝处无开裂。

2)矩形风管的允许漏风量应符合规定。

3)低压、中压圆形金属风管允许漏风量,应为矩形风管规定值的 50％。

4)排烟、除尘、低温送风系统按中压系统风管的规定,1～5 级净化空调系统按高压系统风管的规定。

(4)金属风管的连接应符合下列规定。

1)风管板材拼接的咬口缝应错开,不得有十字形拼接缝。

2)金属风管法兰材料规格不应小于规范的规定。中、低压风管的螺栓及铆钉孔的孔距不得大于 150 mm;高压系统风管不得大于 100 mm。矩形风管法兰的四角部位应设有螺孔。当采用加固方法提高了风管法兰部位的强度时,其法兰材料规格相应的使用条件可适当放宽。

(5)砖、混凝土风道的变形缝,应符合设计要求,不应渗水和漏风。

(6)金属矩形风管边长大于 630 mm、保温风管边长大于 800 mm、管段长度大于 1 250 mm 或低压风管单边平面积大于 1.2 m²,中、高压风管大于 1.0 m²,应采取加固措施。

(7)矩形风管弯管制作,一般应采用曲率半径为一个平面边长的内外同心弧形弯管。当采用其他形式的弯管,平面边长大于 500 mm 时,必须设置弯管导流片。

(8)在风管穿越需要封闭的防火、防爆的墙体或楼板时,应设预埋管或防护套管,其钢板厚度不应小于 1.6 mm。风管与防护套管之间,应用不燃且对人体无危害的柔性材料封堵。

(9)风管内严禁其他管线穿越;输送含有易燃、易爆气体或安装在易燃、易爆环境的风管系统应有良好的接地,通过生活区或其他辅助生产房间时必须严密,并不得设置接口。

(10)风管部件安装必须符合下列规定。

1)各类风管部件及操作机构的安装,应能保证其正常的使用功能,并便于操作。

2)斜插板风阀的安装,阀板必须为向上拉启;水平安装时,阀板还应为顺气流方向插入。

3)止回风阀、自动排气阀门的安装方向应正确。

(11)防火阀、排烟阀(口)的安装方向、位置应正确。防火分区隔墙两侧的防火阀,距墙表面不应大于 200 mm。

(12)风管系统安装完毕后,应按系统类别进行严密性检验。漏风量应符合设计规范要求,风管系统的严密性检验,应符合下列规定。

1)低压系统风管的严密性检验应采用抽检,抽检率为 5％,且不得少于 1 个系统。在加工工艺得到保证的前提下,采用漏光法检测。检测不合格时,应按规定的抽检率做漏风量测试。

2)中压系统风管的严密性检验,应在漏光法检测合格后,对系统漏风量测试进行抽检,抽检率为 20％,且不得少于 1 个系统。

3)高压系统风管严密性检验,为全数进行漏风量测试。

(13)手动密闭阀安装,阀门上标志的箭头方向必须与受冲击波方向一致。

5.1.3 一般项目

(1)金属风管的制作应符合下列规定。

1)风管与配件的咬口缝应紧密、宽度应一致;折角应平直,圆弧应均匀;两端面平行。风管无明显扭曲与翘角;表面应平整,凹凸不大于 10 mm。

2)风管外径或外边长的允许偏差:当小于或等于 300 mm 时,为 2 mm;当大于 300 mm 时,为 3 mm。管口平面度的允许偏差为 2mm,矩形风管两条对角线长度之差不应大于 3 mm;圆形法兰任意正交两直径之差不应大于 2 mm。

3)风管法兰的焊缝应熔合良好、饱满,无假焊和孔洞;法兰平面度的允许偏差为 2mm,同一批量加工的相同规格法兰的螺孔排列应一致,并具有互换性。

4)风管与法兰铆接应牢固、不应有脱铆和漏铆现象;翻边应平整、紧贴法兰,其宽度应一致,且不应小于 6 mm;咬缝与四角处不应有开裂与孔洞。

5)风管与法兰采用焊接连接时,风管端面不得高于法兰接口平面。除尘系统的风管,宜采用内侧满焊、外侧间断焊形式,风管端面距法兰接口平面不应小于 5 mm。当风管法兰采用点焊固定连接时,焊点应融合良好,间距不应大于 100 mm;法兰与风管应紧贴,不应有穿透的缝隙和孔洞。

6)风管的加固应符合下列规定。

楞筋和楞线的加固,排列应规则,间隔应均匀,板面不应有明显的变形。

角钢、加固筋的加固,应排列整齐、均匀对称,其高度应小于或等于风管的法兰宽度。角钢、加固筋与风管的铆接应牢固、间距应均匀,不应大于 220 mm;两相交处应连接为一体。

管内支撑与风管的固定应牢固,各支撑点之间或与风管的边沿或法兰的间距应均匀,不应大于 950 mm。

(2)风管安装应符合下列规定。

1)风管安装前,应清除内、外杂物,并做好清洁和保护工作。

2)风管安装的位置、标高、走向,应符合设计要求;风管接口的配置,不得缩小其有效截面。

3)连接法兰的螺栓应均匀拧紧,其螺母宜在同一侧。

4)风管接口的连接应严密、牢固;风管法兰的垫片材质应符合系统功能的要求,厚度不应小于 3 mm;垫片不应凸入管内,亦不宜突出法兰外。

5)柔性短管的安装,应松紧适度,无明显扭曲。

6)可伸缩性金属或非金属软风管的长度不宜超过 2 m,并不应有死弯或塌凹。

7)风管与砖、混凝土风管的连接接口,应顺着气流方向插入,并应采取密封措施。风管穿出屋面处应设有防雨装置。

8)风管的连接应平直、不扭曲。明装风管水平安装,水平度的允许偏差为 3/1 000,总偏差不应大于 20 mm。明装风管垂直安装,垂直度的允许偏差为 2/1 000,总偏差不应大于 20 mm。暗装风管的位置,应正确、无明显偏差。除尘系统的风管,宜垂直或倾斜敷设,与水平夹角宜大于或等于 45°,小坡度和水平管应尽量短。对含有凝结水或其他液体的风管,坡度应符合设计要求,并在最低处设排液装置。

9)风管支、吊架宜按国标图集与规范选用强度和刚度相适应的形式和规格。对于直径或边长大于 2 500 mm 的超宽、超重等特殊风管的支、吊架应按设计规定。

10)吊架的螺孔应采用机械加工。吊杆应平直,螺纹完整光洁。安装后各副支、吊架的受力应均匀,无明显变形。风管或空调设备使用的可调隔振支、吊架的拉伸或压缩量周按设计的要求进行调整。

11)抱箍支架,折角应平直,抱箍应紧贴并箍紧风管。安吊在支架上的圆形风管应设托座和抱箍,其圆弧应均匀,且与风管外径相一致。

12)风口与风管的连接应严密、牢固,与装饰面相紧贴;表面平整、不变形,调节灵活、可靠。

条形风口的安装,接缝处应衔接自然,无明显缝隙。同一厅室、房间内的相同风口的安装高度应一致,排列应整齐。

5.2　成品保护

(1)成品、半成品加工成型后,按照系统、规格和编号存放在宽敞、避雨、避雪的仓库或棚中,码放在干燥隔潮的木头垫上,避免相互碰撞造成表面损伤,要保持所有产品表面的光滑、洁净。

(2)运输装卸时,应轻拿轻放。风管较多或高出车身的部分要绑扎牢固,避免来回碰撞,损伤风管。

(3)安装完的风管要保证表面光滑清洁,保温风管外表面整洁无杂物。室外风管应有防雨、雪措施。特别要防止二次污染现象,必要时应采取保护措施。

(4)暂时停止施工的风管系统,应将风管敞口封闭,防止杂物进入。

(5)严禁把已安装完的风管作为支吊架或当作跳板,不允许将其他支、吊架焊或挂在风管法兰和风管支、吊架上。

5.3　质量记录

(1)风管系统安装检验批质量验收记录。

(2)风与空调分项工程的质量验收记录。

(3)通风与空调子分部工程的质量验收记录。

(4)隐蔽工程记录。

(5)施工日记。

6　安全、环保及职业健康措施

(1)现场用电应符合《施工现场临时用电安全技术规范》(JGJ 46—2005)的有关要求。

(2)机械操作人员应身体健康,并经专业培训合格,持证上岗。

(3)镀锌钢板、不锈钢及铝板等材料的卸车,应佩戴手套,防止划伤手指。

(4)风管及部件在吊装前,应确认吊锚点的强度和绳索的绑扎是否符合吊装要求,确认无误后应先进行试吊,然后正式起吊。

(5)作业场地的选择不应阻碍现场的运输道路及消防通道,并配备相应数量的灭火器材。

(6)施工时需要照明亮度大和产生噪声大的工作尽量安排在白天进行,减少夜间噪声污染。

(7)支、吊架涂漆时要采取保护措施不得对周围的墙面、地面、工艺设备造成污染。

(8)使用剪板机时,手严禁伸入机械压板空隙中。上刀架不准放置工具等物品,调整板料时,脚不能放在踏板上。使用固定振动剪两手要扶稳钢板,手离刀口不得小于 5cm,用力均匀适当。

(9)电动机具应布置安装在室内或搭设的工棚内,防止雨雪的侵袭,使用剪板机床时,应检查机件是否灵活可靠,严禁用手摸刀片及压脚底面。如两人配合下料时更要互相协调;在取得一致的情况下,才能按下开关。

(10)风管搬运,需根据管段的体积、重量,组织适当的劳动力。加工现场条件允许也可以用平板车运输。多人搬运风管用力要一致,轻拿轻放,堆放整齐。

(11)使用四氯化碳等有毒溶剂对铝板除油时,应注意在露天进行;若在室内,应开启门窗或采用机械通风。

(12)高空作业必须系好安全带,上下传递物品不得抛投,小件工具要放在随身戴的工具包内,不得任意放置,防止坠落伤人或丢失。

(13)吊装风管时,严禁人员站在被吊装风管下方。

空调水系统管道工程施工工艺

本施工工艺标准适用于一般民用与工业建筑中空调工程水系统安装，包括冷(热)水、冷却水、凝结水系统的管道及附件施工。

1 工艺特点

1.1 工艺特点

空调水管道是输送空调冷却、冷冻循环水的管道，主干管一般采用无缝钢管、镀锌钢管，支管、末端管道采用镀锌钢管、PP-R 管等材料，对于接头、管道坡度、保温等要求极高。

1.2 工艺要求

1.2.1 材料要求

(1)工程中所选用的对焊管件的外径和壁厚应与被连接管道的外径和壁厚相一致。

(2)丝接或粘接管道的管材与管件应匹配，丝接管件无偏丝、断丝等缺陷。

(3)设备安装所采用的减振器或减振垫的规格、材质和单位面积的承载力应符合设计和设备安装要求。

(4)支吊架固定所采用的膨胀螺栓、射钉等，应选用符合要求的产品。

1.2.2 技术要求

(1)管道安装前，应配合做好预留预埋工作，确保其位置、标高准确无误。

(2)制定管道施工方案，明确管道的连接方法和质量要求，及时做好对施工班组的安全和技术交底工作，并形成文字记录。

(3)会同有关单位对设备基础进行检验，办理中间交接手续。

1.2.3 质量要求

(1)管道支吊架的形式、位置、间距、标高应符合设计及规范要求，其中固定支架的设置应位置正确、牢固可靠。

(2)有保冷要求的管道在支架与管道之间应垫以防腐木瓦托，防止管道使用时产生"冷桥"现象。

(3)冷凝水管道的安装，其坡度应符合设计要求，安装完后应做通水试验。

2 施工准备

2.1 技术准备

(1)熟悉有关施工图纸、规范、规程、标准图集及其他技术资料，以便全面掌握工程概况、特点和技术要求。

(2)必须会同相关单位进行图纸会审。

(3)应由专业技术人员或工长向施工人员进行技术交底。

2.2 材料准备

材料已经进场，且规格配件齐全，满足施工条件。

2.3　主要机具

（1）施工机具：套丝机、试压泵、台钻、冲击电钻、砂轮切割机、砂轮机、坡口机、钢管专用滚槽机、钢管专用开孔机、交流电焊机、PP-R 等复合管专用焊机、倒链、管钳等。

（2）测量工具：钢直尺、钢卷尺、角尺、压力表、焊缝检验尺、水平尺、线坠等。

2.4　作业条件

（1）与空调水系统管道和设备安装有关的土建工程已施工完毕并经检验合格。

（2）设备配管时，该设备应安装结束并经检验、检查合格，达到配管施工要求。

（3）管子、阀门、管道附件等经检验合格且已完成除锈、清洗等工作。

（4）施工方案或技术措施中规定的施工机具已准备就绪。

3　人员计划

劳动力配置由专业工长或技术员根据分项工程工期和现场条件实施动态管理，以不影响单位工程总体进度为原则，按时完成系统安装为目标。结合劳动定额确定单位劳动力配置比例及总人数。

4　空调水管道及配件安装

4.1　工艺流程

空调水系统管道工程施工工艺流程见图 1。

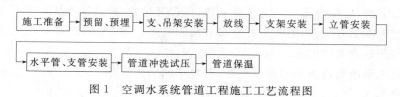

图 1　空调水系统管道工程施工工艺流程图

4.2　操作工艺

4.2.1　套管制作安装

（1）套管管径应比穿墙板的干管、立管管径大 1～2 号。保温管道的套管应留出保温层间隙。

（2）套管的长度：过墙套管的长度＝墙厚＋墙两面抹灰厚度；过楼板套管的长度＝楼板厚度＋板底抹灰厚度＋地面抹灰厚度＋20 mm（卫生间 30 mm）。

（3）镀锌铁皮套管适用于过墙支管，要求卷制规整，咬口接缝，套管两端平齐，打掉毛刺，管内外要防腐。

（4）套管安装：位于混凝土墙、板内的套管应在钢筋绑扎时放入，可点焊或绑扎在钢筋上。套管内应填以松散材料，防止混凝土浇筑时堵塞套管。对有防水要求的套管应增加止水环，具体做法参照图集 S312 。穿砖砌体的套管应配合土建及时放入。套管应安装牢固、位置正确、无歪斜。

（5）穿楼板的套管与管子之间的空隙应用油麻和防水油膏填实封闭，穿墙套管与管子之间的空隙可用石棉绳填实。

4.2.2 管道预制

(1)下料:要用与测绘相同的钢盘尺量尺,并注意减去管段中管件所占的长度,注意加上拧进管件内螺纹尺寸,让出切断刀口值。

(2)套丝:用机械套扣之前,先用所属管件试扣。

(3)调直:调直前,先将有关的管件上好,再进行调直。

(4)编号、捆扎:将预制件逐一与加工草图进行核对、编号,并妥善保管。

4.2.3 管道安装

(1)干管安装。

1)干管若为吊卡固定时,在安装管子前,必须先把顶棚内吊卡按坡向顺序依次固定在支撑点上,安装管路时先把管子穿在吊卡上,把管子抬起将吊卡长度按坡度调整好,再上紧螺栓螺母,将管安装好。

2)托架上安管时,把管先架在托架上,上管前先把第一节管带上 U 形卡,然后安装第二节管,各节管段照此进行。

3)管道安装应从进户处或分支点开始,安装前要检查管内有无杂物。在丝头处抹上铅油缠好麻丝,一人在末端找平管子,一人在接口处把第一节管相对固定,对准丝口,依丝扣自然锥度,慢慢转动入口,到用手转不动时,再用管钳咬住管件,用另一管钳子上管,松紧度适宜,外露2~3 扣为好,最后清除麻头。

4)焊接连接管道的安装程序与丝接管道相同,从第一节管开始,把管扶正找平,使甩口方向一致,对准管口,调直后即可点焊,然后正式施焊。

5)遇有方形补偿器,应在安装前按规定做好预拉伸,用钢管支撑,点焊固定,按位置把补偿器摆好,中心加支吊托架,按管道坡向用水平尺逐点找好坡度,再把两边接口对正、找直、点焊、焊死。待管道调整完,固定卡焊牢后,方可把补偿器的支撑管拆掉。

6)按设计图纸或标准图中的规定位置、标高安装阀门、集气罐等。

7)管道安装完,首先检查坐标、标高、坡度,变径、三通的位置等是否正确。用水平尺核对、复核调整坡度,合格后将管道固定牢固。

8)要装好楼板上钢套管,摆正后使套管上端高出地面面层 20 mm(卫生间 30 mm),下端与顶棚抹灰相平。水平穿墙套管与墙的抹灰面相平。

(2)立管安装。

1)首先检查和复核各层预留孔洞、套管是否在同一垂直线上。

2)安装前,按编号从第一节管开始安装,由上向下,一般两人操作为宜,先进行预安装,确认支管三通的标高、位置无误后,卸下管道抹油缠麻,将立管对准接口的丝扣扶正角度慢慢转动入扣,直至手拧不动为止,用管钳咬住管件,用另一把管钳上管,松紧适宜,外露 2~3 扣为宜。

3)检查立管的每个预留口的标高、角度是否准确、平正。确认后将管子放入立管管卡内紧固,然后填塞套管缝隙或预留孔洞。预留管口暂不施工时,应做好保护措施。

(3)支管安装。

1)核对各设备的安装位置及立管预留口的标高、位置是否准确,做好记录。

2)风机盘管、诱导器应采用柔性连接,柔性短管自带活套连接时,可不采用活接头,否则应增加活接头。安装活接头时,子口一头安装在来水方向,母口一头安装在去水方向。

3)丝头抹油缠麻,用手托平管子,随丝扣自然锥度入扣手拧不动时,用管钳子将管子拧到松紧适度,丝扣外露2～3扣为宜。然后对准活接头,把麻垫抹上铅油套在活接口上,对正子母口,带上锁母,用管钳拧到松紧适度,清净麻头。

4)用钢尺、水平尺、线坠校核支管的坡度和距墙尺寸,复查立管及设备有无移动。合格后固定管道和堵抹墙洞缝隙。

（4）管道卡箍连接。

1)镀锌钢管预制:用滚槽机滚槽,在需要开孔的部位用开孔机开孔。

2)安装密封圈:把密封圈套入管道口一端,然后将另一管道口与该管口对齐,把密封圈移到两管道口密封面处,密封圈两侧不应伸入两管道的凹槽。

3)安装接头:把接头两处螺栓松开,分成两块,先后在密封圈上套上两块外壳,插入螺栓,对称上紧螺帽,确保外壳两端进入凹槽直至上紧。

4.2.5 阀门安装

（1）安装前,应核对型号与规格是否符合设计要求,检查阀杆和阀盘是否灵活,有无卡住和歪斜现象。并按有关规定对阀门进行强度试验和严密性试验,不合格者不得进行安装。

（2）水平管道上的阀门,阀杆宜垂直向上或向左右偏45°,也可水平安装,但不宜向下。

（3）搬运阀门时,不允许随手抛掷;吊装时,绳索应拴在阀体与阀盖的法兰连接处,不得拴在手轮或阀杆上。

（4）阀门安装时应保持关闭状态,并注意阀门的特性及介质流动方向。

（5）阀门与管道连接时,不得强行拧紧其法兰上的连接螺栓;对螺纹连接的阀门,其螺纹应完整无缺,拧紧时宜用扳手卡住阀门一端的六角体。

（6）安装螺纹连接阀门时,一般应在阀门的出口端加设一个活接头。

（7）对带操作机构和传动装置的阀门,应在阀门安装好后,再安装操作机构和传动装置且在安装前先对它们进行清洗,安装完后还应进行调整,使其动作灵活、指示准确。

4.2.6 水压试验

（1）连接安装水压试验管路。

根据水源的位置和管路系统情况,制定出试压方案和技术措施。根据试压方案连接试压管路。

（2）灌水前的检查。

1)检查试压系统中的管道、设备、阀件、固定支架等是否按照施工图纸和设计变更内容全部施工完毕,并符合有关规范要求。

2)对于不能参与试验的系统、设备、仪表及管道附件是否已采取安全可靠的隔离措施。

3)试压用的压力表是否已经校验,其精度等级不得低于1.5级,且符合试验要求。

（3）水压试验。

1)打开水压试验管路中的阀门,开始向系统注水。

2)开启系统上各高处的排气阀,使管道内的空气排尽。待灌满水后,关闭排气阀和进水阀。

3)打开连接加压泵的阀门,用试压泵通过管路向系统加压,同时拧开压力表上的旋塞阀,观察压力表升高情况,一般分2～3次升至试验压力。在此过程中,每加压至一定数值时,应停下来对管道进行全面检查,无异常现象方可再继续加压。

4)系统试压达到合格验收标准后,放掉管道内的全部存水,填写试验记录。

4.2.7　系统冲洗

（1）冲洗前应将系统内的仪表加以保护，并将孔板、喷嘴、滤网、节流阀及止回阀的阀芯等拆除，妥善保管，待冲洗合格后复位。对不允许冲洗的设备及管道应进行隔离。

（2）水冲洗的排放管应接入可靠的排水井或沟中，并保证排水畅通和安全，排放管的截面积不应小于被冲洗管道截面积的 60%。

（3）水冲洗应以管内可能达到的最大流量或不小于 1.5 m/s 的流速进行。

（4）水冲洗以出口水色和透明度与入口处目测一致为合格。

（5）蒸汽系统的宜采用蒸汽吹扫，也可以采用压缩空气进行。采用蒸汽吹扫时，应先进行暖管，恒温 1 h 后方可进行吹扫，然后自然降温至环境温度，再升温暖管，恒温进行吹扫，如此反复一般不少于 3 次。

（6）一般蒸汽管道，可用刨光木板置于排汽口处检查，板上应无铁锈、脏物为合格。

5　施工过程质量控制

5.1　质量标准

5.1.1　一般规定

（1）镀锌钢管应采用螺纹连接。当管径大于 DN100 时，可采用卡箍式、法兰或焊接连接，但应对焊缝及热影响区的表面进行防腐处理。

（2）从事金属管道焊接的焊工应持有相应类别焊接的焊工合格证书。

（3）空调用蒸汽管道的安装，应按现行国家标准《建筑给水、排水及采暖工程施工质量验收规范》（GB 50242—2002）的规定执行。

5.1.2　主控项目

（1）空调工程水系统的设备与附属设备、管道、管配件及阀门的型号、规格、材质及连接形式应符合设计规定。

（2）管道安装应符合下列规定。

1）隐蔽管道在隐蔽前必须经监理人员（或建设单位项目专业技术人员）验收。

2）镀锌钢管不得采用热煨弯。

3）管道与设备的连接，应在设备安装完毕后进行，与水泵、制冷机组的接管必须为柔性接口。柔性短管不得强行对口连接，与其连接的管道应设置独立的支架。

4）冷热水及冷却水系统应在系统冲洗、排污合格（目测：以排出口的水色和透明度与入水口对比相近，无可见杂物），再循环试运行 2 h 以上，且水质正常后才能与制冷机组、空调设备相贯通。

5）固定在建筑结构上的管道支、吊架，不得影响结构的安全。管道穿越墙体或楼板处应设钢制套管，管道接头不得置于套管内，钢制套管应与墙体饰面或楼板底部平齐，上部应高出楼层地面 20 mm，并不得将套管作为管道支撑。

保温管道与套管四周间隙应使用不燃绝热材料堵塞紧密。

（3）管道系统安装完毕，外观检查合格后，应按设计要求进行水压试验。当设计无规定时，应符合下列规定。

1）冷热水、冷却水系统的试验压力，当工作压力小于等于 1.0 MPa 时，为 1.5 倍工作压力，但最低不小于 0.6 MPa；当工作压力大于 1.0 MPa 时，为工作压力加 0.5 MPa。

2）对于大型或高层建筑垂直位差较大的冷（热）媒水、冷却水管道系统宜采用分区、分层试压和系统试压相结合的方法。一般建筑可采用系统试压方法。

分区、分层试压:对相对独立的局部区域的管道进行试压。在试验压力下,稳压 10 min,压力不得下降,再将系统压力降至工作压力,在 60 min 内压力不得下降、外观检查无渗漏为合格。

系统试压:在各分区管道与系统主、干管全部连通后,对整个系统和管道进行系统的试压。试验压力以最低点的压力为准,但最低点的压力不得超过管道与组成件的承受压力。压力升至试验压力后,稳压 10 min ,压力下降不得大于 0.02 MPa ,再将系统压力降至工作压力,在 60 min 内压力不得下降、外观检查无渗漏为合格。

3)各类耐压塑料管的强度试验压力为 1.5 倍工作压力,严密性工作压力为 1.15 倍设计工作压力。

4)凝结水系统采用充水试验,以不渗漏为合格。

5.1.3　一般项目

(1)当空调水系统的管道,采用建筑用硬聚氯乙烯(PVC-U)、聚丙烯(PP-R)、聚丁烯(PB)与交联聚乙烯(P-EX)等有机材料管道时,其连接方法应符合设计和产品技术要求的规定。

(2)金属管道的焊接应符合下列规定。

管道焊缝表面应清理干净,并进行外观质量的检查焊缝外观质量不得低于现行国家标准《 现场设备、工业管道焊接工程施工及验收规范 》(GB 50236)规定。

(3)螺纹连接的管道,螺纹应清洁、规整,断丝或缺丝不大于螺纹全扣数的 10% ;连接牢固;接口处根部外露螺纹为 2～3 扣,无外露填料;镀锌管道的镀锌层应注意保护.对局部的破损处,应做防腐处理。

(4)法兰连接的管道,法兰面应与管道中心线垂直,并同心。法兰对接应平行,其偏差不应大于其外径的 1.5/1 000 ,且不得大于 2 mm ;连接螺栓长度应一致、螺母在同侧、均匀拧紧螺栓紧固后不应低于螺母平面。法兰的衬垫规格、品种与厚度应符合设计的要求。

(5)钢制管道的安装应符合下列规定。

1)管道和管件在安装前,应将其内、外壁的污物和锈蚀清除干净。当管道安装间断时,应及时封闭敞开的管口。

2)管道弯制弯管的弯曲半径,热弯不应小于管道外径的 3.5 倍、冷弯不应小于 4 倍;焊接弯管不应小于 1.5 倍;冲压弯管不应小于 1 倍。弯管的最大外径与最小外径的差不应大于管道外径的 8/100,管壁减薄率不应大于 15 ％。

3)冷凝水排水管坡度,应符合设计文件的规定。当设计无规定时,其坡度宜大于或等于 8 ‰;软管连接的长度,不宜大于 150 mm。

4)冷热水管道与支、吊架之间,应有绝热衬垫(承压强度能满足管道重量的不然、难燃硬质绝热材料或经防腐处理的木衬垫),其厚度不应小于绝热层厚度,宽度应大于支、吊架支承面的宽度。衬垫的表面应平整、衬垫接合面的空隙应填实。

(6)金属管道的支、吊架的形式、位置、间距、标高应符合设计或有关技术标准的要求。设计无规定时,应符合下列规定。

1)支、吊架的安装应平整牢固,与管道接触紧密。管道与设备连接处,应设独立支、吊架。

2)冷(热)媒水、冷却水系统管道机房内总干管的支、吊架,应采用承重防晃管架;与设备连接的管道管架宜有减振措施。当水平支管的管架采用单杆吊架时,应在管道起始点、阀门、三通、弯头及长度每隔 15 m 设置承重防晃支、吊架;

3)无热位移的管道吊架,其吊杆应垂直安装;有热位移的,其吊杆应向热膨胀(或冷收缩)的反方向偏移安装,偏移量按计算确定。

4)滑动支架的滑动面应清洁、平整,其安装位置应从支承面中心向位移反方向偏移 1/2 位移值或符合设计文件规定。

5)管道支、吊架的焊接应由持证焊工施焊,并不得有漏焊、欠焊或焊接裂纹等缺陷。支架与管道焊接时,管道侧的咬边量,应小于 0.1 管壁厚。

6)竖井内的立管,每隔 2~3 层应设导向支架。在建筑结构负重允许的情况下,水平安装管道支、吊架的间距应符合表 1 的规定。

表 1　钢管道支、吊架的最大间距表

公称直径(mm)		15	20	25	32	40	50	70	80	100	125	150	200	250	300
支架的最大间距(m)	L_1	1.5	2.0	2.5	2.5	3.0	3.5	4.0	5.0	5.0	5.5	6.5	7.5	8.5	9.5
	L_2	2.5	3.0	3.5	4.0	4.5	5.0	6.0	6.5	6.5	7.5	7.5	9.0	9.5	10.5
		对大于 300 mm 的管道可参考 300 mm 管道													

注:1　适用于工作压力不大于 2.0 MPa,不保温或保温材料密度不大于 200 kg/m³ 的管道系统。
　　2　L_1 用于保温管道,L_2 用于不保温管道。

(7)阀门、集气罐、自动排气装置、除污器(水过滤器)等管道部件的安装应符合设计要求,并应符合下列规定。

1)阀门安装的位置、进出口方向应正确,并便于操作;连接应牢固紧密,启闭灵活;成排阀门的排列应整齐美观,在同一平面上的允许偏差为 3 mm。

2)电动、气动等自控阀门在安装前应进行单体的调试,包括开启、关闭等动作试验。

3)冷冻水和冷却水的除污器(水过滤器)应安装在进机组的管道上,方向正确且便于清污;与管道连接牢固、严密,其安装位置应便于滤网的拆装和清洗。过滤器滤网的材质、规格和包扎方法应符合设计要求。

4)闭式系统管路应在系统最高处及所有可能积聚空气的高点设置排气阀,在管路最低点应设置排水管及排水阀。

5.2　成品保护

(1)测量定位的墨线应在安装前进行检查、校核,并防止被涂抹。
(2)对经测绘制成的加工草图应该详细核对,防止有误。并注意保管好,安装时对照就位。
(3)水平干管的拉线在支架安装完以前要注意保护和监视,防止交叉作业中弄坏了拉线。
(4)加工过程中,对标注的记号、尺寸、编号均注意保护,以免弄错。
(5)调直时,注意不得损伤丝扣接头。
(6)暂不安装的丝头,要用机油涂抹后包上塑料布,防止锈蚀、碰坏。
(7)安装好的管道不得用来支撑、系安全绳、搁脚手板,禁止蹬踩。
(8)未安装好的管道管口应及时盖好,以免进入灰浆等其他。
(9)管道和设备搬运、安装、施焊时,要注意保护好已做好的墙面和地面。
(10)管道在冲洗过程中,要严防中途停止时污物进入管内。

5.3　质量记录

(1)空调水系统安装检验批质量验收记录(管道)。

（2）空调水系统安装检验批质量验收记录（设备）。

（3）防腐与绝热施工检验批质量验收记录。

（4）通风与空调分部工程的质量验收记录。

（5）隐蔽工程记录。

（6）施工日记。

6　安全、环保及健康措施

6.1　安全、职业健康措施

（1）焊接或气割作业时，应清理作业环境周围的可燃物品或采取可靠的隔离措施。

（2）现场临时用电应符合《施工现场临时用电安全技术规范》(JGJ 46—2005)的有关要求。

（3）管道吹扫、冲洗排放口附近应设置警戒线，无关人员不得进入警戒区域。

（4）支托架上安装管子时，先把管子固定好再接口，防止管子滑脱砸伤人。

（5）高空作业时要带好安全带，严防澄滑或踩探头板。

6.2　环境保护措施

（1）管道吹扫、冲洗应实行定点排放到下水道或管沟内，不得随意排放，污染环境。

（2）对于产生噪声较大的作业应尽量安排在白天进行，减少夜间施工对周围居民的影响。

（3）施工产生的边角余料和废弃物应集中进行处理，不得随意丢弃。